国际电气工程先进技术译丛

电力计算手册

（原书第 4 版）

Handbook of Electric Power Calculations（Fourth Edition）

［美］ H. 韦恩·比特（H. Wayne Beaty）
苏亚·桑托索（Surya Santoso）　主编

衣　涛　张庚午　王承民　王艳杰　译

机械工业出版社

本书是一本关于电力工程的计算手册，风格以实用为主，包含了大量的算例和详尽的解算过程。全书共24章，分别是基础网络分析、测量仪表、直流电动机和发电机、变压器、三相感应电动机、单相电动机、同步电机、电力生产、架空输电线路和地埋电缆、电力网络、电力系统潮流分析、电力系统控制、短路计算、系统接地、电力系统保护、电力系统稳定、热电联产、固定型电池、电力能源经济模型、照明设计、电力电子、可再生能源、电能质量、智能电网。

本书可作为从事电力系统设计、研究和分析的工程师和研究人员的参考书，对高等院校电力系统专业的本科生和研究生也有较高的参考价值。

图书在版编目（CIP）数据

电力计算手册：原书第4版/（美）H. 韦恩·比特（H. Wayne Beaty）等主编；衣涛等译. —北京：机械工业出版社，2019.3
（国际电气工程先进技术译丛）
书名原文：Handbook of Electric Power Calculations（Fourth Edition）
ISBN 978-7-111-62292-5

Ⅰ. ①电… Ⅱ. ①H…②衣… Ⅲ. ①电力系统计算－手册 Ⅳ. ①TM744-62

中国版本图书馆 CIP 数据核字（2019）第 050142 号

机械工业出版社（北京市百万庄大街22号 邮政编码100037）
策划编辑：赵玲丽 责任编辑：赵玲丽
责任校对：樊钟英 封面设计：马精明 责任印制：张 博
北京铭成印刷有限公司印刷
2019 年 7 月第 1 版第 1 次印刷
184mm×260mm·35 印张·869 千字
0001—1900 册
标准书号：ISBN 978-7-111-62292-5
定价：180.00 元

电话服务　　　　　　　　　　　网络服务
客服电话：010-88361066　　　　机　工　官　网：www.cmpbook.com
　　　　　010-88379833　　　　机　工　官　博：weibo.com/cmp1952
　　　　　010-68326294　　　　金　书　网：www.golden-book.com
封底无防伪标均为盗版　　　机工教育服务网：www.cmpedu.com

译 者 序

随着电力系统的规模不断扩大、新能源大规模接入、储能装置的应用以及多种新型电力电子设备的使用，电力系统的运行呈现出新特点，分析计算也变得更加复杂。电力行业的学者和工程技术人员迫切需要一本能够涵盖上述特性的电力计算参考书籍。

《电力计算手册（原书第4版）》经过全面修订，新增了电力电子、可再生能源、电能质量和智能电网等几个部分。本书包括了目前最新的电力工程技术所需计算内容，提供了详细的电气工程计算步骤。每一章内容都按照问题的提出、计算过程、图表显示结果的流程来进行阐述，这种简单的表达方式极大地增强了工程师或技术人员对手册的理解和使用。

本书可作为从事电力系统设计、研究和分析的工程师和研究人员的参考书，对高等院校电力系统专业的本科生和研究生也有较高的参考价值。

本书由衣涛承担第1、2、4、6、13~20章的翻译工作，张庚午承担第3、5、7~9章的翻译工作，王承民承担第10、22、23章的翻译工作，王艳杰承担第11、12、21、24章的翻译工作。全书由王艳杰统稿。

译者在翻译过程中力求严谨、专业，但是由于译者水平有限，时间仓促，难免有错误和不当之处，欢迎广大读者提出宝贵意见。

译　者

原 书 前 言

本手册提供了电气工程中常见的详细计算步骤，涉及的主题非常广泛，每个主题均由相关领域的权威人士撰写，内容以实用性为主，很少强调理论知识。

全书24章的每一节都遵循以下方式：

1）问题表述；

2）计算步骤；

3）用以说明计算步骤的图表；

4）采用了国际单位（SI）和美制单位（USCS）。

这种简单而全面的方式极大地提高了本手册对工程师或技术人员的实用性。本书大部分问题的求解采用算术和代数方法，每章也给出了相关的参考文献或参考书目。

目　　录

第1章 基础网络分析

Om Malik，ph. D.，P. E.

Professor Emeritus Department of ECE University of Calgary

1.1 直流串并联网络分析

图 1.1 所示为包含了 19 个电阻的直流（DC）电路（网络），下面计算此电路中每个电阻上流过的电流及电阻上的电压降。

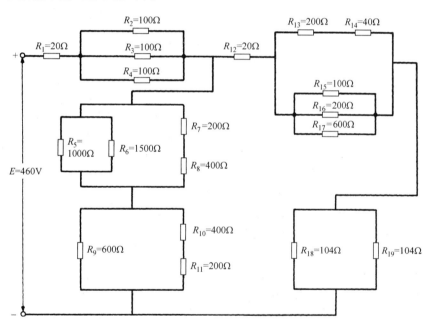

图 1.1 用于电路分析的一个串并联电路

计算过程

1. 电路标注

对电路中的所有部分进行标注。对每个电阻上流过的电流方向进行标注（如图 1.2 所示）。电路的等效电阻可以通过电阻串并联公式计算得到。

2. 合并所有的串联电阻

在串联电路中，从电源看进去总的等效电阻 R_{EQC} 等于各电阻之和：$R_{EQS} = R_1 + R_2 + R_3 + \cdots + R_N$。

如图 1.3 所示，计算 DE、CG 及 GF 部分串联支路的等效电阻：R_{EQS}（DE 部分）$= R_{13} +$

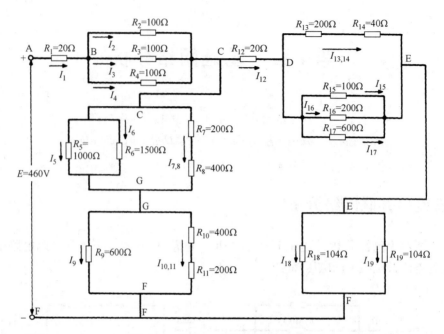

图 1.2　对图 1.1 所示电路进行标注

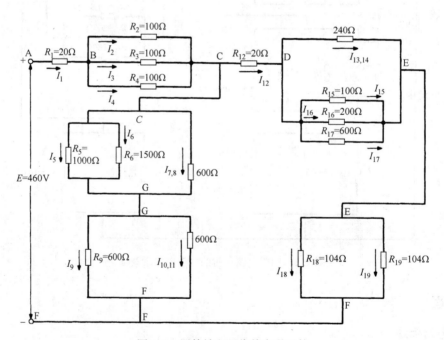

图 1.3　用等效电阻代替串联元件

$R_{14} = 200\Omega + 40\Omega = 240\Omega$，$R_{\mathrm{EQS}}$（CG 部分）$= R_7 + R_8 = 200\Omega + 400\Omega = 600\Omega$，$R_{\mathrm{EQS}}$（GF 部分）$= R_{10} + R_{11} = 400\Omega + 200\Omega = 600\Omega$。用等效电阻替换 DE、CG 及 GF 部分的串联元件。

3. 合并所有的并联电阻

当两个阻值不等的电阻并联时，电路总电阻或者等效电阻 R_{EQP} 可用如下求和公式计算得到，$R_{\mathrm{EQP}} = R_1 /\!/ R_2 = R_1 R_2 /(R_1 + R_2)$，式中，$/\!/$ 表示并联。并联电路的等效电阻通常小于两个电阻中阻值最小的一个电阻的阻值。

在支路 CG 中，$R_5 // R_6 = [(1000 \times 1500)/(1000 + 1500)]\Omega = 600\Omega$。现在支路 CG 包括了 2 个并联的 600Ω 的电阻。当并联电路中包含了 N 个阻值相同的电阻时，则等效电阻 $R_{EQP} = R/N$。其中，R 是单个电阻值，N 是并联电阻的数量。对于支路 CG，$R_{CG} = (600/2)\Omega = 300\Omega$；对于支路 BC，$R_{BC} = (100/3)\Omega = 33\frac{1}{3}\Omega$；对于支路 EF，$R_{EF} = (104/2)\Omega = 52\Omega$；对于支路 GF，$R_{GF} = (600/2)\Omega = 300\Omega$。

当并联电路中含有三个及以上阻值不等的电阻时，电路的等效电阻 R_{EQP} 等于每个并联电阻阻值的倒数和的倒数，$R_{EQP} = 1/(1/R_1 + 1/R_2 + 1/R_3 + \cdots + 1/R_N)$。等效电阻的阻值通常小于并联电路阻值中最小的电阻的阻值。

DE 部分并联元件的等效电阻为 $R_{15} // R_{16} // R_{17} = 1/(1/100 + 1/200 + 1/600)\Omega = 60\Omega$。计算 R_{DE}：$R_{DE} = 240\Omega // 60\Omega = (240 \times 60)/(240 + 60)\Omega = 48\Omega$。用等效电阻替换电路的并联元件（如图 1.4 所示）。

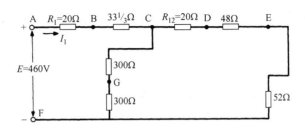

图 1.4　并联元件用它们的等效电阻代替

4. 合并剩余电阻计算等效总电阻

合并图 1.4 所示的等效串联电阻得到简化的串-并联电路，如图 1.5 所示。$R_{AB} + R_{BC} = R_{AC} = R_{EQS} = \left(20 + 33\frac{1}{3}\right)\Omega = 53\frac{1}{3}\Omega$，$R_{CG} + R_{GF} = R_{CF} = R_{EQS} = (300 + 300)\Omega = 600\Omega$，$R_{CD} + R_{DE} + R_{EF} = R_{CF} = R_{EQS} = (20 + 48 + 52)\Omega = 120\Omega$。计算总的等效电阻 R_{EQT}：$R_{EQT} = \left[53\frac{1}{3} + (600//120)\right]\Omega = 153\frac{1}{3}\Omega$。最终的简化电路如图 1.6 所示。

5. 利用欧姆定律计算总电流

$$I_1 = E/R_{EQT}$$

式中，I_1 为总的线路电流；E 为线路电压（电源供电电压）；R_{EQT} 为从电源测看到的线路电阻或总的等效电阻。代入相应数值得，$I_1 = \dfrac{E}{R_{EQT}} = \dfrac{460}{153\frac{1}{3}}A = 3A$。

6. 计算电路中每个电阻上流过的电流及其电压降

参考图 1.2 和图 1.4。分析 R_1 得，$I_1 = 3A$（见第 5 步计算结果）；$V_1 = V_{AB} = I_1 R_1 = (3 \times 20)V = 60V$；对于 R_2，R_3，R_4，$V_{BC} = V_2 = V_3 = V_4 = I_1 R_{BC} = \left(3 \times 33\frac{1}{3}\right)V = 100V$。电流 $I_2 = I_3 = I_4 = (100/100)A = 1A$。因此，$V_{CF} = E - (V_{AB} + V_{BC}) = [460 - (60 + 100)]V = 300V$。从 C 流向 G 再流向 F 的电流值为 $(300/600)A = 0.5A$。

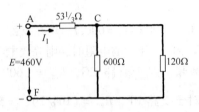

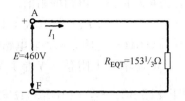

图 1.5 图 1.4 所示电路化简为
一个简单的串并联电路

图 1.6 图 1.1 所示电路的最终简化电路

根据基尔霍夫电流定律（Kirchhoff Current Law，KCL），流进任意一个电路节点或者电路连接点电流的代数和等于流出此节点或者连接点电流的代数和，$\sum I($流入$) = \sum I($流出$)$。根据 KCL，对于节点 C，$I_{12} = (3 - 0.5)A = 2.5A$。因此，$V_{12} = V_{CD} = I_{12}R_{12} = (2.5 \times 20)V = 50V$。

电路分压原理表述为在串联电路中，作用在任何电阻 R_N 上的电压等于，总电压 V_T 与 R_N 的乘积除以串联电阻之和 R_{EQS}，即 $V_N = V_T(R_N/R_{EQS})$。这个公式显示，电压 V_N 与 R_N 成正比，$V_{CG} = V_{GF} = [300 \times (300/600)]V = 150V$。因此，$I_7 = I_8 = (150/600)A = 0.25A$，$V_7 = I_7R_7 = (0.25 \times 200)V = 50V$，$V_8 = I_8R_8 = (0.25 \times 400)V = 100V$，$I_{10} = I_{11} = (150/600)A = 0.25A$，$V_{10} = I_{10}R_{10} = (0.25 \times 400)V = 100V$，$V_{11} = I_{11}R_{11} = (0.25 \times 200)V = 50V$。

电路分流原理表述为，在一个含有 N 个并联支路的电路中，某一支路 R_N 的电流 I_N 等于，作用于并联支路的电流 I_T 与整个并联电路等效电阻 R_{EQP} 的乘积除以 R_N，即 $I_N = I_T(R_{EQP}/R_N)$。对于由 R_A 和 R_B 两个电阻组成的并联电路，通过 R_A 的电流 I_A 为 $I_A = I_T[R_B/(R_A + R_B)]$；通过 R_B 的电流 I_B 为 $I_B = I_T[R_A/(R_A + R_B)]$。当 $R_A = R_B$ 时，$I_A = I_B = I_T/2$。如图 1.2～图 1.4 所示，$(R_5 /\!/ R_6) = R_7 + R_8 = 600\Omega$。

从前面的等式可知，流入 R_5 和 R_6 并联支路的电流值为 $I_5 + I_6 = (0.5/2)A = 0.25A$。$I_5 = [0.25 \times (1500/2500)]A = 0.15A$，$I_6 = [0.25 \times (1000/2500)]A = 0.1A$。用欧姆定律检验 V_5 和 V_6 的值，这两个电压值应该等于 V_{CG}，前面的计算得到 V_{CG} 电压值等于 150V：$V_5 = I_5R_5 = (0.15 \times 1000)V = 150V$，$V_6 = I_6R_6 = (0.10 \times 1500)V = 150V$。

流入节点 G 的电流等于 0.5A。由于 $R_9 = R_{10} + R_{11}$，$I_9 = I_{10} = I_{11} = (0.5/2)A = 0.25A$。依据欧姆定律，有 $V_9 = I_9R_9 = (0.25 \times 600)V = 150V$，$V_{10} = I_{10}R_{10} = (0.25 \times 400)V = 100V$，$V_{11} = I_{11}R_{11} = (0.25 \times 200)V = 50V$。对上述结果进行检验，$V_{GF} = V_9 = 150V = V_{10} + V_{11} = (100 + 50)V = 150V$。

余下的计算如下：$V_{DE} = I_{12}R_{DE} = (2.5 \times 48)V = 120V$，$I_{13} = I_{14} = (120/240)A = 0.5A$，$V_{13} = I_{13}R_{13} = (0.5 \times 200)V = 100V$，$V_{14} = I_{14}R_{14} = (0.5 \times 40)V = 20V$。由于 $V_{15} = V_{16} = V_{17} = V_{DE} = 120V$，则 $I_{15} = (120/100)A = 1.2A$，$I_{16} = (120/200)A = 0.6A$，$I_{17} = (120/600)A = 0.2A$。

对这些电流值进行验证，$I_{15} + I_{16} + I_{17} + I_{13,14} = (1.2 + 0.6 + 0.2 + 0.5)A = 2.5A$，这些电流从节点 D 流入，从节点 E 流出，因为 $R_{18} = R_{19}$，所以 $I_{18} = I_{19} = (2.5/2)A = 1.25A$，$V_{EF} = V_{18} = V_{19} = (2.5 \times 52)V = 130V$。

基尔霍夫电压定律（Kirchhoff Voltage Law，KVL）表明，沿着闭合回路所有元件两端的电压升和电压降的代数和等于零。这个定律也可表示为，$\sum V_{rises} = \sum V_{drops}$。最后验证，$E = V_{AB} + V_{BC} + V_{CD} + V_{DE} + V_{EF}$，即 $460V = 60V + 100V + 50V + 120V + 130V = 460V$。

相关计算

任意一个可化简的直流电路，即任何一个具有一个电源的电路，均可化简成一个等效电阻。不管电路多么复杂，均可用如前所述相似的计算过程进行计算。

1.2　直流网络的支路电流分析法

利用支路电流法计算图 1.7 所示直流电路中流过每个电阻的电流。

计算过程

1. 电路标注

对图 1.8 所有节点进行标注。此电路中有 4 个节点，分别用字母 A、B、C、D 表示。节点 A 是两个或者多个电流支路连接点。支路是由一个或者多个元件串接组成的电路部分。图 1.8 所示电路包括 3 个支路，每个支路都是网络的电流通路。支路 ABC 由电源 E_1 和电阻 R_1 串接组成，支路 ADC 由电源 E_2 和电阻 R_2 串接组成，支路 CA 只有 R_3。给出网络中每个支路电流（I_1，I_2，I_3）的参考方向。依据给出的电流参考方向及无源符号，给出每个电阻的极性。电源两端的极性是固定的，因此不依赖假设的电流方向。

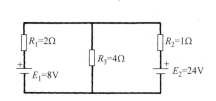

图 1.7　支路电流法分析用电路

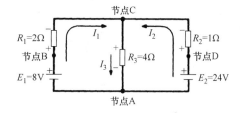

图 1.8　对图 1.7 电路进行标注

2. 对这个网络应用 KVL 和 KCL

对每个闭合回路应用 KVL。一个闭合回路是指任意一些支路连续的连接，通过这些支路，可以沿着一个方向离开一个节点并且从另外一个方向回到起始点，而没有离开这个网络。

对包含所有电流支路并且具有最小数量节点的闭合回路应用 KVL，可以得到，回路 1（ABCA）有 $8A - 2I_1 - 4I_3 = 0$；回路 2（ADCA）有 $24A - I_2 - 4I_3 = 0$。对节点 C 应用 KCL：$I_1 + I_2 = I_3$。

3. 求解方程组

上面三个联立方程可通过消去法或三阶行列式法求解。求解过程产生三个结果：$I_1 = -4A$，$I_2 = 8A$，$I_3 = 4A$。I_1 的电流值为负，表示实际的电流方向与假设的电流方向相反。

相关计算

上面的计算过程是基尔霍夫定律在一个不可化简电路中的应用。由于电路中含有两个供电电源，所以这样的电路不能用前面计算过程使用的方法进行求解。一旦确定了支路电流，所有其他的量，如电压、功率，均可计算出来。

1.3 直流网络的网孔分析法

利用网孔分析法计算图1.9所示电路每个电阻流过的电流。

计算过程

1. 分配网孔电流（回路电流）

使用术语网孔，是因为电路中的闭合回路与护栏网网孔在外观上非常的相似。可以把电路看作"窗框"，把网孔看作"窗户"。网孔是闭合路径，在这个闭合的路径里面没有其他回路。回路也是一种闭合路径，但是这种闭合路径里面可能还有其他闭合路径。因此，所有的网孔都是回路，但是所有的回路不一定是网孔。例如，由BCDAB构成的闭合路径（如图1.9所示）是回路，但不是网孔，因为BCDAB中包含了两个闭合路径BCAB和CDAC。

每个"窗户"（如图1.10所示）中顺时针方向标示出网孔电流I_1和I_2。这些回路电流或者网孔电流，是一种可以让人更容易计算出实际支路电流的假设电流。所需的网孔电流数量通常等于电路中窗口数。这就确保了所有的方程式是独立的。回路电流可以画成任意方向，但将所有的网孔电流都设定为顺时针方向可以简化方程式的得出过程。

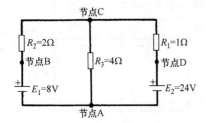

图1.9 使用网孔法进行电路分析

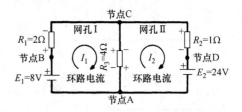

图1.10 对图1.9所示电路进行标注

2. 在每个回路中进行极性的标示

确定的极性满足回路电流假设方向和无源符号约定。R_3的极性与每个回路电流方向相反。而E_1和E_2极性是不受通过它们的网孔电流的方向影响的。

3. 列出每个网孔的KVL方程

在任意方向上列出网孔的KVL方程。沿着回路电流方向更加方便，网孔I有$+8A-2I_1-4(I_1-I_2)=0$，网孔II有$-24A-4(I_2-I_1)-I_2=0$。

4. 求解方程组

求解两个联立方程得到，$I_1=-4A$，$I_2=-8A$。符号"$-$"表示两个网孔电流与假设的方向相反，也就是说，电路中两个网孔电流方向为逆时针方向。因此，回路电流I_1为4A，方向为CBAC；回路电流I_2为8A，方向为ADCA。实际的回路电流I_2通过R_3方向是从C到A的。实际的回路电流I_1通过R_3的方向是从A到C的。因此，通过R_3的电流等于(I_2-I_1)或$(8-4)A=4A$，方向是从C到A的。

相关计算

这个计算过程求解了图1.8所示的同一网络。网孔分析法无须将KCL代入用KVL得出的方程。这种一步列写的方程组达到了相同的效果。因而网孔分析法比支路电流法使用的频次更高。但需要注意的是，网孔分析法仅针对平面网络。

1.4　直流网络的节点分析法

使用节点分析法计算图 1.11 所示的直流电路中流过每个电阻的电流。

计算过程

1. 电路标注

对所有节点（如图 1.12 所示）进行标注。将其中的一个节点（节点 A）选做参考节点。参考节点可以考虑为电路接地点，也即零电压或者地电位点。节点 B 和 D 为已知的电源电压电位点。节点 C 的电压 V_C 未知。

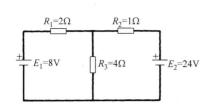

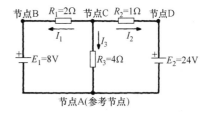

图 1.11　节点分析法进行电路分析　　　图 1.12　对图 1.11 所示电路进行标注

假设 $V_C > V_B$，且 $V_C > V_D$，画出三个电流 I_1、I_2 和 I_3 方向为离开节点 C 的方向，即流向参考节点。

2. 列写节点 C 的 KCL 方程

$$I_1 + I_2 + I_3 = 0$$

3. 使用欧姆定律用电路电压表示电流

如图 1.12 所示，$I_1 = V_1/R_1 = (V_C - 8V)/2\Omega$，$I_2 = V_2/R_2 = (V_C - 24V)/1$，$I_3 = V_3/R_3 = V_C/4\Omega$。

4. 代入步骤 2 中的 KCL 方程式

将步骤 3 得到的电流等式代入步骤 2 的 KCL 方程式中，得到 $I_1 + I_2 + I_3 = 0$，或者 $(V_C - 8V)/2\Omega + (V_C - 24V)/1\Omega + V_C/4\Omega = 0$。由于只有一个未知量 V_C，求解这个简单的等式得到 $V_C = 16$ V。

5. 计算所有的电流

$I_1 = (V_C - 8V)/2\Omega = (16 - 8V)/2\Omega = 4A$（实际方向），$I_2 = (V_C - 24V)/1\Omega = (16 - 24)V/1\Omega = -8A$。负号表示 I_2 流向节点 C 而不是假设的电流方向（离开节点 C）。$I_3 = V_C/4\Omega = (16/4)A = 4A$（实际方向）。

相关计算

节点分析法是一种非常有效的求解电路的分析方法。这个计算过程所用电路为图 1.7 和图 1.9 所示电路。

1.5 利用叠加定理求解直流网络

利用叠加定理计算图 1.13a 所示的直流电路中流过电阻 R_3 的电流值。叠加定理：对于任何一个包含多个电压源或者电流源的线性网络，通过任何支路的电流是每个电源独立作用时通过该支路电流的代数和。

计算过程

1. E_A 单独作用时（如图 1.13b 所示）

因为 E_B 没有内阻，所以 E_B 电压源用短路代替。如果存在电流源，用开路代替。因此，$R_{TA} = [\,100 + (100 /\!/ 100)\,]\Omega = 150\Omega$，$I_{TA} = E_A / R_{TA} = (30/150)\mathrm{mA} = 200\mathrm{mA}$。根据电流分配定律，$I_{3A} = 200\mathrm{mA}/2 = 100\mathrm{mA}$。

2. E_B 单独作用时（如图 1.13c 所示）

因为 E_A 没有内阻，所以 E_A 电压源用短路代替。因此，$R_{TB} = [\,100 + (100 /\!/ 100)\,]\Omega = 150\Omega$，$I_{TB} = E_B / R_{TB} = (15/150)\,\mathrm{mA} = 100\mathrm{mA}$。根据电流分配定律，$I_{3B} = 100\mathrm{mA}/2 = 50\mathrm{mA}$。

3. 计算电流 I_3 的值

电流 I_{3A} 和 I_{3B} 的代数和用于计算 I_3 的电流的实际幅值及方向：$I_3 = I_{3A} - I_{3B} = (100 - 50)\mathrm{mA} = 50\mathrm{mA}$（实际电流方向为 I_{3A} 的假设电流方向）。

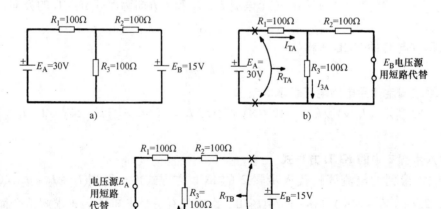

图 1.13 叠加定理的应用

a）电流 I_3 的确定 b）E_A 单独作用 c）E_B 单独作用

相关计算

叠加原理简化了含有多个电源的线性网络分析。这个定理也可应用在交流电源和直流电源均存在的网络。用叠加定理分析含有交流电源的网络方法将在本章后面讨论。

1.6　利用戴维南定理求解直流网络

利用戴维南定理计算图 1.14a 所示直流电路中流过电阻 R_L 的电流值 I_L。

戴维南定理：任意一个包含电阻、电压源和电流源线性的二端网络，均可用一个电压源和一个电阻串联的电路代替。E_{Th} 为替代电源的电动势，是网络两端的开路电动势。这个替代电阻 R_{Th} 等于网络所有独立电源用其内阻代替时网络两端的电阻。

计算过程

1. 计算戴维南电压（见图 1.14b）

当为一个网络确定戴维南等效电路时，这个过程被称为电路的"戴维南化"。

如图 1.14b 所示，移去负载电阻。计算网络的开路端电压。这个值是 E_{Th}。由于没有电流流过 R_3，电压 E_{Th}（即 V_{AB}）等于电阻 R_2 上的电压。利用分压原理，有 $E_{Th} = 100V \times [100/(100 + 100)] = 50V$。

2. 计算戴维南等效电阻（见图 1.14c）

将电压源短路，重新绘制电路（如果是电流源，用开路代替）。计算从负载端往回看，绘制网络的电阻值。这个值是 R_{Th}，$R_{Th} = 50\Omega + 100\Omega // 100\Omega = 100\Omega$。

3. 绘制戴维南等效电路（见图 1.14d）

戴维南电路由 E_{Th} 和 R_{Th} 串联组成。负载电阻 R_L 与戴维南等效电路输出端相连接。$R_T = R_{Th} + R_L = (100 + 50)\Omega = 150\Omega$，$I_L = E_{Th}/R_T = (50/150)A = (1/3)A$。

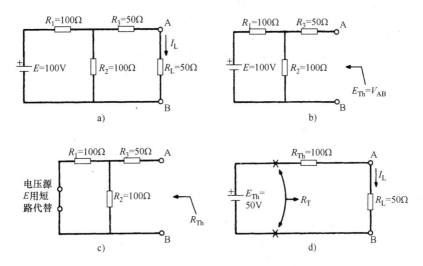

图 1.14　戴维南定理的应用

a）计算电流 I_L　b）计算 E_{Th}　c）计算 R_{Th}　d）最终的戴维南等效电路

相关计算

对于输出端而言，戴维南电路与等效前的线性网络相等。R_L 的变化并不需要重新计算一个新的戴维南电路。图 1.14d 所示的戴维南电路适用于计算 R_L 变化时负荷电流的计算。

戴维南定理也适用于含受控源的网络。此外，节点电压分析和网孔电流分析可用于计算 V_{Th}。在极少数的情况下，仅有受控源的网络，需要在网络两端假设一个 1A 或 1V 的注入源。

1.7　利用诺顿定理求解直流网络

利用诺顿定理计算图 1.15a 所示的直流网络中流过电阻 R_L 的电流值。

诺顿定理：任何一个双端口线性直流网络均能用一个电流源 I_N 和一个电阻 R_N 并联的等效电路代替。

计算过程

1. 计算诺顿并联电阻 R_N（如图 1.15b 所示）

移去负载电阻（如图 1.15b 所示）。所有电源都置为零电流源用开路代替，电压源用短路代替。从负载两端 AB 往回看，重绘网络的电阻 R_N，$R_N = 50\Omega + (100\Omega // 100\Omega) = 100\Omega$。对比图 1.14c 和图 1.15b 所示可以看到，$R_N = R_{Th}$。

2. 计算诺顿恒电流源电流 I_N（如图 1.15c 所示）

I_N 为 A、B 两端的短路电流。$R_T = 100\Omega + (100\Omega // 50\Omega) = 133\frac{1}{3}\Omega$，$I_T = E/R_T = \left(100/133\frac{1}{3}\right)A = \frac{3}{4}A$。依据分流原理，有 $I_N = \frac{3}{4}A \times [100/(100+50)] = 0.5A$。

3. 绘制诺顿等效电路（如图 1.15d 所示）

由电流源 I_N 和电阻 R_N 并联组成诺顿等效电路。负载电阻 R_L 连接在这个等效电路的输出端。根据分流原理，有 $I_L = 0.5A \times [100/(100+50)] = \frac{1}{3}A$。

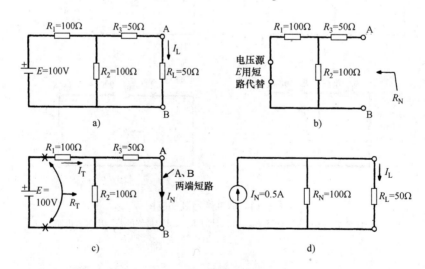

图 1.15　诺顿定理应用

a) 计算电流 I_L　b) 计算 R_N　c) 计算 I_N　d) 最终的诺顿等效电路

相关计算

本例对与图 1.14a 所示相同的电路进行了求解。有时使用电压源（戴维南等效）比电流源（诺顿等效）更方便或更必要，有时则相反。图 1.16 所示的电源转换等式表明戴维南等效电路可以用诺顿等效电路代替，反之亦然。用下面等式完成转换：$R_N = R_{Th}$；$E_{Th} = I_N R_{Th} = I_N R_N$，且 $I_N = E_{Th}/R_N = E_{Th}/R_{Th}$。诺顿等效电路和戴维南等效电路转换通常被看作一种电源转换。

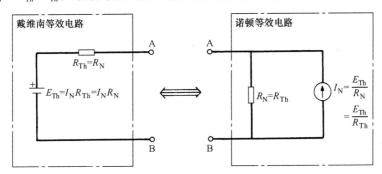

图 1.16　电源转换

1.8　平衡的直流桥网络

计算图 1.17 所示平衡的直流桥网络中 R_x。

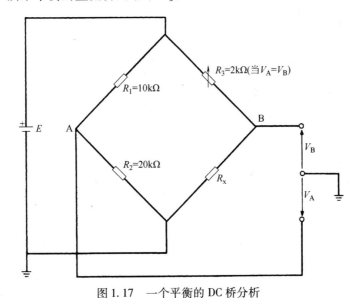

图 1.17　一个平衡的 DC 桥分析

计算过程

计算 R_x

调整 R_3，使桥网络平衡，所以 $V_A = V_B$，则有 $R_1/R_2 = R_3/R_x$。求解 R_x，$R_x = R_2 R_3/R_1 = (20 \times 2/10)\,\text{k}\Omega = 4\text{k}\Omega$。

相关计算

这种拓扑结构的网络就是著名的惠斯顿电桥，通常用于精确测量介于1Ω至1MΩ的中等阻值的电阻器。当电桥处于不平衡状态时，端子 A 和 B 之间存在电压降，就会有电流流过连接于端子 A 和 B 的所有元器件。网孔分析法、节点分析法、戴维南定理、诺顿定理可用于计算不平衡网络的电压和电流。使用与这个电路相同拓扑结构（如图1.17所示），用交流电源代替直流电源，4 个电阻用适当偏置的二级管替换，就可以得到一个简单整流电路，可将交流输入转换为单向输出。

1.9　不平衡的直流桥网络

计算图1.18所示不平衡直流桥网络的 R_{EQT} 值。

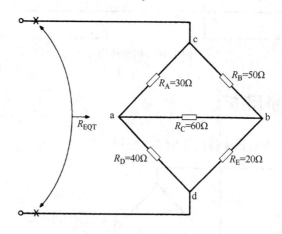

图1.18　不平衡桥分析

将上部三角形（△）电路变换为星形（丫）电路

使用丫-△和△-丫变换公式对图1.19所示电路进行化简。△-丫变换公式为 $R_1 = R_A R_C /(R_A + R_B + R_C)$，$R_2 = R_B R_C /(R_A + R_B + R_C)$，$R_3 = R_B R_A /(R_A + R_B + R_C)$，丫-△变换的公式为 $R_A = (R_1 R_2 + R_1 R_3 + R_2 R_3)/R_2$，$R_B = (R_1 R_2 + R_1 R_3 + R_2 R_3)/R_1$，$R_C = (R_1 R_2 + R_1 R_3 + R_2 R_3)/R_3$。

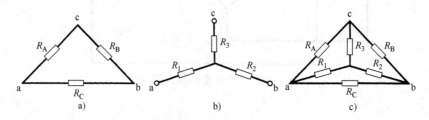

图1.19　等效电路变换

a) △电路　b) 丫电路　c) △-丫变换

利用变换公式（如图1.20所示）将图1.18中上△电路变换为等效丫电路：$R_1 = [$（30 ×

$60)/(30+50+60)]\Omega\approx12.9\Omega$，$R_2=[(50\times60)/(30+50+60)]\Omega\approx21.4\Omega$，$R_3=[(50\times30)/(30+50+60)]\Omega\approx10.7\Omega$。从图 1.20b 所示简化的串并联电路可以看出，$R_{EQT}=\{10.7+[(12.9+40)\ /\!/\ (21.4+20)]\}\Omega=33.9\Omega$。

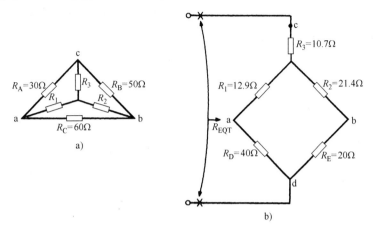

图 1.20　将图 1.18 所示电路变换为一个串并联电路

a）变换上部△电路为一个Y电路　b）得到的串并联电路

相关计算

　　△-Y变换和Y-△变换用于化简串并联等效电路，因此减少了用网孔和节点分析法进行电路分析的需要。常见的△或者Y电路如图 1.21 所示。它们也称为 T 形或者 π 形网络。T 形网络与 π 形网络变换公式也与 Y-△ 变换公式相同。

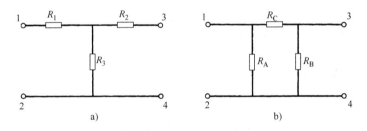

图 1.21　Y与 T 电路以及△与 π 电路的比较

a）Y即 T 电路　b）△即 π 电路

1.10　正弦波分析

　　已知电压 $e(t)=170\sin377t$，计算平均值或者直流电压 E_{DC}、峰值 E_m、方均根值 E、角频率 ω、频率 f，周期 T 和峰峰值 E_{PP}。

计算过程

1. 计算平均值
由于一个正弦波的平均值或者 DC 分量为零，所以 $E_{DC}=0$。

2. 计算峰值

$E_m = 170V$，是正弦波的最大值。

3. 计算均方根值

$E \approx 0.707E_m$。式中，E 为正弦波的方均根值，即有效值。因此，$E = (0.707 \times 170)V = 120V$。注意，0.707 适用于一个纯正弦波（或者余弦波）。这个结果由如下关系式推导而来：

$$E = \sqrt{\frac{1}{T}\int_{t}^{t+T} e^2(t)\,dt}$$

4. 计算角频率

角频率 $\omega = 377rad/s$。

5. 计算频率

$f = \omega/(2\pi) = [377/(2 \times 3.1416)]Hz \approx 60Hz$。

6. 计算周期

$T = 1/f = 1/60s$。

7. 计算峰峰值

$E_{PP} = 2E_m = (2 \times 170)V = 340V$。

相关计算

本例对一个符合美国标准的正弦波进行了分析。该正弦波为一个有效值为 120V、频率为 60Hz 的电压波形。

1.11   方波分析

试计算图 1.22 所示方波的平均值和有效值。

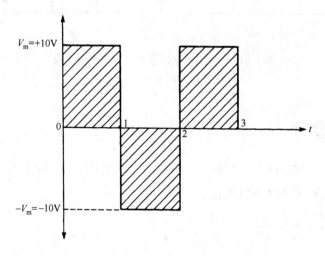

图 1.22   用于分析的方波

计算过程

1. 计算平均值
一个方波的平均值或者 DC 分量为零，因此 $V_{DC} = V_{avg} = 0$。

2. 计算有效值
在一个 2s 的周期内对波形进行二次方可得到有效值。这个值等于 $100V^2$，在整个周期内这个值为常数。因此，这个周期内的平均值为 $100V^2$。$100V^2$ 的二次方根为 $10V$。因此，有效值 $V = 10V$。

相关计算

图 1.22 所示波形的表达式为 $v(t) = (4V_m / \pi) \left(\sin\omega t + \dfrac{1}{3}\sin 3\omega t + \dfrac{1}{5}\sin 5\omega t + \cdots + \dfrac{1}{n}\sin n\omega t \right)$。

这个表达式称为傅里叶级数，表示从 $t = 0$ 开始的对称方波，没有直流分量，没有偶次谐波，只是无限数量的奇次谐波。

1.12　偏移波分析

试计算图 1.23 所示偏移波的平均值和有效值。

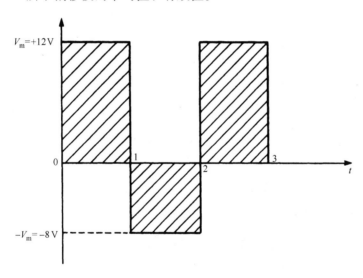

图 1.23　用于分析的偏移波

计算过程

1. 计算平均值
$V_{avg} = V_{DC} = $ 净面积 $/ T$。

式中，净面积为一个周期内面积的代数和；T 为波的周期。

因此，$V_{avg} = V_{DC} = \{[(12 \times 1) - (8 \times 1)]/2\}\text{V} = 2\text{V}$。

2. 计算有效值

$$V = \sqrt{\frac{v(t)^2}{T}} = \sqrt{(12^2 \times 1 + 8^2 \times 1)}\,\text{V} = \sqrt{104}\,\text{V} \approx 10.2\,\text{V}。$$

式中，$v(t)$ 为面积。

相关计算

图 1.23 所示波形除了增加一个 2V 的直流分量偏移外，其余与图 1.22 所示波形相同。一个周期波形的方均根值或者有效值，等于在一个给定电阻上消耗相同能量的直流值。由于这个偏移波含有 2V 的直流分量，所以它的有效值等于 10.2V，高于图 1.22 所示的对称方波的有效值。

1. 13　由直流电压源和交流电压源串联组成的非正弦输入的电路响应

图 1.24 所示电路的输入为 $e = (20 + 10\sin377t)\,\text{V}$，a）试计算 i，v_R，v_C 的时域表达式。b）计算 I，V_R 及 V_C。c）计算传送给电路的功率。假设经过足够的时间，此例三个问题的 v_C 已经达到其最终（稳态）值。

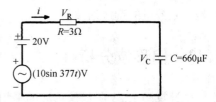

图 1.24　一个非正弦输入的电路响应分析

计算过程

1. 对问题 a）进行求解

由于电路中存在两个分离的电压源，一个直流电压源和一个交流电压源，可用叠加原理对此问题进行求解。20V 直流电压源作用时，当 v_C 处于稳态时，$i = 0$，$v_\text{R} = iR = 0\text{V}$，$V_\text{C} = 20\text{V}$。交流电压（$10\sin377t$）V 作用时 $X_\text{C} = 1/(\omega C) = [1/(377 \times 660 \times 10^{-6})]\,\Omega = 4\Omega$。因此，$\dot{Z} = (3 - \text{j}4)\,\Omega = 5\angle{-53°}\,\Omega$。因此，$\dot{I} = \dot{E}/\dot{Z} = (0.707 \times 10\angle{0°}/5\angle{-53°})\,\text{A} = 1.414\angle{+53°}\,\text{A}$。

因此，最大值是 $I_\text{m} = (1.414/0.707)\,\text{A} = 2\text{A}$，电流的时域表达式为 $i = [0 + 2\sin(377t + 53°)]\,\text{A}$。$\dot{V}_\text{R} = \dot{I}R = (1.414\angle{+53°} \times 3\angle{0°})\,\text{V} = 4.242\angle{+53°}\,\text{V}$。$\dot{V}_\text{R}$ 最大值是（4.242/0.707）V = 6V，电压 v_R 的时域表达式为 $v_\text{R} = [0 + 6\sin(377t + 53°)]\,\text{V}$。

$$\dot{V}_\text{C} = \dot{I}X_\text{C} = (1.414\angle{+53°}) \times (4\angle{-90°})\,\text{V} = 5.656\angle{-37°}\,\text{V}。$$ $\dot{V}_\text{C}$ 最大值为 $V_\text{C} = (5.656/0.707)\,\text{V} = 8\text{V}$，电压 v_C 的时域表达式为 $v_\text{C} = [20 + 8\sin(377t - 37°)]\,\text{V}$。

2. 对问题 b）进行求解

一个含有交流成分和直流成分的非正弦输入的有效值可以用如下公式进行计算：

$$V = \sqrt{V_\text{DC}^2 + \frac{(V_\text{m1}^2 + V_\text{m2}^2 + \cdots + V_\text{mn}^2)}{2}}$$

式中，V_DC 为电压的直流分量；V_m1，V_m2 等为各交流电压成份的最大值。

因此，$|\dot{I}| = \sqrt{0^2 + 2^2/2}\,\text{A} = 1.414\text{A}$，$|\dot{V}_\text{R}| = \sqrt{0^2 + 6^2/2}\,\text{A} = 4.24\text{A}$，且 $|\dot{V}_\text{C}| = \sqrt{20^2 + 8^2/2}\,\text{V} = 20.8\text{V}$。

3. 对问题 **c)** 进行求解

$$P = I^2 R = (1.414^2 \times 3)\,\mathrm{W} \approx 6\,\mathrm{W}$$

相关计算

图 1.25 所示波形说明了一个直流分量和一个交流分量相叠加的概念。图中给出了短路电流直流分量的衰减；同时也给出了在直流分量逐渐衰减为零的过程中，非对称的短电流逐渐变为对称的短路电流的过程。

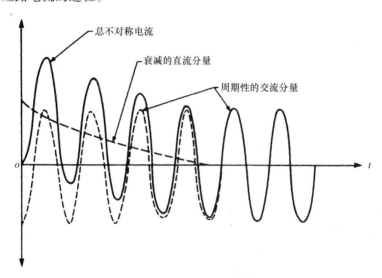

图 1.25　一个衰减的正弦波

1.14　串联 *RLC* 电路的交流稳态分析

计算图 1.26a 所示电路的电流值。

计算过程

1. 计算 $\dot{Z}$

角频率 $\omega = 2\pi f \approx (2 \times 3.1416 \times 60)\,\mathrm{rad/s} \approx 377\,\mathrm{rad/s}$。由于 $X_L = \omega L$，于是有 $X_L = (377 \times 0.5)\,\Omega = 188.5\,\Omega$。$X_C = 1/\omega C = \{1/[(377 \times 26.5) \times 10^{-6}]\}\,\Omega \approx 100\,\Omega$。因此，$\dot{Z} = R + \mathrm{j}(X_L - X_C) = R + \mathrm{j}X_{\mathrm{EQ}}$。式中，$X_{\mathrm{EQ}} = X_L - X_C$，为净等效电抗。

用极坐标形式，串联 *RLC* 电路的阻抗表示为 $\dot{Z} = \sqrt{R^2 + X_{\mathrm{EQ}}^2} \underline{/\arctan(X_{\mathrm{EQ}}/R)} = |\dot{Z}| \underline{/\theta}$。$\dot{Z} = [100 + \mathrm{j}(188.5 - 88.5)]\,\Omega = (100 + \mathrm{j}88.5)\,\Omega = \sqrt{(100)^2 + (88.5)^2} \underline{/\arctan(88.5/100)}\,\Omega = 133.5 \underline{/41.5°}\,\Omega$。阻抗角（如图 1.26b 所示）说明了前面计算的结果。

依据 KVL 定理，$\dot{E} = V_R + \mathrm{j}V_L - \mathrm{j}V_C = V_R + \mathrm{j}V_{\mathrm{X}}$。$V_{\mathrm{X}} = V_L - V_C$，为净无功电压。

2. 绘制相量图

图 1.26c 给出了以电流为参考坐标的各电压之间的关系。

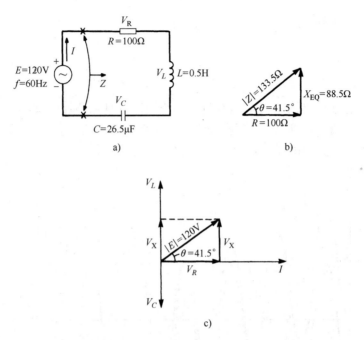

图 1.26　串联 *RLC* 交流电路

a）带有元件参数值的电路　b）阻抗三角形　c）相量图

3. 计算电流

根据交流电路的欧姆定律，$|\dot{I}| = (120/133.5)A \approx 0.899A$。由于以 $\dot{I}$ 为参考，用极坐标形式 $\dot{I}$ 可以表示为 $\dot{I} = 0.899\angle 0°A$。图 1.26c 所示的电压和电流之间的夹角与图 1.26b 所示的阻抗角相同，因此，$\dot{E} = 120\angle 41.5°V$。

相关计算

在串联 *RLC* 电路中，净无功电压可以为零（当 $\dot{V}_L = \dot{V}_C$ 时），感性的（当 $\dot{V}_L > \dot{V}_C$）或容性的（$\dot{V}_L < \dot{V}_C$）。在这样的电路中，电流可能与作用于电路的电动势同相、超前或落后。当 $\dot{V}_L = \dot{V}_C$ 时，为串联谐振。此时，由于电路中只有电阻限制了电流的增加，所以电路中电压 $\dot{V}_L$、$\dot{V}_C$ 可能会高于电源电动势 $\dot{E}$。电路处于串联谐振状态时，电流达到最大，阻抗最小，功率因数达到 1 或者 100%。

1.15　并联 *RLC* 电路的交流稳态分析

计算图 1.27a 所示并联 *RLC* 电路的阻抗。

计算过程

1. 计算流过 *R*、*L*、*C* 的电流

在并联电路中，使用参考电压的方法是非常便利的。因此，令 $\dot{E} = 200\angle 0°$。由于这个

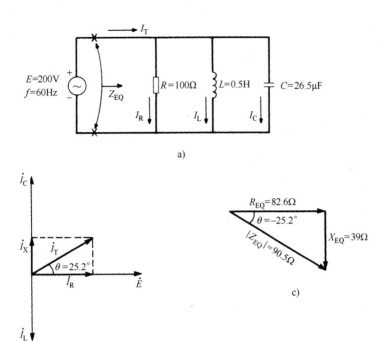

图 1.27　并联 *RLC* 交流电路

a) 带有元件参数值的电路　b) 相量图　c) 阻抗三角形

电路的 *R*、*L*、*C* 参数与图 1.27a 所示的电路参数相同，频率 60Hz 也相同，所以 $X_L =$ 188.5Ω，$X_C = 100$Ω。依据欧姆定律，有 $\dot{I}_R = \dot{E}/R = (200\underline{/0°}/100\underline{/0°})$A $= 2\underline{/0°}$A。$\dot{I}_L = \dot{E}/X_L = (200\underline{/0°}/188.5\underline{/90°})$A $= 1.06\underline{/-90°}$A $= -$j1.06A，$\dot{I}_C = \dot{E}/X_C = (200\underline{/0°}/100\underline{/-90°})$A $= 2\underline{/90°}$A $= +$j2A。但是 $\dot{I}_T = I_R - jI_L + jI_C$，因此，$\dot{I}_T = (2 - $j1.06 $+ $j2$)$A $= (2 + $j0.94$)$A $= 2.21\underline{/25.2°}$A。

2. 计算 Z_{EQ}

阻抗 $Z_{EQ} = \dot{E}/\dot{I}_T = (200\underline{/0°}/2.21\underline{/25.2°})$Ω $= 90.5\underline{/-25.2°}$Ω。转换为直角坐标形式，$\dot{Z}_{EQ} = (82.6 - $j39$)$Ω $= R_{EQ} - jX_{EQ}$。图 1.27b 所示为电压电流的相量图。图 1.27c 所示为等效阻抗图。需要注意的是，$\dot{Z}_{EQ}$ 也可用下面的式子进行计算：

$$\dot{Z}_{EQ} = \cfrac{1}{\cfrac{1}{R} + \cfrac{1}{\mathrm{j}X_L} - \cfrac{1}{\mathrm{j}X_C}}$$

式中，$Z_L = jX_L$，$Z_C = -jX_C$。

相关计算

图 1.27c 所示的阻抗图中有一个负角。这意味着该电路是一个 *RC* 等效电路。总电路电流 $\dot{I}_T$ 超前电源电压，图 1.27b 也证实了这个观察结果。在并联的 *RLC* 电路中，净无功电流

可能为零（当 $\dot{I}_{\mathrm{L}} = \dot{I}_{\mathrm{C}}$ 时）、感性或（当 $\dot{I}_{\mathrm{L}} > \dot{I}_{\mathrm{C}}$ 时）容性的（当 $\dot{I}_{\mathrm{L}} < \dot{I}_{\mathrm{C}}$ 时）。在该电路中，电流可能与电源电动势同相、滞后或超前。当 $\dot{I}_{\mathrm{L}} = \dot{I}_{\mathrm{C}}$ 时，为并联谐振状态。电流 $\dot{I}_{\mathrm{L}}$、$\dot{I}_{\mathrm{C}}$ 可能大于总电流 $\dot{I}_{\mathrm{T}}$。一个电路处于并联谐振状态时，电流值最小，阻抗最大，功率因数为 1 或者 100%。需要注意的是，在图 1.27b 中，$\dot{I}_{\mathrm{T}} = I_{\mathrm{R}} + jI_{\mathrm{X}}$，且有 $I_{\mathrm{X}} = I_{\mathrm{C}} = I_{\mathrm{L}}$。

1.16　交流串并联网络分析

图 1.28 所示为一个串并联交流网络，试计算 $\dot{Z}_{\mathrm{EQ}}$、$\dot{I}_1$、$\dot{I}_2$、$\dot{I}_3$。

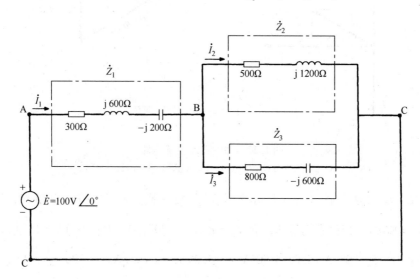

图 1.28　用于分析的串并联交流电路

计算过程

1. 合并所有串联阻抗

除了阻抗用复数形式表示外，本例的求解方法与本章的第一个问题的计算过程相类似。

$\dot{Z}_1 = (300 + j600 - j200)\,\Omega = (300 + j400)\,\Omega = 500\underline{/51.3°}\,\Omega$，$\dot{Z}_2 = (500 + j1200)\,\Omega = 1300\underline{/67.4°}\,\Omega$，$\dot{Z}_3 = (800 - j600)\,\Omega = 1000\underline{/-36.9°}\,\Omega$。

2. 合并所有并联阻抗

使用并联阻抗求和计算公式，得到 $\dot{Z}_{\mathrm{BC}} = \dot{Z}_2\dot{Z}_3/(\dot{Z}_2 + \dot{Z}_3) = \{(1300\underline{/67.4°}) \times (1000\underline{/-36.9°})/[(500 + j1200) + (800 - j600)]\}\,\Omega = 908\underline{/5.7°}\,\Omega = (901 + j90.2)\,\Omega$。

3. 合并所有串联阻抗计算总阻抗 Z_{EQ}

$\dot{Z}_{\mathrm{EQ}} = \dot{Z}_1 + \dot{Z}_{\mathrm{BC}} = [(300 + j400) + (901 + j90.2)]\,\Omega = (1201 + j490)\,\Omega = 1290\underline{/22.4°}\,\Omega$。

4. 计算电流

$\dot{I}_1 = \dot{E} / \dot{Z}_{EQ} = 100 \underline{/0°} / 1290 \underline{/22.4°} = 0.0775 \underline{/-22.4°}$ A。根据电流分配定律：$\dot{I}_2 = \dot{I}_1 \dot{Z}_3 / (\dot{Z}_2 + \dot{Z}_3) = \{(0.0775 \underline{/-22.4°}) \times (1000 \underline{/-36.9°}) / [(500 + j1200) + (800 - j600)]\}$ A $= 0.0541 \underline{/-84.1°}$ A。$\dot{I}_3 = \dot{I}_1 \dot{Z}_2 / (\dot{Z}_2 + \dot{Z}_3) = \{(0.0775 \underline{/-22.4°})(1300 \underline{/67.4°}) / [(500 + j1200) + (800 - j600)]\}$ A $= 0.0709 \underline{/20.2}$ A。

相关计算

任何一个可化简的交流电路（如任何一个电路都可以化简为一个等效电抗 $\dot{Z}_{EQ}$ 和一个电源），不论给定的电路多么复杂，都可以用本例描述的方式进行处理。前面所用的直流网络定理可以用于交流网络，但对于交流量必须使用矢量代数。

1.17 交流电路的功率分析

求解图 1.29 所示交流电路的总有功功率、总无功功率及其总视在功率。

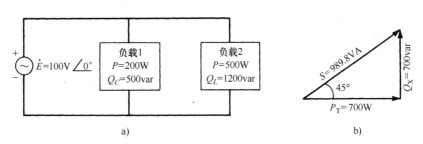

图 1.29 计算交流功率

a）电路 b）功率三角形

注意，有功功率、无功功率、视在功率具有相同的量纲，即电压和电流的乘积。然而，我们用符号 W 来表示有功功率（瞬时的或者平均的），var 代表无功功率，V·A 代表复（视在）功率。

计算过程

1. 功率三角形分析

图 1.30 给出了交流电路的功率三角形。功率三角形的绘制原则是在 +j 方向绘制感性无功功率并且在 −j 方向绘制容性无功功率。在功率三角形中应用勾股定理得到如下两个方程式：$S^2 = P^2 + Q_L^2$，$S^2 = P^2 + Q_C^2$。这两个方程式适用于串联、并联以及串并联电路。

电源向 RLC 电路提供的净无功功率为正的感性无功功率与负的容性无功功率之差，即

$$Q_X = Q_L - Q_C$$

式中，Q_X 为净无功功率，单位为 var。

2. 计算总有功功率

用代数相加计算总有功功率。$P_T = P_1 + P_2 = (200 + 500) W = 700 W$。

3. 计算总无功功率

$Q_X = Q_L - Q_C = (1200 - 500)\text{var} = 700\text{var}$。由于总的无功功率为正，所以电路为感性（如图1.29b所示）。

4. 计算总视在功率

$$S = \sqrt{P_T^2 + Q_X^2} = \sqrt{700^2 + 700^2}\text{V} \cdot \text{A} = 989.8\text{V} \cdot \text{A}$$

相关计算

求解这个问题所用的原理，同样适用于解决接下来的两个问题。

1.18　有功功率因数和无功功率因数分析

计算图1.31所示电路的有功功率因数和无功功率因数。

计算过程

1. 有功功率因数分析回顾

交流电路的有功功率因数为有功功率与视在功率的数值比。根据图1.30所示的功率三角形，可以看出这个比值等于功率因数角的余弦值。有功功率因数角与电路电压（或者负载）和流过这个电路的电流（或者负载）之间的相位角相同。$pf = \cos\theta = P/S$。

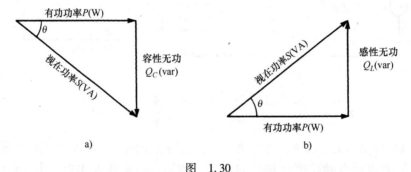

图　1.30

a）RC等效电路的功率三角形　b）RL等效电路的功率三角形

2. 无功功率因数分析回顾

一个电路的无功功率与视在功率之间的数值比被称为无功功率因数。这个比值等于功率因数角的正弦值，如图1.30所示。$rf = \sin\theta = Q/S$。

3. 计算有功功率因数及无功功率因数

$\dot{Z}_1 = R + jX_L = (100 + j100)\Omega = 141.4\angle 45°\Omega$。$\dot{I}_1 = \dot{E}/\dot{Z}_1 = (120\angle 0°/141.4\angle 45°)\text{A} = 0.849\angle -45°\text{A}$。$\dot{I}_1 = (0.6 + j0.6)\text{A}$。$\dot{I}_2 = \dot{E}/X_C = (120\angle 0°/60\angle -90°)\text{A} = 2\angle +90°\text{A} = (0 + j2)\text{A}$。$\dot{I}_T = \dot{I}_1 + \dot{I}_2 = [(0.6 - j0.6) + (0 + j2)]\text{A} = (0.6 + j1.4)\text{A} = 1.523\angle 66.8°\text{A}$。$\dot{S} = |\dot{E}||\dot{I}_T| = (120 \times 1.523)\text{V} \cdot \text{A} = 182.8\text{V} \cdot \text{A}$。$pf = \cos\theta = \cos66.8° = 0.394 = 39.4\%$；$rf = \sin\theta = \sin66.8° = 0.92 = 92\%$。

相关计算

感性负载功率因数是滞后的；容性负载功率因数是超前的。功率因数的值，既可以用小数表示，也可以用百分数表示。这个值小于等于 1.0 或者 100% 。大多数的工业负载，如电动机、空调，是感性的（功率因数滞后）。因此，电力工程师经常将电容器或者容性负载看作是无功电源。

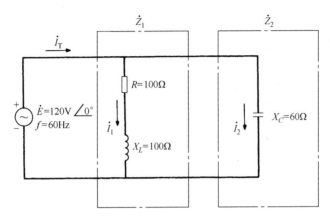

图 1.31 电路的有功功率和无功功率

1.19 功率因数校正

为了将电路功率因数提高至 100% ，计算所需要的电容器容量如图 1.32 所示。

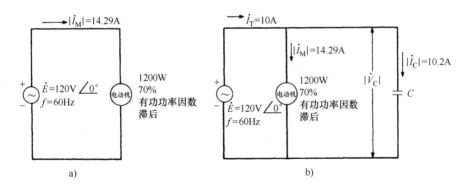

图 1.32 有功功率因数校正

a）给定电路　b）增加一台并联电容器 C 以改善有功功率因数

计算过程

1. 计算电动机电流

$S = P/\cos\theta = (1200/0.7)\ \mathrm{V \cdot A} \approx 1714\mathrm{V \cdot A}$ 。因此，电动机电流 $|\dot{I}_{M}| = S/|\dot{E}| = (1714\mathrm{V \cdot A})/(120\mathrm{V}) \approx 14.29\mathrm{A}$ 。这个电流的有功分量为与电压同相分量。这个分量将产生

实际的有功损耗，即 $|\dot{I}_M|\cos\theta = 14.29\mathrm{A} \times 0.7 \approx 10\mathrm{A}$。由于这个电动机的功率因数为 70%，电路必须提供 14.29A 的电流才能得到 10A 的有功电流。

2. 计算 C 值

为了将电路的有功功率因数提高至 100%，电动机的感性视在功率和电容器的容性视在功率必须相等。有 $Q_L = |\dot{E}||\dot{I}_M|\sqrt{1 - \cos\theta^2}$，其中的 $\sqrt{1 - \cos\theta^2}$ 为无功功率因数。因此，$Q_L = (120 \times 14.29 \times \sqrt{1 - 0.7^2})\mathrm{var} = 1714\sqrt{0.51}\,\mathrm{var} = 1224\mathrm{var}$（感性）。$Q_C$ 必须等于 1224var 才能达到 100% 有功功率因数。$X_C = V_C^2/Q_C = [(120)^2/1224]\,\Omega = 11.76\Omega$（容性）。因此，$C = 1/\omega X_C = [1/(377 \times 11.76)]\mathrm{F} \approx 225.5\mu\mathrm{F}$。

相关计算

负载所需要电流的大小决定了发电机或变压器绕组导线的规格以及电动机连接发电机或者变压器的导体规格。由于铜损与负载电流的二次方成正比，电力公司发现在 100% 功率因数条件下向负载提供 10A 的电流比在 70% 功率因数条件下向负载提供 14.29A 的电流经济性更好。

图 1.32b 中，电流的数学分析满足如下条件：$|\dot{I}_C| = Q_C/|\dot{V}_C| = 1220\mathrm{var}/120\mathrm{V} = 10.2\mathrm{A} = (0 + \mathrm{j}10.2)\mathrm{A}$。对于电动机 $\theta = \arccos 0.7 = 45.6°$，因此 $\dot{I}_M = 14.29\angle 45.6°\mathrm{A} = (10 - \mathrm{j}10.2)\mathrm{A}$。则，$\dot{I}_T = \dot{I}_M + \dot{I}_C = [(10 - \mathrm{j}10.2) + (0 + \mathrm{j}10.2)]\mathrm{A} = 10\angle 0°\mathrm{A}$（100% 有功功率因数）。通常，功率因数校正电容器额定容量单位为 kvar，可以安装成可切换的电容器组，用于在一定范围内进行有功功率校正。

1.20 交流电路的最大传输功率

为了使负载获得最大功率，试计算图 1.33 所示电路的负载大小。

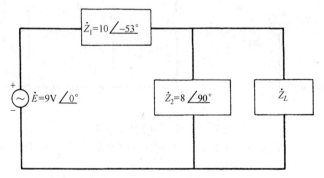

图 1.33 为了获得最大传输的有功功率计算 Z_L 值

计算过程

1. 最大功率定理

交流电路中，最大功率传输定理表述为当负载阻抗等于电路终端看进去的戴维南等效阻抗的共轭时，负载将获得最大的传输功率。

2. 对电路应用戴维南定理

$$\dot{Z}_{Th} = \dot{Z}_1 \dot{Z}_2 / (\dot{Z}_1 + \dot{Z}_2) = \{(10 \underline{/-53°}) \times (8 \underline{/90°}) / [(6 - j8) + j8]\} \, \Omega = 13.3 \underline{/+37°} \, \Omega \text{。}$$

也就是说 $\dot{Z}_{Th} = (10.6 + j8) \, \Omega$，那么 $R = 10.6 \, \Omega, X_L = 8 \, \Omega$。因此，$\dot{Z}_L = 13.3 \underline{/-37°} \, \Omega = (10.6 - j8) \, \Omega$，那么 $R_L = 10.6 \, \Omega, X_C = -8 \, \Omega$。

为了计算传输给负载的最大功率，必须用分压定理计算 E_{Th}: $\dot{E}_{Th} = \dot{E} \dot{Z}_2 / (\dot{Z}_1 + \dot{Z}_2) = \{(9 \underline{/0°}) \times (8 \underline{/90°}) / [(6 - j8) + j8]\} \, V = 12 \underline{/90°} \, V$。因 $P_{max} = |\dot{E}_{Th}^2| / 4R_L$，因此 $P_{max} = [|12^2| / (4 \times 10.6)] \, W \approx 3.4 \, W$。

相关计算

当用于直流电路时，最大有功功率传输定理表述为，当负载的总电阻等于从负载两端看到的网络戴维南等效电阻时，负载从直流网络中获得最大的有功功率。

1.21 平衡 Y-Y 联结系统分析

计算图 1.34 所示的平衡三相四线制星形联结系统的线电流。系统参数如下：$\dot{V}_{AN} =$

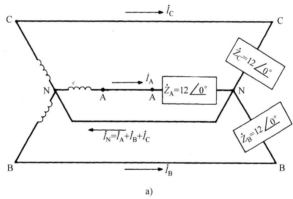

a)

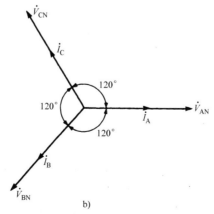

b)

图 1.34 一个平衡的三相四线制星形联结系统

a）电路 b）负载相量图

$120\angle 0°\text{V}$，$\dot{V}_{BN} = 120\angle -120°\text{V}$，$\dot{V}_{CN} = 120\angle 120°\text{V}$，且 $\dot{Z}_A = \dot{Z}_B = \dot{Z}_C = 12\angle 0°\Omega$。

计算过程

计算电流

$$\dot{I}_A = \dot{V}_{AN}/\dot{Z}_A = (120\angle 0°/12\angle 0°)\,\text{A} = 10\angle 0°\,\text{A}。 \quad \dot{I}_B = \dot{V}_{BN}/\dot{Z}_B = (120\angle -120°/12\angle 0°)\,\text{A} =$$

$10\angle -120°\,\text{A}。 \quad \dot{I}_C = \dot{V}_{CN}/\dot{Z}_C = (120\angle 120°/12\angle 0°)\,\text{A} = 10\angle 120°\,\text{A}。$ 因 $\dot{I}_N = \dot{I}_A + \dot{I}_B + \dot{I}_C$，因此

$$\dot{I}_N = (10\angle 0° + 10\angle -120° + 10\angle 120°)\,\text{A} = 0\,\text{A}。$$

相关计算

平衡星形联结系统的中性线电流总是为零。负载电流依据负载本身特定的有功功率因数而落后或者超前电压。此系统，每相一端连接在公共节点（中性点）上，常常称为星形联结系统。

1.22 平衡△-△联结系统分析

计算图 1.35 所示平衡三角形联结系统的负载电流及线路电路。系统负载参数如下：$\dot{V}_{AC} = 200\angle 0°\text{V}$，$\dot{V}_{BA} = 200\angle 120°\text{V}$，$\dot{V}_{CB} = 200\angle -120°\text{V}$，且 $\dot{Z}_{AC} = \dot{Z}_{BA} = \dot{Z}_{CB} = 4\angle 0°\Omega$。

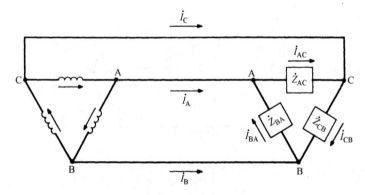

图 1.35 平衡的 △-△ 系统

计算过程

1. 计算负载电流

$\dot{I}_{AC} = \dot{V}_{AC}/\dot{Z}_{AC} = (200\angle 0°/4\angle 0°)\,\text{A} = 50\angle 0°\,\text{A}$，$\dot{I}_{BA} = \dot{V}_{BA}/\dot{Z}_{BA} = (200\angle 120°/4\angle 0°)\,\text{A} =$

$50\angle 120°\,\text{A}。 \quad \dot{I}_{CB} = \dot{V}_{CB}/\dot{Z}_{CB} = (200\angle -120°/4\angle 0°)\,\text{A} = 50\angle -120°\,\text{A}。$

2. 计算线路电流

转换负载电流为直角坐标形式：$\dot{I}_{AC} = 50\angle 0°\,\text{A} = (50 + \text{j}0)\,\text{A}$，$\dot{I}_{BA} = 50\angle 120°\,\text{A} = (-25 +$

j43.3)A，$\dot{I}_{CB} = 50 \angle -120° A = (-25 - j43.3)A$。对负荷节点应用 KCL：$\dot{I}_A = \dot{I}_{AC} - \dot{I}_{BA} = [(50 + j0) - (-25 + j43.3)]A = 86.6 \angle -30° A$，$\dot{I}_B = \dot{I}_{BA} - \dot{I}_{CB} = [(-25 + j43.3) - (-25 - j43.3)]A = 86.6 \angle -90° A$，$\dot{I}_C = \dot{I}_{CB} - \dot{I}_{AC} = [(-25 - j43.3) - (50 + j0)]A = 86.6 \angle -150° A$。

相关计算

对星形联结系统与三角联结系统进行对比，可得出如下结论：

1）当负载为星形联结时，负载的两端连接于线路和中性点之间。阻抗 $\dot{Z}$ 用单字母下标表示，如 $\dot{Z}_A$。

2）当负载为三角形联结时，负载的两端连接于两个线路之间。阻抗 $\dot{Z}$ 用双字母下标表示，如 $\dot{Z}_{AC}$。

3）在星形联结系统中，电源的相电流、线电流与负载的相电流均相等。

4）在三角联结系统中，每条线路必须承载负载两端的电流分量。一个负载的电流分量是流向电源，一个是流出电源。流向三角联结负载的线电流为与注入节点相连的两个负载电流的相量差。

5）对于平衡三角形联结的负载来说，线电流为每个负载相电流幅值的 $\sqrt{3}$ 倍。线电流与相电流相差 30°（如图 1.36 所示）。

6）在平衡星形三相联结系统中，电源线-线电压为线-中性点电压幅值的 $\sqrt{3}$ 倍。线-线电压超前线-中性点电压 30°。

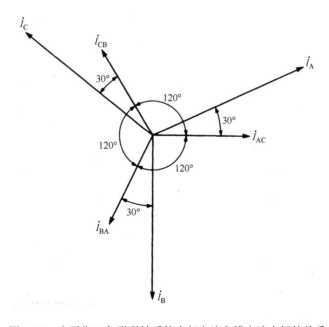

图 1.36　在平衡三角形联结系统中相电流和线电流之间的关系

1.23 积分电路对方波的响应

如图 1.37 所示，一个幅值为 10V、宽度为 100μs 脉冲信号作用于 RC 积分电路。计算电容器可充至的电压及电容器放电时间（忽略脉冲源的内阻）。

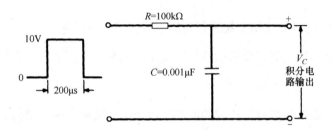

图 1.37 RC 积分电路的脉冲输入

计算过程

1. 计算电容器可充至的电压

电容器充放电的速度决定于电路的时间常数。串联 RC 电路的时间常数为 R 和 C 的乘积。时间常数的符号为 τ（希腊字母 *tau*）：$\tau = RC$。其中，R 的单位为 Ω；C 的单位为 F；τ 的单位为 s。

这个电路的时间常数是，$\tau = RC = 100\text{k}\Omega \times 0.001\mu\text{F} = 100\mu\text{s}$。由于脉冲宽度为 200μs（2 倍时间常数），电容器将充至 86%，即达到 8.6V。RC 充电表达式为 $v_C(t) = V_F(1 - e^{-t/RC})$。其中，$V_F$ 是电容器满充电压值。本例中，如果脉冲的宽度为大于等于 5 倍的时间常数，最终值 $V_F = 10\text{V}$。RC 时间常数充电特性表，如表 1.1 所示。

2. 计算放电时间

200μs 结束，电容器开始向电源放电。从实际出发，总的放电时间为 5 倍的时间常数，即 $5 \times 100\mu\text{s} = 500\mu\text{s}$。$RC$ 放电表达式为 $v_C(t) = V_i(e^{-t/RC})$。其中，V_i 是初始值。本例中，放电开始前的初始值为 8.6V。表 1.2 给出了 RC 时间常数放电特性。

表 1.1　RC 时间常数充电特性

τ	满充百分数（%）
1	63
2	86
3	95
4	98
5	99[①]

① 对于实际情况，认为 5 倍时间常数下可充电至 100%。

表 1.2　RC 时间常数放电特性

τ	满充百分数（%）
1	37
2	14
3	5
4	2
5	1[①]

① 对于实际情况，认为 5 倍时间常数下可放电至零，或者完成 100% 放电。

相关计算

图 1.38 给出了输出端充电及放电曲线。

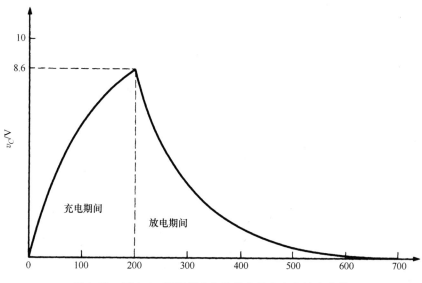

图 1.38　图 1.37 所示积分电路输出端充电和放电曲线

1.24　参考文献

1. Hayt, William J., and Jack Kemmerly. 2011. *Engineering Circuit Analysis*, 8th ed. New York: McGraw-Hill.
2. Nilsson, James W., and Susan A. Riedel. 2010. *Electric Circuits*, 9th ed. Englewood Cliffs, N.J.: Prentice Hall.
3. Stanley, William D. 2002. *Network Analysis with Applications,* 4th ed. Englewood Cliffs, N.J.: Prentice Hall.

第 2 章　测 量 仪 表

Harold Kirkham，Ph. D.，F-IEEE

Staff Scientist Pacific Northwest National Laboratory

2.1　简介

　　测量是获取以简洁的方式描述某些内容信息的过程。现代测量一般包括数字处理技术，并且可将整个处理过程看成为一种数据压缩的过程。

　　测量过程结束后，得到测量结果。结果用统计术语表述：获得的值；该值的不确定性；表示这些数字的置信度。例如，可以说电源插座上的电压为 $118(1 \pm 0.5\%)$ V，其置信度为 95%。本节将处理这样表述结果的计算。感兴趣的读者可以通过本章参考文献探究不确定性问题。

　　在电力系统中，必须重视电力设备和测量设备之间的接口。这是一个安全性以及测量不确定性的问题。本章不会针对安全性问题进行详细讨论。

2.2　电压测量

　　互感器常在实际测量仪表和电力系统高压设备之间起到隔离作用。对于非常高电压的情况，"互感器"可能包含一些串联电容器，电路如图 2.1 所示。该装置物理结构可能如图 2.2 所示，顶部的电容器在物理上增加了其最高电压。对于更低的电压来说，可能仅需要一个互感器，无需额外的分压器。

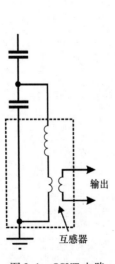

图 2.1　CCVT 电路

图 2.2　CCVT 可能的物理结构

在任何情况下，当测量用互感器的输入电压为额定值时，厂商均会标准化互感器的输出电压为120V。使用者通常可以认为额定输入对应着120V输出并据此计算电压比（可以根据互感器的铭牌确定电压比。）同样，电流互感器也是标准的，对于额定一次电流，标准输出为5A或者1A。

例2.1

假设需要测量某工厂的一条三相4160V供电线路的线电压。由于这个电压比较高也很危险，所以测量时需要使用电压互感器。

电压互感器的绝缘电压与其预期的工作电压相匹配。它们可以在如600V级、5kV级、15kV级或者更高级别下运行。在这些级别里存在不同的标准电压比。对于5kV级别，可使用的标准电压比为7:1、10:1、20:1、35:1和40:1，因此120V输出对应的输入电压为840V、1200V、2400V、4200V以及4800V。对于本例的4160V电压系统，35:1的最合适，但也可以使用40:1电压比的。

过程

如图2.3所示，电压互感器和电压测量表计与三相线路相连。图中给出了电压互感器的高压侧及低压侧端子。通常三相电压都需要测量，这里只显示了一相。假定电压互感器的电压比为35:1。假设电压读数为117.5V。与电压比相乘，得到高压侧电压为117.5V × 35 = 4112.5V。

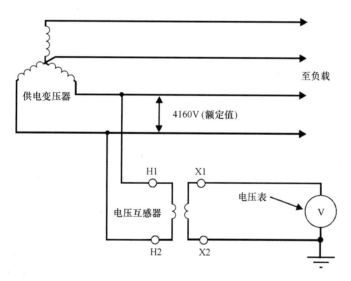

图2.3　电压测量电路

电压互感器的测量准确度为某个特定标准级别，例如IEEE Std C57.13测量互感器要求标准的0.6级。这就意味着这个互感器输出的不确定性结果小于6%。这个电压可能高至4137V或者低至4088V。因此，没有理由保留一个数字电压表（DVM）读数乘以某个倍数而得到结果的所有小数位，甚至可以假设这个电压表是相当准确的。最接近的电压测量结果加上一个不确定性描述［4112(1 ±0.6%)V］是一种比较好的描述方式。

计算中也应包括DVM的不确定性。假定DVM的不确定性为0.5%。由于两个不确定性对应着测量是相互独立的，它们不是直接相关的，但像直角三角形的勾股定理一样。因此，总的不确定性为 $\sqrt{a^2+b^2}$。其中，a 和 b 对应着两个被合并的不确定性。对于 $a = 0.6\%$，$b = 0.5\%$，结果为 0.78%。由于已知这两个原始的不确定性只保留了小数点后一位有效数字位，所以结果也保留小数点后一位有效数字位，四舍五入后得到的不确定性为 0.8%。所以，测量结果描述为 $4112(1 \pm 0.8\%)\mathrm{V}$。

除非有特别说明，一般认为置信水平为 95%，并且很少有这样的特别说明。但是，记住该信息是很好的，因为读数误差超过规定的不确定性有 5% 的可能。通常，这就意味着，有 2.5% 的概率测得的数据过高，且有 2.5% 的概率测得的数据过低。

注意事项

这里有三个注意事项，其中两个注意事项是与安全性有关的。图 2.3 给出了一种接地连接，为了安全性和减少噪声干扰，须将低压侧的一个端子接地。高压回路的一个一般规则是，金属导体必须有明确的电位。金属导体必须接地或者连接在某个已知的电位点上，不允许"悬空"。

其次，电压互感器的绕组绝缘损坏可引起二次侧的高电压。因此，电压互感器的绝缘额定电压总是高于其额定电压。这里说的互感器基本绝缘水平是标准的，并与互感器的使用场所有关（尤其是指室内或室外）。依据标准 IEEE C57.13，当变压器工作在 5kV 电压等级时，其 BIL 为 60kV。如果有什么疑虑，检测其绝缘质量是明智的（本章不对这种检测进行描述了，读者可以查看相应文献，标准 C57.13 中对此有所介绍。）

另外一个注意事项与准确度相关。对于互感器来说，认为接在互感器输出端的测量电路代表了互感器的某个负载。这个负载被当成一种负担。对一个普通的用于测量小于几百伏电压的手持测量仪表来说，其电阻为 10MΩ。互感器的这个"负担"通常阻值更低。标准中对于这个可接受的范围（即维持测量不确定性在某个特定范围内对应的负担值）进行了规定。为了确保测量结果在置信区间，使用者必须使用正确的"负担"值。

2.3 电流测量

与电压互感器类似，电流互感器也具有隔离作用。当用于电压非常高的系统时，电流互感器有点类似图 2.2 中所示的 CCVT 结构。区别是，电压互感器在高压侧仅有一个连接端子，而电流互感器有两个连接端子，如图 2.4 所示。

在低电压情况下使用时，绝缘就不是很突出的问题了。如图 2.5 所示，这类电流互感器可使用在几百伏的电压系统中。中间的孔是被测导体通过的路径。

这些电流互感器也必须遵循相应的标准。输出电流为标准的 5A 或者 1A，电流互感器的准确度等级与电压互感器准确度等级相同。

例 2.2

选择一条向 240V、20kW、功率因数为 0.8 的负荷供电

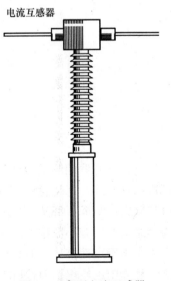

电流互感器

图 2.4 高压电流互感器

的线路进行电流的测量。在一个无谐波系统中，功率因数为有功功率与视在功率的比值。因此，这个被测量的线路所带负荷的功率因数为 0.8，视在功率（电流和电压的乘积）为 (20/0.8)kVA 即 25kVA。电流为 (25 000/240)A，约等于 104A。由于直读电表无法测量这样大的电流，所以需要安装电流互感器。

开始选择一个正确的电流互感器。这里希望使用一个输出为 5A 的电流互感器，看起来一个电流比为 150:5 的电流互感器会更加合适。这个电流互感器将留有一定裕度，以适应电流稍高于 100A CT 额定容量的事实。

已经规定了电流互感器的容量，所以预期输出的电流仅为电流互感器额定值的 2/3 倍，可以使用一个量程为 5A 的电流表。电流表与电流互感器连接，如图 2.6 所示。图中没有给出高压侧连接，由于在这个电压等级，典型电流互感器结构是中间有一个洞，一次导体从这个洞穿过，并不直接"连接"到任何物体上（如图 2.5 所示）。

图 2.5　小型电流互感器

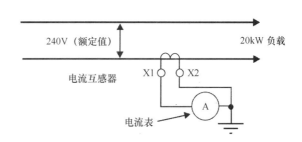

图 2.6　电流测量电路

计算过程

假定电流表上的读数为 3.26A。电流互感器的电流比为 150:5，所以待测电流 x 由公式 $x/150 = 3.26A/5$ 计算得到，$x = 150 \times 3.26A/5 = 97.8A$。或许读者会注意到，用电流表的读数直接乘以 $150/5 = 30$ 也可以。

在测量结果的描述中包含不确定性描述是非常必要的。这个过程与电压互感器相关测量数据的描述类似。假定电流互感器的准确度等级为 0.3，电流表的不确定性为 1%。合计不确定性为 $\sqrt{0.3^2 + 1^2} = 1.04\%$。但是由于最初的不确定性仅保留一位有效数字位，以这种方式引用总的不确定性是不恰当的。这个总不确定性经四舍五入后为 1%。在本示例中，这个不确定性为 1~2，一些人认为 1.5% 是可接受的。否则，习惯上用一个有效数字位表示。

值得注意的是，总不确定性或多或少由两个数字中较大者决定。这个结果的出现主要是由数字的二次方计算引起的。对使用设备的不确定性进行检查是非常值得的，看看是否有任何一个元素支配不确定性。用更好的设备代替这个设备是值得考虑的。

注意事项

与电压互感器相似，有三个注意事项：两个与安全相关，一个与准确度相关。首先，注意电流互感器的二次侧是接地的。除此之外，电流互感器二次侧在任何时候都是闭合的。否则，电流互感器低压侧将产生一个危险电压（电流互感器的一次电流与电流互感器所带的负载无关，它仅在一次侧流过）。不仅输出电压是危险的，它还会损坏电流互感器。当需要取下电表时，首先应将电流互感器的二次侧短接。

电流互感器的负载会影响准确度。为了保证准确度，标准中对此进行了规定。电流互感器所带的负载是较低的，因此对电路中电缆电阻的跟踪是非常重要的。

低能耗传感器

可用电流互感器或者电压互感器的电能运行继电器和测量仪表，这种高电能降低了测量系统对噪声感知的敏感性。然而现代继电器和测量仪表并不需要高电能，低能耗设备得到了使用。

利用霍尔传感器芯片感知电流互感器中的磁通技术，已经研发出了一种有趣的"有源电流互感器"，使用电子器件反馈驱动铁心中的电流从而将磁通减少至零。这种结构如图 2.7 所示，被称为"闭环霍尔"传感器。

这种"有源电流互感器"的优点是，可以测量低至直流和高至几千 Hz 的交流电流。另外，其测量的准确度也是相当不错的：当磁通为零时，通过匝数比可以非常精确地给出电流比。然而，这种方法确实需要电源。本例显示的方式，电流互感器输出是高阻抗（更多的电子器件可以将其转换为低阻抗或低电流）。

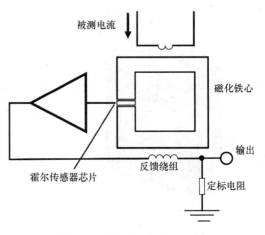

图 2.7 霍尔效应电流互感器

过去的几十年，在用光学传感器取代电流互感器上得到了进展。这些测量技术是基于对载流导体周围磁场的测量。多数光学电流互感器中的光学路径包围着导体，因此可用光纤或者光学玻璃进行测量。传感器的输出可能是电信号或者是光信号。IEEE 工作组在 1992 年对光学电流互感器进行了分类。

其优点为，这种信号的光纤传输不受噪声影响，并且与传统电流互感器相比，具有更大的动态测量和频率响应范围；缺点是输出能量低，不足以驱动传统的继电器。

2.4 利用单相功率表进行功率测量

许多年前就已经证实，对一个电路功率的测量，所需要的最少功率表数量为线路数量减一。对于一个单相电路来说，意味着 1 只功率表就够了；而对于一个三相电路来说，具体需要 2 只还是 3 只功率表，主要取决于电路是三角形联结还是星形联结。

例 2.3

一般来说，对功率的测量包括测量由电流互感器隔离的电流以及测量由电压互感器隔离的电压。假定对约为 100kV·A 负荷所消耗的有功功率进行测量，此负荷由一条 2400V 单相线路供电。

计算过程

1. 选择电流互感器

这个电流额定值为（100 000/2 400）A = 41.66A。根据预留裕度，可以选择 50:5 的电流互感器，或者 75:5 的电流互感器。假定选择使用 75:5 的电流互感器。

2. 选择电压互感器

需要将 2 400V 的线路电压降至 120V，那么选择 20:1 的电压互感器。

3. 连接功率表

图 2.8 给出了互感器与 2400V 线路和功率表连接。

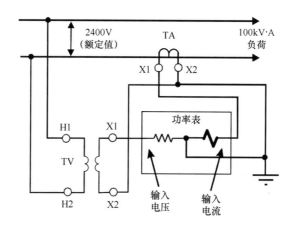

图 2.8　单相功率测量电路

如果电流互感器与功率表输入电路相匹配，可直接从功率表读出测量值。对于现代数字式有功功率表，在初始化功率表时，可能需要设置输入电压和电流范围。之后所有的计算均是在功率表内部完成的。

如果使用的测量设备不具有这种能力，那么必须将功率表读出的数字进行一个比例换算。假设这个电压互感器额定输出电压确实为 120V，2400V 电压是标准电压，则 20:1 的电压互感器是可以使用的。如果使用的电流互感器为 50:5，这个电流大约是额定电流 5A 的 80%，用正确的比例进行换算就可以了。然而，由于选择的电流互感器为 75:5，而必须用 50:5 的电流互感器的电流比（由于这个电流将低于满刻度 5A），那么用 75/50 比例系数增加读数值，如将读数乘以 1.5。

为了计算测量结果的不确定性，必须将电压互感器、电流互感器以及功率表不确定性进行累加。如前所述，这个计算是单个不确定性二次方和的二次方根。

可能需要计算负载的功率因数。如果负载是线性的，它仅消耗正弦电流，功率因数计算非常简单，为视在功率与有功功率的比值。视在功率为电压有效值与电流有效值的乘积。有功功率为功率表的读数。这个比率总是小于 1 的。

数字式功率表具有内部计算功能并显示结果。如果使用一个模拟功率表，不得不测量电压和电流，然后将两者相乘计算视在功率。

功率因数的概念大家并不陌生，但依然经常被错误理解。如果功率因数小于 1，电路中有部分电流没有实际做功。通常被描述为负载和供电点之间的振荡。但它确实做了一点"工作"：它对线路和配电线路进行了预热。对于大多数人，电力公司的账单仅仅是用户所消耗的有功功率费用。如果用户的设备是低功率因数设备，电力公司收到的仅是对应功率因数设备的费用，但电力公司不得不发出和配送更多的电能。这就是为什么电力公司倡导应用高功率因数设备的原因。

对于非线性负载来说，与计算相关的问题变多了。在现代电子产品出现之前，很少有负载会产生谐波，但现在许多负载会产生谐波。功率因数的概念没有发生变化，有几种方法可计算功率因数。对于正弦电流，计算结果相同。带有谐波时，计算结果就不相同了。这个问题将在"功率因数测量部分"进行讨论。

2.5　利用三相功率表进行功率测量

三相负载所消耗的功率需要用三只或者四只功率表（或者一只具有许多元件的功率表）。其测量计算相似，大多计算方法在单相测量中讨论的方法是适用的。重要的区别是功率表的接线方式。

根据 Blondel 定理，三线制系统需要两个功率表元件，四线制系统需要三个元件。下图中出现的元件用 ⌁⌁⌁ 表示电压元件而不是电阻；电流元件用短的，加粗版本符号 ⩗。

接线的不同之处如图 2.9 和图 2.10 所示。图 2.9 所示电路为三线制系统二次接线。电压互感器和电流互感器输入端使用 X1、X2 和地。这里注意电压互感器和电流互感器接入方式的区别，电压互感器连接 H1- H2 和 X1- X2- 地，而电流互感器连接 X1- X2- 地。图 2.10 所示为使用四线制系统二次接线连接。

正如单相功率测量部分所述，主要问题是仪表用互感器的选择。依据互感器标准选择功率表。

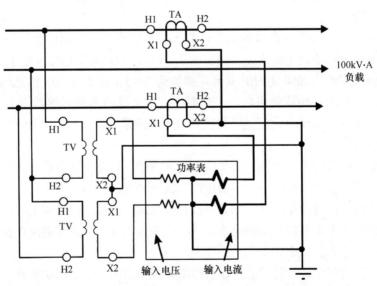

图 2.9　三相三线二次功率测量电路

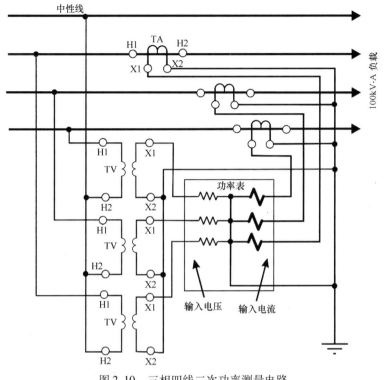

图 2.10 三相四线二次功率测量电路

2.6 无功功率测量

如前所述，在交流电路中，有一部分电流并不用于负载做功。可以想象，这样的电流对应着一种功率。它的测量单位为 var，对应电压-电流-无功。如果无功功率为零，则向负载传送功率的效率最高。对于早期的交流系统，存在关于无功功率是否"真实"以及它是否可测量的讨论。

很多年过去了，已经实现了无功功率的测量。目前，数字测量系统已经毫无困难地实现了对无功功率的测量。正如本章开始所说，测量仅是一种数据提炼形式。只要给出定义，就可以对其进行测量。然而，2011 年，美国电气制造业协会（National Electrical Manufacturers Association，NEMA）的美国国家标准与技术研究院（National Institute of Standards and Technology，NIST）研究发现，对于无功功率至少有 10 种定义，而且在商业设备中有 10 种不同的测量方式。如果被测电压电流是正弦波，所有这些计算结果是相同的，但是如果存在谐波则不同。

可以说到目前为止，也没有一个正确和错误的回答，多年来一直存在争论和争议。IEEE 标准的定义中考虑了谐波，虽然它是有用的且明确地写出，但是事情仍没有得到解决。这里也就不给出任何明确的结论了。

对于拥有大负载的电力系统来说，基于无功消耗（或者有功功率因数）调整账单的做法也很常见。加拿大有少量案例，某个公司更换了电表后，这个公司的电费突然增加，但负载并没有改变。这说明计算方式发生了改变。

相关计算

无功功率表被设计成适用于单相和三相系统，以及三线制和四线制系统。对于模拟无功功率表，通常采用中间零刻度样式。该类功率表设计为向右偏转表示滞后功率因数，向左偏转表示超前功率因数。

许多模拟无功功率表需要一个外部补偿器或者移相变压器。而对于数字式的，这些功能都是在仪表内部实现的。

2.7　有功功率因数测量

线性条件下的单相电路的有功功率因数的定义和测量是容易的。一旦这些线性单相条件不满足时，这个术语的含义甚至很难理解。一个不平衡三相系统中存在一个正序有功功率因数和一个不同的负序及零序有功功率因数。如果存在失真，每个谐波和基波一样都会有一个有功功率因数。虽然直读的模拟仪表可以设计成复杂的磁场结构，但它们并非设计用于对失真信号的测量。而数字仪表尽管很容易实现计算功能，但是也没有特别的校正计算。

暂且把困难放到一边。这里解决的问题是选择合适的互感器。关于互感器选择时的计算及接线设计与前面所述相同，此处不再重复。

仪表用互感器的选择除了会影响整体的计算准确度外，还要考虑互感器的频率响应问题。对于普通的仪表用互感器，接线可能会影响频率响应。另外，例如图 2.2 和图 2.4 所示的高压互感器在额定工频下通常是优化运行的，并且在其频率响应中可能出现意外的波峰和波谷。因此，进行含有谐波的测量时，要特别注意。

2.8　电能计量

感应式电能表的使用已经有很长的一段时间了。这个方法是基于感应电动机的变形，本例中则是一个铝盘。有两条几乎分开的磁路，在磁盘中产生涡流：一条磁路是由电压线圈产生的；一条磁路是由电流线圈产生的。两个涡流场相互作用产生使铝盘转动的力。铝盘转动速度与输入功率成比例，一套齿轮完成对铝盘转动圈数的计数，完成电能积分计算。

目前，智能电能表正在逐步替代感应式电能表。在智能电能表中，以数字化形式完成功率的测量和积分。智能电表通过通信的方式将读数传给电力公司。智能电能表有时还配置一些其他功能，如与家庭能量管理系统进行通信或者完成谐波数据的采集。

这两类电能表均不需要外部计算。对于终端来说，这两类表计是可以互相替代的。但是，如图 2.11 所示，它们的内部结构是非常不同的。住宅用电能表称为 2S 形，可独立安装，不需要同时安装电流互感器。它有 4 个接线端子，为 “$1\frac{1}{2}$ 元件” 类。其他形式，有多个接线端子，需要使用其他形式的互感器。

不同公司生产的电能表的细节不同。有的使用电流互感器，另外一些（如此处所示）是通过一个电阻来测量电压。感应式电能表运行功率大约为 3W。智能电能表使用更小的功率，大概为 1W。其串联电阻为几十 μΩ。其电源是一种高效的开关模式设备。

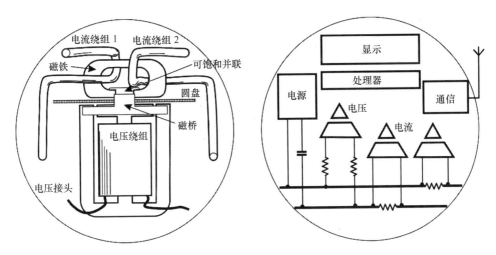

图 2.11 感应式和智能电能表的内部结构

2.9 电力最大需量测量

在美国，对于一些三相负荷，最大功率测量是账单的一部分。除了对所消耗的电能付费外，用户还需对某个时间段（通常为 15min）的最大需量进行付费。通常每个月对这个测量值进行重置，再重复这个过程。这种方法是为了引导用户减少峰值用电量。

例 2.4

假设必须对一个工厂的最大需量进行测量，测量的时间间隔为 15min，工厂最大需量估计值为 150kW。工厂由一个三相四线制 7200V 线路供电。工厂的峰值用电时功率因数估计值为 0.8。下面看看如何进行这个测量。

计算过程

1. 需量电能表的选择

这个特殊的应用要求一个三相四线电能表，这个电能表有一个记录 15min 时间段需量的寄存器。这里的主要关注点，还是电压互感器及电流互感器的选择。

2. 电流互感器的选择

假定负载是平衡的，线路电路计算如下：

$$I = \left[150/(\sqrt{3} \times 7.2 \times 0.8) \right]\mathrm{A} = 15.03\mathrm{A}$$

选择 3 台 15:1 或者 15:5 的合适绝缘等级的电流互感器。

3. 电压互感器的选择

这些电压互感器的一次绕组与线路进行线-线连接，因此一次绕组的电压为 7200V。二次绕组向电能表提供 120V 的电压。因此需要 7200:120 或者 60:1 的电压互感器。与电流互感器相似，电压互感器也需要合适的绝缘等级。

4. 将电能表连接到线路上

将电能表连接到线路上，如图 2.10 所示。该电路是四线制系统的二次接线图。

相关信息

许多商业用户、机构及工厂用户的电能表都具有需量测量功能，这些用户都需要向电力公司缴纳需量电费。需量电能表在指定的时间段内，通常为 15min 或者 30min，像电能表一样运行。15min 或者 30min 时间段的最大能量消耗值保存在需量寄存器中直到人工置零（通常以月为单位）。需量寄存器中数值的单位为 kW，并考虑了累加消耗电能的时间。

需量电能表的选择与电能表的选择相似，与使用场合（单相还是三相）、线路电压、被测电流及最大需量定义所基于的时间段等因素有关。

2.10 非电量测量

用于像压力、温度、流速等非电量测量的仪器通常包括三个部分：传感器，它将这些被测量的非电量变为电气系统可处理的量（如电压、电流或者阻抗）；某种类型的传输电路；显示测量结果的接收器。信号处理可能发生在传感器或者接收器内。在这些系统中，接收器也可能完成记录功能。

许多文献都对非电量测量进行了描述，本手册不会介绍各种已描述过的测量系统。然而，这里将提一个有趣的进展，可以使将来的电气测量实施得更加容易。2007 年，IEEE 仪器与测量协会发布了一个新的标准 IEEE 1451，规定传感器和执行器的智能传感器接口的标准——通用功能、通信协议以及传感器电子数据表格（TEDS）格式。事实上，为 "1451"系列标准。起草这个标准的主要目的是鼓励和促进传感器的互操作性。智能传感器有足够的能力存储更多的数据，并进行组网。也许未来的传感器可以发展成 USB 插入式传感器。

2.11 参考文献

1. Berrisford, A. J. 2012. "Smart Meters Should be Smarter," doi 10.1109/PESGM.2012.6345146, presented at the IEEE PES General Meeting, July 2012, San Diego, C.A.

2. Blondel, A. 1894. "Measurements of the Energy of Polyphase Currents." *Proceedings of the International Electrical Congress* (pp. 112–117). Chicago, I.L.: AIEE.

3. Edison Electric Institute (EEI). 2002. *Handbook for Electricity Metering*, 10th ed. Washington, DC: Edison Electric Institute.

4. Emerging Technologies and Fiber Optic Sensors Working Groups of IEEE Power and Energy Society. 1994. "Optical Current Transducers for Power Systems: A Review," *IEEE Transactions on Power Delivery*, Vol. 9, No. 4, pp. 1778–1788.

5. Harris, F. K. 1952. *Electrical Measurements*. New York: Wiley and Sons.

6. IEEE Std 1459™-2019, IEEE Standard Definitions for the Measurement of Electric Power Quantities Under Sinusoidal, Nonsinusoidal, Balanced or Unbalanced Conditions.

7. NEMA C12.24 TR-2011. 2011. *Definitions for Calculations of VA, VAh, VAR, and VARh for Poly-Phase Electricity Meters*, registered with ANSI May 2011.

第 3 章　直流电动机和发电机

Om Malik，Ph. D. ，P. E.

Professor Emeritus Department of ECE University of Calgary

3.1　用于转速和电压测量的直流测速发电机

直流测速发电机参数：叠绕电枢，四极，电枢（转子）总导体数为780，每极磁通（定子）为 0.32×10^{-3}Wb。计算连接在电枢电路的高阻抗电压表的刻度标准值。

计算过程

1. 电枢电路支路数 a 的确定

对于单叠绕组，支路数（并联）a 总是等于极对数。对于单波绕组，支路数总是等于2，因此对于四极单叠绕组直流测速发电机来说 $a = 4$。

2. 电机常数 k 的计算

电机常数等式为 $k = Np/a\pi$，式中电枢绕组匝数为 $N = 780/2 = 390$（即两根导体组成一匝），$p = 4$，$a = 4$（即 4 个并联路径）。因此，$390 \times 4/(4\pi) = 124.14$，即 $k = 124.14$。

3. 计算作为机械转速函数的感应电压

平均电枢感应电压（与每个线圈中磁链变化速率成正比）$e_a = k\Phi\omega_m$。式中，Φ 为每极磁通，单位为韦伯（Wb）；ω_m 为转子机械转速，单位为弧度/秒（rad/s）；e_a 的单位是伏（V）。因此，$e_a/\omega_m = k\Phi = (124.14 \times 0.32 \times 10^{-3}Wb)$V·s/rad ≈ 0.0397V·s/rad。

4. 计算电压表的速度校准

取系数 e_a/ω_m 的倒数，得到 $1/0.0397$V·s/rad ≈ 25.2rad/(V·s)。因此，高阻抗电压表刻度含义为每 1V 电压对应 25.2rad/s 的转速。一个旋转对应的圆周角为 2π，则 1V 刻度对应的标准值等于 $25.2/(2\pi)$ 或者 4r/s，或者对应着(4r/s)×(60s/min) = 240r/min。

相关计算

这个小型直流发电机，机械耦合到电动机，输出的电压幅值与电动机的旋转速度成正比。这种测速方法不仅可以通过电压表读出转速，也可以用于大型电动机速度矫正控制。这种类型的转速表提供一个简单的调节电动机速度的方法。

3.2　从空载饱和曲线获得他励直流发电机的额定工况

图 3.1 所示为一台他励直流发电机空载饱和曲线，图 3.2 所示为等效电路。它的铭牌数

据为5kW，125V，1150r/min，电枢电路电阻 $R_a = 0.40\Omega$。假定发电机转速1200r/min，励磁电流由励磁电阻调整至2.0A。如果负载为额定值，计算这台发电机的端电压 V_t。电枢反应和电刷损耗可以忽略不计。

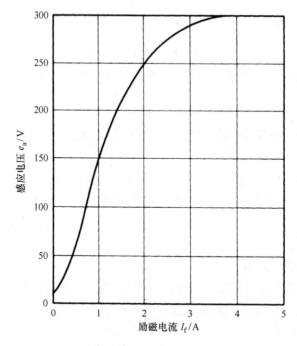

图3.1　某他励 DC 发电机空载饱和曲线，转速为1150r/min

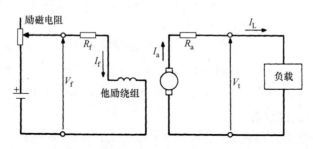

图3.2　某他励直流发电机等效电路

计算过程

1. 计算电枢感应电压 e_a

空载饱和曲线是在额定转速1150r/min 条件下获得的。这个例子中，发电机的转速为1200r/min。对于给定磁通（励磁电流），感应电压与转速成正比。因此，如果 $I_f = 2.0$A，由1150r/min 空载负荷曲线可知电压 $e_a = 250$V。对于1200r/min 的更高转速，$e_a = (1200/1150) \times 250$V ≈ 260.9V。

2. 计算额定负载电流 I_L

利用等式 $I_L = $ 额定功率/额定电压 $= 5$kW/0.125kV $= 40$A，计算负载电流。注意到这个计算并没有包括转速，额定电流、电压以及功率受发电机的发热（铜导体尺寸、绝缘、散热等）限制或定义。

3. 计算端电压 V_t

由基尔霍夫电压定律可计算端电压 $V_t = e_a - I_L R_a = 260.9\text{V} - 40\text{A} \times 0.4\Omega = 244.9\text{V}$。

相关计算

不同转速下端电压的计算可采用上述类似的计算过程。如果励磁绕组是串励或者是与电枢两端并联的并励，则计算过程与下面的例题相似，适当考虑附加电路和总场通量的变化，如 3.3～3.5 节所描述的那样。

3.3　复励直流发电机的输出条件计算

复励直流发电机连接为长并励。某复励直流发电机的参数为 150kW，240V，625A，串励绕组电阻 $R_s = 0.0045\Omega$，电枢电路电阻 $R_a = 0.023\Omega$，每极并励绕组匝数为 1100，每极串励绕组匝数为 5。额定负载电流情况下，并励电流为 5.0A，发电机转速为 950r/min 时，计算发电机的端电压值。图 3.3 给出了转速为 1100r/min 时这台发电机的空载饱和曲线。

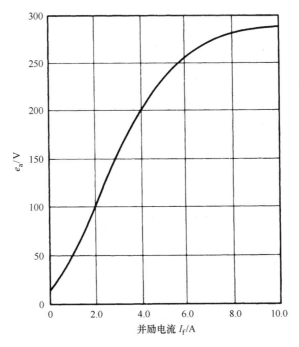

图 3.3　某 240V、1100r/min 直流发电机的空载饱和曲线

计算过程

1. 绘制等效电路

等效电路如图 3.4 所示。

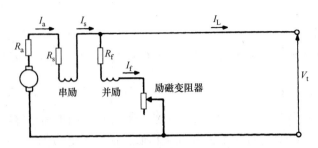

图 3.4 长复励直流发电机等效电路

2. 计算串励绕组电流 I_s

如图 3.4 所示，串励绕组电流 $I_s = I_a = I_L + I_f = 625A + 5.0A = 630A$。

3. 转换串励绕组电流为等效并励绕组电流

使用空载饱和曲线（如图 3.3 所示），将串励绕组电流转换为等效的并励绕组电流，总磁通量由并励绕组电流与串励绕组的等效并励绕组电流之和决定。串联绕组的等效并励绕组电流计算公式：实际串励绕组安匝数/实际并励绕组匝数 = $(630A) \times (5$ 匝$)/1100$ 匝 = 2.86A。总磁通用励磁电流表示为并励电流 + 串励的等效并励电流 = 5.0A + 2.86A = 7.86A。

4. 计算电枢感应电压 e_a

根据图 3.3 所示的空载饱和曲线，并励电流为 7.86A，转速为 1100r/min 时，对应空载感应电压 $e_a = 280V$。发电机转速为 950r/min 时，则感应电压 $e_a = 280V \times (950/1100) \approx 242V$。

5. 计算端电压 V_t

根据基尔霍夫定律计算端电压：$V_t = e_a - I_a (R_a + R_s) = 242V - 630A \times (0.023\Omega + 0.0045\Omega) \approx 224.7V$。

相关计算

长复励连接时，串励绕组连接在并励的电枢侧；短复励连接时，串励绕组接在并励端侧。对于后者，串励绕组电流等于 I_L，而不是 I_a；基尔霍夫电压等式仍然可以使用。长复励和短复励连接区别不大。对于这两种连接方式，需要确定的是每极净磁通，串励磁通可能增加也可能减少。在本例中，假设是增加的。

3.4 直流发电机中产生平复励的串励增磁计算

假设一个直流发电机改为平复励方式。这个直流发电机的参数为 150kW，240V，625A，1100r/min，电枢电路电阻 $R_a = 0.023\Omega$，每极并励绕组匝数为 1100，每极串励绕组匝数为 5，串励绕组电阻 $R_s = 0.0045\Omega$。其转速为恒值 1100r/min，此转速对应的空载饱和曲线如图 3.3 所示。试确定额定条件下并励电路电阻（假设长并励连接），并计算在 250 V 时平复励时，从串励绕组中转移的电枢电流，以及分流的电阻值。

计算过程

1. 计算并励绕组电路电阻值

从空载饱和曲线（如图 3.3 所示）可知，250V 感应电动势对应着并励绕组电流为

5.6A。在空载饱和曲线上绘制一条励磁电阻线（从原点到250V、5.6A的直线），这条直线表示了并励电路电阻250V/5.6A≈44.6Ω。在也就是说，当空载电压达到250V时，并励电阻必定是44.6Ω。在空载情况下，电枢绕组中流过并励绕组电流5.6A。这个电流导致电压降落为 $I_a R_a = I_f R_a = 5.6A \times 0.023\Omega = 0.1288V$，相对于250V来说，它可以忽略不计。

2. 计算额定工作状态下电枢电流及感应电枢电动势

当负载电流为625A时，电枢电流 $I_a = I_f + I_L = 5.6A + 625A = 630.6A$。感应电枢电动势 $e_a = V_t + I_a(R_a + R_s) = 250V + 630.6A \times (0.023\Omega + 0.0045\Omega) \approx 267.3V$。

3. 计算额定工作状态下，串励绕组所需提供的电流值

额定工作状态下，通过串励绕组的电流为630.6A（与 I_a 相同），参见图3.4所示长并励等效电路。对于267.3V（再次参考空载饱和曲线）的感应电压，励磁电流为6.6A。因此，串励绕组提供的励磁电流为6.6A－5.6A＝1.0A（用并励电流等效）。产生1.0A等效并励电流所需实际的串励绕组电流与各励磁绕组匝数成正比，有 $1.0A \times (1100/5) = 220A$。

4. 计算分流电阻阻值

实际上流过串励绕组电流为630.6A，而220A电流足以产生平复励方式（满载及空载时，$V_t = 250V$），所以630.6A－220A＝410.6A，那么必须由与串励绕组并联的电阻进行分流。这个电阻值＝串励绕组两端的电压/电流分流值＝$(220A \times 0.0045\Omega)/410.6A \approx 0.0024\Omega$。

相关计算

本例中，由于缺少数据而忽略了电枢反应。如果想做更精确的计算，不仅需要空载饱和曲线，还需要额定满载饱和曲线。满载负荷曲线会从空载负荷曲线拐点（本例大约在250V处）上方区域下降到空载曲线之下。如果考虑这些数据，励磁绕组所需的串励电流将大于本例的计算值，被分去的电流将减少。实际上，除增加了磁场的畸变程度，电枢反应还减弱了励磁磁场。这个问题中的计算结果导致微弱的欠复励，而不是平复励。

3.5　直流发电机中间极绕组的计算

某直流叠绕发电机参数如下：500kW，600V，4极对数，4个中间极，464根电枢导体。中间极的磁动势（mmf）比电枢磁动势大20%。确定中间极线圈的匝数。

计算过程

1. 计算每极电枢线圈匝数

如果电枢导体数为464根，则匝数为电枢导体数的一半，每两根导体组成一匝。这台发电机有4极，因此每极电枢匝数＝（电枢导体数/2）/极数＝（464/2）/4＝58。

2. 计算每个电枢支路的电流

对于叠绕组，支路数量（并联）总是与极数相等，本例中为4。每个电枢支路的电流为 $I_a/4$，表示每个电枢导体或者每个线圈流过的电流。

3. 计算中间极线圈匝数

中间极（也称为换向极），其主要目的是提供纵轴磁动势，以消减电枢正交磁反应影响

（如图 3.5 所示）。由于间极与电枢绕组为串接，间极中绕组流过的电流为电枢电流，所以间极绕组匝数少、截面积大。每极电枢的磁动势是，每极电枢绕组的匝数×每根导体中流过的电枢电流 $= 58 \times (I_a / 4) = 14.5 I_a$（单位为安匝）。如果中间极的磁动势大于电枢磁动势 20%，则中间极磁通势为 $1.2 \times 14.5 I_a = 17.4 I_a$（单位为安匝）。计算得到每个中间极绕组匝数为 17.4，实际上使用 17 匝。

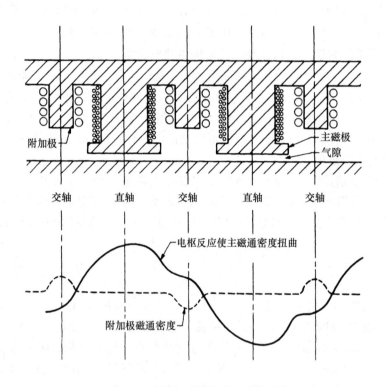

图 3.5　中间级对磁通密度的影响

相关计算

中间极作用是改善换向，即减少电刷滑过换向器时产生的火花。当中间极数量等于主磁极数量时，中间极磁动势通常比电枢磁动势高 $20\% \sim 40\%$。如果使用这个中间极数量一半时，中间极磁动势一般设计为大于电枢磁动势的 $40\% \sim 60\%$。上述计算都是以单极为基础的。由于中间极运行的电流为电枢电流，所以中间极磁动势与电枢反应的效果是成正比的。

3.6　直流电机补偿绕组的设计

某叠绕直流电机参数为 4 极，极面宽度与极距比值为 0.75，电枢槽数为 33，每槽导体数为 12。为每个极面设计一个补偿绕组（如每个极面放置的导体数以及相应极面的槽数），如图 3.6 所示。

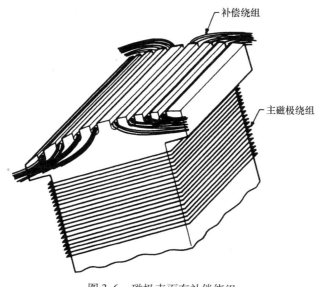

图 3.6　磁极表面有补偿绕组

计算过程

1. 计算一个极距内的电枢磁动势

一个极距内电枢匝数为（电枢导体总数/2）/极数 = [（每槽 12 根导体）×（33 个槽）/2]/4 极 = 49.5 电枢匝数。流过每个导体的电流为每个并联支路的电流。对于单叠绕组电机，并列支路数与极数相同本例中为 4。一个极距内的电枢磁动势 =（一个极距内电枢匝数）×（每支路电枢电流）= 49.5 ×（I_a/4）≈ 12.4I_a（单位为安匝）。

2. 计算每个极面的电枢安匝数

由于极面与极距给定比例为 0.75。因此，每个极面电枢安匝数 = 0.75 ×（12.4I_a）= 9.3I_a（单位为安匝）。

3. 计算补偿绕组的导体数

设计补偿绕组的目的是，中和使磁通密度分布变形的电枢磁动势。负载突然发生变化时，跨越相邻的换向器时有可能出现闪络。补偿绕组的作用就是克服这个问题。由于补偿绕组与电枢电路连接，补偿效果与电枢电流成正比。因此，必须使同一极面电枢绕组和补偿绕组实质产生相同数量的安匝数。在本例中，每个极面必须产生 9.3 安匝；这需要每个极面的导体数为 2 × 9.3 匝 = 18.6 匝（即 18 根或者 19 根导体）。

4. 计算极面槽数

极面的槽距与电枢上的槽距不应相同，否则相对的槽和齿移动时就会发生磁阻转矩。相对于一个极面电枢上的槽数为（33 个槽）×（比例系数 0.75）/4 个极 ≈ 6.2 个槽。对于不同的槽数，可设计为 5 个槽，每个槽中放置 4 根导体（总计 20 根导体）；或者设计 8 个槽，每个槽中放置 2 根导体（总计 16 根导体）。

相关计算

许多情况下，电机都装有换向极（如前一个示例）和补偿绕组。电机补偿绕组的连接方式如图 3.7 所示。

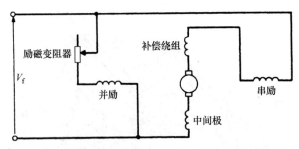

图 3.7　具有换向器和补偿绕组的某复励直流电机接线形式

3.7　自励直流发电机定子绕组和电枢绕组的电阻计算

某自励直流发电机参数为 10kW，240V。额定工作状态下，电枢电路中的电压降为发电机端电压的 6.1%。同时，并励绕组电流为额定负载电流的 4.8%。计算电枢电路电阻和并励绕组电路电阻。

计算过程

1. 计算并励绕组电流

额定负载电流 I_L = 额定负载/额定电压 = 10 000W/240V ≈ 41.7A。并励绕组电流 I_f = 0.048I_L = 0.048 × 41.7A ≈ 2.0A。

2. 计算并励绕组电阻

并励绕组电阻 R_f = V_t/I_f = 240V/2.0A = 120Ω。

3. 计算电枢电路电阻

电枢电流 I_a = $I_L + I_f$ = 41.7A + 2.0A = 43.7A。已知电枢电路的电压降 I_aR_a 为发电机端电压 V_t 的 6.1%，因此 I_aR_a = 0.061 × (240V) = 14.64V。由于 I_a = 43.7A，因此 R_a = 14.64V/43.7A ≈ 0.335Ω。

相关计算

由图 3.2、图 3.4 及图 3.7 所示的电路产生的电压电流关系是正确的。绘制等效电路可以更好地看出电流和电压的组合，这是一种很好的做法。

3.8　并励直流发电机的效率计算

某并励直流发电机额定值为 5.0kW，240V，1100r/min，电枢电路电阻 R_a = 1.10Ω。当这台电机以额定转速及额定电压运行为电动机状态时，空载电枢电流为 1.8A。空载饱和曲线如图 3.3 所示。求额定工作状态下这台发电机的效率。

计算过程

1. 计算满载电流 I_L

I_L = 额定功率/额定端电压 = 5000W/240V ≈ 20.8A。这就是当此电机作为发电机运行时的满载电流。

2. 计算空载时电枢感应电压 e_a

当此电机作为电动机运行时，空载电枢电流等于 1.8A。$e_a = V_t - R_a I_a = 240V - (1.1\Omega \times 1.8A) \approx 238V$。

3. 计算旋转损耗 $P_{rot(loss)}$

$P_{rot(loss)} = e_a I_a = 238V \times 1.8A = 428.4W$。

4. 计算满载情况下所需的励磁电流

当发电机满载情况下，电枢电流等于负载电流与并励绕组电流之和，即 $I_L + I_f$。$V_t = 240V = e_a - R_a(I_L + I_f)$。移项后，得 $e_a = 240V + 1.10\Omega \times (20.8A + I_f) = 262.9V + 1.10\Omega \times I_f$。观察空载饱和曲线（如图 3.3 所示），假设 $I_f = 7.0$，等式左右两侧相等，即 $e_a = 262.9V + 1.10\Omega \times 7.0A = 270.6V$。或者，通过迭代 2 到 3 次即可计算出 I_f 值。

5. 计算铜损

电枢电流 $I_a = I_L + I_f = 7.0A + 20.8A = 27.8A$。电枢电路铜损为 $I_a^2 R_a = (27.8A)^2 \times 1.10\Omega \approx 850W$。并励绕组铜损是 $V_t I_f = 240V \times 7.0A = 1680W$。总的铜损损耗为 $850W + 1680W = 2530W$。

6. 计算效率

$\eta = (输出功率)/(输出功率 + 损耗) = 5000W \times 100\%/(5000W + 2530W + 428.4W) \approx 62.8\%$。

相关计算

需要注意的是，本例将发电机当作空载运行电动机的主要目的是为了确定电枢电流，依据这个电枢电流可以计算出旋转损耗。旋转损耗还包括摩擦损耗、空气阻力损耗以及铁损。增加励磁线圈的匝数减少励磁电流 I_f，有助于提高发电机的效率。

3.9　他励直流电动机的转矩和效率计算

某他励直流电动机参数为，1.5hp，240V，6.3A，1750r/min，励磁电流 $I_f = 0.36A$，电枢电路电阻 $R_a = 5.1\Omega$，励磁绕组电阻 $R_f = 667\Omega$。实验测得额定转速下机械损耗（摩擦损耗和空气阻力损耗）为 35W。额定励磁电流下，磁损耗为 22W。额定电枢电流和额定转速下，杂散损耗为 22W。空载饱和曲线如图 3.8 所示。计算额定转矩、电枢的输入电压、输入功率及额定转矩及转速情况下的效率。

计算过程

1. 计算额定转矩

P（单位为 hp）$= 2\pi n T/33\,000$。式中，n 为转速，单位为 r/min；T 为转矩，单位为 lbf·ft。移项后，得 $T = 33\,000P/2\pi n = 33\,000 \times 1.5hp/(2\pi \times 1750r/min) \approx 4.50lbf \cdot ft$，或者 $(4.50lbf \cdot ft)(N \cdot m)/(0.738lbf \cdot ft) \approx 6.10N \cdot m$。

2. 计算电磁功率

如图 3.9 所示，电磁功率 P_e 为，输出功率、机械功率（包括机械摩擦损耗及空气阻力损耗）、电磁功率损耗和杂散损耗 4 项功率之和。因此，$P_e = 1.5hp \times 746W/hp + 35W + 32W + 22W = 1208W$。

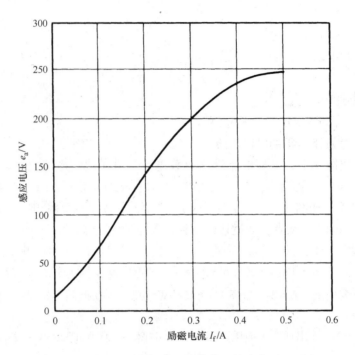

图 3.8　某直流电动机空载饱和曲线，转速为 1750r/min

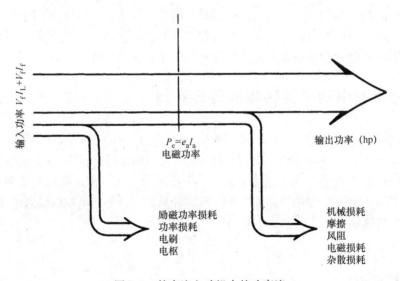

图 3.9　某直流电动机中的功率流

3. 计算电枢感应电压、电枢电流以及额定负载时电枢的输入电压

由图 3.8 所示空载饱和曲线可知，当励磁绕组电流为 0.36A 时，电枢感应电压为 225V。电磁功率 $P_e = e_a I_a$，因此 $I_a = P_e/e_a = 1208\text{W}/225\text{V} \approx 5.37\text{A}$。输入的电枢电压为 $V_t = e_a + I_a R_a = 225\text{V} + 5.37\text{A} \times 5.1\Omega \approx 252.4\text{V}$。

4. 计算电枢及励磁电路的铜损

电枢电路铜损 $I_a^2 R_a = (5.37\text{A})^2 \times 5.1\Omega \approx 147\text{W}$。励磁电路铜损 $I_f^2 R_f = (0.36)^2 \times 667\Omega \approx 86\text{W}$。

5. 计算输入的功率及效率

输入功率 = 电磁功率 P_e + 电枢电路铜损 + 励磁电路铜损 = 1208W + 147W + 86W = 1441W。因此，效率 η = (输出功率 × 100%)/输入功率 = (1.5hp × 746W/hp) × (100%)/1441W ≈ 77.65%。

相关计算

机械摩擦及空气阻力损耗包括，轴承摩擦（是转速及轴承类型的函数）、电刷摩擦（是转速、电刷压力、电刷成份的函数），以及空气在气隙流动产生的空气阻力损耗。电磁损耗为磁性材料中的铁心损耗。杂散损耗实际上包括了前面所提到的一些损耗但它是一个说明因运行电动机引起损耗增加的术语。例如，随着负载的增加会导致磁场畸变增加，进而引起电磁损耗的增加。它包括在杂散损耗中。

3.10 并励直流电动机手动起动器的设计

某并励直流电动机参数为 240V，18A，1100r/min，电枢电路电阻 $R_a = 0.33\Omega$。电动机的空载饱和曲线如图 3.3 所示。如图 3.10 所示，电动机通过手动起动器起动；励磁电流设为 5.2A。如果起动电流为 20 ~ 40A，试确定手动起动器的起动电阻 R_1、R_2 及 R_3 的值。

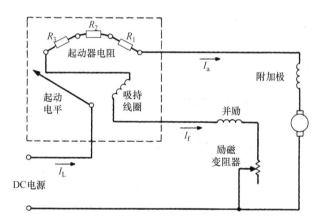

图 3.10 并励直流电动机手动起动器

计算过程

1. 计算电动机静止时电枢电流

当刚按下起动器时，并励绕组的电压为直流 240V；调整励磁可变电阻器确保励磁电流为 $I_f = 5.2A$。因此电枢电流 $I_a = I_L - I_f = 40A - 5.2A = 34.8A$。其中，40A 为最大允许负载电流。

2. 计算起动器电阻 R_{ST} 的值

$R_{ST} = V_t/I_a - R_a = 240V/34.8A - 0.33\Omega \approx 6.57\Omega$。

3. 计算电动机加速时电动机的感应电枢电压 e_a

电动机转速加速时，产生了感应电枢电压，使电枢电流下降，当电枢电流降到电动机起动时的最小允许电流 $I_a = I_L - I_f = 20A - 5.2A = 14.8A$ 时，可计算感应电压：$e_a = V_t - I_a(R_a + R_{ST}) = 240V - 14.8A \times (0.330\Omega + 6.57\Omega) \approx 137.9V$。

4. 计算起动器电阻 R_{ST1}

$R_{ST1} = (V_t - e_a)/I_a - R_a = (240V - 137.9V)/34.8 - 0.330\Omega \approx 2.60\Omega$。

5. 当电动机第二次加速时计算感应的电枢电压 e_a

与步骤 3 相似，$e_a = V_t - I_a(R_a + R_{ST1}) = 240V - 14.8A \times (0.330\Omega + 2.6\Omega) \approx 196.6V$。

6. 计算起动器电阻 R_{ST2}

$R_{ST2} = (V_t - e_a)/I_a - R_a = (240V - 196.6V)/34.8A - 0.330\Omega \approx 0.917\Omega$。

7. 计算电动机第三次加速时感应的电枢电压 e_a

与步骤 3 和 5 相似，$e_a = V_t - I_a(R_a + R_{ST2}) = 240V - 14.8A \times (0.330\Omega + 0.917\Omega) \approx 221.5V$。

8. 计算三次起动对应的电阻 R_1、R_2 和 R_3 的值

根据前面的计算结果，$R_1 = R_{ST2} = 0.917\Omega$，$R_2 = R_{ST1} - R_{ST2} = 2.60\Omega - 0.917\Omega = 1.683\Omega$，$R_3 = R_{ST} - R_{ST1} = 6.57\Omega - 2.6\Omega = 3.97\Omega$。

相关计算

手动起动器通常用于直流电动机的起动。选择适当的起动电阻，可对起动电流进行限制。这个计算过程可用于自动起动器。当电磁继电器检测到电枢电流下降到适当数值时，通过电磁继电器完成对起动电阻的短路。

3.11 选择直流电动机时在工作周期上的考虑

一台直流电动机用于拖动某工厂装配线上的一台小型升降机。每个操作周期持续时间为 5min，每个操作周期需要完成如下 4 项工作：（1）向升降机上装载货物，电动机静止 2min；（2）升降机升起，电动机轴功率为 75hp，持续时间 0.75min；（3）从升降机上卸载货物，电动机静止 1.5min；（4）升降机下降，电动机轴功率（再生制动功率）为 -25hp，持续时间为 0.75min。确定需要完成这样一个周期性工作的电动机的功率。

计算过程

1. 绘制表示工作周期图

工作周期如图 3.11 所示。

2. 计算作为时间函数的电动机发热比例项

电动机损耗（热）与负载电流的二次方成正比，反过来负载电流与输出功率成正比。因此，电动机的热损耗与（$P^2 \times$ 时间）之和成正比。式中，P 为时间间隔内消耗的功率（包括再生制动期间吸收的）。在本例中，这个和为 $(75hp)^2 \times 0.75min + (-25hp)^2 \times 0.75min = 4687.5hp^2 \cdot min$。

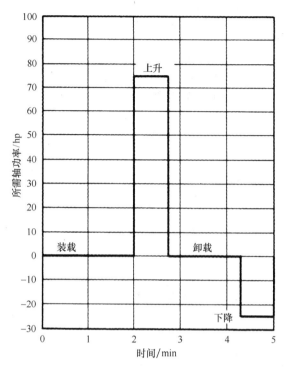

图 3.11 装配线提升电动机的工作周期

3. 考虑开放式（NEMA O 分类）与封闭式电动机（NEMA TE 分类）制冷的变化

允许开放式电动机与封闭式电动机在制冷上存在不同，这点是很重要的。由于开放式电动机静止时，没有强制性风冷，导致更差的散热条件。运行时间和静止时间是相互独立的。静止时，对于开放式电动机来说，这个时间将被除 4 计入工作周期；而对于封闭式电动机来说，这个时间将完整计入工作周期。在本例中，假设封闭式电动机有效工作周期为 5min。如果这个电动机是开放式的，电动机有效的工作周期时间是 1.5 运行时间 + 3.5/4 静止时间 = 2.375min。

4. 计算方均根功率

对于本例为封闭式电动机，方均根功率 $P_{rms} = [(\sum P^2 \times$ 时间)/(有效的工作周期时间)$]^{0.5} = (4687.5hp^2 \cdot min/5min)^{0.5} = 30.6hp$。对于开放式电动机，方均根功率 $P_{rms} = (4687.5hp^2 \cdot min/2.375min)^{0.5} = 44.4hp$。因此，可选 30hp 的封闭式电动机或者 50hp 的开放式电动机。在本例中需要注意的是，最大功率（上升时所需的 75hp 的功率）大于所选的封闭式电动机功率的 2 倍以上；这可能需要选择一个 40hp 的电动机；查询工厂文件资料的短时出力等参数。另外，本例也可以使用独立的电动机驱动风扇。

相关计算

本例所用方均根值的概念与交流波分析电流波形时用到的有效值概念相类似，即交流电流的方均根值与相同数值的直流电流在一个给定电阻上产生的热量相同。电流产生的热效应正比于 I^2R。方均根值等于一些时间间隔的电流二次方（本例用马力）的平均值，然后开二次方。

3.12 并励直流电动机电枢反应的计算

某并励直流电动机参数为 10.0kW，240V，1150r/min，电枢电路电阻 $R_a = 0.72\Omega$。电动机空载时运行电压为 240V，电枢电流为 1.78A，转速为 1225r/min。如果电枢电流允许增加到 50A，由于负载转矩的存在，转度降至 1105r/min。计算电枢反应对每极磁通的影响。

计算过程

1. 绘制空载等效电路并计算感应电压 e_a

等效电路图 3.12 所示。感应电压 $e_a = V_t - I_a R_a = 240V - 1.78A \times 0.72\Omega = 238.7V$。

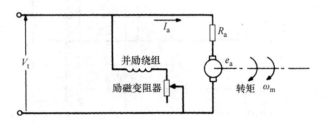

图 3.12 某直流并励电动机等效电路

2. 计算空载磁通量

由于空载感应电压已知，可以根据等式 $e_a = k(\phi_{NL})\omega_m$ 推导出空载磁通量表达式。式中，k 为机械常数；ω_m 为机械角速度，单位为 rad/s。角速度 $\omega_m = 1225r/min \times 2\pi rad/r \times 1min/60s = 128.3rad/s$。因此，$k\phi_{NL} = e_a/\omega_m = 238.7V/(128.3rad/s) \approx 1.86V \cdot s$。

3. 计算感应电压的负载值

在 $V_t = 240V$，$I_a = 50A$ 带载情况下，感应电压 $e_a = V_t - I_a R_a = 240V - 50A \times 0.72\Omega = 204V$。角速度 $\omega_m = 1105r/min \times 2\pi rad/r \times 1min/60s = 115.7rad/s$。因此，$k\phi_{load} = e_a/\omega_m = 204V/(115.7rad/s) \approx 1.76V \cdot s$。

4. 计算电枢反应对每个磁极的影响

$k\phi$ 是单磁极磁通量的函数；电枢反应削弱了主磁极磁通。这种情况下，随着负荷从 0A 增加到 50A（达到额定负荷电流的 120%，额定负荷电流为 10 000W/240V = 41.7A），电枢反应减少的磁通量百分比为 $(k\phi_{NL} - k\phi_{load}) \times 100\% / (k\phi_{NL}) = (1.86 - 1.76) \times 100\% / 1.86 \approx 5.4\%$。

相关计算

这里要注意与等式 $e_a = k\phi\omega_m$ 相关的单位，e_a 的单位为伏（V）；ϕ 的单位为韦伯/极（Wb/pole）；ω_m 的单位为弧度/秒（rad/s）。$k = e_a/(\phi\omega_m)$ 的单位为伏/[（韦伯/极）（弧度/秒）]，即 $V/[(Wb/pole) \times (rad/s)]$，等于伏·秒/韦伯（V·s/Wb）。由于 $V = d\phi/dt = $ 韦伯/秒（Wb/s），那么机械常数 k 无单位。事实上，机械常数 $k = Np/(a\pi)$，式中，N 为电枢绕组匝数；p 为极数，a 为电枢电路并列支路数。综合起来 k 的单位为匝数×极数/（支路数×弧度）。

3.13　他励直流电动机动力制动

某他励直流发电机参数为，7.5hp，240V，1750r/min，空载电枢电流 $I_a = 1.85A$，电枢电路电阻 $R_a = 0.19\Omega$。当励磁电路与电枢电路断开连接时，电动机在 84s 内转速逐渐降到 400r/min。计算当初始制动转矩为全速额定转矩 2 倍时，动力制动电阻值，计算空载电动机的转速从 1750r/min 降到 250r/min 制动所需的时间。

计算过程

1. 计算额定工作状态下的转矩

计算转矩的等式为 $T = 33\,000P/(2\pi n)$。式中，P 为额定功率，单位为 hp；n 为转速，单位为 r/min。$T = 33\,000 \times 7.5\text{hp}/(2\pi \times 1750\text{r/min}) = 22.5\text{lb} \cdot \text{ft}$，或者 $22.5\text{lb} \cdot \text{ft} \times (1\text{N} \cdot \text{m}/0.738\text{lb} \cdot \text{ft}) = 30.5\text{N} \cdot \text{m}$。

2. 计算额定转速下的旋转损耗

电刷允许 2V 的电压降，旋转损耗等于 $(V_t - 2V)I_a - I_a^2 R_a$。式中，$I_a$ 为试验测得的空载电枢电流。旋转损耗为 $(240V - 2V) \times 1.85A - (1.85A)^2 \times 0.19\Omega \approx 439.6W$。这个功率可以转换为轴功率：$439.6W \times 1\text{hp}/746W \approx 0.589\text{hp}$，以及 $0.589\text{hp} \times 33\,000/(2\pi \times 1750\text{r/min}) = 1.77\text{lb} \cdot \text{ft} = 1.77\text{lb} \cdot \text{ft} \times 1\text{N} \cdot \text{m}/0.738\text{ lb} \cdot \text{ft} \approx 2.40\text{N} \cdot \text{m}$。

3. 计算初始制动转矩

初始制动转矩等于全速额定转矩的 2 倍，因此电磁转矩 = 2 × 全速额定转矩 - 旋转损耗转矩 = $2 \times 30.5\text{N} \cdot \text{m} - 2.40\text{N} \cdot \text{m} = 58.6\text{N} \cdot \text{m}$。这个转矩对应着空载下的转矩，被认为正比于电枢电流，与电磁功率等于 $e_a I_a$ 相似。电磁转矩等于 kI_a，因此 k = 空载转矩/空载电枢电流 $= 2.40\text{N} \cdot \text{m}/1.85A = 1.3$。

制动情况下，电磁转矩为 $58.6\text{N} \cdot \text{m} = kI_a$，$I_a = 58.6\text{N} \cdot \text{m}/1.3 \approx 45A$。

4. 计算制动电阻值 R_{br}

$I_a = (V_t - 2V)/(R_a + R_{br}) = (240V - 2V)/(0.19\Omega + R_{br}) \approx 45A$，求得 $R_{br} = 5.1\Omega$。

5. 将转速转换为弧度/秒（rad/s）

$1750\text{r/min} \times 1\text{min}/60s \times 2\pi\text{rad/r} \approx 183\text{rad/s}$。同样，$400\text{r/min} \approx 42\text{rad/s}$，$250\text{r/min} \approx 26\text{rad/s}$。

6. 计算角转动惯量 J

在 84s 内电动机转速从 1750r/min（或 183rad/s）降到 400r/min（或 42rad/s）。由于阻尼转矩正比于旋转速度（或 $T = B\omega$），阻尼常数 $B = T/\omega = 2.40\text{N} \cdot \text{m}/183\text{rad/s} \approx 0.013$。由牛顿定律可知加速转矩 $T_{acc} = J(\mathrm{d}\omega/\mathrm{d}t)$，$-B\omega = J(\mathrm{d}\omega/\mathrm{d}t)$，或者有

$$\int_0^{84} \mathrm{d}t = -(J/B)\int_{183}^{42}(1/\omega)\mathrm{d}\omega$$

积分得

$$[t]\,\big|_0^{84} = -(J/0.013)(\ln\omega)\,\big|_{183}^{42}$$

因此，$J = -84 \times 0.013/(\ln 42 - \ln 183) \approx 0.742\text{kg} \cdot \text{m}^2$

7. 计算制动时间

从第3步可知，电磁转矩为 kI_a，因此 $e_a = k\omega$。从第4步可知，$I_a = e_a/(R_a + R_{br})$。因此，电磁转矩为 $kI_a = ke_a/(R_a + R_{br}) = k^2\omega/(R_a + R_{br})$，则 $J(\mathrm{d}\omega/\mathrm{d}t) = -B\omega - k^2\omega/(R_a + R_{br})$，或者

$$\int_0^t \mathrm{d}t = -\frac{J}{B + k^2/(R_a + R_{br})}\int_{183}^{26}\frac{1}{\omega}\mathrm{d}\omega$$

则

$$t = -\frac{0.742}{0.013 + 1.3^2/(0.19 + 5.1)}(\ln 26 - \ln 183)$$

计算得 $t = 4.35\mathrm{s}$。

相关计算

本例制动方式用于牵引电动机，这里电动机作为发电机运行将动能转换为电能，并通过电阻消耗能量。电动机电压是转速和励磁电流的函数；耗散电阻是固定不变的。所以，制动效果取决于电枢电流和励磁电流。

3.14 直流电动机的三相晶闸管整流器（SCR）驱动

三相60Hz交流电源（线-线电压为440V）经晶闸管整流器（Sillicon Controlled Rectifier, SCR）向某他励直流电动机电枢电路供电，电动机额定功率为10hp（如图3.13所示）。电动机的数据为，电枢电路电阻 $R_a = 0.42\Omega$，设置励磁电流 I_f，使电动机在转速为1100r/min时工作在发电机状态，满载时电压为208V，电动机输出的等效功率为10hp。确定当SCR的触发角为40°和45°、转速为1100r/min时，可达到的平均转矩。

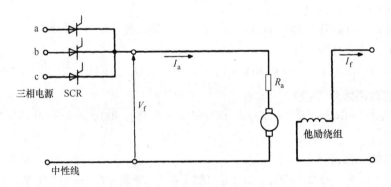

图 3.13 某直流电动机三相 SCR 驱动电路

计算过程

1. 计算 SCR 输出的平均值

图3.14所示的波形决定了SCR输出的平均值；a相电压占1/3时间，然后是b相电压，然后是c相电压。SCR的触发角用 δ 表示，假定参考轴为30°。那么，有 $V_{avg} = (3\sqrt{3}/2\pi)V\cos\delta$。式中，$V$ 为交流电压单相最大值（此等式是基于任何时刻只有一个SCR导通的假

设）。对于本例 440V 线-线电压，有 $V = [(440/\sqrt{3}) \times \sqrt{2}]V = 359.3V$。

当 $\delta = 40°$ 时，$V_{avg} = 0.827V\cos\delta = 0.827 \times 359.3V \times \cos40° = 227.6V$，当 $\delta = 45°$ 时，$V_{avg} = 0.827 \times 359.3V \times \cos45° = 210.1V$。

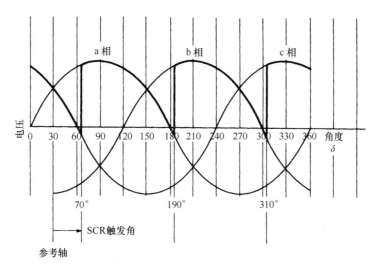

图 3.14 触发角为 40° 时 SCR 输出的三相电压波形

2. 转换速度为弧度/秒（rad/s）

给定转速为 1100r/min，使用关系式 $1100r/min \times 2\pi\ rad/r \times 1min/60s \approx 115.2rad/s$。

3. 计算转矩常数

根据等式 $T = kI_a$，转矩常数 k 可用电动机工作在发电机状态时测试数据计算。电枢电流也可由测试数据计算出来。因此，$10hp \times 746W/hp/208V \approx 35.9A$。$T = [33\ 000 \times 10hp/(2\pi n)]$。式中，$n$ 为转速，单位为 r/min。$T = [33\ 000 \times 10/(2\pi \times 1100)]lb \cdot ft \approx 47.7\ lb \cdot ft$，或者 $47.7\ lb \cdot ft \times 1N \cdot m/0.738\ lb \cdot ft = 64.7\ N \cdot m$。所以，$k = T/I_a = 64.7N \cdot m/35.9A \approx 1.8N \cdot m/A$。

4. 计算对应两个 SCR 导通角的电枢电流

使用等式 $e_a = k\omega_m$。转矩常数或电压常数 k 的单位是 $N \cdot m/A$ 或 $V \cdot s/rad$。所以，$e_a = 1.8V \cdot s/rad \times 115.2rad/s \approx 208V$。使用等式 $e_a = V_t - I_aR_a$，式中端电压 V_t 为 SCR 输出电压的平均值。求解 I_a，有 $I_a = (V_t - e_a)/R_a$。当导通角为 40° 时，$I_a = (227.6V - 208V)/0.42\Omega \approx 46.7A$。当导通角为 45° 时，$I_a = (210.1V - 208V)/0.42\Omega \approx 5.0A$。

5. 计算转矩

使用等式 $T = kI_a$。当导通角为 40° 时，$T = 1.8N \cdot m/A \times 46.7A \approx 84.1N \cdot m$。当导通角为 45° 时，$T = 1.8N \cdot m/A \times 5.0A = 9N \cdot m$。

相关计算

本例说明了三相交流电源是如何向直流电动机供电的。这个供电方式适用于功率大于 5hp 的电动机。通过改变 SCR 的触发角，可以控制和限制电枢电流。在本例中，SCR 连接成半波整流电路。对于更大的电动机来说，可以使用全波整流电路。

3.15 根据电枢电流、空载饱和曲线确定并励直流电动机转速

某并励直流电动机转速为 1150r/min 时的饱和曲线如图 3.15 所示，可用等式 $e_a = 250I_f/(0.5 + I_f)$ 表示。式中，e_a 为开路电压，单位为 V；I_f 为并励绕组电流，单位为 A。电动机的参数为，电枢电路电阻 $R_a = 0.19\Omega$，并励电路电阻 $R_f = 146\Omega$，端电压 $V_t = 220V$。当电枢电流为 75A 时，计算电动机的转速。就给定负载时的并励绕组电流而言，电枢反应的去磁作用约为 8%。

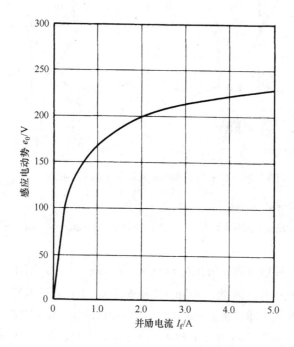

图 3.15 直流电动机饱和曲线，$e_a = 250I_f/(0.5 + I_f)$；$n = 1150r/min$

计算过程

1. 计算有效的并励绕组电流

对于并励电动机，并励绕组两端电压为端电压，因此 $I_f = V_t/R_f = 220V/146\Omega \approx 1.5A$。然而，就并励绕组电流而言，电枢反应去磁作用为 8%。所以 $I_{f(demag)} = 0.08 \times 1.5A = 0.12A$。用并励绕组电流减去磁电流，得 $I_{f(effective)} = I_f - I_{f(demag)} = 1.5A - 0.12A = 1.38A$。

2. 计算转速为 1150r/min 时的感应电压

感应电压 e_a 可由给定的转速为 1150r/min 的饱和曲线确定。可以从如下等式计算，用 $I_{f(effective)}$ 代替 I_f，有 $e_a = 250I_{f(effective)}/(0.5 + I_{f(effective)}) = [250 \times 1.38/(0.5 + 1.38)]V \approx 183.5V$。或者，通过图 3.15 所示的饱和曲线直接得出感应电压数值。

3. 计算在未知转速下的感应电压

$e'_a = V_t - I_a R_a = 220V - 75A \times 0.19\Omega \approx 205.8V$。

4. 计算未知转速

假定有效励磁是常数，感应电压 e_a 或 e_a'，正比于转速。因此，$e_a/e_a' = (1150\text{r/min})/n_x$。则待求的转速为 $n_x = 1150\text{r/min} \times (e_a'/e_a) = 1150\text{r/min} \times 205.8\text{V}/183.5\text{V} \approx 1290\text{r/min}$。

相关计算

如果有效励磁比例式两侧是常数，可参考饱和曲线并设置感应电压对速度的比例来确定直流电动机的速度。有效励磁允许电枢反应的去磁作用。如果附加绕组与饱和曲线相关，这个过程可以与附加绕组（如串励绕组）一起使用。这里迭代过程可能是必须的。

3.16　直流电动机的斩波驱动

某他励直流电动机由 240V 电池组通过斩波调压电路（如图 3.16 所示）供电。方波端电压 V_t，导通时间为 3ms，断开时间为 3ms。电动机转速为 450r/min。电动机转矩常数（或者电压常数）$k = 1.8\text{N} \cdot \text{m/A}$（或者 $\text{V} \cdot \text{s/rad}$），电枢电路电阻 $R_a = 0.42\Omega$。计算电磁转矩。

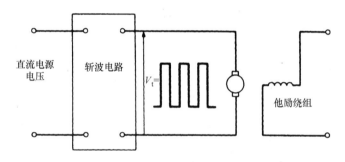

图 3.16　驱动某直流电动机的斩波电路

计算过程

1. 计算端电压 V_t

脉冲端电压（方波）的直流值为它的平均值。$V_t = V$（导通时间）/（导通时间 + 关断时间）$= 240\text{V} \times 3\text{ms}/(3\text{ms} + 3\text{ms}) = 120\text{V}$。

2. 计算感应电压 e_a

平均感应电压 e_a，可用如下等式计算：$e_a = k\omega$。式中，k 为电压常数，单位为 $\text{V} \cdot \text{s/rad}$；$\omega$ 为转速，单位为 rad/s。因此，$e_a = 1.8\text{N} \cdot \text{m/A} \times 450\text{r/min} \times 2\pi \text{ rad/r} \times 1 \text{ min}/60\text{s} \approx 84.8\text{V}$。

3. 计算电枢电流 I_a

根据式 $e_a = V_t - I_a R_a$ 可计算平均电枢电流。移项后，得到 $I_a = (V_t - e_a)/R_a = (120\text{V} - 84.8\text{V})/0.42\Omega \approx 83.8\text{A}$。

4. 计算平均转矩

根据 $T = kI_a$ 计算平均转矩。式中，k 为转矩常数，单位为 $\text{N} \cdot \text{m/A}$。因此，$T = 1.8\text{N} \cdot \text{m/A} \times 83.8\text{A} = 150.84\text{N} \cdot \text{m}$。

相关计算

斩波电路是一种开关电路，通常由电子电路实现，它以预定的时间间隔完成对电池输出的开、断控制，输出方波电压 V_t'。通过调整方波的平均值（或者调整方波的宽度或者方波频率），使电动机端电压幅值发生变化。这样就有了一种方法控制靠电池运行的电动机。电池驱动电动机所使用的自动化装置将使用斩波电路进行控制。

3.17 并励直流电动机反电动势自动起动器的设计

设计并励直流电动机反电动势自动起动器。电动机参数为 115V，电枢电路电阻 $R_a = 0.23\Omega$，满负荷时电枢电流 $I_a = 42A$。计算一个三级起动器外接电阻阻值，允许起动电流为满负载电流的 180% ~ 70%。

计算过程

1. 计算第一级起动的外接电阻值 R_1

$R_1 = $ 线电压 $/(1.8I_a) - R_a = [115V/(1.8 \times 42A)] - 0.23\Omega \approx 1.29\Omega$。

2. 计算第一级产生的反电动势

用步骤 1 中控制器的设置，电动机将达到一个转速，此转速对应的反电动势将限制起动电流到满负载的 70%。因此，反电动势为 $E_a = V_t - (R_a + R_1)(0.70 \times I_a) = 115V - (0.23\Omega + 1.29\Omega) \times (0.70 \times 42A) \approx 70.3V$。电阻 $R_a + R_1$ 上的电压降为 44.7V。

3. 计算第二级起动的外接电阻值 R_2

如果电压降为 44.7V，电流允许上升至 $1.8 \times 42A$，则新的外接电阻 $R_2 = [44.7V/(1.8 \times 42A)] - 0.23\Omega \approx 0.36\Omega$。

4. 计算第二级产生的反电动势

与前面的计算相似，随着步骤二控制器的设置，电动机转速增加，产生的反电动势为 $E_a = V_t - (R_a + R_2)(0.70 \times I_a) = 115V - (0.23\Omega + 0.36\Omega) \times (0.70 \times 42A) = 97.7V$。$R_a + R_2$ 的电压降为 17.3V。这最后一级足够允许电动机加速到正常转速，而起动电流不会超过 $1.8 \times 42A$。

5. 绘制三级自动起动器电路

电路如图 3.17 所示。$R_A = R_1 - R_2 = 1.29\Omega - 0.36\Omega = 0.93\Omega$。$R_B = R_2 = 0.36\Omega$。当运行按钮被按下时，闭合线圈 M（主接触器）被充能，通过并励电路与线路并联，电枢电路通过起动电阻连接到线路上。除此之外，接触器 M 闭合，完成闭锁。当反电动势为 70V 时，接触器 1A 投入运行，电阻 R_A 被短接。当反电动势为 98V 时，电阻 R_B 被短接。在这种运行方式下，外接电阻完成了三级变化：1.29Ω，0.36Ω 及 0.0Ω。起动电流被限制在 $1.8 \times 42A \sim 0.7 \times 42A$ 的范围内。

相关计算

此处对电动机起动期间使用的通用自动起动器进行了说明，这种起动器利用电枢绕组上

反电动势的变化，按照预定的方式驱动电磁继电器移除电阻。其他起动装置使用限流继电器
或者限时继电器。每种方案的目的都是通过自动逐级短接电阻来实现电动机加速。

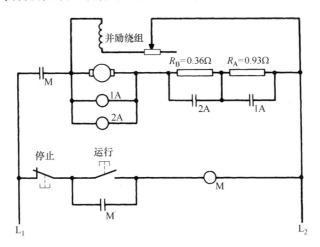

图 3.17   三级反电动势自动起动器

3.18   参考文献

1. Basak, Amitava. 1996. *Permanent-Magnet DC Linear Motors*. Oxford: Clarendon Press.
2. Beaty, H. Wayne, and Donald G. Fink. 2012. *Standard Handbook for Electrical Engineers*, 16th ed. New York: McGraw-Hill.
3. Beaty, H. Wayne, and James L. Kirtley, Jr. 1998. *Electric Motor Handbook*. New York: McGraw-Hill.
4. Chapman, Stephen J. 2012. *Electric Machinery Fundamentals*, 5th ed. New York: McGraw-Hill.
5. Fitzgerald, A. E., Charles Kingsley, Jr., and Stephen D. Umans. 2003. *Electric Machinery*, 6th ed. Boston, M.A.: McGraw-Hill.
6. Hughes, Austin, and Bill Drury. 2013. *Electric Motors and Drives: Fundamentals, Types and Applications*, 4th ed. Oxford: Newnes.
7. Sen, Paresh C. 2014. *Principles of Electric Machines and Power Electronics*, 3rd ed. Hoboken, N.J.: John Wiley & Sons.

第4章 变 压 器

Yilu Liu，Ph. D.，F-IEEE

Professor Department of Electrical Engineering and Computer Science University of Tennessee

4.1 变压器电压比分析

如图 4.1 所示，计算理想单相变压器二次电压，一次侧单匝线圈的电压，二次侧单匝线圈的电压。

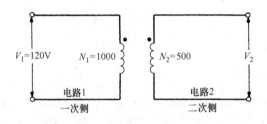

图 4.1 理想单相变压器

计算过程

1. 计算二次侧电压

变压器的匝数比 a 为一次绕组线圈匝数 N_1 与二次绕组线圈匝数 N_2 的比值，或者为一次电压 V_1 和二次电压 V_2 的比值，即 $a = N_1/N_2 = V_1/V_2$。代入图 4.1 所示的数值计算匝数比得 $a = 1000/500 = 2$。二次侧电压 $V_2 = V_1/a = 120\text{V}/2 = 60\text{V}$。

2. 计算一次绕组单匝线圈以及二次绕组单匝线圈电压

一次绕组单匝线圈电压为 $V_1/N_1 = (120/1000)\text{V}/匝 = 0.12\text{V}/匝$。二次绕组单匝线圈电压 $= V_2/N_2 = (60/500)\text{V}/匝 = 0.12\text{V}/匝$。

相关计算

本例对降压变压器计算过程进行了说明。升压变压器和降压变压器的一个特性是一次绕组单匝线圈电压值与二次绕组单匝线圈电压值相等。

4.2 升压变压器分析

图 4.1 所示的变压器作为升压变压器运行时的匝数比计算。

计算过程

计算匝数比

对于升压变压器来说，低压侧与输入端或者一次侧连接。因此，$a = N_2/N_1 = V_2/V_1$，$a = 500/1000 = 0.5$。

相关计算

对于某个特定应用，匝数比 a 是定值，但不是一个变压器常数。在本例中，当变压器用作升压变压器时，$a = 0.5$。在前面例子中，当变压器用作降压变压器时，$a = 2$。两个 a 值互为倒数，即 $2 = 1/0.5$，$0.5 = 1/2$。

4.3 变压器带载分析

某单相 25kV·A 变压器的感应电动势（emf）为 2.5V/匝（如图 4.2 所示）。计算一次及二次绕组线圈匝数和一次及二次额定电流值。

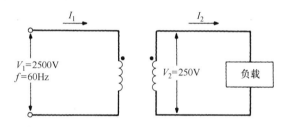

图 4.2 单相变压器与负载连接

计算过程

1. 计算一次绕组及二次绕组线圈匝数

$N_1 = V_1/a = 2500\text{V}/(2.5\text{V}/\text{匝}) = 1000$ 匝。相类似的，$N_2 = V_2/a = 250\text{V}/(2.5\text{V}/\text{匝}) = 100$ 匝。匝数比 $a = N_1/N_2 = 1000/100 = 10:1$。

2. 计算一次及二次额定电流

一次额定电流 $I_1 = S_1/V_1 = 25\ 000\text{V·A}/2500\text{V} = 10\text{A}$。二次额定电流 $I_2 = S_2/V_2 = 25\ 000\text{V·A}/250\text{V} = 100\text{A}$。电流比为 $1/a = I_1/I_2 = 10\text{A}/100\text{A} = 1:10$。

相关计算

如图 4.2 所示，每个绕组一端以点做标记。这些点的含义是被标注的端子具有相同的极性。根据标点惯例，建立如下规则：

1. 当一次电流从带点标记的极性端流入时，二次电流从带点标记的极性端流出。

2. 当一次电流从带点标记的极性端流出时，二次电流从带点标记的极性端流入。

生产厂通常在变压器高压侧标识端子，如 H1、H2 等。在低压侧标识端子，如 X1、X2 等。H1 和 X1 有相同极性等。

4.4　阻抗匹配变压器的选择

选择一台具有合适电压比的变压器，使图 4.3 所示电源戴维南等效电路与 8Ω 阻性负载相匹配。

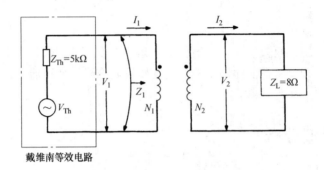

图 4.3　变压器用于阻抗匹配

计算过程

确定变压器电压比

输入电路阻抗 Z_1 为 5000Ω。这个值代表了电压源的戴维南等效阻抗。负载阻抗 Z_L 为 8Ω。为了使阻抗相匹配，所需的变压器电压比为

$$a = \sqrt{Z_1/Z_L} = \sqrt{5000/8} = 25$$

所以，阻抗匹配变压器必须具有 25:1 的电压比。

相关计算

最大功率传输定理（见本书第 1 章）表述为，当负载的阻抗等于电源的内阻抗时，电源向负载传输的功率最大。由于负载阻抗并不总是与电源阻抗相匹配，所以使用电源和负载之间的变压器进行阻抗匹配。如果电源和负载阻抗不是阻性的，当负载阻抗等于电源阻抗的复共轭时，电源向负载传输的功率最大。

4.5　多绕组变压器的性能

如图 4.4 所示，试计算多绕组变压器的每个二次绕组的电压比、一次电流 I_1 及变压器的额定容量。

计算过程

1. 每个二次绕组线圈电压比的选择

设电路 1 和电路 2 的绕组线圈电压比为 a_2，电路 1 和电路 3 的绕组线圈电压比为 a_3。因此，$a_2 = V_1/V_2 = 2000\text{V}/1000\text{V} = 2:1$，$a_3 = V_1/V_3 = 2000\text{V}/500\text{V} = 4:1$。

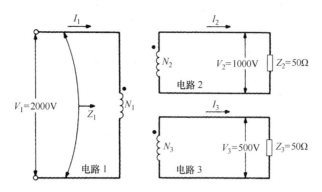

图 4.4　带有多个二次绕组的变压器

2. 计算一次电流 I_1

由于 $I_2 = V_2/Z_2$ 且 $I_3 = V_3/Z_3$，则 $I_2 = 1000\text{V}/500\Omega = 20\text{A}$，$I_3 = 500\text{V}/50\Omega = 10\text{A}$。一次绕组安匝数 $N_1 I_1$ 等于所有二次绕组安匝数之和，因此 $N_1 I_1 = N_2 I_2 + N_3 I_3$。则 $I_1 = (N_2/N_1) I_2 + (N_3/N_1) I_3$。电压比 $N_2/N_1 = 1/a_2$，$N_3/N_1 = 1/a_3$。因此，$I_1 = I_2/a_2 + I_3/a_3 = 20\text{A} \times (1/2) + 10\text{A} \times (1/4) = 12.5\text{A}$。

3. 计算变压器的额定容量（单位为 kV·A）

变压器一次绕组 N_1 的额定容量 $S_1 = V_1 I_1/1000 = 2000\text{V} \times 12.5\text{A}/1000 = 25\text{kV·A}$，二次绕组 N_2 的额定容量 $S_2 = V_2 I_2/1000 = 1000\text{V} \times 20\text{A}/1000 = 20\text{kV·A}$，三次绕组 N_3 的额定容量 $S_3 = V_3 I_3/1000 = 500\text{V} \times 10\text{A}/1000 = 5\text{kV·A}$。一次绕组额定视在功率等于所有二次绕组额定视在功率之和。经检验，$25\text{kV·A} = (20 + 5)\text{kV·A} = 25\text{kV·A}$。

相关计算

当二次绕组所带负载相角不同时，例子中的公式仍然是适用的。然而，电压和电流必须用相量表示。

4.6　三绕组变压器的阻抗变换

利用阻抗变换概念计算图 4.4 所示三绕组变压器一次等效阻抗 Z_1。

计算过程

1. 计算 Z_1

两个二次绕组的等效折算阻抗或者说从一次侧看进去的总阻抗 $Z_1 = a_2^2 Z_2 /\!/ a_3^2 Z_3$。式中，$a_2^2 Z_2$ 为电路 2 折算阻抗；$a_3^2 Z_3$ 为电路 3 折算阻抗。因此，$Z_1 = 2^2 \times (50\Omega) /\!/ 4^2 \times 50\Omega = 200\Omega /\!/ 800\Omega = 160\Omega$。

2. 对步骤 1 计算的 Z_1 值进行校验

$Z_1 = V_1/I_1 = 2000\text{V}/12.5\text{A} = 160\Omega$。

相关计算

当二次负载不是阻性负载时，例子中所用的公式仍然可以使用。但是阻抗用复数表示，电压及电流用相量来表示。

4.7 二次侧有抽头的变压器的选择

如图 4.5 所示，负载由变压器二次侧抽头供电，试对变压器电压比（匝数比）进行选择。

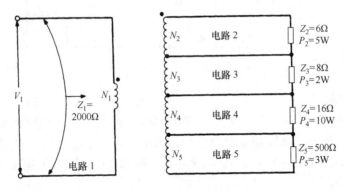

图 4.5 二次侧带抽头的变压器

计算过程

1. 计算一次侧所需功率

当变压器二次绕组有多个抽头时，$P_1 = P_2 + P_3 + \cdots$。式中，P_1 为一次侧所需功率，P_2，P_3，$\cdots$ 为每个二次绕组回路所需功率。因此，$P_1 = (5 + 2 + 10 + 3)\,\mathrm{W} = 20\,\mathrm{W}$。

2. 计算一次电压 V_1

根据 $P_1 = V_1^2 / Z_1$，得 $V_1 = \sqrt{P_1 Z_1} = \sqrt{20 \times 2000}\,\mathrm{V} = 200\,\mathrm{V}$。

3. 计算各二次电压

$V_2 = \sqrt{5 \times 6}\,\mathrm{V} \approx 5.48\,\mathrm{V}$，$V_3 = \sqrt{2 \times 8}\,\mathrm{V} \approx 4\,\mathrm{V}$，$V_4 = \sqrt{10 \times 16}\,\mathrm{V} \approx 12.7\,\mathrm{V}$，$V_5 = \sqrt{3 \times 500}\,\mathrm{V} \approx 38.7\,\mathrm{V}$。

4. 变压器电压比的选择

电压比为 $a_2 = V_1/V_2 = 200/5.48 \approx 36.5{:}1$，$a_3 = V_1/V_3 = 200/4 = 50{:}1$，$a_4 = V_1/V_4 = 200/12.7 \approx 15.7{:}1$，$a_5 = V_1/V_5 = 200/38.7 \approx 5.17{:}1$。

相关计算

变压器的一个基本规则是所有二次侧所需总功率之和一定等于一次侧输入的功率。

4.8 变压器特性与性能

三绕组变压器如图 4.6 所示，计算每个二次绕组线圈匝数，以及当负载功率因数为 1 时一次绕组额定电流和每个二次绕组的额定电流。

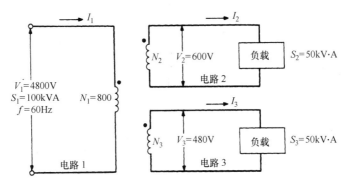

图 4.6 三绕组变压器

计算过程

1. 计算每个二次绕组线圈匝数

绕组 2 与一次绕组线圈的匝数比是 $N_1/N_2 = a_2 = V_1/V_2 = 4800/600 = 8:1$，因此 $N_2 = N_1/a_2 = 800$ 匝 $/8 = 100$ 匝。类似地，$N_1/N_3 = a_3 = V_1/V_3 = 4800/480 = 10:1$，因此 $N_3 = N_1/a_3 = 800$ 匝 $/10 = 80$ 匝。

2. 计算一次额定电流

$I_1 = S_1/V_1 = (100\ 000/4800)\,\text{A} \approx 20.83\,\text{A}$。

3. 计算二次额定电流

$I_2 = S_2/V_2 = (50\ 000/600)\,\text{A} \approx 83.3\,\text{A}$，$I_3 = S_3/V_3 = (50\ 000/480)\,\text{A} \approx 104.2\,\text{A}$。

相关计算

使用这个方法可以对服务于供电、配电、居民用电、商业用电的带有一个或者多个二次绕组的变压器进行分析。当负载的功率因数不等于 1 时，使用复数和相量运算。

4.9　带感性负载的变压器性能分析

一台 100kV·A、2400/240V 单相变压器满载运行，负载的功率因数为 0.8（滞后），计算当二次电压为额定电压时所需的一次电压。

计算过程

1. 对图 4.7 所示的电路模型进行分析

图 4.7 所示的电路模型包括了绕组电阻、感抗、铜损及铁损。各符号定义如下：$\dot{V}_1$ 为一次电压；R_1 为一次电路电阻；X_1 为一次电路感抗；$\dot{I}_1$ 为从电源获得的一次电流；$\dot{I}_{\text{EXC}}$ 为励磁电流；$\dot{I}_{\text{C}}$ 为励磁电流的铁损分量，这个分量对应着变压器的磁滞和涡流损耗；$\dot{I}_\phi$ 为励磁电流中的磁化电流分量；R_{C} 为铁损等效电阻；X_{m} 为对应磁化电流的一次侧自感；$\dot{I}_2/a$ 为一

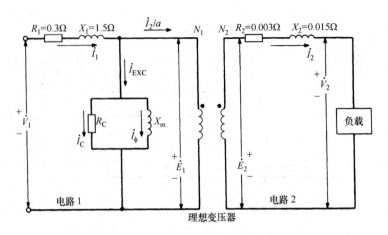

图 4.7　一个实用变压器电路模型

次电流的负载电流分量；$\dot{E}_1$ 为所有与绕组相连的磁通在一次绕组产生的感应电压；$\dot{E}_2$ 为所有与绕组相连的磁通在二次绕组产生的感应电压；R_2 为二次电路的电阻，包含负载；X_2 为二次电路的感抗；$\dot{I}_2$ 为二次电路向负载输送的电流；$\dot{V}_2$ 为变压器输出电压，即二次绕组向负载提供的端电压。

2. 绘制相量图

图 4.7 所示模型的相量图如 4.8 所示。磁化电流 $\dot{I}_\phi$ 的幅值为变压器满载时一次侧流的 5%。励磁电流的铁损分量 $\dot{I}_C$ 的幅值为满载一次电流的 1%。$\dot{I}_C$ 与 $\dot{E}_1$ 同相，$\dot{I}_\phi$ 落后 $\dot{E}_1$ 90°。$\dot{I}_{EXC}$ 的功率因数非常小，且大约落后 $\dot{E}_1$ 80°。

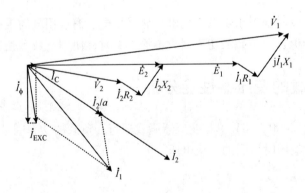

图 4.8　对应图 4.7 所示电路的相量图

3. 对应图 4.7 所示电路的简化

图 4.9 所示的近似变压器简化模型，忽略了励磁电流。一次侧参数 R_1 和 X_1 折算到二次侧分别为 R_1/a^2 及 X_1/a^2。因此，$R_{EQ2} = R_1/a^2 + R_2$，$X_{EQ2} = X_1/a^2 + X_2$。折算到变压器二次侧的等效电抗 $\dot{Z}_{EQ2} = R_{EQ2} + jX_{EQ2}$。

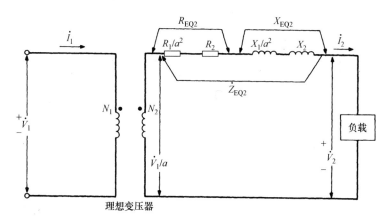

图 4.9　对应图 4.7 所示电路的简化电路

4. 求解 V_1

变压器厂商认为：变压器一次额定电压与二次额定电压的比值（即电压比）等于变压器的匝数比，即 $a = V_1/V_2 = 2400/240 = 10:1$。$\dot{Z}_{EQ2} = (R_1/a^2 + R_2) + \mathrm{j}(X_1/a^2 + X_2) = [(0.3/100 + 0.003) + \mathrm{j}(1.5/100 + 0.015)]\,\Omega \approx 0.03059 \underline{/78.69°}\,\Omega$，但 $|\dot{I}_2| = S_2/V_2 = (100\ 000/240)\mathrm{A} \approx 416.67\mathrm{A}$。使用 $\dot{V}_2$ 为参考相量，$\dot{I}_2 = 416.67 \underline{/-36.87°}\mathrm{A}$。$\dot{V}_1/a = \dot{V}_2 + \dot{I}_2 \dot{Z}_{EQ2} = (240 \underline{/0°} + 416.67 \underline{/-36.87°} \times 0.03059 \underline{/78.69°})\mathrm{V} = 249.65 \underline{/1.952°}\mathrm{V}$。因此，$|\dot{V}_1| = a|\dot{V}_1/a| = 10 \times 249.65\mathrm{V} = 2496.5\mathrm{V}$。

相关计算

对于感性负载，为了产生二次额定电压（本例 240V），$\dot{V}_1$ 必定大于额定值（本例为 2400V）。

4.10　带容性负载的变压器性能分析

计算图 4.7 所示变压器二次电压为额定电压时的一次电压。变压器满载运行，并且负载的功率因数为超前 80%。

计算过程

求解 $\dot{V}_1$

令 $\dot{V}_2$ 为参考相量，$\dot{I}_2 = 416.67 \underline{/36.87°}\mathrm{A}$。代入，得 $\dot{V}_1/a = \dot{V}_2 + \dot{I}_2 \dot{Z}_{EQ2} = 240 \underline{/0°} + (416.67 \underline{/36.87°}) \times (0.03059 \underline{/78.69°}) = 234.78 \underline{/2.81°}$。幅值 $|\dot{V}_1| = a|\dot{V}_1/a| = (10 \times 234.78)\mathrm{V} = 2347.8\mathrm{V}$。

相关计算

当负载足够超前时，如本例所示，$|\dot{V}_1| = 2347.8\mathrm{V}$。产生二次额定电压对应的一次电压

值小于一次额定电压的 2400V。

4.11 变压器电压调整率的计算

负载功率因数为超前或者滞后 80% 时，分别计算图 4.7 所示变压器满载情况下的电压调整率。

计算过程

1. 功率因数为滞后 80% 时，变压器满载情况下的电压调整率

变压器电压调整率的定义为，满载和空载时二次电压的差值（两种情况下一次电压相同）。可表示为满载二次电压的百分数，电压调整为 $VR = [(|\dot{V}_1/a| - |\dot{V}_2|)/|\dot{V}_2|] \times 100\%$。对于功率因数为滞后 80% 的例子来说，$VR = (249.65 - 240)/240 \times 100\% = 4.02\%$。

滞后功率因数条件下的相量图，如图 4.10 所示，电压调整率为正。

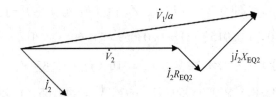

图 4.10 带滞后功率因数负载时变压器的相量图

2. 功率因数为超前 80% 时，变压器满载时的电压调整率

对于功率因数为超前 80% 的例子来说，$VR = (234.78 - 240) \times 100\%/240 \approx -2.18\%$。超前功率因数情况下的相量图如图 4.11 所示，电压调整率为负。

相关计算

负电压调整率的含义是：变压器带负载后，二次电压增加。这种现象源于容性负载与变压器感性漏抗之间发生部分谐振。当 $|\dot{V}_1/a| = |\dot{V}_2|$ 时，变压器调整率为零。这种情况发生在负载功率因数略微超前的情况下，如图 4.12 所示。

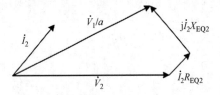
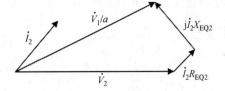

图 4.11 带容性负载时变压器的相量图　　图 4.12 零变压器电压调整率相量图

4.12 变压器效率的计算

一台 10kV·A 变压器，额定电压时铁损为 40W，满负载时铜损为 160W。计算带视在功率为 5kV·A、功率因数为 80% 负载时的效率。

计算过程

1. 损耗分析

磁滞和涡流损耗之和称为变压器的铁损，用 P_i 表示。变压器的铁损为常数。

一次和二次 I^2R 损耗之和称为铜损，用 P_{cu} 表示，$P_{cu} = I_1^2R_1 + I_2^2R_2$。铜损随着电流二次方的变化而变化。

2. 效率计算

效率 η 的计算公式为，$\eta = P_{out}/P_{in} = P_{out}/(P_{out} + 损耗) = P_{out}/(P_{out} + P_i + P_{cu}) = S_{load} \times \cos\theta/[(S_{load}) \times (\cos\theta) + P_i + P_{cu}(S_{load}/S_{rating})^2]$。根据这个等式，$\eta = (5000 \times 0.8)/[(5000 \times 0.8) + 40 + 160(5000/10\,000)^2] \approx 0.98 \approx 98\%$。

相关计算

变压器铁损可通过测量额定电压、额定频率输入时的空载损耗精确测定。无论哪个绕组接电源都是一样的，通常在低压侧接入电源更为方便（这个实验必须使用额定电压。）

通过短路方式测量变压器铜损，测量额定频率满载电流时对应的变压器输入功率。通常采用将低压侧短路并将高压侧接入电源的方式进行短路实验，这是非常方便的。然而，反过来也是可以的。

由于改变负载的功率因数并不能改变损耗，但是提高负载的功率因数会改善变压器的效率。另外，损耗占总的输入功率的百分比将变得很小。变压器的空载效率为零。高负载增加了变压器的铜损，铜损随电流的二次方的变化而变化，因此降低了效率。效率最大时刻发生在负载的某个中间值。

4.13 变压器最大运行效率分析

计算上个例子中对应着变压器最大运行效率的负载水平。确定带 100% 功率因数负载和 50% 功率因数负载时变压器的最大效率。

计算过程

1. 计算对应着变压器最大运行效率时的负载水平

当变压器铜损等于铁损时，变压器的运行效率最大。所以，$P_i = P_{cu}(S_{load}/S_{rating})^2$，或者 $40 = 160(S_{load}/S_{rating})^2$，求解后得 $S_{load} = 5 \text{kV} \cdot \text{A}$。

2. 计算带 100% 功率因数负载时的变压器最大运行效率

由于铜损等于铁损，所以 $\eta = P_{out}/(P_{out} + P_i + P_{cu}) = 5000/(5000 + 40 + 40) \approx 0.9842 = 98.42\%$。

3. 计算带 50% 功率因数负载时的变压器最大运行效率

变压器的最大运行效率 $\eta = (5000 \times 0.5)/(5000 \times 0.5 + 40 + 40) \approx 0.969 = 96.9\%$。

相关计算

对于多数变压器来说，变压器所带负载约为额定负载的一半时，变压器的运行效率最大。在本例中，变压器的最大运行效率就发生在一半负载时。变压器在一半额定负载上下很宽的范围内保持高效率运行。本例的变压器的最大运行效率随着功率因数为 100% 时的 98.42% 降为功率因数为 50% 的 96.9%。与其他同等容量的旋转机械相比，变压器的运行效率更高，这种现象的主要原因是其他旋转机械还存在额外的损耗，如旋转损耗、其他附加损耗等。

4.14　全天效率计算

某 50kV·A 的变压器，额定电压时铁损为 180W，满载时铜损为 620W。带功率因数为 100% 负载，满载运行 8h，半载运行 5h，1/4 负载运行 7h，空载运行 4h。试计算此变压器的全天效率。

计算过程

1. 确定总铁损

由于带电变压器全天运行的 24h 内铁损一直保持不变，所以总铁损为 $W_{i(total)} = P_i t = [(180 \times 24)/1000]$ kW·h = 4.32kW·h。

2. 确定总铜损

铜损为 $W_{cu} = P_{cu} t$。由于铜损与负载电流的二次方相关，总铜损为 $W_{cu} = [(1^2 \times 620 \times 8 + 0.5^2 \times 620 \times 5 + 0.25^2 \times 620 \times 7)/1000]$ kW·h ≈ 6.006kW·h。

3. 计算总损耗

变压器 24h 内总损耗能量为 $W_{loss(total)} = W_{i(total)} + W_{cu(total)} = (4.32 + 6.006)$ kW·h = 10.326kW·h。

4. 计算输出的总能量

$$W_{out(total)} = [50 \times 8 + 50 \times (1/2) \times 5 + 50 \times (1/4) \times 7]\text{kW·h} = 612.5\text{kW·h}。$$

5. 计算全天运行效率

全天效率为 $W_{out(total)}/[W_{out(total)} + W_{loss(total)}] \times 100\% = 612.5 \times 100\%/(612.5 + 10.236) \approx 98.3\%$。

相关计算

当变压器全天 24h 供电时，全天效率是非常重要的，尤其是对于交流配电系统来说。通常计算 100% 功率因数负载情况下，变压器的日运行效率。对于其他功率因数值来说，由于相同损耗时输出功率变小，因此全天效率将会降低。

尽管所带负载及功率因数不同，配电变压器的全天效率还是高的。仅当配电变压器很少运行或者负载功率因数极低的情况下，配电变压器全天效率才会变低。

4.15　带周期性负载的变压器的选择

某周期性负载在 10min（一个周期）的变化规律如下：2min 100kV·A，3min 50kV·A，

2min 25kV·A，余下时间为空载。试为此负载配置满足要求的最小容量变压器。

计算过程

计算所需变压器的额定视在功率

当负载周期足够短，此周期内变压器的温升不是很明显时，最小的变压器容量为负载功率的有效值。因此有，$S = \sqrt{(S_1^2 t_1 + S_2^2 t_2 + S_3^2 t_3)/t} = \sqrt{(100^2 \times 2 + 50^2 \times 3 + 25^2 \times 2)/10}\,\text{kV·A} = 53.62\text{kV·A}$。式中，$t$ 为周期。

相关计算

为周期性负载配置变压器时，必须确保最大负载时变压器的电压调整率没有过高。如果负载运行周期是短的，本例所用选择变压器的方法是令人满意的。如果负载运行周期长（几个小时），这个方法就不能使用。在这种情况下，必须对变压器的热时间常数加以考虑。

4.16　短路状态下的变压器分析

某变压器设计为可承受其 30 倍额定电流持续时间为 1s。确定此变压器承受其 20 倍额定电流可持续工作的时间。确定此变压器 2s 时间内允许的最大电流。

计算过程

1. 计算 20 倍额定电流时变压器可持续工作的时间

由于热量等于 $I^2 R_{EQ}$ 并且对于一个特定变压器来说 R_{EQ} 是常数，所以变压器有一个热稳定极限 $I^2 t$ 定义 。R_{EQ} 表示变压器一次回路及二次回路总电阻。因此，$I_{rating}^2 t_{rating} = I_{new}^2 t_{new} = 30^2 \times 1\text{s} = 20^2 t_{new}$，求解得 $t_{new} = 2.25\text{s}$。

2. 计算 2s 内最大允许电流

由于 $30^2 \times 1\text{s} = I^2 2\text{s}$，$I$ 约为 21.21 倍额定负载电流。

相关计算

变压器热问题基本是在达到目标温度之前在变压器绕组内可存储多少热量的问题。本例方法在 t 小于 10s 时有效。

4.17　利用开路及短路实验计算变压器等效电路参数

对一台 50kV·A、5kV/500V、60Hz 电力变压器做短路及开路实验。开路实验一次侧读数为 5kV、250W、0.4A，短路实验一次侧读数为 190V、450W、9A。参考图 4.7 所示电路模型，计算等效电路参数（R_C、X_m、R_1、X_1、R_2、X_2）。

计算过程

1. 分析图 4.7 所示等效电路模型

所用的等效电路符号在 4.9 节已给出了定义。为了计算这个等效电路的所有参数，需要计算绕组电阻、感抗、代表铁损的等效电阻，说明励磁电流的一次自感。

2. 用开路实验数据计算并联电阻 R_C 及励磁电抗 X_m

变压器的开路实验等效电路如图 4.13 所示。

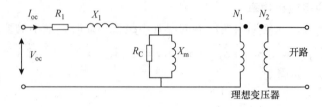

图 4.13 供电变压器开路实验等效电路

由于 R_C 远大于 R_1，所以计算过程中忽略了 R_1。因此，$P_{oc} = V_{oc}^2 / R_C$，$R_C = V_{oc}^2 / P_{oc} = [(5 \times 10^3)^2 / 250]\Omega = 100\,000\Omega$。由于 X_m 远大于 X_1，所以计算过程中忽略了 X_1，则 $Q_{oc} = V_{oc}^2 / X_m$。

首先，计算视在功率 $S_{OC} = V_{oc} I_{oc} = 5000\text{V} \times 0.4\text{A} = 2000\text{V} \cdot \text{A}$，功率因数 pf $= P_{oc} / S_{oc} = 250/2000 = 0.125$（滞后）。功率因数为电压和电流之间夹角的余弦值，所以功率因数角 $\theta = \arccos 0.125 \approx 82.8°$。所以，$Q_{oc} = V_{oc} I_{oc} \sin\theta = (5000 \times 0.4 \times \sin 82.8°)\text{var} = 1984\text{var}$。最后，$X_m = V_{oc}^2 / Q_{oc} = [(5 \times 10^3)^2 / 1984]\Omega = 12\,600\Omega$。

3. 通过短路实验数据计算绕组电阻 R_1、R_2 以及漏抗 X_1、X_2

变压器短路实验等效电路如图 4.14 所示。

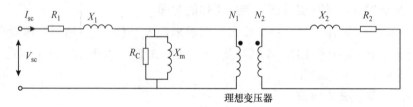

图 4.14 供电变压器短路实验等效电路

由于 R_C、X_m 的值远大于 $a^2 R_2$ 及 $a^2 X_2$ 的值，可以得到一个变压器短路实验简化等效电路。归算到变压器一次侧的变压器短路实验等效电路如图 4.15 所示。

多数情况下，电阻 R_1 与 $a^2 R_2$ 的数值很接近，电抗 X_1 与 $a^2 X_2$ 的数值很接近，因此可以假设 $R_1 = a^2 R_2$，$X_1 = a^2 X_2$。进一步化简的等效电路如图 4.16 所示。

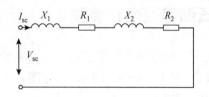

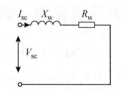

图 4.15 折算到一次侧的变压器   图 4.16 进一步化简后的变压器
　　　　短路实验简化等效电路　　　　　　　短路实验等效电路

定义两个参数：$R_w = R_1 + a^2 R_2 = 2R = 2a^2 R_2$，$X_w = X_1 + a^2 X_2 = 2X_1 = 2a^2 X_2$。首先计算视在功率 $S_{sc} = V_{sc} I_{sc} = 190\text{V} \times 9\text{A} = 1710\text{V} \cdot \text{A}$，所以 $Q_{sc} = \sqrt{S_{sc}^2 - P_{sc}^2} = \sqrt{1710^2 - 450^2}\text{ var} \approx$

1650var。

那么，$R_w = P_{sc}/I_{sc}^2 = (450/9^2)\Omega \approx 5.56\Omega$，$X_w = Q_{sc}/I_{sc}^2 = (1694/9^2)\Omega \approx 20.4\Omega$。因此，$R_1 = R_w/2 = 5.56/2\Omega = 2.78\Omega$。已知，$a = 5000/500 = 10$，所以 $R_2 = R_w/(2a^2) = [5.56/(2 \times 10^2)]\Omega = 27.8m\Omega$，$X_1 = X_w/2 = 10.2\Omega$，$X_2 = X_w/(2a^2) = [20.4/(2 \times 10^2)]\Omega = 102m\Omega$。

相关计算

通过变压器开路实验及短路实验，可以根据等式 $I_{EXC} = I_{oc}$ 计算变压器励磁电流，根据等式 $I_\phi = V_{oc}/X_m$ 计算磁化电流，从提供铁损的电流得出电流 I_c。进一步，变压器铁损约等于 P_{oc}，变压器的铜损约等于 P_{sc}。这些结果可以用于 4.12 节讲述的变压器效率计算。

4.18 升压自耦变压器的性能（降/升压变压器运行在升压模式）

计算图 4.17a 所示 50kV·A、2400V/120V 绝缘变压器满载电流。当变压器连接为图 4.17b 所示的升压变压器时，计算其额定视在功率（单位为 kV·A）、视在功率增加的百分数以及额定负载电流。

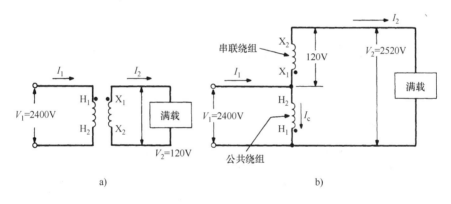

图 4.17 绝缘变压器和自耦变压器的应用

a）绝缘变压器 b）自耦变压器

计算过程

1. 计算绝缘变压器的满载电流

$I_1 = S_1/V_1 = (50\,000/2400)A \approx 20.83A$，$I_2 = S_2/V_2 = (50\,000/120)A \approx 416.7A$。

2. 确定自耦变压器的额定视在功率（单位为 kV·A）

由于 120V 绕组可以载流 416.7A，所以自耦变压器额定视在功率为 $S_2 = [(2520 \times 416.7)/1000]kV·A \approx 1050kV·A$。

3. 计算将变压器改为自耦变压器后容量增加的百分比

$$S_{auto}/S_{isolating} = 1050/50 \times 100\% = 2100\%$$

4. 计算自耦变压器的满载电流

由于串行绕组（X_1 到 X_2）的满载电流为 416.7A，$I_2 = 416.7A$。$I_1 = S_1/V_1 = [(1050 \times$

$1000)/2400]A =437.5A$。公共绕组中的电流为 $I_c = I_1 - I_2 = (437.5 - 416.7)A = 20.8A$。

相关计算

将电路改为自耦变压器后，低压绕组在其额定容量下运行时，视在功率已增加为原来的 2100%。由于 $I_c = 20.8A$，而绝缘变压器 I_1 为 20.83A，所以高压侧绕组的作用可以忽略。

将绝缘变压器连接为自耦变压器可以增加变压器的视在功率，所以与普通绝缘变压器相比，相同容量的自耦变压器体积更小。然而这种容量的显著增加仅发生在自耦变压器一次绕组电压与二次绕组电压之比接近 1 的情况下。

4.19 D-Y 联结的三相变压器组作为发电机升压变压器的分析

如图 4.18 所示，50MV·A 三相变压器作为发电机升压变压器使用，并且满载运行，计算一次侧的线电流及相电流、二次侧相对中性点的电压及变压器的电压比。

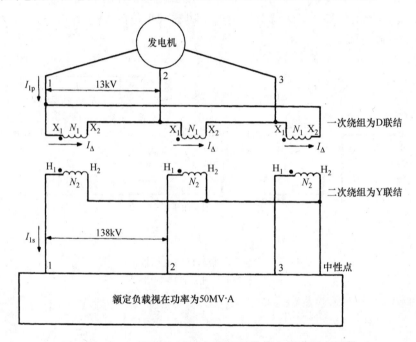

图 4.18   D-Y 联结的三相变压器组用作发电机升压变压器

计算过程

1. 计算一次侧的线电流

$I_{1p} = S/(\sqrt{3} \times V_{LP}) = [50\ 000\ 000/(\sqrt{3} \times 13\ 000)]A \approx 2221A$。

2. 计算一次侧的相电流

$I_\Delta = I_{1P}/\sqrt{3} = 2221/\sqrt{3}A \approx 1282A$。

3. 计算二次侧相对中性点的电压

$V_{1N} = V_{LS}/\sqrt{3} = 138\ 000/\sqrt{3}V \approx 79\ 677V$。

4. 计算二次侧的线电流

$I_{1s} = S/(\sqrt{3} \times V_{LS}) = [50\ 000\ 000/(\sqrt{3} \times 138\ 000)] A \approx 209A$。

5. 计算变压器电压比

$a = N_1/N_2 = 13\ 000/79\ 677 \approx 0.163 = 1{:}6.13$。

相关计算

二次侧的线电流与一次侧的线电流之间的关系为 $I_{1S} = aI_{1p}/\sqrt{3} = [(0.163 \times 2221)/\sqrt{3}] A \approx$ 209A,这个电流值可用步骤 4 中 I_{1s} 值进行校验。通过电压相量关系（如图 4.19 所示）看出 Y 联结的二次电压超前 D 联结一次电压 30°。

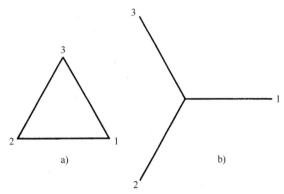

图 4.19　升压变压器的电压相量关系

a）一次绕组 D 联结 13kV　b）二次绕组Y联结 138kV

4.20　开口 D-d 联结系统的性能

如图 4.20 所示，每台开口 D-d 联结变压器额定容量为 40kV·A，电压比为 2400V/240V。此变压器组向功率因数为 1、80kV·A 的负载供电。如果变压器 C 退出检修，计算开口 D-d 联结下每台变压器承担的负载功率、每台变压器的负载率，计算整个开口 D-d 联结变压器组总视在功率（单位为 kV·A）、开口 D-d 联结变压器组与 D-d 联结变压器组的额定容量比、每台变压器负载增加的百分比。

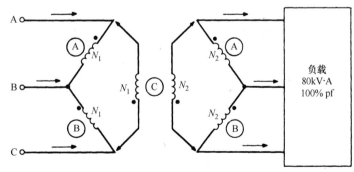

图 4.20　从开口 D-d 联结系统移除变压器 C 后导致 y-y 联结

计算过程

1. 计算每台变压器承担的负载容量（单位为 kV·A）

每台变压器所承担的负载容量 = 总的负载容量/$\sqrt{3}$ = 80kV·A/$\sqrt{3}$ $\approx$ 46.2kV·A。

2. 计算每台变压器的负载率

变压器的负载率 = (每台变压器所带负载)/(变压器的额定容量) × 100% = 46.2kV · A × 100%/40kV · A = 115.5%。

3. 计算开口 D- d 联结变压器组总的额定容量（单位为 kV · A）

开口 D- d 联结变压器组总的额定容量 = $\sqrt{3}$ × 每台变压器额定容量 = $\sqrt{3}$ × 40kV · A ≈ 69.3kV · A。

4. 计算开口 D- d 联结变压器组与 D- d 联结变压器组的额定容量比

额定容量之比 = 开口 D- d 联结变压器组额定容量/D- d 联结变压器组额度容量 = 69.3kV · A × 100%/120kV · A ≈ 57.7%。

5. 计算每台变压器负载增加的百分比

最初 D- d 联结每台变压器所承担的负载为 80kV · A/3 ≈ 26.67kV · A。负载增加的百分比 = (开口 D- d 联结每台变压器所承担的负载容量 − D- d 联结每台变压器所承担的负载容量)/D- d 联结每台变压器所承担的负载容量 = (46.2kV · A − 26.67kV · A) × 100%/26.67kV · A ≈ 73.2%。

相关计算

本例表明，在开口 D- d 联结系统中，变压器负载增加了 73.2%，每台变压器仅轻微过载（115.5%）。由于开口 D- d 联结系统中的每台变压器传输的是线电流而不是相电流，所以在 D- d 联结方式下每台变压器提供总功率的 57.7%。

4.21　Scott 接线系统分析

已知一台 10hp、240V、60Hz 两相电动机的效率为 85%，功率因数为 80%。此电动机由图 4.21 所示的 600V 三相系统供电，变压器组连接方式为 Scott 接线方式。试计算电动机在满载时所消耗的视在功率，两相系统的线电流以及三相系统的线电流。

1. 计算电动机所消耗的视在功率

电动机的额定输出功率为 P_0 = 10hp × 746W/hp = 7460W。电动机满载时消耗的有功功率 P 为 P_0/η = 7460W/0.85 ≈ 8776W。式中，η 为效率。所以满载时电动机消耗的视在功率为 $S = P/\text{pf}$ = 8776W/0.8 = 10 970V · A。

2. 计算两相系统中的电流

单相视在功率为（10 970/2）V · A = 5485V · A，所以 $I = S/V$ = (5485/240)A ≈ 22.85A。

3. 计算三相系统中的电流

$I = S/(\sqrt{3}V) = [10\ 970/(\sqrt{3} × 600)]$ A = 10.56A

相关计算

Scott 接线对三相系统和两相系统进行了隔离，并且提供了所需的电压比。这种接线方式通常用于将三相系统转换为两相系统，或者将两相系统转换为三相系统。由于变压器的成本低于其他旋转机械，所以当供电线路为三相但希望保留两相电动机时，这种接线方式是非常有用的。

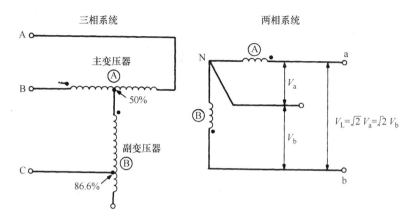

图 4. 21 三相变两相、两相变三相 Scott 式接线系统

4. 22 参考文献

1. Anderson, Edwin. 1985. *Electric Machines and Transformers*. Reston, V.A.: Reston.

2. Elgerd, Olle Ingemar. 1982. *Electric Energy Systems Theory: An Introduction*, 2nd ed. New York: McGraw-Hill.

3. Fitzgerald, A. E., Charles Kingsley, Jr., and Stephen D. Umans. 2003. *Electric Machinery*, 6th ed. Boston, M.A.: McGraw-Hill.

4. Gingrich, Harold W. 1979. *Electrical Machinery, Transformers, and Control*. Englewood Cliffs, N.J.: Prentice-Hall.

5. Harlow, James. 2012. *Electric Power Transformer Engineering*, 3rd ed. Boca Raton, F.L.: CRC Press.

6. Henry, Tom. 1989. *Transformer Exam Calculations*. Orlando, F.L.: Code Electrical Classes & Bookstore.

7. Hicks, S. David. 1995. *Standard Handbook of Engineering Calculations*, 3rd ed. New York: McGraw-Hill.

8. Hurley, W. G., and W. H. Wölfle. 2013. *Transformers and Inductors for Power Electronics: Theory, Design and Applications*. Boca Raton, F.L.: CRC Press.

9. Jackson, Herbert W. 1986. *Introduction to Electric Circuits*, 6th ed. Englewood Cliffs, N.J.: Prentice-Hall.

10. Johnson, Curtis B. 1994. *Handbook of Electrical and Electronics Technology*. Englewood Cliffs, N.J.: Prentice-Hall.

11. Khaparde, S. A., and S. V. Kulkarni. 2004. *Transformer Engineering Design and Practice*. Boca Raton, F.L.: CRC Press.

12. Kosow, Irving L. 1991. *Electric Machinery and Transformers*, 2nd ed. Englewood Cliffs, N.J.: Prentice-Hall.

13. López-Fernández, Xose, H. Bülent Ertan, and Janusz Turowski. 2012. *Transformers: Analysis, Design, and Measurement*. Boca Raton, F.L.: CRC Press.

14. McPherson, George, and Robert D. Laramore. 1990. *An Introduction to Electrical Machines and Transformers*, 2nd ed. New York: John Wiley & Sons.

15. Richardson, David W. 1978. *Rotating Electric Machinery and Transformer Technology*. Reston, V.A.: Reston.

16. Short, Thomas Allen. 2014. *Electric Power Distribution Handbook*, 2nd ed. Boca Raton, F.L.: CRC Press.

17. Toliyat, Hamid A., Subhasis Nandi, Seungdeog Choi, and Homayoun Meshgin-Kelk. 2012. *Electric Machines Modeling, Condition Monitoring, and Fault Diagnosis*. Boca Raton, F.L.: CRC Press.

18. Wildi, Theodore. 1981. *Electrical Power Technology*. New York: John Wiley & Sons.

第5章 三相感应电动机

Om Malik，PH. D. ，P. E.

Professor Emeritus Department of ECE University of Calgary

5.1 简介

感应电动机是工业上十分坚固耐用同时使用十分广泛的机器。定子绕组和转子绕组承载的电流均为交流电。定子绕组直接与交流电源连接，转子绕组感应产生交流电——因此命名为感应电动机。

感应电机可做发电机运行也可做电动机运行。三相感应电动机通常有多种规格。大型电动机用于灌溉、送风、制冷及造纸等方面。三相笼型及绕线式感应发电机用于风力发电。

5.2 等效电路

定子绕组用图5.1所示电路表示。值得注意的是，定子等效电路与变压器一次侧等效电路在形式没有差别。唯一的区别是参数大小的不同。例如，由于气隙的存在，感应电动机的励磁电流 I_{EXC} 更大一些。转子绕组等效电路如图5.2所示。

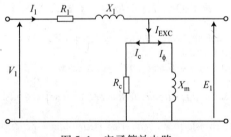
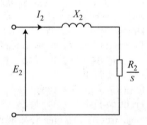

图 5.1 定子等效电路   图 5.2 转子等效电路

合并定子等效电路与转子等效电路（见图5.3）得到感应电动机的等效电路。需要注意

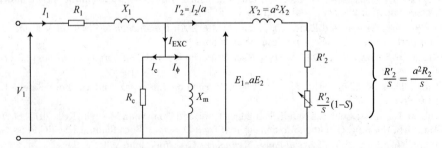

图 5.3 归算到定子侧的完整等效电路

的是，电动机的等效电路与一台双绕组变压器的等效电路在形式上是相同的。

例 5.1

一台三相、15hp、460V、4 极、60Hz、1710r/min 感应电动机向其转轴上所带负载输出全部功率。此电动机摩擦及空气阻力损耗为 820W。计算：①输出的机械功率；②转子上的铜损。

计算过程

1. 满载轴功率

满载轴功率为 $15\text{hp} \times 746\text{W/hp} = 11\,190\text{W}$。输出的机械功率（$P_{\text{mech}}$）为轴功率 + 摩擦损耗及空气阻力损耗。

$$P_{\text{mech}} = (11\,190 + 820)\,\text{W} = 12\,010\text{W}$$

2. 同步转速 $n_s = f/p$

$$n_s = (60/2)\,\text{r/s} = 30\text{r/s} \times 60\text{s/min} = 1800\text{r/min}$$

转差率 $s = (n_s - n)/n_s$

$$s = (1800 - 1710)/1800 = 0.05$$

气隙功率 $P_{\text{ag}} = P_{\text{mech}}/(1-s)$

$$P_{\text{ag}} = 12\,010\text{W}/(1 - 0.05) \approx 12\,642.1\text{W}$$

转子上的铜损 $P_{\text{cu2}} = sP_{\text{ag}}$

$$P_{\text{cu2}} = 0.05 \times 12\,642.1\text{W} \approx 632.1\text{W}$$

5.3　等效电路参数的计算

可利用电动机的空载试验、堵转试验以及定子绕组直流电阻等测量数据计算电动机等效电路参数。

例 5.2

根据下面的实验数据计算一台 10hp、230V、三相、4 极、星形联结、双笼型感应电动机（NEMA 标准 C 类）的等效电路各参数。

空载试验：$f = 60\text{Hz}$ 时，$V = 229.9\text{V}$　　$I = 6.36\text{A}$　　$P = 512\text{W}$

堵转试验：当 $f = 15\text{Hz}$ 时，$V = 24\text{V}$　　$I = 24.06\text{A}$　　$P = 721\text{W}$

当 $f = 60\text{Hz}$ 时，$V = 230\text{V}$　　$I = 110\text{A}$　　$P = 27\,225\text{W}$

定子绕组两端测得的平均直流定子绕组电阻为 0.42Ω。

计算过程

空载试验得

$$Z_{\text{NL}} = V_{\text{NL}}/\sqrt{3}I_{\text{NL}} = [229.9/(1.732 \times 6.36)]\,\Omega \approx 20.87\Omega$$

$$R_{\text{NL}} = P_{\text{NL}}/3I_{\text{NL}}^2 = [512/(3 \times 6.36^2)]\,\Omega \approx 4.22\Omega$$

$$X_{\text{NL}} = \sqrt{Z_{\text{NL}}^2 - R_{\text{NL}}^2} = \sqrt{20.87^2 - 4.22^2}\,\Omega \approx 20.44\Omega$$

直流定子电阻测量结果得

$$R_1 = (0.42/2)\,\Omega = 0.21\Omega$$

15Hz 时的堵转试验数据得

$$Z_{IN} = V / \sqrt{3}I = [24 / (1.732 \times 24.06)] \Omega \approx 0.576 \Omega$$

$$R_1 + R_2' = P / 3I^2 = [721 / (3 \times 24.06^2)] \Omega \approx 0.415 \Omega$$

$$X_1 + X_2' = \sqrt{Z_{IN}^2 - (R_1 + R_2')^2} = \sqrt{0.576^2 - 0.415^2} \Omega \approx 0.404 \Omega$$

计算转子电阻：

$$R_2' = (R_1 + R_2') - R_1 = (0.415 - 0.21) \Omega = 0.205 \Omega$$

利用 60Hz 堵转数据计算漏抗：

$$X_L = (60 / 15)(X_1' + X_2') = (60 / 15 \times 0.404) \Omega = 1.616 \Omega$$

IEEE 漏抗比试验数据如表 5.1 所示，对于一台 NEMA 设计标准 C 类电动机有，

$$X_1 = 0.3 X_L = 0.3 \times 1.616 \Omega \approx 0.485 \Omega$$

$$X_2 = 0.7 X_L = 0.7 \times 1.616 \Omega \approx 1.131 \Omega$$

电磁电抗为

$$X_m = X_{NL} - X_1 = (20.44 - 0.485) \Omega = 19.955 \Omega$$

根据 60Hz 堵转试验数据：

$$P_{ag} = P - 3I^2 R_1 = (27\,225 - 3 \times 110^2 \times 0.21) W = 19\,602 W$$

$$\omega_s = 2\pi f l p = [(2\pi \times 60) / 2] rad/s = 188.5 rad/s$$

表 5.1　IEEE 测试代码漏抗比试验数据

电 抗 比	笼型：设计等级				绕 线 转 子
	A	B	C	D	
X_1 / X_L	0.5	0.4	0.3	0.5	0.5
X_2 / X_L	0.5	0.6	0.7	0.5	0.5

全电压起动时转矩为

$$T_L = P_g / \omega_s = (19\,602 / 188.5) N \cdot m \approx 104 N \cdot m$$

起动时转子电抗为

$$Z = \frac{V}{\sqrt{3}I} \approx [230 / (1.732 \times 110)] \Omega \approx 1.207 \Omega$$

$$R = \frac{P}{3I^2} \approx [27.225 / (3 \times 110^2)] \Omega \approx 0.75 \Omega$$

$$X = \sqrt{Z^2 - R^2} = \sqrt{1.207^2 - 0.75^2} \Omega = 0.95 \Omega$$

$$X_2' = X - X_1 = (0.95 - 0.485) \Omega = 0.465 \Omega$$

起动时转子电阻为

$$R_{fl} = R - R_1 = (0.75 - 0.21) \Omega = 0.54 \Omega$$

$$R_{2S}' = R_{fl}[(X_{2S}' + X_m) / X_m]^2 = [0.54 \times [(0.465 + 19.955) / 19.955]^2] \Omega \approx 0.565 \Omega$$

要注意的是，转子电阻和电抗起动时与运行时的数值是不同的。双笼型 NEMA 标准 C 类电动机的特性是与电机运行时相比的，电机起动时的电阻更高，电抗更低。

5.4　性能特征

所产生的机械转矩为

$$T_{mech} = \frac{1}{\omega_s} \frac{3V_{Th}^2}{[R_{Th} + (R'/s)]^2 + (X_{Th} + X_2')^2} \frac{R_2'}{s} \qquad (5.1)$$

式中

$$V_{Th} = \left| \frac{jX_m V_1}{R_1 + jX_1 + jX_m} \right|$$

且

$$Z_{Th} = R_{Th} + jX_{Th} = \frac{(R_1 + jX_1)(jX_m)}{R_1 + jX_1 + jX_m}$$

低转差率时，有

$$T_{mech} \approx \frac{1}{\omega_s} \frac{3V_{Th}^2}{R_2}s \qquad (5.2)$$

高转差率时，有

$$T_{mech} \approx \frac{1}{\omega_s} \frac{3V_{Th}^2}{(X_{Th} + X_2')^2} \frac{R_2'}{s} \qquad (5.3)$$

电动机的最大转矩（牵出转矩、临界转矩）为

$$T_{max} = \frac{1}{2\omega_s} \frac{3V_{Th}^2}{R_{Th} + \sqrt{R_{Th}^2 + (X_{Th} + X_2')^2}} \qquad (5.4)$$

最大转矩时所对应的转差率为

$$s_{T max} = \frac{R_2'}{\sqrt{R_{Th}^2 + (X_{Th} + X_2')^2}} \qquad (5.5)$$

最大转矩与转子的电阻无关，但是转子的电阻值决定了产生最大转矩时的转速。三相感应电动机的损耗如图 5.4 所示。

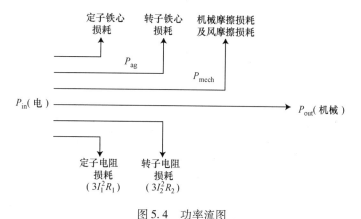

图 5.4 功率流图

例 5.3

一台三相、460V、1740r/min、60Hz、4 极绕线式感应电动机每相参数为 $R_1 = 0.25\Omega$，$X_1 = X_2' = 0.5\Omega$，$R_2' = 0.2\Omega$，$X_m = 30\Omega$。旋转损耗为 1700W。计算如下参数：

1. a）全电压直接起动时的起动电流；b）起动转矩。

2. a）额定负载时的转差率；b）额定负载电流；c）起动电流与额定负载电流之比；d）额定负载功率因数；e）额定负载转矩；f）电动机理想效率（内效率）及电动机效率。

3. a）最大转矩所对应的转差率；b）最大转矩；c）最大转矩与额定转矩之比。

4. 电动机起动时转矩为最大转矩时，转子回路所接入的电阻值。

计算过程

1. a）输入电压为 $V_1 = (460/\sqrt{3})\text{V} \approx 265.6\text{V}$。起动时，$s = 1$。因此，输入阻抗为

$$\dot{Z}_1 = \left[0.25 + \frac{\text{j}30(0.2 + \text{j}0.5)}{0.2 + \text{j}30.5}\right]\Omega \approx 1.08 \underline{/66°}\,\Omega$$

起动电流为

$$\dot{I}_{\text{st}} = \frac{265.6}{1.08 \underline{/66°}}\text{A} \approx 245.9 \underline{/-66°}\,\text{A}$$

b）

$$\omega_{\text{s}} = \left(\frac{1800}{60} \times 2\pi\right)\text{rad/s} \approx 188.5\text{rad/s}$$

$$V_{\text{Th}} = \left|\frac{265.6(\text{j}30.0)}{(0.25 + \text{j}30.5)}\right|\text{V} \approx 261.3\text{V}$$

$$Z_{\text{Th}} = \frac{\text{j}30(0.25 + \text{j}0.5)}{0.25 + \text{j}30.5}\Omega \approx 0.55 \underline{/63.9°}\,\Omega$$

$$= (0.24 + \text{j}0.49)\Omega$$

$$R_{\text{Th}} = 0.24\Omega$$

$$X_{\text{Th}} = 0.49\Omega \approx X_1$$

$$T_{\text{st}} = \frac{P_{\text{ag}}}{\omega_{\text{s}}} = \frac{3I_2'^2 R_2'/s}{\omega_{\text{s}}}$$

$$= \left[\frac{3}{188.5} \times \frac{261.3^2}{(0.24 + 0.2)^2 + (0.49 + 0.5)^2} \times \frac{0.2}{1}\right]\text{N} \cdot \text{m}$$

$$\approx \left(\frac{3}{188.5} \times 241.2^2 \times \frac{0.2}{1}\right)\text{N} \cdot \text{m}$$

$$\approx 185.2\text{N} \cdot \text{m}$$

2. a）

$$s = \frac{1800 - 1740}{1800} \approx 0.0333$$

b）

$$\frac{R_2'}{s} = \frac{0.2}{0.0333}\Omega \approx 6.01\Omega$$

$$\dot{Z}_1 = \left[(0.25 + \text{j}0.5) + \frac{(\text{j}30)(6.01 + \text{j}0.5)}{6.01 + \text{j}30.5}\right]\Omega$$

$$\approx (0.25 + \text{j}0.5 + 5.598 + \text{j}1.596)\Omega$$

$$= 6.2123 \underline{/19.7°}\,\Omega$$

$$\dot{I}_{\text{FL}} = \frac{265.6}{6.2123 \underline{/19.7}}\text{A}$$

$$\approx 42.754 \underline{/-19.7°}\,\text{A}$$

c)
$$\frac{I_{st}}{I_{FL}} = \frac{245.9}{42.754} \approx 5.75$$

d)
$$pf = \cos 19.7° \approx 0.94(\text{滞后})$$

e)
$$T_{fl} = \left[\frac{3}{188.5} \times \frac{(261.3)^2}{(0.24+6.01)^2+(0.49+0.5)^2} \times 6.01\right]N \cdot m$$

$$\approx \left(\frac{3}{188.5} \times 41.29^2 \times 6.01\right)N \cdot m$$

$$\approx 163.11N \cdot m$$

f) 气隙功率

$$P_{ag} = T_{fl}\omega_s = (163.11 \times 188.5)W \approx 30\ 746.2W$$

转子铜损

$$P_{cu2} = sP_{ag} = (0.0333 \times 30\ 746.2)W \approx 1023.9W$$

机械功率

$$P_{mech} = (1-s)P_{ag} = [(1-0.0333) \times 30\ 746.2]W \approx 29\ 722.3W$$

$$P_{out} = P_{mech} - P_{rot} = (29\ 722.3 - 1700)W = 28\ 022.3W$$

$$P_{in} = 3V_1 I_1 \cos\theta_1$$

$$= 3 \times 265.6 \times 42.754 \times 0.94 \approx 32\ 022.4W$$

$$\eta_{motor} = \frac{28\ 022.3}{32\ 022.4} \times 100\% \approx 87.5\%$$

$$\eta_{internal} = (1-s) = (1-0.0333) \times 100\% = 96.7\%$$

3. a) $s_{T_{max}} = \frac{0.2}{[0.24^2+(0.49+0.5)^2]^{1/2}} = \frac{0.2}{1.0187} \approx 0.1963$

b) $T_{max} = \left\{\frac{3}{2 \times 188.5}\left[\frac{261.3^2}{0.24+[0.24^2+(0.49+0.5)^2]^{1/2}}\right]\right\}N \cdot m$

$$\approx 431.68N \cdot m$$

c) $\frac{T_{max}}{T_{FL}} = \frac{431.68}{163.11} \approx 2.65$

4. $s_{T_{max}} = 1 = \frac{R_2'+R_{ext}'}{[0.24^2+(0.49+0.5)^2]^{1/2}\Omega} = \frac{R_2'+R_{ext}'}{1.0187\Omega}$

$$R_{ext}' = (1.0186-0.2)\Omega = 0.8186\Omega/\text{相}$$

5.5 反向制动

将一个三相三线配电系统的两个端子交换位置,会颠倒供电电压的相序。作为结果,将产生反向旋转磁场。当然,此磁场与电压未被反向之前的磁场也是相反的。在相位反转时,电动机将通过零速,然后反向起动。然而,当电动机转速接近为零时,切断电源,电动机将完全停止。改变供电电源相序后,电动机从转速为 ω 到完全停止所需的时间为

$$t = J\frac{\omega_s^2}{V^2 R_2}\left[R_2^2\ln(2-s)+2R_1 R_2(1-s)+\frac{1}{2}(R_1^2+X^2)(3-4s+s^2)\right] \quad (5.6)$$

折算到定子侧的转子电阻值会影响电动机从反向制动到停止所需的最短时间,每相电阻

值为

$$R_2 = \sqrt{\frac{(R_1^2 + X^2)(3 - 4s + s^2)}{2\ln(2 - s)}}\,\Omega \tag{5.7}$$

驱动电动机从静止到同步转速，转子绕组上所消耗的能量 W_{dr} 为

$$W_{dr} = J\frac{\omega_s^2}{2} \tag{5.8}$$

通过改变电源相序电动机由同步转速变为静止时，转子绕组上消耗的能量 $(W_{dr})_P$ 为

$$(W_{dr})_P = 3\left(J\frac{\omega_s^2}{2}\right) \tag{5.9}$$

因此，当电动机经历一个完整的速度反转时，转子绕组上消耗能量 $(W_{dr})_r$ 为

$$(W_{dr})_r = 4\left(\frac{1}{2}J\omega_s^2\right) \tag{5.10}$$

如果反向转速太大以致产生的热量超过电动机的设计值而不能耗散，那么三相感应电动机将会过热。电动机铭牌效率给定了电动机的功率损耗值，及连续工作状态下最大允许的热损耗。例如，一台10kW电动机的效率为95%，保证其安全运行的最大热损耗为

$$P_{out}\left(\frac{1}{\eta} - 1\right) = \left[100\left(\frac{1}{0.95} - 1\right)\right]kW \approx 5.26kW$$

例5.4

图5.5所示为一台440V、三相、60Hz、75kW、855r/min、8极感应电动机的单相等效电路。这台电动机拖动 $6.5kg \cdot m^2$ 的纯惯性负载。忽略励磁电流和定子电阻，计算如下参数：

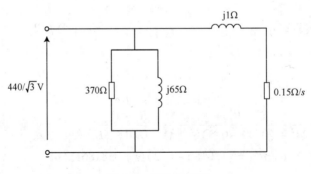

图5.5 等效电路图

1. 电动机从反向制动开始到完全停止所需要的时间，以及转子绕组的能量损耗。
2. 通过反向制动使电动机转速完全反向所需要的时间，以及转子绕组的能量损耗。

计算过程

同步转速 $n_s = flp$

$$n_s = (60/4)r/s = (15 \times 60)r/min = 900r/min$$

额定负荷时转差率 $s = \dfrac{n_s - n}{n_s}$

$$s = \frac{900 - 855}{900} = 0.05$$

1. 利用式（5.6）计算电动机反向制动开始时到电动机停止所需的时间

$$t = \left\{ 6.5 \times \frac{[2\pi \times 900]^2}{60} \times \frac{1}{440^2 \times 0.15} \left[0.15^2 \ln(2 - 0.05) + \frac{1}{2}(1.0)^2 \times \right. \right.$$

$$\left. \left. (3 - 4 \times 0.05 + 0.05^2) \right] \right\} s \approx 2.82s$$

利用式（5.9）计算电动机转子中能量损耗

$$(W_{dr})_p = 3 \times \left[\frac{1}{2} \times 6.5 \left(\frac{2\pi \times 900}{60} \right)^2 \right] J \approx 86.61kJ$$

2. 电动机达到反向额定转速所需要的时间

$$t_2 = \left\{ 6.5 \left(\frac{2\pi \times 900}{60} \right)^2 \times \frac{1}{440^2 \times 0.15} \left[(1 - 0.05)^2 \frac{1.0}{2} + 0.15^2 \ln\left(\frac{1}{0.05} \right) \right] \right\} \approx 1.13s$$

因此，电动机整个反向过程所需的时间为

$$t = t_1 + t_2 = 2.82s + 1.13s = 3.95s$$

利用式（5.10）计算转子绕组损失的能量

$$(W_{dr})_r = \left\{ 4 \times \left[\frac{1}{2} \times 6.5 \left(\frac{2\pi \times 900}{60} \right)^2 \right] \right\} J \approx 115.47kJ$$

5.6 制动

为了停止感应电动机，一般是切断感应电动机的供电电源。停止时间取决于惯性、摩擦力及空气阻力决定。通常需要感应电动机快速停止，这就需要对减速过程进行控制，如起重机或升降机。

制动的功能提供了一种方式，使在从较高转速到较低转速或零转速的减速期间电动机惯性系统存储的动能耗散出去。动能的消耗可能是绕组外部（外部制动）或绕组内部（内部制动）的。有时为了进行制动性能优化也会将两种制动方式组合起来。

外部制动使用一种与电动机耦合的机械制动方式。这种制动方式适合所有类型的电动机，并需要特殊的机械耦合装置。外部制动包括摩擦制动（机械、电子、液压、气动的蹄式制动器和盘式制动器）、涡流制动（直接连接的磁耦合装置）、液压制动（与液压泵耦合）、磁粉制动（直连式磁粉耦合）。

产生内部制动的方法可分为两类：反转矩类（逆转）、生成转矩类（动态制动和再生制动）。在反转矩类中，转矩用于驱动转子向制动前相反的方向旋转。在生成转矩类中，转矩取决于转子速度。动态转矩由小于同步转速的转子转速产生，并且能量在电动机内部或在与之相连的负载中消耗。在零转子速度下，产生的转矩为零。

再生制动转矩由高于同步转速的电动机转速产生。电动机始终与电网相连，所发出的功率反馈回电力系统。

对于大型电动机，在制动期间可能需要强制通风制冷。

例5.5

某台三相感应电动机，$I_1 = 116.9A$，$\omega_s = 188.5rad/s$，$s = 0.0255$，$T_{fl} = 425.6N \cdot m$，

$Z_2 = (0.058 + j0.271)\Omega$，励磁电抗 $X_m = 2.6\Omega$。

计算此电动机在额定负载下运行时的动态制动转矩 T_{db}，并使用一直流电压等效转子上额定交流电源（见图 5.6）。另外，计算最大制动转矩 $T_{db(max)}$ 及相应的转差率 s_{max}。

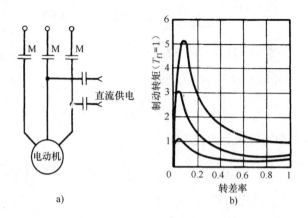

图 5.6　使用直流电源的动态制动

a）电路　b）转矩—转速特性

计算过程

动态制动转矩由下式计算：

$$T_{db} = \frac{-3}{\omega_s} \times \frac{|I_1|^2 X_m^2}{[R_2/(1-s)]^2 + (X_m + X_2)^2} \times \frac{R_2}{(1-s)}$$

$$= \left\{ \frac{-3}{188.5} \times \frac{116.9^2 \times 2.6^2}{[0.058/(1-0.0255)]^2 + (2.6-0.271)^2} \times \frac{0.058}{(10.0255)} \right\} N \cdot m$$

$$\approx -10.61 N \cdot m$$

因此，动态制动转矩为满载转矩的 $\left(\dfrac{10.61}{425.6} \right) \times 100\% \approx 2.5\%$，或者 $T_{ab} = 2.5\% T_{fl}$。

最大动态制动转矩可由下式计算：

$$T_{db(max)} = \frac{-3}{2\omega_s} \times \frac{I_1^2 X_m^2}{(X_m + X_2)} = \left[\frac{-3}{2 \times 188.5} \times \frac{116.9^2 \times 2.6^2}{(2.6+0.271)} \right] N \cdot m \approx -256.05 N \cdot m$$

即

$$T_{db(max)} = \frac{256.05}{425.6} \times 100\% \approx 60.2\% T_{fl}$$

对应转差为

$$s_{max} = 1 - \frac{R_2}{(X_m + X_2)} = 1 - \frac{0.058}{(2.6+0.271)} \approx 0.98$$

在本例中，断开电动机电源后，与电动机某一相连接的直流电源产生了制动转矩（见图 5.6a）。利用固态电子器件，已经可以经济地解决了独立直流电源的问题。制动转矩在较高的初始转速时较低，并在电动机减速时增加至高峰值，然后随着电动机转速降为零而迅速下降（见图 5.6b）。与单次起动时的损耗近似相同。提高直流电源的电压并在绕线式电动机转子绕组电路中外接电阻，可以提高电动机的制动转矩。需要大约 150% 的额定电流

（直流）产生 100% 起动转矩的平均制动转矩。

图 5.7 所示为一种采用电容—电阻—整流电路的直流制动形式，通过电容器向电动机绕组放电产生可变直流电压，而不是像直流电源制动那样施加固定的直流电压。直流电压与电动机转速一起下降，产生接近常数的制动转矩。存储在电容器中的能量为制动所需要的全部能量。然而，这种方法需要昂贵的大容量电容器。

如果电动机端口安装了电容器（见图 5.8），当感应电动机的电源被切断时，电动机通过发电机运行产生制动转矩。通

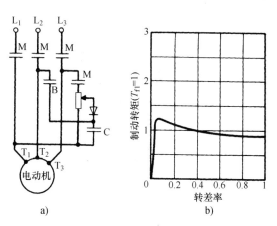

a)

b)

图 5.7　采用电容—电阻—整流电路的动力制动
a）电路　b）转矩—转速特性

过加载负载电阻，可以增大电动机的制动转矩。如果使用的电容器容量等于功率因数补偿容量，制动转矩将很小。为了产生 2 倍额定转矩的初始峰值转矩，电容器容量应等于电动机空载励磁视在功率的 3 倍（这时会产生一个高的可能会损坏绕组绝缘的暂态电压）。在相当高的转速时，制动转矩减小为零。

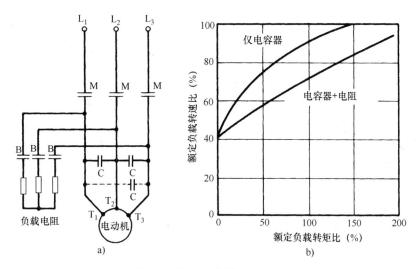

a)

b)

图 5.8　使用电容器动态制动
a）电路　b）转矩—转速特性

在交流动态制动方式下（见图 5.9），"单相"三相感应电动机不会停止转动，而在零转速、零转矩附近产生一个很小的制动转矩。这是一种非常简单而且相对便宜的方法。在电动机绕组中的损耗需要一个更大的电动机尺寸去散热。在绕线转子的情况下，可以通过在转子电路中接入外部电阻改变制动转矩，有时需要一个独立的制动绕组。

在再生制动方式下，运行的电动机作为感应发电机运行产生制动转矩，并且制动产生的功率会送入电网。例如，2 极/4 极笼型电动机开始运行转速为 1760r/min，通过将 2 极改变为 4 极产生再生制动转矩，此时，其同步转速为 900r/min，电动机作为发电机运行。笼型电动机主

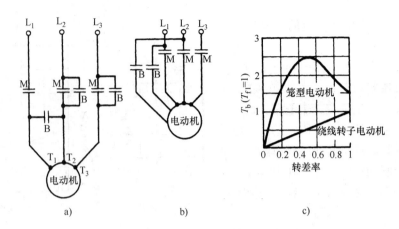

图 5.9　交流动态制动
a）电路　b）带有专门制动绕组电动机　c）转矩—速度特性

要采用再生制动方式。对于绕线转子电动机来说，由于要改变极数，使得该方法过于复杂。

5.7　自耦变压器起动

自耦变压器（或补偿器）起动是最常用的减压起动器。在电动机起动加速期间，在电动机定子绕组两端电压等于自耦变压器分接头电压。通常自耦变压器提供三个分接头电压比，即 0.5、0.65 及 0.8。

为了降低成本，通常采用 2 台自耦变压器开口 D-d 联结。然而结果是暂态期间在第三相产生一个更大的电流以及瞬间开路。在这个瞬间开路过程中会产生非常高的短路暂态电流。使用 3 台自耦变压器允许闭合电路暂态过程，因此消除了开路暂态及不平衡电流然而增加了 1 台额外变压器的成本。

例 5.6

如图 5.10 所示，当自耦变压器在分接头位置为 $\alpha=0.5$、0.65 及 0.8 下起动时，计算线路电流 I_{LL}、电动机电流 I_{LA}、电动机起动转矩 T_{LA}。全电压时，电动机堵转电流占满载电流 I_L 百分数等于 600%，电动机堵转转矩占满载转矩 T_L 百分数等于 130%。

电动机起动时，如果线路电流不超过满载电流 I_n 的 300%，起动转矩不小于满载转矩 T_n 的 35% 时，求自耦变压器分接头的电压比。

计算过程

如果使用 3 台变压器，对于 $\alpha=0.5$，$I_{LL}=\alpha^2 I_L$，$I_{LL}=0.5^2 \times 600=150\%$。如果使用 2 台变压器，$I_{LL}=\alpha^2 I_L+15\%=165\%$。

电动机电流 $I_{LA}=\alpha I_L=0.5 \times 600=300\%$

起动转矩 $T_{LA}=\alpha^2 T_L=0.5^2 \times 130=32.5\%$

用同样的方法可以得到对于其他抽头相应的值，结果示于表 5-2。

为了满足电流 $I_{LL} \leqslant 300\% I_n$ 的约束条件，分接头电压比应选为 0.5 或者 0.65。为了满足转矩 $T_{LA} \geqslant 35\% T_n$ 的约束条件，分接头变压比应选为 0.65 或 0.8。因此选择 0.65 分接头。

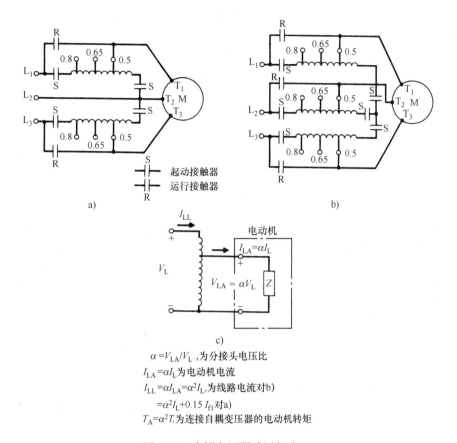

$\alpha = V_{LA}/V_L$ ，为分接头电压比

$I_{LA} = \alpha I_L$ 为电动机电流

$I_{LL} = \alpha I_{LA} = \alpha^2 I_L$ ，为线路电流对b)

$= \alpha^2 I_L + 0.15\, I_{fl}$ 对a)

$T_A = \alpha^2 T$ ，为连接自耦变压器的电动机转矩

图 5.10　自耦变压器减压起动

a）开路暂态　b）闭路暂态　c）等效电路

表 5.2　线路电流

分接头 α	线路电流 I_{LL}				电动机电流 I_{LA}		起动转矩 T_{LA}	
	2 台变压器		3 台变压器					
0.5	27.5	165	25	150	50	300	25	32.5
0.65	44.8	269	42.3	254	65	390	42.3	55
0.8	66.5	399	64	384	80	480	64	83.2
	$\sigma_0 I_L$	$\sigma_0 I_{fl}$	$\sigma_0 I_L$	$\sigma_0 I_{fl}$	$\sigma_0 I_L$	$\sigma_0 I_{fl}$	$\sigma_0 T_L$	$\sigma_0 T_{fl}$

5.8　串电阻起动

起动期间，通过串接电阻或者串接电抗降低电动机端部有效电压。随着电动机转速的增加，电动机阻抗增加而起动器阻抗保持常数。随着电动机转速的提高，将引起电动机端口电压进一步升高，从而产生更高的转矩。这个过程是一种"闭路转换"，并产生平衡的线路电流。这些起动器设计用于线路电压的 0.5、0.65 或 0.8 的单个固定电压比。

由于容易实现且成本低廉，最广泛使用的阻抗起动方式为电阻起动。通过自动控制可变电阻器的帮助，可设计一个无极起动器。对于更大功率电动机（大于 200hp）或者高压电动机（大于 2300V），电抗起动更优。对这两种起动方法的性能对比如表 5.3 所示。

表 5.3　电阻起动及电抗起动两种方法的对比

性　能	电阻起动	电抗起动
起动功率因数	大	小
转速为（75% ~ 85%）n_s 时产生的电动机转矩	低 $[(15\% \sim 20\%)T_{fl}]$	高 $[(15\% \sim 20\%)T_{fl}]$
热损耗（I^2R）	很大	很小
体积	大	小
成本	低	高

例 5.7

如图 5.11a 所示，一个两级串电阻起动器分接头 T_1、T_2、T_3 分别为 0.5、0.65 及 0.8，确定起动器的 R_s。同时，计算相应的线路电流、功率因数、转矩。对于此电动机，$Z_L = (0.165 + j0.388)\Omega$，$I_L = 539\% I_{fl}$，$T_1 = 128\% T_{fl}$。

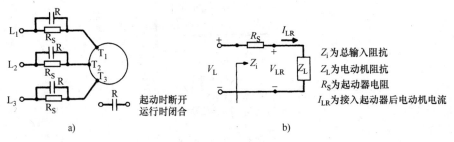

图 5.11　电阻起动
a）接线图　b）等效电路图

计算过程

表 5.4 中，V_{LR}、I_{LR} 及 T_{LR} 代表电动机接入起动器后堵转特性。如果使 $I_{LR} < 400\%$，则分

表 5.4　电动机接入电阻起动器后堵转特性

步骤	计 算 等 式		分接头对应 α 值		
			0.5	0.65	0.8
1	$I_{LR} = \dfrac{V_{LR}}{Z_L} = \dfrac{\alpha V_L}{Z_L} = \alpha I_L$	I_{fl} 用百分比表示	269.5	350.4	431.2
		I_L 用百分比表示	50	65	80
2	$\lvert \overline{Z_{IL}} \rvert = \lvert R_L + jX_L \rvert = \dfrac{V_L}{I_{LR}} = \dfrac{V_L}{\alpha I_L} = \dfrac{Z}{\alpha}$		0.844	0.649	0.528
3	$R_{IL} = R_S + R_L = \sqrt{Z_{IL}^2 - X_L^2}$		0.750	0.520	0.358
4	$R_S = R_{IL} - R_L$		0.585	0.355	0.193
5	$pf = \cos(-\theta_{IL}) = R_{IL}/\lvert Z_{IL} \rvert$		0.899	0.801	0.678
6	功率因数角 $\theta_{IL} = -\arccos(R_{IL}/\lvert Z_{IL} \rvert)$		$-16.3°$	$-21.4°$	$-26.9°$
7	$T_{LR} = \alpha^2 T_L$	T_{fl} 用百分比表示	32	54.1	81.9
		T_L 用百分比表示	25	42.3	64

注：R_S 为起动电阻（见图 5.11b）。

接头电压比为 0.5 或 0.65（如表 5.4 所示）。如果 $T_{LR} > 35\%$。则分接头电压比为 0.65 或 0.8。因此，最终所选分接头电压比为 0.65。

为了确定 $\alpha = 0.65$ 时 R_s 的大小，由表 5.4 所示可知，$R_s = 0.355\Omega$。

5.9 串电抗起动

例 5.8

使用电抗起动器重复例 5.7，如图 5.12 所示。

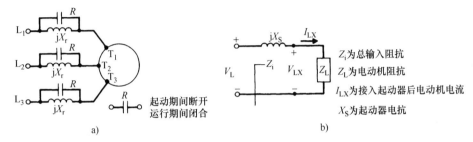

图 5.12   串电抗起动
a）接线图   b）等效电路

计算过程

表 5.5 中，V_{LX}、I_{LX} 及 T_{LX} 代表电动机接入起动器后的堵转性能。由于串电阻和串电抗起动的起动电流和转矩相同，选择相同的分接头电压比 0.65。

表 5.5 中，对于 $\alpha = 0.65$，$X_s = 0.240\Omega$。因此 $L_s = X_s/(2\pi f_1) = [0.240/(2\pi \times 60)] \text{H} \approx 0.637\text{mH}$。

表 5.5   接入电抗起动器后电动机的堵转特性

步骤	计 算 等 式		分接头对应 α 值		
			0.50	0.65	0.80
1	$I_{LX} = \dfrac{V_{LX}}{Z_L} = \dfrac{\alpha V_L}{Z_L} = \alpha I_L$	I_{fl} 用百分比表示	269.5	350.4	431.2
		I_L 用百分比表示	50	65	80
2	$\mid Z_{IL} \mid = \mid R_L + jX_{IL} \mid = V_L/I_{LX} = V_L/\alpha I_L = Z/\alpha$		0.844	0.649	0.528
3	$X_{IL} = X_s + X_L = \sqrt{Z_{IL}^2 - R_L^2}$		0.828	0.628	0.502
4	$X_s = X_{IL} - X_L \, \Omega$		0.440	0.240	0.114
5	$\text{pf} = \cos(-\theta_{IL}) = R_L/\mid Z_{IL} \mid$		0.195	0.254	0.313
6	功率因数角：$\theta_{IL} = -\arccos(R_L/\mid Z_{IL} \mid)$		$-78.8°$	$-75.3°$	$-71.8°$
7	$T_{LX} = \alpha^2 T_L$	T_{fl} 用百分比表示	32	54.1	81.9
		T_L 用百分比表示	25	42.3	64

5.10　串并联起动

在这种起动方法中（见图 5.13），起动期间在较高电压下运行的双电压绕组，在起动期间连接到较低的电源电压。然后，将这种连接切换到正常低压连接。

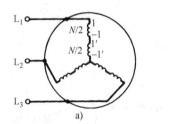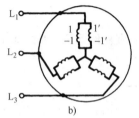

图 5.13　串并联起动

a）串联起动接法　b）并联运行接法

尽管它经常用于两级起动，由于串并联起动的起动转矩非常低，所以串并联起动主要用于多级起动中的第一步。任何一个 230V/460V 电动机都可连接为 230V 串并联起动。

例 5.9

一台 230V/460V 电动机 230V 侧连接成 460V 起动时，计算起动线电流 I_{LS} 和起动转矩 T_{LS}。

计算过程

起动线电流 $I_{LS} = (230/460)I_L = 0.5I_L$。起动转矩 $T_{LS} = (230/460)^2 T_L = 0.25T_L$。

5.11　多级起动

绕线转子电动机通常为全电压起动。通过在电动机转子回路中接入几级平衡电阻可以减少电动机起动时的电流。随着电动机转速的增加，转子回路中所接电阻稳步逐级降低，直到转速达到额定转速时转子回路中的电阻均被短路。因此，产生的转矩可以控制在满足电力公司对负载电流的限制范围内。也可用电抗器代替电阻减少起动电流，但这种方式很少使用。

例 5.10

计算绕线转子电动机（见图 5.14a）最大起动转矩时五级起动器的电阻，有冲击电流相等。同时，计算最小电动机电流 I_{min}。电动机数据为 $R_2/s_{maxT} = 1.192\Omega$，$s_{maxT} = 0.0795$，$I_{maxT} = 760\text{A}$。

计算过程

如图 5.14b 所示，由于 $I_{max} = I_{maxT}$，有 $R_{x1} = R_2/s_{maxT} = 1.192$。转差率 $s_1 = \sqrt[n]{s_{maxT}}$

$$s_1 = \sqrt[5]{0.0795} = 0.6027$$

$$R_{x2} = s_1 R_{x1} = (0.6027 \times 1.192)\,\Omega \approx 0.718\,\Omega$$

类似地
$$R_{x3} = s_1 R_{x2} = (0.6027 \times 0.718)\,\Omega \approx 0.433\,\Omega$$
$$R_{x4} = s_1 R_{x3} = (0.6027 \times 0.433)\,\Omega \approx 0.261\,\Omega$$
$$R_{x5} = s_1 R_{x4} = (0.6027 \times 0.261)\,\Omega \approx 0.157\,\Omega$$

则
$$r_{x1} = R_{x1} - R_{x2} = 0.474\,\Omega$$
$$r_{x2} = R_{x2} - R_{x3} = 0.285\,\Omega$$
$$r_{x3} = R_{x3} - R_{x4} = 0.172\,\Omega$$
$$r_{x4} = R_{x4} - R_{x5} = 0.104\,\Omega$$

$$r_{x5} = R_{x5} - R_2 = [0.157 - (1.192 \times 0.0795)]\,\Omega \approx 0.062\,\Omega$$

加速曲线如图 5.14c 所示。最小电动机电流 $I_{\min} = I_{\max T} s_1 = (760 \times 0.6027)\,A \approx 458A$。

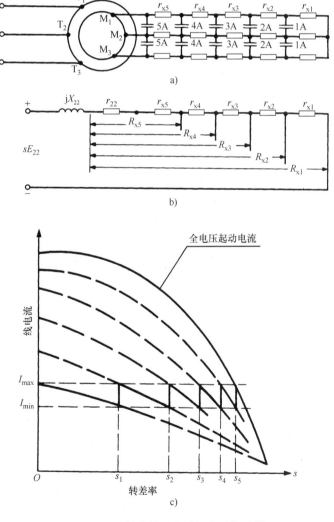

图 5.14　五级绕线转子电动机电阻起动器

a）接线图　b）转子等效电路　c）加速曲线

5.12 转速控制

当所连接电源的电压和频率恒定时，感应电动机基本上是恒速电动机。运行速度接近同步转速。如果负载转矩增加，电动机转速会下降很少。因此，它适用于基本恒速的驱动系统。然而，许多工业应用需要几种转速或连续可调的转速范围。传统上，这种调速系统一直使用直流电动机。然而，直流电动机价格昂贵，经常需要对电刷及换向器进行维护，而且不允许在危险的工作环境中使用。而另一方面，笼型感应电动机价格便宜，坚固耐用，没有换向器，非常适合在高转速工作条件下使用。尽管比直流电机的控制更加复杂，但固态控制器的可用性使得在变速驱动系统中使用感应电机成为可能。

5.13 线电压控制

感应电动机产生的电磁转矩正比于施加在定子绕组上电压的二次方。线电压控制主要用于拖动风机类负载的小型笼型电动机，这类负载是转速的函数。这种方法的缺点包括以下几项：

1）随着施加在定子绕组上电压的降低，转矩降低。
2）转速控制范围有限。
3）运行电压高于额定电压时受磁饱和限制。

例 5.11

一台 10hp、三相、4 极笼型电动机带动一台风机负载，当供电电压降为额定值的一半时，计算转速、负载转矩占额定转矩的百分比。风机转矩随其转速的二次方发生变化。额定负载时的转差率为 4%，对应最大转矩的转差率为 14%。

计算过程

两个不同的转速 n_1 和 n_2，对应着两个不同的电压 V_1 和 $0.5V_1$：

$$\frac{T_{m1}}{T_{m2}} = \frac{s_1}{s_2/4}$$

并且

$$\frac{T_{F1}}{T_{F2}} = \frac{n_1^2}{n_2^2} = \frac{(1-s_1)^2}{(1-s_2)^2}$$

电动机转矩等于负载转矩得

$$\frac{s_1}{s_2/4} = \frac{(1-s_1)^2}{(1-s_2)^2}$$

因此

$$\frac{(1-s_2)^2}{s_2} = \frac{(1-s_1)^2}{4s_1} = \frac{(1-0.04)^2}{(4 \times 0.04)} = 5.76$$

且

$$s_2 = 0.131$$

由于 s_2 小于 $s_{maxT} = 0.14$，电动机在转矩—速度特性曲线（见图 5.15）的稳定区域内运行。转速为

$$n_2 = n_3(1 - s_2) = \left(120 \times 60 \times \frac{1 - 0.131}{4}\right) \text{r/min} \approx 1564 \text{r/min}$$

负载转矩为

$$T_{F2} = T_{M2} = T_{r1}\left(\frac{s_2}{4s_1}\right) = T_{r1}\left(\frac{0.131}{0.16}\right) \approx 0.819 T_{r1}$$

即

$$T_{F2} = 81.9\% \, T_{rated}$$

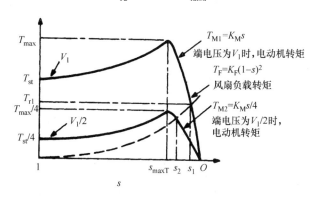

图 5.15　使用线电压控制来改变感应电动机的速度

5.14　频率控制

感应电动机的同步转速直接与电动机供电电源频率相关。因此，通过控制电源频率，均可实现在一个较宽范围内对笼型或者绕线转子电动机进行连续转速控制。除了对转速控制外，感应电动机的低频起动具有低起动电流、高起动功率因素等优点。为了保持恒定的气隙磁通密度，电动机输入电压标幺值频率为定值。这导致最大转矩在转速调节范围的高端非常接近恒定。

为了避免电阻性电压降低，输入电压不能低于相应某一特定低频率所对应的电压值。可通过以下方法获得不同的频率：①变频器；②绕线转子感应电动机作为频率转换器；③固态静态变频器。由于方法③的成本低、尺寸小而成为更加流行的频率转换方法。

例 5.12

一台 1000hp、星形联结、2300V、16 极、60Hz 绕线转子电动机与变频器连接（见图 5.16），计算在频率 $f = 40$Hz、50Hz、60Hz 时的最大转矩 T_{max} 及最大转差 s_{maxT}。电动机的数据为 $R_1 = 0.0721\Omega$，$X_1 = 0.605\Omega$，$R_2 = 0.0947\Omega$，$X_2 = 0.605\Omega$。X_m（17.8Ω）可以忽略不计。

计算过程

对应线路频率 $f = 60$Hz 时的同步角速度为

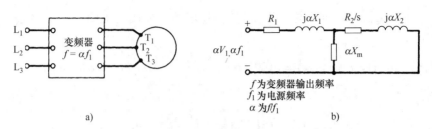

图 5.16 利用变频器实现感应电动机转速控制

a）电气接线图 b）等效电路

$$\omega_s = 2\pi f l p = (2\pi \times 60/8)\,\text{rad/s} = 47.12\,\text{rad/s}$$

对应最大转矩的转差为

$$s_{maxT} \approx R_2 / \sqrt{R_1^2 + \alpha^2 (X_1 + X_2)^2}$$

由于 $\alpha = f/f_1$，对于 $f_1 = 60\text{Hz}$ 时得到

$$s_{maxT} = 0.0947 / \sqrt{0.0721^2 + 1^2 (0.605 + 0.605)^2} \approx 0.078$$

类似地，$f_1 = 50\text{Hz}$ 时 $s_{maxT} = 0.0937$，$f_1 = 40\text{Hz}$ 时 $s_{maxT} = 0.117$

最大转矩为

$$T_{max} \approx 3/2 (V_1^2 / \omega_s) \{\alpha / [R_1 + \sqrt{R_1^2 + \alpha^2 (X_1 + X_2)^2}]\}$$

带入数据得，$f_1 = 60\text{Hz}$ 时 $T_{max} = 43\,709\text{N·m}$，$f_1 = 50\text{Hz}$ 时最大转矩为 $T_{max} = 43\,192\text{N·m}$，$f_1 = 40\text{Hz}$ 时最大转矩为 $T_{max} = 42\,430\text{N·m}$。转速在 33% 范围内变化时，最大转矩变化量很小。

5.15 电动机起动及转速控制选择

一台 500hp 绕线转子交流电动机需具有 2:1 转速范围并具有低速起动能力，请为这台电动机配置合适的起动器和转速控制器。已知电动机供电电源为 60Hz、4160V 时，电动机的运行速度约为 1800r/min。从保护的角度考虑，需要选择一款封闭式起动器及控制器。如果这台电动机为 4 极电机，转差率为 3% 时，电动机的实际转速为多少？

起动器的选择

如表 5.6 所示，磁起动器适用于 220~4500V 和 5~1000hp 范围内绕线转子电动机。这是因为此电动机在这个电压和功率范围内，表中磁起动器可能是适合的。同时，磁起动器适合安装在封闭的柜子里面，适合这种安装要求。

表 5.6 典型交流电动机起动器

电动机类型	起动类型	典型范围	
		电压范围/V	功率范围/hp
笼型	磁力，全电压	110~550	1.5~600
	使用熔断和非熔断开关或者断路器	208~550	2~200
	可逆转	110~550	1.5~200
	人工，全电压	110~550	1.5~7.5

（续）

电动机类型	起动类型	典型范围	
		电压范围/V	功率范围/hp
笼型	人工，减压，自耦变压器	220～2500	5～150
	磁力，减压，自耦变压器	220～5000	5～1750
	磁力，减压，电阻	220～550	5～600
绕线转子电动机	磁力，一次和二次控制	220～4500	5～1000
	二次控制为鼓形开关和电阻器	最大1000	5～750
同步电动机	减压，磁力	220～5000	25～3000
	减压，半磁力	220～2500	20～175
	全压，磁力	220～5000	25～3000
大功率感应电动机	磁力，全电压	2300～4600	高达2250
	磁力，减压	2300～4600	高达2250
大功率同步电动机	磁力，全电压	2300～4600	高达2500
	磁力，减压	2300～4600	高达2500
大功率绕线转子电动机	磁力，一次和二次	2300～4600	高达2250

如表5.7所示，在第一加速点可获得大约为满载转矩200%的电动机起动转矩和电流。为了计算电动机在3%转差率时的满载转速，使用公式 $s = (n_s - n)/n_s$，得到

$$n = n_s(1 - s) = [1800 \times (1 - 0.03)] \text{r/min} = 1746 \text{r/min}$$

表5.7　可调速度装置

特性	传动装置类型						
	直流恒定电压	可调整电压直流电动机—发电机单元	可调电压整流器	涡流离合器	交流绕线转子电动机，标准	绕线转子电动机，闸流管	绕线转子直流电动机组
所需供电单元	整流器，直流电动机	交流电动机，直流发电机，直流电动机	整流器，电抗器①，直流电动机	交流电动机，涡流离合器	交流电动机	交流电动机，晶闸管	交流，直流电动机，整流器
正常速度范围	4-1	8-1 c-t + ②4-1 c-hp③	8-1 c-t + 4-1 c-hp③	34-1，2极 17-1，4极	3-1	10-1③	3-1
低速起动	否④	是	是	是	是	是	是
可用转矩	c-hp	c-t	c-t	c-t	c-t	c-t	c-t，c-hp
转速调整	10%～15%	带调整器5%	带调整器5%	带调整器2%	很少	±3%	5%～7.5%

（续）

转速控制	传动装置类型						
	励磁变阻器	变阻器	变阻器	变阻器	分级，功率接触器	变阻器	变阻器
可否封闭	所有	所有	所有	开放⑤	所有	所有	所有
制动， 再生 动态	否 是	是 是	否 是	否 否⑥	是 是	是 是	否 是
多级运行	是	是	是	是	是	是	否
并联运行	是	是	是	是	否	是	是
可控加速度，减速度	是	是	是	是	否	是	否
效率	80%~85%	63%~73%	70%~80%	80%~85%	80%~85%	80%~85%	80%~85%
最大转矩时最高速度	83%~87%	60%~67%	60%~70%	29%	29%	85%~90%	73%~78%
转子惯性⑦	100%⑧	100%	100%	75%	90%	90%	175%
起动转矩	200%~300%	200%~300%	200%~300%	200%~300%	200%	200%~300%	200%~300%
换相器，集电环个数	1个换相器	2个换相器	1个换相器	无	1套集电环	1套集电环	1个换相器，1套集电环

① 仅在饱和电抗器设计中使用。

② c-t 为恒定转矩，c-hp 为恒定功率。

③ 200:1 速度范围单元可用。

④ 使用电枢电阻可获得低转速。

⑤ 完全封闭单元必须是水冷或者油冷。

⑥ 涡流制动器可与单元一体化。

⑦ 基于标准直流电动机。

⑧ 因为其较慢的基本速度，通常是较大的直流电机。

注：本表数据来源于 Hicks 编写的《工程计算标准手册（Standard Handbook of Engineering Calculations）》。

转速控制类型的选择

表5.7 给出了可用的不同类型的可调速传动装置。表中用于绕线转子电动机的电动接触

器可实现具有低速起动能力的 3 级调速。由于需要 2∶1 的转速范围，而建议的控制器提供了更宽的速度范围，所以此控制器是合适的。

如表 5.7 所示，可以注意到如果需要更宽的调速范围，对于绕线转子电动机，晶闸管调速装置可产生 10∶1 级调速。另外，也可以使用绕线转子直流电动机组。在这种布置中，直流交流电动机安装在同一根轴上。通过外部的硅整流电路将转子电流转换成直流，并通过换向器反馈给直流电枢。

表 5.8 和表 5.9 用于工业、商业、船舶、民用等交流电动机起动器和控制器的选择。

表 5.8 也可用于直流电动机起动器的选择。

表 5.8 直流电动机起动器

起动器类型	典型用户
直接起动式	限于 2hp 以下的电动机
降压，手动控制（face-piate 类型）	用于最大 50hp、起动不频繁的电动机
降压，多级开关	大于 50hp 的电动机
降压，鼓形开关	大容量电动机，频繁起动和停止
降压，磁开关	频繁起动和停止，大容量电动机

注：本表选自 Hicks 著，Standard Handbook of Engineering Calculations.

表 5.9 直流电动机转速控制

电动机类型	转速特征	控制类型
串励绕组	变化：宽范围调节	电枢串并联电阻
并励绕组	恒定在所选择转速上	电枢串并联电阻； 励磁减弱； 电枢电压可变
复励绕组	调整范围大约为 25%	电枢串并联电阻； 励磁减弱； 电枢电压可变

注：本表选自 Hicks 著，Standard Handbook of Engineering Calculations.

表 5.9 可用于直流电动机速度控制选择。在工业领域中，直流电动机的使用不断增加。它们在海上服务中也很受欢迎。

5.16 恒负载电动机的选择

感应电动机的额定功率及 NEMA 设计分类与负载转矩—转速特性、占空比、惯性、温升、热损耗、环境条件、辅机等有关。在大多数应用中，选择过程相对简单。但在极少数情况下，选择过程包括一些高起动转矩、低起动电流、间歇式负载、转矩脉冲、大负载惯性，或者是频繁起动和停止的负载循环。

选择正确的额定功率将最大限度地减少初始投资和维护成本，并可以提高工作效率和使用寿命。一台功率不足的电动机会导致过载并降低电动机的使用寿命。如果所选择的电动机功率过高，则将降低效率和功率因数，还要更大的安装空间及更高的初始投资。

例 5.13

某负载转速为 1764r/min 时所需要的转矩为 55N·m，请选择拖动此负载的电动机。

计算过程

当负载为常量时，电动机功率计算公式为

$$P = \frac{\omega T}{746\text{W/hp}} = \left(\frac{2\pi \times 1764/60 \times 55}{746} \right)\text{hp} \approx 13.6\text{hp}$$

可选择 NEMA B 类 15hp 电动机拖动此负载。

5.17 变化负载电动机的选择

表 5.10 汇总了各种电动机特性及其适用场合。

表 5.10 电动机特性和应用一览表

多相电动机				
转速调节	转速控制	起动转矩	失步转矩	应　用
通用：笼型（B级）大容量大约下降3%小容量大约下降5%	无转速控制，除非设计为 2~4 个固定转速的多速类型	大容量：100%对 1hp，4 极机组：275%	满载的 200%	用于恒速运行且起动转矩不过大的场合，风机，鼓风机，旋转压缩机，离心泵
高转矩笼型（C级）大容量大约下降3%小容量大约下降6%	无转速控制，除非设计为 2~4 个固定转速的多速类型	设计为：高速时为满载的250%到低速时为满载的200%	满载的 200%	用于恒速运行，不频繁起动且要求比较大的起动转矩，起动电流大约为满载的550% 的场合，往复泵，压缩机和破碎机等
高转差笼型（D级）从空载到满载下降大约 10%~15%	无转速控制，除非设计为 2~4 个固定转速的多速类型	满载的 225%~300%，与转速有关，转子串电阻	200%，通常加载到最大转矩之前不失速，最大转矩发生在间歇时	用于起动不太频繁，具有恒速起动转矩，且带或不带飞轮的峰值负载的场合，冲床，剪切机，升降机等
低转矩笼型（F型）大容量大约下降3%小容量大约下降5%	无转速控制，除非设计为 2~4 个固定转速的多速类型	设计为：高速时为满载的50%到低速时为满载的90%	满载的 135%~170%	用于恒速运行，起动负载轻的场合。风机，鼓风机，离心泵及类似负载
绕线转子：带转子短路环大容量大约下降3%小容量大约下降5%	通过改变转子电阻，转速可以降低50%，转速随负载相反变化	最高 300%，与转子电路的外部电阻及其分布有关	当转子转差环短路时为300%	用于大起动转矩和小起动电流，或要求有限的转速控制的场合。风机，离心泵，柱塞泵，压缩机，输送机，提升机，起重机等

（续）

多相电动机				
转速调节	转速控制	起动转矩	失步转矩	应 用
同步： 恒速	无转速控制，设计为 2 个固定转速的特殊电机除外	低速 40% 至中速 160%，功率因数 0.8，特殊的更高	满功率因数电机，170%； 功率因数电机，80%； 特殊的，可达 300%	用于恒速运行，直接连接到低速电机，需要功率因数校正的场合
串励： 随负载相反变化 在轻载和全电压下运转	零至最大，取决于控制和负载	高，随电压的平方变化，受换向，散热，容量的限制	高，受换向，散热，线路容量的限制	用在需要高起动转矩和转速可调的场合，牵引机，桥式起重机，升降机，门式起重机，自卸翻斗车，矿车减速器
并励： 从空载到满载下降大约 3%~5%	任意希望的范围，取决于设计类型和系统类型	好，具有恒定励磁，直接随加到电枢上的电压变化	高，受换向，散热，线路容量的限制	应用在恒速或转速可调、且起动条件不太恶劣的场合，风机，鼓风机，离心泵，输送机，木材和金属加工，电机和升降机
复励： 从空载到满载下降大约 7%~20%，取决于复励的大小	任意希望的范围，取决于设计和控制类型	比并励高，取决于复励的大小	高，受换向，散热，线路容量的限制	用于需要高起动转矩和转速相当平稳的场合，柱塞泵，冲床，剪切机，弯板机，齿轮传动的升降机，输送机，起重机
分相： 从空载到满载下降大约 10%~15%	无	大容量大约 75% 小容量大约 175%	大容量大约 150% 小容量大约 200%	用于恒速运行，容易起动的场合，小风机，离心泵和不具备多相条件的轻载电机
电容： 大容量下降大约 5% 小容量下降大约 10%	无	满载的 150%~350%，取决于设计和容量	大容量大约 150% 小容量大约 200%	用于恒速运行，不具备多相电流的场合。任意起动任务及低噪声运行
换相器： 大容量下降大约 5% 小容量下降大约 10%	推斥式感应电动机：无 移刷型：满载时 4-1	大容量大约 250% 小容量大约 350%	大容量大约 150% 小容量大约 250%	用于恒速运行，任意起动任务，要求转速控制及不能使用多相电流的场合

注：本表选自 Hicks 著，Standard Handbook of Engineering Calculations。

例 5.14

请为一个周期性负载选择电动机，此周期性负载的工作周期为 3min：1hp 持续时间为 35s，空载时间为 50s；4.4hp 持续时间为 95s。

计算过程

使用关系式

$$P_{rms} = \sqrt{(\Sigma P^2 \times 时间)/(运行时间 + 静止时间/K)}$$

对于封闭式电动机来说 $K=4$，对于开放式电动机来说 $K=3$。假定 $K=3$，将已知数值带入计算公式，得到如下结果：

$$P_{rms} = \sqrt{(1^2 \times 35 + 0 + 4.4^2 \times 95)/(35 + 95 + 50/3)}\,hp \approx 3.57 hp$$

所以，选择 3hp B 类开放式电动机。

5.18　参考文献

1. Alger, Philip L. 1995. *Induction Machines: Their Behavior and Use,* 2nd ed. Newark, N.J.: Gordon & Breach.

2. Beaty, H. Wayne, and James L. Kirtley, Jr. 1998. *Electric Motor Handbook.* New York: McGraw-Hill.

3. Beaty, H. Wayne, and Donald G. Fink. 2012. *Standard Handbook for Electrical Engineers*, 16th ed. New York: McGraw-Hill.

4. Chapman, Stephen J. 2012. *Electric Machinery Fundamentals*, 5th ed. New York: McGraw-Hill.

5. Cochran, Paul L. 1989. *Polyphase Induction Motors: Analysis, Design, and Applications.* New York: Marcel Dekker.

6. Fitzgerald, A. E., Charles Kingsley, Jr., and Stephen D. Umans. 2003. *Electric Machinery*, 6th ed. Boston, M.A.: McGraw-Hill.

7. Hicks, Tyler G. 2015. *Standard Handbook of Engineering Calculations*, 5th ed. New York: McGraw-Hill.

8. Hughes, Austin, and Bill Drury. 2013. *Electric Motors and Drives: Fundamentals, Types and Applications*, 4th ed. Oxford: Newnes.

9. Sen, Paresh C. 2014. *Principles of Electric Machines and Power Electronics*, 3rd ed. Hoboken, N.J.: John Wiley & Sons.

第6章 单相电动机

Om Malik，Ph. D.，P. E.

professor Emeritus Department of ECE University of Calgary

6.1 根据空载试验和堵转试验确定单相感应电动机等效电路

单相感应电动机参数为 1hp，2 极，240V，60Hz，定子绕组电阻 $R_s = 1.6\Omega$。空载测试数据为，$V_{NL} = 240V$，$I_{NL} = 3.8A$，$P_{NL} = 190W$；堵转试验测试数据为 $V_{LR} = 88V$，$I_{LR} = 9.5A$，$P_{LR} = 418W$。试根据建立此电动机的等效电路。

计算过程

1. 计算励磁电抗 X_ϕ

励磁电抗基本上等于空载电抗。根据空载试验，$X_\phi = V_{NL}/I_{NL} = 240V/3.8A \approx 63.2\Omega$。励磁电抗值的一半（$31.6\Omega$）等效正向旋转磁通势波，另一半等效反向旋转磁通势波，如图 6.1 所示。空载功率为 190W，代表电动机的空转损耗。

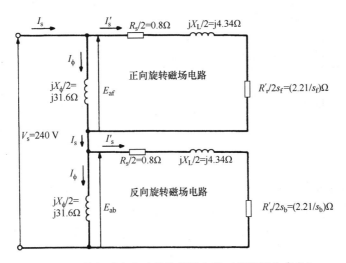

图 6.1 单相感应电动机的等效电路（以定子为参考）

2. 根据堵转试验数据计算阻抗值

根据感应电动机的堵转试验，由于阻抗比 X_L/X_ϕ 非常小，所以等效电路的励磁支路可看作开路。以 V_{LR} 为参考量（相角为零），使用等式 $P_{LR} = V_{LR}I_{LR}\cos\theta_{LR}$。因此，$\theta_{LR} = \arccos(P_{LR}/V_{LR}I_{LR}) = \arccos[418W/(88V \times 9.5A)] = \arccos 0.5 = 60°$。则定子电流的有效值为，

$I'_s = I_{LR} - I_\phi = I_{LR} - V_{LR}/jX_\phi = 9.5\underline{/-60°} - 88V/j63.2\Omega \approx (4.75 - j8.23 + j1.39)A = (4.75 - j6.84)A = 8.33\underline{/-55.2°}A$。折算到定子侧的转子阻抗为 $Z'_r = V_{LR}/I'_s = 88\underline{/0°}V/8.33\underline{/-55.2°}A \approx 10.56\underline{/55.2°}\ \Omega$。

另外，根据堵转试验，$P_{LR} = I'^2_s(R_s + R'_r)$；$R_s + R'_r = P_{LR}/I'^2_s = 418W/(8.33A)^2 \approx 6.02\Omega$。以定子为参考，转子绕组的电阻为 $R'_r = (R_s + R'_r) - R_s = (6.02 - 1.6)\Omega = 4.42\Omega$。最后，漏抗为 $jX_L = Z'_r - (R_s + R'_r) = (10.56\underline{/55.2°}\ -6.02)\Omega = (6.02 + j8.67 - 6.02)\Omega = j8.67\Omega$。

3. 绘制等效电路

如图 6.1 所示，$R_s/2 = (1.6/2)\Omega = 0.8\Omega$，$X_L/2 = (8.67/2)\Omega \approx 4.34\Omega$，$R'_r/2 = 4.42/2 = 2.21\ \Omega$。

图 6.1 中各符号的含义：R_s 为定子绕组电阻，单位为 Ω；R'_r 为折算到定子侧的转子绕组电阻，单位为 Ω；X_ϕ 为励磁电抗，单位为 Ω；X_L 为漏电抗，单位为 Ω；I_ϕ 为励磁电流，单位为 A；I_s 为定子电流实际值，单位为 A；I'_s 为定子电流有效值（$I_s - I_\phi$），单位为 A；s_f 为正向转差率；s_b 为反向转差率，为 $2 - s_f$；E_{af} 为由定子和转子磁通势的正向旋转磁场产生的反向电动势，单位为 V；E_{ab} 为由定子和转子磁通势的反向旋转磁场产生的反电动势，单位为 V；V_s 为定子端电压，单位为 V；Z'_r 为折算到定子侧的转子阻抗，单位为 Ω。

相关计算

单相感应电动机的开路（空载）试验和短路（堵转）试验与变压器或多相感应电动机的相关试验相似。试验数据的使用方式以及等效电路上也存在许多相似之处。对于单相电动机，单个波形被分成两个半幅度旋转磁场：正向旋转磁场和反向旋转磁场。因而，单相电动机的等效电路被分成正向部分和反向部分。下面的示例将说明上述等效电路的使用方法。

6.2 单相感应电动机的转矩和效率计算

对于上例中 1hp 单相感应电动机，当此电动机的转速为 3470r/min 时，计算电动机的轴转矩和效率。

计算过程

1. 计算正向及反向转差率 s_f 和 s_b

2 极、60Hz 单相感应电动机，其同步转速单位为 r/min，计算等式为 $n_{sync} = 120f/p$。式中，f 为频率，单位为 Hz；p 为极数。$n_{sync} = [(120 \times 60Hz)/2]r/min = 3600r/min$。使用下面等式计算正向转差率 $s_f = (n_{sync} - n_{actual})/n_{sync} = (3600r/min - 3470r/min)/(3600r/min) \approx 0.036$。反向转差率 $s_b = 2 - 0.036 = 1.964$。

2. 计算正向等效电路的总阻抗 $\dot{Z}_f$

正向等效电路的总阻抗为 $\dot{Z}_f = (R_s/2 + R'_r/2s_f + jX_L/2) // (jX_\phi/2)$。因此，$R_s/2 + R'_r/2s_f + jX_L/2 = (0.8 + 2.21/0.036 + j4.34)\Omega \approx (62.2 + j4.34)\Omega = 62.4\underline{/3.99°}\Omega$。$\dot{Z}_f = [(62.4\underline{/3.99°}) \times (31.6\underline{/90°})/(62.2 + j4.34 + j31.6)]\Omega \approx 27.45\underline{/63.97°}\Omega \approx (12.05 +$

j24.67)Ω。

3. 计算反向等效电路的总阻抗 $\dot{Z}_b$

反向等效电路的总阻抗是 $\dot{Z}_b = (R_s/2 + R_r'/2s_b + jX_L/2) \,//\, (jX_\Phi)$。$R_s/2 + R_r'/2s_b + jX_L/2 =$ $(0.8 + 2.21/1.964 + j4.34)\Omega \approx (1.93 + j4.34)\Omega \approx 4.75 \underline{/66.03°}\ \Omega$。$\dot{Z}_b = 4.75 \underline{/66.03°} \times$ $31.6 \underline{/90°} / (1.93 + j4.34 + j31.6) \approx 4.17 \underline{/69.1°} = (1.49 + j3.89)\Omega$。

4. 计算等效电路总电路阻抗 $\dot{Z}$

等效电路总阻抗为 $\dot{Z} = \dot{Z}_f + \dot{Z}_b = (12.05 + j24.67)\Omega + (1.49 + j3.89)\Omega = (13.45 + j28.56)\Omega = 31.61 \underline{/64.36°}\ \Omega$。

5. 计算功率因数 *pf* 和电源电流 $\dot{I}_s$

功率因数 $pf = \cos 64.63° = 0.43$，电源电流（定子电流）为 $\dot{I}_s = \dot{V}_S/\dot{Z} = 240 \underline{/0°}\ \text{V}/ 31.61 \underline{/64.63°}\ \Omega = 7.59 \underline{/-64.63°}\text{A}$。

6. 计算正向和反向反电动势 $\dot{E}_{af}$ 及 $\dot{E}_{ab}$

根据正向等效阻抗 $\dot{Z}_f$ 和反向等值阻抗 $\dot{Z}_b$ 与等效电路总阻抗 $\dot{Z}$ 的比值，反电动势的正向和反向分量与电源电压成正比例。因此，$\dot{E}_a = \dot{V}_s (\dot{Z}_f/\dot{Z}) = 240 \underline{/0°}\text{V} \times (27.45 \underline{/63.97°} / 31.61 \underline{/64.63°}) \approx 208.4 \underline{/-0.66°}\text{V}$。类似地，$\dot{E}_{ab} = \dot{V}_s (\dot{Z}_b/\dot{Z}) = 240 \underline{/0°}\text{V} \times (4.17 \underline{/69.1°} / 31.61 \underline{/64.63°}) \approx 31.67 \underline{/4.47°}\text{V}$。

7. 计算正向电流分量 $\dot{I}_{sf}'$ 和反向电流分量 $\dot{I}_{sb}'$

正向电流分量为 $\dot{I}_{Sf}' = \dot{E}_{ab}/\dot{Z}_{rf}' = 208.4 \underline{/-0.66°}\text{V}/62.4 \underline{/3.99°}\ \Omega \approx 3.34 \underline{/-4.65°}\text{A}$。反向电流分量为 $\dot{I}_{Sb}' = \dot{E}_{ab}/\dot{Z}_{rf}' = 31.67 \underline{/4.47°}\ \text{V}/4.75 \underline{/66.03°}\ \Omega = 6.67 \underline{/-61.56°}\text{A}$。

8. 计算内部转矩 T_{int}

内部转矩 T_{int} 为正向转矩-反向转矩，即 $T_{\text{int}} = (30/\pi) \times (1/n_{\text{sync}}) \times [I_{Sf}'^2 (R_r'/2s_f) - I_{Sb}'^2 (R_r'/2s_b)] = \{(30/\pi) \times (1/3600\text{r/min}) [3.34^2 \times (2.21/0.036) - 6.67^2 \times (2.21/1.964)]\}\text{N}\cdot\text{m} = 1.684\text{N}\cdot\text{m}$。

9. 计算旋转损耗中损失的转矩 T_{rot}

旋转损耗中损失的转矩 $T_{\text{rot}} = P_{\text{NL}}/\omega_m$。式中，$\omega_m$ 为转子角速度，单位为 rad/s。$\omega_m = (3470\text{r/min}) \times (\pi/30) \approx 363.4\text{rad/s}$。$T_{\text{rot}} = 190\text{W}/(363.4\text{rad/s}) \approx 0.522\text{N}\cdot\text{m}$。

10. 计算轴转矩

轴转矩为 $T_{\text{shaft}} = T_{\text{int}} - T_{\text{rot}} = 1.684\text{N}\cdot\text{m} - 0.522\text{N}\cdot\text{m} = 1.162\text{N}\cdot\text{m}$。

11. 计算输入功率和输出功率

为了计算输入功率，使用等式 $P_{\text{in}} = V_S I_S \cos\theta = (240 \times 7.59 \times 0.43)\text{W} \approx 783.3\text{W}$。输出功率为 $P_{\text{out}} = T_{\text{shart}} n_{\text{actual}} (\pi/30) = [1.162 \times 3470 \times (\pi/30)]\text{W} \approx 422.2\text{W}$。

12. 计算效率，η

计算效率等式为（输出功率×100%）/输入功率即 $\eta = 422.2\text{W} \times 100\%/783.3\text{W} \approx 53.9\%$。

相关计算

从步骤 8 应该看到，式中 T_{int} = 正向转矩 – 反向转矩，如果电动机处于停止状态，那么 s_f 和 s_b 均等于 1。通过研究等效电路，可以看出 $R_r'/2s_f = R_r'/2s_{\text{fb}}$，由此得出净转矩为 0 的结论。在随后的问题中，将考虑净起动转矩的产生。

6.3 根据单相感应电动机等效电路确定输入条件和内部产生的功率

一台 4 极、220V、60Hz、1/4hp 单相感应电动机运行转差率为 13%。等效电路如图 6.2 所示（与前面两个问题不同的是，定子电阻和漏电抗从正向和反向电路中分离出来）。试计算输入电流、功率因数，以及内部产生的功率。

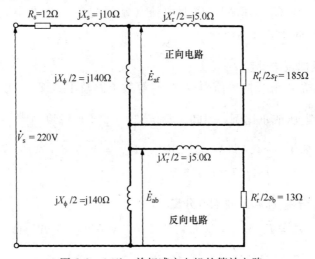

图 6.2 1/4hp 单相感应电机的等效电路

计算过程

1. 计算正向和反向电路阻抗 $\dot{Z}_f$ 和 $\dot{Z}_b$

$\dot{Z}_f = (R_r'/2s_f + jX_r'/2)(jX_\phi/2)/(R_r'/2s_f + jX_r'/2 + jX_\phi/2) = [(185 + j5.0)(j140)/(185 + j5.0 + j140)]\Omega \approx 110.2\underline{/53.6°}\,\Omega = (65.5 + j88.6)\,\Omega$。类似地，$\dot{Z}_b = [(13 + j5.0)(j140)/(13 + j5.0 + j140)]\Omega = 13.4\underline{/26.1°}\,\Omega \approx (12.0 + j5.9)\,\Omega$。

2. 计算等效电路的总阻抗 $\dot{Z}$

等效电路的总阻抗为 $\dot{Z} = \dot{Z}_s + \dot{Z}_f + \dot{Z}_b = (12 + j10 + 65.5 + j88.6 + 12.0 + j5.9)\,\Omega = (89.5 + j104.5)\,\Omega = 137.6\underline{/49.4°}\,\Omega$。

3. 计算功率因数 pf 和输入电流 $\dot{I}_s$

功率因数 $pf = \cos49.4° = 0.65$。输入电流 $\dot{I}_s = \dot{V}_s/\dot{Z} = 220\underline{/0°}\,\text{V}/137.6\underline{/49.4°}\,\Omega \approx 1.6\underline{/-49.4°}\,\text{A}$。

4. 计算正向和反向反电动势 $\dot{E}_{af}$ 和 $\dot{E}_{ab}$

与前面的问题相同，$\dot{E}_{af} = \dot{V}_s(\dot{Z}_f/\dot{Z}) = [(220\,\underline{/0°}\text{ V}) \times (110.2\,\underline{/53.6°}\,/137.6\,\underline{/49.4°})]\text{V} \approx 176.2\,\underline{/4.2°}\text{ V}$。$\dot{E}_{ab} = \dot{V}_s(\dot{Z}_b/\dot{Z}) = [(220\,\underline{/0°}\text{ V}) \times (13.4\,\underline{/26.1°}\,/137.6\,\underline{/49.4°})]\text{V} \approx 21.4\,\underline{/-23.3°}\text{V}$。

5. 计算正向和反向电流分量 $\dot{I}'_{sf}$ 和 $\dot{I}'_{sb}$

正向分量电流 $\dot{I}'_{sf} = \dot{E}_{af}/\dot{Z}'_{rf} = 176.2\,\underline{/4.2°}\,/185\,\underline{/1.55°}\text{ A} \approx 0.95\,\underline{/2.65°}\text{ A}$。反向电流分量 $\dot{I}'_{sb} = \dot{E}_{ab}/\dot{Z}'_{rb} = 21.4\,\underline{/-23.2°}\,/13.9\,\underline{/21°}\text{ A} \approx 1.54\,\underline{/-44.3°}\text{A}$。

6. 计算内部产生的功率 P_{int}

$P_{int} = [(R'_r/2s_f)I'^2_{sf} - (R'_r/2s_b)I'^2_{sb}](1-s_f) = [(185 \times 0.95^2 - 13 \times 1.54^2) \times (1-0.13)]\text{ W} \approx 118.4\text{W}$。为了计算输出功率 P_{out} 必须减去旋转损耗。输入功率为 $P_{in} = V_sI_s\cos\theta = (220\text{V} \times 1.6\text{A} \times 0.65)\text{W} = 228.8\text{W}$。

相关计算

与先前的问题相比，此例给出了单相感应电动机等效电路略微不同的另一种形式。应当注意的是，在电路的反向部分，励磁电抗 $X_\Phi/2$ 比电路中 $X'_r/2$ 和 $R'_r/2s_b$ 的值大得多，$X'_r/2$ 和 $R'_r/2s_b$ 可以忽略不计。同样，在电路的正向部分，转子电抗 $X'_r/2$ 变得无关紧要。在下一个问题中使用近似等效电路。当然，等效电路的这些变化得出了类似的结果，这取决于寻求什么样的精确信息。

6.4 根据单相感应电动机近似等效电路计算输入条件和内部产生的功率

近似等效电路如图 6.3 所示，此 1/4hp 单相感应电动机参数为 60Hz、$\dot{V}_s = 220\text{V}$、$s_f = 13\%$。计算此电动机的输入电流、功率因数，以及内部产生的功率。

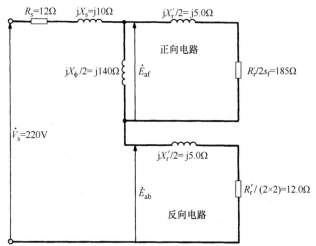

图 6.3　1/4hp 单相感应电动机近似等效电路

计算过程

1. 计算正向和反向电路阻抗 $\dot{Z}_f$ 和 $\dot{Z}_b$

需要注意的是，在近似等效电路中，在反向电路部分的电阻是 $R'_r/(2 \times 2)$ 而不是 $R'_r/[2 \times (2 - s_f)]$。式中，$(2 - s_f) = s_b$。$R'_r = 2s_f \times 180\Omega = 2 \times 0.13 \times 185\Omega = 48.1\Omega$。因此，$R'_r/(2 \times 2) = 48.1\Omega/4 \approx 12.0\Omega$。这个值与上一个问题中的 13.0Ω 不同。由于 $jX_\phi/2$ 和 $jX'_r/2$ 的值大小不同，在计算 Z_f 时忽略后者。因此，$\dot{Z}_f = (jX_\phi)(R'_r/2s_f)/(jX_\phi/2 + R'_r/2s_f) = [(140\underline{/90°}) \times (185\underline{/0°})/(140\underline{/90°} + 185\underline{/0°})]\Omega = 111.6\underline{/52.9°}\,\Omega = (67.3 + j89.0)\Omega$。

$\dot{Z}_b$ 的计算只是直接取自近似等效电路，$\dot{Z}_b = R'_r/4 + j(X'_r/2) = (12.0 + j5.0)\Omega \approx 13.0\underline{/22.6°}\,\Omega$。

2. 计算等效电路总阻抗 $\dot{Z}$

等效电路总阻抗 $\dot{Z} = \dot{Z}_s + \dot{Z}_f + \dot{Z}_b = (12 + j10 + 67.3 + j89.0 + 12 + j5.0)\Omega = (91.3 + j104)\Omega = 138.4\underline{/48.7°}\Omega$。

3. 计算功率因数 pf 和输入电流 $\dot{I}_s$

功率因数 pf $= \cos48.7° \approx 0.66$。输入电流 $\dot{I}_s = \dot{V}_s/\dot{Z} = 220\underline{/0°}\,V/138.4\underline{/48.7°}\,\Omega = 1.59\underline{/-48.7°}A$。

4. 计算正向和反向反电动势 $\dot{E}_{af}$ 和 $\dot{E}_{ab}$

与前面两个问题相同，$\dot{E}_{af} = \dot{V}_s(\dot{Z}_f/\dot{Z}) = 220\underline{/0°}V \times (111.6\underline{/52.9°}/138.4\underline{/48.7°}) \approx 177.4\underline{/4.2°}V$。$\dot{E}_{ab} = \dot{V}_s(\dot{Z}_b/\dot{Z}) = 220\underline{/0°}V \times 13.0\underline{/22.6°}/138.4\underline{/48.7°}) \approx 20.7\underline{/-26.1°}V$。

5. 计算电流正向和反向分量 $\dot{I}'_{sf}$ 和 $\dot{I}'_{sb}$

电流正向分量 $I'_{sf} = E_{af}/R'_{rf} = 177.4\underline{/4.2°}\,V/185\underline{/0°}\,\Omega = 0.96\underline{/4.2°}\,A$。（注意，这里忽略了 $jX'_r/2$。）电流反向分量 $\dot{I}'_{sb} = \dot{E}_{ab}/\dot{Z}'_{rb} = 20.7\underline{/-26.1°}V/13.0\underline{/22.6°}\,\Omega = 1.59\underline{/-48.7°}A$。

6. 计算内部产生功率 P_{int}

$P_{int} = [(R'_r/2s_f)\dot{I}'^2_{sf} - (R'_r/4)\dot{I}'^2_{sb}](1 - s_f) = [185\Omega \times (0.96A)^2 - 12\Omega \times (1.59A)^2] \times (1 - 0.13) = 121.9W$。与前面类似，为了计算输出功率 P_{out} 必须从此值中减去旋转损耗。输入功率 $P_{in} = V_s I_s \cos\theta = 220V \times 1.59A \times \cos48.7° = 230.9W$。

7. 一般等效电路与近似等效电路计算结果的对比

计算结果的对比如表 6.1 所示。前一个问题使用的是一般等效电路。

相关计算

进行单相电动机分析时使用近似等效电路，可以合理简化计算量，即使在本例中转差率为 13%。更低的转差率将使两种分析方法之间的计算结果差异更小。

表 6.1　一般等效电路和近似等效电路计算结果对比

分　量	一般等效电路	近似等效电路
$Z_{f'}/\Omega$	$110.2\angle 53.6°$	$111.6\angle 52.9°$
$I_{s'}/A$	$1.6\angle -49.4°$	$1.59\angle -48.7°$
$Z_{b'}/\Omega$	$13.4\angle 26.1°$	$13.0\angle 22.6°$
Z/Ω	$137.6\angle 49.4°$	$138.4\angle -48.7°$
$E_{af'}/V$	$176.2\angle 4.2°$	$177.4\angle 4.2°$
$E_{ab'}/V$	$21.4\angle -23.3°$	$20.7\angle -26.1°$
$I'_{sf'}/A$	$0.95\angle 2.65°$	$0.96\angle 4.2°$
$I'_{sb'}/A$	$1.54\angle -44.3°$	$1.59\angle -48.7°$
$P_{int'}/W$	118.4	121.9
$P_{in'}/W$	228.8	230.9

6.5　根据单相感应电动机等效电路计算损耗和效率

根据一般等效电路，计算前面两个问题中的 1/4hp 单相感应电动机的损耗和效率。假设铁心损耗为 30W，摩擦和风阻损耗为 15W。

计算过程

1. 计算定子铜损

根据热损耗一般公式 $P = I^2 R$，计算定子铜损。本例中，定子铜损为 $P_{s(loss)} = I_s^2 R_s = (1.6A)^2 \times 12\Omega = 30.7W$。

2. 计算转子铜损

转子铜损包括两个部分：正向电流产生的损耗 $P_{f(loss)}$，反向电流产生的损耗 $P_{b(loss)}$。因此，$P_{f(loss)} = s_f I'^2_{sf} (R'_r/2s_f) = 0.13 \times (0.95A)^2 \times 185\Omega \approx 21.7W$，$P_{b(loss)} = s_b I'^2_{sb} (R'_r/2s_b)$。式中，$s_b = 2 - s_f$。$P_{b(loss)} = (2 - 0.13) \times (1.54A)^2 \times 13\Omega \approx 57.7W$。

3. 计算总损耗

定子损耗	30.7W
转子铜损（正向）	21.7W
转子损耗（反向）	57.7W
铁心损耗（已知）	30.0W
摩擦和风阻损耗（已知）	15.0W
总损耗	155.1W

4. 计算效率

效率 = （输入功率 − 损耗功率）× 100%/输入功率，即 $\eta = [(228.8W - 155.1W) \times 100\%]/228.8W \approx 32\%$。可以看出，此电动机在转差为 13% 时效率较低，通常电动机的转

差为 3% ~ 5%。另外输出功率可根据下式计算：

P_{int} – 摩擦和风阻损耗 – 铁心损耗 = 118.4W – 15.0W – 30.0W = 73.4W。因此，效率 = （输出功率）100%/输入功率，即 $\eta = 73.4W \times 100\% / 228.8W \approx 32\%$。

相关计算

建立等效电路可进行许多不同的计算。同样地，一旦创建了等效电路，就可以对任意输入电压和转差率进行这些计算。

6.6 电容电动机起动转矩计算

一台四极电容电动机（感应电动机）参数为定子主绕组电阻 $R_{sm} = 2.1\Omega$，定子辅助绕组电阻 $R_{sa} = 7.2\Omega$，定子主绕组漏抗 $X_{sm} = 2.6\Omega$，定子辅助绕组漏抗 $X_{sa} = 3.0\Omega$，与定子辅助绕组串联接入电容的电抗 $X_{sc} = 65\Omega$，折算到主绕组侧的转子电路电阻 $R'_r = 3.9\Omega$，折算到定子主绕组侧转子电路漏抗 $X'_r = 2.1\Omega$，折算到定子主绕组侧电磁电抗 $X_\Phi = 75\Omega$。如图 6.4 所示，假设此电动机在 60Hz、115V 时额定功率为 1/4hp，辅助绕组与主绕组有效匝数比为 1.4，计算此电动机的起动转矩。

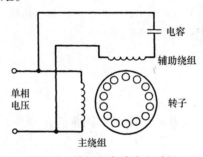

图 6.4 单相电容感应电动机

计算过程

1. 计算正向和反向阻抗 $\dot{Z}_f$ 和 $\dot{Z}_b$

电容电动机与两相感应电动机有类似的地方，不同的是这两相是不平衡的并且是非对称的；它们的电流关系通常不为 90°，而是由串接在辅助绕组上的电容决定的。当电动机起动（或者静止时），$s = 1$，正向转差 $s_f = 1$，反向转差 $s_b = (2 - s_f) = 1$。

电动机静止时，正向反向阻抗相等：$\dot{Z}_f = \dot{Z}_b = jX_\Phi \times (R'_r + jX'_r)/(jX_\Phi + R'_r + jX'_r) = [j75 \times (3.9 + j2.1)/(j75 + 3.9 + j2.1)]\ \Omega \approx 4.28\underline{/31.2°}\ \Omega \approx (3.66 + j2.22)\Omega$。这与单相电动机分析方法不同，而是遵循两相电动机分析方法；转子值不会像前面示例那样除以 2。保持不变幅值的旋转磁场为单相旋转磁场幅值的一半，与两相旋转磁场幅值相等，并且为三相旋转磁场幅值的 2/3。

2. 计算总阻抗 $\dot{Z}_m$（折算到定子主绕组侧）

$\dot{Z}_m = \dot{Z}_{sm} + \dot{Z}_f = (2.1 + j2.6 + 3.66 + j2.22)\Omega = (5.76 + j4.82)\Omega \approx 7.51\underline{/39.9°}\ \Omega$

3. 计算定子主绕组电流 $\dot{I}_{sm}$

如果端电压为参考相，$\dot{I}_{sm} = \dot{V}_s / \dot{Z}_m = 115 \underline{/0°}$ V$/7.51 \underline{/39.9°}$ Ω $\approx 15.3 \underline{/-39.9°}$ A $=$ $(11.74 - j9.81)$A。

4. 计算总阻抗 $\dot{Z}_a$（折算到定子辅助绕组侧）

计算 $\dot{Z}_f$ 使用的阻抗为折算到主绕组侧的阻抗。为了进行关于辅助绕组侧的计算，需要折算这些阻抗到辅助绕组侧。需要将 $\dot{Z}_f$ 乘以 a^2。式中，a 为辅助绕组与主绕组有效匝数比，等于 1.4。因此，$\dot{Z}_{fa} = a^2 \dot{Z}_f = [1.4^2 \times (3.66 + j2.22)]$Ω $= (7.17 + j4.35)$Ω。

则折算到辅助绕组侧的总阻抗 $\dot{Z}_a = \dot{Z}_{sa} + \dot{Z}_{sc} + \dot{Z}_{fa} = (7.2 + j3.0 - j65 + 7.17 + j4.35)$Ω $=$ $(14.37 - j57.65)$ Ω $\approx 59.4 \underline{/-76.0°}$Ω。

5. 计算定子辅助绕组电流 $\dot{I}_{sa}$

与步骤 3 类似，$\dot{I}_{sa} = \dot{V}_t / \dot{Z}_a = 115 \underline{/0°}$ V$/59.4 \underline{/-76.0°}$Ω $\approx 1.94 \underline{/76.0°}$ A $\approx (0.47 + j1.88)$A。

6. 计算起动转矩 T_{start}

起动转矩 $T_{start} = (2/\omega_s) I_{sm} a I_{sa} R \sin\varphi_{ma}$。式中，$\omega_s = 4\pi f/p$，单位为 rad/s；$f$ 为频率，单位为 Hz；p 为极数；R 为 Z_f 的电阻部分；φ_{ma} 为 $\dot{I}_{sm}$ 和 $\dot{I}_{sa}$ 之间的夹角。因此，$\omega_s = 4\pi \times 60Hz/4 = 188.5$rad/s。$T_{start} = (2/188.5rad/s) \times 15.3$A $\times 1.4 \times 1.94$A $\times 3.66$Ω$\sin(39.9° + 76.0°) \approx 1.45$N · m。

相关计算

看起来使用了一个异常大的电容器，结果导致 $\dot{I}_{sm}$ 和 $\dot{I}_{sa}$ 之间的夹角大于 90°。然而，本例中的电容器运行时仍然使用，这是因为当 s_f 和 s_b 均不等于 1 时这个角度不会大于 90°。本例说明了一种处理来自两个绕组电流的方法。另外一种方法是在两相绕组中使用两个不平衡电流的对称分量。

6.7 电阻起动分相电动机的起动转矩

一台电阻起动分相电动机参数为 1/2hp，120V，辅助绕组起动电流 $I_{sa} = 8.4$A（滞后角为 14.5°）主绕组的起动电流 $I_{sm} = 12.65$A（滞后角 40°）。假定电机常数为 0.185V · s/A，试计算总起动电流及起动转矩。

计算过程

1. 将起动电流分解为水平分量及垂直分量

线电压（$\dot{V}_L = 120 \underline{/0°}$ V）为参考相。因此，起动时（如同堵转）辅助定子绕组电流为 $\dot{I}_{sa} = 8.4 \underline{/-14.5°}$A $\approx (8.13 - j2.10)$A。类似地，主定子绕组电流为 $\dot{I}_{sm} = 12.65 \underline{/-40°}$A $\approx$

（9.69 – j8.13）A。

2. 起动总的水平分量及垂直分量电流

总水平分量起动电流为 $I_{\text{in-phase}} = (8.13 + 9.69)\text{A} = 17.82\text{A}$，总垂直分量起动电流为 $\dot{I}_{\text{quad}} =$ （ – j2.10 – j8.13）A = – j10.23A。因此，总起动电流为 $\dot{I}_{\text{start}} = 17.82 - \text{j}10.23\text{A} \approx 20.55$ $\underline{/-29.86°}$ A。起动电流功率因数为 $pf_{\text{start}} = \cos 29.86° = 0.867$（滞后），如图 6.5 所示。

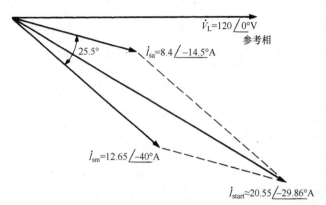

图 6.5 电阻起动分相电动机主绕组及辅助绕组中电流的相位关系

3. 计算起动转矩

$T_{\text{start}} = KI_{\text{sm}}I_{\text{sa}}\sin\varphi_{\text{ma}}$。式中，$K$ 为电机常数，单位为 V·s/A；φ_{ma} 为 $\dot{I}_{\text{sm}}$（主绕组电流）与 $\dot{I}_{\text{sa}}$（辅助绕组电流）之间的相角差。$T_{\text{start}} = (0.185\text{V·s/A}) \times 8.4\text{A} \times 12.65\text{A} \times \sin 25.5° = 8.46\text{V·A·s}$ 或者 8.46N·m。

相关计算

与主绕组相比，辅助绕组中使用更少的匝数和更细的导线实现了更高的电阻。因此，对于像电容起动辅助绕组情况那样高的起动转矩，这样的相位差（通常小于 40°）是不允许的。这种类型起动形式比电容起动的费用低。一旦起动，辅助绕组就会断开，电动机仅运行在主绕组上，并且电阻起动或电容器起动的电机在运行上是没有区别的。

6.8 隐极电动机的损耗及效率

一台 4 极隐极电动机（见图 6.6）参数为 120V，满载时输出功率为 2.5mhp，60Hz，额定负载电流为 350mA，满载输入功率为 12W，满载转速为 1525r/min，空载转速为 1760r/min，空载输入功率为 6.6W，空载电流为 235mA，定子直流电阻为 30Ω。试计算电动机满载时的损耗及效率。

计算过程

1. 计算空载损耗

空载条件下，摩擦损耗和风阻损耗等于输入功率减去铜损。直流方式测得，定子电阻为 30Ω；受导体横截面上的电流分布不均匀（趋肤效应）影响，电阻的直流值与电阻的交流有

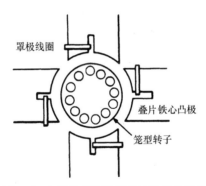

图 6.6　4 极具有笼型转子的罩极电动机

效值不同。与电阻直流值相比，电阻交流值比电阻直流值大 10% ~ 30%，较小的数值对应细小的软导体，而较大的数值对应实心导体。假设本例数值为 15%。

旋转损耗 $P_{fw} = P_{NL} - I_{NL}^2 (R_{DC})$（直流转换为交流的电阻修正因子）$= 6.6W - (235 \times 10^{-3}A)^2 \times 30\Omega \times 1.15 = 6.6W - 1.905W = 4.695W$。

2. 计算满载时定子铜损

满载时定子铜损 $P_{scu} = I_{FL}^2 R_{DC}$（直流转换为交流的电阻修正因子）$= (350 \times 10^{-3}A)^2 \times 30\Omega \times 1.15 \approx 4.23W$。

3. 计算转差率

4 极电动机的同步转速计算关系式为 $n_{sync} = 120f/p$。式中，f 为频率，单位为 Hz，p 为极数。因此，$n_{sync} = (120 \times 60/4)r/min = 1800r/min$。由于满载情况下实际转速为 1525r/min，转速差为（1800 - 1525）r/min = 275r/min，转差率为（275r/min）/（1800r/min）≈ 0.153 或 15.3%。

4. 计算满载情况下转子铜损

对于感应电动机来说，转子损耗等于通过气隙传递的功率乘以转差率。通过气隙传递的功率等于输入功率减去定子铜损。因此，满载情况下，$P_{rcu} = (12W - 4.23W) \times 0.153 \approx 1.2W$。

5. 计算满载时的损耗

定子铜损	4.23W
转子铜损	1.2W
摩擦损耗以及风阻损耗	4.69W
总损耗	10.12W

6. 计算效率

电动机输出功率为 2.5mhp；输入功率为 12W 或者 $12W \times 1hp/746W \approx 16.1mhp$。因此，效率为（输出功率）100% /（输入功率），即 $\eta = 2.5mhp \times 100\% /16.1mhp \approx 15.5\%$。

另外一种方法，将通过气隙传输的功率乘以（$1-s$），即（12W - 4.23W）× (1 - 0.153) ≈ 6.58W。然后减去摩擦和风阻损耗：6.58W - 4.69W = 1.89W 或者 $1.89W \times 1hp/746W \approx 2.53mhp$。效率为输出功率 × 100% / 输入功率，即 $\eta \approx 2.53mhp \times 100\% /16.1mhp \approx 15.7\%$；或者（输入功率 - 损耗）× 100% / 输入功率，即 $\eta = (12W - 10.12W) \times 100\% /12W \approx 15.7\%$。

相关计算

本例的计算与任何一台感应电动机计算相同。本例中电动机的转子为笼型的。4 个凸极定子极由大的、短接的单匝铜线圈包围。

6.9 磁阻电动机的同步转速及产生的转矩

单馈磁阻电动机转子有 8 个磁极（见图 6.7），如图 6.8 所示，其磁阻变化为正弦波。电源为 60Hz、120V。其 2000 匝绕组电阻忽略不及。电机最大磁阻 $\mathfrak{R}_q = 3 \times 10^7 \mathrm{A/Wb}$，最小磁阻 $\mathfrak{R}_d = 1 \times 10^7 \mathrm{A/Wb}$。试计算此转子转速及产生的转矩。

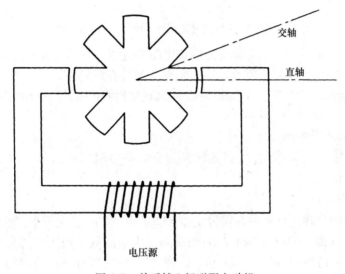

图 6.7 单反馈 8 极磁阻电动机

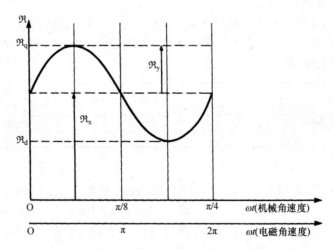

图 6.8 一台 8 极磁阻电动机磁阻变化曲线

计算过程

1. 计算转速

同步转速 $n = 120f/p$。式中，n 为转速，单位为 r/min；f 为频率，单位为 Hz；p 为转子极数。磁阻电动机在同步转速下运行。因此，$n = (120 \times 60\text{Hz})/8$ 个磁极 $= 900\text{r/min}$。

2. 磁阻变化方程

如图 6.8 所示，$\Re_x = (\Re_q + \Re_d)/2 = (3 \times 10^7\text{A/Wb} + 1 \times 10^7\text{A/Wb})/2 = 2.0 \times 10^7\text{A/Wb}$。$\Re_y = (\Re_q - \Re_d)/2 = (3 \times 10^7\text{A/Wb} - 1 \times 10^7\text{A/Wb})/2 = 1.0 \times 10^7\text{A/Wb}$。因此，$\Re = \Re_x + \Re_y \sin(p\omega t)$。式中，$p$ 为转子上的磁极数。$\Re = [2 \times 10^7 + 1 \times 10^7 \sin(8\omega t)]\text{A/Wb}$。

3. 计算最大平均转矩

最大平均转矩 $T_{avg} = \dfrac{1}{8}p\Phi_{max}^2\Re_y$，单位为 N·m。式中，$p$ 为转子上的磁极数。根据上面计算得到最大磁通为 $\Phi_{max} = \sqrt{2}V_{source}/2\pi fn$，单位为 Wb，这里假设 n 匝励磁线圈电阻忽略不计；f 为电压频率，单位为 Hz。之后，为产生同步转速，有一个平均转矩，供电电压的电角速度 ω_e 与转子的机械角速度 ω_m 之间的关系为 $\omega_m = (2/p)\omega_e$。

最大磁通 $\Phi_{max} = (\sqrt{2} \times 120\text{V}/2\pi \times 60 \times 2000)\text{Wb} \approx 0.000\,225\text{Wb} = 2.25 \times 10^{-4}\text{Wb}$。$T_{avg} = \dfrac{1}{8} \times 8$ 极 $\times (2.25 \times 10^{-4}\text{Wb})^2 \times (1.0 \times 10^7\text{A/Wb}) = 5.066 \times 10^{-1}\text{Wb·A} \approx 0.507\text{N·m}$。

4. 计算产生的平均机械功率

$P_{mech} = T_{avg}\omega_m = 0.507\text{N·m} \times 900\text{r/min} \times 2\pi\text{rad/r} \times 1\text{min}/60\text{s} = 47.8\text{N·m/s}$ 或 47.8W。

相关计算

对于一个转子极数与定子极数不相等的磁阻电动机来说，必要条件是满足本例给出的电磁角速度与机械角速度之间的关系。另外，该解决方案是基于正弦变化的磁阻，这一点至关重要。通过控制铁心的形状大致满足此要求。此处假设电源电压为正弦波。

由于磁阻电动机瞬时转矩以及输出功率是变化的，所以本例与接下来的示例计算用平均转矩和功率作为参考值。仅在一个完整的周期内，存在平均转矩或者净转矩。

6.10 磁阻电动机平均机械功率的最大值

如图 6.9 所示，单反馈磁阻电动机有一个铁心定子和转子，横截面面积为 $1\text{in} \times 1\text{in}$。转子中磁路长度为 2in。每个气隙的长度为 0.2in。2800 匝线圈连接到 120V（60Hz）电源；电阻忽略不计。磁阻正弦变化，交轴磁阻 $\Re_q$ 等于直轴磁阻 $\Re_d$ 的 3.8 倍。试计算平均机械功率的最大值。

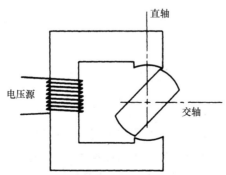

图 6.9 单反馈磁阻电动机

计算过程

1. 计算直轴磁阻

使用等式：$\mathfrak{R}_d = 2g/\mu_0 A$（单位 A/Wb），式中 g 为气隙长度，单位 m，$\mu_0 = 4\pi \times 10^{-7}\,\mathrm{N \cdot m/A^2}$，$A$ 为铁心截面积，单位 $\mathrm{m^2}$，将已知条件中的数值由英寸单位转换为米单位，$1\mathrm{in}/(39.36\mathrm{in./m}) = 0.0254\mathrm{m}$，$2\mathrm{in}$ 等于 $0.0508\mathrm{m}$，$0.2\mathrm{in}$ 等于 $0.00508\mathrm{m}$。因此，$\mathfrak{R}_d = 2 \times 0.00508\mathrm{m}/[(4\pi \times 10^{-7})(0.0254\mathrm{m})^2] = 1.253 \times 10^7\,\mathrm{A/Wb}$。$\mathfrak{R}_q$ 为 $\mathfrak{R}_d$ 的 3.8 倍，$\mathfrak{R}_q = 3.8 \times (1.253 \times 10^7\,\mathrm{A/Wb}) \approx 4.76 \times 10^7\,\mathrm{A/Wb}$。

2. 列写磁阻变化方程

参考图 6.10，$\mathfrak{R}_x = (\mathfrak{R}_d + \mathfrak{R}_q)/2 = (1.253 \times 10^7\,\mathrm{A/Wb} + 4.76 \times 10^7\,\mathrm{A/Wb})/2 = 3.0 \times 10^7\,\mathrm{A/Wb}$。$\mathfrak{R}_y = (\mathfrak{R}_q - \mathfrak{R}_d)/2 = (4.76 \times 10^7\,\mathrm{A/Wb} - 1.253 \times 10^7\,\mathrm{A/Wb})/2 = 1.75 \times 10^7\,\mathrm{A/Wb}$，因此，$\mathfrak{R} = \mathfrak{R}_x + \mathfrak{R}_y \sin(2\omega t) = 3.0 \times 10^7 + 1.75 \times 10^7 \sin(2\omega t)\,\mathrm{A/Wb}$。

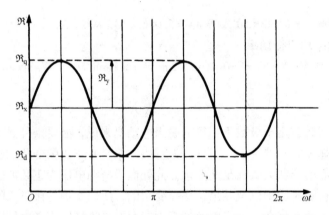

图 6.10　一台磁阻电动机转子转整圈磁阻的正弦变化曲线

3. 计算磁通最大值

线圈中的感应电压为正弦波（电阻忽略不计），它等于 $Nd\Phi/\mathrm{d}t = -N\omega\Phi_{\max}\sin\omega t = V_{\mathrm{source}}$。因此，$\Phi_{\max} = V_{\mathrm{source}}\sqrt{2}/N\omega$，式中 N 为线圈匝数，$\omega = 2\pi f$，f 为频率，单位为 Hz，$\Phi_{\max} = (120\mathrm{V}) \times \sqrt{2}/[(2800\,匝)(2\pi \times 60\mathrm{rad/s})] = 16 \times 10^{-5}\,\mathrm{Wb}$。

4. 计算平均最大转矩

使用等式 $T_{\mathrm{avg}} = R_y \Phi_{\max}^2/4 = (1.75 \times 10^7\,\mathrm{A/Wb}) \times (16 \times 10^{-5}\,\mathrm{Wb})^2/4 = 0.112\mathrm{Wb \cdot A} = 0.112\mathrm{N \cdot m}$。

5. 计算产生的机械功率

$P_{\mathrm{mech}} = T_{\mathrm{avg}}\omega = (0.112\mathrm{N \cdot m}) \times (2\pi \times 60\mathrm{rad/s}) \approx 42.2\mathrm{N \cdot m/s} = 42.2\mathrm{W}$。

相关计算

磁阻电动机是一种同步电动机；仅在同步速时，存在平均转矩。此电动机应用于电子钟表及录音机。它具有准确和恒定速度的特点。起动条件与感应电动机的起动条件相似；感应电动机起动原理的任何一种方法均适用于磁阻电动机。

6.11 小功率电动机最大转矩—转速关系

已知一台隐极 4 极，60Hz，额定功率为 12.5mhp 的电动机。最大转矩为 10.5oz·in，此电动机转速—转矩曲线如图 6.11 所示。试计算：①最大转速及最大转矩；②额定功率时的转速；③将额定功率值用 W 表示。

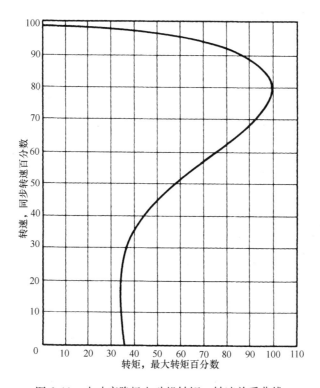

图 6.11　小功率隐极电动机转矩—转速关系曲线

计算过程

1. 计算最大转矩时的转速

根据等式计算同步转速：$n_{\text{sync}} = 120f/p(\text{r/min})$，式中，$f$ 为频率，单位为 Hz，p 为极数。因此，$n_{\text{sync}} = 120 \times 60/4 = 1800\text{r/min}$。参考图 6.11，最大转矩对应的转速为同步转速的 80%。因此，转子转速为 $n_{\text{rot}} = 0.80$，$n_{\text{sync}} = 0.80 \times 1800 = 1440\text{r/min}$。

2. 计算最大输出功率

输出功率 = 力×距离×转速。因此，hp = (lb)×(ft)×(r/min)×(2π rad/r)×(hp·min)/33 000ft·lb = (转矩，单位 lb·ft)×(n_{rot}，单位 r/min)/5252.1。由于 16oz = 1lb，12in = 1ft，hp = (转矩，单位 oz·in)×(n_{rot}，单位 r/min)/1 008 403.2，或者，近似的，hp = (转矩，单位 oz·in)×(n_{rot}，单位 r/min)×10^{-6}。最大值为，hp = (10.5oz·in)×(1440r/min)×10^{-6} = 15.12×10^{-3}hp = 15.12mhp。

3. 计算电动机额定输出功率时对应的转速

假定一个转速，将额定输出功率转换为转矩；参考图 6.11，使用同步转速的 95% 作为第一次近似。则转矩单位 oz · in = hp × 10^6/n_{rot}（单位为 r/min）= (12.5 × 10^{-3} × 10^6)/[0.95 × (1800r/min)] = 7.31oz · in = 0.051N · m。根据这个值，（额定转矩）（100%）/（最大转矩）= 7.31 × 100%/10.5 ≈ 69.6%。参考图 6.11；读出转速百分数为 94%。注意到在 0 到 80% 最大转矩范围内时，转速的变化比较小，为同步转速的 98% ~ 92%。在额定输出功率时，94% 转速实际对应的速度为 0.94 × (1800r/min) = 1692r/min。注意，在这个转速下，额定输出功率转换为转矩为 7.39oz · in 或者为 0.052N · m。此处 1ft. lb = 1.356N · m，1N · m/s = 1W。

4. 将额定输出功率值用 W 来表示

使用等式：746W = 1hp。一般等式为 watts = （单位为 oz · in 的转矩）× (n_{rot}，单位为 r/min)/(1.352 × 10^3) = (7.39oz · in) × (1692r/min)/(1.352 × 10^3) ≈ 9.26W。

相关计算

隐极电动机具有低转矩和低功率特点；oz · in 是常见的转矩单位，毫马（即 hp × 10^{-3}）是常见的功率单位。此例描述了这些单位之间的转换方法。这些公式适用于小功率电动机。

6.12 推斥电动机励磁绕组及电枢绕组设计

一台 1/3hp，60Hz，两极封闭式风冷推斥电动机（见图 6.12）运行在 3600r/min 时，效率为 65%。此电动机的其他参数为：每极磁通量 = 3.5mWb，定子端电压（励磁绕组）= 240V，定子绕组分配系数 K_s = 0.91，定子槽数量 = 20（导线分布在每极 8 个槽中），转子槽数为 24（每个槽中有两个线圈）。试计算：①定子每个槽中导体的数量（励磁绕组）；②转子导体以及线圈的数量（电枢绕组）；③电枢绕组的工作电压。

计算过程

1. 计算每个磁极导体数量（定子绕组）

使用等式 $V = 4.44 K_s Z_s f \Phi_{pole}$，式中，$V$ 为端电压，K_s 为绕组分配系数（定子），Z_s 为定子导体数，f 为频率，单位为 Hz，Φ_{pole} 为每极磁通，单位为 Wb。常数 4.44 代表了 $\sqrt{2}\pi$，式中 $\sqrt{2}$ 表示交流电压的有效值，而不是瞬时值。调整等式，得到 $Z_s = V/4.44 K_s f \Phi_{pole}$ = 240V/[4.44 × 0.91 × 60Hz × (3.5 × 10^{-3}Wb)] ≈ 283 根导体/磁极。

2. 计算定子每个槽中导体数量

尽管定子有 20 个槽，导体分布在每个磁极的 8 个槽中。如果每个磁极有 283 根导体分布在 8 个槽中，则每个槽中导体数量为 35.375 根。假设每个槽中导体数量为偶数，例如每个槽有 36 根导体，则每个磁极导体数量为 288 根（导体分布在每极 8 个槽中）。

3. 计算每个电枢磁极导体数量（转子绕组）

使用等式 $E = \Phi_{pole} Z_r np/\sqrt{2} fa$，式中，$E$ 为旋转电动势，单位为 V，Z_r 为每个磁极转子（电枢）导体数量，n 为转速，单位为 r/min，p 为极数，a 为电枢绕组并列路径数量（对于叠绕组，a 为极数；对于波绕组，a = 2）。

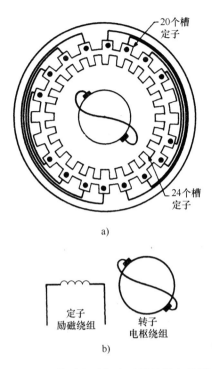

图 6.12 推斥电动机定子及转子布局图

a) 空间布局 b) 简图

调整等式，可得 $Z_r = \sqrt{2}Efa/(\Phi_{pole}np)$。本例中，作为第一次尝试，假设一个电压 E，由于推斥电动机中的电刷短接，这个电压应该较低，例如 80V。因此，$Z_r = \sqrt{2} \times 80V \times 60Hz \times 2/[(3.5 \times 10^{-3}Wb) \times (3600r/min) \times 2] = 538$ 根导体/磁极。

4. 计算每个槽中线圈排列

由于电枢上有 24 个槽，试着每个槽中排列 2 个线圈 24 × 2 = 48 个线圈。导体数量为线圈数量的倍数，假设每个线圈 12 根导体（例如，每个线圈 6 匝）；则 $Z_r =$ (12 根导体/线圈) × (48 个线圈) = 576 根导体/磁极。

使用此组合，计算旋转电动势并与第一个假设进行对比。$E = (3.5 \times 10^{-3}Wb) \times (576$ 根导体) × (3600r/min) × (2 极)/($\sqrt{2} \times 60Hz \times 2$ 条并联路径) = 85.5V，经比较，这种设计方案合理。

相关计算

此例的定子绕组的分布系数考虑了节距系数和宽度系数。当形成相带的线圈中心到中心的跨度小于极距时，绕组为分数槽绕组。当形成相带的线圈分布在每极两个或更多个槽中时，宽度因子小于 1。

推斥电动机在结构上与串励电动机类似：它有一个隐极磁场（气隙均匀），并且换向电枢（转子）将电刷两端短接。

6.13 通用电动机的机械功率及交/直流转矩比较

某通用电动机直流时起动情况如下：线电流 $I_L = 3.6A$，起动转矩 $T_{start} = 2.3N \cdot m$。现将此电动机连接到 120V/60Hz 交流电源上。假设：电动机回路总电阻为 2.7Ω，电感为 36mH，旋转损耗忽略不计，磁场强度随着电流线性变化。在交流电源供电情况下，试计算：①起动转矩；②当电流为 3.6A 时，电动机的机械功率；③电动机运行的功率因数。

计算过程

1. 计算电动机回路的交流阻抗，Z

参考图 6.13。感抗为 $X_L = \omega L = 2\pi fL$，式中 f 为频率，单位为 Hz，L 为电感，单位为 H。因此，$X_L = 2\pi \times (60Hz) \times (36 \times 10^{-3}H) \approx 13.6\Omega$。电动机回路阻抗为 $Z = R + jX_L = 2.7 + j13.6\Omega = 13.9 \underline{/78.8}\ \Omega$。

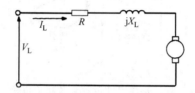

图 6.13　通用电动机等效电路图（交流运行）

2. 计算磁通

磁路的磁通与流过电路的电流成正比；励磁回路与电枢回路串联。使用公式 $T = k\Phi I_L$，式中，T 为转矩，单位为 N·m，$k\Phi$ 为磁通，单位为 Wb。对于直流起动的情况，$k\Phi = T_{start(DC)}/I_L = 2.3N \cdot m/3.6A \approx 0.639Wb$。

电动机交流起动时，$I_L = V_L/Z = 120V/13.9\Omega \approx 8.63A$，式中 Z 为回路阻抗。因此，$k\Phi$ 正比于电流，对于交流情况，$(0.639Wb \times 8.63A)/3.6A \approx 1.53Wb$。

3. 计算交流起动转矩

再次使用公式：$T = k\Phi I_L$，所以，$T_{start(AC)} = k\Phi I_L = 1.53Wb \times 8.63 \approx 13.2Wb \cdot A = 13.2N \cdot m$。

4. 计算反电动势，$\dot{e}_a$

根据公式：$\dot{e}_a = \dot{V}_L - \dot{I}_L Z$。由于 $\dot{I}_L$ 与 $\dot{V}_L$ 之间的相位关系未知，$\dot{I}_L$ 与 $\dot{V}_L$ 之间的角度较小，$\dot{e}_a$ 与 $\dot{V}_L$ 之间的幅值近似相等（大约85%），粗略地第一次计算将假设 $\dot{I}_L$ 与 $\dot{V}_L$ 同相位，因此，$\dot{e}_a = 120\underline{/0°}V - (3.6\underline{/0°}A) \times (13.9\underline{/78.8°}\Omega) = 120 - 9.7 - j49.1 = 110.3 - j49.1 = 1.7\underline{/-24.2°}V$。现在，假设 $\dot{I}_L$ 落后 $\dot{V}_L$ 24.2°，重复上面的计算过程，因此，$\dot{e}_a = 120\underline{/0°}V - (3.6\underline{/-24.2°}A) \times (13.9\underline{/78.8°}\Omega) = 120 - 50.04\underline{/54.8°} = 120 - 28.8 - j40.9 = 91.2 - j40.9 = 99.95\underline{/-24.2°}V$。注意角度 -24.0° 基本未发生改变。如图 6.14 所示。

5. 计算机械功率，P_{mech}

$P_{mech} = e_a I_L = (99.95V) \times (3.6A) \approx 359.8W$。

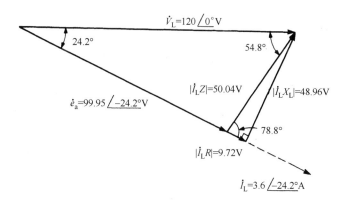

图 6.14 通用电动机电路向量图（交流运行）

6. 计算输入功率因数，*pf*

输入功率因数 $pf = \cos\theta$，式中，θ 为 I_L 滞后 V_L 的角度；$pf = \cos24.2° = 0.912$。$P_{mech} =$
$V_L I_L \cos\theta -$ 铜损 $= V_L I_L \cos\theta - I_L^2 R = (120V) \times (3.6A) \times 0.912 - (3.6A)^2 \times 2.7\Omega = 393.98 -$
$34.99 \approx 359.0W$，与上一步计算的机械功率 359.8W 相比较（允许四舍五入）。

相关计算

通用电动机与串励直流电动机相同；它即可以在交流条件下运行也可在直流条件下运行。除了考虑感应电抗以及电压和电流相位关系之外，两种电动机使用的公式在形式上是相同的。

6.14 单相串励电动机（通用）等效电路以及相量图

一台 400hp 交流串励电动机满载运行，其参数为 240V，25Hz，1580A，350kW，1890lb·ft（转矩），1111r/min。元件的电阻以及感抗为主励磁绕组电阻：$R_{SF} = 0.0018\Omega$；电枢及电刷回路电阻，$R_{ab} = 0.0042\Omega$；换向极电路电阻，$R_{int} = 0.0036\Omega$；补偿励磁绕组电阻，$R_{comp} = 0.0081\Omega$；总串联电抗（电枢绕组，主励磁绕组，换向极电路，补偿励磁绕组），$X_L = 0.046\Omega$。如图 6.15 所示。试计算：①电动机的输出功率；②电动机的效率；③电动机的功率因数；④反电动势。

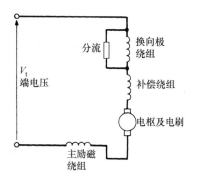

图 6.15 串励电动机等效电路

计算过程

1. 计算电动机输出功率

使用等式：hp =（转矩，单位 lb·ft）×（转速，单位 r/min）×（2π，rad/r）×（hp·min/33 000ft·lb）=（转矩，单位 lb·ft）×（n，单位 r/min）/5252 =（1890lb·ft）×（1111r/min）/5252 ≈ 399.8hp。

2. 计算电动机效率，η

效率公式为 η =（输出功率）×100%/输入功率 =（399.8hp）×（746W/hp）×100%/ 350×10^3 W ≈ 85.2%。

另外，效率也可以利用已知的损耗近似计算；铜损 = I^2R，总的电路电阻为 $R = R_{SF} + R_{ab} + R_{int} + R_{comp}$ =（0.0018 + 0.0042 + 0.0036 + 0.0081）Ω = 0.0177Ω。铜损 =（1580A）^{2} ×（0.0177Ω）≈ 44 186W。效率为 η =（输出功率×100%）/（输出功率 + 损耗）=（399.8hp × 746W/hp）×100%/（399.8hp × 746W/hp + 44 186W）≈ 87.1%，当然，另外一种方法没有考虑电动机的摩擦损耗、风损以及电磁损耗。这可以利用两种效率计算方法相关数据的差值计算得到，因此，350×10^3 W –（399.8hp）×（746W/hp）– 44 186W ≈ 7563W，可以看作摩擦、风损以及电磁损耗。

电动机效率为 η =（399.8hp）×（746W/hp）× 100%/[（399.8hp）×（746W/hp）+ 44 186W + 7563W] ≈ 85.2%。

3. 计算功率因数，*pf*

功率公式为 $P = VI\cos\theta$，式中，$\cos\theta$ 为功率因数。因此，功率因数为（P）×746W/hp/（VI）= 399.8hp ×（746W/hp）/（240V × 1580A）≈ 0.786，功率因数角为 arccos0.786 = 38.1°。

4. 计算反电动势

反电动势 $\dot{e}_a$ 等于（端电压 $\dot{V}_t$）–（电阻上的电压降落）–（电抗上的电压降落）= 240 $\angle 0°$ V –（1580 $\angle -38.1°$ A）×（0.0177Ω）– j（1580 $\angle -38.1°$ A）× 0.046Ω = 240 – 22.0 + j17.3 – 44.9 – j57.2 = 173.1 – j39.9 = 177.7 $\angle -13°$ V，如图 6.16 所示。

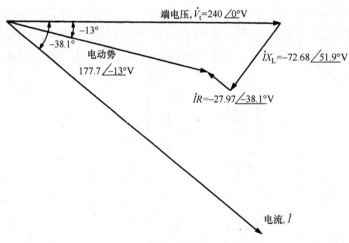

图 6.16　单相串励电动机相量图

相关计算

就像直流电动机一样，工作在交流或直流条件的串励电动机通常具有换极和补偿绕组。前者用于改善换向，后者用于中和电枢反应的场扭曲效应。这些元件均会影响电动机的感抗值，这对于电动机工作在交流情况时非常重要。

6.15 参考文献

1. Chapman, Stephen J. 2012. *Electric Machinery Fundamentals*, 5th ed. New York: McGraw-Hill.
2. Fitzgerald, A. E., Charles Kingsley, Jr., and Stephen D. Umans. 2003. *Electric Machinery*, 6th ed. Boston, M.A.: McGraw-Hill.
3. Fitzgerald, A. E., David E. Higginbotham, and Arvin Grabel. 1981. *Basic Electrical Engineering*, 5th ed. New York: McGraw-Hill.
4. Kosow, Irving L. 1991. *Electric Machinery and Transformers*. Englewood Cliffs, N.J.: Prentice-Hall.
5. Matsch, Leander W., and J. Derald Morgan. 1986. *Electromagnetic and Electromechanical Machines*, 3rd ed. New York: Harper & Row.
6. Morgan, Alan T. 1979. *General Theory of Electrical Machines*. Philadelphia, P.A. : Heyden.
7. Nasar, Syed A., and L. E. Unnewehr. 1983. *Electromechanics and Electric Machines*, 2nd ed. New York: Wiley.
8. Say, Maurice C., and Herbert H. Woodson. 1959. *Electromechanical Energy Conversion*. New York: Wiley.
9. Sen, Paresh C. 2014. *Principles of Electric Machines and Power Electronics*, 3rd ed. Hoboken, N.J.: John Wiley & Sons.
10. Slemon, Gordon R., and A. Straughen. 1998. *Electric Machines*. Reading, M.A.: Addison-Wesley.
11. Smith, Ralph J., and Richard C. Dorf. 1992. *Circuits, Devices, and Systems: A First Course in Electrical Engineering*, 5th ed. New York: Wiley.
12. Stein, Robert. 1979. *Electric Power System Components*. New York: Van Nostrand-Reinhold.

第7章 同步电机

Omar S. Mazzoni，Ph.D.，P.E.
President Systems Research International，Inc.
Marco W. Migliaro，P.E.，LF-IEEE
President & CEO IEEE Industry Standards and Technology Organization

7.1 标幺制的基准值

计算一台 150MVA，13.8kV，60Hz，三相，两极同步电机的标幺基准值，电机参数为定子绕组与 d 轴转子互感为 $L_{ad} = 0.0056H$，定子绕组 a 与转子绕组之间的互感为 $L_{afd} = 0.0138H$，定子绕组 a 和阻尼绕组之间的 d 轴互感 $L_{afd} = 0.0054H$，定子与转子之间 q 轴互感 $L_{aq} = 0.0058H$，定子绕组 a 与 q 轴阻尼绕组之间的互感为 $L_{akq} = 0.0063H$。使用的标幺系统应该是互感可逆的标幺系统。这表示了在一个标幺制系统中转子和定子之间的互感电抗标幺值是相等的。这也意味着 $\bar{L}_{ad} = \bar{L}_{afd} = \bar{L}_{ak}$，$\bar{L}_{aq} = \bar{L}_{akq}$（注：字母上的横杠表示标幺值）。

计算过程

1. 基准值的选择

选择的基准值为 $MVA_{base} = 150MVA$，$kV_{base} = 13.8kV$，$f_{base} = 60Hz$，根据这些基准值，可以计算出其他基准值。

2. 计算定子相电流有效值基准值，$I_{s(base)}$

$I_{s(base)} = (MVA_{base} \times 1000)/(\sqrt{3} \times kV_{base}) = (150 \times 1000)/(\sqrt{3} \times 13.8) = 6276A$。

3. 计算定子最大相电流基准值，$i_{s(base)}$

$i_{s(base)} = \sqrt{2}I_{s(base)} = \sqrt{2} \times 6276 = 8876A$。

4. 计算定子基准阻抗，$Z_{s(base)}$

$Z_{s(base)} = kV_{base}^2/MVA_{base} = 13.8^2/150 \approx 1.270\Omega$。

5. 计算定子基准电感，$L_{s(base)}$

$L_{s(base)} = Z_{s(base)}/\omega_{base} = 1.270/377 \approx 3.37 \times 10^{-3}H$。

6. 计算基准励磁电流，$i_{fd(base)}$

$i_{fd(base)} = (L_{ad}/L_{afd})i_{s(base)} = (0.0056/0.0138) \times 8876 \approx 3602A$。

7. 计算励磁绕组基准阻抗，$Z_{fd(base)}$

$Z_{fd(base)} = (MVA_{base} \times 10^6)/i_{fd(base)}^2 = (150 \times 10^6)/3602^2 \approx 11.56\Omega$。

8. 计算励磁绕组电感基准值，$L_{fd(base)}$

$L_{fd(base)} = Z_{fd(base)}/\omega_{base} = 11.56/377 \approx 30.66 \times 10^{-3}H$。

9. 计算励磁绕组基准电压, $e_{fd(base)}$

$e_{fd(base)} = (MVA_{base} \times 10^6)/i_{fd(base)} = (150 \times 10^6)/3602 \approx 41\ 644A$。

10. 计算 d 轴阻尼绕组基准电流, $i_{kd(base)}$

$i_{kd(base)} = (L_{ad}/L_{akd})i_{s(base)} = (0.0056/0.0054) \times 8876 \approx 9204A$。

11. 计算 d 轴阻尼绕组基准阻抗, $Z_{kd(base)}$

$Z_{kd(base)} = (MVA_{base} \times 10^6)/i_{kd(base)}^2 = (150 \times 10^6)/9204^2 \approx 1.77\Omega$。

12. 计算 d 轴阻尼绕组基准电感, $L_{kd(base)}$

$L_{kd(base)} = Z_{kd(base)}/\omega_{base} = 1.77/377 \approx 4.70 \times 10^{-3}H$。

13. 计算 q 轴阻尼绕组基准电流, $i_{kq(base)}$

$i_{kq(base)} = (L_{aq}/L_{akq})i_{s(base)} = (0.0058/0.0063) \times 8876 \approx 8172A$。

14. 计算 q 轴阻尼绕组基准阻抗, $Z_{kq(base)}$

$Z_{kq(base)} = (MVA_{base} \times 10^6)/i_{kd(base)}^2 = (150 \times 10^6)/8172^2 \approx 2.246\Omega$。

15. 计算 q 轴阻尼绕组基准电感, $L_{kq(base)}$

$L_{kq(base)} = Z_{kq(base)}/\omega_{base} = 2.246/377 \approx 5.96 \times 10^{-3}H$。

16. 计算阻尼绕组与励磁绕组之间互感基准值, $L_{fkd(base)}$

$L_{fkd(base)} = (i_{fd(base)}/i_{kd(base)})L_{fd(base)} = (3602/9204) \times 30.66 \times 10^{-3} \approx 12 \times 10^{-3}H$。

17. 计算基准磁链, $\Phi_{s(base)}$

$\Phi_{s(base)} = L_{s(base)}i_{s(base)} = (3.37 \times 10^{-3}) \times 8876 \approx 29.9Wb \cdot turns$

18. 计算基准转速, 单位 r/min, r/min_{base}

基准转速为 $r/min_{base} = 120f_{base}/p = 120 \times 60/2 = 3600r/min$, 式中, p 为极数。

19. 计算基准转矩, T_{base}

$T_{base} = (7.04MVA_{base} \times 10^6)/(r/min_{base}) = 7.04 \times 150 \times 10^6/3600 \approx 293klb \cdot ft(397.2kN \cdot m)$

7.2 d 轴电抗标幺值

计算上例中电机 d 轴同步、暂态、次暂态电抗标幺值, 上例中电机的定子漏感 $L_l = 0.4 \times 10^{-3}H$, 励磁绕组自感 $L_{ffd} = 0.0535H$, d 轴阻尼绕组自感 $L_{kkd} = 0.0087H$。假设 d 轴及 q 轴漏感相同, 对于隐极机来说, 这种假设是合理的。

计算过程

1. 计算 $\bar{L}_{ad}$ 及 L_l

依据上例, $L_{s(base)} = 0.00337H$, 因此, $\bar{L}_{ad} = L_{ad}/L_{s(base)} = 0.0056/0.00337 = 1.66pu$, $\bar{L}_l = L_l/L_{s(base)} = 0.0004/0.00337 \approx 0.12pu$（注: 字母上的横杠表示标幺值的含义）

2. 计算 d 轴同步电感的标幺值, $\bar{L}_d$

$\bar{L}_d = \bar{L}_{ad} + \bar{L}_l = 1.66 + 0.12 = 1.78pu$

3. 计算 d 轴同步电抗标幺值, $\bar{X}_d$

$\bar{X}_d = \bar{\omega}\bar{L}_d$, 选择的频率基准值为 $f_{base} = 60Hz$, 电机的额定频率标幺值为 $\bar{f} = 60/f_{base} = 60/$

$60 = 1\mathrm{pu}$ 同样 $\bar{\omega} = 1\mathrm{pu}$，则 $\bar{X}_{\mathrm{d}} = \bar{L}_{\mathrm{d}} = 1.78\mathrm{pu}$。

4. 计算 $\bar{L}_{\mathrm{ffd}}$，$\bar{L}_{\mathrm{kkd}}$，$\bar{L}_{\mathrm{afd}}$ 以及 $\bar{L}_{\mathrm{akd}}$

$\bar{L}_{\mathrm{ffd}} = L_{\mathrm{ffd}}/L_{\mathrm{fd(base)}} = 0.0535/(30.66 \times 10^{-3}) \approx 1.74\mathrm{pu}$，$\bar{L}_{\mathrm{kkd}} = L_{\mathrm{kkd}}/L_{\mathrm{kd(base)}} = 0.0087/(4.7 \times 10^{-3}) \approx 1.85\mathrm{pu}$，$\bar{L}_{\mathrm{afd}} = L_{\mathrm{afd}}/L_{\mathrm{s(base)}}(i_{\mathrm{s(base)}}/i_{\mathrm{fd(base)}}) = 0.0138/0.00337 \times (8876/3602) \approx 1.66\mathrm{pu}$，

$\bar{L}_{\mathrm{akd}} = L_{\mathrm{akd}}\Big/\left[\dfrac{2}{3}(L_{\mathrm{kd(base)}} i_{\mathrm{kd(base)}}/i_{\mathrm{s(base)}})\right] = 0.0054\Big/\left[\dfrac{2}{3}(4.7 \times 10^{-3} \times 9204/8876)\right] \approx 1.66\mathrm{pu}$。

5. 计算 $\bar{L}_{\mathrm{fd}}$

$\bar{L}_{\mathrm{fd}} = \bar{L}_{\mathrm{ffd}} - \bar{L}_{\mathrm{afd}} = 1.74 - 1.66 = 0.08\mathrm{pu}$。

6. 计算 $\bar{L}_{\mathrm{kd}}$

$\bar{L}_{\mathrm{kd}} = \bar{L}_{\mathrm{kkd}} - \bar{L}_{\mathrm{akd}} = 1.85 - 1.66 = 0.19\mathrm{pu}$。

7. 计算 d 轴暂态电感标幺值 $\bar{L}'_{\mathrm{d}}$ 及暂态电抗标幺值 $\bar{X}'_{\mathrm{d}}$

$\bar{L}'_{\mathrm{d}} = \bar{X}'_{\mathrm{d}} = \bar{L}_{\mathrm{ad}}\bar{L}_{\mathrm{fd}}/\bar{L}_{\mathrm{ffd}} + \bar{L}_1 = (1.66 \times 0.08)/1.74 + 0.12 \approx 0.196\mathrm{pu}$。

8. 计算 d 轴次暂态电感 $\bar{L}''_{\mathrm{d}}$ 及次暂态电抗标幺值 $\bar{X}''_{\mathrm{d}}$

$\bar{L}''_{\mathrm{d}} = \bar{X}''_{\mathrm{d}} = 1/(1/\bar{L}_{\mathrm{kd}} + 1/\bar{L}_{\mathrm{ad}} + 1/\bar{L}_{\mathrm{fd}}) + \bar{L}_1 = 1/[(1/0.19) + (1/1.66) + (1/0.08)] + 0.12 \approx 0.174\mathrm{pu}$。

7.3　q 轴电抗标幺值

计算本章第一个例子中电机 q 轴同步电抗及次暂态电抗的标幺值。此电机的其他数据为 q 轴阻尼绕组自感为 $L_{\mathrm{kkq}} = 0.0107\mathrm{H}$。

计算过程

1. 计算 $\bar{L}_{\mathrm{aq}}$

根据前面两个例子的计算值，$\bar{L}_{\mathrm{aq}} = L_{\mathrm{aq}}/L_{\mathrm{s(base)}} = 0.0058/(3.37 \times 10^{-3}) = 1.72\mathrm{pu}$。

2. 计算 q 轴同步电感标幺值，$\bar{L}_{\mathrm{q}}$ 及 $\bar{X}_{\mathrm{q}}$

$\bar{L}_{\mathrm{q}} = \bar{X}_{\mathrm{q}} = \bar{L}_{\mathrm{aq}} + \bar{L}_1 = 1.72 + 0.12 = 1.84\mathrm{pu}$

3. 计算 $\bar{L}_{\mathrm{kkq}}$ 及 $\bar{L}_{\mathrm{akq}}$

$\bar{L}_{\mathrm{kkq}} = L_{\mathrm{kkq}}/L_{\mathrm{kq(base)}} = 0.0107/(5.96 \times 10^{-3}) = 1.80\mathrm{pu}$

$\bar{L}_{\mathrm{akq}} = L_{\mathrm{akq}}/(L_{\mathrm{s(base)}})(i_{\mathrm{s(base)}}/i_{\mathrm{kq(base)}}) = 0.0063/(3.37 \times 10^{-3}) \times (8876/8172) \approx 1.72\mathrm{pu}$

4. 计算 $\bar{L}_{\mathrm{kq}}$ 及 X'_{q}

$\bar{L}_{\mathrm{kq}} = \bar{L}_{\mathrm{kkq}} - \bar{L}_{\mathrm{akq}} = 1.80 - 1.72 = 0.08\mathrm{pu}$

5. 计算 q 轴暂态电感标幺值，$\bar{L}'_{\mathrm{q}}$

$\bar{L}'_{\mathrm{q}} = \bar{X}'_{\mathrm{q}} = \bar{L}_{\mathrm{aq}}\bar{L}_{\mathrm{kq}}/(\bar{L}_{\mathrm{aq}} + \bar{L}_{\mathrm{kq}}) + \bar{L}_1 = 1.72 \times 0.08/(1.72 + 0.08) + 0.12 \approx 0.196\mathrm{pu}$

相关计算

暂态电感 $\bar{L}'_{\mathrm{q}}$ 有时是指 q 轴次暂态电感。

7.4 开路时间常数标幺值

计算本章第一个例子中电机 d 轴励磁绕组开路时间常数和次暂态开路时间常数的标幺值。此电动机的其他参数为电枢电阻 $R_a = 0.0016\Omega$，励磁绕组电阻 $R_{fd} = 0.0072\Omega$，d 轴阻尼绕组电阻 $R_{kd} = 0.0028\Omega$，q 轴阻尼绕组电阻 $R_{kq} = 0.031\Omega$。

计算过程

1. 计算 $\overline{R}_{fd}$ 及 $\overline{R}_{kd}$

$\overline{R}_{fd} = R_{fd}/Z_{fd(base)} = 0.0072/11.56 \approx 6.23 \times 10^{-4}$ pu，$\overline{R}_{kd} = R_{kd}/Z_{kd(base)} = 0.028/1.77 \approx$ 0.0158pu。

2. 计算励磁绕组开路时间常数标幺值，$\overline{T}'_{do}$

$\overline{T}'_{do} = \overline{L}_{ffd}/\overline{R}_{fd} = 1.74/(6.23 \times 10^{-4}) \approx 2793$pu

3. 计算 d 轴次暂态开路时间常数标幺值，$\overline{T}''_{do}$

$\overline{T}''_{do} = (1/\overline{R}_{kd})(\overline{L}_{kd} + \overline{L}_{fd}\overline{L}_{ad}/\overline{L}_{ffd}) = (1/0.0158) \times [0.19 + 0.08 \times 1.66/1.74] \approx 16.9$pu

7.5 短路时间常数标幺值

计算本章第一个例子中电机 d 轴暂态及次暂态短路时间常数标幺值。同时，计算 d 轴阻尼绕组漏抗时间常数标幺值。

计算过程

1. 计算 d 轴暂态短路时间常数标幺值，$\overline{T}'_d$

$\overline{T}'_d = (1/\overline{R}_{fd})[\overline{L}_{fd} + \overline{L}_1\overline{L}_{ad}/(\overline{L}_1 + \overline{L}_{ad})] = [1/(6.23 \times 10^{-4})] \times [0.08 + 0.12 \times 1.66/(0.12 + 1.66)] \approx 308$pu

2. 计算 d 轴次暂态时间常数标幺值，$\overline{T}''_d$

$$\overline{T}''_d = \frac{1}{\overline{R}_{kd}}\left[\overline{L}_{fd} + \frac{1}{(1/\overline{L}_{ad}) + (1/\overline{L}_{fd}) + (1/\overline{L}_1)}\right]$$

$$= \frac{1}{0.0158}\left[0.19 + \frac{1}{(1/1.66) + (1/0.08) + (1/0.12)}\right] = 15\text{pu}$$

3. 计算直轴阻尼绕组漏抗时间常数标幺值，$\overline{T}_{kd}$

$\overline{T}_{kd} = \overline{L}_{kd}/\overline{R}_{kd} = 0.19/0.158 \approx 12$pu

相关计算

电机的 q 轴开路及短路时间常数标幺值相关计算可以参考前面两个例子的计算过程。

为了计算时间常数的有名值，需要将这个标幺值与时间基准值，$1/\omega_{base} = 1/377$s 相乘；即 $T = \overline{T}/377$。即，$\overline{T}'_d = 308/377 \approx 0.817$s。

7.6 稳态相量图

计算同步发电机的标幺值，并绘制其稳态相量图。同步发电机参数为额定容量100MVA，功率因数0.8（滞后），13.8kV，3600r/min，60Hz，在额定负载及功率因数下运行。同步发电机的电抗为 $\overline{X}_d = \overline{X}_q = 1.84\mathrm{pu}$。忽略发电机的饱和及电阻影响。

计算过程

1. 确定参考量

如果 S_{base} 和 V_{base} 与发电机的额定值相等，$I_{\mathrm{s(base)}} = (S_{\mathrm{base}} \times 1000)/\sqrt{3}V_{\mathrm{base}} = (100 \times 1000)/(\sqrt{3} \times 13.8) = 4184\mathrm{A}$。由于基准电压为13.8kV，所以发电机端电压有效值的标幺值为 $\overline{E}_t = 1.0\mathrm{pu}$，发电机端电压最大值标幺值为 $\overline{e}_t = \overline{E}_t = 1.0\mathrm{pu}$，以 $\overline{e}_t$ 为基准相，即 $\overline{e}_t = 1.0\angle 0°\mathrm{pu}$。

2. 定位 *q* 轴

计算一个虚拟电势 $\overline{\dot{E}}_q = |\overline{\dot{E}}_q|\angle\delta$，式中，$\delta$ 为发电机功角。$\overline{\dot{E}}_q = \overline{e}_t + \overline{i}_t(R_a + j\overline{X}_q)$，$\overline{i}_t = 1.0\angle\theta\mathrm{pu}$，式中 $\theta = \cos^{-1}0.8 = -36.9°$。因此，$\overline{\dot{E}}_q = 1.0\angle 0° + 1.0\angle -36.9° \times j1.84 = 2.38\angle 35°\mathrm{pu}$，发电机功角为 $\delta = 35°$。

3. 计算 *d* 轴及 *q* 轴分量

将 $\overline{e}_t$ 及 $\overline{i}_t$ 分别在 *d* 轴及 *q* 轴分解来计算电势及电流的 *d* 轴及 *q* 轴分量：$\overline{e}_q = |\overline{e}_t|\cos\delta = 1.0 \times 0.819 = 0.819\mathrm{pu}$，$\overline{e}_d = |\overline{e}_t|\sin\delta = 1.0 \times 0.574 = 0.574\mathrm{pu}$。$\overline{i}_q = |\overline{i}_t|\cos(\delta - \theta) = 1.0\cos(35° + 36.9°) = 0.311\mathrm{pu}$，$\overline{i}_d = |\overline{i}_t|\sin(\delta - \theta) = 0.951\mathrm{pu}$。

4. 计算 $\overline{\dot{E}}_I$

电势 $\dot{E}_I$ 位于 *q* 轴，并代表了 *d* 轴励磁电流。$\overline{\dot{E}}_I = \overline{X}_{ad}\overline{i}_{fd} = \overline{e}_q + \overline{X}_d\overline{i}_d + \overline{R}_a\overline{i}_q = 0.819 + 1.84 \times 0.951 \approx 2.57\mathrm{pu}$。

5. 绘制相量图

相量图如图7.1所示。

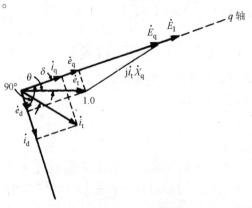

图7.1 某同步发电机相量图

7.7 发电机容量曲线

发电机运行容量曲线由制造商提供，用于确定发电机向电网输出有功功率及无功功率的能力。试用标幺值表示具有如下特性的发电机容量曲线：容量 980kVA，功率因数 pf = 0.85，同步电抗 $\overline{X}_d = 1.78\mathrm{pu}$，发电机最大电势为 $\overline{E}_{\max} = 1.85\mathrm{pu}$，端电压为 $\overline{V} = 1.0\mathrm{pu}$，$\delta$ 为功角，发电机外部的系统阻抗 $\overline{X}_e = 0.4\mathrm{pu}$，对于超前功率因数角运行时，发电机的稳态作为运行极限。

计算过程

1. 计算定子限制部分

定子限制部分直接与发电机满负荷功率输出成比例，对应半径为 $\overline{R}_s = 1.0\mathrm{pu}$ 一段圆弧（图 7.2 中圆弧 ABC）。

2. 计算励磁限定部分

可如下公式确定励磁限制部分：$\overline{P} = (3\overline{V}\,\overline{E}_{\max}/\overline{X}_d)\sin\delta + \mathrm{j}\left[\sqrt{3}\,\overline{V}\,\overline{E}_{\max}/\overline{X}_d\cos\delta - \sqrt{3}\,\overline{V}^2/\overline{X}_d\right]$，它对应圆心为 $\overline{C}_F = (0,\ -\mathrm{j}3\overline{V}^2/\overline{X}_d)$，半径为 $\overline{R}_F = \sqrt{3}\,\overline{V}\,\overline{E}/\overline{X}_d = \sqrt{3}\times 1.0\times 1.85/1.78 = 1.8\mathrm{pu}$ 的圆，由于 $\overline{V} = 1.0\mathrm{pu}$，圆心位置为 $\overline{C}_F = 0, \mathrm{j}(-1.0\times\sqrt{3})/1.78 = 0,\ -\mathrm{j}0.97$（如图 7.2 所示圆弧 DEF）。

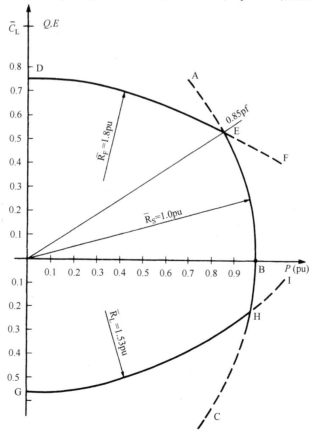

图 7.2 发电机容量曲线

3. 稳态稳定曲线

稳态稳定曲线由圆心为 $\overline{C}_L = 0$，$j\overline{V}^2/2\,(1/\overline{X}_e - 1/\overline{X}_d) = 0$，$j/2\,(1/0.4 - 1/1.78) = 0$，j0.97，圆弧半径 $\overline{R}_L = \overline{V}^2/2\,(1/\overline{X}_e + 1/\overline{X}_d) = 1/2\,(1/0.4 + 1/1.78) \approx 1.53\mathrm{pu}$ 的圆弧确定（如图7.2所示圆弧 GHI）。

相关计算

同步发电机能够发出和消耗有功及无功功率。当发电机处于过励状态时，它会产生并向电网输送无功功率。当发电机工作在欠励工作状态时，发电机从系统吸收无功功率。当发电机功率因数为1时，说明发电机的励磁系统正好满足发电机励磁的需求。

由于发电机可能运行在以发电机容量曲线为边界区域的任何一个点，运行人员利用这个容量曲线控制发电机的输出在安全范围内。定子限制部分与定子绕组导线的电流传输能力有关。励磁限制部分与发电机过励条件下的运行区域有关，过励运行时，励磁电流比正常的励磁电流大。稳态稳定部分与发电机保持稳态运行的能力有关。

如图7.3所示曲线为发电机典型功率特性曲线。显示了不同氢气冷却压力下的系列曲线。额定功率因数均为0.8；以发电机本身的额定容量为基准，额定视在功率为1.0pu。这意味着负载功率因数降低至0.85（滞后）时，发电机将发出额定的视在功率。对于更低的功率因数，发电机输出的功率将低于额定值。

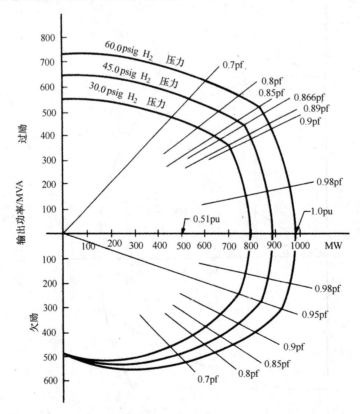

图7.3　某氢内冷发电机容量曲线（额定容量983MV·A，0.85pf，22kV）

目前，正在对许多现役的老式大型汽轮机发电机进行评估，以判断其是否还有提高输出功率的潜力。工业上称之为"功率升级"。在许多情况下，这些发电机的原始设计包括了应对不确定性或者因为保守性而留有一定的设计余量。还有一些机组的发电机容量超过其汽轮机的容量。随着更复杂的分析工具的推出，可能用相对较小的投资就可获得发电机输出功率（和收入）的增加。通过更换原始汽轮机转子，改进汽轮机叶片设计和材料也可进一步增加发电机的输出功率。升级一个系统通常需要研究其辅助系统（例如冷却水、给水和冷凝物）是否支持技术升级。这项研究将包括评估支持升级所需的系统修改（例如，电动机的功率增加和泵叶轮更换）。

通过将氢气压力从正常工作压力增加到 75psig，可能增加发电机的输出功率。增加氢气压力会提高发电机的冷却能力。由于增加了制冷量，发电机导线可以安全地传输更多的电流，所以随着制冷量的增加，可能有更大的发电机额定输出功率。然而，必须对发电机设计及其支持系统进行全面评估，以确定增加的发电机氢气压力的可接受性。（这项研究通常涉及发电机设计者/制造商）。这些因素可能包括对氢冷却器和油密封系统的影响，以及励磁系统的能力是否支持增加的输出功率。另外，一旦发电机的输出功率增加，必须对发电机变压器以及开关设备（例如断路器）的容量进行评估。

7.8 发电调整

利用如下特性确定发电机的调整：电枢电阻 $\overline{R}_a = 0.00219\text{pu}$；功率因数为 0.975；开路，功率因数为零，短路饱和特性曲线如图 7.4 所示。

计算过程

1. 计算 Potier 电抗

零功率因数时，使用等式 $E_0 = E + \sqrt{3}I_a X_p$，式中，$E_0$ 为空载电势，I_a 为满载电枢电流，E 为端电压。如图 7.4 所示，$RD = RE + DE$；因此，$DE = \sqrt{3}I_a X_p$，根据定义 $X_p = I_a X_p / (V_{LL}/\sqrt{3}) = DE/V_{LL} = DE/RE = 0.43\text{pu}$。

2. 计算 Potier 电抗后电压，$\overline{E}_p$

如图 7.4 所示，$\overline{E}_p = 1.175\text{pu}$

3. 计算克服饱和所需的励磁电流，$\overline{I}_{FS}$

如图 7.4 所示，$\overline{I}_{FS} = MN = 0.294\text{pu}$

4. 确定保持气隙线性的励磁电流，$\overline{I}_{FG}$

如图 7.4 所示，$\overline{I}_{FG} = GH = 1.0\text{pu}$

5. 在短路饱和曲线上，确定满载电流时的励磁电流，$\overline{I}_{FSI}$

如图 7.4 所示，$\overline{I}_{FSI} = 0A = 1.75\text{pu}$

6. 计算满载时的励磁电流，$\overline{I}_{FL}$

如图 7.5 所示，$\overline{I}_{FL} = \overline{I}_{FS} + [(\overline{I}_{FG} + \overline{I}_{FSI}\sin\varphi)^2 + (\overline{I}_{FSI}\cos\varphi)^2]^{1/2} = 0.294 + [(1 + 1.75 \times 0.2223)^2 + (1.75 \times 0.975)^2]^{1/2} = 2.4\text{pu}$

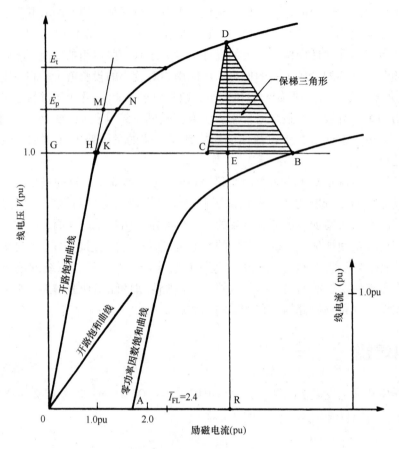

图 7.4　发电机调整的确定

7. 在开路饱和曲线上，确定对应满载励磁电流的 $\overline{E}_t$

如图 7.4 所示，$\overline{E}_t = 1.33\text{pu}$

8. 计算发电机调整，R

$R = (\,|\overline{E}_t| - |\overline{E}|\,)/|\overline{E}| = (1.33 - 1.0)/1.0 = 0.33 = 33\%$

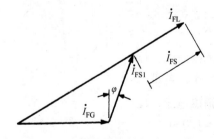

图 7.5　发电机满载时的励磁电流

7.9　发电机短路比

发电机的特性曲线如图 7.4 所示，计算其短路比（SCR）。

计算过程

1. 在短路曲线上确定满载时的励磁电流，$\bar{I}_{\mathrm{FSI}}$

$\bar{I}_{\mathrm{FSI}} = 0\mathrm{A} = 1.75\mathrm{pu}$

2. 在开路曲线上，确定满载电压所需的励磁电流，$\bar{I}_{\mathrm{FV}}$

$\bar{I}_{\mathrm{FV}} = \mathrm{GK} = 1.06\mathrm{pu}$

3. 计算短路比（SCR）

$\mathrm{SCR} = \mathrm{GK}/0\mathrm{A} = 1.06/1.75 \approx 0.6$

7.10　输出的有功功率和功率因数

一台 13.8kV 星形联结发电机的同步阻抗为 3.8Ω/相。此发电机与无穷大母线相连并且在功率因数为 1 时，输出的电流为 3900A。试计算当发电机的励磁增加 20% 时，发电机的最大输出功率。

计算过程

1. 绘制相量图

如图 7.6 所示，下标 o 表示初始状态。电压 V 为线对中性线端电压，$\dot{E}$ 为同步电抗后线对中性线电压。δ 为发电机功角，φ 为相电压与相电流之间的夹角。

2. 计算同步电抗后电压

$E = \left[(IX_{\mathrm{s}})^2 - V^2 \right]^{1/2} = \left[(3900 \times 3.8/1000)^2 - (13.8/\sqrt{3})^2 \right]^{1/2}\mathrm{kV} = 14.54\mathrm{kV}$

3. 计算最大输出功率，$P_{\max}$

$P_{\max} = 3EV/X_{\mathrm{s}} \sin\delta$，式中，对应着最大输出功率时，$\sin\delta = 1$。当励磁增加 20% 时，$P_{\max} = \left\{ [3 \times 1.2 \times 14.54 \times 13.8/\sqrt{3}]/3.8 \right\}\mathrm{MW} = 110\mathrm{MW}$。

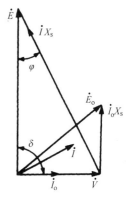

图 7.6　发电机相量图：功率因数（pf）和输出的功率

4. 计算功率因数

功率因数为 $\cos\varphi = E/IX_{\mathrm{s}} = 14.54/(3.9 \times 3.8) \approx 0.98$（滞后）

高温超导（High-temperature super-conducting，HTS）发电机正在开发中，并提出许多优于传统发电机的优势。这些优势包括更低的损耗、更小型、更紧凑的设计。评估 HTS 发电机性能的相关计算将包括稳定性评价以及特殊冷却特性的具体问题。

7.11　发电机的发电效率

确定具有与"发电机电压调整"例子中基本特性相同的发电机的效率。另外一些参数包括：满载时电枢电流 $I_{\mathrm{a}} = 28\ 000\mathrm{A}$；铁心以及短路损耗，如图 7.7 所示；摩擦损耗以及风损，

500kW（来自驱动电动机输入）；电枢电阻 $R_a = 0.0011\Omega/$相；额定负载时的励磁电压，470V；气隙磁化线对应的励磁电流，3200A；输出电压为25kV。

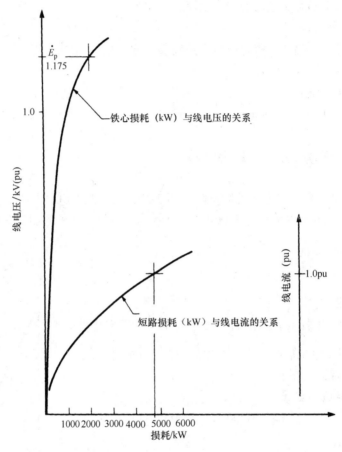

图 7.7　发电机损耗曲线

计算过程

1. 计算铁心损耗

根据图 7.7 以及 Potier 电压，$\dot{E}_p$（见图 7.4），对于 $\dot{E}_p = 1.175$pu，铁心损耗为 2100kW。

2. 确定短路损耗

如图 7.7 所示，对于线电流为 1.0pu 时，短路损耗为 4700kW。

3. 计算电枢铜损

电枢铜损为 $I_a^2 R_a = (28\ 000)^2 \times 0.0011 = 862\ 400\mathrm{W} \approx 862\mathrm{kW}$

4. 计算杂散电流损耗

杂散电流损耗 = 短路损耗-电枢铜损 = $(4700 - 862)\mathrm{kW} = 3838\mathrm{kW}$

5. 计算励磁功率

励磁功率 = 励磁电压 $\times I_{FL} = 470 \times 2.4 \times 3200/1000 \approx 3610\mathrm{kW}$，式中，$I_{FL}$ 数值来自"电压调整"中示例。

6. 计算总的损耗

摩擦及风损耗	500kW
铁心损耗	2100kW
电枢铜损	862kW
杂散电流损耗	3838kW
励磁功率	3610kW
总损耗	10 910kW

7. 计算发电机输出功率，P_{out}

$$P_{out} = \sqrt{3}VI_a pf = \sqrt{3} \times 25 \times 28\ 000 \times 0.975 = 1\ 182\ 125kW$$

8. 计算发电机效率

发电机效率 ε = 发电机输出功率/（发电机输出功率 + 总损耗）= 1 182 125/（1 182 125 + 10 910）≈ 0.99 ≈ 99%

7.12　同步功率系数

某发电机的参数如下：75 000kW，端电压 $\overline{V} = 1.0$pu，电枢电流 $\overline{I}_a = 1$pu，交轴电抗 $\overline{X}_q = 1.8$pu，功率因数 $pf = 0.80$（滞后）。忽略电枢电阻。试计算发电机在额定负载时的同步功率系数。

计算过程

1. 计算额定负载时的功角，δ

$$\delta = \tan^{-1}\left[\overline{X}_q \cos\varphi \cdot \overline{I}_a / (\overline{I}_a \overline{X}_q \sin\varphi + \overline{V})\right] = \tan^{-1}\left[1.8 \times 0.80 \times 1.0 / (1.0 \times 1.80 \times 0.6 + 1)\right] = 35°$$

2. 计算同步功率系数，P_r

$$P_r = 额定功率/（额定负载功角 \times 2\pi/360）= 75 \times 1000/（35 \times 2\pi/360）≈ 122\ 780kW/rad$$

7.13　发电机接地变压器和电阻

某星形联结发电机的额定值为 1000MVA、26kV、60Hz。除此之外，发电机电容为 1.27μF，主变电容为 0.12μF，发电机引线电容为 0.01μF，辅助变压器电容为 0.024μF。试确定充分提供高阻抗接地系统所需的变压器和电阻器的容量。

计算过程

1. 计算发电机线对中性线电压，V

$$V = (26kV)/\sqrt{3} = 15kV$$

2. 计算总电容，C_T

$$C_T = (1.27 + 0.12 + 0.01 + 0.024)μF = 1.424μF$$

3. 计算总容抗，X_{CT}

$$X_{CT} = 1/(2\pi f C_T) = 1/(6.28 \times 60 \times 1.424 \times 10^{-6}) ≈ 1864\Omega$$

4. 为限制线对地故障期间的暂态过电压，选择 $R = X_{CT}$

假设一台 19.92/0.480kV 变压器。从一次侧看到的电阻为 $R' = N^2 R$，式中，R 为待求电阻。解得 $R = R'/N^2$，式中，$N = 19.92/0.480 = 41.5$，$R = 1864/41.5^2 \approx 1.08\Omega$。

5. 计算线对地故障期间，变压器二次侧电压，V_s

$V_s = V/N = 15\,000/41.5 \approx 361V$

6. 计算流过接地电阻的电流，I_s

$I_s = V_s/R = 361/1.08 \approx 334.3A$

7. 计算接地变压器容量，单位 kVA

额定容量 $= I_s V_s = 334.3 \times 361 \approx 120.7kVA$

8. 选择额定短路时间变压器

根据 ANSI 标准，如果 9min 额定时间是足够的，可以使用 50kVA 变压器。

9. 计算发电机线对地故障电流，I_f

$I_f = V/X_{CT} = (15\,000/1864)A \approx 8.05A$

7.14 功率因数的改善

某工业电厂有一台 4000V，5000hp 感应电动机负载，平均功率因数为 0.8，滞后，平均电动机效率为 90%。安装了一台新的额定功率为 3000hp 同步电动机代替感应电动机的负载。此同步电动机效率为 90%。当系统电流为原系统电流的 80% 并且保持与原系统一致的功率因数，试计算此同步电动机的电流和功率因数。

计算过程

1. 计算原系统初始额定容量，S_o

额定容量 $S_o = (hp/\eta)(0.746/pf) = [5000/0.9/(0.746/0.8)]kVA = 5181kVA$，式中的 η 为电动机的效率。

2. 计算原系统的电流，I_o

$I_o = kVA_o/\sqrt{3}V = [5181/(\sqrt{3} \times 4)]A = 748A$

3. 计算新系统的电流，I

$I = 0.8I_o = 0.8 \times 748A \approx 598A$（如图 7.8 所示）

4. 计算新的感应电动机电流，I_i

$I_i = 0.746P/\sqrt{3}V\eta pf_i = [0.746 \times 3000/(\sqrt{3} \times 4 \times 0.9 \times 0.8)]A \approx 299A$

5. 计算同步电动机电流，I_s

$I_s = [(I_i\sin\varphi_i)^2 + (I - I_i\cos\varphi_i)^2]^{1/2} = [(299 \times 0.6)^2 + (598 - 299 \times 0.8)^2]^{1/2}A = (149.4^2 + 358.8^2)^{1/2}A = 401.1A$

6. 计算同步电动机功率因数，pf_s

$pf_s = 358.8/401.1 \approx 0.895$

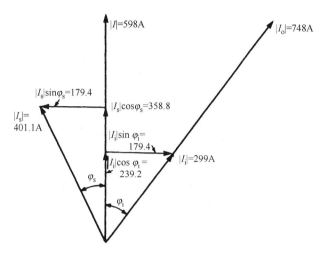

图 7.8　同步电动机功率因数改进

相关计算

验证：同步电动机的功率，P_s，应该等于 3000hp，即 $hp_s = 3VI_s\eta pf_s/0.746 = \sqrt{3} \times 4 \times$ 401.1 $\times 0.9 \times 0.895/0.746 = 3000hp$。

7.15　参考文献

1. Amos, John D. 2006 Update of IEEE/ANSI C50.13-2005 Standard for Large Turbine Generators and Harmonization with the IEC 60034 Series, IEEE Synchronous Machinery Committee, Generator Subcommittee WG-2, IEEE, 2006, New York.
2. ANSI C50.13. 2005. *Rotating Electrical Machinery—Cylindrical-Rotor 50 Hz and 60 Hz Synchronous Generators Rated 10 MVA and Above.* New York: American National Standards Institute. (The 2005 edition incorporates standards C50.10, C50.14, and C50.15 in a single document.)
3. Beaty, H. Wayne, and Donald G., Fink. 2013. *Standard Handbook for Electrical Engineers,* 16th ed. New York: McGraw-Hill.
4. Concordia, Charles. 1951. *Synchronous Machines.* Schenectady, N.Y.: General Electric Company.
5. *Electrical Transmission and Distribution Reference Book.* 1964. 4th ed. East Pittsburgh, P.A.: Westinghouse Electric Corporation.
6. Grainger, John J., and William D. Stevenson. 1994. *Power System Analysis.* New York: McGraw-Hill.
7. IEC 60034-3. 2007. *Rotating Electrical Machines—Part 3: Specific Requirements for Synchronous Generators Driven by Steam Turbines or Combustion Gas Turbines,* 6th ed. Geneva, Switzerland: International Electrotechnical Commission.
8. IEC 60034-1. 2010. *Rotating Electrical Machines—Part 1: Rating and Performance,* 12th ed., Geneva, Switzerland: International Electrotechnical Commission.
9. IEEE 115. 2009. *Test Procedure for Synchronous Machines Part I—Acceptance and Performance Testing; Part II—Test Procedures and Parameter Determination for Dynamic Analysis.* Piscataway, N.J.: The Institute of Electrical and Electronics Engineers.
10. Libby, Charles C. 1960. *Motor Selection and Application.* New York: McGraw-Hill.
11. NEMA MG 1. 2011 w-errata to 2012. *Motors and Generators.* Arlington, V.A.: National Electrical Manufacturers Association.

第8章 电力生产

Hesham Shaalan, Ph. D.

Profssor Marine Engineering U. S. Merchant Marine Academy

8.1 主要参数的确定

对于任何一个新建发电厂或机组必须对其主要参数进行设计，其中包括能源（燃料）类型的选择，发电系统类型的选择，机组和电厂额定容量以及位置的选择。这些参数的确定必定基于大量技术，经济以及环境因素（见表8.1），而这些因素在很大程度上相互关联。试对一个新建电厂或机组的参数进行评估。

计算过程

1. 对能源和发电系统的考虑

如表8.2所示，单个类型的能源或燃料（例如油）可用于多种不同类型的发电系统。这些包括蒸汽循环、燃气—蒸汽联合循环（将热乏气输送到余热锅炉产生蒸汽用于驱动汽轮机），以及大量像燃料电池的先进技术过程（例如由导电电解质隔开的阴极和阳极系统，将液态或气态燃料转换成电能而没有卡诺循环效率的限制）。

类似地，在规划阶段，可以设计一个简单的基本形式的发电系统（例如蒸汽循环），这种发电系统可以使用多种燃料类型中的任意一种类型。然而，发电厂建成以后进行燃料类型的转换通常会导致巨大的资金成本和运行困难。

如表8.3所示，每种能源和发电系统类型的组合在技术、经济和环境方面都有独特的优点和缺点。但是，在特定情况下，通常会有其他独特的考虑因素使不同系统的排名与表8.3中列出的典型值有很大不同。为了确定最优的设计方案，有必要量化和评估表8.3中的所有因素。一般来说，这涉及到复杂的权衡过程和大量的经验和主观判断。通常，没有一个系统在所有适合的判据的基础上是最优的。

表8.1　确定新电厂的几个主要参数

参　　数	备　选　方　案
能源或燃料	一般化石燃料（煤、石油和天然气） 核燃料（铀和钍） 水势能（水力发电） 地热能 其他可再生能源，先进技术以及其他非常规能源
发电系统类型	蒸汽循环（如汽轮机）式系统（有或者无为居民供热和工业蒸汽负荷服务的热电联产机组） 水电系统 内燃气轮机（例如燃气轮机）系统

（续）

参 数	备 选 方 案
发电系统类型	联合循环式（例如，蒸汽—燃气轮机联合）系统 内燃机（例如，柴油机）系统 新型发电系统或非常规能源发电系统
机组或发电厂额定容量	能够满足当前预期的最大电力负荷并为可靠性和未来负荷增长提供一定的旋转备用容量 只能供给预期的最大电力负荷（例如，尖峰负荷） 能够供给大部分预期的最大电力负荷（例如，通过采取节能措施或负荷管理的方法消除超过发电容量的那部分负荷）
厂址	靠近电力负荷 靠近燃料源 靠近水源（方便用水） 靠近现有的电力传输系统 靠近现有的运输系统 靠近现有的发电厂厂址或者在现有的厂址上

表 8.2　常见的发电系统类型

能量源或燃料	占总发电量的近似百分比	蒸汽循环，85%	水力发电，13%	蒸汽—燃气联合循环式发电，1%	燃气轮机，1%	内燃机（柴油机），1%	光伏	风力机	燃料电池	磁流体发电	热电	热离子发电	开放式蒸汽或封闭式氨循环发电
煤炭	44	×							×	×	×	×	
石油	16	×		×	×	×			×	×	×	×	
天然气	14	×		×	×				×	×	×	×	
水势能	13		×										
核裂变能	13	×											
地热	0.15	×											
沼气		×											
页岩油		×		×	×				×	×	×	×	
焦油砂		×		×	×	×			×	×	×	×	
液态和气态煤		×		×	×	×			×	×	×	×	
木材		×											
生物质		×											
氢		×				×			×	×	×	×	
太阳能		×					×						
风能								×					
潮汐能			×										
波浪能			×										
海洋热能													×
核聚变能			×										

表 8.3　能源和发电系统的比较

能源（燃料）和发电系统类型	燃料成本	系统效率	投资成本/（美元/kW）	系统运行及维护成本（不包括燃料）/（美元/MWh）	最大可用机组额定容量	系统可靠性及可用率	系统复杂程度	燃料可用性	冷却水需求	主要环境影响
燃煤蒸汽循环	中等	高	非常高	低到中等之间	大	高	非常高	最好	大	典型影响是排放气体中 SO_2、氮氧化物 NO_x 的含量；除尘以及污泥处理
燃油蒸汽循环	最高	高	高	最低	大	非常高	高	一般	大	排放气体中 SO_2、氮氧化物 NO_x 的含量；污泥处理
天然气蒸汽循环	高	高	高	最低	大	非常高	高	一般	大	排放气体中氮氧化物 NO_x 的含量
核能	低	中等	最高	中等	最大	高	最高	好	最大	安全性；放射性废物处理
燃油内燃机	最高	低	最低	最高	最小	最低	适中	一般	最小	排放气体中 SO_2、氮氧化物 NO_x 的含量
天然气内燃机	高	低	最低	最高	最小	最低	适中	一般	最小	排放气体中氮氧化物 NO_x 的含量
燃油联合循环	最高	非常高	中等	中等	中等	中等	适中	一般	中等	排放气体中 SO_2、氮氧化物 NO_x 的含量
天然气联合循环系统	高	非常高	中等	中等	中等	中等	适中	一般	中等	排放气体中氮氧化物 NO_x 的含量
水电	最低	最高	中等、最高之间	低	大型	如果有水资源，最高	最低	受区域限制	小	通常需要建设水坝
地热发电	低	最低	中等	中等	中等	高	低	受地域极大限制	低	系统的 H_2S 排放量

　　例如，在煤和核能之间的比较中，核能通常具有低的多的燃料成本但是更高的建设成本。这使得经济选择在很大程度上取决于机组预期的容量因数（或每年等值预期运行的满载运行小时数）。然而，煤炭和核能系统却具有显著的极为不同的环境影响。最终可能会发现，选择一个系统而放弃另外一个系统在很大程度上是取决于对这两种系统的风险或环境影响的主观认识。

　　同样，由于项目需要建造大坝的不利环境影响，一个看似合乎需要且经济合理的水力发电项目（其具有使用可再生能源的附加吸引力特征，并且通常具有高的系统可用性和可靠性）是无法实施的。不利的环境影响可能包括大坝对河流水生生物的影响，或者永久性地淹没建设大坝所在农业用地，或者这片土地上的居民不愿迁移。

2. 选择电厂、机组额定容量以及厂址

发电厂的选址以及容量的选择也是一个类似复杂的、相互关联的过程。如表 8.3（和表 8.9）所示，对于每个不同系统而言，市售的机组额定容量范围相当不同。例如，如果一个电厂需要的额定容量大于 100MW，除非考虑安装多台机组，否则不考虑使用燃气轮机、柴油机和地热机组。

同样，可用的发电厂厂址可能对燃料，发电系统和电厂容量的选择产生重要影响。对于一个典型的 1000MW 机组来说，化石燃料或核能蒸汽循环机组需要大量的冷却水 [$50.5 \sim 63.1 \mathrm{m}^3/\mathrm{s}$，（800 000 至 1 000 000gal/min）]，而燃气轮机机组基本上不需要冷却水。额定容量为 1000MW 的燃煤机组每年通常需要超过 270 万 t（300 万美吨）[⊖] 的煤，而额定容量为 1000MW 的核电机组每年通常只需要 32.9t（36.2 美吨）的浓缩二氧化铀（UO_2）燃料。

燃煤机组需要处理大量的炉灰和污泥，而天然气机组不需要处理任何固体废物。从这些比较中，很容易看出能源和发电系统类型的选择对发电厂选址时采用的适用标准产生影响。可用发电厂的厂址及自然特征（例如靠近水资源或者可用水资源，靠近燃料采集点或燃料易于运输以及土壤特性）可以对燃料和发电系统的选择产生影响。

3. 检验备选方案

如表 8.3 所示的每一个较常用的发电系统，有不同的额定容量可选用。一般来说，安装成本（以美元/kW 为单位）和系统效率（热耗率）对于不同的额定容量来说是完全不同的。类似地，每个较常用的发电系统都有不同的设备类型、设备配置、系统参数以及运行条件下是可用的。

例如，既有煤粉锅炉也有旋风锅炉，而每种锅炉既有汽包式也有直流式。在蒸汽循环中使用的蒸汽轮机既可以是串联双轴式也可以是并联双轴式结构，装有任意数量的给水加热器，也可以是冷凝式、背压式或抽汽式（热电联产）类型。同样，还有一些标准的进气和再热系统条件（例如温度和压力）。机组可以设计成基荷机组，腰荷机组，周期性运行机组，或者调峰机组。每种设备类型、设备配置，系统参数以及运行条件的特定组合均与成本和运行优点和缺点有关，不同的设备类型，设备特性，系统参数以及运行条件的组合均有其投资和运行方面的优缺点，对于某个特定应用，必须采用与燃料及发电系统选择相同的方式进行评估及确定。

4. 电力负荷的考虑

任何规模的电力系统上的电力负荷每天的波动都很大，如图 8.1 所示，4 月、8 月和 12 月的典型日负荷曲线。此外，以年为单位，电力系统负荷在最小负荷和最大或峰值负荷之间变化，电力需求永远不会低于最小负荷水平，而最大或峰值负荷每年仅发生几个小时。如图 8.1a 所示，年度负荷持续时间曲线以图形化的方式显示了某个特定电力系统负荷每年超过一定负荷水平的小时数。

例如，如果年最大负荷（100% 负荷）为 8100MW，那么负荷持续时间曲线显示可以预期高于最大负荷的 70% 的负荷（即，高于 $0.7 \times 8100\mathrm{MW} = 5760\mathrm{MW}$）的时间约占全年运行时间的 40%。最小负荷（即，超过这个最小负荷的时间是 100%）约为最大负荷的 33%。

⊖　1 美吨 = 2000lb = 0.907t。

通常情况下，美国公用事业系统的年最小负荷是年最大负荷的27%～33%。通常，超过最大负荷90%的负荷时间约占全年运行时间的1%～5%，超过最大负荷的80%的时间约占全年运行时间的5%～30%，超过最大负荷33%～45%的时间约占全年运行时间的95%。年度负荷因子［（平均负荷/年最大负荷）×100%］典型范围在55%～65%之间。

系统的频率随着负荷的变化而波动，但汽轮发电机总是将系统频率恢复到60Hz。由于这些波动，整个系统会在一整天内增加或减少几个周波。当累计周期损失或增加约为180个周波时，通过使所有发电机在短时间内转速增加或减慢来校正频率误差。

系统的一个主要扰动或意外事故会使系统进入紧急状态。必须立即采取措施防止意外事件蔓延到其他地区。突然失去一个重要负荷或输电线路永久性短路构成了主要的突发事故。

如果突然失去一个大的负荷，所有的发电机组开始加速，系统各处频率开始上升。此

	4月	8月	12月	年平均
负荷功率因数	0.667	0.586	0.652	0.623
最小负荷/最大负荷功率因数	0.371	0.378	0.386	0.330

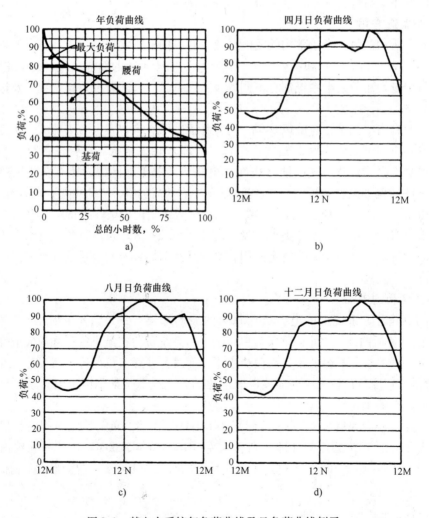

图8.1 某电力系统年负荷曲线及日负荷曲线例子

时，如果一台发电机退出运行，其余发电机由于要承担系统中的全部负载，剩下的发电机的转速就会下降。然后，系统的频率开始下降，下降的速率可以达到 5Hz/s。在这种情况下，必须立即采取措施。因此，如果常规方法不能使系统频率恢复正常，则必须切除一定负荷。这种负荷切除是通过频率感知继电器来完成的，随着频率的下降，继电器会有选择性地断开相应的断路器。

相关计算

一般情况下，通过使用基本投资较高但运行费用较低的发电机组（如蒸汽循环机组）来满足基荷需要（如图 8.1 所示），而通过使用基本投资较低但运行费用较高的发电机组（如燃气轮机）来满足峰值负荷的需要，以获得可观的经济效益。通过基荷、峰值负荷、联合循环和水力发电机组组合更好承担腰荷，这种类型机组具有基本资本和运行费用中等，并具有可靠地满足所需负荷波动和每年运行小时数的设计规定。

基荷、腰荷和不同容量峰值发电机组的优化组合涉及规划过程和生产成本对资本成本交易评估方法的使用。

8.2 电力发电机组优化

确定应用于现有公共事业系统的一个最优新建电力发电机组特性（表 8.4 汇总了做这类决策的所有步骤）。

计算过程

1. 确定备选方案

如表 8.2 所示，列举出 60 多种技术成熟或者相对成熟的燃料和电力发电系统组合。对于电力发电扩建计划（稍后将考虑）设计过程中，必须对大量不同燃料及不同容量发电系统组合方案的安装顺序进行评估。即使利用庞大计算机程序也无法实现对如此多的方案进行评估。因此，在计划过程的早期必须将这些庞大的备选方案数量减少至一个合理的可以处理的方案数量。

表 8.4 确定最优新型电力发电机组的步骤

步骤	过 程
1	列出所有可能的能源（燃料）及发电系统组合方案
2	去除无法满足系统商业可用性标准的方案
3	去除不满足能源（燃料）商业可用性标准的方案
4	去除不满足其他功能及厂址要求的方案
5	去除投资成本总高于其他可行方案的方案
5a	计算适当的年固定费用率
5b	计算每百万 Btu 所需要的燃料费用
5c	计算发电机组的平均净热耗率
5d	为每个系统绘制筛选曲线
5e	使用筛选曲线结果来选择要进一步评估的备选方案
5f	建立可行的可再生能源与替代能源和发电系统的筛选曲线，与步骤 5e 选择的方案进行比较

（续）

步骤	过　　程
6	预测整个规划期间内的最大年负荷
7	确定满足要求的规划裕量
8	评估更小或者更大容量发电机组或者电厂的优缺点
8a	更大容量机组和电厂的经济性考量
8b	使用太大容量机组运行的困难性考量
8c	为每个发电系统类型考虑商业可用容量范围
8d	合营电厂可能性考量
8e	负荷增长预测
8f	确定在发电系统扩容计划中可以使用的机组和电厂的最大容量
9	制定备选发电系统发展规划
10	根据一致性原则比较各发电系统发展规划
11	通过使用迭代方法，确定最优的发电系统发展规划
12	利用最优发电系统发展规划，确定下一个新的将建的发电机组或发电厂
13	对于这个将建的新发电机组确定发电机的额定容量
14	确定最优电厂设计
15	确定基本投资与年运行维护费用之间的平衡
16	确定热效率与基本投资和/或运行维护费用之间的平衡
17	确定机组可用性（可靠性）与基本投资和/或运行维护费用之间的平衡
18	确定机组额定容量与基本投资之间的平衡

2. 去除无法满足系统商业可用性标准的方案

为了进一步设计，通常删除那些在规定期间内无法实现在系统上安装的备选方案。因为这些原因通常被删除的备选方案如表 8.5 所示。

表 8.5　可能被去除的系统

删除的原因	删除的系统
在一个电力系统上无法进行商业安装	燃料电池系统 磁流体动力学发电系统 热电系统 热离子发电系统 太阳能光伏系统或热循环系统 海洋热梯度开式蒸汽或闭式氨循环系统 波浪能系统 核聚变系统
能源（燃料）不充足	页岩油 焦油砂 液态煤或者气态煤 木材 生物质 氢 沼气

（续）

删除的原因	删除的系统
缺乏部分功能、可行性或特定场地的标准的方案	风能 地热能 常规水力发电 潮汐发电

3. 去除不符合能源燃料商业可用性标准的备选方案

此步骤中，备选方案将进一步减少，本步骤将去除那些不符合燃料商用可用性标准的备选方案。因为这个原因，一般可以删除的备选方案也在表 8.5 中列出。

4. 去除不满足其他功能要求或特定场地标准的备选方案

本步骤中，因为一种原因或者其他原因去除表 8.2 中的一些备选方案，这些方案对于涉及的现有的特定公用电力系统来说不具有可行性。这些系统可能包括风电系统（除 100～200kW 具有波动的或者可间断功率输出的机组能满足要求），地热系统（除非这个电力系统位于北加利福尼亚州的间歇泉地区），传统的水力发电（除非这个电力系统位于可能有高水位，或者可以通过建造一个河坝实现的高水位地区），潮汐水力发电（除非电力系统位于少数可行的海洋沿岸盆地附近）。

表 8.5 在某种程度上代表了目前的技术。然而，它绝不是包含了所有或者代表了所有电力发电系统的装机情况。例如，在某些情况下，由于无法满足政府的清洁空气和/或处理标准（碳排放），或者包括政府政策多种原因而造成燃料（石油或天然气）不可获得，或者缺乏对生态及社会经济没有较大影响的建坝坝址（水电），或者由于各种环境和政治原因无法获得必要的许可和执照等原因（核能），今天广泛使用的发电系统可能成为被删除的备选方案。

类似地，即使在现在，可以想象在某个特定的情况下，许多已被去除的备选方案如风力发电和木材发电也可能变为可行方案。此外，在未来，像太阳能光伏几个发电系统可能因达到要求的额定容量而变为可行，或者由于其他可行性标准而被淘汰。

应该强调的是，对于每个特定的发电系统的装机，应基于适合于具体情况的标准来识别那些必须从进一步考虑的备选方案中去除的方案。

5. 去除那些相对于其他方案花费更多的备选方案

本步骤中，表 8.2 中剩余的燃料和发电系统备选方案将从进一步的考虑中去除，在任何合理的可预见的运行标准下，这些备选方案成本都不低于其他可行的备选方案。

通常，根据对不同系统总发电成本的比较，本阶段将删除成本较高的备选方案，总发电成本即包括固定成本（即，投资加固定运行和维护费用）又包括生产成本（燃料费用加可变的运行及维护费用）。

这种费用对比通常采用筛选曲线对比的方式，如图 8.2～图 8.4 所示的曲线。对于仍在考虑中的燃料和发电系统的每种组合，绘制每 kW 装机对应的［单位：美元/(kW·年)］年运行费用与容量因子（或者为等效年满负荷运行小时数）之间的函数。

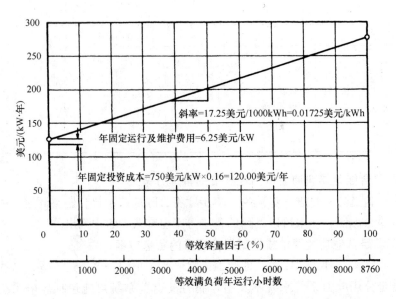

图 8.2　某台燃煤蒸汽循环机组的筛选曲线构成

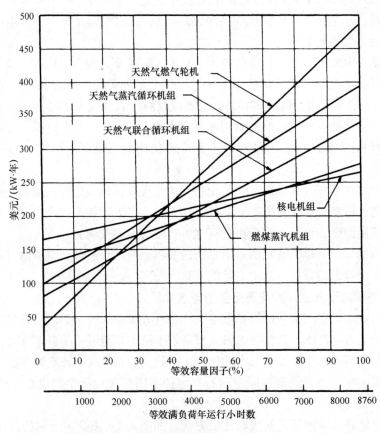

图 8.3　基于天然气可获得性的假设的发电系统备选方案的筛选曲线

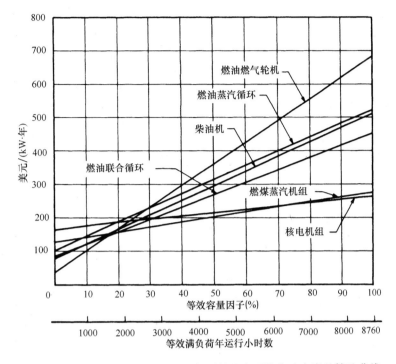

图 8.4 基于天然气不可获得性的假设的发电系统备选方案的筛选曲线

8.3 年容量因子

试计算额定容量为 100MW 年发电量 550 000MWh 机组的年容量因子。

计算过程

1. 计算年容量因子百分数
年容量因子为

$$\left[\frac{550\,000\text{MWh}/100\text{MW}}{8760\text{h}/\text{yr}}\right] \times 100\% \approx 62.8\%$$

2. 计算年容量因子，单位 h/yr
$$(62.8/100) \times (8760\text{h}/\text{yr}) \approx 5500\text{h}/\text{yr}$$

8.4 年固定费率

试估算一个投资者所有的电力公司的年固定费率，如表 8.6 所示。

表 8.6 典型投资者所有的电力公司固定费率

费　用	费率百分数
回报率	7.7
折旧率	1.4

（续）

费　用	费率百分数
税率	6.5
保险	0.4
总计	16.0

计算过程

检查适当的因数

如表 8.6 所示，年固定费率表示平均或"平均化"的年度相关费用，包括装机投资的利息或回报，资本的折旧或回报，税收费用，以及对于具体公用事业公司或相关公司与具体发电机组安装相关的保险费用。

相关计算

投资者所拥有的电力公司的固定费率一般为 15% ~ 20%；公共电力公司的固定费率通常低 5% 左右。

8.5 燃料成本

计算以美元/MJ（10^6Btu）$^{\ominus}$为单位的燃料成本。

计算过程

1. 计算煤的成本

煤的价格为 39.68 美元/t（36 美元/美吨），其燃烧热值为 27.915MJ/kg（12 000Btu/lb），则以美元/MJ［美元/（10^6Btu）］为单位，燃料成本为（39.68 美元/tonne）/［（1000kg/tonne)(27.915/MJ/kg)］= 0.001421 美元/MJ = 1.50 美元/（10^6Btu）。

2. 计算油的成本

标准 42 加仑油的价格为 28 美元/桶（0.17612 美元/L），其燃烧热值为 43.733MJ/kg（18 800Btu/lb），比重为 0.91，则以美元/MJ 为单位燃料成本为（0.17612 美元/L）/［(43.733MJ/kg)(0.91kg/L)］= 0.004425 美元/MJ = 1.50 美元/（$\times 10^6$Btu）。

3. 计算天然气的成本

天然气的价格为 0.1201 美元/m^3（每千标准立方英尺为 3.40 美元），其热值为 39.115MJ/m^3 = 1050Btu/1000ft^3，则以美元/MJ 为单位燃料成本为（0.1201 美元/m^3）/（39.115MJ/m^3）= 0.00307 美元/MJ = 3.24 美元/（$\times 10^6$Btu）。

4. 计算核燃料成本

核燃料价格为 75.36 美元/MWday，则以美元/MJ 为单位的成本为（75.36 美元/MWday）/［(1.0J/MWs)(3600s/h)(24h/day)］= 0.00087 美元/MJ = 0.92 美元/（10^6Btu）。

$\ominus$　Btu 为 British Termal Unit 的缩写，表示英制热单位。

8.6 平均净热耗率

某台机组输出 420 000kW 功率所需燃烧的煤炭量为 158 759kg/h（350 000lb/h），煤炭的单位热值为 27.915MJ/kg。此外，来自所需的电厂辅助设备负载为 20 000kW，例如锅炉给水泵。试计算此发电机组的平均净热耗率。

计算过程

1. 净热耗率的定义

发电机组的平均净热（单位 Btu/kWh 或者 J/kWh）耗率等于系统总输入热量（单位为 Btu/h 或者 MJ/h）除以发电机厂的净发电功率（单位 kW）。考虑锅炉、汽轮机、发电机效率以及辅助设备所需功率。

2. 计算锅炉总的热量输入

锅炉总的输入热量等于 $(158\ 759\text{kg/h}) \times (27.915\text{MJ/kg}) \approx 4.43 \times 10^6 \text{MJ/h} = 4200 \times 10^6 \text{Btu/h}$。

3. 计算发电机组净输出功率

发电机组净输出为 420 000kW – 20 000kW = 400 000kW。

4. 计算发电机组净热耗率

发电机组净热耗率为 $(4.43 \times 10^6 \text{MJ/h})/400\ 000\text{kW} = 11.075\text{MJ/kWh} = 10\ 500\text{Btu/kWh}$。

8.7 筛选曲线的构建

筛选曲线为机组单位 kW 年成本与容量因子或运行负荷的关系曲线。例如，如图 8.2 所示基于表 8.7 数据的燃煤蒸汽循环系统筛选曲线。假设 600MW 系统总投资成本为 4.5 亿美元，固定费率为 16%。除此之外，假设此机组总的固定运行及维护成本为每年 3 750 000 美元。试对图 8.2 所示曲线中的数字进行验证。

计算过程

1. 计算年固定资本成本

单位功率（kW）安装成本为 450×10^6 美元/600 000kW = 750 美元/kW。此数值与固定费率相乘得到年固定成本为：750 美元/kW × 0.16 = 120 美元/(kW·年)。

2. 计算固定运行及维护成本

单位功率（kW）的固定运行及维护成本为（3 750 000 美元/年）/600 000kW = 6.25 美元/(kW·年)。

3. 计算容量因子为零时的年成本

当容量因子等于零时，单位功率（kW）年度成本为126.25 美元/(kW·年)，为年固定资金成本 120 美元/(kW·年) 加上年固定运行和维护成本 6.25 美元/(kW·年)。

4. 计算燃料成本

在前面例子中，价格为 39.68 美元/t，热值为 27.915MJ/kg 的煤炭对应的成本为 0.001421 美元/MJ。则平均机组热率为 11.075MJ/kWh 时，机组的燃料成本为 0.001421 美元/MJ×11.075MJ/kWh≈0.01574 美元/kWh。

对于平均可变运行维护成本为 0.00150 美元/kWh（见表 8.7）的燃煤蒸汽循环机组总的可变生产成本为 0.01725 美元/kWh（即：燃料成本 0.01575 美元/kWh，加上可变运行维护成本 0.00150 美元/kWh）。因此，拥有和运行一个燃煤蒸汽循环系统每年 8760h 总固定及可变成本（100% 容量因子）为 126.25 美元/(kW·年)＋0.01725 美元/kWh×8760h/年＝126.25 美元/kWh＋151.11 美元/(kW·年)＝277.36 美元/(kW·年)。

相关计算

如图 8.2 所示，筛选曲线为线性曲线。截距 y 为年固定投资、运行和维护成本的总和并且为资本成本、固定费率和固定运行及维护成本的函数。筛选曲线的斜率为系统可变燃料成本、运行及维护成本总和（即：0.01725 美元/kWh），为燃料成本、热耗率以及可变运行和维护成本的函数。

如表 8.7 所示，给出了基于表 8.5 中标准未被删除的备选方案中所有能源和发电系统组合的典型数据和筛选曲线参数（在表 8.2 中列出）。表 8.7 数据代表了目前通常可用作发电系统安装备选方案的那些系统。

如图 8.3 所示，为表 8.7 中所有非燃油发电系统的筛选曲线。对于低于 23.3% 的容量因子（等效每年满负荷运行小时数为 2039h），天然气燃气轮机为成本最低的备选方案。当容量因子为 23.3% ~ 42.7% 时，天然气联合循环系统是最经济的。当容量因子为 42.7% ~ 77.4% 时，燃煤蒸汽循环系统的总成本最低，而容量因子高于 77.4% 时，核电站则具有最大的经济优势。由此可以得出结论，公用电力系统的最佳发电计划将由这 4 种系统的一定额定容量的机组和装机次序组合。

蒸汽循环系统、联合循环系统以及燃气轮机系统通常可以采用天然气或石油作为燃料。如表 8.7 所示，每个使用石油而不是天然气作为燃料的系统通常会导致较高的年度固定资本成本和较高的固定及可变运行、维护费用和燃料成本。因此，与燃气系统相比，通常燃油系统的总固定成本和总可变成本更高。由于这个原因，对于所有容量因子，燃油代替燃气导致总成本更高。

另外，如表 8.3 所示，事实是燃油系统通常比天然气系统具有更多的环境影响，这就意味着，如果天然气供应充足，燃油蒸汽循环、联合循环和燃气轮机系统将在进一步考虑中删除。它们永远不会对天然气燃烧系统带来任何益处。

如果没有天然气，备选方案将仅限于如表 8.7 所示的非天然气燃烧系统。这些系统的筛选曲线如图 8.4 所示。从图中可以看出，如果天然气不可用，那么容量因子低于 16.3% 时，燃油燃气轮机是成本最低的方案。当容量因子在 16.3% ~ 20.0% 之间时，燃油联合循环系统是最经济的。当容量因子在 20.0% ~ 77.4% 之间时，燃煤蒸汽循环系统总成本最低，在容量因子高于 77.4% 时，核电站是最好的方案。

如果表 8.5 中所列出的任何一个系统（最初根据商业可用性、性能或特定选址标准删除的方案）对于特定应用确实可行的，那么还应为这些系统构建筛选曲线。然后应按照图 8.3 和图 8.4 所示的方式对系统进行评估。如水电、太阳能、风能等可再生能源的筛选曲线基本上是水平线，因为这些系统的燃料、可变运行和维护成本可以忽略不计。

表 8.7 图 8.4～图 8.7 筛选曲线用数据

系统	总安装资金成本/亿元	机组额定容量/MW	安装资金成本/（美元/kW）	年平均固定费率（%）	年固定资金成本/［美元/（kW·年）］	总年固定O&M成本/（百万美元/年）	年固定O&M成本/［美元/（kW·年）］	年固定资金O&M成本/［美元/（kW·年）］
燃煤蒸汽循环	450.0	600	750	16	120.00	3.75	6.25	126.25
燃油蒸汽循环	360.0	600	600	16	96.00	3.30	5.50	101.50
燃天然气蒸汽循环	348.0	600	580	16	92.80	3.00	5.00	97.80
核能	900.0	900	1000	16	160.00	5.13	5.70	165.07
燃油联合循环	130.5	300	435	18	78.30	1.275	4.25	82.55
燃天然气联合循环	126.0	300	420	18	75.60	1.20	4.00	79.60
燃油燃气轮机	8.5	50	170	20	34.00	0.175	3.50	37.50
燃天然气燃气轮机	8.0	50	160	20	32.00	0.162	3.25	35.25
柴油机	3.0	8	375	20	75.00	0.024	3.00	78.00

燃料成本[①]（美元/标准单位）	燃料热值[②]	标准单位热值[③]/（MBtu/标准单位）	燃料成本[④]/（美元/MBtu）	机组平均净热率[⑤]/（Btu/kWh）	燃料成本/（美元/kWh）	平均可变O&M成本/（美元/kWh）	总可变成本（燃料＋可变的O&M）/（美元/kWh）
美元 36/ton	12 000Btu/lb	24MBtu/ton	1.50	10 500	0.157 5	0.001 50	0.017 25
美元 28/bbl	18 800Btu/lb 比重 0.91 时	6MBtu/barrel	4.67	10 050	0.046 93	0.001 30	0.048 23
美元 3.40/1000ft³（MCF）	1050Btu/标准立方英尺（SCF）	1.05MBtu/MCF	3.24	10 050	0.032 56	0.001 20	0.033 76
美元 75.36/MWday		81.912MBtu/MWday	92	11 500	0.010 58	0.000 85	0.011 43
美元 28/bbl	18 800Btu/lb 比重 0.91 时	6MBtu/barrel	4.67	8300	0.038 76	0.003 50	0.042 26
美元 3.40/MCF	1050Btu/SCF	1.05MBtu/MCF	3.24	8250	0.026 73	0.003 00	0.029 73
美元 28/bbl	18 800Btu/lb 比重 0.91 时	6MBtu/barrel	4.67	14 700	0.068 65	0.005 00	0.073 65
美元 3.40/MCF	1050Btu/SCF	1.05MBtu/MCF	3.24	14 500	0.046 98	0.004 50	0.051 48
美元 28/bbl	18 800Btu/lb 比重 0.91 时	6MBtu/barrel	4.67	10 000	0.046 70	0.003 00	0.049 70

① 美元/t ＝ 美元/t ×1.102 3

　美元/L ＝（美元/42-gal barrel）×0.006 29

　美元/m³ ＝（美元/MCF）×0.035 3

② MJ/kg ＝（Btu/lb）×0.002 326

　MJ/m³ ＝（Btu/SCF）×0.037 252

③ MJ/t ＝（MBtu/t）×1163

　MJ/m³ ＝（MBtu/bbl）×6636

　MJ/m³ ＝（MBtu/MCF）×37.257

　MJ/MWday ＝（MBtu/MWday）×1055

④ 美元/MJ ＝（美元/MBtu）×0.000 948

⑤ MJ/kWh ＝（Btu/kWh）×0.001 055

　J/kWh ＝（Btu/kWh）×1055

8.8 不同时和同时最大预测年负荷

对于共同承担发电系统扩展计划的一组电力公司来说，在发电系统扩建计划研究中使用的最大联合预测年度峰值负荷应该是所考虑年份中同时最大预测负荷（需求）。组内不同电力公司峰值负荷的分散性（不同时性）也应考虑。如果规划组中所有电力公司不在同一季节经历最大供电需求，那么这种不同时性或分散性通常是相当明显的。

假设参与扩建计划的规划组由 4 个电力公司组成，这 4 家公司预期一年中的夏季和冬季会出现高峰负荷，如表 8.8 所示。试确定不同时和同时年负荷。

计算过程

1. 对表 8.8 中的数据进行分析

如表 8.8 所示，公司 A、D 在夏季面临最高年峰值用电需求，公司 B、C 在冬季面临最高年峰值用电需求。

2. 计算不同时用电需求

对于这组电力公司来说，夏季总的不同时最大用电需求小于全年不同时最大用电需求，具体为：$[1 - (8530MW/8840MW)] \times 100\% \approx 3.51\%$。冬季总的不同时最大用电需求小于全年不同时最大用电需求为 $[1 - (8240MW/8840MW)] \times 100\% \approx 6.79\%$。

3. 计算同时用电需求

如果这组公司在夏季季节差异因子平均为 0.9496，冬季差异因子为 0.9648，则在那年夏季用于发电扩建计划总同时最大用电需求值为 $8530MW \times 0.9496 \approx 8100MW$，冬季为 $8240MW \times 0.9648 \approx 7950MW$。

表 8.8 一组 4 家电力公司的同时最大用电需求计算

	最大用电需求/MW		
	夏季	冬季	平均
A 公司	3630	3150	3630
B 公司	2590	2780	2780
C 公司	1780	1900	1900
D 公司	530	410	530
总不同时最大用电需求	8530	8240	8840
季节差异因子	0.9496	0.9648	
总同时最大用电需求	8100	7950	8100 *

注：* 夏季及冬季最大值。

8.9 必要的备用容量裕度规划

考虑系统发生故障时部分装机容量不可用，所有电力公司必须计划留有一定量的发电容量以满足系统故障时电力客户的用电需求。

还要预留发电容量满足电力公司用户最大峰值用电需求可能超过最大预测用电需求的实际情况。在发电系统扩建计划中，此备用容量通常用预测的年最大每小时用电需求的百分数来表示。

一组电力公司的最大每小时用电需求预测为 8100MW，试计算这组电力公司的备用容量。

计算过程

1. 计算增加的百分比为多少时是足够的

规划的预留容量越高，负荷损失的概率越低。大多数火电系统电力公司和监管机构（与水电系统相比）的经验和判断表明，规划预留容量占预测的年小时峰值用电需求的 15% ~ 25% 是足够的。

2. 计算预留容量及装机容量

预留容量范围为 $0.15 \times 8100MW = 1215MW$ 至 $0.25 \times 8100MW = 2025MW$。因此，总装机容量为 $(8100 + 1215)MW = 9315MW$ 至 $(8100 + 2025)MW = 10\ 125MW$。

相关计算

通常根据负荷损失概率（LOLP）分析确定某个电力公司或某组电力公司的具体扩建计划的可靠性水平。通过这种分析可以确定此电力公司或此组电力公司缺乏充足在线发电容量来满足系统用电需求的概率。由于发电系统中的不同类型发电机组的计划（维护）停运和非计划（强制）停运，负荷损失概率分析包括了典型的不可用率分析。

对于发电系统扩展规划，传统上采用 10 年内 1 天的最大负荷损失概率值用作电力系统可接受的可靠性水平。主要由于发电系统设备成本的快速增加以及电力公司为大型建筑项目融资方面的支付利率能力的限制，目前的趋势是认为更高的负荷损失概率可能是可以接受的。

以组为单位的发电系统扩建计划所需的安装容量一般显著低于单个电力公司所作规划的容量。例如，如表 8.8 所示的一组电力公司将以 9315MW 装机容量满足 15% 的备用容量要求，而对于单个电力公司，根据总年度不同时最大负荷，为保持相同的 15% 发电裕度，将安装总计 10 166MW 的装机容量。

一组电力公司的发电扩建计划还需要一定量的联合电力传输计划以确保规划组中不同的电力公司之间有足够的互连容量进行季节性电力交换。这使得规划组中的每个电力公司在一年中的任何时候都能满足可用的裕度标准。

对于所有类型的发电机组，额定容量范围较低的可商购发电机组，成本的增加变得更加显著，一般情况是机组的容量越小安装成本（以美元/kW 为单位）和年固定运行和维护费用越高（以美元/kW 为单位），从图 8.5 和图 8.6 可以看出燃煤蒸汽机组的这种成本与容量的变化特点。与大型机组相比，通常机组容量越小效率越低（热耗率更高）。

然而，大型发电机组的安装会导致电力公司遇到许多运行上的困难。这些困难源于在部分负载时机组过度运行（此时机组热耗率非常差），或者在此最大发电机组发生意外（强迫）停运时，系统无法在一直有足够的满足用户用电需要的在线旋转备用容量方式下安排机组维护计划。

此外，与小型机组相比，大型机组的强制停机率稍高并不罕见，这意味着为了保持相同的负荷损失概率，较大容量的机组需要稍大的备用容量。

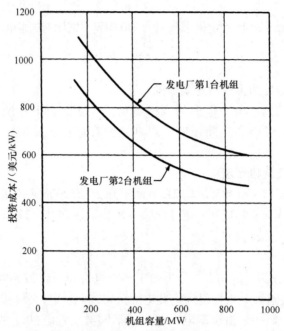

图 8.5　第 1 个和第 2 个燃煤蒸汽循环机组典型的投资成本—机组额定容量曲线

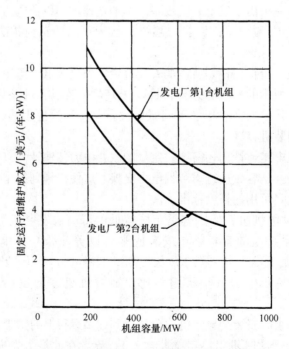

图 8.6　第 1 个和第 2 个燃煤蒸汽循环机组典型的
固定运行维护成本—机组额定容量曲线

8.10 商业可用的系统额定容量

如表8.7所示，列出了当今各类商业可用发电机组的额定容量。实际上，每个系统在表8.9所示额定容量范围内是商业可用的。试对这些不同的系统进行评估。

计算过程

1. 核电机组的考虑

核电机组采用串联式复合汽轮机结构（见图8.7a），其中轴系上装有1台高压（HP）汽轮机及1~3台低压（LP）汽轮机，它们共同驱动一台发电机，发电机额定转速为1800r/min，输出功率变化范围为500~1300MW。

2. 化石燃料单元的考虑

利用化石燃料（煤、石油或天然气）燃烧的蒸汽机组可采用转速为3600r/min串联复合结构（见图8.7b），其最高输出功率可达800MW，也可采用交叉复合式汽轮机结构，此结构中高压（HP）和中压（IP）汽轮机在一根轴上驱动3600r/min的发电机。第二轴系上安装一台或多台LP汽轮机，驱动1800r/min发电机，额定功率范围在500~1300MW之间。

表8.9 商业可用机组额定容量

类　型	配置①	额定容量范围/MW
化石燃料（煤、油、天然气）蒸汽轮机组	串联复合 交叉复合	20~800MW 500~1300MW
核电蒸汽轮机	串联复合	500~1300MW
联合循环系统	两轴或者三轴	100~300MW
燃气轮机系统	单轴	<1~110MW
水力发电机	单轴	<1~800MW
地热发电系统	单轴	<20~135MW
柴油发电系统	单轴	<1~20MW

① 如图8.7所示。

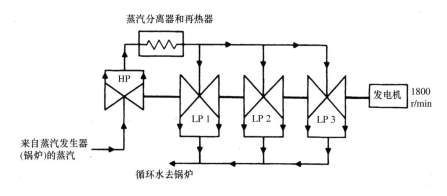

a)

图8.7 不同的汽轮机配置

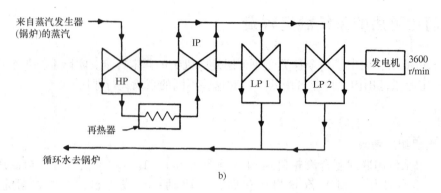

图 8.7　不同的汽轮机配置（续）

相关计算

商用联合循环系统的额定容量通常为 100~300MW。虽然有多种系统配置可供选择，但通常情况下，燃气轮机或蒸汽轮机驱动独立的发电机，如图 8.7a 所示。

由于对于一个电力公司来说核电和较大容量的化石燃料机组的额定容量太大，无法承担单台机组的安装，通常由几个中小型电力公司联合安装和运行这些类型的机组。在该协议中，一家电力公司负责为所有合作公司安装和运行这些机组。每个电力公司根据所有权划分按比例支付投资和运营费用。

这样的做法使得机组的所有者能够从大容量机组的更低的安装成本（美元/kW）和较低的运行成本（美元/kWh）中获得收益。使得很多公司共同拥有单台机组总容量时相关的诸多运行困难达到最小。

由于一系列技术和财务原因（包括备用容量的过度波动、不均匀的现金流量等），电力公司发现每隔1~3年进行一次伴随负荷增长的容量扩建是有益的。因此，发电系统扩建计划中使用的机组额定容量在一定程度上与该时期的预测的负荷增长有关。

8.11　水力发电站

水力发电站利用耦合到同步发电机的水轮机将水的能量转换为电能。从下落的水流中获得能量取决于水的高度和流速。因此，这两个因素将决定水电站的规模和实际位置。

可以通过以下公式计算功率：

$$P = 9.8qh$$

式中，P 为可获得的功率（kW）；q 为水的流速（m³/s）；h 为水头高度（m）；9.8 为机组系数。

水轮机输出的机械功率实际上小于上述等式计算值。这与水管中的摩擦有关，水轮机壳体及水轮机本身。然而，大型水轮机的效率通常在 90%~94% 之间。发电机的效率更高，范围为 97%~99%，主要取决于发电机容量的大小。

根据水头高度，可将水电站分为三类：

1）高水头水电站；

2）中水头水电站；

3）低水头水电站。

高水头水电站水头高度超过 300m，并使用高速水轮机。这样的发电站可以在山区发现，蓄水量通常很小。中水头水电站水头高度在 30～300m 之间，使用中速水轮机。发电站通常由堤坝和大坝围成的大型水库供电。低水头水电站的水头低于 30m，并使用低速水轮机。这些水电站通常从流动的河水获得能量，没有水库。流过水轮机的水压力很低。

8.12　发电厂扩建规划中使用的大型机组和电厂的额定值

如表 8.8 所示的发电公司集团正在面临如表 8.10 所示的负荷增长。试确定到第 15 年和以后允许的最大核能机组及化石燃料机组的额定容量。

计算过程

1. 机组额定容量的选择

一般来说，安装的最大单机容量应为此电力公司峰值负荷的 7%～15%。由于这个原因，在表 8.10 的第 5 和第 7 列中，到第 15 年，选择 900MW 核电机组和 600MW 化石燃料机组。15 年后，选择 1100MW 的核电机组和 800MW 的化石燃料机组。

2. 每年 1% 的负荷增长率确定此额定容量

如上所述，对于每年负荷增长率为 1%，而不是 2.1%～3.2%，从经济方面考虑，可能会鼓励电力公司安装 600MW 的核电机组和 300～400MW 的化石燃料机组，而不是 600～1100MW 的机组。

8.13　发电系统扩展计划的备选方案

此时，有必要开发多个不同的发电系统扩建规划方案或者策略。表 8.10 列出了两种这样的计划或策略。这个计划应该基于计划期间此电力集团每年的预测同时最大（峰值）小时电力需求（负荷）。计划的研究期通常为 20～40 年。

如果电力集团公司最初的装机容量为 9700MW，则第 5 和第 7 列代表了众多发电系统扩展计划或策略中的两个方案，方案中规划人员对计划期内每年所需的容量进行设计。确定规划 B 方案的总装机容量以及备用容量百分比。

计算过程

1. 计算第 6 年的装机容量

最初 6 年内总装机容量为初始容量 9700MW，加上第 2 年增加的 300MW 的联合循环机组，第 3 年增加的 900MW 的核电机组，第 5 年增加了 50MW 的天然气燃气轮机组，第 6 年增加了 600MW 燃煤汽轮机组，总共为 11 550MW。这个结果超过了 11 209MW 要求的装机容量。

2. 计算备用容量百分数

备用容量百分数为 $[(11\ 550\text{MW}/9747\text{MW})-1.0](100\%)\approx18.5\%$，它超过了 15% 的

目标计划预留水平。

相关计算

在给定发电系统扩展计划中超过目标计划预留水平的实际备用容量会增加这个计划的总成本，但也在一定程度上提高了系统的可靠性水平。因此对各发电规划方案进行比较分析时需要考虑这点。

开发的发电系统扩建规划方案中通常只包含在筛选曲线分析中在一定容量因子范围内年总成本最小的那些类型的发电系统。例如，在规划期内如果天然气充足，在发电系统扩建规划备选方案中使用的电力发电系统类型将限制为核电机组、燃煤蒸汽循环机组和天然气联合循环机组以及燃气轮机组，如表 8.10 所示。

在制定了许多不同的发电系统扩建策略后，必须依据统一的基准，对这些计划进行比较分析，以便确定满足给定可靠性指标的最佳方案。不同发电系统扩展计划之间的比较通常是通过计算每个规划在规划生命期（20 ~ 40 年）内的生产和投资成本，然后使用折现收益需求（即，现值，折现值）评价这些成本（参见第 19 章节）。

每个发电系统扩展规划的生产成本通常利用大型计算机程序进行计算，这些计算程序在整个计划期间，按小时或者按星期，模拟整个电力系统的所有机组的调度（或负荷分配）。这些程序通常利用概率来模拟系统上不同机组的偶尔不可用性。此外，需要已知现有系统、新建机组以及整个系统的负荷预测、经济以及技术数据（如表 8.11 所示的前 4 列数据）。

一般通过计算机程序来计算每个规划方案的投资成本，计算机程序模拟了不同计划投资的净现金流。考虑适用于所涉及特定电力公司的年度账面折旧、税收、保险等。这些计算通常需要如表 8.11 最后一栏所示的经济数据和公司财务模型数据。

为了确定规划期间的最优发电计划，需要制定大量的类似于表 8.10 中所示发电系统扩展规划方案并进行评估，以便表现所有合理的发电系统类型、机组容量、装机时间顺序组合。虽然使用大型计算机程序，各种组合方案的数量也是非常多的，以至于无法详细评估。因此，通常情况下，规划人员使用迭代的方法来确定最佳方案。

例如，在评估过程早期，用小数量的备选规划进行评估。在初步评估的基础上，从一种或多种方面对这些规划中的一个或多个规划方案进行修改，并与初始规划一致的基础上重新评估，以确定修改是否使该规划比原最优规划更差。

如表 8.12 所示，需要数年时间才能完成新的电厂许可及建设。不同发电系统扩建备选方案表示了电力公司已经承诺新的发电设备。由于这个原因，所有备选发电系统规划的最初几年通常是相同的。

因此，通常最优扩展规划方案用于确定规划初期后的机组建设计划，并确定机组的特性。例如，如果表 8.10 中的 A 方案是最优方案，那么电力公司获得许可在第 2 年建设规划中 600MW 燃煤机组，第 3 年建设 50MW 燃气轮机组，第 4 年建设 900MW 核电机组。因为规划中机组建设需要建设周期，因此，最佳方案实质上确定了规划后期电厂建设的许可必须尽早开始，即在第 6 年建设 50MW 燃气轮机，第 7 年建设 300MW 联合循环机组，第 8 年建设 600MW 燃煤机组以及第 10 年建设 900MW 核电机组。

表 8.10 某电力公司的两个发电系统扩展计划

年	同时最大负荷年增长百分数预测（%）	同时最大用电需求或峰值负荷预测/MW	具有15%最小备用容量裕度所需的装机容量/MW	发电系统扩建计划 A		发电系统扩建计划 B	
				装机容量/MW	总装机容量/MW	装机容量/MW	总装机容量/MW
0（当前年）		8100		9700	9700	9700	9700
1	3.2	8359	9613	—	9700	—	9700
2	3.2	8627	9921	600C	10 300	300CC	10 000
3	3.2	8903	10 238	50CT	10 350	900N	10 900
4	3.2	9188	10 566	900N	11 250	—	—
5	3.2	9482	10 904	—	11 250	50CT	10 950
6	2.8	9747	11 209	50CT	11 300	600C	11 550
7	2.8	10 020	11 523	300CC	11 600	50CT	11 600
8	2.8	10 301	11 846	600C	12 220	300CC	11 900
9	2.8	10 589	12 177	50CT	12 250	900N	12 800
10	2.1	10 811	12 433	900N	13 150	—	—
11	2.1	11 038	12 694	—	13 150	50CT	12 850
12	2.1	11 270	12 961	—	13 150	600C	13 450
13	2.1	11 507	13 233	300CT	13 450	—	—
14	2.5	11 795	13 564	600C	14 050	300CC	13 750
15	2.5	12 089	13 903	—	—	900N	14 650
16	2.5	12 392	14 250	1100N	15 150	—	—
17	2.5	12 701	14 607	—	15 150	50CT	14 700
18	2.7	13 044	15 001	50CT	15 200	800C	15 500
19	2.7	13 397	15 406	300CC	15 500	300CC	15 800
20	2.7	13 758	15 822	800C	16 300	50CT	15 850
21	2.7	14 130	16 249	50CT	16 350	1100N	16 950
22	2.7	14 511	16 688	800C	17 150	—	—
23	3.0	14 947	17 189	50CT	17 200	800C	17 750
24	3.0	15 395	17 704	1100N	18 300	—	—
25	3.0	15 857	18 235	—	—	1100N	18 850
26	3.0	16 333	18 782	800C	19 100	—	—
27	3.0	16 823	19 346	1100N	20 200	800C	19 650
28	3.0	17 327	19 926	—	—	300CC	19 950
29	3.0	17 847	20 524	800C	21 000	1100N	21 050
30	3.0	18 382	21 140	800C	21 800	800C	21 850

注：N 为核能蒸汽循环机组，C 为燃煤蒸汽循环机组，CC 为燃天然气联合循环机组，CT 为燃天然气汽轮机机组。

表 8.11　评估扩建计划的计算程序所需的一般数据

负荷预测数据	现有机组数据	新机组数据	与电力系统相关的一般技术数据	经济数据和公司财务模型数据
一般通过使用概率对历史负荷、电能需求以及天气敏感性数据进行分析确定 　按季节、月以及周统计的未来全年负荷（MW）以及电能需求（MWh） 　季节性负荷变化峰值负荷变化 　负荷不同时率向其他电力公司购电或售电（对于多个电力系统互联的情况） 　季节上有代表性的负荷特性曲线	燃料类型 燃料费用 　机组热耗率增量（机组效率） 机组燃料和启动 机组最大及最小额定容量 机组可用性和可靠性数据，例如部分和全部机组被迫停运率 　计划停运率及维修计划 　运行与维护（固定、可变以及平均） 　季节性降低额定值（如有）和季节性降低额定值区间，机组退役顺序（如果有需要退役） 机组使用的最小停机时间和/或调度顺序（优先级）	投资成本，均化持有成本 　燃料类型 燃料费用 机组增量热耗率 机组燃料及启动成本 机组可用性和可靠性数据，例如到期的、未到期的全部和部分强迫停运率和计划停运率 机组投运时间 机组最大、最小容量 机组增加顺序 机组运行及维护成本（固定及可变） 　每个类型机组申请及建设所需时间	为了保证系统运行，在任何时间都需要在线的机组 　径流、蓄水型或抽水蓄能的水电机组类型和运行数据 　最小燃料分配（如果有） 　未来的系统负荷数据互连公司的电力系统或电力运营体的数据 可靠性标准，如旋转备用容量或负载损失概率（LOLP）运行要求 电力系统与电力运营体和/或者其他公司的互连的限制 负荷管理 每种类型发电机组所需申请和建设的提高	不同机组的燃料和运行维护的投资成本以及通货膨胀率 不同机组的持有成本和固定费率 贴现率（加权成本或资本）施工期间的利率 计划周期（20～50年） 每台机组的预期寿命、税收期限、折旧率和方法、残余值或退役成本 财产和所得税税率 投资税收抵免保险费率

表 8.12　在美国注册和建设电厂所需的时间

类　　　型	年　　　限
核电	8～14
化石燃料蒸汽循环机组	6～10
联合循环机组	4～8
燃气轮机	3～5

8.14　安装机组的发电机额定容量

确定好后续新发电机组额定功率（单位：MW）后，必须确定每台机组发电机的额定视在功率（单位：MVA）。对于一台功率因数为 0.90 的 600MW 汽轮机，确定其发电机的额定容量。

计算过程

计算额定容量

以 MVA 为单位的发电机额定值 = 以 MW 为单位的汽轮机额定值/功率因数。因此，一台 600MW 汽轮机所带发电机额定功率为 600MW/0.90≈667MVA。

相关计算

前面例子中使用的汽轮机功率可以是额定值或者保证值，压力值超过 5%（近似 105% 的额定值）或者最大计算值 [即，超过额定压力 5% 和更大的阀门开放度（达到 109%～110% 额定值）] 有或者没有一个或者多个蒸汽循环给水加热器停止运行。这取决于单个电力公司对其管辖电厂的运行方式。

8.15　优化电厂设计

此处，必须对每个发电设施的详细设计和配置进行说明。描述实现最优发电厂设计的程序。

计算过程

1. 设计选择

例如，到 8 年需要建设 600MW 的燃煤电厂；必须为电厂的每个组成部分选择简单设计方案（即，一个简单的物理配置和一系列额定工况件）。从电厂整体上，这些组成部分可以包括煤处理设备、锅炉、烟气净化系统、汽轮机、冷凝器、锅炉给水泵、给水加热器、冷却系统等。

2. 完成经济分析

对于许多备选方案，为了确定和指定最佳电厂设计，电厂设计人员必须在开发电厂设计时重复执行一些基本的经济分析。这些分析几乎无一例外地涉及以下一个方面或多个方面的权衡：

a. 运营和维护成本相对投资成本

b. 热效率相对于资本成本和/或运营和维护（O&M）成本

c. 机组可用性（可靠性）相对于投资成本和/或运营和维护成本

d. 机组额定值相对于投资成本

8.16　年运行与维护成本相对于安装资金成本

对表 8.13 中机组 A 和机组 B 年的运行维护成本相对于装机投资进行分析。

表 8.13　评估年运行维护成本相对于装机投资成本

成　本　项	机组 A	机组 B
机组净热耗率	10.55MJ/kWh（10 000Btu/kWh）	10.55MJ/kWh（10 000Btu/kWh）
机组可用性	95%	95%
机组额定值	600MW	600MW
安装资金资本	$450×10^6$ 美元	$455×10^6$ 美元

（续）

成 本 项	机组 A	机组 B
平均固定费率	18.0%	18.0%
平均年运行维护成本（除燃料外）	11.2×10^6 美元/年	9.7×10^6 美元/年
机组 A： 年固定资本支出 $= 450 \times 10^6 \times (18/100)$（美元） 年运行维护与成本（除燃料外） 与机组 B 相比的总年成本	$=$ $=$ $=$	81.00×10^6 美元/年 11.20×10^6 美元/年 92.20×10^6 美元/年
机组 B： 年固定资本支出 $= 455 \times 10^6 \times (18/100)$（美元） 年运行维护与成本（除燃料外） 与机组 A 相比的总年成本	$=$ $=$ $=$	81.90×10^6 美元/年 9.70×10^6 美元/年 91.60×10^6 美元/年

计算过程

1. 对初期投资成本进行检查

机组 A 和机组 B 有相同的热耗率 [10 550MJ/kWh（10 000Btu/kWh）]、电厂可用性（95%）、电厂额定容量（600MW）。因此，预计这两个备选方案有相同的容量因子和年燃料费用。

然而，机组 B 比机组 A 的初期投资成本高 500 万美元，但年运行维护成本（不包括燃料）低 150 万美元。如果机组 B 更耐用，具有更高投资成本的冷却塔填充材料 [例如，聚氯乙烯（PVC）或混凝土] 或冷凝器管材料（不锈钢或钛），而机组 A 具有资金成本更低的木冷却塔填料或碳钢冷凝器管，就会出现这种情况。

2. 对固定费用和年成本进行分析

若两种备选方案的固定费率都为 18%，B 机组的年度固定支出高出 90 万美元（机组 B 每年 8190 万美元，机组 A 每年为 8100 万美元）。但是，机组 B 的年度运行和维护成本比机组 A 低 150 万美元。因此，由于 B 机组最终总的年固定支出和运营和维护成本（不包括燃料，假设两种备选方案燃料成本相同）低 60 万美元，所以选择机组 B 而不是机组 A。在这种情况下，与机组 B 更低的年运营和维护成本相关的经济效益足以抵消其较高的投资成本。

8.17 热耗率与投资成本和/或年运行与维护成本

表 8.14 描述了两个具有不同热性能水平但具有相同电厂可用性（可靠性）和额定容量的备选机组。机组 D 的净热耗率（热性能水平）比机组 C 高 0.211MJ/kWh（200Btu/kWh）（即差 2%），但投资成本和平均年运行和维护成本略低于机组 C。确定哪个机组是更好的选择。

计算过程

1. 计算年固定支出和燃料成本

如果两个机组容量因子相同，具有更高热耗率的机组 D 比机组 C 需要更多的燃料。由于机组 D 的投资成本和平均年运行维护成本低于机组 C 的相关成本，评估问题变成了机组 D 每年所需增加的燃料成本是高于还是低于其相应减少的每年投资成本和运行维护成本。

确定这个最佳方案的最简单方法是使用下面表达式计算年总固定支出和燃料成本：

年固定支出（美元/年）：

$$TICC \times FCR/100$$

式中，TICC 为机组 C 或机组 D 总投资成本（美元），FCR 为平均年固定费率（%/年）。

年燃料费用（美元/年）：

$$HR \times 额定容量 \times 8760 \times CF/100 \times FC/10^6$$

式中，HR 为平均净热耗率，单位 J/kWh（Btu/kWh）；额定容量为电厂额定容量，单位 kW；CF 为平均机组容量因子，单位%；FC 为机组生命周期内平均燃料成本，单位美元/MJ（美元/MBtu）。这些参数的计算值见表 8.14。

2. 对比分析

如表 8.14 所示，尽管机组 C 的年固定费用高出 90 万美元（每年 8100 万美元与每年 8010 万美元对比）并且机组 C 的年运行维护成本高出 10 万美元（1120 万美元与 1110 万美元对比），C 机组最终总年成本低 10 万美元（每年 14 739 万美元与每年 14 749 万美元对比）。这主要源于机组 C 比机组 D 的年燃料费用低 110 万美元（每年 5519 万美元与每年 5629 万美元对比），其主要原因是机组 C 的热耗率比机组 D 低 0.2110MJ/kWh（200Btu/kWh）。在这种情况下，由于 0.2110MJ/kWh（200Btu/kWh）热耗率改善所带来经济效益远远超过机组 C 较高的投资成本和运行和维护成本，所以选择机组 C 的设计。

表 8.14　热耗率与装机投资成本、年成本对比评估

成 本 项 目	机组 C	机组 D
机组净热耗率	10.550MJ/kWh （10 000Btu/kWh）	10.761MJ/kWh （10 200Btu/kWh）
机组可用性	95%	95%
机组额定容量	600MW	600MW
装机投资成本	450×10^6 美元	455×10^6 美元
平均固定费率	18.0%	18.0%
平均年运行维护成本（除燃料外）	11.2×10^6 美元/年	11.1×10^6 美元/年
平均容量因子	70%	70%
机组生命周期内平均燃料成本	1.50 美元/10^6Btu （0.001422 美元/MJ）	1.50 美元/10^6Btu （0.001422 美元/MJ）

（续）

成本项目	机组 C	机组 D
机组 C：		
年固定成本支出 $=450 \times 10^6 \times (18/100)$ 美元		$=81.00 \times 10^6$ 美元/年
年运行维护成本（除燃料外）		$=11.20 \times 10^6$ 美元/年
年燃料费用		
$=10.550 \mathrm{MJ/kWh} \times 600\,000 \mathrm{kW}$		
$8760 \mathrm{h/年} \times 70\% \times 0.001422$ 美元/MJ		$=55.19 \times 10^6$ 美元/年
$[=10\,000 \mathrm{Btu/kWh} \times 600\,000 \mathrm{kW} \times 8760 \mathrm{h/年} \times 70\% \times (1.50$ 美元/$10^6 \mathrm{Btu})]$		
用于与机组 D 进行对比的总年成本		$=147.39 \times 10^6$ 美元/年
机组 D：		
年固定成本支出 $=445 \times 10^6 \times (18/100)$ 美元		$=80.10 \times 10^6$ 美元/年
年运行维护成本（除燃料外）		$=11.10 \times 10^6$ 美元/年
年燃料费用		
$=10.761 \mathrm{MJ/kWh} \times 600\,000 \mathrm{kW} \times 8760 \mathrm{h/年} \times 70\% \times 0.001422$ 美元/MJ		
$[=10\,200 \mathrm{Btu/kWh} \times 600\,000 \mathrm{kW} \times 8760 \mathrm{h/年} \times 70\% \times (1.50$ 美元/$10^6 \mathrm{Btu})]$		$=56.29 \times 10^6$ 美元/年
用于与机组 C 进行对比的总年成本		$=147.49 \times 10^6$ 美元/年

相关计算

蒸汽循环机组的热耗率随着下列因素而显著变化：如图 8.8 所示，汽排气压力（冷却系统提供的饱和压力和温度）；如图 8.9 所示，额定负荷的百分比（机组运行所带部分负荷量）；如图 8.9 和表 8.15 所示，压力值分别是 12 411kPa（1800psig），16 548kPa（2400psig），和24 132kPa（3500psig）进气压力（表压）的选择；进气和再热器温度以及再热器压降；如表 8.16 所示，蒸汽循环配置和元件性能的许多变化等。因此，电厂设计者必须仔细研究选择每个参数。

例如，如图 8.8 所示，冷却塔性能参数的变化（例如冷却塔尺寸的变化或额定循环水流量的变化）将汽轮机排汽饱和温度从 44.79℃ 提高到 48.62℃，将导致汽轮机排汽饱和压力从绝对压力 9.48kPa（2.8inHg）上升到 11.52kPa（3.4inHg），如图 8.8 所示，这会使热耗率从 0.9960 增加至 1.0085（即变化 0.0125 或 1.25%）。对于净热耗率为 8.440MJ/kWh（8000Btu/kWh）汽轮机来说，这导致热耗率增加 0.106MJ/kWh（100Btu/kWh）；也就是（8.440MJ/kWh $\times$ 0.0125 $\approx$ 0.106MJ/kWh。

从图 8.9 可以看出，在额定载荷70%而不是90%运行时，机组进气压力为 16 548kPa/538℃/538℃（2400psig/1000°F/1000°F）时汽轮机的净热耗率从 8.440MJ/kWh（8000Btu/kWh）增加到 8.704MJ/kWh（8250Btu/kWh），增加了 0.264MJ/kWh（250Btu/kWh）。

从表 8.15 和图 8.9 可以看出，进气压力从 16 548kPa（2400psig）变化到 12 411kPa（1800psig）会使热耗率从 0.160MJ/kWh（152Btu/kWh）增加到 0.179MJ/kWh（168Btu/kWh），也就是说，即从 8.440MJ/kWh（8000Btu/kWh）的 1.9% 增加到 2.1%。

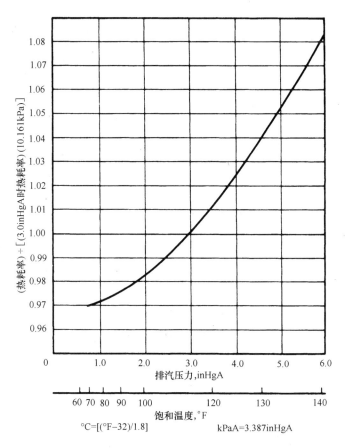

图 8.8　化石燃料蒸汽循环机组典型热耗率与排汽压力关系曲线

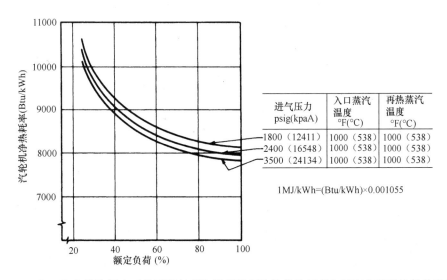

图 8.9　7.6-cmHgA 排汽压力时化石燃料蒸汽循环机组汽轮机热耗率与额定负荷百分数关系曲线

表 8.15　蒸汽条件变化对汽轮机净热耗率的影响

蒸汽条件	净热耗率变化百分数			
进气压力，psi	1800	2400	3500	3500
再热次数	1	1	1	1
进气压力（从第一栏改变）		1.9 ~ 2.1	1.8 ~ 2.0	1.6 ~ 2.0
进气温度变化 50°F	0.7	0.7 ~ 0.8	0.8 ~ 0.9	0.7
再热温度变化 50°F	0.8	0.8	0.8	0.4
二次再热温度变化 50°F				0.6
再热压力下降 1%	0.1	0.1	0.1	0.1
超过再热点的加热器	0.7	0.6	0.5 ~ 0.6	

注：kPa = psi × 6.895；1△℃ = 1△℉/1.8。

表 8.16　蒸汽循环的变化对汽轮机净热耗率的影响

循环配置	净热耗率的变化[1]	
	百分数	Btu/kWh[2]
抽气管道压力下降 3% 而不是 5%（恒定节流阀流量）	− 0.14	− 11
底部加热器通过 15°F 而不是 10°F[3] 疏水冷却器到达冷凝器	+ 0.01 ~ 0.02	+ 1 ~ 2
将除氧器加热器更换为闭环串级型，温度差为 5°F（TD）和 10°F 疏水冷却器	+ 0.24	+ 19
所有疏水冷却器调至 15°F 而不是 10°F	+ 0.01	+ 1
除盐凝汽器补水由 3% 减为 1%	− 0.43	− 35
使末级加热器温差为 0° 而不是 − 3°F（恒定节流阀流量）	+ 0.01	+ 1
使低压加热器温差为 3°F 而不是 5°F	− 0.11	− 9
去除加热器 7 中的疏水冷却器	+ 0.08	+ 6.1

[1] + 表示更差；

[2] 1MJ/kWh = (Btu/kWh) × 0.001055；

[3] 1△℃ = 1△℉/1.8。

8.18　替代燃料成本

表 8.17 给出了具有相同机组净热耗率和额定容量的两个备选方案的相关数据。与机组 E 相比，机组 F 的平均机组可用性大约低 3%（分别为 92% 与 95%）。两个机组的容量因子均为 70%。试确定替代燃料成本。

计算过程

1. 对问题进行分析

由于额定参数和热耗率是相同的，因此为了评估，假设电力公司使任意一台机组全年生产的电能相同。但是，由于其较低的可用性。通常，预计机组 F 生产的电能比机组 E 少 3%。因此，在机组 F 无法使用的全年 3% 的时间里，与机组 E 相比，电力公司要么需要生产额外的电能，要么从邻近的电力公司购买电能来代替由于机组 F 不可用而无法产生的能量。

购买或生产替代电能的成本与具有更高可用性机组生产该电能的成本之间的差表示替代能量惩罚成本，必须对较低可用性的机组评估这种惩罚（在本例中，是对机组 F 进行评估）。

2. 计算替代电能成本

替代电能成本惩罚通常用于量化与设备可用性、可靠性或强制停机率变化相关的经济成本。替代电能成本惩罚计算如下：替换电能成本惩罚（美元/每小时）= $RE \times RECD$，其中 RE 为所需的替代电量，单位 MWh/年；$RECD$ 为替换电能成本之差，单位美元/MWh。

$RECD$ 的值为 $RECD = REC - AGC_{ha}$，其中 REC 为购买替代能源或在较低效率或成本较高的机组上产生替代电能的成本，单位美元/MWh，以及 AGC_{ha} 为所考虑具有最高（最佳）可用性机组的平均发电成本，单位美元/MWh。平均发电成本计算公式为 $AGC_{ha} = HR_{ha} \times FC_{ha}/10^6$。其中，$HR_{ha}$ 为所考虑的具有最高可用性机组的热耗率，单位 J/kWh（Btu/kWh），FC_{ha} 为所考虑的具有最高可用性机组的平均燃料成本，单位美元/MJ（美元/10^6Btu）。

替代电能，RE，计算公式如下：$RE = $ 额定值 $\times 8760 \times [(DCF/1000)(1 - PA_{la}/Pa_{ha})]$，其中，额定值为机组的额定容量，单位 MW，$DCF$ 为要求的机组平均容量因子，单位%，PA_{la} 为所考虑的具有较高可用性机组的可用性，单位%。

这个等式的隐含假设是较低可用性机组的实际容量因子（ACF_{la}）比高可用性机组的容量因子更低：$ACF_{la} = DCF \times (PA_{la}/PA_{ha})$。

如表 8.17 所示，即使机组 E 的年固定费用每年高出 80 万美元（每年 8100 万美元与 7920 万美元对比），机组 E 的最终年度总费用低了 74 万美元（9420 万美元与 9494 万美元对比），这是因为机组 F 每年的替代电能惩罚成本为 174 万美元，运营和维护成本比机组 E 每年高出 80 万美元。

相关计算

通常可以假设替代电能成本（从相邻电力公司购买或由备用机组生产）比新的大型燃煤机组生产电能的成本大约高出 10~20 美元/MW。在表 8.17 的示例中，替代电能成本差值为 15 美元/MWh。

表 8.17 可靠性与装机成本、运行与维护费用之间关系的评估

指　　标	机组 E	机组 F
机组净热耗率	10.55MJ/kWh	10.55MJ/kWh
	(10000Btu/kWh)	(10000Btu/kWh)
机组可用率	95%	92%
机组额定容量	600MW	600MW
装机投资成本	4.50×10^8 美元	4.40×10^8 美元
平均固定费率	18.0%	18.0%
平均年运行与维护费用（不包括燃料）	1.12×10^7 美元/年	1.20×10^7 美元/年
期望平均容量系数	70%	70%
实际平均容量系数	70%	67.8%

（续）

机组 E	
年固定投资支出 = $4.50 \times 10^8 \times 18\%$（美元）	8.1×10^7 美元/年
年运行与维护费用（不含燃料）	1.12×10^7 美元/年
用于和机组 F 比较的总年成本	9.22×10^7 美元/年
机组 F	
年固定投资支出 = $4.40 \times 10^8 \times 18\%$（美元）	7.92×10^7 美元/年
年运行与维护费用（不含燃料）	1.20×10^7 美元/年
与机组 E 相比机组 F 所需的替代能量	
$= 600 \times 8670 \times 70\% \times (1 - 92\%/95\%) = 116\,210$（MWh）	
与机组 E 相比机组 F 的替代能量成本损失 $= 116\,210 \times 15$	1.74×10^6 美元/年
用于和机组 E 比较的总年成本	9.294×10^7 美元/年

8.19 容量惩罚

比较表 8.18 中机组 G 和机组 H 的容量惩罚。机组 G 的额定容量比机组 H 高 10MW。

计算过程

1. 分析问题

为了达到相同的可靠性水平，电力公司原则上必须用其他一些新机组附加容量来替代机组 H 未提供的 10MW 容量。因此，出于评估目的，必须对具有较小额定容量的机组进行所谓的容量惩罚评估以说明容量差异。容量惩罚，CP，通过以下公式计算：$CP = (S_1 - S_s) \times CPR$，其中 S_1 和 S_s 分别代表较大和较小机组的额定容量，单位为 kW，CPR 为容量惩罚率，单位为美元/kW。

2. 计算容量惩罚

例如，如果机组的资本成本约为 500 美元/kW，或者机组之间的容量差异由成本为 500 美元/kW 附加机组容量提供，则对机组 H 容量惩罚评估（见表 8.18）总计 500 万美元。对于 18% 的固定费率，这相当于每年 90 万美元。

需要注意的是两个机组的年运行和维护成本相同。在这种情况下，比较时所用的年总成本不包括年运行与维护成本。

如表 8.18 所示，尽管备选机组 H 的总成本比备选机组 G 低 200 万美元，当考虑容量惩罚时，备选方案机组 G 将是更经济的选择。

相关计算

按顺序应用表 8.13 ~ 表 8.18 中总结的评估方法对所考虑的多个（或所有）类型的机组进行评估，从而确定最佳的电厂设计方案。

表 8.18 机组额定容量与装机投资成本之间关系的评估

	机组 G	机组 H
机组额定容量	610MW	600MW
机组净热耗率	10.550MJ/kWh （10 000Btu/kWh）	10.550MJ/kWh （10 000Btu/kWh）
机组可用性	95%	92%
装机投资成本	450×10^6 美元	448×10^6 美元
平均固定费率	18%	18%
平均运行维护成本（不包括燃料）	11.2×10^6 美元/年	11.2×10^6 美元/年
容量惩罚率	500 美元/kW	500 美元/kW
机组 G： 年固定投资支出 $=450 \times 10^6 \times (18/100)$ 美元 用于与机组 H 相对比的总年成本		$=81.00 \times 10^6$ 美元/年
机组 H： 年固定投资支出 $=448 \times 10^6 \times (18/100)$ 美元 与备选案机组 G 运行维护成本相同 与机组 G 相相比机组 H 总容量惩罚 $=(610MW - 600MW) \times 1000kW/MW(500$ 美元$/kW)$ $=5.00 \times 10^6$ 美元/年 年容量惩罚 $=5.0 \times 10^6 \times (18/100)$ 美元 与机组 G 相对比的总年成本		$=80.64 \times 10^6$ 美元/年 $=0.90 \times 10^6$ 美元/年 $=81.54 \times 10^6$ 美元/年

8.20 参考文献

1. Decher, Reiner. 1996. *Direct Energy Conversion: Fundamentals of Electric Power Production.* New York: Oxford University Press.

2. Elliot, Thomas C. 1997. *Stanford Handbook of Power Plant Engineering.* New York: McGraw-Hill.

3. Lausterer, G. K., H. Weber, and E. Welfonder. 1993. *Control of Power Plants and Power Systems.* New York and London: Pergamon Press.

4. Li, Kam W., and A. Paul Priddey. 1985. *Power Plant System Design.* New York: Wiley.

5. *Marks' Standard Handbook for Mechanical Engineers.* 1996. New York: McGraw-Hill.

6. Van Der Puije, Patrick. 1997. *Electric Power Generation,* 2nd ed. Boca Rotan, F.L.: Chapman & Hall.

7. Wildi, Theodore. 2000. *Electrical Machines, Drives, and Power Systems*, 4th ed. Englewood Cliffs, N.J.: Prentice-Hall.

8. Wood, Allen J., and Bruce Wollenberg. 1996. *Power Generation, Operation and Control.* New York: Wiley.

第 9 章 架空输电线路和地埋电缆

Jose R. Daconti, M. S. E. E.

Senior Staff Consultant Siemens Power Technologies International

9.1 简介

架空输电线由多根铝导线组成，这些导线以螺旋方式绞合以提高柔韧性。导体主要类型包括：

AAC：纯铝导线

AAAC：铝合金导线

ACSR：钢芯铝导线

ACAR：合金芯铝导线

ACSS：钢支撑铝导线

国际退火铜标准（IACS）对不同导体的电导率进行了比较。表 9.1 给出了国际退火铜标准规定的一些导体的电导率百分数（以 20℃ 标准）以及电阻的温度系数 α，温度系数 α 表示，温度每变化 1℃，电阻阻值的变化量。

表 9.1　铝导线与铜导线比较

材 料 名 称	电导率（%）	α（1/℃）
铝：		
EC-H19	61. 0	0. 00403
5005-H19	53. 5	0. 00354
6201-T81	52. 5	0. 00347
铜：		
冷拔铜	97. 0	0. 00381

9.2 导体电阻

分别计算 20℃ 和 50℃ 时，长 1000ft（304.8m）实心圆形铝导体的直流电阻，铝导体材料为 EC-H19（AWG No.1），铝导体直径为 0.2893in（7.35mm）。

计算过程

1. 计算 20℃ 时导体的直流电阻

公式 $R = \rho l / A$，式中，R 为电阻，单位为 Ω；ρ 为电阻率，单位为 $\Omega \cdot \text{cmil/ft}$；$l$ 为导体长度，单位 ft；A 为导体截面积（cmil），约等于导体直径（用密耳表示）的二次方。如表

9.1 所示，EC-H19 的电导率百分数是铜的 61%，对于 IACS 标准铜，$\rho = 10.4 \Omega \cdot \text{cmil/ft}$，因此对于 EC-H19 铝导体，电阻率为 $10.4/0.61 \approx 17.05 \Omega \cdot \text{cmil/ft}$，20℃时此导线的直流电阻为 $R = 17.05 \times 1000/289.3^2 \approx 0.204 \Omega$。

2. 计算 50℃时导体的直流电阻

$$R_T = R_{20℃} [1 + \alpha(T - 20)]$$

式中，R_T 为待求温度下的电阻；$R_{20℃}$ 为导体 20℃时的电阻；α 为电阻的温度系数，如表 9.1 所示，$\alpha = 0.00403$，因此，$R_{50℃} = 0.204 \times [1 + 0.00403 \times (50 - 20)] \approx 0.229 \Omega$。

相关计算

导体交流电阻计算更加复杂，主要原因是受到涡流损耗及磁滞损耗的附加影响。

9.3 单根导体输电线路电感

利用磁链计算单根导体输电线路自感 L。

计算过程

1. 选择合适的公式

$L = \lambda/i$，式中，L 为自感，单位 H/m；λ 为磁链，单位为 Wb · turns/m；i 为电流，单位为 A。

2. 考虑磁链

假设一根独立的圆形长导体，具有均匀的电流密度。则导体的磁链包括与流过导体部分电流相关的内部磁链和与全部电流都相关的外部磁链，分别对两部分磁链进行计算，然后相加，得到总电感，即 $L_T = L_{int} + L_{ext}$。

3. 计算导体外磁链

磁通量密度 $\boldsymbol{B}$，单位为 Wb/m²，由长电流线产生，$B = \mu i/2\pi r$，式中，μ 为磁导率（其值为 $4\pi \times 10^{-7}$ H/m，对于真空和非铁磁材料），r 为从电流中心到 $\boldsymbol{B}$ 的半径，单位为 m。$\boldsymbol{B}$ 的方向为环绕封闭电流的切线方向，如果电流为流入纸平面方向（右手定则），则磁场强度方向为顺时针方向。半径为 a 的导体外部每米磁链微分为 $d\lambda = \mu i dr/2\pi r$（Wb · turn/m），其中 $r > a$。

4. 计算导体内磁通

利用 $\dot{\boldsymbol{B}}$ 计算磁链微分比较复杂，$\boldsymbol{B}$ 仅是通过 $\boldsymbol{B}$ 测量点圆内部剩余那部分电流的函数。直接影响 $d\lambda$ 的电流减少更增加了其复杂性。因此，如果 $B = (\mu i/2\pi r)(\pi r^2/\pi a^2)$（Wb/m²），则当 $r < a$ 时，$d\lambda = (\mu i/2\pi)(r^3/a^4)dr$（Wb · turns/m）。

5. 计算内部电感 L_{int}

对步骤 4 等式进行积分，得 $\lambda = (\mu i/2\pi) \times (1/4)$，因此，$L_{int} = (10^{-7}/2)$（H/m）。

相关计算

由于 r 可以从 a 到无穷大之间变化，所以根据单根长导体外部磁链计算的导体的电感值可以无穷大，但是这样的长导体是不存在的。

9.4 两线输电线路电感

一条输电线由两根直的圆形导体（导体半径为 a，单位为 m）组成，间距均匀，间距为 D（单位为 m），其中 $D \gg a$（如图 9.1 所示），试计算此输电线路的电感。

计算过程

1. 磁链计算

假设两根导体流过的电流密度大小相等、方向相反。由于两根导体的任何横截面中的净电流为零，因此，流过相反方向电流的两根导体产生的总净磁链为零。对于任何截面电流之和为零的多根导体系统（例如，三相平衡系统），这个结论都是正确的。

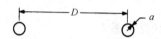

图 9.1 双线输电线

2. 计算一根导体的电感 L

$\lambda = (\mu i / 2\pi)[1/4 + \ln(D/a)]$（Wb·turns/m），由于 $L = \lambda/i$，$L = (2 \times 10^{-7}) \times [1/4 + \ln(D/a)]$（H/m）。电感 L 也可用更加简洁的形式表示，$L = (2 \times 10^{-7})\ln(D/r')$，式中 $r' = a\exp(-1/4)$，称为几何平均半径（*GMR*）；$r' = 0.7788a$。

3. 计算总电感 L_T

$L_T = 2L = (4 \times 10^{-7})\ln(D/r')$（H/m），或者，$L_T = 1.482\log(D/r')$（mH/mi）。

9.5 两线输电线路感抗

计算长度为 10mile（16.1km）的双导体输电线路的感抗（见图 9.1），其中，$D = 8$ft（2.44m）；频率为 60Hz（377rad/s）。

计算过程

1. 计算 *GMR*

GMR 为 $r' = 0.7788 \times 2.54 \times 10^{-3} \approx 0.001978$m

2. 计算总电感 L_T

$L_T = 4 \times 10^{-7}\ln(D/r') = 4 \times 10^{-7}\ln(2.44/0.001978) \approx 28.5 \times 10^{-7}$（H/m）

3. 计算感抗 X_L

$X_L = 377 \times (28.5 \times 10^{-7}\text{H/m}) \times (16.1 \times 10^3\text{m}) \approx 17.3\Omega$

相关计算

增大导体半径或者减小导体间距将会减小感抗。

9.6　多股绞线输电线路电感

某输电线路由 6 根相同圆柱形导体组成（如图 9.2 所示），导体的布置使得流过每根导体的电流密度相同，试计算此输电线路的电感。

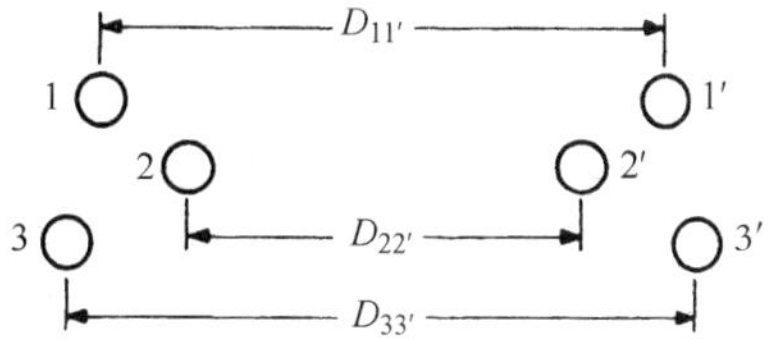

图 9.2　绞合导体输电线

计算过程

1. 计算单根导体磁链

导体 1 流过线路的 1/3 电流，根据两根导体线路的方法，其磁链为 $\lambda_1 = (\mu/2\pi)(i/3)$ $[1/4 + \ln(D_{11'}/a) + \ln(D_{12'}/a) + \ln(D_{13'}/a) - \ln(D_{12}/a) - \ln(D_{13}/a)]$，式中，$D_{11'}$ 是导体 1 及 1′ 之间的距离，以此类推。对上式进行整理后，得 $\lambda_1 = (\mu i/2\pi)\{\ln[(D_{11'}D_{12'}D_{13'})^{1/3}/(r'D_{12}D_{13})^{1/3}]\}$（Wb·turns/m）。其他两根导体传输相同方向的电流，相应的磁链可以按相同的方式求得。

2. 计算电感

导体 1、2 及 3 的电感为 $L_1 = \lambda_1/(i/3) = (3 \times 2 \times 10^{-7})[\ln(D_{11'}D_{12'}D_{13'})^{1/3}/(r'D_{12}D_{13})^{1/3}]$（H/m），$L_2 = \lambda_2/(i/3) = (3 \times 2 \times 10^{-7})[\ln(D_{21'}D_{22'}D_{23'})^{1/3}/(r'D_{12}D_{23})^{1/3}]$（H/m），$L_3 = \lambda_3/(i/3) = (3 \times 2 \times 10^{-7})[\ln(D_{31'}D_{32'}D_{33'})^{1/3}/(r'D_{13}D_{13})^{1/3}]$（H/m）。

由于多股导体为并列连接方式，所以导体 1、2、3 侧多股绞线输电线路的总电感是 3 根导体电感平均值的 1/3，则 $L_{avg} = (L_1 + L_2 + L_3)/3$（H/m），$L_T = (L_1 + L_2 + L_3)/9$（H/m）。

3. 计算多股输电线总电感

联合求解步骤 2 中的等式，得到 $L_T = (2 \times 10^{-7})\{\ln[(D_{11'}D_{12'}D_{13'})(D_{21'}D_{22'}D_{23'})(D_{31'}D_{32'}D_{33'})]^{1/9}/(r'^3 D_{12}^2 D_{13}^2 D_{23}^2)^{1/9}\}$（H/m）。

相关计算

如图 9.2 中多股输电线路 1′、2′、3′ 侧电感计算与导体 1、2、3 侧电感计算步骤相同，然后求和得到总电感。

表达式 L_T 分母的二次方根为 GMR（分子的二次方根为几何均距 GMD），尽管可以通过查表法计算几何平均半径，但是也可用公式 $GMR = (r'^n D_{12}^2 D_{13}^2 D_{23}^2 \cdots D_{(n-1)}^2)^{1/n}$ m 计算，式中，n 为绞线股数。

9.7　三相输电线路电感

如图 9.3 所示，三相输电线路每相由单根导体组成，三相导线为非对称布置，试计算三相输电线路每相的电感。

计算过程

1. 应用磁链法

通过计算单根导体磁链的方法计算输电线路单相电感，如果各相导线非对称布置，并且未被换位，则每相的电感并不相等（a、b 和 c 三相周期性交换位置，就是换位）。三相输电线经过换位后，各相电感会变得相等。然而，当未换位时每相电感有微小变化。通常，手算时假设线路是按照如下方式进行换位的。

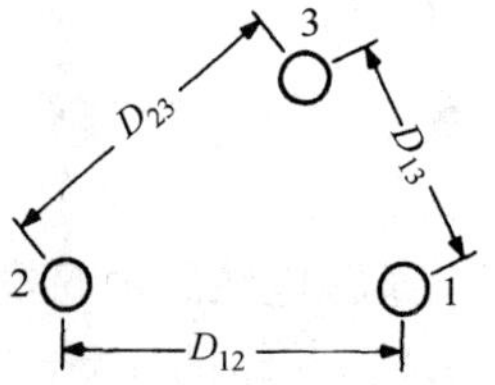

假设 a 相导体从位置 1 换到位置 2，然后换到位置 3；b 相导体以及 c 相导体也进行类似的换位处理。a 相平均磁链为 $\lambda_a = 2 \times 10^{-7}/3 [(1/4i_a + i_a \ln D_{12}/a + i_a \ln D_{13}/a + i_b \ln D_{21}/a + i_c \ln D_{31}/a) + (1/4i_a + i_a \ln D_{21}/a + i_a \ln D_{23}/a + i_b \ln D_{32}/a + i_c \ln D_{12}/a) + (1/4i_a + i_a \ln D_{31}/a + i_a \ln D_{32}/a + i_b \ln D_{13}/a + i_c \ln D_{23}/a)]$。

图 9.3　三相输电线路

式中，i_a、i_b、i_c 为时域相电流。满足 $i_a + i_b + i_c = 0$。同时，$D_{12} = D_{21}$、$D_{23} = D_{32}$、$D_{13} = D_{31}$。合并整理，则平均磁链为 $\lambda_a = \{2 \times 10^{-7} i_a/3 [\ln(D_{12} D_{13} D_{23})/a^3 + 3/4]\} \text{Wb·turns/m}$。

2. 计算单相电感 L_ϕ

使用 r'^3 并将 λ_a 除以 i_a，每相电感可用更加紧凑的方式表示为 $L_\phi = (2 \times 10^{-7}) [\ln(D_{12} D_{13} D_{23})^{1/3}/r'] \text{H/m}$。

相关计算

如果每相导体为同心绞线，导体之间的距离相同，r' 用查表 GMR 值代替。电感的常见形式为 $L_\phi = 0.7411 \log[(D_{12} D_{13} D_{23})^{1/3}/GMR] \text{mH/mi}$，此处，$D$ 及 GMR 单位为英尺。

9.8　三相线路的单相感抗

如图 9.4 所示，三相输电线路为 Redwing 型钢芯铝绞线（SCSR），平行布置，工作角频率为 377rad/s，试计算此输电线路每英里（1600m）单相感抗。

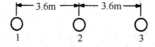

图 9.4　平行布置输电线路

计算过程

1. 计算每相电感 L_ϕ

根据表 9.2 所示，$GMR = 0.0373 \text{ft}$（0.01m），将此数值带入单相电感计算公式，得 $L_\phi = (2 \times 10^{-7}) \ln(3.6 \times 7.2 \times 3.6)^{1/3}/0.01 = 12.2 \times 10^{-7} \text{(H/m)}$。

2. 计算感抗 X_L

$X_L = 377 \times 12.2 \times 10^{-7} \text{(H/m)} \times 1600\text{m} \approx 0.74\Omega$

9.9　多导线输电线路的电感

如图 9.5 所示，计算输电线路每相电感，图中导

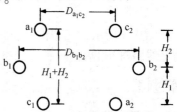

图 9.5　三相双导体输电线路布置图

线按双导体布置。

计算过程

1. 使用适当的 L_ϕ 的计算公式

$L_\phi = (2 \times 10^{-7}) \ln(GMD/GMR)$（H/m），式中，$GMR$ 为单根导体的几何平均半径。

2. 计算 GMD

GMD 为各相导体之间距离的平均距离。然而，GMD 表达式中距离个数减少至原公式距离个数的 1/2，则 GMD 为距离乘积的 1/6 次方，而不是 1/12 次方，因此，$GMD = (D_{a_1 b_1} D_{a_2 b_2} D_{a_1 c_1} D_{a_1 c_2} D_{b_1 c_1} D_{b_1 c_2})^{1/6}$ m。

3. 计算 GMR

$$GMR = (GMR_c^3 D_{a_1 a_2} D_{b_1 b_2} D_{c_1 c_2})^{1/6} \text{ m}$$

9.10 多导线输电线路的感抗

三相输电线路由 6 根 Teal ACSR 型钢芯铝绞线导线组成，角频率为 377rad/s（见图 9.5）。$D_{a_1 c_2} = 4.8$m，$H_1 = H_2 = 2.4$m，$D_{b_1 b_2} = 5.4$m，试计算此输电线路每相感抗。

表 9.2 钢芯铝导线（ACSR）

代码	尺寸/kcmil	铝绞线/钢芯	外直径/in	电 阻		GMR, ft	相对中性点，60Hz 1ft 间距电抗	
				DC, Ω/1000ft 20℃	AC, 60Hz Ω/mile, 25℃		感抗 Ω/mile, X_a	容抗 Ω/mile, X_a
Waxwing	266.8	18/1	0.609	0.0646	0.3448	0.0198	0.476	0.1090
Partridge	266.8	2/76	0.642	0.0640	0.3452	0.0217	0.465	0.1074
Ostrich	300	26/7	0.680	0.0569	0.3070	0.0229	0.458	0.1057
Merlin	336.4	18/1	0.684	0.0512	0.2767	0.0222	0.462	0.1055
Linnet	336.4	26/7	0.721	0.0507	0.2737	0.0243	0.451	0.1040
Oriole	336.4	30/7	0.741	0.0504	0.2719	0.0255	0.445	0.1032
Chickadee	397.5	18/1	0.743	0.0433	0.2342	0.0241	0.452	0.1031
Ibis	397.5	26/7	0.783	0.0430	0.2323	0.0264	0.441	0.1015
Lark	397.5	30/7	0.806	0.0427	0.2306	0.0277	0.435	0.1007
Pelican	477	18/1	0.814	0.0361	0.1947	0.0264	0.441	0.1004
Flicker	477	24/7	0.846	0.0359	0.1943	0.0284	0.432	0.0992
Hawk	477	26/7	0.858	0.0357	0.1931	0.0289	0.430	0.0988
Hen	477	30/7	0.883	0.0355	0.1919	0.0304	0.424	0.0980
Osprey	556.5	18/1	0.879	0.0309	0.1679	0.0284	0.432	0.0981
Parakeet	556.5	24/7	0.914	0.0308	0.1669	0.0306	0.423	0.0969
Dove	556.5	26/7	0.927	0.0307	0.1663	0.0314	0.420	0.0965
Eagle	556.5	30/7	0.953	0.0305	0.1651	0.0327	0.415	0.0957

（续）

代码	尺寸/kcmil	铝绞线/钢芯	外直径/in	电阻 DC，Ω/1000ft 20℃	电阻 AC，60Hz Ω/mile，25℃	GMR，ft	相对中性点，60Hz 1ft 间距电抗 感抗 Ω/mile，X_a	相对中性点，60Hz 1ft 间距电抗 容抗 Ω/mile，X_a
Peacock	605	24/7	0.953	0.0283	0.1536	0.0319	0.418	0.0957
Squab	605	26/7	0.966	0.0282	0.1529	0.0327	0.415	0.0953
Teal	605	30/19	0.994	0.0280	0.1517	0.0341	0.410	0.0944
Rook	636	24/7	0.977	0.0269	0.1461	0.0327	0.415	0.0950
Grosbeak	636	26/7	0.990	0.0268	0.1454	0.0335	0.412	0.0946
Egret	636	30/19	1.019	0.0267	0.1447	0.0352	0.406	0.0937
Flamingo	666.6	24/7	1.000	0.0257	0.1397	0.0335	0.412	0.0943
Crow	715.5	54/7	1.051	0.0240	0.1304	0.0349	0.407	0.0932
Starling	715.5	26/7	1.081	0.0238	0.1294	0.0355	0.405	0.0948
Redwing	715.5	30/19	1.092	0.0237	0.1287	0.0373	0.399	0.0920

计算过程

1. 计算 *GMD*

计算 *GMD* 所需的数据为 $D_{a_1b_2} = D_{b_1c_2} = (2.4^2 + 5.1^2)^{1/2} = 5.64m$，$D_{a_1b_1} = D_{b_1c_1} = (2.4^2 + 0.3^2)^{1/2} = 2.42m$，$D_{a_1c_1} = 4.8m$，$D_{a_1c_2} = 4.8m$，因此，$GMD = [2.42^2 \times 5.64^2 \times 4.8^2]^{1/6} = 4.03m$。

2. 计算 GMR_C

如表 9.2 所示，对于 Teal 型导线，$GMR_c = 0.0341ft（0.01m）$。因此，$D_{a_1a_2} = D_{c_1c_2} = (4.8^2 + 4.8^2)^{1/2} = 6.78m$，$D_{b_1b_2} = 5.4m$，$GMR = [0.01^3 \times 6.78^2 \times 5.4)]^{1/6} = 0.252m$。

3. 计算输电线路每相感抗

$$X_L = 377 \times 2 \times 10^{-7}[\ln(4.03/0.252)] = 0.209 \times 10^{-3} \Omega/m = 0.336 \Omega/mile$$

9.11 分裂输电线路的感抗

分裂输电线路角频率为 377rad/s，三相水平布置，如图 9.6 所示，假设导线类型为 Crow 型钢芯铝绞线（ACSR），试计算此输电线路的每相感抗。

计算过程

1. 计算 *GMD*

假定相间距离为分裂导线中心之间的距离并且换相处理。则，$GMD = [9^2 \times 18]^{1/3} = 11.07m$。如表 9.2 所示，$GMR_c = 0.034ft（0.01m）$。*GMR* 应包括通常乘积形式的所有导体彼此之间的距离，本例中，为 3 个 GMR_c 值。由于冗余，$GMR = (0.01 \times 0.45^2)^{1/3} = 0.127\mathrm{m}$。

2. 计算每相感抗

$X_L = 377 \times 2 \times 10^{-7} \ln(11.07/0.127) = 0.337 \times 10^{-3} \Omega/\mathrm{m} = 0.544 \Omega/\mathrm{mile}$

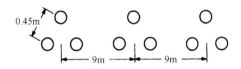

图 9.6　分裂导线输电线

相关计算

对于两分裂导体，$GMR = (GMR_c D)^{1/2}$，对于四分裂导体，$GMR = (GMR_c D^3 2^{1/2})^{1/4}$，对于每种情况，$D$ 为相邻导体之间的距离。

如图 9.7 所示，n 分裂导线，$GMR = (nGMR_c A^{n-1})^{1/n}$，式中，$A$ 为分裂导线半径。类似地，对于 n 分裂导线，利用 $r_{\mathrm{equiv}} = (nrA^{n-1})^{1/n}$ 计算，式中，r 为导线外半径；r_{equiv} 为分裂导线等效外半径（Dommel，1992）。

当电压等级超过 230kV 时，即使中心采用非导体的扩径导线，环绕单根导线电晕损耗也很大。因此，为了避免影响电离水平的电场强度过于集中，稀释电场密度，通常用几个较小导体用一种近似圆形的布置人为地增加单根导线的半径，如图 9.7 所示。根据电压等级的不同，其他几种排列被证明效果是令人满意的，如图 9.8 所示。

单相线路分裂导线处理最大的益处是增大了 GMR，每相电容和线路 SIL 也增加了。同时，每相电感减少，电晕损耗也减少。

图 9.7　利用多导线代替一个大截面导线布置　　　图 9.8　取代大截面导线的实际布置方式

9.12　查表法计算感抗

利用表 9.2 及表 9.3 中的数据确定 Redwing 型钢芯铝绞线的每相感抗，导线的间距如图 9.9 所示。

图 9.9　三相输电线路

表 9.3　60Hz 下每根导线感抗的间距分量 $X_d^{①}$，$\Omega/\text{mile}^{②}$

| ft | 导线间距 in. | | | | | | | | | | | |
	0	1	2	3	4	5	6	7	8	9	10	11
0	—	−0.3015	−0.2174	−0.1682	−0.1333	−0.1062	−0.0841	−0.0654	−0.0492	−0.0349	−0.0221	−0.0106
1	0	0.0097	0.0187	0.0271	0.0349	0.0423	0.0492	0.0558	0.0620	0.0679	0.0735	0.0789
2	0.0841	0.0891	0.0938	0.0984	0.1028	0.1071	0.1112	0.1152	0.1190	0.1227	0.1264	0.1299
3	0.1333	0.1366	0.1399	0.1430	0.1461	0.1491	0.1520	0.1549	0.1577	0.1604	0.1631	0.1657
4	0.1682	0.1707	0.1732	0.1756	0.1779	0.1802	0.1825	0.1847	0.1869	0.1891	0.1912	0.1933
5	0.1953	0.1973	0.1993	0.2012	0.2031	0.2050	0.2069	0.2087	0.2105	0.2123	0.2140	0.2157
6	0.2174	0.2191	0.2207	0.2224	0.2240	0.2256	0.2271	0.2287	0.2302	0.2317	0.2332	0.2347
7	0.2361	0.2376	0.2390	0.2404	0.2418	0.2431	0.2445	0.2458	0.2472	0.2485	0.2498	0.2511

导线间距, ft

8	0.2523	15	0.3286	22	0.3751	29	0.4086	36	0.4348	43	0.4564
9	0.2666	16	0.3364	23	0.3805	30	0.4127	37	0.4382	44	0.4592
10	0.2794	17	0.3438	24	0.3856	31	0.4167	38	0.4414	45	0.4619
11	0.2910	18	0.3507	25	0.3906	32	0.4205	39	0.4445	46	0.4646
12	0.3015	19	0.3573	26	0.3953	33	0.4243	40	0.4476	47	0.4672
13	0.3112	20	0.3635	27	0.3999	34	0.4279	41	0.4506	48	0.4697
14	0.3202	21	0.3694	28	0.4043	35	0.4314	42	0.4535	49	0.4722

① 根据 60Hz 下的公式，$X_d = 0.2794\log_{10}d$，d 表示间距。

② 据《*Electrical Transmission and Distribution Reference Book*》，西屋电气公司，1950。

计算过程

1. 使用正确的数据表

《铝导线手册》提供了一些数据表格，通过查询表格数据可以减少单相或三相输电线路感抗计算量，这里既不是并列线路也不是分裂导线。为了用查表法计算感抗，很容易将感抗表示为 $X_L = 2\pi f(2 \times 10^{-7})\ln(1/GMR_c) + 2\pi f(2 \times 10^{-7})\ln GMD$，或者 $X_L = 2\pi f(0.7411 \times 10^{-3})\log(1/GMR_c) + 2\pi f(0.7411 \times 10^{-3})\log GMD$。第二个公式的第一项数据为表 9.2 中 AC 60Hz 工频下 1ft 间距的电抗。第二项数据为表 9.3 中 AC 60Hz 工频下电抗的间距分量。有时需要将英制单位转换为国际单位，或者相反。

2. 计算 GMD

3.6m = 12ft，因此，$GMD = (12^2 \times 24)^{1/3} = 15.1\text{ft} = 4.53\text{m}$。

3. 计算每相感抗 X_L

根据表 9.2 和表 9.3，$X_L = 0.399 + 0.329 = 0.728\Omega/\text{mile}$。国际单位制中，$X_L = (0.728\Omega/\text{mile}) \times (1\text{mile}/1.6\text{km}) = 0.45\Omega/\text{km}$。

9.13　互感磁链的影响

参考图9.10，三相输电线路中电流平衡，幅值为50A，与两条导线相邻，试确定三相输电线路在两条邻近导线上产生的感应电压，单位用 V/m。

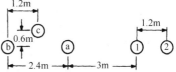

图 9.10　三相输电线与两条导线相邻

计算过程

1. 定义方法

每相输电线在这两根线路组成的 1.2m 宽平面内产生的磁链应该相加。因此，根据法拉第定律，这个结果的导数即为答案。

2. 计算每个相关导体的距离

$D_{b_1} = 2.4 + 3 = 5.4\text{m}$，$D_{b_2} = 1.2 + 2.4 + 3 = 6.6\text{m}$，$D_{a_1} = 3\text{m}$，$D_{a_2} = 3 + 1.2 = 4.2\text{m}$，$D_{c_1} = (0.6^2 + 4.2^2)^{1/2} = 4.24\text{m}$，$D_{c_2} = (0.6^2 + 5.4^2)^{1/2} = 5.43\text{m}$。

3. 磁链计算

$$\lambda = \mu(i_a/2\pi)\ln(D_{a_2}/D_{a_1}) + \mu(i_b/2\pi)\ln(D_{b_2}/D_{b_1}) + \mu(i_c/2\pi)\ln(D_{c_2}/D_{c_1})$$

这个等式为时间的函数，代入数值并整理得

$\lambda = \sqrt{2} \times [33.364\sin\omega t + 20.07\sin(\omega t - 120°) + 24.47\sin(\omega t + 120°)] \times 10^{-7}(\text{Wb} \cdot \text{turns/m})$

式中，$\omega = 2\pi f$。

4. 应用法拉第定律

单位长度的感应电压为 $V = \mathrm{d}\lambda/\mathrm{d}t = \sqrt{2}[33.64\omega\cos\omega t + 20.07\omega\cos(\omega t - 120°) + 24.74\omega\cos(\omega t + 120°)] \times 10^{-7}\text{V/m}$。

5. 确定电压 $\dot{V}$

进行相量计算，得到 $\dot{V} = (0.424 + \text{j}0.143) \times 10^{-3}\text{V/m} = (0.68 + \text{j}0.23)\text{V/mile}$。

9.14　考虑大地回路修正项的多导线输电线路的感抗

假设一条输电线路由 n 条直导线组成。为了简化，只对导线 i、k 和各自的镜像进行表述，并假设每相交流电阻可以通过表9.2获得。在考虑大地回路条件下，试计算这条输电线路的自阻抗和互阻抗。

计算过程

1. 复穿透深度计算

传统上，使用级数渐进逼近卡松有限积分（Carson，1926）进行大地回路修正。然而，当导体间的距离过大、频率高于工频以及土壤电阻率过低时，会产生较大无法接受的截断误差（Dommel，1985）。

为了表示通过均匀大地的电流，可以用一个距离地平面深度为 $\dot{p}$ 的理想平面代替地平面，深度 $\bar{p}$ 等于平面波的复穿透深度（见图 9.11）。Dunbanton（1969）、Gary（1976）和 Deri et al 等人（1981）提出了这种方法，并产生了与 Carsib 修正项相匹配的结果。这种方法的主要优点是可以使用简单的公式来计算自阻抗及互阻抗——使用导体镜像推导的公式，因此可以通过使用计算机程序获得准确的结果。

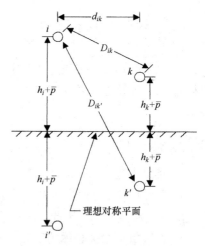

复穿透深度单位为 m，计算公式为 $\bar{p} = \sqrt{\rho/(j\omega\mu)}$，式中，$\rho$ 是土壤电阻率，单位为 $\Omega \cdot m$；j 表示虚数；ω 表示角频率，单位为 rad/s，当系统频率为 60Hz 时，等于 377rad/s；μ 为土壤磁导率，单位为 H/m。假设土壤的磁导率等于真空磁导率 μ_0，即 $\mu = 4\pi \times 10^{-7}$（H/m）。

图 9.11 计及复穿透深度输电线路阻抗计算示意图

2. 计算自阻抗 $\dot{Z}_{ii}$

自阻抗 $\dot{Z}_{ii}$ 为阻抗矩阵的对角线元素，表示"导线 i—大地回路"的阻抗，单位为 Ω/m。自阻抗计算公式 $\dot{Z}_{ii} = R_i + j\omega\dfrac{\mu_0}{2\pi}\ln\dfrac{2(h_i+\bar{p})}{GMR_i}$，式中，$R_i$ 为导线 i[○] 的交流电阻[○]，单位为 Ω/m；h_i 为导线 i 距离地面的平均高度，单位为 m，当跨距小于 500m 时，等于塔高减去 2/3 垂度（Dommel，1992）；GMR_i 为其几何平均半径，单位为 m。

$j\omega\dfrac{\mu_0}{2\pi}\ln\dfrac{2(h_i+\bar{p})}{GMR_i}$ 项包括实数部分及虚数部分两个部分，实数部分在非理想大地回路产生的损耗。用大地回路电阻 R_{ii} 修正后的电阻为自阻抗 $\dot{Z}_{ii}$ 的实部，它同时考虑了导线 i 的损耗和非理想大地回路的损耗，此值大于导线的电阻 R_i。另外，虚数部分为等效自电抗，等效自电感 L_{ii} 即为经过大地回路修正之后的自电感，可以记为 $L_{ii} = \mathrm{Im}\{Z_{ii}\}/\omega$，单位 H/m。

类似的，将上式中的下标 i 换成 k，可得自阻抗 $\dot{Z}_{kk}$。如果自阻抗的单位为 Ω/mile，只需将以 Ω/m 为单位的计算结果乘以 1600 即可。

3. 计算互阻抗，$\dot{Z}_{ik}$

互阻抗 $\dot{Z}_{ik}$ 为阻抗矩阵的非对角线元素，表示"导体 i—大地回路"和"导体 k—大地回路"之间的阻抗，单位为 Ω/m。互阻抗公式为

$$\dot{Z}_{ik} = j\omega\frac{\mu_0}{2\pi}\ln\frac{D_{ik}}{D_{ik'}}$$

式中，D_{ik} 为导线 i 与导线 k 之间的距离，$D_{ik'}$ 为导线 i 与导线 k 镜像之间的距离。

○ 如果导线 i 为分裂导线，则用一条位于分裂导线中心的等效导线代替分裂导线，并采用分裂导线的等效电阻、分裂导线等效几何半径以及分裂导线的平均高度等参数。

○ 由于集肤效应，当频率增加时交流电阻增大。对于 ACSR 导线，当频率高于工频时，交流电阻可以应用等效管状导体和 Bessel 函数（Lewis 和 Tuttle，1959）进行计算。与频率有关的绞线参数也可以应用 Gallaway（1964）等人给出的公式计算。

对于上面给出的几何图形，$D_{ik} = \sqrt{(h_i - h_k)^2 + d_{ik}^2}$，$D_{ik'} = \sqrt{(h_i + h_k + 2\overline{p})^2 + d_{ik}^2}$，式中，$h_i$ 为导线 i 距离地面平均高度，h_k 为导线 k 距离地面平均高度，d_{ik} 为导体 i 和导体 k 之间的水平距离。

互阻抗 $\dot{Z}_{ik}$，也包括实数部分和虚数部分两个部分。实数部分 R_{ik} 表示包括非理想大地回路时感应电压产生的相移，虚数部分为等效互电抗，L_{ik} 为考虑了大地回路修正后的互感，记为 $L_{ik} = \mathrm{Im}\{\dot{Z}_{ik}\}/\omega$。

根据对称性，可知 $\dot{Z}_{ki} = \dot{Z}_{ik}$。

4. 消去地线

为了考虑接地屏蔽线阻抗对未接地相导线阻抗的影响，由于地线电位为零，可以对阻抗矩阵进行降阶处理。为此，Dommel 提出，将线性方程组分解成非接地导线方程组子集以及接地导线方程组子集，因此，阻抗矩阵也被分解为非接地导线子矩阵 $[Z_{uu}]$ 和 $[Z_{ug}]$ 以及接地导线子矩阵 $[Z_{gu}]$ 和 $[Z_{gg}]$。类似地，令远端短路，非接地导线和接地屏蔽线单位长度压降以及电流可以分别用相量 $[\Delta\dot{V}_u]$ 和 $[\dot{I}_u]$，$[\Delta\dot{V}_g]$ 和 $[\dot{I}_g]$ 定义：

$$\begin{bmatrix} [\Delta\dot{V}_u] \\ [\Delta\dot{V}_g] \end{bmatrix} = \begin{bmatrix} [Z_{uu}] & [Z_{ug}] \\ [Z_{gu}] & [Z_{gg}] \end{bmatrix} \begin{bmatrix} [\dot{I}_u] \\ [\dot{I}_g] \end{bmatrix}$$

由于地线上的电压降落相量 $[\Delta\dot{V}_g] = 0$，因此，系统可以写为 $[\Delta\dot{V}_u] = [Z_{red}][\dot{I}_u]$，其中降阶矩阵 $[Z_{red}] = [Z_{uu}] - [Z_{ug}][Z_{gg}]^{-1}[Z_{gu}]$ 由卡松公式降阶求得。

相关计算

对于仅有一根地线的平衡输电线路，$[Z_{ug}][Z_{gg}]^{-1}[Z_{gu}]$ 变为

$$\frac{\dot{Z}_{ug}^2}{\dot{Z}_{gg}}[U]$$

式中，$\dot{Z}_{ug}$ 为"非接地相导线—大地回路"和"接地屏蔽线—大地回路"之间的互阻抗，$\dot{Z}_{gg}$ 为"接地屏蔽线—大地回路"自阻抗，$[U]$ 为单位阵。

利用面向矩阵的程序，如 MATLAB 和 MATHCAD 可以轻松地进行阻抗矩阵运算。输电线参数也可以通过 EMTP 类型程序的支持程序，例如 LINE CONSTANTS（Dommel，1992），进行计算。

9.15　三相输电线路感性序阻抗

在"考虑大地回路修正项的多导线输电线路的感抗"小节中，已经对三相输电线路的阻抗阵及其降阶处理进行了阐述，试确定三相输电线路序参数。

计算过程

使用变换矩阵对 $[Z_{abc}]$ 左乘和右乘

序阻抗矩阵 $[Z_{012}] = [T]^{-1}[Z_{abc}][T]$，其中 $[T]$ 是对称分量变换矩阵[⊖]，$[Z_{abc}]$ 为考虑地面回路修正项的不接地（相）导线的降阶矩阵。

$$[T] = \begin{bmatrix} 1 & 1 & 1 \\ 1 & a^2 & a \\ 1 & a & a^2 \end{bmatrix}$$

$$[T]^{-1} = \frac{1}{3}\begin{bmatrix} 1 & 1 & 1 \\ 1 & a & a^2 \\ 1 & a^2 & a \end{bmatrix}$$

相关计算

当三相输电线路为平衡线路时，序阻抗矩阵为三角阵，为

$$[Z_{012}] = \begin{bmatrix} \dot{Z}_0 & 0 & 0 \\ 0 & \dot{Z}_1 & 0 \\ 0 & 0 & \dot{Z}_2 \end{bmatrix}$$

式中，零序阻抗为 $\dot{Z}_0 = \dot{Z}_{self} + 2\dot{Z}_{mutual}$；正序阻抗为 $\dot{Z}_1 = \dot{Z}_{self} - \dot{Z}_{mutual}$；负序阻抗为 $\dot{Z}_2 = \dot{Z}_{self} - \dot{Z}_{mutual}$；$\dot{Z}_{self}$ 为矩阵 $[Z_{abc}]$ 中 $\dot{Z}_{aa}$、$\dot{Z}_{bb}$、$\dot{Z}_{cc}$ 的平均值；$\dot{Z}_{mutual}$ 为矩阵 $[Z_{abc}]$ 中 $\dot{Z}_{ab}$、$\dot{Z}_{ac}$ 及 $\dot{Z}_{bc}$ 的平均值。

9.16 管道或者沟渠中电缆的感抗

如果 3 根单导线，每根导线外半径为 2in（5cm），截面积为 750cmil，封装在一个磁性材料管道中。试计算每 1000ft（304.8m）对应的电抗。

计算过程

1. 计算电感

$L = (2 \times 10^{-7})[1/4 + \ln(D/a)]$ H/m，通常电抗以 $\Omega/1000$ft 为单位，因此，$X_L = [0.0153 + 0.1404\log(D/a)]$。

2. 列线图法求解

如图 9.12 所示，为基于步骤 1 中电抗计算公式的列线图。用两个因子提高计算精度。X_L 等式得到计算的电抗值小于裸线路。由于不总是接触外绝缘，如果导体随意放在管道中，

⊖ 变换矩阵中 $a = e^{+120°}$，$a^2 = e^{-120°}$。

则 *D* 值无法确定。因此，如果电缆没有固定在支撑刚性支柱上，则需要一个 1.2 的乘数因子。如果电缆在磁性材料管道中随意布置，则需要一个 1.5 的乘数因子。如图 9.12 所示，包括了绑定在一起而不是随机铺设电缆的校正表。图中，扇形是指电缆的 3 根导体为空间对称布置，相差 120°。

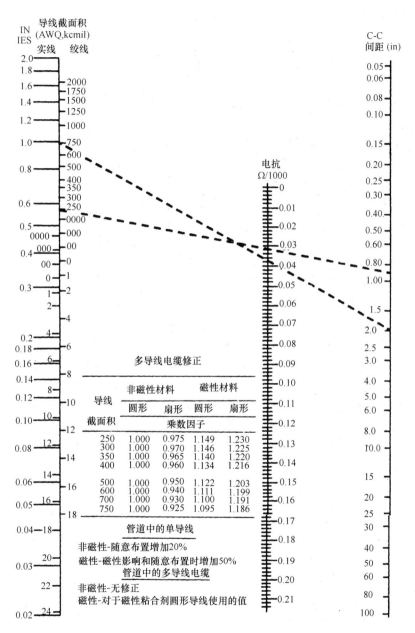

图 9.12　用列线图确定绝缘导线对中性线串联电抗

《铝质电线手册》（第 2 版），铝业公司联合会，1982，pp. 9-11

3. 利用列线图计算 X_L

从 750MCM 到 2in 间距绘制一根直线并读取每 1000ft 感抗为 0.038Ω，因此，$X_L = 1.5 \times$

$0.038 = 0.057\Omega/1000\text{ft} = 0.19\times10^{-3}\Omega/\text{m}$。

相关计算

对于一根三相同心绞线电缆，每根缆芯截面积为 250MCM，直径为 0.89in（2.225cm），根据列线图，$X_L = 0.0315\Omega/1000\text{ft} = 10^{-4}\Omega/\text{m}$。如果电缆在磁性材料管道中，根据修正系数表，$X_L = 1.149\times0.0315 = 0.0362\Omega/1000\text{ft} = 1.2\times10^{-4}\Omega/\text{m}$。

9.17　计及大地回路修正项的多芯地埋电缆感抗

某输电系统由 n 条单回直埋电缆组成，每个单回地埋电缆均由高压导线和电缆护套组成，为了简化描述，只考虑 a，b，c 三个回路。试计算在考虑大地回路情况下，此输电系统的自阻抗和互阻抗（见图 9.13）。

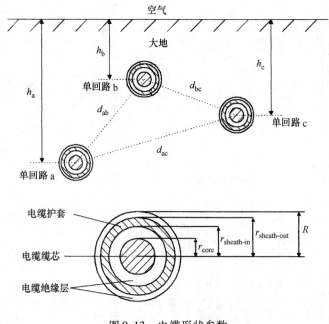

图 9.13　电缆形状参数

计算过程

1. 计算回路阻抗

Wedepohl 和 Wilcox（1973）和 Dommel（1992）提出了描述地埋电缆系统方法和公式。此种公式考虑了导体的集肤效应，近似于 Pollaczek（1931）提出的大地回路修正项，它是对地下电缆的适当修正，对封闭形式的表达，并允许在需要时系统频率高于工频的情况进行研究。假设 $n = 3$，并且远端被短接，6 个耦合等式描述了与此电缆系统相关的回路特性。

$$
\begin{bmatrix}
\Delta \dot{V}_{1a} \\
\Delta \dot{V}_{2a} \\
\Delta \dot{V}_{1b} \\
\Delta \dot{V}_{2b} \\
\Delta \dot{V}_{1c} \\
\Delta \dot{V}_{2c}
\end{bmatrix}
=
\begin{bmatrix}
Z_{11a} & Z_{12a} & 0 & 0 & 0 & 0 \\
Z_{12a} & Z_{22a} & 0 & Z_{ab} & 0 & Z_{zc} \\
0 & 0 & Z_{11b} & Z_{12b} & 0 & 0 \\
0 & Z_{ab} & Z_{12b} & Z_{22b} & 0 & Z_{bc} \\
0 & 0 & 0 & 0 & Z_{11c} & Z_{12c} \\
0 & Z_{ac} & 0 & Z_{bc} & Z_{12c} & Z_{22c}
\end{bmatrix}
\begin{bmatrix}
\dot{I}_{1a} \\
\dot{I}_{2a} \\
\dot{I}_{1b} \\
\dot{I}_{2b} \\
\dot{I}_{1c} \\
\dot{I}_{2c}
\end{bmatrix}
$$

式中

$$\Delta \dot{V}_1 = \Delta \dot{V}_{core} - \Delta \dot{V}_{sheath}$$

$$\Delta \dot{V}_2 = \Delta \dot{V}_{sheath}$$

$$\dot{I}_1 = \dot{I}_{core}$$

$$\dot{I}_2 = \dot{I}_{sheath} + \dot{I}_{core}$$

$$Z_{11} = Z_{core\text{-}out} + Z_{core/sheath\text{-}insulation} + Z_{sheath\text{-}in}$$

$$Z_{22} = Z_{sheath\text{-}out} + Z_{sheath/earth\text{-}insulation} + Z_{self\text{-}earth\text{-}return}$$

$$Z_{12} = -Z_{sheath\text{-}mutual}$$

$$Z_{ab} = Z_{mutualearth\text{-}return_{ab}}$$

$$Z_{ac} = Z_{mutualearth\text{-}return_{ac}}$$

$$Z_{bc} = Z_{mutualearth\text{-}return_{bc}}$$

各符号的含义为

a，b，c——分别代表单相回路的 a、b、c 三相；

$\Delta \dot{V}_{core}$——单位长度缆芯上的电压降；

$\Delta \dot{V}_{sheath}$——单位长度电缆护套上的电压降；

$\dot{I}_{core}$——流过缆芯的电流；

$\dot{I}_{sheath}$——流过护套的电流；

$Z_{core\text{-}out}$——单位长度电缆芯内部阻抗，表示电流通过外部导体返回时，缆芯外表面每流过单位电流产生的电压降，本例中，外部导体是护套；

$Z_{core/sheath\text{-}insulation}$——缆芯与护套之间单位长度绝缘阻抗；

$Z_{sheath\text{-}in}$——每单位长度护套的内部阻抗，表示电流经电缆缆芯时，每流过单位电流，电缆护套内表面上的电压降；

$Z_{sheath\text{-}out}$——单位长度电缆护套的内阻抗，表示电流经大地返回时，流过单位电流在电缆护套外表面上的电压降；

$Z_{sheath/earth\text{-}insulation}$——电缆护套与大地之间单位长度的绝缘阻抗；

$Z_{sheath\text{-}mutual}$——单位长度电缆护套上的互阻抗，本例中，此互阻抗为"缆芯/护套"内部回路与"护套/大地"外部回路之间的互感电抗；

$Z_{\text{self earth-return}}$——单位长度大地回路自阻抗；

$Z_{\text{mutual earth-return}}$——单位长度大地回路互阻抗，本例中，它是指单个回路中最外面的"护套/地"回路与另外单个回路中最外面的"护套/地"回路之间的互阻抗。

且

$$Z_{\text{core-out}} = \frac{\rho_{\text{core}} m_{\text{core}}}{2\pi r_{\text{core}}} \coth(0.777 m_{\text{core}} r_{\text{core}}) + \frac{0.356 \rho_{\text{core}}}{\pi r_{\text{core}}^2} \Omega/\text{m}_{\circ}$$

式中，电阻部分最大误差为 4%，对应的 $|m_{\text{core}} r_{\text{core}}| = 5$；电抗部分最大误差为 5%，对应的 $|m_{\text{core}} r_{\text{core}}| = 3.5$（Wedepohl 和 Wilcox，1973）。当 $|m_{\text{core}} r_{\text{core}}|$ 等于其他值时，$Z_{\text{core-out}}$ 计算值还是相当精确的，避免了 Bessel 函数估算；r_{core} 为电缆芯半径，单位为 m；ρ_{core} 为电缆芯电阻率，单位为 $\Omega \cdot \text{m}$，m_{core} 为电缆芯复穿透深度倒数；$m_{\text{core}} = \sqrt{j\omega\mu_{\text{core}}/\rho_{\text{core}}}$，单位为 m^{-1}；μ_{core} 电缆芯的磁导率，单位为 H/m；$\mu_{\text{core}} = \mu_{r_{\text{core}}} \mu_0$，如果缆芯材料为磁性材料，$\mu_{r_{\text{core}}} \neq 1$；$\omega$ 为角频率，单位为 rad/s。

$$Z_{\text{sheath-in}} = \frac{\rho_{\text{sh}}}{2\pi r_{\text{sh-in}}} \left\{ m_{\text{sh}} \coth(m_{\text{sh}} \Delta_{\text{sh}}) - \frac{1}{r_{\text{sh-in}} + r_{\text{sh-out}}} \right\} \Omega/\text{m}_{\circ}$$

当 $\frac{r_{\text{sh-out}} - r_{\text{sh-in}}}{r_{\text{sh-out}} + r_{\text{sh-in}}} < \frac{1}{8}$ 时，此计算等式具有精确的计算结果（Wedepohl 及 Wilcox，1973）；$r_{\text{sh-out}}$ 为电缆护套外半径，单位为 m；$r_{\text{sh-in}}$ 是护套的内半径，单位为 m；ρ_{sh} 为电缆护套电阻率，单位为 $\Omega \cdot \text{m}$；m_{sh} 为电缆护套复穿透深度的倒数；$m_{\text{sh}} = \sqrt{j\omega\mu_{\text{sh}}/\rho_{\text{sh}}}$，单位为 m^{-1}，式中 μ_{sh} 为电缆护套的磁导率，单位为 H/m，当 $\mu_{r_{\text{sh}}} \neq 1$ 时，如果电缆护套为磁性材料，$\mu_{\text{sh}} = \mu_{r_{\text{sh}}} \mu_0$；$\Delta_{\text{sh}}$ 为电缆护套厚度，单位为 m，等于 $(r_{\text{sh-out}} - r_{\text{sh-in}})$。

$$Z_{\text{sheath-out}} = \frac{\rho_{\text{sh}}}{2\pi r_{\text{sh-out}}} \left\{ m_{\text{sh}} \coth(m_{\text{sh}} \Delta_{\text{sh}}) - \frac{1}{r_{\text{sh-in}} + r_{\text{sh-out}}} \right\} (\Omega/\text{m})_{\circ}$$

如果式中的护套半径满足 $Z_{\text{sheath-in}}$ 计算等式中半径条件，此计算等式具有精确的计算结果。

$$Z_{\text{sheath-mutual}} = \frac{\rho_{\text{sh}} m_{\text{sh}}}{\pi(r_{\text{sh-in}} + r_{\text{sh-out}})} \text{cosech}(m_{\text{sh}} \Delta_{\text{sh}}) (\Omega/\text{m})_{\circ}$$

如果式中的护套半径满足 $Z_{\text{sheath-in}}$ 计算等式中半径条件，此计算等式具有精确的计算结果。

$$Z_{\text{core/sheath-insulation}} = \frac{j\omega\mu_1}{2\pi} \ln\left(\frac{r_{\text{sh-in}}}{r_{\text{core}}}\right) (\Omega/\text{m})_{\circ}$$

式中，μ_1 为缆芯和电缆护套之间绝缘材料的磁导率，单位为 H/m。

$$Z_{\text{sheath/earth-insulation}} = \frac{j\omega\mu_2}{2\pi} \ln\left(\frac{R}{r_{\text{sh-out}}}\right) (\Omega/\text{m})_{\circ}$$

式中，μ_2 为电缆护套和大地之间绝缘材料的磁导率，单位为 H/m；R 为电缆最外层绝缘的外半径，单位为 m。

$$Z_{\text{self earth-return}} = \frac{j\omega\mu}{2\pi} \left\{ -\ln\left(\frac{\gamma m R}{2}\right) + \frac{1}{2} - \frac{4}{3} mh \right\} (\Omega/\text{m})_{\circ}$$

当频率满足 $|mR| < 0.25$ 时，此计算等式具有精确的计算结果（Wedepohl 和 Wilcox，1973）；μ 为大地回路的磁导率，可以假设为真空磁导率 μ_0；$\gamma = 0.577215665$（欧拉常数）；m 为大地回路的复穿透深度的倒数；$m = \sqrt{j\omega\mu/\rho}$，单位为 m^{-1}；ρ 为大地回路的电阻率，单位为 $\Omega \cdot \text{m}$；h 为电缆的地埋深度，单位为 m。如果电缆的地埋深度接近 1m，此计算等式具有精确的计算结果（Wedepohl 和 Wilcox，1973）。

$$Z_{\text{mutual earth-return}} = \frac{j\omega\mu}{2\pi} \left\{ -\ln\left(\frac{\gamma m d}{2}\right) + \frac{1}{2} - \frac{2}{3} ml \right\} (\Omega/\text{m})_{\circ}$$

当频率满足 $|md| < 0.25$ 时，此计

算等式具有精确的计算结果（Wedepohl 和 Wilcox，1973）；d 两导体之间的距离，对于 Z_{ab}，为单回路 a 及单回路 b 之间的距离，对于 Z_{ac}，为单回路 a 及单回路 c 之间的距离，对于 Z_{bc}，为单回路 b 及单回路 c 之间的距离；l 为导体深度和，对于 Z_{ab}，为单回路 a 及单回路 b 地埋深度之和，对于 Z_{ac}，为单回路 a 及单回路 c 地埋深度之和，对于 Z_{bc}，为单回路 b 及单回路 c 地埋深度之和。当系统频率小于 100kHz 时，$Z_{\text{self earth-return}}$ 和 $Z_{\text{mutual earth-return}}$ 计算误差小于 1%（Dommel，1992）。如果电缆的地埋深度接近 1m，利用此等式可得到精确的计算结果（Wedepohl 和 Wilcox，1973）。

相关计算

如果阻抗的单位为 $\Omega/1000\text{ft}$，用以 Ω/m 为单位的阻抗值乘以 304.8m 即可。

如果电缆有多根同心中性导线，用等效同心护套代替这些中性线并假设护套厚度为一根中性线的直径。假设所有的中性线是完全相同的（Smith 和 Barger，1972）。

如果单回路具有另外的导体，例如铠装，像 Dommel（1992）提出的增加 3 个耦合方程式，并且在单回路 a、b、c 中考虑相应的阻抗 Z_{23}、Z_{33}。同时，由于最外层回路为"铠装层/大地"，也需要增加 Z_{ab}、Z_{ac}、Z_{bc}。通过类似的方法，推导出新阻抗的公式，需要注意电气性质以及半径的大小。

2. 回路特性方程转换为导线特性方程

利用 Dommel（1992 年）提出的如下处理过程，将回路特性的方程转换为导线特性方程。将第 2 行加到第 1 行，第 4 行加到第 3 行，第 6 行加到第 5 行。这样处理后，可以证明通过下面导线特性方程对系统进行描述是可能的。

$$
\begin{bmatrix}
\Delta \dot{V}_{\text{core}_a} \\
\Delta \dot{V}_{\text{sheath}_a} \\
\Delta \dot{V}_{\text{core}_b} \\
\Delta \dot{V}_{\text{sheath}_b} \\
\Delta \dot{V}_{\text{core}_c} \\
\Delta \dot{V}_{\text{sheath}_c}
\end{bmatrix}
=
\begin{bmatrix}
Z_{cc_a} & Z_{cs_a} & Z_{ab} & Z_{ab} & Z_{ac} & Z_{ac} \\
Z_{cs_a} & Z_{ss_a} & Z_{ab} & Z_{ab} & Z_{ac} & Z_{ac} \\
Z_{ab} & Z_{ab} & Z_{cc_b} & Z_{cs_b} & Z_{bc} & Z_{bc} \\
Z_{ab} & Z_{ab} & Z_{cs_a} & Z_{ss_b} & Z_{bc} & Z_{bc} \\
Z_{ac} & Z_{ac} & Z_{bc} & Z_{bc} & Z_{cc_c} & Z_{cs_c} \\
Z_{ac} & Z_{ac} & Z_{bc} & Z_{bc} & Z_{cs_c} & Z_{ss_c}
\end{bmatrix}
\cdot
\begin{bmatrix}
\dot{i}_{\text{core}_a} \\
\dot{i}_{\text{sheath}_a} \\
\dot{i}_{\text{core}_b} \\
\dot{i}_{\text{sheath}_b} \\
\dot{i}_{\text{core}_c} \\
\dot{i}_{\text{sheath}_c}
\end{bmatrix}
$$

式中，$Z_{cc} = Z_{11} + 2Z_{12} + Z_{22}$；$Z_{cs} = Z_{12} + Z_{22}$；$Z_{ss} = Z_{22}$。三角元素 Z_{cc} 和 Z_{ss} 分别为缆芯及护套以大地作为回路的自阻抗。非对角线元素 Z_{cs}、Z_{ab}、Z_{ac} 以及 Z_{bc} 分别为一根以大地作为回路的电缆的缆芯与护套之间、护套 a 与护套 b、护套 a 与护套 c 以及护套 b 与护套 c 之间的互阻抗。作为上面提到的算术运算结果，系统用节点变量表示，电流表示流过导线的电流，电压表示沿导线对地的电压降。

相关计算

如果是铠装电缆，将第 2，3 行加到第 1 行，第 3 行加到第 2 行，第 5，6 行加到第 4 行，第 6 行加到第 5 行。类似地，将第 8，9 行加到第 7 行，第 9 行加到第 8 行。

通过使用面向矩阵的程序（如 MATLAB 和 MATHCAD）可以轻松地进行数组操作。地埋电缆参数也可以通过 EMTP 类型程序的相关例程进行计算，如 CABLE CONSTANTS 和 CABLE PARAMETERS（Ametani，1980）。

3. 消除护套部分

通过对换阻抗矩阵中相应的行和列，分别将护套上的电压降及流过护套的电流移动到电压及电流相量底部。

然后将线性方程组分为电缆缆芯方程组子集以及护套方程组子集，阻抗矩阵被分成缆芯子阵 $[Z_{cc}]$ 及 $[Z_{cs}]$ 以及护套子阵 $[Z_{sc}]$ 及 $[Z_{ss}]$。类似地，令电缆远端短路，定义单位长度缆芯上的电压降及流过缆芯的电流相量为 $[\Delta \dot{V}_c]$ 及 $[\dot{I}_c]$，单位长度护套上的电压降及流过护套的电流相量为 $[\Delta \dot{V}_s]$ 及 $[\dot{I}_s]$。

$$\begin{bmatrix} [\Delta \dot{V}_c] \\ [\Delta \dot{V}_s] \end{bmatrix} = \begin{bmatrix} [Z_{cc}] & [Z_{cs}] \\ [Z_{sc}] & [Z_{ss}] \end{bmatrix} \begin{bmatrix} \dot{I}_c \\ \dot{I}_s \end{bmatrix}$$

由于电缆护套电压降列相量 $[\Delta \dot{V}_s] = 0$，假设电缆护套两端接地，则 $[\Delta \dot{V}_c] = [Z_{red}][\dot{I}_c]$，式中降阶矩阵 $[Z_{red}] = [Z_{cc}] - [Z_{cs}][Z_{ss}]^{-1}[Z_{sc}]$ 根据卡松降阶求得。

9.18 三相地埋电缆的感性序阻抗

在"计及大地回路修正项的多导线输电线路感性阻抗"部分已经对阻抗矩阵及其降阶处理进行了阐述，试计算该线路的各序串联参数。

计算过程

通过变换矩阵对 $[Z_{abc}]$ 左乘和右乘

序阻抗矩阵计算等式为 $[Z_{012}] = [T]^{-1}[Z_{abc}][T]$，式中，$[T]$ 为对称分量变换矩阵；$[Z_{abc}]$ 为计及大地回路修正项情况下缆芯导线阻抗的降阶矩阵。

相关计算

1978 年，由 Lewis 和 Allen 提出了计及 Carson 大地回路修正项的序阻抗简化计算公式。1964 年，西屋电力公司也提出了电缆序阻抗计算公式。

管型电缆序阻抗计算详见 1964 年 Neher 提出的计算公式。

9.19 输电线路的充电电流和容性无功功率

某 230kV 三相输电线路，长度为 80mi（128.7km）、容抗为 0.2MΩ · mile/相（0.32MΩ · km/相）。试计算从一端输入此线路的平衡充电电流。

计算过程

1. 计算容抗

假设每相对地并联，单相总容抗为 $X_C = 0.32/128.7 \approx 0.0025 M\Omega$。

2. 计算充电电流

相电压为 $230/\sqrt{3} = 133kV$，充电电流 $I_c = 133 \times 10^3/(0.0025 \times 10^6) \approx 53.2A$。

3. 计算容性无功功率

$$Q = \sqrt{3}VI_c = \sqrt{3} \times (230 \times 10^3) \times 53.2 \approx 21.2 Mvar$$

9.20 两线输电线路的电容

某长圆形导线外表面均匀分布的电荷密度为 ρ_L（剩余电荷总是迁移到任何导线的外表面）。导体看起来被从导体中心向外辐射的矢量电场包围（对于正电荷），尽管电场起源于表面上的密度为 ρ_L 的电荷。试计算此导体的电容。

计算过程

1. 计算电位

电场强度 $E = \rho_L/2\pi\varepsilon r$，式中，$\varepsilon$ 为介电常数。对于真空环境，$\varepsilon = 10^{-9}/36\pi F/m$。为了保持单位一致，到导线圆心距离 r 的单位为 m，ρ_L 的单位为 C/m。对电场强度 E 进行积分，得到导线附近两点之间的电位差（如图 9.14 所示）：$V_{ab} = (\rho_L/2\pi\varepsilon)\ln(b/a) V$。$V_{ab}$ 表示这个电压是 a 点相对于 b 点电位。

2. 考虑两线输电线路的情况

考虑两条导线形成一个平行、长导线系统（如图 9.15 所示）。每根导体中有大小相等但是极性相反电荷的典型的两线传输系统。此外，假设每根导体单位面积电荷密度均匀，尽管两根导线之间相互吸引，会使电荷密度不均匀。当 $D \gg a$ 时，这种假设完全适用于裸导线线路。

由于两根导线中电荷极性相反，在它们之间导体平面内点 r 处电场强度为 $E = (\rho_L/2\pi\varepsilon)[1/r - 1/(D-r)] V/m$，式中，$r$ 为距离导线 1 圆心的距离（$r \geq a$）；D 为导体圆心之间的距离。对 E 进行积分，相对于 r 点导线 1 电位为 $V_{1r} = (\rho/2\pi\varepsilon)\ln[r(D-a)/a(D-r)] V$。

如果将 r 点延伸到导线 2，且 $D \gg a$，则导线 1 和导线 2 之间的电位差为 $V_{12} = (\rho_L/\pi\varepsilon)\ln(D/a) V$。

3. 计算电容

两导线之间单位长度的电容为 $C' = q/V F$，式中，$q = \rho_L l$；l 为总线路长度。两导线之间每米长度的电容为 $C = C'/l = \rho_L/V F = \pi\varepsilon/\ln(D/a) F/m$。

4. 确定到两导线 *D*/2 位置垂直平面的电容

当 $D \gg a$ 时，导线 1 相对于这个平面（中性线）的电位为 $V_{1n} = (\rho_L/2\pi\varepsilon)\ln(D/a) V$。因此，到所谓中性面的电位为导线到导线电位的一半。可以很容易地看出，导线 2 相对于两导线中间位置（中性点）的电位与导线 1 相同。如果这个中性线接地，不会对上述电位产生影响。则相对中性线的电容为 $C = (2\pi\varepsilon)/\ln(D/a) F/m = 0.0388/\log(D/a) \mu F/mile$。

图 9.14 带有均匀电荷的长导线

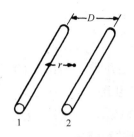

图 9.15 充电的两导线线路

9.21 两线输电线路的容抗

两线输电系统参数为 $D = 8\mathrm{ft}$（2.4m）、$a = 0.25\mathrm{in}$（0.00625m）、线路长度为 10mile（16km）、$\omega = 377\mathrm{rad/s}$。试计算此输电线路对中性线的容抗。

计算过程

计算容抗

将 $C = 0.0388\log(D/a)$ 代入 $X_C = 1/\omega C$，得单相容抗 $X_C = 1/[377 \times 0.0388 \times 10/\log(2.4/0.00625)] = 0.0026\mathrm{M\Omega}$。

相关计算

这是一个很大的并联阻抗，对于短路线通常会被忽略。同样，两导线之间的容抗为上述值的 2 倍。

9.22 三相输电线路的电容

试计算三相输电线路的电容。

计算过程

1. 考虑对中性线的电容

最初考虑导线等间距可以最好地建立三相输电线路对中性线的电容。通常使用等间距情况时的几何均距考虑其他不对称间距。尤其是对来自杆塔和地形不规则造成的实际线路不确定性考虑时，这种误差几乎微不足道。

2. 计算相电压

如图 9.16 所示，$\dot{V}_{an}$ 为 a 相对三角形中性点电位，为各相沿着从 a 线到圆心距离的电位的叠加。对于任何截面，净电荷为零，与两根导线线路情况相同。同样，$D \gg a$。需要采用上标来区别从 a 到 b 的三相电位，因此，$\dot{V}_{an}^{a} = (\rho_{La}/2\pi\varepsilon)\ln[(D/\sqrt{3})/a]$ 为 a 相产生的电位，$\dot{V}_{an}^{b} = (\rho_{Lb}/2\pi\varepsilon)\ln[(D/\sqrt{3})/D]$ 为 b 相产生的电位，$\dot{V}_{an}^{c} = (\rho_{La}/2\pi\varepsilon)\ln[(D/\sqrt{3})/a]$ 为 c 相产生的电位。

将上面 3 个等式求和得到 $\dot{V}_{an}$。同时 $\rho_{La}+\rho_{Lb}+\rho_{Lc}=0$。因此，$\dot{V}_{an}=(\rho_{La}/2\pi\varepsilon)\ln(D/a)\,\text{V}$。这个等式与两导线线路相对于中性线的方程式的形式相同。其他两相到中性线的电位仅仅在相角上有所不同。

3. 确定对中性线的电容

用 $\dot{V}_{an}$ 除以 ρ_{La}，得到 $C=2\pi\varepsilon/\ln(D/a)\,\text{F/m}=0.0388/\log(D/a)\,\mu\text{F/mile}$。

9.23　三相输电线路的单相容抗

当 $\omega=377\text{rad/s}$（见图 9.17）时，试计算三相输电线路相对中性线的容抗。输电线路类型为 ACSR Waxwing，线路长度为 60mile（96.6km）。

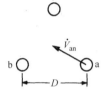

图 9.16　三相输电线路三角对称
布置，a 为导体半径

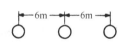

图 9.17　三相输电线路导线
间距为 6m（20ft）

计算过程

1. 计算容抗

如表 9.2 所示，Waxwing 型导线的外半径为 0.609in（0.015m）。虽然导线不是等间距，利用 GMD 可计算出较为精确的相对于中性线的容抗。因此，$GMD=(6^2\times12)^{1/3}=7.54\text{m}$，$a=0.015/2=0.0075\text{m}$，$C=0.0388/\log(7.45/0.0075)=0.0129\mu\text{F/mile}=0.008\mu\text{F/km}$。

2. 计算容抗

$X_C=1/(377\times0.008\times10^{-6}\times96.6)=0.0034\text{M}\Omega$（相对于中性线）。

9.24　多导线输电线路的容性电纳

一条输电线路由 n 根直导线构成（见图 9.18），为简化起见，仅表示导线 i 和导线 k 及它们的地表下面的镜像。试计算此输电线路自容性电纳及互容性电纳。

计算过程

1. 计算电动势系数矩阵

电动势系数矩阵 $[P]$ 的对角线元素 P_{ii} 以及非对角线元素 P_{ik} 计算式分别为

$$P_{ii}=(1/2\pi\varepsilon_0)\ln(2h_i/r_i) \quad \text{和} \quad P_{ik}=(1/2\pi\varepsilon_0)\ln(D_{ik}/d_{ik})$$

式中，h_i 为导线 i 距离地面的平均高度；r_i 为导线 i 的外半径；D_{ik} 为导线 i 与导线 k 镜像之间

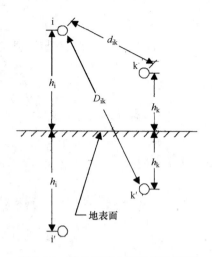

图 9.18　输电线路电容计算示意图

的距离；d_{ik} 为导线 i 和导线 k 之间的距离；ε_0 为真空介电常数，$\varepsilon_0 = 8.854 \times 10^{-12} \mathrm{F/m}$ ⊖。

2. 消去地线

利用 Kron 消去法，电位系数矩阵 $[P]$ 降阶为 $[P_{red}]$。此计算过程详见"考虑大地回路修正项的多导线输电线路阻抗计算"部分。

3. 计算电容矩阵

由于 $[C_{red}] = [P_{red}]^{-1}$，对矩阵 $[P_{red}]$ 求逆，得到电容矩阵 $[C_{red}]$，单位为 F/m。然而，如果需要与地线相关的电容矩阵，将 $[P]$ 求逆得到 $[C]$。

电容矩阵为节点形式。矩阵对角线元素 C_{ii} 表示导线 i 与其他导线之间的并联电容之和，包括接地导线，非对角线元素 C_{ik} 为导线 i 与导线 k 之间并联电容的负值（Dommel，1992）。

4. 计算电纳矩阵

通过将 $[C_{red}]$ 乘 ω 得到降阶电纳矩阵 $[B_{red}]$，单位为 Ω^{-1}/m。如果电纳矩阵单位为 $\Omega^{-1}/\mathrm{mile}$，则将以 Ω^{-1}/m 为单位的结果乘以 1600。

9.25　三相输电线路容性序电纳

在前面 9.24 小节已阐述了一条三相输电线路的并联电纳矩阵的计算和降阶处理。试计算此三相输电线路的并联序参数。

计算过程

变换矩阵左乘和右乘 $[B_{abc}]$

并联序电纳矩阵为

$$[B_{012}] = [T]^{-1}[B_{abc}][T]$$

⊖　如果导线 i 为分裂导线，则将分裂导线用位于其中心的一条等效导线代替，并采用分裂导线的等效外径和平均高度。

式中，$[T]$ 为对称分量变换矩阵；$[B_{abc}]$ 为计及地线影响的容性电纳降阶矩阵。

相关计算

当三相输电线为平衡线路（经过换位）时，并联序电纳矩阵为如下对角阵：

$$[B_{012}] = \begin{bmatrix} B_0 & 0 & 0 \\ 0 & B_1 & 0 \\ 0 & 0 & B_2 \end{bmatrix}$$

式中，零序电纳 $B_0 = B_{self} + 2B_{mutual}$；正序电纳 $B_1 = B_{self} - B_{mutual}$；负序电纳 $B_2 = B_{self} - B_{mutual}$。$B_{self}$ 为矩阵 $[B_{abc}]$ 中元素 B_{aa}、B_{bb} 和 B_{cc} 的平均值；B_{mutual} 为矩阵 $[B_{abc}]$ 中元素 B_{ab}、B_{ac} 和 B_{bc} 的平均值。

9.26 与地埋电缆相关的容性电纳

再次考虑在 9.17 小节"考虑大地回路修正项的多芯地埋电缆感抗"描述的地埋电缆系统。确定此系统的容性电纳。

1. 自电纳及互电纳的计算

1973 年，Wedepohl、Wilcox 和 Dommel 提出的方法及公式同样适用于电缆系统并联电纳的计算。由于屏蔽效应，假设电缆系统的三相之间没有电容耦合，因此，存在以下 6 节点方程组：

$$\begin{bmatrix} \Delta \dot{I}_{core_a} \\ \Delta \dot{I}_{sheath_a} \\ \Delta \dot{I}_{core_b} \\ \Delta \dot{I}_{sheath_b} \\ \Delta \dot{I}_{core_c} \\ \Delta \dot{I}_{sheath_c} \end{bmatrix} = j \begin{bmatrix} B_{cc_a} & B_{cs_a} & 0 & 0 & 0 & 0 \\ B_{cs_a} & B_{ss_a} & 0 & 0 & 0 & 0 \\ 0 & 0 & B_{cc_b} & B_{cs_b} & 0 & 0 \\ 0 & 0 & B_{cs_b} & B_{ss_b} & 0 & 0 \\ 0 & 0 & 0 & 0 & B_{cc_c} & B_{cs_c} \\ 0 & 0 & 0 & 0 & B_{cs_c} & B_{ss_c} \end{bmatrix} \cdot \begin{bmatrix} \dot{V}_{core_a} \\ \dot{V}_{sheat_a} \\ \dot{V}_{core_b} \\ \dot{V}_{sheath_b} \\ \dot{V}_{core_c} \\ \dot{V}_{sheat_c} \end{bmatrix}$$

式中 a、b、c——下标分别表示与单相回路相关的 a、b、c 相变量；

$\Delta \dot{I}_{core}$——流过单位长度电缆芯的充电电流；

$\Delta \dot{I}_{sheath}$——流过单位长度电缆护套的充电电流；

$\dot{V}_{core}$——缆芯对地电压；

$\dot{V}_{sheath}$——护套对地电压；

B_{cc}——单位长度缆芯导线并联自电纳；

B_{cs}——单位长度缆芯导线与护套之间并联互电纳；

B_{ss}——单位长度护套并联自电纳。

并且：

$B_{cc} = B_1$，$B_{cs} = -B_1$，$B_{ss} = B_1 + B_2$；

B_1——单位长度缆芯与护套之间绝缘层的容性电纳；

B_2——单位长度护套与大地之间绝缘层容性电纳；

$B_i = \omega C_i$，单位为 Ω^{-1}/m；$C_i = 2\pi\varepsilon_0\varepsilon_{r_i}/\ln(r_i/q_i)$。式中，$C_i$ 为管状绝缘的并联电容，单位 F/m；q_i 是绝缘的内半径；r_i 是绝缘的外半径；ε_{r_i} 是绝缘材料的相对介电常数。

2. 消去护套

利用 Kron's 消去法对自电纳和互电纳矩阵进行降阶处理。计算方法详见 9.17 小节。

3. 计算序电纳

通过对降阶后的自电纳和互电纳矩阵应用对称分量变换矩阵可以得到容性序电纳矩阵。计算方法详见 9.18 小节。

9.27 有功功率-频率特性研究用输电线路模型

短输电线路［长度小于 80km（50mi）］用由线路电阻 R_L 和感抗 X_L 组成的串联电抗表示。当 R_L 小于 X_L 的 10% 时，有时忽略 R_L。

中等长度线路模型［长度小于 320km（200mi）］如图 9.19 所示，其中，考虑了线路电容 C_L。导纳 Y_L 和阻抗 Z_L 的表达式为 $Y_L = j\omega C_L$ 和 $Z_L = R_L + jX_L$。线路送端电压 V_s 及电流 I_s 分别为 $V_s = (V_R Y_L/2 + I_R)Z_L + V_R$ 和 $I_s = V_s Y_L/2 + V_R Y_L/2 + I_R$。式中，$V_R$ 为线路受端电压；I_R 为线路受端电流。上面等式可以写为 $V_s = AV_R + BI_R$ 和 $I_s = CV_R + DI_R$。式中，$A = D = Z_L Y_L/2 + 1$；$B = Z_L$；$C = Y_L + Z_L Y_L^2/4$。

对于长输电线路，$V_s = (V_R + I_R Z_c)e^{\gamma x}/2 + (V_R - I_R Z_c)e^{-\gamma x}/2$、$I_s = (V_R/Z_c + I_R)e^{\gamma x}/2 + (V_R/Z_c - I_R)e^{-\gamma x}/2$。式中，特征阻抗 $Z_c = \sqrt{Z_L/Y_L}\,\Omega$；传播常数 $\gamma = \sqrt{Z_L Y_L}$。

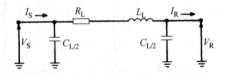

图 9.19 单相中等长度输电线路模型

9.28 有功功率-频率特性研究用中等长度输电线路模型

计算长度为 320km（200mile）输电线路送端电压及电流。线路受端线-线电压为 230kV、电流为 200A、功率因数为 0.8（滞后）。线路参数 $R_L = 0.2\Omega/km$、$L_L = 2mH/km$、$C_L = 0.01\mu F/km$、$f = 60Hz$。

计算过程

1. 计算 Y_L 和 Z_L

$Y_L = j\omega C_L l = j377 \times (0.01 \times 10^{-6})\,s/km \times 320km = j1206\mu s$

$$Z_L = R_L l + jX_L l = 0.2(\Omega/\text{km}) \times 320\text{km} + j377 \times (2 \times 10^{-3})\Omega/\text{km} \times 320\text{km} = 64 + j241.3\Omega$$

2. 计算 *A*、*B*、*C* 和 *D*

$$A = D = Y_L Z_L/2 + 1 = j1206 \times (64 + j241.3)/2 + 1 = 0.8553\ \underline{/2.5869°}$$

$$B = Z_L = 64 + j241.3 = 249.64\ \underline{/75.1455°}\ \Omega$$

$$C = Y_L + Z_L Y_L^2/4 = j1206 + (64 + j241.3)(j1206)^2/4 = 0.0011\ \underline{/91.1926°}\text{S}$$

3. 计算 $\dot{V}_s$ 及 $\dot{I}_s$

线路受端相电压为 $230/\sqrt{3} = 132.8\text{kV}$。

线路送端电压为 $\dot{V}_s = (0.8553\ \underline{/2.5864°}) \times (132.8 \times 10^3 \underline{/0°}) + (249.64\ \underline{/75.1455°}) \times$ $(200\ \underline{/-36.9°}) = 156.86\ \underline{/13.2873°}\text{kV}$。线路送端线-线电压幅值为 271.69kV。

计算结果显示 $|\dot{I}_s| = 147.77\text{A}$,小于受端电流(由于线路电容器无功补偿的作用)。

相关计算

如果已知线路送端电压 $\dot{V}_s$ 及电流 $\dot{I}_s$,受端电压及电流可用等式 $\dot{V}_R = \dfrac{D\dot{V}_s - B\dot{I}_s}{AD - BC}$ 和 $\dot{I}_R =$

$\dfrac{-C\dot{V}_s + A\dot{I}_s}{AD - BC}$ 进行计算。

9.29 有功功率-频率特性研究用长输电线路模型

应用长线模型,重新计算具有相同电动势与电流的中等长度线路模型示例(长 320km)和线路参数。

计算过程

1. 计算 Z_L 及 Y_L

由于 $R_L = 0.2\Omega/\text{km}$、$L_L = 2\text{mH/km}$,每 km 串联阻抗为 $Z_L = 0.2 + j0.754 = 0.78\ \underline{/75.1°}$ Ω/km。由于 $C_L = 0.01\mu\text{F/km}$,每 km 并联导纳为 $Y_L = j3.77\mu\text{s/km}$。

2. 计算 Z_C

特征(波)阻抗 $Z_C = [0.78\ \underline{/75.1°}/(3.77 \times 10^{-6}\ \underline{/90°})]^{1/2} = 455\ \underline{/-7.45°}\Omega$。如果单位长度电阻的值小于感抗值的 10%,则特征阻抗接近实数。

3. 计算传播常数,γ

$\gamma = [(0.78\ \underline{/75.1°}) \times (3.77 \times 10^{-6}\ \underline{/90°})]^{1/2} = 1.72 \times 10^{-3}\ \underline{/82.55°}$。小电阻导致该值接近虚数。为了便于应用,$\gamma$ 必须用直角坐标形式。因此,$\gamma = 0.223 \times 10^{-3} + j1.71 \times 10^{-3}$。

γ 的实数部分为衰减因子 α,$\alpha = 0.223 \times 10^{-3}\text{nepers}^{\ominus}/\text{km}$;虚数部分为相移常数 β,$\beta = $

$\ominus$ neper(奈培)为衰减单位,1neper = 8.686dB。

1.71×10^{-3} rad/km。

4. 计算 $\dot{V}_s$ 及 $\dot{I}_s$

每相受端对中性线电压为 132.8kV。将上面的值代入 $\dot{V}_s$ 及 $\dot{I}_s$ 方程式，得 $\dot{V}_s = [(132.8 \times 10^3 \underline{/0°})/2][\exp(0.223 \times 10^{-3}) \times 200][\exp(j1.71 \times 10^{-3}) \times 200] + [(200 \underline{/-36.9°}) \times (455 \underline{/-7.45°})/2][\exp(0.223 \times 10^{-3}) \times 200][\exp(j1.71 \times 10^{-3}) \times 200] + [(132.8 \times 10^3 \underline{/0°})/2][\exp(-0.223 \times 10^{-3}) \times 200][\exp(-j1.71 \times 10^{-3}) \times 200] - [(200 \underline{/-36.9°}) \times (455 \underline{/-7.45°})/2][\exp(-0.223 \times 10^{-3}) \times 200][\exp(-j1.71 \times 10^{-3}) \times 200]$，$\dot{I}_s = \{[(132.8 \times 10^3 \underline{/0°})/(455 \underline{/-7.45°})]/2\}[\exp(0.223 \times 10^{-3}) \times 200][\exp(j1.71 \times 10^{-3}) \times 200] + (200 \underline{/-36.9°}/2)[\exp(0.223 \times 10^{-3}) \times 200][\exp(j1.71 \times 10^{-3}) \times 200] - [(132.8 \times 10^3 \underline{/0°})/(455 \underline{/-7.45°})]/2\}[\exp(-0.223 \times 10^{-3}) \times 200][\exp(j1.71 \times 10^{-3}) \times 200] + (200 \underline{/-36.9°}/2)[\exp(-0.223 \times 10^{-3}) \times 200][\exp(-j1.71 \times 10^{-3}) \times 200]$。整理后，$\dot{V}_s = 150.8 \underline{/8.06°}$kV（相对中性线），$\dot{I}_s = 152.6 \underline{/-4.52°}$A（线电流）。送端线路电压幅值为 261.2kV。对于 320km 线路来说，这些结果与前面示例中中等长度线路模型结果相比，稍有不同。

相关计算

利用合适的 FORTRAN、C 以及 C++ 算法、EMTP 类型程序，例如 MATLAB、MATHCAD 等基于矩阵程序可以更加容易地对 $\dot{V}_s$ 和 $\dot{I}_s$ 方程式进行求解。利用这样的程序，可以通过改变从线路受端到计算点的距离来改变 x 值，进而观察线路上各点电位及流过线路电流的变化。此类程序通常适用于任何长度线路。

在每个 $\dot{V}_s$ 和 $\dot{I}_s$ 计算式中的第一项可以看作代表从电源到线路末端负荷的行波，如果 $x = 0$，则波在线路受端发生；每个等式中的第二项代表从负载反射回电源的波；如果 $x = 0$，在线路受端得到这个波的值。在受端两项之和的电压幅值为 132.8kV，电流幅值为 200A。

如果负载端的阻抗等于特征（波）阻抗 Z_C，则反射项（$\dot{V}_s$ 和 $\dot{I}_s$ 的等式中的第二项）为零，此线路与负载相匹配。对于输电线来说，这几乎是不可能的，但是在高频情况下可以实现（例如无线电）。这消除了 $\dot{V}_s$ 和 $\dot{I}_s$ 等式求和过程产生的所谓驻波。在驻波比（SWR）处的各变量值和反射系数 σ 很容易计算出来，这些不在此处讨论范围内。

9.30 复功率

利用上例计算结果，试计算这条长度为 320km（200mile）输电线路两端的复功率。

计算过程

1. 计算线路末端复功率 *S*

公式 $S = 3\dot{V}I^*$，式中，$\dot{V}$ 为相对中性线电压；I^* 为平衡条件下线路复电流的共轭。因此，线路受端复功率 $S = 3 \times (132.8 \times 10^3 \underline{/0°}) \times (200 \underline{/36.9°}) = 63\,719\text{kW} + \text{j}47\,841\text{kvar}$。

2. 计算线路送端复功率 *S*

线路送端复功率 $S = 3 \times (150.8 \times 10^3 \underline{/8.06°}) \times (152.6 \underline{/4.52°}) = 67\,379\text{kW} + \text{j}15.036\text{kvar}$。

相关计算

本例中，由送端输入的视在功率（kvar）小于受端的无功功率，输电线路必定在受端安装一定容量的无功储能装置。输电线路损失的功率由 $Q = 47\,841 - 15\,036 = 32\,905\text{kvar}$ 确定，由线路储能装置提供，并且线路电阻上的损耗为 $P = 67\,379 - 63\,719 = 3660\text{kW}$。

9.31　波阻抗负荷

一个非常简单的方法是利用波阻抗负荷（Surge Impedance Loading，SIL）来对比输电线路传输能力（但不考虑电阻损耗限制）的一个便利方法。如果假设线路波阻抗值正好等于负载（最好是实数），则可得到假想的功率传输能力，从而进行线路输电能力比较。

假设两条 230kV 线路的波阻抗分别为 $Z_{c1} = 500\Omega$ 和 $Z_{c2} = 400\Omega$，试比较这两条线路的功率传输能力。

计算过程

1. 确定 *SIL* 表达式

如果视 Z_c 为负荷，则负荷电流为

$$I_L = V_L / \sqrt{3} Z_C$$

式中，V_L 为线电压的幅值，则 $SIL = \sqrt{3} V_L I_L = V_L^2 / Z_C$。

2. 计算 *SIL*

$SIL_1 = 230^2 / 500 = 106\text{MW}$，$SIL_2 = 230^2 / 400 = 118\text{MW}$，线路 2 的输电能力比线路 1 的输电能力高。

9.32　参考文献

1. The Aluminum Association. 1982. *Aluminum Electrical Conductor Handbook*, 2nd ed. Washington, D.C.: The Aluminum Association.

2. Ametani, A. 1980. "A General Formulation of Impedance and Admittance of Cables," *IEEE Transactions on Power Apparatus and Systems*, Vol. PAS-99, No. 3, pp. 902–910, May/June.

3. Carson, J. R. 1926. "Wave Propagation in Overhead Wires with Ground Return," *Bell System Technical Journal*, Vol. 5, pp. 539–554, October.

4. Deri, A., G. Tavan, A. Semlyen, and A. Castanheira. 1981. "The Complex Ground Return Plane, a Simplified Model for Homogeneous and Multi-layer Earth Return," *IEEE Transactions on Power Apparatus and Systems*, Vol. PAS-100, pp. 3686–3693, August.

5. Dommel, H. W. 1992. *EMTP Theory Book*, 2nd ed. Vancouver, B.C., Canada: Microtran Power Systems Analysis Corporation.

6. Dommel, H. W. 1985. "Overhead Line Parameters from Handbook Formulas and Computer Programs," *IEEE Transactions on Power Apparatus and Systems*, Vol. PAS-104, No. 2, pp. 366–372, February.

7. Dubanton, C. 1969. "Calcul Approché des Paramètres Primaires et Secondaires d'Une Ligne de Transport, Valeurs Homopolaires, ("Approximate Calculation of Primary and Secondary Transmission Line Parameters, Zero Sequence Values", in French)," *EDF Bulletin de la Direction des Études et Reserches*, pp. 53–62, Serie B—Réseaux Électriques. Matériels Électriques No. 1.

8. Elgerd, O. I. 1982. *Electric Energy Systems Theory: An Introduction*, 2nd ed. New York: McGraw-Hill.

9. Galloway, R. H., W. B. Shorrocks, and L. M. Wedepohl. 1964. "Calculation of Electrical Parameters for Short and Long Polyphase Transmission Lines," *Proceedings of the Institution of Electrical Engineers*, Vol. 111, No. 12, pp. 2051–2059, December.

10. Gary, C. 1976. "Approache Complète de la Propagation Multifilaire en Haute Fréquence par Utilisation des Matrices Complexes, ("Complete Approach to Multiconductor Propagation at High Frequency with Complex Matrices," in french)," *EDF Bulletin de la Direction des Études et Reserches*, pp. 5–20, Serie B—Réseaux Électriques. Matériels Électriques No. 3/4.

11. Grainger, J. J. and W. D. Stevenson, Jr. 1994. *Power System Analysis*. New York: McGraw-Hill.

12. Gross, C. A. 1986. *Power System Analysis*, 2nd ed. New York: Wiley.

13. Lewis, W. A. and G. D. Allen. 1978. "Symmetrical-Component Circuit Constants and Neutral Circulating Currents for Concentric-Neutral Underground Distribution Cables," *IEEE Transactions on Power Apparatus and Systems*, Vol. PAS-97, No. 1, pp. 191–199, January/February.

14. Lewis, W. A. and P. D. Tuttle. 1959. "The Resistance and Reactance of Aluminum Conductors, Steel Reinforced," *AIEE Transactions*, Vol. 78, Pt. III, pp. 1189–1215, February.

15. Neher, J. H. 1964. "The Phase Sequence Impedance of Pipe-Type Cables," *IEEE Transactions on Power Apparatus and Systems*, Vol. PAS-83, pp. 795–804, August.

16. Neuenswander, J. R. 1971. *Modern Power Systems*. Scranton, P.A.: International Textbook Co.

17. Pollaczek, F. 1931. "Sur le Champ Produit par un Conducteur Simple Infiniment Long Parcouru par un Courant Alternatif ("On the Field Produced by an Infinitely Long Wire Carrying Alternating Current," French translation by J. B. Pomey)," *Revue Générale de l'Electricité*, Vol. 29, No. 2, pp. 851–867.

18. Smith, D. R. and J. V. Barger. 1972. "Impedance and Circulating Current Calculations for the UD Multi-Wire Concentric Neutral Circuits," *IEEE Transactions on Power Apparatus and Systems*, Vol. PAS-91, No. 3, pp. 992–1006, May–June.

19. Wedepohl, L. M. and D. J. Wilcox. 1973. "Transient Analysis of Underground Power-Transmission Systems—System-Model and Wave-Propagation Characteristics," *Proceedings of the Institution of Electrical Engineers*, Vol. 120, No. 2, pp. 253–260, February.

20. Westinghouse Electric Corporation. 1964. *Electrical Transmission and Distribution Reference Book*. East Pittsburgh, P.A.: Westinghouse Electric Corporation.

第 10 章 电力网络

Nagy Y. Abed, Ph. D. , P. E.
Senior Engineer Southern California Edison

10.1 电力系统表示方法：发电机、电动机、变压器和线路

以下元件组成了一个简化的电力系统，从发电到负载的物理顺序列出：①两台汽轮发电机，额定电压均为 13.2kV；②两台升压变压器，13.2/66kV；③送电端高压母线额定电压 66kV；④66kV 长距离输电线路；⑤受电端母线为 66kV；⑥第二条 66kV 长距离输电线，输电线路中间有 T 接母线；⑦受电端母线上的降压变压器，66/12kV，向 4 个 12kV 并列运行的电动机供电；⑧T 接母线上的降压变压器，66/7.2kV，向一台 7.2kV 的电动机供电。为此三相 60Hz 系统绘制单线图，包括必要的断路器（CB）。

计算步骤

1. 确定适当的符号

为电力系统元件选择适当的图形符号如图 10.1 所示。

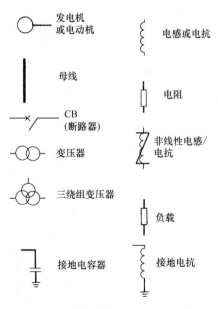

图 10.1 单线图中常见电力元件符号

2. 绘制系统

本例所描述的系统如图 10.2 所示。为了正确隔离设备，在合适的地点安装断路器。

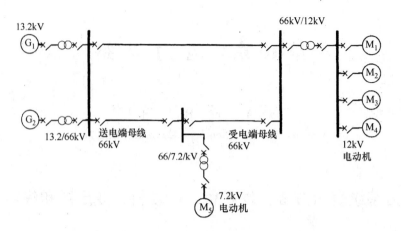

图 10.2 用单线图表示的三相电力系统

相关计算

通常用单线图表示三相系统。用对称分量法进行分析时，绘制不同的单线图代表正序、负序以及零序电路。除此之外，经常需要标识接地连接，设备是星形联结还是三角形联结。这种表示法如图 10.3 所示。

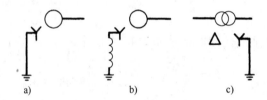

图 10.3 星形联结的发电机及电动机标识符

a) 直接接地 b) 通过电感接地 c) 三角形-星形联结变压器，星形中性点直接接地

10.2 求解三相问题的标幺制

系统如图 10.4 所示，绘制电路或电抗图，图中所有电抗均用标幺值表示，假定两台电动机的工作电压均为 12kV，所带负荷为额定负荷的 3/4，负荷的功率因数等于 1。试计算发电机的端电压。元件参数如下：

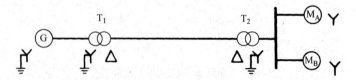

图 10.4 电力系统向电动机负载供电的单线图

发电机：25 000kVA，13.8kV，$X'' = 15\%$

变压器（每台）：25 000kVA，13.2kV（星形）/69kV（三角形），$X_L = 11\%$

电动机 A：15 000kVA，13.0kV，$X'' = 15\%$

电动机 B：10 000kVA，13.0kV，$X'' = 15\%$

输电线路：$X = 65\Omega$

计算过程

1. 建立整个系统的标幺制系统基准值

通过观察系统中各设备容量，确定基准容量 S 值；它应该是元件的一般容量，选择可以是任意的。本例选择的基准容量为 25 000kVA，同时，发电机端电压 13.8kV 为基准电压。

输电线路的电压基准值由所连接变压器的电压比确定：13.8kV × （69kV/13.2kV）= 72.136kV。同样用这个方法确定电动机的电压基准值：72.136kV × （13.2kV/69 kV）= 13.8kV。选定的 S 基准值在整个系统保持不变，但是发电机和电动机电压基准值是 13.8kV，而输电线的电压基准值是 72.136kV。

2. 计算发电机的电抗

由于发电机给定的 0.15pu（15%）电抗值是以 25 000kVA 和 13.8kV 为基准的，所以无需对发电机电抗值进行修正。如果本例使用不同的 S 基准，则必须像图 10.4 所示的输电线路、电动机和变压器一样进行修正。

3. 计算变压器电抗

由于计算是在 13.8kV/72.136kV 而不是 13.2kV/69kV 电压下进行，所以使用变压器铭牌参数时需要进行修正。使用的修正等式：标幺电抗 =（铭牌标幺电抗）×（基准 S/铭牌 S）×（铭牌 V/基准 V）^{2} = 0.11 ×（25 000/25 000）×（13.2/13.8）^{2} = 0.101pu。每台变压器都这样处理。

4. 计算传输线路电抗

使用等式：标幺电抗 =（电抗有名值）×（基准 S）/（1000 × 基准 V）^{2} = 65 × 25 000/（1000 × 72.1^2）= 0.313pu。

5. 计算电动机的电抗

由于电动机的额定容量以及额定电压（铭牌值）不同于计算时的基准容量和基准电压，因而两台电动机的额定电抗均需进行修正。利用步骤 3 中的换算公式。电动机 A，X''_A =（0.15pu）×（25 000kVA/15 000kVA）×（13.0kV/13.8kV）^{2} = 0.222pu，类似的，电动机 B，X''_B =（0.15pu）×（25 000kVA/10 000kVA）×（13.0kV/13.8kV）^{2} = 0.333pu。

6. 绘制阻抗图

最终的阻抗图如图 10.5 所示。

7. 计算电动机的运行条件

如果电机工作电压为 12kV，则运行电压的标幺值为 12kV/13.8kV = 0.87pu。功率因数为 1，给定负载为额定负荷的 3/4 或 0.75。因此，用标幺值表示，使用公式 $\dot{I}_{motor} = V^*_{motor}/S^*_{motor}$ = 0.75$\angle 0°$/0.87$\angle 0°$ = 0.862$\angle 0°$pu 计算电动机总电流。

8. 计算发电机的端电压

发电机的端电压 $\dot{V}_{gen} = \dot{V}_{motor}$ + 变压器和传输线的电压降 = 0.87$\angle 0°$ + 0.862$\angle 0°$（j0.101 +

j0.313 + j0.101）= 0.87 + j0.444 = 0.977$\angle$27.03°pu。用发电机的基准电压乘以这个标幺值电压，可得到电压有名值。因此，$\dot{V}_{gen}$ = (0.977$\angle$27.03°)(13.8kV) = 13.48$\angle$27.03°kV。

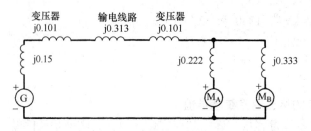

图 10.5 单线阻抗电路图（电抗用标幺值表示）

相关计算

标幺值计算时，电压和容量基准值的选择可以是任意的。但是，电路每部分的基准电压必须按变压器的电压比相互关联。基准阻抗可以利用如下公式计算：基准阻抗 =（基准电压）^{2} × 1000/（基准容量）。对于本例输电线路部分，基准阻抗 = 72.136^2 × 1000/25 000 ≈ 208.1Ω。因此，输电线路的电抗标幺值 = 输电线路阻抗的有名值/基准阻抗 = 65/208.1 ≈ 0.312pu。

10.3 三相短路计算的标幺基准值

如图 10.6 所示系统，假设基准容量分别为 30 000kVA 和 75 000kVA，试计算发电机到变压器输出端之间总阻抗的有名值。发电机及变压器参数如下：

发电机 1：40 000kVA，13.2kV，X'' = 0.20pu

发电机 2：30 000kVA，13.2kV，X'' = 0.25pu

变压器：75 000kVA，13.2kV（三角形侧）/66kV（星形侧），X = 0.10pu

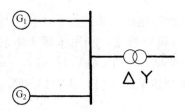

图 10.6 不同基准容量下，并列运行发电机和变压器系统的标幺值计算

计算过程

1. 发电机 1 阻抗（电抗）修正

使用 S 基准值变换公式：当基准容量为 30 000kVA 时，标幺电抗 =（铭牌标幺电抗）×（基准 S/铭牌 S）= X'' = 0.20 ×（30 000/40 000）= 0.15pu。类似地，当基准容量为 75 000kVA 时，X'' = 0.20 ×（75 000/40 000）= 0.375pu。

2. 发电机 2 阻抗（电抗）修正

使用上面步骤 1 中的公式：当基准容量为 30 000kVA 时，$X'' = 0.25 \times (30\ 000/30\ 000) = 0.25$pu。当基准容量为 75 000kVA 时，$X'' = 0.25 \times (75\ 000/30\ 000) = 0.625$pu。

3. 变压器阻抗（电抗）修正

使用与发电机相同的修正等式：当基准容量为 30 000kVA 时，$X = 0.1 \times (30\ 000/75\ 000) = 0.04$pu；当基准容量为 75 000kVA 时，变压器标幺值为 0.10（见图 10.7）。

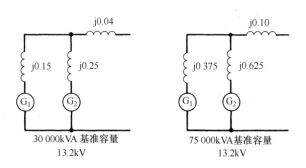

图 10.7　基准容量分别为 30 000kVA 和 75 000kVA 的等效电力网络图

4. 计算总阻抗（电抗）

无论基准容量为多少，系统的总阻抗等于发电机 1 和发电机 2 的并联阻抗加上变压器的串联阻抗。当基准容量为 30 000kVA 时，$jX_{total} = j0.15 \times j0.25/(j0.15 + j0.25) + j0.04 = j0.1344$pu，当基准容量为 75 000kVA 时，$jX_{total} = j0.375 \times j0.625/(j0.375 + j0.625) + j0.10 = j0.334$pu。

5. 将阻抗（电抗）标幺值转换为有名值

基准阻抗（电抗）有名值为 1000 ×（基准电压）²/基准容量。因此，当基准容量为 30 000kVA 时，基准阻抗为 $1000 \times (13.2)^2/30\ 000 = 5.808\Omega$。

折算到变压器低压侧，给定电路阻抗的有名值等于标幺阻抗 × 基准阻抗 = $j0.134 \times 5.808 \approx 0.778\Omega$。

当基准容量为 75 000kVA 时，基准阻抗（电抗）为 $1000 \times (13.2)^2/75\ 000 = 2.32\Omega$。折算到变压器低压侧，给定电路阻抗有名值为 $j0.334 \times 2.32 = 0.777\Omega$。

6. 不同基准容量下计算结果的比较

可以看出，对于任意选择的两个基准容量，得到相同的有名值。当用标幺值进行计算时，变压器两侧的标幺值相同；而对于阻抗、电流或者电压有名值，根据计算以哪一侧为参考侧，利用变压器的变比进行修正。本例中，折算到变压器低压侧，系统总电抗为 0.777Ω；而折算到变压器高压侧时，系统总阻抗为 $0.777 \times (66kV/13.2kV)^2 = 19.425\Omega$。用标幺值表示，对于变压器两侧系统总阻抗都为 0.134pu（当基准容量为 30 000kVA 时），或者为 0.334pu（当基准容量为 75 000kVA 时）。

相关计算

通过本例计算可知：基准容量 S 的选择是任意的，只是选出的基准值要对整个电路通用。同样，电压基准值可在电路的一部分进行选择，但对电路所有其他部分，电压基准值必须按变压器变比关联起来。两种情况中，通过对已知信息的总体观察以及一定经验，可以提示我们对基准值做出适当的选择，以得出比较方便的计算数字。

10.4　改变标幺量的基准值

一台强油冷 345kV/69kV 变压器的电抗为 22%；铭牌容量为 450kVA。短路计算用基准电压及基准容量分别为 765kV 和 1MVA。试计算①选定基准电压和容量下的变压器电抗；②基准电压为 345kV，电抗为 10% 的基准容量为多少。

计算过程

1. 将铭牌电抗转换到研究基准值下的标幺值

765kV 和 1000kVA 的电压和功率基准值下进行计算。用下标 1 表示给出的铭牌条件，下标 2 表示改变后的新条件。使用等式 $X_2 = X_1 [S_2/S_1] \times [V_1/V_2]^2$。因此，$X_2 = 0.22 \times (1000/450)(345/765)^2 \approx 0.099\text{pu}$。

2. 替代 S 基准的计算

假设需要满足基准电压为 345kV 时，变压器的标幺电抗为 0.10；使用与步骤 1 相同的等式，求解 S_2。因此，基准 $S_2 = (X_2/X_1)S_1(V_2/V_1)^2 = (0.10/0.22) \times 450 \times (345/345)^2 \approx 204.5\text{kVA}$。

相关计算

本例所用的等式可用于不同基准下阻抗、电阻或电抗的换算。

10.5　Y-d 和 D-y 转换

某电力网络部分单线图如图 10.8 所示。利用 Y-d 或者 D-y 转换将网络化简为单个电抗。

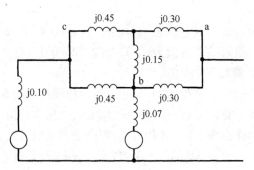

图 10.8　部分电力网络图（电抗用标幺值表示）

计算过程

1. Y-d 转换

网络化简几乎可以从任意一点开始。一个起始点是取 Y 联结电抗 a、b、c，并利用 Y-d

转换公式，转换为 D 联结。参考图 10.9 中的公式。因此，在这个等式中用 $jX's$ 代替 $Z's$ 得到 $jX_{ab} = (jX_a jX_b + jX_b jX_c + jX_c jX_a)/jX_c = [\, j0.30 \times j0.15 + j0.15 \times j0.45 + j0.45 \times j0.30\,]/(j0.45) = [\, j^2 0.045 + j^2 0.0675 + j^2 0.135\,]/j0.45 = j^2 0.2475/j0.45 = j0.55\,pu$（如图 10.10 所示）。

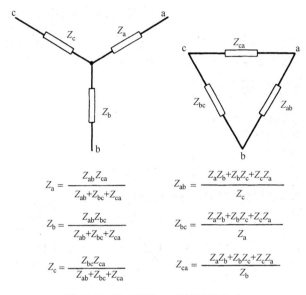

$$Z_a = \frac{Z_{ab}Z_{ca}}{Z_{ab}+Z_{bc}+Z_{ca}} \qquad Z_{ab} = \frac{Z_a Z_b + Z_b Z_c + Z_c Z_a}{Z_c}$$

$$Z_b = \frac{Z_{ab}Z_{bc}}{Z_{ab}+Z_{bc}+Z_{ca}} \qquad Z_{bc} = \frac{Z_a Z_b + Z_b Z_c + Z_c Z_a}{Z_a}$$

$$Z_c = \frac{Z_{bc}Z_{ca}}{Z_{ab}+Z_{bc}+Z_{ca}} \qquad Z_{ca} = \frac{Z_a Z_b + Z_b Z_c + Z_c Z_a}{Z_b}$$

图 10.9　Y-d 和 D-y 联结转换公式

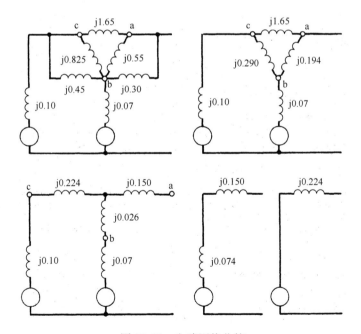

图 10.10　电路网络化简

$jX_{bc} = (jX_a jX_b + jX_b jX_c + jX_c jX_a)/jX_a = j^2 0.2475/j0.30 = j0.825\,pu\,,\ jX_{ca} = (jX_a jX_b + jX_b jX_c + jX_c jX_a)/jX_b = j^2 0.2475/j0.15 = j1.65\,pu$

2. 合并并联电抗

需要注意的是第一次 Y-d 转换后，点 a 和点 b 由两个电抗并联，其组合电抗为 j0. 55 × j0. 30/（j0. 55 + j0. 30）= j0. 194pu。b 点和 c 点由两个电抗并联，其组合电抗为 j0. 825 × j0. 45/（j0. 825 + j0. 45）= j0. 290pu。

3. D-y 转换

将新的 D 联结 abc，转换为 Y 联结。$jX_a = jX_{ab}jX_{ca}/（jX_{ab} + jX_{bc} + jX_{ca}）= j0. 194 × j1. 65/$（j0. 194 + j0. 290 + j1. 65）= j0. 150pu，$jX_b = jX_{ab} × jX_{bc}/（jX_{ab} + jX_{bc} + jX_{ca}）= j0. 194 × j0. 290/$（j0. 194 + j0. 290 + j1. 65）= j0. 026pu，$jX_c = jX_{bc}jX_{ca}/（jX_{ab} + jX_{bc} + jX_{ca}）= j0. 290 × j1. 65/$（j0. 194 + j0. 290 + j1. 65）= j0. 224pu。

4. 合并发电机支路电抗

每个发电机支路都有两个电抗串联，在支路 c 中，两个串联电抗的和为 j0. 10 + j0. 224 = j0. 324pu 在支路 b 中，两个串联电抗的和为 j0. 07 + j0. 026 = j0. 0096pu 这些支路为并联，保留一个等效发电机和一个电抗，j0. 324 × j0. 096/（j0. 324 + j0. 096）= j0. 074pu。

5. 合并余下的电抗

将等效发电机电抗与支路 a 电抗相加，得 j0. 074 + j0. 150 = j0. 224pu，如图 10. 10 所示。

相关计算

本例对网络化简所用的 Y-d 以及 D-y 使用的转换公式进行了阐述。在求解网络问题中，经常会用到这些转换。

10. 6　三绕组变压器的标幺电抗

图 10. 11 所示为三相 60Hz 系统，三绕组变压器的漏电抗为 X_{ps} = 0. 08pu（50MVA，13. 2kV），X_{pt} = 0. 07pu（50MVA，13. 2kV）、X_{st} = 0. 20pu（20MVA，2. 2kV），式中，下标 p，s，t 分别代表一次、二次以及三次绕组。试绘制简化电路图，基准容量为 50 000kVA，当基准电压为 13. 2kV 时，计算电路中的电抗。

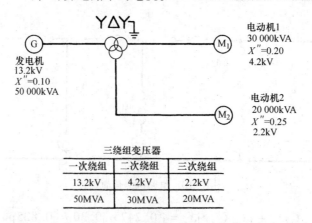

图 10. 11　通过三绕组变压器将电动机负载连接到发电机

计算过程

1. 发电机电抗修正

给定的发电机电抗为 0.10pu 由于此值对应的基准值为 50 000kVA 和 13.2kV，所以无需修正。

2. 计算三绕组变压器电抗

给定的 X_{ps}、X_{pt} 分别为 0.08pu 和 0.07pu，基准值为 50 000kVA、13.2kV。无需修正。然而，给定的 X_{st} 为 0.20pu，基准值为 20 000kVA、2.2kV；它必需换算到 50 000kVA、13.2kV 基准下。使用公式 $X_2 = X_1(S_2/S_1)(V_1/V_2)^2 = 0.20 \times (50\,000/20\,000) \times (2.2/13.2)^2 \approx 0.014\text{pu}$，这就是 X_{st} 的修正值。

3. 计算三相三绕组变压器等效星形电抗

使用公式 $X_p = \dfrac{1}{2}(X_{ps} + X_{pt} - X_{st}) = \dfrac{1}{2}(0.08 + 0.07 - 0.014) = 0.068\text{pu}$，$X_s = \dfrac{1}{2}(X_{ps} + X_{st} - X_{pt}) = \dfrac{1}{2}(0.08 + 0.014 - 0.07) = 0.012\text{pu}$，$X_t = \dfrac{1}{2}(X_{pt} + X_{st} - X_{ps}) = \dfrac{1}{2}(0.07 + 0.014 - 0.08) \approx 0.002\text{pu}$。

4. 修正电动机电抗

已知电动机 1 的 X'' 为 0.20，基准值为 30 000kVA、4.2kV。修正值为 $0.20 \times (50\,000/20\,000) \times (2.2/13.2)^2 \approx 0.034\text{pu}$。

已知电动机 2 的 X'' 为 0.25，基准值为 20 000kVA、2.2kV。修正值为 $0.25 \times (50\,000/20\,000) \times (2.2/13.2)^2 \approx 0.017\text{pu}$。

5. 绘制简化电路图

如图 10.12 所示。

相关计算

三绕组变压器有助于提升电压平衡和抑制三次谐波电流。为此，三次绕组连接为闭合三角形。由励磁电流产生三次谐波电流。本例说明了三绕组变压器电抗的计算方法。

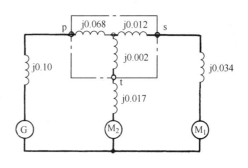

图 10.12　三绕组变压器等效电路图

10.7　复功率计算

已知三相平衡系统某点数据为相电流为 $5.0\angle -37°\text{A}$、线电压为 $69\angle 0°\text{kV}$，计算基准值为 1000kVA、72kV。计算复功率。

计算过程

1. 转换电压为标幺值

已知电压为 $69\angle 0°\text{kV}$。由于基准值为 72kV，则电压的标幺值为 $V = 69/72 = 0.96\angle 0°\text{pu}$。

2. 转换电流为标幺值

通过公式 $S = \sqrt{3} V_{line} I_{line}$ 可得，$I_{line} = S / \sqrt{3} V_{line}$。对于给定的基准值，基准电流为 1 000 000VA/ $(\sqrt{3} \times 72\ 000V) = 8.02A$。则给定电流的标幺值为 $I = 5 \angle -37°A / 8.02A = 0.623 \angle -37° pu$。

3. 计算复功率

使用等式 $\dot{S} = P + jQ = \dot{V}I^{*}$ 计算复功率，式中的 "$*$" 号表示电流的共轭值。$\dot{S} = 0.96 \angle 0° \times 0.623 \angle 37° = 0.598 \angle 37° = (0.478 + j0.360) pu$；有功功率 $P = 0.478pu$，或者 $0.478 \times 1000kVA = 478kW$；无功功率 $Q = 0.360pu$，或者 $0.360 \times 1000kVA = 360kvar$；$\dot{S} = P + jQ = 478kW + j360kvar$，或者 $S = (0.478 + j0.360) pu$。

相关计算

本例证明了利用电流共轭和标幺概念进行复功率计算的方法。另外，有功功率可用如下等式计算：$P = \sqrt{3} V_{line} I_{line} \cos\theta = \sqrt{3} \times 69\ 000V \times 5.0A \times \cos37° = 478kW$；无功功率为 $Q = \sqrt{3} V_{line} I_{line} \sin\theta = \sqrt{3} \times 69\ 000V \times 5.0A \times \sin37° = 360kvar$。

10.8 利用灯泡检测电压相序

如图 10.13 所示，一个 120V 三相 60Hz 系统的 3 个端子与两个相同灯泡和 1 个电感任意连接。已知一个灯泡比另外一个灯泡更亮，试确定未知的相序。

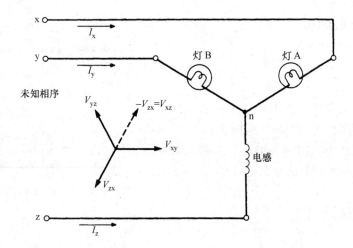

图 10.13 利用两个阻性灯泡和一个电感确定相序

计算过程

1. 假设灯泡和电感的标幺值

无论假设的基准值为多少，假设每个灯泡为 1.0pu 纯电阻，电感为 1.0pu 无电阻。也就

是 $\dot{Z}_A = \dot{Z}_B = 1.0 \angle 0° \mathrm{pu}$，$\dot{Z}_L = 1.0 \angle 90° \mathrm{pu}$。实际上，由于电感有电阻存在，所以电感的阻抗角应不等于 $90°$，本例求解要求电感的 X_L/R 比值较大。

2. 假设相量旋转方向

假设相量旋转方向为 $xy \to zx \to yz$，或者 $\dot{V}_{xy} = 1.0 \angle 0° \mathrm{pu}$、$\dot{V}_{zx} = 1.0 \angle -120° \mathrm{pu}$、$\dot{V}_{yz} = 1.0 \angle 120° \mathrm{pu}$。

3. 灯泡的电压方程

对于这个电路列出 3 个方程式为① $\dot{I}_x + \dot{I}_y + \dot{I}_z = 0$；② $\dot{V}_{zx} - \dot{Z}_A \dot{I}_x + \dot{Z}_L \dot{I}_z = 0$；③ $\dot{V}_{zy} - \dot{Z}_B \dot{I}_y + \dot{Z}_L \dot{I}_z = 0$。将假设值 $\dot{V}_{zx}$、$\dot{V}_{zy}(= -\dot{V}_{yz})$、$\dot{Z}_A$、$\dot{Z}_B$ 代入。方程式①保持不变，即 $\dot{I}_x + \dot{I}_y + \dot{I}_z = 0$；方程式②变为 $1 \angle -120° - \dot{I}_x + 1 \angle 90° \dot{I}_z = 0$ 或者 $-\dot{I}_x + 1 \angle 90° \dot{I}_z = -(1 \angle -120°) = 1 \angle 60°$；方程式③变为 $-(1 \angle 120° - \dot{I}_y + 1 \angle 90° \dot{I}_z = 0$ 或者 $-\dot{I}_y + 1 \angle 90° \dot{I}_z = 1 \angle 120°$。

4. 计算灯 A 两端的电压

灯 A 两端的电压与流过灯 A 的电流 $\dot{I}_x$ 成正比。求解 $\dot{I}_x$ 的联立方程式得

$$\dot{I}_x = \frac{\begin{vmatrix} 0 & 1 & 1 \\ 1 \angle 60° & 0 & j \\ 1 \angle 120° & -1 & j \end{vmatrix}}{\begin{vmatrix} 1 & 1 & 1 \\ -1 & 0 & j \\ 0 & -1 & j \end{vmatrix}} = \frac{-0.50 - j1.866}{1 + j2} = 0.863 \angle 191.6° \mathrm{pu}$$

5. 计算灯 B 两端的电压

灯 B 两端的电压与流过灯 B 的电流 $\dot{I}_y$ 成正比，求解 $\dot{I}_y$ 的联立方程式得

$$\dot{I}_y = \frac{\begin{vmatrix} 1 & 0 & 1 \\ -1 & 1 \angle 60° & j \\ 0 & 1 \angle 120° & j \end{vmatrix}}{1 + j2} = \frac{0.50 + j0.134}{1 + j2} = 0.232 \angle -48.4° \mathrm{pu}$$

6. 确定电压相序

根据前面两个步骤，流过 A 灯的电流大于流过 B 灯的电流。因此，A 灯的亮度高于 B 灯的亮度，也就是说，相序与假设相序相同，即 $xy \to zx \to yz$。

7. 令相序相反

反过来的相序为 $xy \to yz \to zx$。本例中，假设的电压变为 $\dot{V}_{xy} = 1.0 \angle 0° \mathrm{pu}$、$\dot{V}_{zx} = 1.0 \angle 120° \mathrm{pu}$、$\dot{V}_{yz} = 1.0 \angle -120° \mathrm{pu}$。

8. 相反相序时，灯 A 两端的电压

通过求解联立方程组，灯 A 两端的电压正比于 $\dot{I}_x$：

$$i_x = \frac{\begin{vmatrix} 1 & 1 & 1 \\ 1\angle-60° & 0 & j \\ 1\angle-120° & -1 & j \end{vmatrix}}{1+j2} = \frac{-0.50 - j0.134}{1+j2} = 0.232\angle131.5° \text{pu}$$

9. 相反相序时，灯 B 两端的电压

通过求解联立方程组，灯 B 两端的电压正比于 $\dot{I}_y$：

$$i_y = \frac{\begin{vmatrix} 1 & 0 & 1 \\ -1 & 1\angle-60° & j \\ 0 & 1\angle-120° & j \end{vmatrix}}{1+j2} = \frac{0.50 + j1.866}{1+j2} = 0.863\angle11.6° \text{pu}$$

10. 确定电压相序

因此，如图 10.13 的连接，对于电压相序为 xy、yz、zx，灯 B 会比灯 A 亮。

相关计算

本例给出了检查电压相序的一种方法。另外一种方法也是基于相似的分析方法，使用一块电压表、一个电容器以及一个电感。这两种方法均是依赖于不平衡负载阻抗的使用。

10.9　三相平衡系统的总功率

某三相平衡 440V、60Hz 系统，负载为星形联结，每相负载阻抗为 $22\angle37°\Omega$。确定负载所消耗的总功率。

计算过程

1. 计算线对中性点电压

给定的电压等级 440V 为线电压。则线对中性点电压为 $440\text{V}/\sqrt{3} = 254\text{V}$。

2. 计算每相电流

星形联结的每相电流为线电流 $= \dot{V}_{\text{phase}}/\dot{Z}_{\text{phase}} = 254\angle0°\text{V}/22\angle37°\Omega = 11.547\angle-37°\text{A}$。

3. 计算每相功率

每相功率为 $P_{\text{phase}} = V_{\text{phase}}I_{\text{phase}}\cos\theta = 254\text{V} \times 11.547\text{A} \times \cos37° = 2342.3\text{W}$。

4. 计算总功率

总功率为 $P_{\text{tatal}} = 3P_{\text{phase}} = 3 \times 2342.3\text{W} = 7027\text{W}$，或 $P_{\text{total}} = \sqrt{3}V_{\text{line}}I_{\text{line}}\cos\theta = \sqrt{3} \times 440\text{V} \times 11.547\text{A} \times \cos37° = 7027\text{W}$。

相关计算

本例给出了两种计算三相电路总功率的方法。这里假设系统是平衡的。对于不平衡系统，使用对称分量法，分别对零序、正序以及负序网络进行分析。

10.10　并联变压器之间的负载分配

两台单相变压器的高低压侧都并列连接，变压器的特性参数为：变压器 A，100kVA、2300V/120V，折算到变压器低压侧电阻为 0.006Ω、漏抗为 0.025Ω；变压器 B，150kVA、2300V/115V，折算到变压器低压侧电阻为 0.004Ω、漏抗为 0.015Ω。功率因数为 0.85，滞后。125kW 负载连接到变压器低压侧，变压器端电压为 125V。确定一次电压和每台变压器提供的电流。

计算过程

1. 计算变压器 A 的导纳 $\dot{Y}_A$

已知折算到变压器 A 低压侧的阻抗为 $\dot{Z}_A = (0.006 + j0.025)\Omega$。转换这个阻抗从直角坐标系到极坐标系为 $0.0257 \angle 76.5°$，然后计算其倒数，转换为导纳 $38.90 \angle -76.5°$；用直角坐标形式表示这个导纳等于 $\dot{Y}_A = (9.08 - j37.82)\mathrm{S}$。

2. 计算变压器 B 的导纳 $\dot{Y}_B$

已知折算到变压器 B 低压侧的阻抗为 $\dot{Z}_B = (0.004 + j0.015)\Omega$。将此阻抗的直角坐标形式转换为极坐标形式为 $(0.0155 \angle 75.07°)\Omega$，然后计算其倒数，改变这个阻抗为导纳 $(64.42 \angle -75.07°)\Omega$；用直角坐标形式表示这个导纳为 $\dot{Y}_B = (16.60 - j62.24)\mathrm{S}$。

3. 计算并联变压器的总导纳 $\dot{Y}_{total}$

总导纳 $\dot{Y}_{total}$ 为变压器 A 和变压器 B 的导纳之和，即 $(25.68 - j100.06)\mathrm{S}$，是折算到变压器低压侧的值。用极坐标表示为 $\dot{Y}_{total} = 103.3 \angle -75.6°\mathrm{S}$。

4. 计算总电流

对于总电流（负载电流），使用公式 $I_{total} = P/V\cos\theta = 125\,000\mathrm{W}/(125\mathrm{V} \times 0.85) = 1176\mathrm{A}$。

5. 计算一次电压

假设二次电压为参考相，$125 \angle 0°\mathrm{V}$。总电流滞后二次电压一个角度，其余弦为 0.85，此角为功率因数角。用极坐标表示的总电流为 $\dot{I}_{total} = 1176 \angle -31.79°\mathrm{A}$，用直角坐标表示为 $\dot{I}_{total} = (999.6 - j619.5)\mathrm{A}$。从如下等式计算一次电压：$\dot{V}_1 = \alpha_{total}\dot{V}_2 + (\alpha_{total}\dot{I}_{total}/\dot{Y}_{total})$，式中，$\alpha_{total} =$ 并联的两台变压器的电压比。这个公式可用另外一种方式表达：$\dot{V}_1 = (\dot{V}_2\dot{Y}_{total} + \dot{I}_{total})/(\dot{Y}_{total}/\alpha_{total})$，式中的 $\dot{Y}_{total}/\alpha_{total} = \dot{Y}_A/\alpha_A + \dot{Y}_B/\alpha_B$；$\alpha_A$ 为变压器 A 的电压比（即 $\alpha_A = 2300/120 = 19.17$）；$\alpha_B$ 为变压器 B 的电压比（即 $\alpha_B = 2300/115 = 20$）；$\dot{Y}_{total}/\alpha_{total} = (9.08 - j37.82)/19.17 + (16.60 - j62.24)/20 = 0.47 - j1.97 + 0.83 - j3.11 = 1.30 - j5.08 = 5.24 \angle -75.65°$。因此，$\dot{V}_1 = [(125 \angle 0°) \times (25.68 - j100.06) + (999.6 - j619.5)]/5.24 \angle -75.65° = 13\,787 \angle -72.2°/5.24 \angle -75.65° = 2629 \angle 3.43°\mathrm{V}$（两台并联变压器的一次电压）。

6. 计算变压器之间的负载分配

首先，计算流过变压器 A 的电流为

$$\dot{I}_A = \frac{\dot{I}_{\text{total}} + \dot{V}_1 \left[(\dot{Y}_{\text{total}} / \alpha_A) - (\dot{Y}_{\text{total}} / \alpha_{\text{total}}) \right]}{\dot{Z}_A \dot{Y}_{\text{total}}}$$

$$= \frac{(999.6 - j619.5) + 2631 \angle 3.45° \{ [(25.68 - j100.06) / 19.17] - (1.30 - j5.08) \}}{(0.0257 \angle 76.5°) \times (103.3 \angle -75.6°)} A$$

$$= 1494 \angle -41.02° / [(0.0257 \angle 76.5°) \times (103.3 \angle 75.6°)] A$$

$$= 561.8 \angle -41.94° A = 417.9 - j375.4 A$$

类似地，计算流过变压器 B 的电流为

$$\dot{I}_B = \frac{\dot{I}_{\text{total}} + \dot{V}_1 \left[(\dot{Y}_{\text{total}} / \alpha_B) - (\dot{Y}_{\text{total}} / \alpha_{\text{total}}) \right]}{\dot{Z}_B \dot{Y}_{\text{total}}}$$

$$= 645.1 \angle -23.41° A = (592 - j256.3) A$$

变压器 A 所带部分负载为 $A = 561.8A \times 0.120kV = 67.4kVA$，为额定容量（100kVA）的 67.4%。变压器 B 所带部分负载为 $B = 645.1A \times 0.115kV = 74.2kVA$，为额定容量（150kVA）的 49.5%。

相关计算

本例给出了两个单相变压器之间负载分配计算的方法。此方法也适用于平衡条件下的三相变压器之间的负载分配计算，也可利用对称分量法扩展到不平衡条件下三相变压器之间的负载分配计算。

10.11　Y-d 变压器组的相位移

某台三相，300kVA、2300V/23 900V、60Hz 变压器采用 Y-d 联结方式，如图 10.14 所示。此变压器所带负载容量为 280kVA、功率因数为 0.9（滞后）。变压器高压侧供电电压

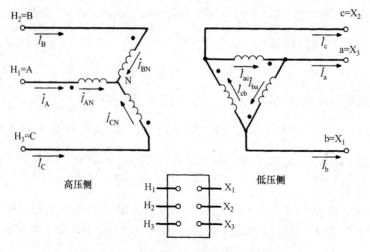

图 10.14　变压器 Y-d 联结相位移分析

（线对中性点）为 $\dot{V}_{AN} = 13\ 800 \angle 0° \mathrm{V}$、$\dot{V}_{BN} = 13\ 800 \angle -120° \mathrm{V}$、$\dot{V}_{CN} = 13\ 800 \angle 120° \mathrm{V}$。试计算此变压器相电压和相电流。

计算过程

1. 确定电压比

对于三相变压器中的每对绕组而言，平行绕制（磁链接）的绕组匝数比是相同的。本例中，$a = 13\ 800\mathrm{V}/2300\mathrm{V} = 6$。

2. 确定低压侧相电压

三角形联结侧，电压 $\dot{V}_{ab} = \dot{V}_{AN}/a = 13\ 800 \angle 0° \mathrm{V}/6 = 2300 \angle 0° \mathrm{V}$，$\dot{V}_{bc} = \dot{V}_{BN}/a = 13\ 800 \angle -120° \mathrm{V}/6 = 2300 \angle -120° \mathrm{V}$，$\dot{V}_{ca} = \dot{V}_{CN}/a = 13\ 800 \angle 120° \mathrm{V}/6 = 2300 \angle 120° \mathrm{V}$。

3. 确定高压侧线对线电压

给出的供电电压为每相的线对中性点电压。根据相量相加得到线对线电压：$\dot{V}_{AB} = \dot{V}_{AN} - \dot{V}_{BN} = 13\ 800 \angle 0° - 13\ 800 \angle -120° = 13\ 800 + (6900 + \mathrm{j}11\ 951) = 20\ 700 + \mathrm{j}11\ 951 = 23\ 900 \angle 30° \mathrm{V}$；$\dot{V}_{BC} = \dot{V}_{BN} - \dot{V}_{CN} = 13\ 800 \angle -120° - 13\ 800 \angle 120° = (-6900 - \mathrm{j}11\ 951) + (6900 - \mathrm{j}11\ 951) = -\mathrm{j}23\ 900 = 23\ 900 \angle -90° \mathrm{V}$；$\dot{V}_{CA} = \dot{V}_{CN} - \dot{V}_{AN} = 13\ 800 \angle 120° - 13\ 800 \angle 0° = (-6900 + \mathrm{j}11\ 951) - 13\ 800 = -20\ 700 + \mathrm{j}11\ 951 = 23\ 900 \angle 150° \mathrm{V}$。高压侧线对线电压超前低压侧线对线电压 30°，这是 Y-d 和 D-y 联结的常规情况。

4. 确定高压侧负载电流

使用公式 $I_{\mathrm{line}} = S/3V_{\mathrm{phase}}$。高压侧电流的幅值为 $|I_{AN}| = |I_{BN}| = |I_{CN}| = 300\ 000\mathrm{VA}/(3 \times 13\ 800\mathrm{V}) = 7.25\mathrm{A}$。功率因数角 $= \arccos 0.9 = 25.84°$。电流以该功率因数角滞后于相应的电压。$\dot{I}_{AN} = 7.25 \angle -25.84° \mathrm{A}$，$\dot{I}_{BN} = 7.25 \angle (-120° - 25.84°) = 7.25 \angle -145.84° \mathrm{A}$，$\dot{I}_{CN} = 7.25 \angle (120° - 25.84°) = 7.25 \angle 94.16° \mathrm{A}$。

5. 确定低压侧负载电流

$\dot{I}_{ab} = a\dot{I}_{AN}$，$\dot{I}_{bc} = a\dot{I}_{BN}$，$\dot{I}_{ca} = a\dot{I}_{CN}$。因此，$\dot{I}_{ab} = 6 \times (7.25 \angle -25.84°) = 43.5 \angle -25.84° \mathrm{A}$，$\dot{I}_{bc} = 6 \times (7.25 \angle -145.84°) = 43.5 \angle -145.84° \mathrm{A}$，$\dot{I}_{ca} = 6 \times (7.25 \angle 94.16°) = 43.5 \angle 94.16° \mathrm{A}$。相量相加可得线电流。因此，$\dot{I}_a = \dot{I}_{ac} - \dot{I}_{bc} = \dot{I}_{ab} - \dot{I}_{ca} = 43.5 \angle -25.84° - 43.5 \angle 94.16° = (39.15 - \mathrm{j}18.96) + (3.16 - \mathrm{j}43.4) = 42.31 - \mathrm{j}62.36 = 75.4 \angle -55.84° \mathrm{A}$；$\dot{I}_b = \dot{I}_{ba} - \dot{I}_{cb} = \dot{I}_{bc} - \dot{I}_{ab} = 43.5 \angle -145.84° - 43.5 \angle -25.84° = -(35.99 + \mathrm{j}24.43) - (39.15 - \mathrm{j}18.96) = -75.14 - \mathrm{j}5.47 = 75.4 \angle -175.84° \mathrm{A}$。$\dot{I}_c = \dot{I}_{cb} - \dot{I}_{ac} = \dot{I}_{ca} - \dot{I}_{bc} = 43.5 \angle 94.16° - 43.5 \angle -145.84° = (-3.16 + \mathrm{j}43.4) + (35.99 + \mathrm{j}24.43) = 32.83 + \mathrm{j}67.83 = 75.4 \angle 64.16° \mathrm{A}$。

6. 高低压侧线电流对比分析

如表 10.1 所示，注意到每相的低压侧（三角）线电流分别滞后高压侧（星形）线电流 30°。

表 10.1 高压侧及低压侧线电流

高 压 侧	低 压 侧
$\dot{I}_A = \dot{I}_{AN} = 7.25\angle{-25.84°}\,A$	$\dot{I}_a = 75.4\angle{-55.84°}\,A$
$\dot{I}_B = \dot{I}_{BN} = 7.25\angle{-145.84°}\,A$	$\dot{I}_b = 75.4\angle{-175.84°}\,A$
$\dot{I}_C = \dot{I}_{CN} = 7.25\angle{94.16°}\,A$	$\dot{I}_c = 75.4\angle{64.16°}\,A$

相关计算

本例给出经过 Y-d 或 D-y 联结变压器组相位移计算的方法。对于图中所示的标准连接，高压侧的电压和电流都将超前低压侧相应量 30°；无论接线形式是 Y-d 还是 D-y 联结，情况都一样。

10.12 有功功率、无功功率、视在功率以及功率因数的计算

如图 10.15 所示等效电路，发电机 A 在电压为 440V、功率因数为 0.90（滞后）时发出功率为 4000W。电动机负载在功率因数为 0.85（滞后）时吸收功率为 9500W。试计算每台发电机和电动机负载的有功功率（单位 W）、无功功率（单位 var）、视在功率（单位 VA）和功率因数。

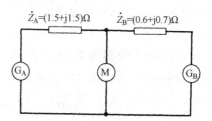

$\dot{Z}_A = (1.5+j1.5)\Omega$ $\dot{Z}_B = (0.6+j0.7)\Omega$

图 10.15 两台发电机向一台电动机供电的等效电路图

计算过程

1. 确定发电机 A 的电流

使用公式 $P = EI\cos\theta$ 并求解电流。$I_A = P_A/V_A\cos\theta_A = 4000\text{W}/(440\text{V}\times0.90) = 10.1\text{A}$。

2. 确定发电机 A 的无功功率及视在功率

发电机的视在功率为 $S = P/pf = 4000\text{W}/0.90 = 4444.4\text{VA}$，无功功率为 $Q = P\tan(\arccos pf) = 4000\text{W}\times\tan(\arccos0.90) = 1937.3\text{var}$。

3. 计算 Z_A 上的损耗

Z_A 上的有功损耗为 $I_A^2 R_A = (10.1\text{A})^2\times1.5\Omega = 153\text{W}$；$Z_A$ 上的无功损耗为 $I_A^2 X_A = (10.1\text{A})^2\times1.5\Omega = 153\text{var}$。由发电机 A 向电动机提供的有功功率和无功功率分别为 $P = (4000-153)\text{W} = 3847\text{W}$ 和 $Q = (1937.3-153)\text{var} = 1784.3\text{var}$。

4. 计算电动机负载所需功率

对于电动机，视在功率 $S = P/pf = 9500\text{W}/0.85 = 11\,176.5\text{VA}$。无功功率 $Q = P\tan(\arccos pf) =$

$9500\mathrm{W} \times \tan(\arccos0.85) = 5887.6\mathrm{var}$。

5. 计算发电机 B 向电动机输出的功率

发电机 B 向电动机输出的有功功率为 $P = (9500 - 3847)\mathrm{W} = 5653\mathrm{W}$。无功功率为 $Q = (5887.6 - 1784.3)\mathrm{var} = 4103.3\mathrm{var}$。视在功率为 $\sqrt{5653^2 + 4103.3^2}\mathrm{VA} = 6985.2\mathrm{VA}$。

6. 计算来自发电机 B 的电流

首先计算发电机 A 电压降代表的负载电压。$V_{\mathrm{load}} = S_A/I_A = \sqrt{3847^2 + 1784.3^2}\mathrm{VA}/10.1\mathrm{A} = 419.9\mathrm{V}$，因此，$I_B = S_B/V_{\mathrm{load}} = 6985.2\mathrm{VA}/419.9\mathrm{V} \approx 16.64\mathrm{A}$。

7. 计算 Z_B 上的损耗

Z_B 上的有功损耗为 $I_B^2 R_B = (16.64\mathrm{A})^2 \times 0.6\Omega \approx 166.1\mathrm{W}$。$Z_B$ 上的无功损耗为 $I_B^2 X_B = (16.64\mathrm{A})^2 \times 0.7\Omega \approx 193.8\mathrm{var}$。因此，发电机 B 必需提供 $(5653 + 166.1)\mathrm{W} = 5819.1\mathrm{W}$，$(4103.3 + 193.8)\mathrm{var} = 4297.1\mathrm{var}$ 和 $\sqrt{(5819.1)^2 + (4297.1)^2}\mathrm{VA} = 7233.7\mathrm{VA}$。

8. 计算结果汇总

如表 10.2 所示。需要注意的是发出的有功功率和无功功率之和分别等于电动机负载和 Z_A、Z_B 消耗的有功功率和无功功率之和。

表 10.2　有功功率、无功功率和视在功率

		有功功率/W	无功功率/var	视在功率/VA
发电机 A		4000	1937	4444
发电机 B		5819	4297	7234
电动机负载		9500	5888	11 177
损耗	$\dot{Z}_A$	153	153	216
	$\dot{Z}_B$	166.1	193.8	255.2

相关计算

本例说明了有功功率、无功功率、视在功率以及功率因数之间的关系。对于三相系统，必需包括因子 $\sqrt{3}$。例如，$P = \sqrt{3}VI\cos\theta$，$Q = \sqrt{3}VI\sin\theta$。

10.13　功率图

如图 10.16 所示，某串联电路电阻为 5Ω、电抗为 $X_L = 6.5\Omega$。电源为 120V、60Hz。计算有功功率、无功功率、视在功率以及功率因数，并绘制功率图。

计算过程

1. 计算电路的阻抗

电路的总阻抗为 $\dot{Z}_T = R + jX_L = (5 + j6.5)\Omega = 8.2\angle52.34°\Omega$。

2. 计算相电流

根据如下公式计算相电流：$\dot{I} = \dot{V}/\dot{Z}_T = 120\angle0°\mathrm{V}/8.2\angle52.43°\Omega = 14.63\angle-52.43°\mathrm{A} =$

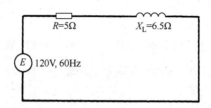

图 10.16　用于说明有功功率、无功功率以及视在功率关系的串联电路

$(8.92 - j11.60)$A。

3. 计算有功功率

使用公式 $P = VI\cos\theta = 120 \times 14.63 \times \cos52.43° = 1070.0W$。式中，$\cos\theta = 0.61$。

4. 计算无功功率

使用公式 $Q = VI\sin\theta = 120 \times 14.63 \times \sin52.43° = 1391.5var$。$\sin\theta$ 有时也称为无功功率因数；本例中，$\sin\theta = \sin52.43° = 0.793$。

5. 计算视在功率

视在功率 $S = VI = 120 \times 14.63 = 1755.6VA$。或者，它可以从如下公式计算：$S = P + jQ = 1070.0W + j1391.5var$。

6. 绘制功率图

功率图如图 10.17 所示。显然，功率因数 $= P/S = 1070.0W/1755.6VA = 0.61$。

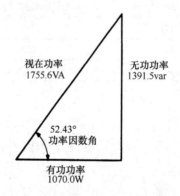

图 10.17　功率图（功率三角形）

相关计算

对于三相电路来说，计算过程是相似的，有功功率 $P = \sqrt{3}V_{line}I_{line}\cos\theta$；无功功率 $Q = \sqrt{3}V_{line}I_{line}\sin\theta$；视在功率 $S = \sqrt{3}V_{line}I_{line}$。

10.14　利用静态电容器改善功率因数

某工厂有几台三相电动机，其合并负载容量为 12kVA、功率因数为 0.60（滞后）、供电电压为 220V。需要将功率因数提高至 0.85（滞后）。试计算增加的电容器无功功率额定值以及增加电容器前后线电流的大小。

计算过程

1. 计算增加电容器前的线电流

使用公式 $P = \sqrt{3}\,V_{line}I_{line}\cos\theta$，求解 I_{line}。$I_{line} = P/(\sqrt{3}\,V_{line}\cos\theta) = 7.2\text{kW}/(\sqrt{3} \times 220\text{V} \times 0.6) = 31.5\text{A}$。

2. 计算增加电容器后的线电流

使用与步骤 1 相同的公式。$I_{line} = P/(\sqrt{3}\,V_{line}\cos\theta) = 7.2\text{kW}/(\sqrt{3} \times 220\text{V} \times 0.85) = 22.2\text{A}$。需要注意的是，改善功率因数后电流将减小；当 $pf = 0.60$ 时，需要电流 31.5A，当 $pf = 0.85$ 时，需要电流 22.2A。

3. 计算电容器的额定值，单位用 kvar

增加电容器前，电路中所需的单位为 kvar 的无功功率由单位为 kVA 的视在功率与功率因数角正弦值的乘积确定：$12\text{kVA} \times \sin(\arccos 0.60) = 9.6\text{kvar}$。有功功率 $P = S \times pf = 12\text{kVA} \times 0.60 = 7.2\text{kW}$；如图 10.18 所示，增加电容器前后，这个值保持不变。单位为 kvar 的电容器组额定值为两种情况的差值，即 220kV 时，$(9.6 - 4.5)\text{kvar} = 5.1\text{kvar}$（三相）。

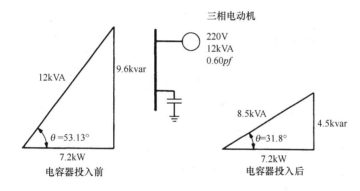

图 10.18　增加电容器以提高滞后功率因数的效果

相关计算

通过增加可发出超前无功功率的电源来改善滞后的功率因数，这些电源通常是电容器组，有时是同步电容器（即以过励状态运行的在线同步电动机）。在任一情况下，都会在安装位置提供超前无功功率，以便使长距离输电线路或者配电线路上的电流和损耗降低。

10.15　利用三相同步电动机改善功率因数

三相同步电动机的额定参数为 2200V、100kVA、60Hz。运行此三相同步电动机改善某工厂内的功率因数；满载（75kW）时过励导致它运行在超前功率因数 0.75。①确定电动机发出的无功功率；②绘制功率三角形；③当电动机发出 50kvar 无功功率，带 75kW 负载时，计算其功率因数。

计算过程

1. 计算功率因数角

功率因数角为 $\theta = \arccos pf = \arccos 0.75 = 41.4°$（超前）。

2. 计算发出的无功功率

无功功率 $Q = S\sin\theta = (P/\cos\theta)\sin\theta = P\tan\theta = 75\tan41.4° = 66.1\text{kvar}$。功率三角形如图 10.19 所示。

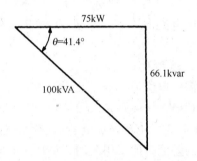

图 10.19　运行于超前功率因数的同步电动机的功率三角形

3. 计算发出 $Q = 50\text{kvar}$ 时的功率因数

如果负载为 $P = 75\text{kW}$、无功功率为 $Q = 50\text{kvar}$，则 $\theta = \arctan(Q/P) = \arctan(50\text{kvar}/75\text{kW}) = 33.7°$。功率因数 $= \cos33.7° = 0.832$（超前）。

相关计算

电动机运行在过励状态时，发出无功功率而不是吸收无功功率。在这种方式下，同步电动机相当于同步电容器，对于改善功率因数是很有用的。在一个有多台感应电动机（滞后功率因数负载）的工厂，经常需要几台电动机工作在同步电容器状态，以改善整体功率因数。

10.16　双绕组变压器连接为自耦变压器的功率计算

某单相变压器的额定参数为 440V/220V、5kVA、60Hz。如果将此变压器连接成自耦变压器，供电电压为 440V、负载侧电压为 660V 电压时，试计算此变压器的视在功率（单位 kVA）。

计算过程

1. 绘制连接图

连接图如图 10.20 所示。

2. 计算绕组的额定电流

$H_1 - H_2$ 绕组额定电流为 $I_H = 5000\text{VA}/440\text{V} \approx 11.36\text{A}$；$X_1 - X_2$ 绕组额定电流为 $I_X = 5000\text{VA}/220\text{V} \approx 22.73\text{A}$。

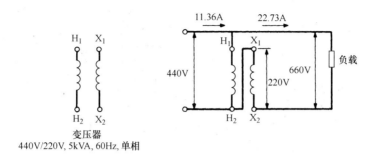

图 10.20 单相变压器连接为自耦变压器

3. 计算输送给负载的视在功率

负载的电压为 660V，流过负载的电流为 22.73A。因此，负载可获得的额定视在功率为 $660V \times 22.73A \approx 15\,000VA$。对于一台 2:1 的双绕组变压器连接成一台自耦变压器的情况，输出 3 倍的视在功率。

相关计算

可以看出，对于单相变压器的自耦连接，容量的增加与匝数比有一定关系。例如，对于 1:1 的双绕组变压器，自耦连接产生 1:2 的比率，则容量翻倍；对于 2:1 的双绕组变压器，自耦连接变为 2:3 变压器，容量增加到 3 倍；对于 3:1 的双绕组变压器，自耦连接变为 3:4 变压器，容量增加到 4 倍。在两个变压器绕组之间使用自耦连接的一个重要考虑因素是它们之间直接电气连接，这需要特殊绝缘设计。

10.17 两表法测量三相负载功率

如图 10.21 所示电路，$\dot{V}_{ab} = 220 \angle 0°V$，$\dot{V}_{bc} = 220 \angle -120°V$，$\dot{V}_{ca} = 220 \angle 120°V$。试确定每个功率表读数，并证明：$W_1 + W_2 = $ 负载的总功率。

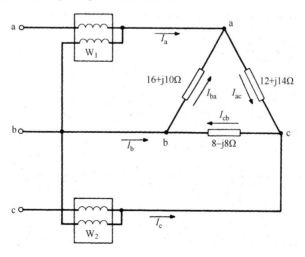

图 10.21 测量三相功率的两表法接线

计算过程

1. 计算 $\dot{I}_a$

使用公式 $\dot{I}_a = \dot{I}_{ac} - \dot{I}_{ba}$，式中每个三角负载电流等于电压除以负载阻抗。$\dot{V}_{ac} = -\dot{V}_{ca} = 220\angle{-60°}$，$\dot{V}_{ba} = -\dot{V}_{ab} = 220\angle{180°}$，$\dot{I}_a = (220\angle{-60°})/(12 + j14) - (220\angle{180°})/(16 + j10) = 11.96\angle{-109.4°} - 11.64\angle{148°} = -(3.97 + j11.28) + (9.87 - j6.17) = 5.9 - j17.45 = 18.42\angle{-71.32°}$A。

2. 计算 $\dot{I}_c$

$\dot{I}_c = \dot{I}_{cb} - \dot{I}_{ac} = 220\angle{60°}/(8 - j8) - 220\angle{-60°}/(12 + j14) = 19.47\angle{105°} - 11.96\angle{-109.4°} = -(5.04 - j18.81) + (3.97 + j11.28) = -1.07 + j30.09 = 30.11\angle{92.04°}$A。

3. 计算功率表 1 的读数

使用公式：$W_1 = V_{ab}I_a\cos\theta = 220\text{V} \times 18.42\text{A} \times \cos(0° + 71.32°) = 1297.9\text{W}$。

4. 计算功率表 2 的读数

使用公式：$W_2 = V_{cb}I_c\cos\theta = 220\text{V} \times 30.11\text{A} \times \cos(60° - 92.04°) = 5615.2\text{W}$。

5. 计算负载的总功率

总有功功率 $= W_1 + W_2 = (1297.9 + 5615.2)\text{W} = 6913.1\text{W}$。

6. 计算每个负载的有功功率损耗

使用公式 $P = I^2R$。对于三角形侧 ac 电阻，$R = 12\Omega$；$P = 11.96^2 \times 12 = 1716.5\text{W}$。对于三角形侧 ab 电阻，$R = 16\Omega$；$P = 11.64^2 \times 16 \approx 2167.8\text{W}$。对于三角形侧 bc 电阻，$R = 8\Omega$，$P = 19.47^2 \times 8 = 3032.6\text{W}$。负载吸收总的有功功率 $= (1716.5 + 3032.6 + 2167.8)\text{W} = 6916.9\text{W}$，用这个值与 W_1 和 W_2 之和相等（微小的差异源自问题求解过程中数字的四舍五入）。

相关计算

当使用两表法测量三相电路功率时，必须注意功率表电压和电流线圈的正确连接。公共接头必须连接到没有连接电流线圈的相上。

10.18 开口三角形变压器的运行

新安装的电力变压器，其负载很轻。由于经济原因，两个单相变压器以开口三角形联结，并且在负荷增长达到一定水平时安装第三台变压器，并按照闭合三角形联结。每台单相变压器的额定参数为 2200/220V、200kVA、60Hz。

如果开口三角形联结（使用两台变压器），每台变压器满载，闭口三角形联结（使用三台变压器），每台变压器满载，与闭口三角形相比，开口三角形三相负载比值为多少？参考图 10.22。

计算过程

1. 计算闭口三角形联结的线电流

使用三相公式 $S = \sqrt{3}V_{\text{line}}I_{\text{line}}$，求解 I_{line}。高压侧，$I_{\text{line}} = 600\,000/(\sqrt{3} \times 2200) = 157.5\text{A}$。

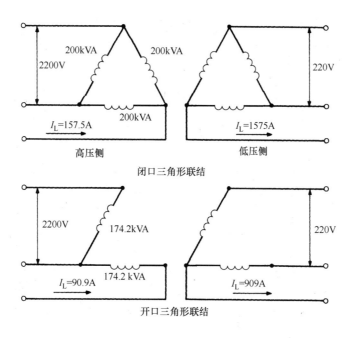

图 10.22 变压器开口三角形以及闭口三角形联结

类似地，低压侧，$I_{\text{line}} = 600\,000 / (\sqrt{3} \times 220) = 1575\text{A}$。

2. 计算闭口三角形联结变压器的电流

高压侧，变压器的电流 $= I_{\text{line}}/\sqrt{3} = 157.5/\sqrt{3} = 90.9\text{A}$，或者低压侧的电流为 909A。确定这些电流的其他方法是用变压器视在功率除以电压，因此，200kVA/2.2kV = 90.9A（高压侧），200kVA/0.22kV = 909A（低压侧）。

3. 计算开口三角形联结的变压器电流

在开口三角形联结情况下，线电流的幅值必定与变压器的电流相同。如果每台变压器负载为 200kVA，则高压侧线电流必定为 90.9A，低压侧线电流为 909A。也就是说，线电流分别从 157.5A 降低到 90.9A，1575A 降低到 909A。

4. 计算开口三角形联结的视在功率

开口三角形联结时，三相视在功率 $= \sqrt{3}V_{\text{line}}I_{\text{line}} = \sqrt{3} \times 2200\text{V} \times 90.9\text{A} = 346.4\text{kVA}$。与闭口三角形联结时的 600kVA 相比，346.4kVA × 100%/600kVA = 57.7%。仅由两台单台容量为 174.2kVA 的变压器负担 346.4kVA 负载。因此，开口三角形联结时，每台变压器承担的负载仅为闭口三角形联结情况下的 174.2kVA × 100%/200kVA = 87.1%。

相关计算

经常会用到涉及开口三角形联结的相关计算，有时如同本例所提到的负载增长规划，有时是紧急预案。对于开口三角形联结，流过的三相容量减少至闭合三角形联结情况的 57.7%。与组成闭口三角形联结的三台变压器中的单台变压器 100% 负载能力相比较，组成开口三角形联结的两台变压器的单台变压器负荷能力减少至 87.1%。这些计算的基本假设是一个电压和电流平衡对称的系统，同时忽略变压器阻抗。

10.19　三相电动机与平衡三角形联结负载并列运行时的有功功率和无功功率

在如图 10.23 所示的系统中，平衡三角形联结负载每边阻抗为 $12 - j10\Omega$，三相感应电动机额定参数为 230V、60Hz、8kVA、功率因数为 0.72（滞后）、星形联结。试计算①线电流；②功率因数；③联合负载所需要的有功功率。

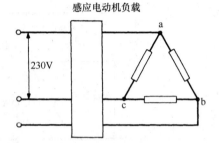

感应电动机负载

230V

图 10.23　三相电动机与平衡三角形联结负载并列运行

计算过程

1. 计算电动机电流

电动机为星形联结；因此，线电流等于相电流。使用公式 $I_{line} = S/\sqrt{3}\,V_{line} = 8kVA/(\sqrt{3} \times 0.230V) = 20.08A$。

2. 计算电动机等效阻抗

使用公式 $Z_{motor} = (V_{line}/\sqrt{3})/I_{line} = (230/\sqrt{3})/20.08 = 6.61\Omega$。角度 $\theta = \arccos(pf) = \arccos(0.72) = 43.95°$，$R_{motor} = Z_{motor}\cos\theta = 6.61\cos43.95° = 4.76\Omega$。$X_{motor} = Z_{motor}\sin\theta = 6.61\sin43.95° = 4.59\Omega$。因此，$\dot{Z}_{motor} = (4.76 + j4.59)\Omega/$相 $= 6.61\angle43.95°\Omega/$相。

3. 转换平衡三角形联结负载为等效星形联结

$\dot{Z}_a = (\dot{Z}_{ab}\dot{Z}_{ca})/(\dot{Z}_{ab} + \dot{Z}_{bc} + \dot{Z}_{ca}) = (12 - j10)^2/[3 \times (12 - j10)] = (1/3) \times (12 - j10) = 4.00 - j3.33 = 5.21\angle -39.8°\Omega$

4. 合并两个平衡星形联结负载

电动机单相负载 $4.76 + j4.59\Omega$ 与单相负载 $4.00 - j3.33\Omega$ 并联。使用公式 $\dot{Z}_{total} = \dot{Z}_{motor}\dot{Z}_{load}/(\dot{Z}_{motor} + \dot{Z}_{load}) = [(6.61\angle43.95°) \times (5.21\angle -39.8°)/(4.76 + j4.59 + 4.00 - j3.33)]\Omega/$相 $= 3.88\angle -4.0°\Omega/$相（等效星形联结）。

5. 计算总的线电流及功率因数

使用公式 $I_{total} = (V_{line}/\sqrt{3})/Z_{total} = (230V/\sqrt{3})/3.88\Omega = 34.2A$。功率因数 $= \cos\theta = \cos(-4.0°) = 0.999$（必要时，取整为1）。

6. 计算所需的有功功率

使用公式 $P_{total} = 3I_{total}^2 R_{total} = 3 \times (34.2A)^2 \times 3.88\Omega \approx 13\ 615W$。

视在功率 $S = \sqrt{3}\,V_{line}I_{line} = \sqrt{3} \times 230V \times 34.2A = 13\ 624VA$。视在功率约等于有功功率；功率因数近似为1。

相关计算

本例说明了一种处理并联负载的技巧。还有其他方法可以解决这个问题。例如，可以分别计算每个负载的电流，然后求和得到总电流。

10.20　参考文献

1. El-Hawary, Mohamed E. 1995. *Electrical Power Systems.* New York: IEEE.

2. El-Hawary, Mohamed E. 2002. *Principles of Electric Machines with Power Electronic Applications,* 2nd ed. West Sussex, England: Wiley-IEEE Press.

3. Fitzgerald, A. E., Charles Kingsley, Jr., and Stephen D. Umans. 2003. *Electric Machinery,* 6th ed. Boston, M.A.: McGraw-Hill.

4. Glover, Duncan J., Mulukutla S. Sarma, and Thomas Overbye. 2011. *Power System Analysis and Design,* 5th ed. Cengage Learning

5. Gonen, Turan. 2009. *Electric Power Distribution System Engineering,* 2nd ed. Boca Raton, F.L.: CRC Press.

6. Grainger, John J., and William D. Stevenson, Jr. 1994. *Power System Analysis.* New York: McGraw-Hill.

7. Knable, Alvin H. 1982. *Electrical Power Systems Engineering.* Malabar, F.L.: Kreiger.

8. Matsch, Leander W. 1986. *Electromagnetic and Electromechanical Machines,* 3rd ed. New York: Harper & Row.

9. Nasar, Syed A. 1995. *Electric Machines and Power Systems.* New York: McGraw-Hill.

10. Nasar, Syed A. 1998. *Schaum's Outline of Theory and Problems of Electric Machines and Electromechanics.* New York: McGraw-Hill.

11. Nasar, Syed A., and L. E. Unnewehr. 1983. *Electromechanics and Electric Machines,* 2nd ed. New York: Wiley.

12. Pansini, Anthony J. 1975. *Basic Electrical Power Transmission.* Rochelle Park, N.J.: Hayden Book Co.

13. Slemon, Gordon R., and A. Straughen. 1992. *Electric Machines and Drives.* Reading, M.A.: Addison-Wesley.

14. Stein, Robert. 1979. *Electric Power System Components.* New York: Van Nostrand Reinhold.

15. Sullivan, Robert L. 1977. *Power System Planning.* New York: McGraw-Hill.

16. Wildi, Théodore. 2000. *Electrical Machines, Drives, and Power Systems.* Saddle River, N.J.: Prentice Hall.

第 11 章　电力系统潮流分析

Khaled A. Ellithy，Ph. D.

Associate professor Department of Electrical Engineering Qatar University

11.1　简介

　　潮流问题是在给定回路参数和网络常数的条件下，模拟母线注入功率、电力负荷以及母线电压和角度间的非线性关系。它是大多数系统规划研究的核心，也是暂态和动态稳定研究的起点。本章将给出解潮流问题的公式以及相关的解决策略。假设读者对标幺值计算、复功率关系和电路分析技巧等三相系统基础已有一定理解。

　　三种流行的潮流方程式数值分析方法。高斯-赛德尔法（G-S）、牛顿-拉夫逊法（N-R）、快速解耦法（F-D）（Bergen 和 Vittal，2000；Elgerd，1982；Glover 等，2012；Grainger 和 Stevenson，1994；Saadat，2010；Weedy 等，2012）。牛顿-拉夫逊法比高斯-赛德尔法收敛性更好。然而，如果牛顿-拉夫逊法的初解选取不当，可能发生解的振荡而不收敛。为了避免这个问题，潮流计算通常开始使用高斯-赛德尔法，几次迭代后，使用牛顿-拉夫逊法。

　　对于潮流计算，还有一种近似但更快的方法。它是牛顿-拉夫逊法的变种，称为 F-D 的算法，由 Stott 和 Alsac（1974）共同引进。在求解潮流然后再重新进行潮流计算以分析系统中参数变化影响时，F-D 方法是非常具有吸引力的。

11.2　术语

S_D = 复功率负荷　　　　　　　　　y_s = 串联导纳

S_G = 复发电功率　　　　　　　　　R = 串联电阻

S = 节点复功率　　　　　　　　　　X = 串联电抗

P_D = 有功功率负荷　　　　　　　　Z_s = 串联阻抗

P_G = 发电有功功率　　　　　　　　X_G = 同步电抗

P = 母线有功功率　　　　　　　　　Y_{ii} = 节点 i 的自导纳

Q_D = 无功功率负荷　　　　　　　　Y_{ij} = 节点 i 和节点 j 之间的互导纳

Q_G = 发电无功功率

Q = 节点无功功率　　　　　　　　　$|Y_{ij}|$ = Y_{ij} 幅值

$|\dot{v}|$ = 节点电压幅值　　　　　　　　γ_{ij} = Y_{ij} 的相角

δ = 节点电压相角　　　　　　　　　$\dot{E}$ = 同步发电机复电压

$\dot{V}$ = 节点复电压

B = 并联电纳　　　　　　　　　　　　$\dot{I}$ = 复注入电流

y_{p} = 并联导纳　　　　　　　　　　　$\left[Y_{\mathrm{bus}}\right]$ = 节点导纳阵

11.3　潮流方程的推导

如图 11.1 所示，使用两母线例子简要说明潮流方程的推导过程。这个系统包括与一条输电线连接的两条母线。可以看到每个母线有 6 个电气量为 $|\dot{V}|$、δ、P_{G}、Q_{G}、P_{D} 和 Q_{D}。这是最常见的情况，这种情况下可看到每条母线既有发电也有负荷。事实上，并不是所有母线都有发电功率。两母线系统阻抗图如图 11.2 所示。输电线用 π 形表示，同步发电机用同步电抗后的电压源表示。为了在阻抗图中表示负荷，假设负荷是恒阻抗。通常，负荷用恒功率设备表示，如以后的图所示。

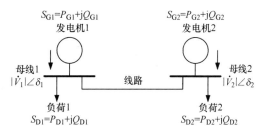

图 11.1　一个两母线电力系统

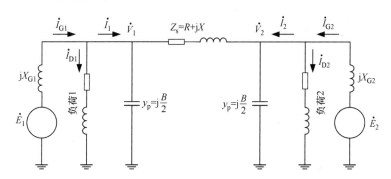

图 11.2　两母线电力系统的阻抗图

图 11.3 与图 11.2 相似，区别是发电功率和用电功率合并后表示"母线功率"，代表了母线注入功率。母线功率定义为

$$S_1 = S_{\mathrm{G1}} - S_{\mathrm{D1}} = \left(P_{\mathrm{G1}} - P_{\mathrm{D1}}\right) + \mathrm{j}\left(Q_{\mathrm{G1}} - Q_{\mathrm{D1}}\right) \tag{11.1}$$

和

$$S_2 = S_{\mathrm{G2}} - S_{\mathrm{D2}} = \left(P_{\mathrm{G2}} - P_{\mathrm{D2}}\right) + \mathrm{j}\left(Q_{\mathrm{G2}} - Q_{\mathrm{D2}}\right) \tag{11.2}$$

母线 1 上的注入电流为

$$\dot{I}_1 = \dot{I}_{\mathrm{G1}} - \dot{I}_{\mathrm{D1}} \tag{11.3}$$

母线 2 上的注入电流为

$$\dot{I}_2 = \dot{I}_{\mathrm{G2}} - \dot{I}_{\mathrm{D2}} \tag{11.4}$$

所有量假设是标幺值，则

$$S_1 = \dot{V}_1 \dot{I}_1^* \Rightarrow P_1 + \mathrm{j}Q_1 = \dot{V}_1 \dot{I}_1^* \Rightarrow \left(P_1 - \mathrm{j}Q_1\right) = \dot{V}_1^* \dot{I}_1 \tag{11.5}$$

$$S_2 = \dot{V}_2 \dot{I}_2^* \Rightarrow P_2 + \mathrm{j}Q_2 = \dot{V}_2 \dot{I}_2^* \Rightarrow \left(P_2 - \mathrm{j}Q_2\right) = \dot{V}_2^* \dot{I}_2 \tag{11.6}$$

电流方向定义如图 11.4 所示。因此，对于母线 1

$$\dot{I}_1 = \dot{I}_{p1} + \dot{I}_{s1}$$

$$= \dot{V}_1 y_p + (\dot{V}_1 - \dot{V}_2) y_s$$

$$\dot{I}_1 = (y_p + y_s)\dot{V}_1 + (-y_s)\dot{V}_2 \tag{11.7}$$

$$\therefore \dot{I}_1 = Y_{11}\dot{V}_1 + Y_{12}\dot{V}_2 \tag{11.8}$$

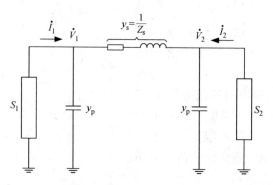

图 11.3　两母线系统输电线 π 模型的母线功率

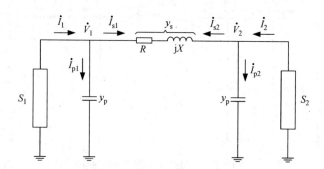

图 11.4　两母线系统的电流方向

式中

$$Y_{11} \triangleq \text{与母线 1 连接的所有导纳总和} = y_p + y_s \tag{11.9}$$

$$Y_{12} \triangleq \text{母线 1 和母线 2 之间导纳的负值} = -y_s \tag{11.10}$$

与此类推，对于母线 2

$$\dot{I}_2 = \dot{I}_{p2} + \dot{I}_{s2}$$

$$= \dot{V}_2 y_p + (\dot{V}_2 - \dot{V}_1) y_s$$

$$\dot{I}_2 = (-y_s)\dot{V}_1 + (y_p + y_s)\dot{V}_2 \tag{11.11}$$

$$\therefore \dot{I}_2 = Y_{21}\dot{V}_1 + Y_{22}\dot{V}_2 \tag{11.12}$$

$$Y_{22} \triangleq \text{与母线 2 连接的所有导纳总和} = y_p + y_s \tag{11.13}$$

$$Y_{21} \triangleq \text{母线 2 和母线 1 之间导纳的负值} = -y_s = Y_{12} \tag{11.14}$$

因而，对于两母线电力系统，其注入电流为

$$\begin{vmatrix} \dot{I}_1 \\ \dot{I}_2 \end{vmatrix} = \begin{vmatrix} Y_{11} & Y_{12} \\ Y_{21} & Y_{22} \end{vmatrix} \begin{bmatrix} \dot{V}_1 \\ \dot{V}_2 \end{bmatrix} \tag{11.15}$$

用矩阵表示

$$\begin{vmatrix} \dot{I}_{bus} \end{vmatrix} = \begin{vmatrix} Y_{bus} \end{vmatrix} \begin{vmatrix} \dot{V}_{bus} \end{vmatrix} \tag{11.16}$$

可以非常容易地将两母线系统扩展到一个更大的系统。考虑一个 n 母线系统。如图 11.5a 所示，给出了从该系统的母线 1 至其他母线的连接。如图 11.5b 所示，给出了输电线路模型。两母线系统推导的方程（11.5）和方程（11.16）现在可扩展到 n 母线系统。如下所述：

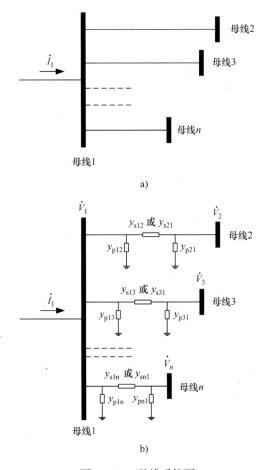

图 11.5　n 母线系统图

a) 单线图　b) π 形输电线路模型

$$\dot{I} = \dot{V}_1 y_{p12} + \dot{V}_1 y_{p13} + \cdots + \dot{V}_1 y_{p1n} + (\dot{V}_1 - \dot{V}_2) y_{s12} + (\dot{V}_1 - \dot{V}_3) y_{s13} + \cdots + (\dot{V}_1 - \dot{V}_n) y_{s1n}$$

$$= (y_{p12} + y_{p13} + \cdots + y_{p1n} + y_{s12} + y_{s13} + \cdots + y_{s1n}) \dot{V}_1 - y_{s12} \dot{V}_2 - y_{s13} \dot{V}_3 + \cdots - y_{s1n} \dot{V}_n \tag{11.17}$$

$$\dot{I}_1 = Y_{11} \dot{V}_1 + Y_{12} \dot{V}_2 + Y_{13} \dot{V}_3 + \cdots + Y_{1n} \dot{V}_n \tag{11.18}$$

式中

$$Y_{11} = (y_{p12} + y_{p13} + \cdots + y_{p1n} + y_{s12} + y_{s13} + \cdots + y_{s1n}) \tag{11.19}$$
$$= 为所有与母线 1 连接的导纳之和$$

$$Y_{12} = - y_{s12} ; \quad Y_{13} = - y_{s13} ; \quad Y_{1n} = - y_{s1n} \tag{11.20}$$

所以

$$\dot{I}_1 = \sum_{i=1}^{n} Y_{1j} \dot{V}_j \tag{11.21}$$

通常，对于母线 i

$$\dot{I}_i = \sum_{j=1}^{n} Y_{ij} \dot{V}_j \tag{11.22}$$

式中，Y_{ij} = 与母线 i 连接的所有导纳之和；Y_{ij} = 母线 i 与母线 j 之间导纳的负值。

因此，扩展功率方程（11.5）到 n 母线系统

$$P_1 - jQ_1 = \dot{V}_1^* \dot{I}_1 = \dot{V}_1^* \sum_{i=1}^{n} Y_{1j} \dot{V}_j \tag{11.23}$$

对于任意母线 i，方程（11.23）变为

$$P_i - jQ_i = \dot{V}_i^* \sum_{j=1}^{n} Y_{ij} \dot{V}_j \qquad i = 1,2,\cdots,n \tag{11.24}$$

方程组（11.24）代表了这个非线性潮流方程组。对于 n 母线系统，重写方程（11.15）为

$$\begin{bmatrix} \dot{I}_1 \\ \dot{I}_2 \\ \vdots \\ \dot{I}_n \end{bmatrix} = \begin{bmatrix} Y_{11} & Y_{12} & \cdots & Y_{1n} \\ Y_{21} & Y_{22} & \cdots & Y_{2n} \\ \vdots & \vdots & & \vdots \\ Y_{n1} & Y_{n2} & \cdots & Y_{nn} \end{bmatrix} \begin{bmatrix} \dot{V}_1 \\ \dot{V}_2 \\ \vdots \\ \dot{V}_n \end{bmatrix} \tag{11.25}$$

或

$$[\dot{I}_{bus}] = [Y_{bus}] [\dot{V}_{bus}] \tag{11.26}$$

式中

$$[Y_{bus}] = \begin{bmatrix} Y_{11} & Y_{12} & \cdots & Y_{1n} \\ Y_{21} & Y_{22} & \cdots & Y_{2n} \\ \vdots & \vdots & & \vdots \\ Y_{n1} & Y_{n2} & \cdots & Y_{nn} \end{bmatrix} = 节点导纳阵 \tag{11.27}$$

11.4　电力系统潮流计算

考虑如图 11.6 所示的一个通用母线。如前所述，每个母线均有 6 个变量或与之相关的变量。它们是 $|\dot{V}|$、δ、P_G、Q_G、P_D 和 Q_D。假设系统中有 n 条母线，共有 $6n$ 个变量。

将潮流方程组（11.24）分解为实数及虚数两个部分如下：

$$P_i = \mathrm{Re} \Big[\dot{V}_i^* \sum_{j=1}^{n} Y_{ij} \dot{V}_j \Big] \qquad i = 1,2,\cdots,n \tag{11.28}$$

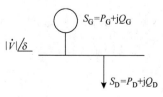

图 11.6　通用母线

$$Q_i = - \operatorname{Imag}\left[\dot{V}_i^* \sum_{j=1}^{n} Y_{ij} \dot{V}_j \right] \qquad i = 1, 2, \cdots, n \tag{11.29}$$

因此，对于 n 条母线系统来说，有 $2n$ 个方程式和 $6n$ 个变量。这种情况下，根本没有解，$4n$ 个变量必须预先给定。根据给定的参数，可以将母线分为 3 类，如表 11.1 所示。

1）平衡母线或松弛母线（通常被称为参考母线）是发电机母线，这种母线的电压幅值和角度已知。它向/从系统发出/吸收有功及无功功率以满足系统未知的功率需求。

表 11.1　母线分类

母 线 分 类	预规定的变量	未 知 变 量
平衡母线或松弛母线	$\mid \dot{V} \mid , \delta , P_D , Q_D$	P_G , Q_G
电压控制母线	$\mid \dot{V} \mid , P_G , P_D , Q_D$	δ , Q_G
负荷母线	P_G , Q_G , P_D , Q_D	$\mid V \mid , \delta$

2）电压控制母线（又被称为 PV 母线）是发电母线，这类母线保持母线电压幅值及发出的有功功率为恒定值。这类母线通常安装有可开断并联电容器、静态无功补偿器，或者装有带分接头开关的变压器用于所连母线的电压调整。发出的无功功率需控制在最大及最小无功功率范围之间（$Q_{\min} \leqslant Q \leqslant Q_{\max}$）。如果任何一个母线发出的无功功率超出了这个限制，那个母线失去了电压控制，应该转变为负荷母线。

3）负荷母线（也被称为 P-Q 母线），这类母线的有功及无功功率是给定的。母线的电压幅值 $\mid \dot{V}_i \mid$ 及其相角 δ_i 未知，通过求解潮流方程得到的。没有发电机与负荷母线相连，所以母线的发出有功功率及无功功率置为零。

11.5　利用高斯-赛德尔法进行电力系统潮流求解

潮流计算方程组为

$$P_i - \mathrm{j} Q_i = \dot{V}_i^* \sum_{j=1}^{n} Y_{ij} \dot{V}_j \qquad i = 1, 2, \cdots, n \tag{11.30}$$

$$= \dot{V}_i^* Y_{ii} \dot{V}_i + \sum_{\substack{j=1 \\ j=i}}^{n} \dot{V}_i^* Y_{ij} \dot{V}_j \tag{11.31}$$

$$\dot{V}_i^* Y_{ii} \dot{V}_i = (P_i - \mathrm{j} Q_i) - \sum_{j=1,\ j \neq i}^{n} \dot{V}_i^* Y_{ij} \dot{V}_j \tag{11.32}$$

$$Y_{ii} \dot{V}_i = \frac{P_i - \mathrm{j} Q_i}{\dot{V}_i^*} - \sum_{j=1, j \neq i}^{n} Y_{ij} \dot{V}_j \tag{11.33}$$

$$\dot{V}_i = \frac{\dfrac{P_i - \mathrm{j} Q_i}{\dot{V}_i^*} - \sum_{j=1, j \neq i}^{n} Y_{ij} \dot{V}_j}{Y_{ii}} \tag{11.34}$$

根据式（11.31）

$$P_i = \operatorname{Re}\left[\dot{V}_i^* Y_{ii} \dot{V}_i + \sum_{j=1, j \neq i}^{n} \dot{V}_i^* Y_{ij} \dot{V}_j \right] \tag{11.35}$$

$$Q_i = -\text{Imag}\Big[\dot{V}_i^* Y_{ii}\dot{V}_i + \sum_{j=1,j\neq i}^{n} \dot{V}_i^* Y_{ij}\dot{V}_j\Big] \tag{11.36}$$

式中，Y_{ij} 为导纳阵 $[Y_{\text{bus}}]$ 中的元素。

高斯-赛德尔算法

步骤 0：计算导纳阵 $[Y_{\text{bus}}]$ 中的元素，并将各元素进行标幺化处理。

步骤 1：为待求电压变量的幅值和相角赋初值。

$$|\dot{V}| = 1.0\text{pu}, \ \delta = 0$$

步骤 2a：对于负荷母线，根据等式（11.33）求得 $\dot{V}_i$ 值。

$$\dot{V}_i^{(k+1)} = \Big[(P_i - jQ_i)/\dot{V}_i^{*(k)} - \sum_{j=1,j\neq i}^{n} Y_{ij}\dot{V}_j^{(k)}\Big]/Y_{ii}$$

式中，k = 迭代次数。对于电压控制母线，利用式（11.34）和式（11.36）进行 $\dot{V}_i$ 计算。首先计算 Q_i：

$$Q_i^{(k+1)} = -\text{Imag}\Big[\dot{V}_i^{*(k)}\Big\{\dot{V}_i^{(k)}Y_{ii} + \sum_{j=1,j\neq i}^{n} Y_{ij}\dot{V}_j^{(k)}\Big\}\Big]$$

然后利用 Q_i 计算 $\dot{V}_i$。

$$\dot{V}_i^{(k+1)} = \Big[(P_i - jQ_i^{(k+1)})/\dot{V}_i^{*(k)} - \sum_{j=1,j\neq i}^{n} Y_{ij}\dot{V}_j^{(k)}\Big]/Y_{ii}$$

由于电压控制母线的 $|\dot{V}_i|$ 已知，仅保留 $\dot{V}_i^{(k+1)}$ 的虚部，$\dot{V}_i^{(k+1)}$ 的实部需满足如下等式：

$$|\dot{V}_i|^2 = [\text{Re}(\dot{V}_i^{(k+1)})]^2 + [\text{Image}(\dot{V}_i^{k+1})]^2 \tag{11.37}$$

因此，

$$[\text{Re}(\dot{V}_i^{(k+1)})]^2 = \sqrt{|\dot{V}_i|^2 - (\text{Image}(\dot{V}_i^{(k+1)})^2)} \tag{11.38}$$

式中，$\text{Re}(\dot{V}_i^{k+1})$ 和 $\text{Image}(\dot{V}_i^{k+1})$ 分别是迭代过程中电压 $\dot{V}_i^{k+1}$ 的实部和虚部。

另外，$\dot{V}_i$ 也可由下式计算得到

$$\dot{V}_i^{(k+1)} = |\dot{V}_i| < \delta_i \ (k+1) \tag{11.39}$$

在使用式（11.34）和式（11.36）时，必须记得使用每次迭代过程中母线电压的最新计算值。例如，系统中有 5 条母线需要研究，已经计算得到了母线 1-3 的电压新值，那么，就需要利用母线 1、2、3 最新的电压计算值进行母线 4 电压值的计算；母线 4 和 5 的电压值将根据前面的迭代过程得到计算值。

步骤 2b：为了更快地收敛，对负荷母线使用加速因子

$$\dot{V}_{i,\text{acc}}^{(k+1)} = \dot{V}_{i,\text{acc}}^{(k)} + \alpha \ (\dot{V}_i^{(k+1)} - \dot{V}_{i,\text{acc}}^{(k)}) \tag{11.40}$$

式中，α 为加速因子，其数值与系统相关，对于一般的电力系统来说，1.3 ~ 1.8 的范围是令人满意的。

步骤 3：收敛性检测

$$|\operatorname{Re}[\dot{V}_i^{(k+1)}] - \operatorname{Re}[\dot{V}_i^{(k)}]| \leqslant \varepsilon \qquad (11.41)$$

$$|\operatorname{Imag}[\dot{V}_i^{(k+1)}] - \operatorname{Imag}[\dot{V}_i^{(k)}]| \leqslant \varepsilon \qquad (11.42)$$

式（11.41）和式（11.42）表明连续两次迭代电压实部和虚部差值的绝对值应该小于公差值 ε，一般来说，$\varepsilon \leqslant 10^{-4}$。

如果这个差值大于公差，则返回步骤2；如果这个差值小于公差，则计算收敛；转到步骤4。

步骤4：根据式（11.28）和式（11.29）计算平衡母线功率 P_G 和 Q_G。

步骤5：按如下所述计算所有支路潮流。

计算支路潮流

任何潮流计算的最后一步，就是计算各支路潮流。以图11.7所示的两母线系统为例进行说明。定义母线 i 处的支路电流 $\dot{I}_{ij}$ 的正方向为 $i \rightarrow j$。

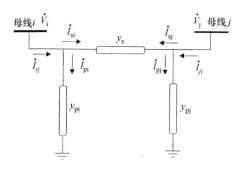

图 11.7　支路 i-j 的潮流计算图

$$\dot{I}_{ij} = \dot{I}_{si} + \dot{I}_{pi} = (\dot{V}_i - \dot{V}_j)y_s + \dot{V}_i y_{pi} \qquad (11.43)$$

类似地，定义支路电流 $\dot{I}_{ji}$ 的正方向为 $j \rightarrow i$。

$$\dot{I}_{ji} = \dot{I}_{sj} + \dot{I}_{pj} = (\dot{V}_j - \dot{V}_i)y_s + \dot{V}_j y_{pj} \qquad (11.44)$$

分别设 S_{ij} 和 S_{ji} 为母线 i 和母线 j 处的线路功率，正方向为流入：

$$S_{ij} = P_{ij} + jQ_{ij} = \dot{V}_i \dot{I}_{ij}^* = \dot{V}_i(\dot{V}_i^* - \dot{V}_j^*)y_s^* + |\dot{V}_i|^2 y_{pi}^* \qquad (11.45)$$

$$S_{ji} = P_{ji} + jQ_{ji} = \dot{V}_j \dot{I}_{ji}^* = \dot{V}_j(\dot{V}_j^* - \dot{V}_i^*)y_s^* + |\dot{V}_j|^2 y_{pi}^* \qquad (11.46)$$

支路 i-j 的线路损耗为式（11.45）和式（11.46）所求潮流的代数和。

$$S_{Lij} = S_{ij} + S_{ji} \qquad (11.47)$$

11.6　高斯-赛德尔法潮流计算示例

如图11.8所示，一个简单3条母线电力系统单线图，在母线1和2处安装有发电机。母线1为平衡母线，$\dot{V}_1 = 1.0 \angle 0° \text{pu}$，母线2是电压控制母线，其电压保持 $|\dot{V}_2| = 1.0 \text{pu}$ 不变，供电有功功率为60MW。母线3上有一个80MW、60Mvar的负荷。线路电抗已经折算为标幺值，基准值为100MVA。线路电阻和充电电纳忽略不计。用标幺值表示的系统数

据如图 11.8 所示。利用高斯-赛德尔法计算两次迭代后 $\dot{V}_2$ 和 $\dot{V}_3$ 的相量值。

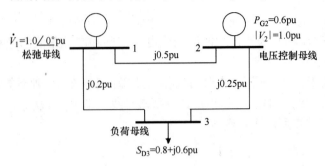

图 11.8　一个 3 母线电力系统

计算过程

利用高斯-赛德尔法计算母线 2 和母线 3 电压值的计算过程如下：

负荷母线 3 的注入功率为

$$S_3 = S_{G3} - S_{D3} = (0 + j0) - (0.8 + j0.6) = -0.8 - j0.6 \text{pu}$$

电压控制母线 2 注入的有功功率为

$$P_2 = P_{G2} - P_{D2} = 0.6 - 0 = 0.6 \text{pu}$$

步骤 0：通过观察，得到如图 11.8 所示的节点导纳阵 $[Y_{BUS}]$ 为

$$[Y_{BUS}] = \begin{bmatrix} -j7 & j2 & j5 \\ j2 & -j6 & j4 \\ j5 & j4 & -j9 \end{bmatrix}$$

步骤 1：平衡母线 1 的电压为

$$\dot{V}_1 = 1.0 \angle 0° \text{pu}$$

母线 2 及母线 3 的电压初值设为

$$\dot{V}_2^{(0)} = 1.0 \angle 0° \text{pu}$$

$$\dot{V}_3^{(0)} = 1.0 \angle 0° \text{pu}$$

保持 $|\dot{V}_2| = 1.0 \text{pu}$。

步骤 2：

第一次迭代

母线 2 为电压控制母线，所以 $\dot{V}_2$ 为

$$\dot{V}_2^{(1)} = \frac{\left[\dfrac{P_2 - jQ_2^{(1)}}{\dot{V}_2^{*(0)}} - Y_{21}\dot{V}_1^{(0)} - Y_{23}\dot{V}_3^{(0)} \right]}{Y_{22}}$$

根据式（11.36），母线 2 的无功功率计算值为

$$Q_2^{(1)} = -\text{Imag}\left[\dot{V}_2^{*(0)} \left(\dot{V}_2^{(0)} Y_{22} + Y_{21}\dot{V}_1 + Y_{23}\dot{V}_3^{(0)} \right) \right]$$

$$Q_2^{(1)} = - \text{Imag}\left\{(1 - j0) \times \left[(1 + j0) \times - j6 + j2 \times (1 + j0) + j4 \times (1 + j0)\right]\right\} = 0\text{pu}$$

无功功率 $Q_2^{(1)}$ 用于计算母线 2 的电压。根据式（11.34）计算母线 2 第一次迭代电压为

$$\dot{V}_2^{(1)} = \frac{\left[\dfrac{0.6 - j0}{1 - j0} - j2 \times (1 + j0) - j4 \times (1 + j0)\right]}{- j6}$$

$$\dot{V}_2^{(1)} = 1 + j0.1 = 1.005 \angle 5.71° \text{pu}$$

由于母线 2 为电压控制母线，所以 $\dot{V}_2$ 的幅值保持 $|\dot{V}_2| = 1.0\text{pu}$

使用式（11.38）计算 $|\dot{V}_2|$ 的修正后的数值为

$$\text{Re}(\dot{V}_2^{(1)}) = \sqrt{|\dot{V}_2|^2 - \left[\text{Image}(\dot{V}_2^{(1)})\right]^2}$$

$$\text{Re}(\dot{V}_2^{(1)}) = \sqrt{1 - 0.1^2} = 0.995\text{pu}$$

$\dot{V}_2^{(1)}$ 修正后的值为

$$\dot{V}_2^{(1)} = 0.995 + j0.1 = 1.0 \angle 5.739° \text{pu}$$

母线 3 为负荷母线，因而第一次迭代电压 $\dot{V}_3$ 为

$$\dot{V}_3^{(1)} = \frac{\left[\dfrac{P_3 - jQ_3}{\dot{V}_3^{*(0)}} - Y_{31}\dot{V}_1 - Y_{32}\dot{V}_2^{(1)}\right]}{Y_{33}}$$

$$\dot{V}_3^{(1)} = \frac{\left[\dfrac{-0.8 + j0.6}{1 - j0} - j5 \times (1 + j0) - j4 \times (0.995 + j0.1)\right]}{- j9}$$

$$\dot{V}_3^{(1)} = 0.9311 - j0.0444 = 0.932 \angle -2.73° \text{pu}$$

第二次迭代

重复第一次迭代过程，并使用第一次迭代过程得到的最新数值：

$$Q_2^{(2)} = - \text{Image}\left[\dot{V}_2^{*(1)}\left\{\dot{V}_2^{(1)}Y_{22} + Y_{21}\dot{V}_1 + Y_{23}\dot{V}_3^{(1)}\right\}\right]$$

$$Q_2^{(2)} = - \text{Image}\left[(0.995 - j0.1)\left\{(0.995 + j0.1) \times (-j6) + j2 \times \right.\right.$$
$$\left.\left. (1 + j0) + j4 \times (0.9331 - j0.0444)\right\}\right]$$

$$Q_2^{(2)} = j0.3221\text{pu}$$

$$\dot{V}_2^{(2)} = \frac{\left[\dfrac{P_2 - jQ_2^{(2)}}{\dot{V}_2^{*(1)}} - Y_{21}\dot{V}_1 - Y_{23}\dot{V}_3^{(1)}\right]}{Y_{22}}$$

$$\dot{V}_2^{(2)} = \frac{\left[\dfrac{0.6 - j0.3221}{0.995 - j0.1} - j2 \times (1 + j0) - j4 \times (0.9311 - j0.0444)\right]}{- j6}$$

$$\dot{V}_2^{(2)} = 0.9975 + j0.0753 = 1.0003 \angle 4.32° \text{pu}$$

由于母线 2 为电压控制母线，所以 $\dot{V}_2$ 的幅值保持 $|\dot{V}_2| = 1.0\text{pu}$

利用式（11.38）计算 $|\dot{V}_2|$ 的修正后的数值为

$$\mathrm{Re}(\dot{V}_2^{(2)}) = \sqrt{|\dot{V}_2|^2 - (\mathrm{Image}(\dot{V}_2^{(2)}))^2}$$

$$\mathrm{Re}(\dot{V}_2^{(2)}) = \sqrt{1 - 0.0753^2} = 0.9972\mathrm{pu}$$

$\dot{V}_2^{(2)}$ 修正后的值为

$$\dot{V}_2^{(2)} = 0.9972 + \mathrm{j}0.0753 = 1.0\angle4.32°\mathrm{pu}$$

第二次迭代 $\dot{V}_3$ 为

$$\dot{V}_3^{(2)} = \frac{\left[\dfrac{P_3 - \mathrm{j}Q_3}{\dot{V}_3^{*(1)}} - Y_{31}\dot{V}_1 - Y_{32}\dot{V}_2^{(2)}\right]}{Y_{33}}$$

$$\dot{V}_3^{(2)} = \frac{\left[\dfrac{-0.8 + \mathrm{j}0.6}{0.9311 + \mathrm{j}0.0444} - \mathrm{j}5 \times (1 + \mathrm{j}0) - \mathrm{j}4 \times (0.9972 + \mathrm{j}0.0753)\right]}{-\mathrm{j}9}$$

$$\dot{V}_3^{(2)} = 0.9228 - \mathrm{j}0.0584 = 0.925\angle-3.621°\mathrm{pu}$$

两次迭代后 $\dot{V}_2$ 和 $\dot{V}_3$ 的值为

$$\dot{V}_2^{(2)} = 1.0\angle4.32°\mathrm{pu}$$

$$\dot{V}_3^{(2)} = 0.925\angle-3.621°\mathrm{pu}$$

继续迭代过程直至计算过程收敛。

在 MATLAB 中利用加速因子为 $\alpha = 1.5$ 的高斯-赛德尔法计算得到的潮流解如表 11.2 所示。迭代次数为 11 次。各支路潮流及损耗如表 11.3 所示。

表 11.2　利用高斯-赛德尔法进行潮流计算的结果

母线编号	电压幅值 pu	电压相角	负载功率		发电功率	
			MW	Mvar	MW	Mvar
1	1.000	0.000	0.000	0.000	19.931	40.166
2	1.000	3.473	0.000	0.000	60.000	34.434
3	0.923	-3.991	80.000	60.000	0.000	0.000
总计			80.000	60.000	79.931	74.600

表 11.3　各支路潮流及损耗

支路		母线功率及支路潮流			支路损耗	
起始母线	终止母线	MW	Mvar	MVA	MW	Mvar
1		19.931	40.166	44.839		
	2	-12.115	0.367	12.121	0.000	0.735
	3	32.106	39.793	51.130	0.000	5.229
2		60.000	34.434	69.179		

（续）

支　路		母线功率及支路潮流			支　路　损　耗	
起始母线	终止母线	MW	Mvar	MVA	MW	Mvar
	1	12. 115	0. 367	12. 121	0. 000	0. 735
	3	47. 939	34. 067	58. 811	0. 000	8. 647
3		− 80. 000	− 60. 000	100. 000		
	1	− 32. 106	− 34. 565	47. 175	0. 000	5. 229
	2	− 47. 939	− 25. 420	54. 262	0. 000	8. 647
损耗合计					0. 000	14. 610

利用式（11.45）及式（11.46），母线 1 和 2 之间的潮流及线路损耗计算如下：

根据 MATLAB 程序得到节点电压为

$$\dot{V}_1 = 1.0 \angle 0° = 1 + j0 \text{pu}$$

$$\dot{V}_2 = 1.0 \angle 3.473° = 0.99816 + j0.06058 \text{pu}$$

$$\dot{V}_3 = 0.923 \angle -3.991° = 0.92076 - j0.06424 \text{pu}$$

支路 1-2 的电流计算为

$$\dot{I}_{12} = Y_{12}(\dot{V}_1 - \dot{V}_2) = -j2 \left[(1+j0) - (0.99816 + j0.06058) \right] = -0.12116 - j0.00368 \text{pu}$$

$$\dot{I}_{21} = -\dot{I}_{12} = 0.12116 + j0.00368 \text{pu}$$

支路 1-2 的功率流为

$$S_{12} = \dot{V}_1 \dot{I}_{12}^* = (1+j0)(-0.12116 + j0.00368) = -0.12116 + j0.00368 \text{pu}$$
$$= (-0.12116 + j0.00368) \times 100 = -12.116 \text{MW} + j0.368 \text{Mvar}$$

$$S_{21} = \dot{V}_2 \dot{I}_{21}^* = (0.99816 + j0.06058)(0.12116 - j0.00368) = 0.12116 + j0.00367 \text{pu}$$
$$= (0.12116 + j0.00367) \times 100 = 12.116 \text{MW} + j0.367 \text{Mvar}$$

使用式（11.47），支路 1-2 上的功率损耗计算如下：

$$S_{L12} = S_{12} + S_{21} = (-12.116 + j0.368) + (12.116 + j0.367) = 0.0 \text{MW} + j0.735 \text{Mvar}$$

以上计算结果与 MATLAB 计算结果一致。

11.7　牛顿-拉夫逊法（N-R）进行潮流计算

牛顿-拉夫逊法能够用一组线性方程组代替式（11.24）中的非线性方程组。对这个方法的原理阐述后，我们将看到这样的结果。

任意一个一元函数 $f(x)$ 在点 a 邻域内的泰勒级数展开式如下：

$$f(x) = f(a) + (x-a) \frac{\partial f}{\partial x}\bigg|_a + \frac{(x-a)^2}{2!} \frac{\partial^2 f}{\partial x^2}\bigg|_a + \cdots + \frac{(x-a)^n}{n!} \frac{\partial^n f}{\partial x^n}\bigg|_a + \mathfrak{R}_n \quad (11-48)$$

式中

$$\frac{\partial f}{\partial x}\bigg|_a = \text{在 } x = a \text{ 处估计的偏导值。}$$

如果 $\lim\limits_{n\to\infty} \Re_n = 0$，则级数收敛。

如果 $(x-a) \ll 1$，则可忽略高次项，式（11.48）变为

$$f(x) \approx f(a) + (x-a)\frac{\partial f}{\partial x}\bigg|_a \tag{11.49}$$

对于 n 元函数来说，我们可以在点 $x_1 = a_1$，$x_2 = a_2$，$\cdots$，$x_n = a_n$ 处进行泰勒级数展开，同时 $(x_k - a_k) \ll 1$，且 $k = 1$，2，$\cdots$，n。则式（11.48）变为

$$f(x_1, x_2, \cdots, x_n) \approx f(a_1, a_2, \cdots, a_n) + (x_1 - a_1)\frac{\partial f}{\partial x_1}\bigg|_a + (x_2 - a_2)\frac{\partial f}{\partial x_2}\bigg|_{a_2} + \cdots + (x_n - a_n)\frac{\partial f}{\partial x_n}\bigg|_{a_n}$$
$$\tag{11.50}$$

考虑一组非线性方程，每个方程式均为 n 元函数：

$$f_1(x_1, \ x_2, \ \cdots, \ x_n) = y_1$$
$$f_2(x_1, \ x_2, \ \cdots, \ x_n) = y_2$$
$$\vdots$$
$$f_n(x_1, \ x_2, \ \cdots, \ x_n) = y_n \tag{11.51}$$

或者

$$f_k(x_1, x_2, \cdots, x_n) = y_k \qquad k = 1, 2, \cdots, n \tag{11.52}$$

假定初始值 $x_k^{(0)}$ 及修正值，$\Delta x_k^{(0)}$，将修正值 $\Delta x_k^{(0)}$ 与 $x_k^{(0)}$ 相加得到 $x_k^{(1)}$。如果 $x_k^{(0)}$ 接近方程组的真解 x_k 时，修正值 $\Delta x_k^{(0)}$ 很小。

使用这个近似的泰勒级数，得到

$$f_k(x_1, x_2, \cdots, x_n) = f_k(x_1^{(0)}, x_2^{(0)}, \cdots, x_n^{(0)}) + \Delta x_1\frac{\partial f_k}{\partial x_1}\bigg|_{x_1^{(0)}} + \Delta x_2\frac{\partial f_k}{\partial x_2}\bigg|_{x_2^{(0)}} + \cdots + \Delta x_n\frac{\partial f_k}{\partial x_n}\bigg|_{x_n^{(0)}} = y_k$$
$$k = 1, 2, \cdots, n \tag{11.53}$$

或者，用矩阵方式形式

$$\begin{bmatrix} y_1 - f_1(x_1^{(0)}, \ x_2^{(0)}, \ \cdots, \ x_n^{(0)}) \\ y_2 - f_2(x_1^{(0)}, \ x_2^{(0)}, \ \cdots, \ x_n^{(0)}) \\ \vdots \qquad \vdots \qquad \vdots \\ y_n - f_n(x_1^{(0)}, \ x_2^{(0)}, \ \cdots, \ x_n^{(0)}) \end{bmatrix} = \begin{bmatrix} \dfrac{\partial f_1}{\partial x_1}\bigg|_{x_1^{(0)}} & \dfrac{\partial f_1}{\partial x_2}\bigg|_{x_2^{(0)}} & \cdots & \dfrac{\partial f_1}{\partial x_n}\bigg|_{x_n^{(0)}} \\ \dfrac{\partial f_2}{\partial x_1}\bigg|_{x_1^{(0)}} & \dfrac{\partial f_2}{\partial x_1}\bigg|_{x_2^{(0)}} & \cdots & \dfrac{\partial f_2}{\partial x_n}\bigg|_{x_n^{(0)}} \\ \vdots & \vdots & \vdots & \vdots \\ \dfrac{\partial f_n}{\partial x_1}\bigg|_{x_1^{(0)}} & \dfrac{\partial f_n}{\partial x_2}\bigg|_{x_2^{(0)}} & \cdots & \dfrac{\partial f_n}{\partial x_n}\bigg|_{x_n^{(0)}} \end{bmatrix}\begin{bmatrix} \Delta x_1 \\ \Delta x_2 \\ \vdots \\ \Delta x_n \end{bmatrix} \tag{11.54}$$

或者

$$[\Delta U^0] = [J^{(0)}][\Delta X^{(0)}] \tag{11.55}$$

其中，$J^{(0)}$ 为雅可比矩阵。

$$[\Delta X^{(0)}] = [J^{(0)}]^{-1}[\Delta \dot{U}^{(0)}] \tag{11.56}$$

继续迭代，可由下式计算 $X^{(1)}$：

$$[X^{(1)}] = [X^{(0)}] + [\Delta X^{(0)}] \tag{11.57}$$

一般

$$[X^{(k+1)}] = [X^{(k)}] + [\Delta X^{(k)}] \tag{11.58}$$

且

$$[\Delta X^{(k)}] = ([J^{(k)}])^{-1}[\Delta \dot{U}^{(k)}] \tag{11.59}$$

式中，k 为迭代次数。

11.8　应用 N-R 法求解电力系统潮流方程

N-R 法通常用在如式（11.24）所示的直角坐标系下的潮流方程求解过程中：

$$\left.\begin{aligned}
P_i &= \sum_{k=1}^{n} |\dot{V}_i||\dot{V}_k||Y_{ik}|\cos(\delta_k - \delta_i + \gamma_{ik}) = f_{ip} \\
Q_i &= -\sum_{k=1}^{n} |\dot{V}_i||\dot{V}_k||Y_{ik}|\sin(\delta_k - \delta_i + \gamma_{ik}) = f_{iq}
\end{aligned}\right\} \quad i = 1, \cdots, n \tag{11.60} \tag{11.61}$$

暂时假设，除了母线 1 外，其他母线均为负荷母线。因此，待求变量为（$n-1$）个电压相量，$\dot{V}_2, \cdots, \dot{V}_n$ 用实变量形式表示为角度 $\delta_2, \delta_3, \cdots, \delta_n$　　（$n-1$）个变量

幅值 $|\dot{V}_2|, |\dot{V}_3|, \cdots, |\dot{V}_n|$　　（$n-1$）个变量

潮流方程组（11.54）变为

$$
\begin{bmatrix}
\Delta P_2^{(0)} \\
\Delta P_3^{(0)} \\
\vdots \\
\Delta P_n^{(0)} \\
\hline
\Delta Q_2^{(0)} \\
\Delta Q_3^{(0)} \\
\vdots \\
\Delta Q_n^{(0)}
\end{bmatrix}
=
\begin{bmatrix}
\left.\dfrac{\partial f_{2p}}{\partial \delta_2}\right|^{(0)} & \left.\dfrac{\partial f_{2p}}{\partial \delta_3}\right|^{(0)} & \cdots & \left.\dfrac{\partial f_{2p}}{\partial \delta_n}\right|^{(0)} & \left.\dfrac{\partial f_{2p}}{\partial |\dot{V}_2|}\right|^{(0)} & \left.\dfrac{\partial f_{2p}}{\partial |\dot{V}_3|}\right|^{(0)} & \cdots & \left.\dfrac{\partial f_{2p}}{\partial |\dot{V}_n|}\right|^{(0)} \\
\left.\dfrac{\partial f_{3p}}{\partial \delta_2}\right|^{(0)} & \left.\dfrac{\partial f_{3p}}{\partial \delta_3}\right|^{(0)} & \cdots & \left.\dfrac{\partial f_{3p}}{\partial \delta_n}\right|^{(0)} & \left.\dfrac{\partial f_{3p}}{\partial |\dot{V}_2|}\right|^{(0)} & \left.\dfrac{\partial f_{3p}}{\partial |\dot{V}_3|}\right|^{(0)} & \cdots & \left.\dfrac{\partial f_{3p}}{\partial |\dot{V}_n|}\right|^{(0)} \\
\vdots & \vdots & \ddots & \vdots & \vdots & \vdots & \ddots & \vdots \\
\left.\dfrac{\partial f_{np}}{\partial \delta_2}\right|^{(0)} & \left.\dfrac{\partial f_{np}}{\partial \delta_3}\right|^{(0)} & \cdots & \left.\dfrac{\partial f_{np}}{\partial \delta_n}\right|^{(0)} & \left.\dfrac{\partial f_{np}}{\partial |\dot{V}_2|}\right|^{(0)} & \left.\dfrac{\partial f_{np}}{\partial |\dot{V}_3|}\right|^{(0)} & \cdots & \left.\dfrac{\partial f_{np}}{\partial |\dot{V}_n|}\right|^{(0)} \\
\hline
\left.\dfrac{\partial f_{2q}}{\partial \delta_2}\right|^{(0)} & \left.\dfrac{\partial f_{2q}}{\partial \delta_3}\right|^{(0)} & \cdots & \left.\dfrac{\partial f_{2q}}{\partial \delta_n}\right|^{(0)} & \left.\dfrac{\partial f_{2q}}{\partial |\dot{V}_2|}\right|^{(0)} & \left.\dfrac{\partial f_{2q}}{\partial |\dot{V}_3|}\right|^{(0)} & \cdots & \left.\dfrac{\partial f_{2q}}{\partial |\dot{V}_n|}\right|^{(0)} \\
\left.\dfrac{\partial f_{3q}}{\partial \delta_2}\right|^{(0)} & \left.\dfrac{\partial f_{3q}}{\partial \delta_3}\right|^{(0)} & \cdots & \left.\dfrac{\partial f_{3q}}{\partial \delta_n}\right|^{(0)} & \left.\dfrac{\partial f_{3q}}{\partial |\dot{V}_2|}\right|^{(0)} & \left.\dfrac{\partial f_{3q}}{\partial |\dot{V}_3|}\right|^{(0)} & \cdots & \left.\dfrac{\partial f_{3q}}{\partial |\dot{V}_n|}\right|^{(0)} \\
\vdots & \vdots & \ddots & \vdots & \vdots & \vdots & \ddots & \vdots \\
\left.\dfrac{\partial f_{nq}}{\partial \delta_2}\right|^{(0)} & \left.\dfrac{\partial f_{nq}}{\partial \delta_3}\right|^{(0)} & \cdots & \left.\dfrac{\partial f_{nq}}{\partial \delta_n}\right|^{(0)} & \left.\dfrac{\partial f_{nq}}{\partial |\dot{V}_2|}\right|^{(0)} & \left.\dfrac{\partial f_{nq}}{\partial |\dot{V}_3|}\right|^{(0)} & \cdots & \left.\dfrac{\partial f_{nq}}{\partial |\dot{V}_n|}\right|^{(0)}
\end{bmatrix}
\begin{bmatrix}
\Delta \delta_2^{(0)} \\
\Delta \delta_3^{(0)} \\
\vdots \\
\Delta \delta_n^{(0)} \\
\hline
\Delta |\dot{V}_2|^{(0)} \\
\Delta |\dot{V}_3|^{(0)} \\
\vdots \\
\Delta |\dot{V}_n|^{(0)}
\end{bmatrix}
\tag{11.62}
$$

其中左上分块为 $[J_{11}^{(0)}]$，右上分块为 $[J_{12}^{(0)}]$，左下分块为 $[J_{21}^{(0)}]$，右下分块为 $[J_{22}^{(0)}]$。

方程组（11.62）也可用下面的形式表示：

$$\begin{bmatrix} [\Delta P^{(0)}] \\ [\Delta Q^{(0)}] \end{bmatrix} = \begin{bmatrix} [J_{11}^{(0)}] & [J_{12}^{(0)}] \\ [J_{21}^{(0)}] & [J_{22}^{(0)}] \end{bmatrix} \begin{bmatrix} [\Delta \delta^{(0)}] \\ [\Delta |\dot{V}|^{(0)}] \end{bmatrix} \tag{11.63}$$

再做进一步计算之前，我们需要对电压控制母线进行一下说明。对于系统中的每一个电压

控制母线来说，需要删除雅可比矩阵中的无功功率行及电压幅值列。这样做的理由是因为对于一个电压控制母线来说无功功率不平衡量是不确定的，而电压控制母线的电压幅值是个常量。

用矩阵形式（11.63）可写为

$$[\Delta \dot{U}^{(0)}] = [J^{(0)}][\Delta X^{(0)}] \qquad (11.64)$$

式中　$[\Delta \dot{U}^{(0)}]$：初始估计时功率不平衡相量；

$[J^{(0)}]$：初始估计时雅可比矩阵估计值；

$[\Delta X^{(0)}]$：零次迭代时误差相量。

通常，式（11.63）及式（11.64）可写为如下形式：

$$\begin{bmatrix} [\Delta P^{(k)}] \\ [\Delta Q^{(k)}] \end{bmatrix} = \begin{bmatrix} [J_{11}^{(k)}] & [J_{12}^{(k)}] \\ [J_{21}^{(k)}] & [J_{22}^{(k)}] \end{bmatrix} \begin{bmatrix} [\Delta \delta^{(k)}] \\ [\Delta|\dot{V}|^{(k)}] \end{bmatrix} \qquad (11.65)$$

且

$$[\Delta \dot{U}^{(k)}] = [J^{(k)}][\Delta X^{(k)}] \qquad (11.66)$$

式中，k = 迭代次数。

N-R 算法

步骤 0：计算导纳阵$[Y_{bus}]$中的元素，并将各元素进行标幺化处理。

步骤 1：对待求的电压幅值和相角变量赋初值。

$$|\dot{V}| = 1.0 \text{pu} \qquad \delta = 0$$

步骤 2：计算第 k 次迭代功率不平衡相量 $[\Delta U]$。

步骤 3：计算第 k 次迭代的雅可比矩阵。

步骤 4：计算式（11.66）误差相量 $[\Delta X]$，置 $[X]$ 在 $k+1$ 次迭代的数值。

$$[X^{(k+1)}] = [X^{(k)}] + [\Delta X^{(k)}] \qquad (11.67)$$

步骤 5：检查功率不平衡量是否小于公差 ε。

$$[\Delta P^{(k)}] \leqslant \varepsilon \qquad (11.68)$$

$$[\Delta Q^{(k)}] \leqslant \varepsilon \qquad (11.69)$$

其中，$[\Delta P^{(k)}]$ 和 $[\Delta Q^{(k)}]$ 为给定的与计算的有功功率及无功功率差值，称为功率不平衡量。

如果功率不平衡量小于公差 ε，则转入步骤 6。否则，返回步骤 2。

步骤 6：用式（11.28）和式（11.29）计算平衡母线的有功功率 P_G 及无功功率 Q_G。

步骤 7：用式（11.45）计算各支路潮流，利用式（11.47）计算各支路的功率损耗。

11.9　牛顿-拉夫逊法（N-R）求解示例

考虑如图 11.8 所示 3 个母线系统；用 N-R 法计算第一次迭代后的 $\dot{V}_2$ 及 $\dot{V}_3$ 的相角值。

计算过程

用 N-R 法计算母线 2 和母线 3 的电压如下：

步骤 0：给定的导纳阵为

$$[Y_{bus}] = \begin{bmatrix} -j7 & j2 & j5 \\ j2 & -j6 & j4 \\ j5 & j4 & -j9 \end{bmatrix}$$

步骤 1：初值为

$$[X^{(0)}] = \begin{bmatrix} \delta_2^{(0)} \\ \delta_3^{(0)} \\ |\dot{V}_2|^0 \\ |\dot{V}_3|^0 \end{bmatrix} = \begin{bmatrix} 0 \\ 0 \\ 1.0 \\ 1.0 \end{bmatrix}$$

步骤 2：计算母线功率。

$$P_2 = f_{2p} = |Y_{21}||\dot{V}_2||\dot{V}_1|\cos(\delta_1 - \delta_2 + \gamma_{21}) + |Y_{22}||\dot{V}_2|^2\cos(\delta_2 - \delta_2 + \gamma_{22}) +$$
$$|Y_{23}||\dot{V}_2||\dot{V}_3|\cos(\delta_3 - \delta_2 + \gamma_{23}) \tag{11.70}$$

$$Q_2 = f_{2q} = -[|Y_{21}||\dot{V}_2||\dot{V}_1|\sin(\delta_1 - \delta_2 + \gamma_{21}) + |Y_{22}||\dot{V}_2|^2\sin(\delta_2 - \delta_2 + \gamma_{22}) +$$
$$|Y_{23}||\dot{V}_2||\dot{V}_3|\sin(\delta_3 - \delta_2 + \gamma_{23})] \tag{11.71}$$

$$P_3 = f_{3p} = |Y_{31}||\dot{V}_3||\dot{V}_1|\cos(\delta_1 - \delta_3 + \gamma_{31}) + |Y_{32}||\dot{V}_3||\dot{V}_2|\cos(\delta_2 - \delta_3 + \gamma_{32}) +$$
$$|Y_{33}||\dot{V}_3|^2\cos(\delta_3 - \delta_3 + \gamma_{33}) \tag{11.72}$$

$$Q_3 = f_{3q} = -[|Y_{31}||\dot{V}_3||\dot{V}_1|\sin(\delta_1 - \delta_3 + \gamma_{31}) + |Y_{32}||\dot{V}_3||\dot{V}_2|\sin(\delta_2 - \delta_3 + \gamma_{32}) +$$
$$|Y_{33}||\dot{V}_3|^2\sin(\delta_3 - \delta_3 + \gamma_{33})] \tag{11.73}$$

给定的母线功率为 $P_{2s} = 0.6$、$P_{3s} = -0.8$、$Q_{3s} = -0.6$。本次迭代计算得到的母线功率为

$$P_2^{(0)} = 2 \times 1 \times 1 \times \cos90° + 6 \times 1^2 \times \cos(-90°) + 4 \times 1 \times 1 \times \cos90° = 0$$
$$P_3^{(0)} = 5 \times 1 \times 1 \times \cos90° + 4 \times 1 \times 1 \times \cos90° + 9 \times 1^2 \times \cos(-90°) = 0$$
$$Q_3^{(0)} = -(5 \times 1 \times 1 \times \sin90° + 4 \times 1 \times 1 \times \sin90° + 9 \times 1^2 \times \sin(-90°)) = 0$$

因此，功率的不平衡量为 $\Delta P_2^{(0)} = P_{2s} - P_2^{(0)} = 0.6$，$\Delta P_3^{(0)} = P_{3s} - P_3^{(0)} = -0.8$，$\Delta Q_3^{(0)} = Q_{3s} - Q_3^{(0)} = -0.6$。

步骤 3：雅可比矩阵计算如下：

$$\left.\frac{\partial f_{2p}}{\partial \delta_2}\right|^0 = -|Y_{21}||\dot{V}_1||\dot{V}_2|\sin(\delta_2 - \gamma_{21}) - |Y_{23}||\dot{V}_2||\dot{V}_3|\sin(\delta_2 - \delta_3 - \gamma_{23}) = 6 \tag{11.74}$$

$$\left.\frac{\partial f_{2p}}{\partial \delta_3}\right|^0 = -|Y_{23}||\dot{V}_2||\dot{V}_3|\sin(\delta_3 - \delta_2 + \gamma_{23}) = -4 \tag{11.75}$$

$$\left.\frac{\partial f_{2p}}{\partial |\dot{V}_3|}\right|^0 = |Y_{23}||\dot{V}_2|\cos(\delta_3 - \delta_2 + \gamma_{23}) = 0 \tag{11.76}$$

$$\left.\frac{\partial f_{3p}}{\partial \delta_2}\right|^0 = -|Y_{32}||\dot{V}_3||\dot{V}_2|\sin(\delta_2 - \delta_3 + \gamma_{32}) = -4 \tag{11.77}$$

$$\left.\frac{\partial f_{3p}}{\partial \delta_3}\right|^0 = -|Y_{31}||\dot{V}_3||\dot{V}_1|\sin(\delta_3 - \gamma_{31}) + |Y_{32}||\dot{V}_3||\dot{V}_2|\sin(\delta_3 - \delta_2 + \gamma_{32}) = 9 \tag{11.78}$$

$$\frac{\partial f_{3p}}{\partial |\dot{V}_3|}\bigg|^0 = |Y_{31}||\dot{V}_1|\cos(\delta_1 - \delta_3 + \gamma_{31}) + |Y_{32}||\dot{V}_2|\cos(\delta_2 - \delta_3 + \gamma_{32}) + 2|Y_{33}||\dot{V}_3|\cos\gamma_{33} = 0$$

$$(11.79)$$

$$\frac{\partial f_{3q}}{\partial \delta_2}\bigg|^0 = -|Y_{32}||\dot{V}_3||\dot{V}_2|\cos(\delta_2 - \delta_3 + \gamma_{32}) = 0 \qquad (11.80)$$

$$\frac{\partial f_{3q}}{\partial \delta_3}\bigg|^0 = |Y_{31}||\dot{V}_3||\dot{V}_1|\cos(\delta_3 - \delta_1 - \gamma_{31}) + |Y_{32}||\dot{V}_3||\dot{V}_2|\cos(\delta_3 - \delta_2 - \gamma_{32}) = 0 \quad (11.81)$$

$$\frac{\partial f_{3q}}{\partial |\dot{V}_3|}\bigg|^0 = -|Y_{31}||\dot{V}_1|\sin(\delta_1 - \delta_3 + \gamma_{31}) + |Y_{32}||\dot{V}_2|\sin(\delta_2 - \delta_3 + \gamma_{32}) + 2|Y_{33}||\dot{V}_3|\sin\gamma_{33} = 9$$

$$(11.82)$$

$$\left.\begin{array}{l} \dfrac{\partial f_{2q}}{\partial \delta_2}, \dfrac{\partial f_{2q}}{\partial \delta_3}, \dfrac{\partial f_{2q}}{\partial |\dot{V}_2|}, \dfrac{\partial f_{2q}}{\partial |\dot{V}_3|} \\[2mm] \hline \dfrac{\partial f_{2p}}{\partial |\dot{V}_2|}, \dfrac{\partial f_{3p}}{\partial |\dot{V}_2|}, \dfrac{\partial f_{3q}}{\partial |\dot{V}_2|} \end{array}\right\}$$ 由于母线 2 是电压控制母线，这些数值不需要估计

式（11.74）~式（11.82）得到

$$\begin{bmatrix} \Delta P_2^{(0)} \\ \Delta P_3^{(0)} \\ \Delta Q_2^{(0)} \\ \Delta Q_3^{(0)} \end{bmatrix} = \begin{bmatrix} 6 & -4 & 0 & 0 \\ -4 & 9 & 0 & 0 \\ 0 & 0 & 10 & -4 \\ 0 & 0 & -4 & 9 \end{bmatrix} \begin{bmatrix} \Delta\delta_2^{(0)} \\ \Delta\delta_3^{(0)} \\ \Delta|\dot{V}_2|^{(0)} \\ \Delta|\dot{V}_3|^{(0)} \end{bmatrix} \qquad (11.83)$$

消去对应 Q_2 及 $|\dot{V}_2|$ 的行和列后，得到

$$\begin{bmatrix} 0.6 \\ -0.8 \\ -0.6 \end{bmatrix} = \begin{bmatrix} 6 & -4 & 0 \\ -4 & 9 & 0 \\ 0 & 0 & 9 \end{bmatrix} \begin{bmatrix} \Delta\delta_2^{(0)} \\ \Delta\delta_3^{(0)} \\ \Delta|\dot{V}_3|^{(0)} \end{bmatrix} \qquad (11.84)$$

步骤 4：为了求解式（11.84），可求助于雅可比矩阵的逆阵。然而，从计算角度来说，用数值分析法（例如高斯消去法）求解将更为高效。任何一本关于解数值分析方法的教科书中都可以发现后者。接下来使用这个技巧。

$$\begin{bmatrix} 0.6 \\ -0.8 \\ -0.6 \end{bmatrix} = \begin{bmatrix} 6 & -4 & 0 \\ -4 & 9 & 0 \\ 0 & 0 & 9 \end{bmatrix} \begin{bmatrix} \Delta\delta_2^{(0)} \\ \Delta\delta_3^{(0)} \\ \Delta|\dot{V}_3|^{(0)} \end{bmatrix}$$ 除以 6 除以 4

$$\begin{bmatrix} 0.1 \\ -0.2 \\ -0.6 \end{bmatrix} = \begin{bmatrix} 1 & -0.667 & 0 \\ -1 & 2.25 & 0 \\ 0 & 0 & 9 \end{bmatrix} \begin{bmatrix} \Delta\delta_2^{(0)} \\ \Delta\delta_3^{(0)} \\ \Delta|\dot{V}_3|^{(0)} \end{bmatrix}$$ 将这行加到第 1 行

$$\begin{bmatrix} 0.1 \\ -0.1 \\ -0.6 \end{bmatrix} = \begin{bmatrix} 1 & -0.667 & 0 \\ 0 & 1.583 & 0 \\ 0 & 0 & 9 \end{bmatrix} \begin{bmatrix} \Delta\delta_2^{(0)} \\ \Delta\delta_3^{(0)} \\ \Delta|\dot{V}_3|^{(0)} \end{bmatrix} \quad \text{除以 1.583}$$

$$\begin{bmatrix} 0.1 \\ -0.063 \\ -0.6 \end{bmatrix} = \begin{bmatrix} 1 & -0.667 & 0 \\ 0 & 1 & 0 \\ 0 & 0 & 9 \end{bmatrix} \begin{bmatrix} \Delta\delta_2^{(0)} \\ \Delta\delta_3^{(0)} \\ \Delta|\dot{V}_3|^{(0)} \end{bmatrix} \quad \text{除以 9}$$

$$\begin{bmatrix} 0.1 \\ -0.063 \\ -0.067 \end{bmatrix} = \begin{bmatrix} 1 & -0.667 & 0 \\ 0 & 1 & 0 \\ 0 & 0 & 1 \end{bmatrix} \begin{bmatrix} \Delta\delta_2^{(0)} \\ \Delta\delta_3^{(0)} \\ \Delta|\dot{V}_3|^{(0)} \end{bmatrix}$$

回代后得

$$\Delta|\dot{V}_3|^{(0)} = -0.067\text{pu}$$

$$\Delta\delta_3^{(0)} = -0.063\text{rad}$$

$$\Delta\delta_2^{(0)} = 0.1 + 0.667\Delta\delta_3^{(0)} = 0.058\text{rad}$$

第一次迭代后，母线 2 和母线 3 电压相角值及母线 3 电压幅值为

$$\delta_2^{(1)} = \delta_2^{(0)} + \Delta\delta_2^{(0)} = 0 + 0.058 = 0.058\text{rad}$$

$$\delta_3^{(1)} = \delta_3^{(0)} + \Delta\delta_3^{(0)} = 0 - 0.063 = -0.063\text{rad}$$

$$|V_3|^{(1)} = |V_3|^{(0)} + \Delta|V_3|^{(0)} = 1 - 0.067 = 0.933\text{pu}$$

$\dot{V}_2$ 及 $\dot{V}_3$ 的第一次迭代计算值为

$$\dot{V}_2^{(1)} = 1.0\angle 3.325°\text{pu}$$

$$\dot{V}_3^{(1)} = 0.933\angle -3.611°\text{pu}$$

继续计算，直至收敛。

在 MATLAB 中使用 N-R 法进行潮流计算的结果如表 11.4 所示。迭代次数为 4。各支路潮流及损耗如表 11.5 所示。

表 11.4　用 N-R 法潮流计算

母 线 编 号	电压幅值 pu	电压相角 (°)	负载功率		发电功率	
			MW	Mvar	MW	Mvar
1	1.0	0.000	0.000	0.000	20.000	40.166
2	1.0	3.468	0.000	0.000	60.000	34.433
3	0.923	-3.990	80.000	60.000	0.000	0.000
合计			80.000	60.000	80.000	74.599

表 11.5　各支路潮流及损耗

支　　路		母线功率及支路潮流			支 路 损 耗	
起 始 母 线	终 止 母 线	MW	Mvar	MVA	MW	Mvar
1		20.000	40.166	44.870		

（续）

支　路		母线功率及支路潮流			支　路　损　耗	
起 始 母 线	终 止 母 线	MW	Mvar	MVA	MW	Mvar
	2	− 12. 098	0. 366	12. 104	0. 000	0. 732
	3	32. 098	39. 799	51. 130	0. 000	5. 229
2		60. 000	34. 433	69. 178		
	1	12. 098	0. 366	12. 104	0. 000	0. 732
	3	47. 902	34. 067	58. 781	0. 000	8. 638
3		− 80. 000	− 60. 000	100. 000		
	1	− 32. 098	− 34. 571	47. 175	0. 000	5. 229
	2	− 47. 902	− 25. 429	54. 233	0. 000	8. 638
损耗合计					0. 000	14. 599

11. 10　利用快速解耦（F-D）法进行电力系统潮流计算

快速解耦法（F-D）在提高潮流求解速度方面是非常有效的，同时不会对解的准确度产生影响。当需要对系统潮流进行反复计算，以研究系统参数的变化对潮流的影响时，快速解耦法就是一种非常好用的算法。快速解耦法也用于大型电力系统事故分析，相对准确度来说，此时分析人员将更加关注计算速度。快速解耦潮流计算方法是基于 N-R 法的。通过近似解耦的方式大大减少了计算时间，由于输电线路的 X/R 的比值非常高，所以在多数电力系统它是有效的。对于这样的系统，有功功率的变化对于电压幅值的改变不是很敏感（$\dfrac{\partial P}{\partial |\dot{V}|}$ 的值很小）。类似的，无功功率变化对电压相角的改变也不是很敏感（$\dfrac{\partial Q}{\partial \delta}$ 的值很小）。雅可比矩阵 $[J]$ 的非对角子阵 $[J_{12}]$ 及 $[J_{21}]$ 相对于对角子矩阵元素 $[J_{11}]$ 及 $[J_{22}]$，通常非常小。因此，令元素 $[J_{12}]$ 及 $[J_{21}]$ 为零是合理的。式（11.65）中的雅可比矩阵 $[J^{(k)}]$ 变为

$$[J^{(k)}] = \begin{bmatrix} J_{11}^{(k)} & 0 \\ 0 & J_{22}^{(k)} \end{bmatrix} \tag{11.85}$$

式（11.65）变为

$$\begin{bmatrix} [\Delta P^{(k)}] \\ [\Delta Q^{(k)}] \end{bmatrix} = \begin{bmatrix} J_{11}^{(k)} & 0 \\ 0 & J_{22}^{(k)} \end{bmatrix} \begin{bmatrix} \Delta \delta^{(k)} \\ \Delta |\dot{V}|^{(k)} \end{bmatrix} \tag{11.86}$$

由式（11.86），可得

$$[\Delta P^{(k)}] = [J_{11}^{(k)}][\Delta \delta^{(k)}] \tag{11.87}$$

$$[\Delta Q^{(k)}] = [J_{22}^{(k)}][\Delta |\dot{V}|^{(k)}] \tag{11.88}$$

式（11.87）及式（11.88）可以看出矩阵方程组被分解为两个解耦方程组，这个方程组求解时间比式（11.62）求解潮流时间更小。式（11.87）和式（11.88）有如下两个显著特点：①有功功率方程组与电压幅值解耦；②无功功率方程组与电压相角解耦。这意味着式（11.87）和式（11.88）相互独立，可独立求解。

11.11 快速解耦法求解示例

考虑如图 11.8 所示的 3 个母线系统；使用 F-D 法计算第一次迭代后的 $\dot{V}_2$ 及 $\dot{V}_3$ 的相角值。

计算过程

用 F-D 法计算母线 2 及母线 3 电压的过程如下：

步骤 0：导纳阵为

$$[Y_{\text{bus}}] = \begin{bmatrix} -j7 & j2 & j5 \\ j2 & -j6 & j4 \\ j5 & j4 & -j9 \end{bmatrix}$$

步骤 1：初值为

$$[X^{(0)}] = \begin{bmatrix} \delta_2^{(0)} \\ \delta_3^{(0)} \\ |\dot{V}_3|^{(0)} \end{bmatrix} = \begin{bmatrix} 0 \\ 0 \\ 1.0 \end{bmatrix}$$

步骤 2：功率不平衡量为

$$[\Delta \dot{U}^{(0)}] = \begin{bmatrix} \Delta P_2^{(0)} \\ \Delta P_3^{(0)} \\ \Delta Q_3^{(0)} \end{bmatrix} = \begin{bmatrix} 0.6 \\ -0.8 \\ -0.6 \end{bmatrix}$$

步骤 3：母线 2 为电压控制母线（即，$\Delta |\dot{V}_2| = 0$）；消去对应 Q_2 及 $|V_2|$ 行及列后，雅可比矩阵变为

$$[J^{(0)}] = \begin{bmatrix} 6 & -4 & 0 \\ -4 & 9 & 0 \\ 0 & 0 & 9 \end{bmatrix}$$

雅可比矩阵子阵为

$$[J_{11}^{(0)}] = \begin{bmatrix} 6 & -4 \\ -4 & 9 \end{bmatrix}$$

$$[J_{22}^{(0)}] = 9$$

步骤 4：根据式（11.87），可得

$$[\Delta \delta^{(0)}] = [J_{11}^{(0)}]^{-1}[\Delta P^{(0)}]$$

$$\begin{bmatrix} \Delta \delta_2^{(0)} \\ \Delta \delta_3^{(0)} \end{bmatrix} = \begin{bmatrix} 6 & -4 \\ -4 & 9 \end{bmatrix}^{-1} \begin{bmatrix} 0.6 \\ -0.8 \end{bmatrix} = \begin{bmatrix} 0.2368 & 0.1053 \\ 0.1053 & 0.1579 \end{bmatrix} \begin{bmatrix} 0.6 \\ -0.8 \end{bmatrix} = \begin{bmatrix} 0.0578 \\ -0.0631 \end{bmatrix} \text{rad}$$

因此，第一次迭代得到的母线 2 和母线 3 的电压相角为

$$\delta_2^{(1)} = \delta_2^{(0)} + \Delta \delta_2^{(0)} = 0.0578 \text{rad} = 3.313°$$

$$\delta_3^{(1)} = \delta_3^{(0)} + \Delta \delta_3^{(0)} = -0.0631 \text{rad} = -3.617°$$

根据式（11.87），得到

$$[\Delta|\dot{V}|^{(0)}] = [J_{22}^{(0)}]^{-1}[\Delta Q^{(0)}]$$

$$[\Delta|\dot{V}|^{(0)}] = (9^{-1}) \times (-0.6) = 0.1111 \times (-0.6) = -0.0666\,\text{pu}$$

所以，母线 3 的电压幅值为

$$|\dot{V}_3|^{(1)} = |\dot{V}_3|^{(0)} + \Delta|\dot{V}|^{(0)} = 1.0 - 0.0666 = 0.9334\,\text{pu}$$

$\dot{V}_2$ 及 $\dot{V}_3$ 的第一次迭代计算值如下：

$$\dot{V}_2^{(1)} = 1.0 \angle 3.313°\,\text{pu}$$

$$\dot{V}_2^{(1)} = 0.9334 \angle -3.617°\,\text{pu}$$

继续迭代，直至收敛。

用 MATLAB 中 F-D 法进行潮流计算的结果如表 11.6 所示。迭代次数为 6。各支路潮流及损耗见表 11.7。

表 11.6　用 F-D 法 MATLAB 仿真潮流计算结果

母线编号	电压幅值 pu	电压相角 (°)	负载功率		发电功率	
			MW	Mvar	MW	Mvar
1	1.0	0.000	0.000	0.000	20.000	40.163
2	1.0	3.468	0.000	0.000	60.000	34.431
3	0.923	-3.990	80.000	60.000	0.000	0.000
合计			80.000	60.000	80.000	74.593

表 11.7　各支路潮流及损耗

支　路		母线功率及支路潮流			支路损耗	
起始母线	终止母线	MW	Mvar	MVA	MW	Mvar
1		20.000	40.163	44.867		
	2	-12.098	0.366	12.104	0.000	0.732
	3	32.098	39.799	51.130	0.000	5.228
2		60.000	34.431	69.177		
	1	12.098	0.366	12.104	0.000	0.732
	3	47.902	34.067	58.780	0.000	8.638
3		-80.000	-60.000	100.000		
	1	-32.098	-34.570	47.174	0.000	5.228
	2	-47.902	-25.429	54.233	0.000	8.638
损耗合计					0.000	14.599

11.12　结束语

本章节描述的 3 个求解方法包括了潮流计算的基本步骤。读者需要注意，偶尔，非标准变压器、电容器或者其他的网络设备需要建模。这些模型的大多数可以用母线导纳矩阵表示。需要牢记的另一个实际考虑因素是所有发电机都具有无功发电功率的上限和下限（即 Q_{max} 和 Q_{min}）。因此，在潮流计算的迭代过程中，如果发现任何一个发电机的无功功率超过这个限制，那么这台发电机所连接的母线不再是电压控制母线，在后继的迭代过程中，这个母线变为负荷母线进行处理。

从这 3 种方法中可以明显看出，对于任何实际容量的电力系统精确潮流解，计算机分析方法是非常必要的。为了减少内存和存储空间，计算机分析方法通常包含许多数值分析技巧，例如优化排序、稀疏技术等。目前有几款优秀的潮流分析程序在电力公司工程师进行系统研究中广泛地使用。工业级的潮流计算程序价格昂贵，许多可用的潮流计算程序教学版本价格便宜，完全满足教学使用或者小容量系统的研究。

11. 13 参考文献

1. Bergen, Arthur R., and Vijay Vittal. 2000. *Power Systems Analysis*, 2nd ed. Upper Saddle River, N.J.: Prentice-Hall.

2. Elgerd, Olle I. 1982. *Electric Energy Systems Theory—An Introduction*, 2nd ed. New York: McGraw-Hill.

3. Glover, J. Duncan, Mulukutla S. Sarma, and Thomas J. Overbye. 2012. *Power System Analysis and Design*, 5th ed. Stamford, C.T.: Cengage Learning.

4. Grainger, John J., and William D. Stevenson. 1994. *Power System Analysis*. New York: McGraw-Hill.

5. Saadat, Hadi. 2010. *Power System Analysis*, 3rd ed. United States: PSA Publishing.

6. Stott, B., and O. Alsac. 1974. "Fast Decoupled Load Flow," *IEEE Transactions on Power Apparatus & Systems*, Vol. PAS-93, pp. 859–869.

7. Weedy, Birron M., Brian J. Cory, Nick Jenkins, Janaka B. Ekanayake, and Goran Strbac. 2012. *Electric Power Systems*, 5th ed. Chichester, West Sussex, UK: Wiley.

第 12 章　电力系统控制

Marija D. Ilić, D. Sc.

Professor Department of Electrical and Computer Engineering Carnegie Mellon University

12.1　简介

国家电力可靠性委员会运行分委会（NERC-OC）负责向其成员公司颁布运营规则，从而确保区域用户的供电是可靠的。区域控制是 NERC-OC 认可的基本单位，它可能由一个大型私人公司，类似田纳西流域管理局这样的政府运营的系统组成，或者在一个电力"池"中的几家投资者所有的联合公司组成。

这种区域控制最突出的特征是拥有一个控制中心，该中心被赋予在其区域内行使运行系统权限。区域控制中心主要职责是保证其区域内发电量及供电量的平衡。然而，通过与相临区域的联网，为互相支援和计划售电做好了准备。这种紧急情况下的相互支援可以使能量流到达不直接相连的其他控制区域。即使是正常计划的能源销售也可以在买方和卖方之间找到干预控制区域。

频率，单位为赫兹（Hz），直接反映互联控制区域的运行状态。在北美，正常频率是 60Hz。然而，负荷需求和发电功率之间的波动会导致所有互连控制区域显现相同的频率偏差（通常不超过 ±0.1Hz）。当负荷需求超过发电功率时，频率降至 60Hz 以下。相反，当发电功率超过用电需求时，频率上升。

在动态系统中，需要不断调节以保持频率在一个小的范围内。某个控制区域负责为额外的用电需求进行调整。在这种情况下，联络线上将显示高于计划的潮流。这种净功率流入称为区域控制偏差（ACE）。调度员将在 1min 内采取措施增加发电出力，将 ACE 恢复至零（NERC-OC 规则）。调度员有 10min 时间去完成这个任务。在其他情况下，也可以观察到需要减少发电出力的情况。

12.2　电力系统控制

电力工业正经历着重大技术和组织变革。越来越多的高性价比、小型、灵活的发电厂，用户自动化，传输设备的电子控制以及通信和计算机方面的革命性变化都为实现电力系统闭环控制提供了可能性。与此同时，随着对最小化全系统协调的关注增加，电力行业已从自上而下，全系统决策转变为由系统用户（电力供应者和用户）决定的主动的、分布式的决策。

这种变革使得系统控制方法的设计师们重新审视目前电力系统运行的控制方法，尽可能建立新的控制规则以适应分布式运行控制的需要。

在这个简短的章节中，首先对目前管制型的电力工业中存在的控制方法进行一个简短的总结。然后对竞争性电力工业系统控制持续不断的概念变化进行描述。我们强调概念，并向读者指出满足性能标准控制器的特定设计和计算所需的其他相关参考。

12.3 电力系统控制的目的

电力系统控制的最终目标是平衡随时间变化的负荷需求，以便客户端的电能具有足够高的质量并且不受系统中可能出现扰动的影响。交流电的质量用正弦波频率和电压幅值来衡量。最近，在电压、电流和瞬时功率的基本正弦波形中越来越多地出现高次谐波，谐波分量也成为电能质量关心的一个问题。

在正常条件下，负荷需求在预测负荷模式下的波动是很小的也是很随机的。系统参数和状态与额定状态之间也会有微小偏差，导致系统从一个从扰动状态向以正弦波为特征的静态运行状态过渡。

当一个大型的、非预期的元件退出运行（紧急模式）时，系统的动态过程有可能导致系统失去稳定，也就是说，如果故障没有在某个"临界"的时间内消除，电力系统可能会失去同步和/或者可能面临电压崩溃的情况。当不对称故障发生时，另外一个问题是保持三相系统平衡。

在向用户输送电能时电压与频率相对于所期望的基准（额定）电压和频率状态会发生偏移，电力系统控制的作用是对这种偏移作出反应。开发的系统控制可以很好地根据这种微小的偏离自动调整系统输出。紧急情况下的电力系统控制发展缓慢，自动化程度较低；通常它是针对特定系统的，基于离线研究和人工决策。

控制性能准则

电力系统的控制目标至少可以通过两种不同的方式来达到，或者自上而下定义的控制-设计准则，或者元件（用户和生产者）级定义的准则，同时提供两者的最小一致性以同时保证系统的完整性。我们首先为一个典型电力系统定义控制性能判据，以区分这两种性质上不同的情况。

如前所述系统运行的基本目标，我们需要区分目前典型的管制型电力工业设置的自上而下、全系统的控制性能准则以及系统用户自己设定的性能准则（基本层）的不同。此外，在水平的结构互联中，需要区分最高层（互联，第三层）的控制性能目标与特定的子系统（控制区域，第二层）控制目标之间的区别。

随着电力系统运行及规划变得更加分散，更加具有竞争性，指明"产品"、产品的销售方和购买方、购买者购买产品的价值、控制技术卖方的价格，执行与基本电能购买差不多相同的方式是非常重要的。如果没有一个清晰的控制性能准则定义，这些都将无法实现。

鉴于以上需求，应区分如下内容：

- 个体（或者群体）消费者层的控制准则。
- 电力供给层控制性能准则。
- 子系统层（控制区域或者一些其他集结的实体）控制性能准则。
- 互联（系统）层控制性能准则。

通常，为了满足特定的性能准则，存在多个控制服务提供者。例如，通过发电、输电/配电和/或者负荷控制设计来满足负荷电压控制准则。然而，满足相同性能标准的成本可能会有很大差异，具体取决于谁提供此控制以及向哪些用户组提供。

最通用的电力系统控制设计应该考虑在满足相同技术指标的方案中选择，鼓励采用最经济的技术。目前正在开发评估这些技术的方法。然而，两件事情是清楚的：①许多控制服务通过与基本电力市场分开的市场提供。目前这种实验已经进行过，特别在挪威（Ilić等，1998）和加利福尼亚（Gaebe，1997）。在这种实验中，许多与控制相关的服务通常被称为辅助服务市场。②随着时间的推移，越来越多的系统控制将通过小型电厂、可控线路以及在线负荷控制以分散方式来完成。为了使之成为现实，需要对控制设计问题以及什么假设情况下设计会失效有着清晰的理解。随着电力系统运行开始更多地依赖于系统控制而不是鲁棒设计，这点变得尤其重要。必须对过度设计的系统和避免此类设计而采取的控制的价值之间的平衡进行研究。

最后，我们在此观察到控制性能准则问题与最新发展的电力工业技术标准问题密切关联（互联运行服务，1996）。

用户级控制性能准则

对于不同的用户，一些消费者可能愿意接受电能质量存在微小的偏差，如果电价能反映他们这种意愿。不久的将来，一些消费者愿意向系统提供电能或者参与电网电能质量控制（例如，功率因数控制）。然而，这些用户中的许多人因为不同原因将保留与电网的连接。这种情形表明确实需要指定与系统层控制性能准则分开考虑的用户层控制性能准则。与此相关的因素是法规、责任以及与用户相联系统的使用规则。

举例说明，正常运行条件下，明确不同用户可接受的电压和频率阈值和/或在供电系统紧急情况下的停电率。这类准则的重要特征是对于给定的具有 nd 个用户的电力系统，每个用户节点的额定电压不同，即向量判据：

$$\underline{E}_L^{nom}(t) = \left[E_{L1}^{nom}(t) E_{L2}^{nom}(t) \cdots E_{Lnd}^{nom}(t) \right] \tag{12.1}$$

可接受的电压偏差阈值为

$$\underline{E}_L^{thr}(t) = \left[E_{L1}^{thr}(t) E_{L2}^{thr}(t) \cdots E_{Lnd}^{thr}(t) \right] \tag{12.2}$$

类似地，用户可以指定系统经历困难情况时可接受的停电率，例如

$$\underline{R}^{int}(t) = \left[R_{L1}^{int}(t) R_{L2}^{int}(t) \cdots R_{Lnd}^{int}(t) \right] \tag{12.3}$$

静态稳定运行时，频率偏差很难区分；然而，原理上频率可以表征为 $f^{nom} = \dfrac{\omega^{nom}}{2\pi} = 60\text{Hz}$，并且作为向量判据时具有不同的可接受偏差阈值（Ilić和Liu，1996）

$$\underline{\omega}_L^{thr}(t) = \left[\omega_{L1}^{thr}(t) \omega_{L2}^{thr}(t) \cdots \omega_{Lnd}^{thr}(t) \right] \tag{12.4}$$

电力生产者层控制性能准则

随着分布式发电的涌入，非常靠近电力用户的小型电力供应商将会大量增加。这里认识到此种情况非常重要。而且，并非所有这些电源都易于控制，例如太阳能、风能和许多其他属于这种类型的未来的电能资源。

上述情况导致了一个与有关电力供应者技术标准及控制性能准则相关的一个基本问题。

这些准则与用户侧控制准则相比，更加复杂。通常，用户已经与电网相连。相反，需要区分新供电实体的连接（准入）标准和它们的运行（控制）性能准则。为了系统控制设计的目的，应当意识到技术规范潜在的不一致，包括一些供电者根本无法控制其功率输出（假设没有储能设备）。出于对这种情况的考虑，对通用电力系统控制问题定义时，必须要定义不可控电力供应者的可接受的电压变化范围及停电率［与式（12.1）和式（12.2）相似］，可以将它们看作负的负荷。

能够在一定容量范围内以一定的响应速率（MW/min）控制功率输出的电力供应者基本上控制输入满足下列约束：

$$\underline{P}_{G}^{\min} = \begin{bmatrix} P_{G1}^{\min} & P_{G2}^{\min} \cdots P_{Gn}^{\min} \end{bmatrix} \tag{12.5}$$

$$\underline{P}_{G}^{\max} = \begin{bmatrix} P_{G1}^{\max} & P_{G2}^{\max} \cdots P_{Gn}^{\max} \end{bmatrix} \tag{12.6}$$

此外，如果电力供应者愿意提供电压/无功功率控制，需要将这些规定定义为向量判据，在这个范围内提供电压控制（控制极限）：

$$\underline{E}_{G}^{\min} = \begin{bmatrix} E_{G1}^{\min} & E_{G2}^{\min} \cdots E_{Gn}^{\min} \end{bmatrix} \tag{12.7}$$

$$\underline{E}_{G}^{\max} = \begin{bmatrix} E_{G1}^{\max} & E_{G2}^{\max} \cdots E_{Gn}^{\max} \end{bmatrix} \tag{12.8}$$

假设励磁系统响应速度非常快，就没必要对响应速度进行定义了。

（子）系统层控制性能准则

一个性质不同的方法是在系统层定义控制准则并设计控制方法以确保这个性能。在系统层控制规范的示例中，需要总的计划发电量，$\sum_{i=1}^{i=n} P_{Gi}[kT_{H}]$ 与总的预期负荷 $\dot{P}_{L}^{sys}(kT_{H})$ 相等，也就是说每个小时 kT_{H}（其中 k 为正整数）或者在控制中心计算发电计划的任何采样时刻两者相等。对于每个电力系统全系统范围的准则用数学表达式进行描述为

$$\sum_{i=1}^{i=nd} P_{Gi}[kT_{H}] = \dot{P}_{L}^{sys}[kT_{H}] \tag{12.9}$$

需要注意的是：为了理解工业组织对运行和控制目标的依赖性，此处注意到总系统预期负荷 $\dot{P}_{L}^{sys}[kT_{H}]$ 不必等于单个用户预期负荷的总和 $\sum_{i=1}^{i=nd} P_{Li}[kT_{H}]$。通常，在管制型工业中无法在线对个人电力负荷模式进行观测；仅对其消耗的能量进行跟踪监测。在竞争机制下，这将发生根本的改变，更多强调电能的动态定价和弹性需求。

系统层第二个典型准则是对频率偏差的关注，$f^{sys,\max}[kT_{s}] = \dfrac{\omega^{sys,\max}[kT_{s}]}{2\pi}$，这个频率偏差由实际系统负荷 $P_{L}^{actual}[kT_{s}]$ 和预期负荷 $\dot{P}_{L}^{sys}[kT_{H}]$，以及在发电计划中实际发电的惯性产生[○]。

在系统层指定可接受的负荷电压偏差不是很严格。电力工业推出了"最优"电压的概念，例如，其特征是使电能传输损耗最小的电压。然而，在系统层对电压最优概念的定义不是唯一的，而且很难量化，这主要因为，它和其他很多因素有关，比如系统特性（Carpasso

---

○ 多区域系统中，这个准则更加透明的，每个控制区域具有一个为满足区域控制误差（ACE）的规范，ACE 是依据自动发电控制（AGC）计划定义的。

等，1980）。此外，最终结果是电力公司尽可能保持电压接近1pu，允许的统一偏差是±2%。在系统紧急情况下，电压偏差的范围可扩展到±5%。

最后，电力公司有一个保守的系统级准则，这个准则要求充足的电能供给裕度和强壮的系统设计以确保任意一个设备（发电机或者输电线路）退出运行，能够不间断供电。这就是输电系统的 $n-1$ 可靠性准则。在配电系统层，存在相似的准则，要求停电次数和平均停电时间统一在某个预定的允许范围内。

控制准则定义之间的关系

理论上来说，两种类型的控制准则应该是相关的。然而，在一个非常大的系统上量化这些关系是非常困难的。在管制型电力工业中的典型方法是称之为自上而下的方法，这种方法在系统层定义控制准则。

这两种类型性能准则定义的区别初看起来似乎微不足道，众所周知，在静态稳定条件下，系统中各处的频率相同，目标是提供充足的控制（发电）以至于在主要设备退出后的某些指定时间内不会中断用户供电。在这种情况下，服务中仅有的区别是在系统不同位置的电压变化（通常，处于馈线末端的用户相比于距离变电站较近位置的用户获得的电压支撑更差）。

不断变革电力工业的服务质量的差别可能要求更多地区分不同系统位置的技术规范；一些用户可能愿意在系统备用较低时因经常停电而付较少的费用。而其他一些用户则需要非常高质量，不中断供电。类似的，不同的用户可能需要不同的质量电压支撑，同样对应不同的电价[⊖]。此外，随着发电、输电/配电和负荷服务开始形成独立的公司业务，有必要分别清楚地确定每个实体的目标。在这种情况下，有必要设计能够满足这些分布式性能规范的控制。因而，对于竞争性电力行业中的不同参与者每个控制功能设定具有不同的价值。

因此，应该分别对发电、输电/配电以及用户服务实体分别定义控制目标。互联系统的整体性能应该由系统运行人员进行评估，询问这些分式性能准则如何在传统测量意义上影响全系统的性能，例如满足 $(n-1)$ 可靠性准则系统必须保留的裕度，即对于任意一个设备退出运行，系统均有能力向用户提供不间断供电服务，或者满足区域控制，即由系统总体发电量与用电需求不平衡时所引起的每个控制区域的频率偏差，或者进一步，在互联层累计的反映全系统发电/用电不平衡引起的频率偏移的时间误差修正方面。

事实证明，在利润/利益最大化及财务风险管理驱动的环境中，需要对输送产品的能力和产品的质量（频率、电压、停电率及谐波含量等）进行定义。此外，不同的产品质量应对应着不同的价格。目前，在竞争性电力行业中定义提供频率和电压调整的价值和方法方面还存在很多争议。

一个新的有趣的问题是关于如何以最小费用获得最大利益的不同用户分组的用电设备控制问题。这个问题与控制服务市场的建设密切相关。

⊖ 从原理上讲，区分不同的用户频率变化质量也是可能的；然而，为了根据系统的位置区分这些偏差，需要更精确的测量技术（Ilić和Liu，1996）。

12.4　控制手段的分类

从历史上看，大多数电力系统控制是基于发电控制。此外，一些控制器直接调整输电线路潮流，系统用户侧也有一些控制器。由于发电、输电和用户服务正变为在功能和法人上分离的实体，因此切记这种分类非常重要。

基于发电侧的控制

为满足预期的有功功率需求 $\dot{P}_L$ 提供有功功率发电计划 P_G 是平衡供电和用电需求的主要方式，其结果确保系统频率接近额定值。然而，实际负荷 $P_L(t)$ 与预测负荷 $\dot{P}_L$ 之间存在着一定的差值 $P_L^{\text{actual}}(t) - \dot{P}_L(t)$，这个差值将产生频率偏差 $\omega(t)$，通过发电机闭环调速器控制可以实现对频率偏差的校正，这方面的内容将在后面讲述。

通过励磁系统控制完成负荷电压（$E_{L1} \cdots E_{Lnd}$）的发电机控制，使发电机端电压（$E_{G1} \cdots E_{Gn}$）接近定值。闭环励磁控制为自动控制；励磁控制系统基本上是一个恒增益、全分散的、比例—微分（PD）控制器。

由于有功功率传输过程中会产生无功功率损耗，同时用户端也会消耗无功功率，所以基于发电的电压控制必须对此无功功率损耗进行补偿，以使电力系统尽管存在这种无功功率损耗，负载电压仍可以保持在如式（12.1）和式（12.2）所规定的用户可接受的范围内。无功功率计划和/或者电压调节不像有功功率计划和控制那样具有系统性。现有的实用化方法参阅 1996 年 Ilić 和 liu 以及 2000 年 Ilić 和 Zaborszky 编写的相关文献。

输电/配电控制

目前，典型的电力系统均装有不同种类的投切型无功设备（电容器、电抗器、变压器等），这些无功设备用于控制用户侧的电压及相关线路的潮流调节。当这些无功设备串接到输电线路时，改变了输电线路的自然传输特性；由于线路潮流直接正比于线路电导，所以一条感性输电线及与之串联的可控电容器就是一个潮流控制器。投切型的无功设备一般是机械式的，开关动作速度较慢。最近，所谓的柔性交流输电系统的技术（FACTS）使得有可能通过电力电子开关技术改变选定线路的输电特性，通过这种技术，可以实现每个周波一次，改变连接到输电线路的可控无功功率装置的数量。这些新技术为系统地改变特定输电路径的传输特性提供了机遇。

负荷-需求控制

电力系统中存在能够直接控制用户侧电压的各种控制设备。这些设备是并联电容器和/或电抗器，它们与负载并联连接。这些控制装置，像输电/配电型控制器一样，以前一直是基于慢速机械式开关切换的。这种类型的大多典型装置是有载调压变压器（OLTCs）和可投切电容器组。最新的 FACTS 技术是非常快的电力电子开关控制器。根据所应用的电压等级，FACTS 设备包括从功能强大的静态无功控制器（SVC）到更小的高压直流（HVDC）技术。

12.5 正常运行方式下控制设计的假设

仔细研究大型电力系统的典型控制设计，可以发现其意想不到的简单。直接关注的输出变量（频率和电压）以某种独立的方式进行控制；使用空间和时间分层方法依次对每个变量进行控制。大多数扰动在开环方式下被静态抑制。以完全分散的方式在每个子系统层（控制区域，公司）和每个主要元件层（发电机）控制剩余的扰动。

显而易见，当系统遭受非常大的突发事件时，这种简单的方法根本不起作用，主要是因为有功功率不能与无功功率/电压解耦，并且在这种条件下空间/时间分离不能成立。更一般地，任何恒定增益的控制设计（例如在当前实现的励磁系统和调节器中）仅在给定操作点周围线性化模型有效时才有控制效果。

此外，在没有过多地考虑其他类型控制器（输电和/或者负荷）影响的情况下，开发了正常条件下系统化，发电侧的控制；后者主要是结构性的，因为它们改变了传输系统的输入/输出传递函数。因此，它们很难系统地设计。为了避免其他类型的控制和发电控制相互影响产生可能的运行问题，当前的设计原则是使不同的控制器动作速率相差足够大，从而可以假设它们的效果是分离的。原则上，这个假设只有当系统受到相对较小的干扰时才成立，而在预想事故下通常不成立。

这可以使我们得出结论，目前在电力系统中实施的自动控制设计仅在运行条件接近系统和控制设计对应的额定条件下时预期具有良好的性能，因此，当系统面临着大型设备退出运行时，必须依赖专家知识，这通常是针对具体系统的。

12.6 在管制电力工业中的分层控制

在管制型的电力工业中，使电能供需平衡的发电计划和控制是采用分层控制方式实现的。这种分层控制包括时间分层以及空间分层两个部分。为了简要回顾在管制型工业中的决策和控制方法，考虑两种类型的电力系统结构：①包括一个电力公司（控制区域）的独立系统；②通过互联线路进行电气互联的几个水平结构子系统（公司，控制区域）构成的互联电网结构。从概念上讲，这种两种设计是不同的，因为独立系统以两层水平决策和控制为特征，一是元件层，一是全系统层。而对于包括几个控制区域的互联电网来说，一般结构分为三层：元件层，控制区域层（子系统层），互联层。

单控制区域示例

考虑一个 n 节点系统。系统的净发电/需求功率 $[P_{G1}(t) \cdots P_{Gn}(t)]$ 是可控的；其余 n_d 个节点的注入功率 $[P_{L1}(t) \cdots P_{Lnd}(t)]$ 代表不确定的负荷需求量。假定在整个时间周期 T 内，系统的网络拓扑及发电容量 $[K_{G1} \cdots K_{Gn}]$ 已知，并且发电/需求不平衡由缓慢变化的负荷 $P_{Lj}[kT_H]$，k 为正整数（即，按小时，T_H 采样时间中的1h）产生。通过开环发电控制方案实现这种预估的小时用电需求平衡。此处简单地给出其公式。

短期发电计划（系统层控制）

在控制区域（系统）层，短期发电计划是一个总的系统运行费用优化问题：

$$P_{\text{Gi}[kT_{\text{H}}]}^{\min} E\left\{ \sum_{k=t_0}^{T/T_{\text{H}}} \sum_{i=1}^{n} c_i \left(P_{\text{Gi}}[kT_{\text{H}}] \right) \right\} \tag{12.10}$$

满足供电平衡，即

$$\sum_{i=1}^{n} P_{\text{Gi}}[kT_{\text{H}}] = \sum_{j=1}^{nd} P_{\text{Lj}}[kT_{\text{H}}] \tag{12.11}$$

同时，满足发电容量的限制

$$P_{\text{Gi}}[kT_{\text{H}}] \le K_{\text{Gi}} : \sigma_i(t) \tag{12.12}$$

每条线路 $l(\forall l \in 1, \cdots, L)$ 的输电线路潮流

$$F_l[kT_{\text{H}}] = \sum_{i=1}^{(n+nd)} H_{li} \left(P_{\text{Gi}}[kT_{\text{H}}] - P_{\text{Li}}[kT_{\text{H}}] \right) \tag{12.13}$$

保持在输电线路容量限制范围内，K_l，即

$$F_l = K_l : \mu_l[kT_{\text{H}}] \tag{12.14}$$

如果负荷不确定，则这种短期发电调度问题需要动态规划类工具以对发电厂进行必要的调度。这就是众所周知的机组组合问题（Allen，1998）。如果负荷已知（预测），发电计划问题需要解决一个确定性静态优化问题，称之为最优潮流问题（Lugtu，1978）。大多数控制中心均有求解这种约束成本最优化问题的软件，这类软件每隔半个小时运行一次。在优化中，假设负荷已知，每个节点 i 的当地运行成本（实时电价，Schweppe 等，1988）$p_i(t) = \dfrac{\mathrm{d}c_i}{\mathrm{d}P_i(t)}$ 是不同的，它可以用下式表达

$$p_i(kT_{\text{H}}) = p[kT_{\text{H}}] - \sum_{l=1}^{l=L} H_{li} \mu_l[kT_{\text{H}}] \tag{12.15}$$

$\sum_{l=1}^{l=L} H_{li} \mu_l[kT_{\text{H}}]$ 项中，L 为系统中输电线路总数，反映了由相对于无约束电价 $p[kT_{\text{H}}]$ 的有功传输约束（"拥塞"）引起的最优电力生产成本的地区差异（如式 12.14）。

基于系统稳定的基本控制（设备层控制）

在任意时刻 t，根据短期计划计算的发电量与实际消耗的用电量之间的系统实时不匹配量，将导致微小的全系统静态偏差。不同系统采用不同方式调整这些频率上的静态偏差。当所谓的时间误差（正比于频率偏差的积分值）超过某一个特定阈值 $\Delta f^{\max}$ 时，具有多个柔性发电设备（例如水力发电）的单个控制区域可以通过人工改变发电机—汽轮机—调速器单元（G-T-G）定值的方式校正这个累积的频率偏差，而无需采用自动方式实现。对于多区域互联系统，如美国的电力系统，通过自动发电控制（AGC）方式实现调节，这个将在多区域系统中阐述。

最后，每 τ_s 秒 AGC（或者在控制区域层等效修正方案）执行后，通过当地控制器，尤其是调速器系统稳定这些最快速的频率变化在目标值附近。目前，这些控制器是完全分散的，恒增益输出控制器。对于任意一个发电厂 i，不管多么复杂，都可以用下面模型表示其动态特性

$$x_i(t) = \tilde{f}_i \left[x_i(t), \mu_i(t), y_i(t) \right] \tag{12.16}$$

（Ilić 和 Zaborszky，2000），其中 $x_i(t)$、$\mu_i(t)$、$y_i(t)$ 分别表示当地状态向量、基本控制向量和当地输出向量。当地连续基本控制，$\mu_i(t)$，例如调速器，用于稳定当地误差信号：

$$e_i(t) = y_i(t) - y_i[k\tau_s] \tag{12.17}$$

如果当地控制器是投切型控制器，闭环模型如式（12.16）所示，且当地控制规则为

$$\mu_i\big[(k+1)\tau\big]=\mu_i[k\tau]-d_i r_i(e_i[k\tau]) \tag{12.18}$$

它仅在离散时间 $k\tau$（k 为正整数）动作，式中 $r_i(\cdot)$ 是延迟函数。电容器/电抗器用于可控负荷以及有载调压变压器均根据这种控制规律进行负荷电压控制（一般说来，在基本控制器投切时间 τ 和在每个控制区域层 $[k\tau_s]$ 控制器定值变化速率之间没有明确的关系）。

总之，在单独控制区域系统中，人们可以对两层控制进行区分，即为了满足总预期用电需求的全系统在线发电计划和位于每台发电机（元件）的快速稳定层。通过改变每个 $[kT_H]$ 时刻调速器的整定值和响应最快速偏移的实时 t 时刻稳定器实现这两个层的控制，使每台发电机的频率保持接近其设定值（Ilić 和 Liu，1996）。观察到两个控制层的分离是由在明显不同速率下负荷—需求偏差所对应的时间分离驱动的，一个是基于每小时 $[kT_h]$ 的预测，另一个是更快的实时 t 时刻动态负荷变化。系统层控制是针对预期扰动的开环方式，而元件层控制是闭环的自动控制方式，对实际的发电/需求不平衡引起的系统输出偏差（发电频率）进行响应。

多区域控制示例

与独立控制区域分为两层的原因同样适用于将一个互联电力系统（包括多个控制区域和多家电力公司，它们在电气上实现互联）分离为三个控制层。这为互联系统内通过决策和控制进行分层运行奠定了基础。显然，这些互联运行情况仅适用于子系统间互联作用很少的情况（Ilić 和 Liu，1996）。决策中关注系统是在以相对小的运行状态变化和控制区域之间的弱互联为特征的正常运行模式下，或者在需要特殊措施的运行模式下。

在受监管的美国电力工业中，系统运行在正常条件下的三层控制概念是在每个子系统具有发电计划和安排的自主权的基础上，在与周边系统通过联络线进行潮流交换的假设下，能满足自身负荷的需求。每个子系统有自己的控制中心，除了试图满足其和互联区域预先协议的联络线功率换流计划时，使用前面描述过的短期调度方法。这些协议是双边的，也是基于对整个系统的 $n-1$ 可靠性准则的基础上进行的合作。

开环发电调度（系统层控制）

到目前为止，还没有实现所有层面（互联层，第三层）的在线协调控制（Ilić 和 Liu，1996）。相反，每个子系统都按预先指定的方式参与时间误差校正，这是由累积的系统范围的频率偏差引起的。为避免大的时间误差，每个子系统（控制区域）都配备了自己的分散式 AGC（第二层控制）。这个方案的原理是巧妙的，接下来将进行简要的描述。对于这个方案目的来说，重要的是完全分散的 AGC 只有在非常仔细地进行方案调整时才能完美地工作。最后，每个发电机均安装主稳定器（调速器），其设计的工作方式与前面描述的单个控制区域的控制系统工作方式相同。

自动发电控制（AGC：子系统层控制）

由不可预测的、通常微小的和快速的负荷变化以及不能立即产生预定输出的 G-T-G 单元惯性所产生的剩余发电-需求不平衡已经通过 AGC 实现了自动化控制。这是一个非常简单、强大的概念，它是基于这样一个事实：在静态稳定运行情况下，每个节点 i 上的系统频率是可观测的，它反应了整个系统的发电—需求不平衡。直到最近，相关电力工业标准均是基于 AGC 建立的，它是一种有效的分布式输出控制区域方案，对于每个区域 I 的区域控制误差（ACE）定义如下：

$$\text{ACE}^{\text{I}}[k\tau_{\text{s}}] = F^{\text{I}}[k\tau_{\text{s}}] - 10B^{\text{I}}\frac{\omega[k\tau_{\text{s}}]}{2\pi} \tag{12.19}$$

式中，$F^{\text{I}}[k\tau_{\text{s}}]$ 为区域 I 净功率偏差；B^{I} 称为区域偏差，选择的值尽可能接近被称为区域自然响应 β^{I}。假定系统处于平衡状态，基本的功率-频率静态特性为

$$\omega^{\text{I}} = \frac{P_{\text{G}}^{\text{I}}}{\beta^{\text{I}}} \tag{12.20}$$

完全分散的 AGC 中，每个子系统（控制区域）调整它自身的 ACE^{I}，其原则依赖的事实是如果选择的频率偏差尽可能接近这个区域的自然响应 β^{I}，则每个区域将有效地平衡自己的发电需求并且整个互联系统是平衡的。然而，当系统出现负荷需求变化 $P_{\text{d}}[k\tau_{\text{s}}]$ 时，可以证明由这个扰动引起的静态频率变化模型为（Ilić 等，1998）

$$\omega[(k+1)\tau_{\text{s}}] = \frac{B^{\text{I}} - B^{\text{K}}}{\beta^{\text{I}} + \beta^{\text{K}}}\omega[k\tau_{\text{s}}] - \frac{P_{\text{d}}[k\tau_{\text{s}}]}{10(\beta^{\text{I}} + \beta^{\text{K}})} \tag{12.21}$$

此处主要观察到，系统频率取决于各子系统偏差之和（$B^{\text{I}} + B^{\text{K}}$）。这就是当今电力工业中所谓的动态调度的基础，其中属于一个区域的发电厂可以参与其他区域的频率调节，而不再是每个子系统只负责各自系统的供需平衡。

此外，如上所述对 $\text{ACE}[\tau_{\text{s}}]$ 进行调整时，完全分散的 AGC 将联络线上的潮流偏差调节到其预定值，并使系统频率在静态条件下非常接近其额定值。因此，目前甚至没有最小的闭环三级协调控制；相反，由参与消除所谓的时间误差的每个区域对累积频率误差进行校正。

12.7　在电力工业变化中的电力系统控制

管制型电力系统中分层控制的一个重要前提是互联系统中的各个子系统自己计划和运行发电，不会过多的依赖于互联系统中的其他子系统。回想一下 AGC 的简要概述，每个控制区域只要调整式（12.19）中的频率偏置项 B，以补偿其自身区域的负荷偏差，整个互联系统就会平衡。

不断变化的电力行业以其惊人的开放接入需求为特征。也就是说，只要经济上有利，电力生产商就可为不在同一控制区域内的客户提供服务。这直接意味着必须重新考虑控制区域（二级）在包括若干控制区域的互联系统中的作用。

在新的工业规则下对控制区域的概念进行了分析，因此出现了两个不同的问题：

- 阻塞管理，即保证潮流在式（12.14）所定义的容量极限范围内。
- 频率控制。

在管制型电力工业中，区域间的阻塞管理以分散的方式实现。在满足相邻控制区域预定交换的联络线潮流情况下，每个区域制定本区域的发电计划以满足与其自身需求，并且每个控制区域在其自己区域内对输电线路潮流极限进行观测。尽管联络线交换的潮流不可直接控制，但可借助对 ACE 信号（不仅仅对频率偏差）响应的 AGC 将其调节至预设值。意外的能量交换问题与仅通过发电控制方式直接对联络线潮流进行控制的不可能性密切相关。在基于合作的电力工业中，已经做出很多努力来维持交换的联络线潮流接近其预定值。这样，大多

数时间都避免了违反联络线潮流限制（跨区域潮流）相关的拥塞问题。正如我们所解释的那样，每个控制区域完成其 ACE 信号调节的同时完成系统频率的调节。

在开放接入运行规则下，联络线潮流从其他线路潮流中分层分离出来变得有问题了。各个子系统对联络线潮流没有任何直接控制，它们通常由通过控制区域的转运功率来确定。开放接入的拥塞控制问题目前仍然是一个尚未解决的研究问题。对于最新提出的技术调查，详见 Ilić 和 Zaborszky 的著作（2000 年，第 13 和 14 章）。

类似地，系统频率控制在开放接入条件下可能需要性质不同的解决方案。尤其是，如果不严格控制联络线潮流，ACE 的概念可能会失去其调节功率以使联络线潮流保持在预定值的基本作用。所有迹象表明，在不久的将来，有必要实现市场化的恒定频率控制，详见 Ilić 和 Zaborszky 的著作（2000 年，第 12 章）。值得注意的是，这种解决方案已在挪威实现。

12.8   结论

我们通过指引读者对这个非常宽泛的电力系统控制方面话题进行更多详尽分析作为本章节的结束语。最近出版的 Ilić 和 Zaborszky 的著作（2000 年，第 12 章～第 14 章）详尽地描述了许多特殊的设计方法及电力重组带来的根本变化。系统控制设计最相关的部分是控制性能标准的明确提出和建立控制设计相关的数学模型。整个电力系统的控制系统由安装在电力生产者、用户和电力网络处的快速、慢速控制器组成。为了使它们的效果有用，人们必须理解它们之间的相互依赖性。这使得整个电力系统控制设计非常复杂。真正的挑战是如何利用众所周知的适用于许多其他动态系统的一般控制设计问题解决这个实际问题。建立一个系统化的控制设计还需要很多的工作，以便满足复杂电力系统的不同层面所需的性能准则。

12.9   参考文献

1. Allen, E., and M. Ilić. 1999. *Price-based Commitment Decisions in the Electricity Market*. London: Springer.

2. Carpasso, A., E. Mariani, and C. Sabelli. 1980. "On the Objective Functions for Reactive Power Optimization," IEEE Winter Power Meeting, Paper No. A 80WM 090-1.

3. Gaebe, G. B. 1997. "California's Electric Power Restructuring," *Proceedings of the EPRI Workshop on Future of Power Delivery in the 21st Century*, La Jolla, C.A.

4. Ilić, M., and S. X. Liu. 1996. *Hierarchical Power Systems Control: Its Value in a Changing Industry*. London: Springer.

5. Ilić, M., P. Skantze, L. H. Fink, and J. Cardell. 1998. "Power Exchange for Frequency Control (PXFC)," *Proceedings of the Bulk Power Systems, Dynamics and Control—Restructuring*, Santorini, Greece.

6. Ilić, M., and J. Zaborszky. 2000. *Dynamics and Control of Large Electric Power Systems*. New York: Wiley Interscience.

7. Interconnected Operations Services, NERC Report 1996.

8. Lugtu, R. 1978. "Security Constrained Dispatch," IEEE Summer Power Meeting, Paper No. F 78 725-4.

9. Schweppe, F. C., M. C. Caramanis, and R. D. Tabors. 1988. *Spot Pricing of Electricity*. Boston, M.A.: Kluwer Academics.

10. Tan, C-W., and P. Varaiya. 1993. "Interruptible Electric Power Service Contracts," *Journal of Economic Dynamics and Control*, Vol. 17, pp. 495–517.

第 13 章 短 路 计 算

Om Malik, Ph. D., P. E.

Professor Emeritus Department of ECE University of Calgary

13.1 由短路试验确定变压器电压调整

某单相变压器，其铭牌参数为 2300/220V，60Hz，5kVA。对此变压器进行短路实验（低压绕组短接），当低压绕组电流值为额定值时，测得高压绕组电压为 66V；变压器的输入功率为 90W。试计算额定负载电流且负载功率因数为滞后 0.8 时，变压器的电压调整百分数。

计算过程

1. 变压器额定负载电流的计算（高压侧）

对于单相交流电路来说，$S = VI$，其中 S 为视在功率，单位为伏安，V 为电压，单位为伏特，I 为电流，单位为安培。变换计算公式后得，$I = S/V = 5 \times 1000/2300 \approx 2.17A$。

2. 短路实验时，变压器的功率因数计算

利用功率因数计算公式 $\mathrm{pf} = P/S$ 进行功率因数的计算，式中，P 为有功功率，单位为瓦特，S 为视在功率，单位为伏安。$\mathrm{Pf} = 90/(66 \times 2.17) \approx 0.628$。功率因数为电压和电流夹角的余弦值，$\arccos 0.628 = \theta = 51.1°$（滞后），此功率因数角为变压器的内阻抗角。

3. 正常运行时，负载的功率因数角计算

与步骤 2 相似，正常运行时，变压器所带负载的功率因数角为 $\arccos 0.80 = \theta = 36.9°$（滞后）。

4. 当负载功率因数为 0.8pf，负载电流为额定值时，变压器的输出电压计算

利用变压器的 IR 电压降落公式，得：$V_{IR} = V_{sc}\cos(\theta_{ii} - \theta_{load}) = 66\cos(51.1° - 36.9°) = 66\cos 14.2° = 64.0V$，其中 V_{sc} 为短路实验测得的变压器高压侧电压，θ_{ii} 为变压器内阻抗相角，θ_{load} 为负载的功率因数角。如图 13.1 所示，变压器电压降落 IX 为 $V_{IX} = V_{SC}\sin(\theta_{ii} - \theta_{load}) = 66\sin(51.1° - 36.9°) = 66\sin 14.2° = 16.2V$。因此，折算到一次侧的变压器输出电压为 $V_{input}^2 = (V_{output} + V_{IR})^2 + V_{IX}^2 = 2300^2 = (V_{output} + 64)^2 + 16.2^2$，求解等式，则 $V_{output} = 2236V$。

5. 计算变压器的电压调整百分比

变压器电压调整百分比为 $[(V_{input} - V_{output})/V_{input}](100\%) = [(2300 - 2236)/2300] \times 100\% = 2.78\%$。

相关计算

本例中所用的方法同样适用于超前功率因数负荷。

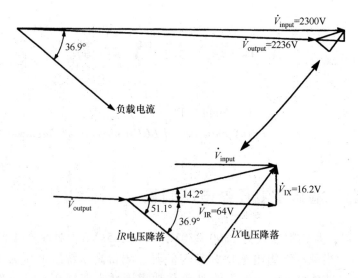

图 13.1　变压器内阻抗压降三角形。根据三角形关系，实际 IR 及 IX
压降变化为数学上更容易处理的值

13.2　单相变压器满负荷时端电压计算

某单相变压器的铭牌参数为 2300/440V，60Hz，10kVA。变压器等效电路折算到一次侧的电阻值为 $r_1 = 6.1\Omega$，折算到二次侧的电阻值 $r_2 = 0.18\Omega$；折算到一次侧的漏电抗值为 $x_1 = 13.1\Omega$，折算到二次侧的电抗值为 $x_2 = 0.52\Omega$。当一次侧供电电压为额定值 2300V，变压器满负荷，负荷功率因数为滞后 0.8 时，计算此变压器二次侧端电压。

计算过程

1. 计算变压器的电压比

变压器的电压比由等式 $a =$ 变压器一次电压/变压器二次电压 $= 2300\text{V}/440\text{V} \approx 5.23$ 进行计算。

2. 计算折算到变压器一次侧的变压器总电阻

如图 13.2 所示，为简化的变压器等效电路模型，折算到变压器一次侧的变压器总电阻为 $R = r_1 + a^2 r_2 = 6.1 + (5.23)^2(0.18) \approx 11.02\Omega$。

3. 计算折算到变压器一次侧的变压器总漏电抗

如图 13.2 所示，折算到变压器一次侧的简化等效电路总漏抗计算等式为 $X = x_1 + a^2 x_2 = 13.1 + (5.23)^2 \times 0.52 \approx 27.32\Omega$。

4. 计算负荷电流

简化等效电路的各参数均已折算到变压器一次侧，使用等式 $I_1 = I_2 =$ 额定容量/额定电压计算电流，$I_1 = I_2 = 10/2.3 \approx 4.35\text{A}$，假设以此电流做为参考相量。因此，用相量表示 $\dot{I}_1 = \dot{I}_2 = 4.35 + \text{j}0$。从而可知，负荷电流落后输出电压 $\dot{V}_2$ 的功率因数角为 arccos0. 80 =

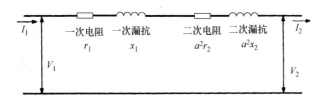

图 13.2 折算到变压器一次侧的近似变压器等效电路

$\theta = 36.87°$。

5. 计算输出电压

利用等式，$\dot{V}_1 = \dot{V}_2 + \dot{I}_2(R + \mathrm{j}X)$ 进行计算，式中所有的数值均折算到变压器一次侧。以 $\dot{I}_2$ 为参考相量，则 $\dot{V}_2 = (0.8 + \mathrm{j}0.6)V_2$，因此，$|\dot{V}_1| = |(0.8 + \mathrm{j}0.6)V_2 + 4.35(11.02 + \mathrm{j}27.32)| = 2300$。并可以改写为 $2300^2 = (0.8V_2 + 47.94)^2 + (0.6V_2 + 118.84)^2$，对此式进行求解，可得 $V_2 = 2189.4\mathrm{V}$。

二次侧电压（负荷电压）的实际值用 V_2（折算到一次侧）除以电压比 a 进行计算。因此，V_2 的实际值为 $V_2 = 2189.4/5.23 \approx 418.62\mathrm{V}$。

相关计算

本例所用的方法适用于带功率因数角超前或功率因数角滞后负荷时，变压器的端电压计算，同样适用于带平衡负载的三相变压器端电压的计算，当变压器所带负载为三相不平衡负荷时，基于序分量法进行相似的分析。

13.3 三相平衡电路的电压及电流计算

一个三相平衡电路的线电压为 346.5V，假设参考相为 $\dot{V}_{\mathrm{ab}}$，角度为 0°，三相系统所接负荷为星形联结，各负荷阻抗为 $\dot{Z}_{\mathrm{L}} = 12 \angle 25° \Omega$，计算各负荷电压及电流。如果同样的负荷联结为三角形，计算三角形联结的各支路电流及线电流。

计算过程

1. 绘制电压相量图

假定相序为 a，b，c，电压相序图如图 13.3 所示。

2. 用极坐标表示电压

从一个平衡系统的相序图可得到，电压的极坐标为 $\dot{V}_{\mathrm{an}} = 200 \angle 330° \mathrm{V}$，$\dot{V}_{\mathrm{bn}} = 200 \angle 210° \mathrm{V}$，$\dot{V}_{\mathrm{cn}} = 200 \angle 90° \mathrm{V}$，$\dot{V}_{\mathrm{ab}} = 346.5 \angle 0° \mathrm{V}$，$\dot{V}_{\mathrm{bc}} = 346.5 \angle 240° \mathrm{V}$，$\dot{V}_{\mathrm{ca}} = 346.5 \angle 120° \mathrm{V}$。

3. 计算星形联结的各支路电流

计算每个星形联结的各负荷支路电流；这些电流必定以功率因数角落后各自电压，因此，$\dot{I}_{\mathrm{an}}$ 必然落后 $\dot{V}_{\mathrm{an}} = 25°$，$\dot{I}_{\mathrm{an}} = \dot{V}_{\mathrm{an}}/\dot{Z}_{\mathrm{L}} = 200 \angle 330° \mathrm{V}/12 \angle 25° \Omega = 16.7 \angle 305° \mathrm{A}$。同样地，$\dot{I}_{\mathrm{bn}} =$

$16.7 \underline{/185°}\text{A}$, $\dot{I}_{cn} = 16.7 \underline{/65°}\text{A}$。

4. 当负荷联结为三角形联结时，计算内三角形电流

当负荷联结为三角形联结时，三角形联结的各负荷支路电压为线电压而不是线对中性点电压（如图 13.4 所示）。$\dot{I}_{ab} = \dot{V}_{ab}/\dot{Z}_L = 346.5 \underline{/0°}\text{V}/12 \underline{/25°}\Omega = 28.9 \underline{/-25°}\text{A}$。同样地，$\dot{I}_{bc} = 28.9 \underline{/215°}$，$\dot{I}_{ca} = 28.9 \underline{/95°}\text{A}$。

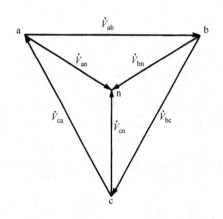 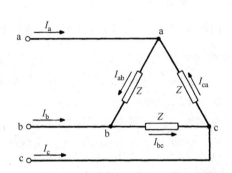

图 13.3   基于 a，b，c 相序的电压相量图   图 13.4   某三相三角形联结负载的电路图

5. 计算三角形联结各支路的线电流

三角形联结负载的线电流满足关系：注入节点的电流之和应等于流出节点电流之和。对于节点 a，$\dot{I}_a + \dot{I}_{ca} = \dot{I}_{ab}$，则，$\dot{I}_a = \dot{I}_{ab} - \dot{I}_{ca} = 28.9 \underline{/-25°} - 28.9 \underline{/95°} = 26.2 - j12.2 + 2.5 - j28.8 = 28.7 - j41.0 = 50.0 \underline{/-55°}\text{A}$。同样地，$\dot{I}_b = 50.0 \underline{/185°}\text{A}$，$\dot{I}_c = 50.0 \underline{/65°}\text{A}$，这种情况下，对于三角形联结负载，线电流比相电流大 $\sqrt{3}$ 倍，落后相电流 30°。

相关计算

本例的计算过程适用于各种阻性、容性、感性平衡负载组合，而且，适用于星形或者三角形联结负载。通过使用对称分量法，也可用类似的方法对不平衡负载进行处理，对称分量法对于求解不平衡电压下的对称负荷电压电流计算问题非常有效。

13.4   三相短路电流计算

三台交流发电机并联连接在一台星-联结的三相变压器低压侧，如图 13.5 所示，假设变压器高压侧电压被调整到 132kV，变压器空载，发电机无电流流过。如果变压

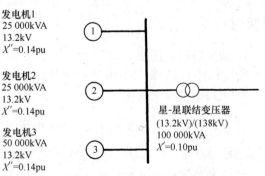

发电机1
25 000kVA
13.2kV
$X'' = 0.14\text{pu}$

发电机2
25 000kVA
13.2kV
$X'' = 0.14\text{pu}$

发电机3
50 000kVA
13.2kV
$X'' = 0.14\text{pu}$

星-星联结变压器
(13.2kV)/(138kV)
100 000kVA
$X' = 0.10\text{pu}$

图 13.5   连接到星-星联结变压器的并联交流发电机

器高压侧发生三相短路，计算各发电机流过的次暂态电流。

计算过程

1. 标幺计算的基准值选择

可以选择任意数值为基准值，但通常选定的基准值可减少从一组基准值到另一组基准值转换次数。本例中，选定的基准值为 50 000kVA 或者 50MVA，低压侧基准电压为 13.2kV，高压侧基准电压为 138kV。

2. 转换标幺阻抗值到选定基准值下

发电机 1 和发电机 2 参数相同，归算到基准值下的每台发电机标幺阻抗计算公式为
$$X''_{newbase} = X''_{oldbase} * S_{newbase} V^2_{oldbase} / S_{oldbase} V^2_{newbase} = 0.14 \times 50 \times 13.2^2 / [(25 \times 13.2)^2] = 0.28pu。$$由于新的与旧的基准电压相同，均为 13.2kV，所以本例中的基准电压对发电机的阻抗标幺值的计算没有影响；然而并不总是如此。

发电机 3 的阻抗标幺值归算与发电机 1，2 的阻抗标幺值归算方法相同，除了本例给定的标幺电抗已经在选定的基准值 50 000kVA 和 13.2kV 下。用类似的方法进行变压器阻抗标幺值归算：$X''_{newbase} = 0.1 \times 50/100 = 0.05pu$。

3. 交流发电机空载电动势的计算

交流发电机的空载电动势必须根据故障前系统实际电压条件进行计算。由于这些交流发电机空载（本例中），所以电压降落为零；当计及变压器电压比时，发电机空载电动势与变压器高压侧电压相同。$E_{alt1} = E_{alt2} = E_{alt3} =$ 高压侧实际电压值/高压侧基准电压值 = 132kV/138kV ≈ 0.957pu。

4. 短路电路的次暂态电流计算

短路电路的次暂态电流计算等式为 $\dot{I}'' = \dot{E}_{alt} /$ 到故障点的阻抗 = $0.957/(j0.07 + j0.05) =$ $0.957/j0.12 = -j7.98pu$（如图 13.6 所示）。

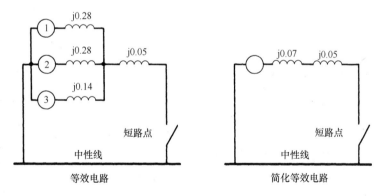

图 13.6　等效电路变换，图中所有电抗基于同一基准下

5. 计算变压器低压侧的电压

变压器低压侧的电压等于从短路点（零电压）通过变压器阻抗，j0.05pu 电压上升的数值，$\dot{V}_{lowside} = \dot{I}'' X_{trans} = -j7.98 \times j0.05 = 0.399pu$。

6. 计算单台交流发电机的电流

单台发电机的电流计算等式为 i''_{alt} = 交流发电机阻抗上的电压降落/交流发电机阻抗。因此，i''_{alt1} = $(0.957-0.399)/j0.28 \approx -j1.99\text{pu}$，交流发电机2的电流与交流发电机1的电流相等。$i''_{alt3}$ = $(0.957-0.399)/j0.14 \approx -j3.99\text{pu}$。

7. 将电流的标幺值转换为有名值

基准电流 = $S_{base}/[\sqrt{3} \times V_{base}]$ = 50 000/$[\sqrt{3} \times 13.2]$ = 2187A。因此，i''_{alt1} = i''_{alt2} = 2187 × $(-j1.99)$A = 4352$\underline{/-90°}$A。i''_{alt3} = 2187 × $(-j3.99)$A = 8726$\underline{/-90°}$A。

相关计算

本例中，由于发电机电抗为次暂态电抗，所以计算结果为次暂态电流。当需要计算暂态电流或者同步电流时，对应的阻抗必须是暂态阻抗或者同步阻抗，计算步骤与本例相似。

13.5　次暂态、暂态及同步短路电流

如图13.7所示，一水轮发电机使用储能设备通过一条138kV输电线路与无穷大系统相连，无穷大系统的工作频率为60Hz。图中两台变压器的漏抗均为0.08pu，无穷大系统假设是一条无穷大母线，输电线路的感抗为0.55pu。储能发电站的功率及额定电压50 000kVA，13.8kV选作给定标幺值的基准值。靠近送端断路器的输电线路上发生三相接地短路。发生短路之前，受端（无穷大电网侧）母线电压为100%，功率因数为1，水电站的负载率为75%。试计算次暂态、暂态及同步短路电流。

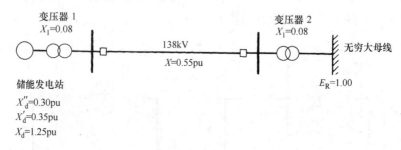

图13.7　发电机及输电线路系统单线图

计算过程

1. 计算次暂态阻抗下的故障前电压

在这个计算中，计算次暂态短路电流；计算暂态短路电流以及同步短路电流需要重复相同的全过程。次暂态计算所用的从水轮发电机空载电动势到无穷大母线的总阻抗为 X''_d + 变压器1的阻抗 X_1 + 输电线路电抗 X + 变压器2阻抗 X_1 = 0.30 + 0.08 + 0.55 + 0.08 = 1.01pu受端（无穷大母线）电压为 $\dot{E}_R$ = 1.00 + j0pu，水轮发电机发出的电流为0.75pu（即基准容量的75%）。因此，$\dot{E}''_{int}$ = 1.00 + j0 + 0.75 × j1.01 = 1.00 + j0.76 = 1.26$\underline{/37.2°}$pu，式中

$\dot{E}''_{\mathrm{int}}$ 为次暂态电动势。

2. 计算故障点的次暂态电流

从水轮发电机到故障点的阻抗为 $X_{\mathrm{gf}} = X''_{\mathrm{d}} + X_{\mathrm{ll}} = 0.30 + 0.08 = 0.38\mathrm{pu}$。则从水轮发电机到故障点的次暂态电流为 $E''_{\mathrm{int}}/X_{\mathrm{gf}} = 1.26/0.38 \approx 3.32\mathrm{pu}$（仅考虑幅值，未考虑角度）。从无穷大母线到故障点的次暂态电流为 $E_{\mathrm{R}}/X_{\mathrm{bf}} = 1.00/(0.08 + 0.55) = 1.00/0.63 \approx 1.59\mathrm{pu}$，式中，$X_{\mathrm{bf}}$ 为无穷大母线到故障点的阻抗。故障点的总次暂态电流为 $I'' = 3.32$（来自水轮发电机）$+ 1.59$（来自无穷大母线）$= 4.91\mathrm{pu}$。

3. 计算最大非周期分量的影响

最大可能的非周期分量为周期分量的 $\sqrt{2}$ 倍，并且总短路电流的值为周期分量短路电流，$I_{\mathrm{SC}} = \sqrt{I_{\mathrm{n}}^2 + I_{\mathrm{W}}^2}$，式中，$I_{\mathrm{n}}$ 为周期分量电流，I_{w} 为包含非周期分量的总线路电流。来自水轮发电机的电流（带最大直流分量）为 $3.32\sqrt{2}$，来自无穷大母线的电流为 $1.59\sqrt{2}$，总的电流为 $4.91\sqrt{2} = 6.94\mathrm{pu}$。总短路电流的有效值最大为 $I_{\mathrm{SC}} = \sqrt{4.91^2 + 6.94^2} = 8.5\mathrm{pu}$。

4. 将电流的标幺值转换为有名值

基准电流等于 $50\,000/(\sqrt{3} \times 138) \approx 209.2\mathrm{A}$。因此，故障点的次暂态电流 $I_{\mathrm{SC}} = (8.5\mathrm{pu}) \times 209.2 = 1778\mathrm{A}$。

5. 计算暂态阻抗下的故障前电压

与次暂态例子计算过程相类似，暂态计算用从水轮发电机电动势到无穷大母线总阻抗为 $X'_{\mathrm{d}} +$ 变压器 1 的阻抗 $X_1 +$ 输电线路阻抗 $X +$ 变压器 2 阻抗 $X_1 = 0.35 + 0.08 + 0.55 + 0.08 = 1.06\mathrm{pu}$。水轮发电机的暂态电动势为：$\dot{E}'_{\mathrm{int}} = 1.00 + \mathrm{j}0 + 0.75 \times \mathrm{j}1.06 = 1.00 + \mathrm{j}0.80 = 1.28 \underline{/38.7°}\,\mathrm{pu}$。

6. 计算到故障点的暂态电流

从水轮发电机的电动势到故障点总暂态阻抗为 $X'_{\mathrm{gf}} = X'_{\mathrm{d}} +$ 变压器 1 阻抗 $X_1 = 0.35 + 0.08 = 0.43\mathrm{pu}$。发电机向故障点提供的暂态电流为 $I'_{\mathrm{g}} = E'_{\mathrm{int}}/X_{\mathrm{gf}} = 1.28/0.43 \approx 2.98\mathrm{pu}$（仅考虑幅值，未考虑相角）。

无穷大母线向故障点提供的暂态电流为 $I'_{\mathrm{b}} = E_{\mathrm{R}}/X'_{\mathrm{bf}} = 1.00/(0.08 + 0.55) = 1.00/0.63 = 1.59\mathrm{pu}$。因此，故障点总的暂态电流为 $I'_{\mathrm{t}} = 2.98$（来自水轮发电机）$+ 1.59$（来自无穷大母线）$= 4.57\mathrm{pu}$。

7. 将标幺值转换为有名值

与前面计算过程相似，电流基准值为 $209.2\mathrm{A}$；故障点的暂态电流为 $I_{\mathrm{sc}} = (4.57\mathrm{pu}) \times (209.2\mathrm{A}) \approx 956\mathrm{A}$。

8. 计算同步电流

与次暂态电流、暂态电流计算过程相同，但需要注意的是代入发电机的同步阻抗而不是次暂态阻抗或者暂态阻抗。$\dot{E}_{\mathrm{int}} = 1.00 + \mathrm{j}0 + 0.75 \times \mathrm{j}1.96 = 1.00 + \mathrm{j}1.47 = 1.78 \underline{/55.8°}\,\mathrm{pu}$。$X_{\mathrm{gf}} = X_{\mathrm{d}} + X_{\mathrm{ll}} = 1.25 + 0.08 = 1.33\mathrm{pu}$。$I_{\mathrm{g}} = E_{\mathrm{int}}/X_{\mathrm{gf}} = 1.78/1.33 \approx 1.34\mathrm{pu}$（仅考虑幅值，未考虑相角）。$I_{\mathrm{b}} = E_{\mathrm{R}}/X_{\mathrm{bf}} = 1.00/(0.08 + 0.55) = 1.00/0.63 = 1.59\mathrm{pu}$。故障点总的短路同步电流为 $I_{\mathrm{t}} = 1.33$（来自水轮发电机）$+ 1.59$（来自无穷大母线）$= 2.92\mathrm{pu}$。因此，同前，$I_{\mathrm{t}} =$

$(2.92\text{pu}) \times (209.2\text{A}) = 610.9\text{A}$。

相关计算

在各种情况，次暂态电流、暂态电流以及同步电流计算各自对应着发电机的次暂态阻抗、暂态阻抗以及同步阻抗。次暂态阻抗在这三个电抗中值最小并且产生最大的短路电流。另外，非周期分量用于次暂态情况，通常考虑前三个周期。同步情况通常被认为是首 60 个周期（1s）后。

13.6　不平衡三相电路功率

某平衡三相配电系统相间电压为 240V；bc 相间跨接一个 20Ω 阻性负载；a 相开路。利用对称分量法计算电阻上的有功功率。如图 13.8 所示，电阻表示三相平衡系统上连接了一个不平衡负载。

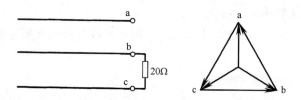

图 13.8　平衡电压系统跨接不平衡电阻

计算过程

1. 计算负载电压

为了计算负载点的电压，令 bc 相间电压为参考电压，并假设相序方向为 a，b，c。通过观察，$\dot{E}_{cb} = 240\angle 0°\text{V}$，$\dot{E}_{ba} = 240\angle 120°\text{V}$，$\dot{E}_{ac} = 240\angle 240°\text{V}$，或者 $\dot{E}_a = (240/\sqrt{3})\angle 90°\text{V}$，$\dot{E}_b = (240/\sqrt{3})\angle -30°\text{V}$，$\dot{E}_c = (240/\sqrt{3})\angle 210°\text{V}$，式中，相电压为 $240/\sqrt{3} = 138.6\text{V}$。

2. 计算相应的各支路电流

$\dot{I}_{cb} = \dot{E}_{cb}/\dot{Z} = (240\angle 0°) / (20\angle 0°) = 12\angle 0°\text{A}$，由于 a 相到 b 相以及 a 相到 c 相开路，所以 $\dot{I}_{ba} = \dot{I}_{ac} = 0\text{A}$。

3. 准备计算传送的功率

假设在三相不平衡电路中，总功率等于各序产生的功率之和，计算总功率的等式为 $P_t = 3E_{a1}I_{a1}\cos\theta_1 + 3E_{a2}I_{a2}\cos\theta_2 + 3E_{a0}I_{a0}\cos\theta_0$。本例中，由于输入电压平衡，所以仅考虑正序电压，而不存在负序电压及零序电压。由于负序及零序电流为零，求解功率方程不需要计算 $\dot{I}_{a2}$ 及 $\dot{I}_{a0}$；仅需计算正序电流 I_{a1}。因此正序电压等于相电压，即 $\dot{E}_a = \dot{E}_{a1} = (240/\sqrt{3})\angle 90° = 138.6\angle 90°\text{V}$。进一步计算系统总传输功率前，先计算电流的正序分量。

4. 电流正序分量的计算

使用等式：$\dot{I}_{a1} = (\dot{I}_a + a\dot{I}_b + a^2\dot{I}_c)/3$，本例中，$\dot{I}_a = 0\text{A}$，$\dot{I}_b = -\dot{I}_c = 12\angle 0°\text{A}$。$\dot{I}_{a1} =$

$(0 + 12\underline{/120°} + 12\underline{/(180° + 240°)})/3 = (12\underline{/120°} + 12\underline{/60°})/3 = (-6 + j10.4 + 6 + j10.4)/3 = j20.8/3 = j6.93 = 6.93\underline{/90°}A$。

5. 计算输送的有功功率

利用等式 $P_t = 3E_{a1}I_{a1}\cos\theta = 3 \times 138.6 \times 6.93 \times \cos(90° - 90°) = 2880W$。

相关计算

本例问题的答案可以很迅速地利用电阻功率公式计算出来，即 $P = E^2/R = 240^2/20 = 2880W$。然而，本例使用了更强有力的对称分量法概念演示了更复杂情况下的计算过程。这个演示的通用解决方法对于那些含有正序、负序及零序分量的情况来说是最合适的。认识到总功率等于各相序功率之和是非常重要的。

13.7　序分量的计算

一组三相四线制系统不平衡线路电流为 $\dot{I}_a = -j12A$，$\dot{I}_b = -16 + j10A$，$\dot{I}_c = 14A$，试计算正序、负序及零序电流分量。

计算过程

1. 转换电流直角坐标形式为极坐标形式

利用标准三角函数（sin，cos，及 tan）将给定线电流转换为极坐标形式为 $\dot{I}_a = -j12 = 12\underline{/-90°}A$，$\dot{I}_b = -16 + j10 = 18.9\underline{/148°}A$，$\dot{I}_c = 14\underline{/0°}A$。

2. 计算正序分量

电流的正序分量计算公式为 $\dot{I}_{a1} = (\dot{I}_a + a\dot{I}_b + a^2\dot{I}_c)/3 = (12\underline{/-90°} + 18.9\underline{/(148° + 120°)} + 14\underline{/240°})/3 = (0 - j12 - 0.66 - j18.89 - 7.0 - j12.12)/3 = (-7.66 - j43.01)/3 = 14.56\underline{/259.9°}A$。因此，a 相正序分量为 $\dot{I}_{a1} = 14.56\underline{/259.9°}A$，b 相正序分量为 $\dot{I}_{b1} = 14.56\underline{/(259.9° - 120°)} = 14.56\underline{/139.9°}A$，c 相正序分量为 $\dot{I}_{c1} = 14.56\underline{/(259.9° + 120°)} = 14.56\underline{/19.9°}A$，如图 13.9 所示。

3. 负序分量的计算

电流的负序分量计算公式为 $\dot{I}_{a2} = (\dot{I}_a + a^2\dot{I}_b + a\dot{I}_c)/3 = (12\underline{/-90°} + 18.9\underline{/(148° + 240°)} + 14\underline{/120°})/3 = 4.41\underline{/42.9°}A$。因此，a 相负序分量为 $\dot{I}_{a2} = 4.41\underline{/42.9°}A$，b 相负序分量为 $\dot{I}_{b2} = 4.41\underline{/(42.9° + 120°)} = 4.41\underline{/162.9°}A$，c 相负序分量为 $\dot{I}_{c2} = 4.41\underline{/(42.9° + 240°)} = 4.41\underline{/-77.1°}A$，如图 13.9 所示。

4. 零序分量的计算

电流的零序分量计算公式为 $\dot{I}_{a0} = (\dot{I}_a + \dot{I}_b + \dot{I}_c)/3 = (-j12 - 16 + j10 + 14)/3 = 0.94\underline{/225°}A$。三相零序分量相等，$\dot{I}_{a0} = \dot{I}_{b0} = \dot{I}_{c0} = 0.94\underline{/225°}A$，如图 13.9 所示。

5. 各相电流计算

如果序分量已知，计算相电流仅仅是最后的校验以及证明过程；图形化的计算如图 13.9 所示。数学计算过程如下。a 相电流为 $\dot{I}_a = \dot{I}_{a0} + \dot{I}_{a1} + \dot{I}_{a2} = 0.94 \angle 225° + 14.56 \angle 259.9° + 4.41 \angle 42.9° = -j12A$。b 相电流为 $\dot{I}_b = \dot{I}_{a0} + a^2 \dot{I}_{a1} + a \dot{I}_{a2} = \dot{I}_{b0} + \dot{I}_{b1} + \dot{I}_{b2} = 0.94 \angle 225° + 14.56 \angle 139.9° + 4.41 \angle 162.9° = -16 + j10A$。c 相电流为 $\dot{I}_c = \dot{I}_{a0} + a \dot{I}_{a1} + a^2 \dot{I}_{a2} = \dot{I}_{c0} + \dot{I}_{c1} + \dot{I}_{c2} = 0.94 \angle 225° + 14.56 \angle 19.9° + 4.41 \angle -77.1° = 14 + j0A$。

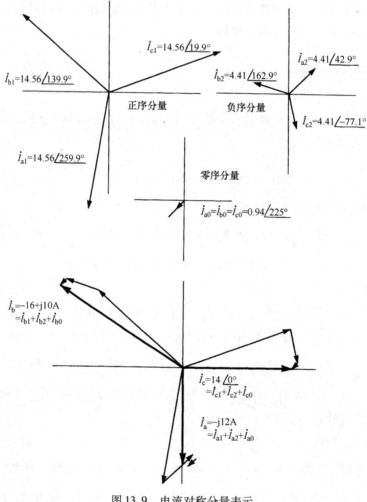

图 13.9 电流对称分量表示

相关计算

本例中显示的计算过程适用于当给定不平衡相电流时，9 个对称分量，$\dot{I}_{a0}$，$\dot{I}_{b0}$，$\dot{I}_{c0}$，$\dot{I}_{a1}$，$\dot{I}_{b1}$，$\dot{I}_{c1}$，$\dot{I}_{a2}$，$\dot{I}_{b2}$，$\dot{I}_{c2}$ 的计算。通过代入电压计算电流，相同的计算等式用于计算不平衡相电压的 9 个序分量。反过来，如果已知序分量，步骤 5 中使用的等式给出了不平衡相电压计算方法。很多情况下，一个或者多个负序或零序分量可以不存在（例如，可以等于零）。对于一个具有平衡电压、电流、电抗以及负载等完全平衡的系统来说，系统仅有正序分量，而不存在负序及零序分量。

13.8 相量运算符 j 及 a 的性质

计算下面每一个表达式的数值，并用极坐标形式表达答案：ja，$1 + a + a^2$，$a + a^2$，$a^2 + ja + ja^23$。

计算过程

1. 计算运算符的数值

如图 13.10 所示，如果一个相量乘以 a 运算符则表示此相量的相角被逆时针旋转 120°（正向或者向前），而相量的幅值没有任何变化。j 运算符的含义是，相角被逆时针旋转 90°，尽管 $-j$ 和 $+j$ 相差 180°，$-j$ 运算符表示相角被旋转 $-90°$，而 $-a$ 和 $+a$ 的情况则有些不同，如果 $+a = 1\underline{/120°}$，旋转 180°后应在 $-60°$；因此，$-a = 1\underline{/-60°}$。

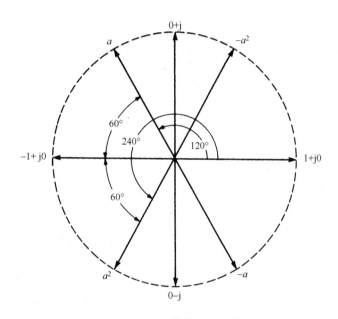

图 13.10 运算符 a 的属性

2. 计算 ja 的值

使用关系式 $j = 1\underline{/90°}$，$a = 1\underline{/120°}$，因此，$ja = 1\underline{/210°}$。

3. 计算 $1 + a + a^2$ 的值

在序分量计算中这是一个非常普通的表达式。它表示了三个幅值为 1，彼此相角相差 120°的平衡相量。其和为 $1\underline{/0°} + 1\underline{/120°} + 1\underline{/240°} = 0$。

4. 计算 $a + a^2$ 的值

使用关系式 $a = 1\underline{/120°}$，$a^2 = 1\underline{/240°}$。将 a 及 a^2 的极坐标形式转换为直角坐标形式为

$a = 1\underline{/120°} = -0.5 + j0.866$，$a^2 = 1\underline{/240°} = -0.5 - j0.866$，因此，$a + a^2 = -0.5 + j0.866 - 0.5 - j0.866 = -1.0 + j0 = 1\underline{/180°} = (1\underline{/90°})(1\underline{/90°}) = j^2$。

5. 计算 $a^2 + ja + ja^2 3$ 的值

使用等式 $a^2 = 1\underline{/240°} = -0.5 - j0.866$，$ja = (1\underline{/90°})(1\underline{/120°}) = 1\underline{/210°} = -0.866 - j0.5$，$ja^2 3 = (1\underline{/90°}) \times (1\underline{/240°}) \times 3 = 3\underline{/330°} = 2.6 - j1.5$。和为 $a^2 + ja + ja^2 3 = -0.5 - j0.866 - 0.866 - j0.5 + 2.6 - j1.5 = 1.234 - j2.866 = 3.12\underline{/-66.7°}$，如图 13.11 所示。

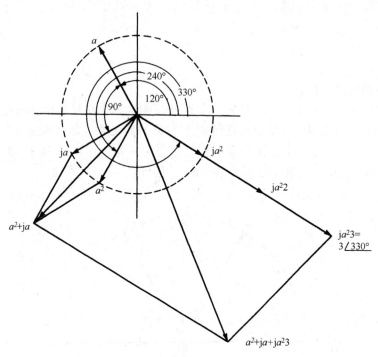

图 13.11　$a^2 + ja + ja^2 3$ 相量表示

相关计算

在所有功率计算中 j 运算符是很常见的；a 运算符经常用于序分量的计算。

13.9　利用序分量计算复功率

一组不平衡电压的序分量分别为：$\dot{V}_{a1} = 150\underline{/0°}\text{V}$，$\dot{V}_{a2} = 75\underline{/30°}\text{V}$，$\dot{V}_{a0} = 10\underline{/-20°}\text{V}$。对应的各序电流为 $\dot{I}_{a1} = 12\underline{/18°}\text{A}$，$\dot{I}_{a2} = 6\underline{/30°}\text{A}$，$\dot{I}_{a0} = 12\underline{/200°}\text{A}$。试计算这些电压和电流表示的复功率。

计算过程

1. 零序复功率的计算

零序复功率为 $S_0 = P_0 + jQ_0 = 3V_{a0}I_{a0}^*$，式中的星号表示相量的共轭（例如，如果 $\dot{I}_{a0} =$

$12 \underline{/200°}$ A，则其共轭为 $\dot{I}_{a0}^* = 12 \underline{/-200°}$ A）。零序复功率为 $3V_{a0}\dot{I}_{a0}^* = 3 \times (10 \underline{/-20°}) \times (12 \underline{/-200°}) = 360 \underline{/-220°} = (-275.8 + j231.4)$ VA $= -275.8$ W $+ j231.4$ var。

2. 正序复功率的计算

正序复功率为 $\mathbf{S}_1 = P_1 + jQ_1 = 3V_{a1}I_{a1}^* = 3 \times (150 \underline{/0°}) \times (12 \underline{/-18°}) = 5400 \underline{/-18°} = (5135.7 - j1668.7)$ VA $= 5135.7$ W $- j1688.7$ var。

3. 负序复功率的计算

负序复功率为 $\mathbf{S}_2 = P_2 + jQ_2 = 3\dot{V}_{a2}\dot{I}_{a2}^* = 3 \times (75 \underline{/30°}) \times (6 \underline{/-30°}) = 1350 \underline{/0°}$ VA $= 1350$ W $- j0$ var。

4. 总复功率计算

$\mathbf{S}_t = P_t + jQ_t = 3\dot{V}_{a0}\dot{I}_{a0}^* + 3\dot{V}_{a1}\dot{I}_{a1}^* + 3\dot{V}_{a2}\dot{I}_{a2}^* = (-275.8 + 5135.7 + 1350)$ W $+ j(231.4 - 1668.7)$ var $= 6209.9$ W $- j1437.3$ var。

5. 第二种求解方法：计算相电压

作为另外一种计算方法，并作为验证，计算相电压及电流：$\dot{V}_a = \dot{V}_{a0} + \dot{V}_{a1} + \dot{V}_{a2} = 10 \underline{/-20°} + 150 \underline{/0°} + 75 \underline{/30°} = 224.4 + j34.1 = 226.9 \underline{/8.6°}$ V。在这个计算中，这里忽略了极坐标向直角坐标转换的计算过程。类似地，$\dot{V}_b = \dot{V}_{b0} + \dot{V}_{b1} + \dot{V}_{b2} = \dot{V}_{a0} + a^2\dot{V}_{a1} + a\dot{V}_{a2} = 10 \underline{/-20°} + 150 \underline{/240°} + 75 \underline{/150°} = 161.9 \underline{/216.3°}$ V。$V_c = V_{c0} + V_{c1} + V_{c2} = V_{a0} + aV_{a1} + a^2V_{a2} = 10 \underline{/-20°} + 150 \underline{/120°} + 75 \underline{/270°} = 83.4 \underline{/141.9°}$ V。

6. 计算相电流

使用与相电压计算相同等式：$\dot{I}_a = \dot{I}_{a0} + \dot{I}_{a1} + \dot{I}_{a2} = 12 \underline{/200°} + 12 \underline{/18°} + 6 \underline{/30°} = 5.9 \underline{/26.0°}$ A 及 $\dot{I}_a^* = 5.9 \underline{/-26.0°}$ A。$\dot{I}_b = \dot{I}_{b0} + \dot{I}_{b1} + \dot{I}_{b2} = \dot{I}_{a0} + a^2\dot{I}_{a1} + a\dot{I}_{a2} = 12 \underline{/200°} + 12 \underline{/258°} + 6 \underline{/150°} = 22.9 \underline{/214.1°}$ A，以及 $\dot{I}_b^* = 22.9 \underline{/-214.1°}$ A。$\dot{I}_c = \dot{I}_{c0} + \dot{I}_{c1} + \dot{I}_{c2} = \dot{I}_{a0} + a\dot{I}_{a1} + a^2\dot{I}_{a2} = 12 \underline{/200°} + 12 \underline{/138°} + 6 \underline{/270°} = 20.3 \underline{/185.9°}$ A，$\dot{I}_c^* = 20.3 \underline{/-185.9°}$ A。

7. 计算复功率

使用等式，$\mathbf{S}_t = \dot{V}_a\dot{I}_a^* + \dot{V}_b\dot{I}_b^* + \dot{V}_c\dot{I}_c^* = (226.9 \underline{/8.6°}) \times (5.9 \underline{/-26.0°}) + (161.9 \underline{/216.3°}) \times (22.9 \underline{/-214.1°}) + (83.4 \underline{/141.9°}) \times (20.3 \underline{/-185.9°})$。完成等式计算得到使用对称分量法相同的计算结果（6210W $-$ j1436var）。

相关计算

这个问题证明了两种计算复功率的方法；即（1）通过对称分量法和（2）通过不平衡相分量方法。在每个计算方法中，复功率等于各相电压与相电流共轭乘积之和。

13.10 不同相序的电抗及阻抗

某凸机发电机与具有 9.0pu 阻抗的系统相连，如图 13.12 所示；这个系统的基准值为

15 000kVA和13.2kV。试绘制负荷点发生三相短路时的正序、负序及零序相量图。

计算过程

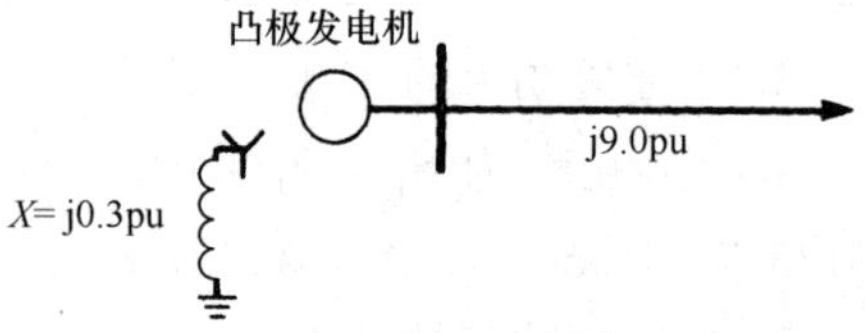

1. 为发电机分配电抗和/或阻抗

作为系统的一个部分，当电抗和/或阻抗未知时，就需要进行估计。电力工业文献包含典型电抗值的列表；多数情况下，忽略电阻并且仅使用电抗。凸极发电机电抗典型值为次暂态电抗，$X''_d = 0.10$pu，暂态电抗，$X'_d = 0.20$pu，同步电抗，$X_d = 0.12$pu（这些值均为正序值）。

负序电抗值从大型两极汽轮发电机的 0.10pu 到凸极发电机的 0.50pu 之间变化；零序阻抗类似变化从 0.03 ~ 0.20pu。

2. 绘制正序网图

发电机正序 a，b，c 电压，仅仅显示在正序网图中。发电机接地阻抗没有出现在正序网图中，如图 13.13 所示。

3. 绘制负序网图

负序网图中没有出现发电机电压；负序网图中无发电机接地阻抗，如图 13.13 所示。

4. 绘制零序网图

零序网图中没有出现发电机电压，但应注意的是接地设备的阻抗乘以 3 倍。

相关计算

如果元件阻抗未知，需要在手册数据表及相关文献中找到典型值对这些值进行估计，对于短路计算，根据阻抗的估计值可以得到满意的计算结果。

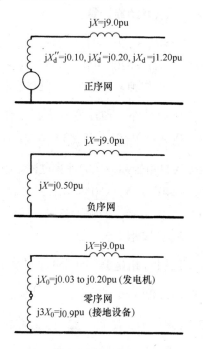

图 13.12　凸极发电机与某系统相连示意图

图 13.13　正序、负序及零序网；包括发电机阻抗的近似及典型值

13.11　两相短路计算

某中性点不接地星形连接发电机的参数为：次暂态电抗，$X''_d = 0.12$pu，负序电抗，$X_2 = 0.15$pu，零序电抗，$X_0 = 0.05$pu 发电机端部发生两相短路。试计算（1）次暂态短路电流和（2）两相短路电流与三相短路电流的比率。发电机额定功率为 10MW，额定电压为 13.8kV，额定频率为 60Hz。

计算过程

1. 绘制各序网图

由于两相短路，不存在零序分量，因而不需要绘制零序网络图。正序及负序网络图如图 13.14 所示。

2. 两相短路故障的复合序网

对于两相短路，正序网与负序网的连接方式为并联，如图 13.15 所示。

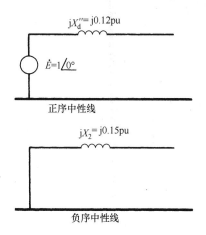

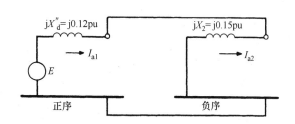

图 13.14 正序及负序网络图   图 13.15 两相短路的正序及负序网络连接

3. 两相短路故障电流的计算

使用 a 相正序电流计算等式，$\dot{I}_{a1} = \dot{E}/\dot{Z} = 1\angle 0°/(j0.12 + j0.15) = 1\angle 0°/(j0.27) = -j3.70\text{pu}$。a 相负序电流 $\dot{I}_{a2} = -\dot{I}_{a1} = +j3.70\text{pu}$。a 相故障电流为 $\dot{I}_a = \dot{I}_{a0} + \dot{I}_{a1} + \dot{I}_{a2} = 0 - j3.70 + j3.70 = 0\text{pu}$。b 相故障电流为 $\dot{I}_b = \dot{I}_{a0} + a^2\dot{I}_{a1} + a\dot{I}_{a2} = 0 + 3.7\angle(-90° + 240°) + 3.7\angle(90° + 120°) = -3.20 + j1.85 - 3.20 - j1.85 = -6.40\text{pu}$。类似地，c 相故障电流为 $\dot{I}_c = \dot{I}_{a0} + a\dot{I}_{a1} + a^2\dot{I}_{a2} = 0 + 3.70\angle(-90° + 120°) + 3.7\angle(90° + 240°) = 6.40\text{pu}$。因此，计算结果为 $I_b = -I_c = -6.40\text{pu}$。

4. 转换电流标幺值为有名值

首先利用等式计算电流基准值 $I_{line} = S/\sqrt{3}V_{line} = 10\,000/(\sqrt{3} \times 13.8) = 418.4\text{A}$（基准电流）。因此，b 和 c 的故障电流幅值为 $(418.4\text{A}) \times (6.40\text{pu}) \approx 2678\text{A}$。

5. 计算三相短路电流

对于三相短路，仅使用正序网络。$\dot{I}_a = \dot{E}/\dot{Z} = 1\angle 0°/j0.12 = -j8.33\text{pu}$。转换这个标幺值为有名值（仅仅是幅值）为 $I_a = (8.33\text{pu}) \times (418.4\text{A}) \approx 3485\text{A}$。

6. 短路电流比计算

两相短路电流与三相短路电流的比率为 $2678\text{A}/3485\text{A} = 0.768$。也可用标幺值进行这个比率的计算：$6.40\text{pu}/8.33\text{pu} \approx 0.768$。

相关计算

为了计算两相短路电流，首先需要建立正序、负序网络图；同时复合序网为正序网络及负序网络的并联连接并从故障点开始计算各序电流分量。不管所计算的网络多么庞大，只要简化每个序网络到最简形式。对于常见的含有多台发电机的情况，在正序网中并联发电机。

13.12 发电机、变压器及输电线路的零序电抗

如图 13.16 所示为某平衡三相系统，试绘制零序网络图。

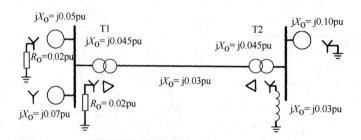

图 13.16 某平衡三相系统的零序参数

计算过程

1. 确定变压器零序等效电路

如图 13.17 为变压器的零序等效电路。值得注意的是如果变压器一次侧无零序电流流过，变压器的二次侧也不会有零序电流流过（假设变压器本身无故障）。

2. 确定接地装置的零序等效电路

在零序网中，接地装置的阻抗为其实际值的 3 倍，如图 13.18 所示。

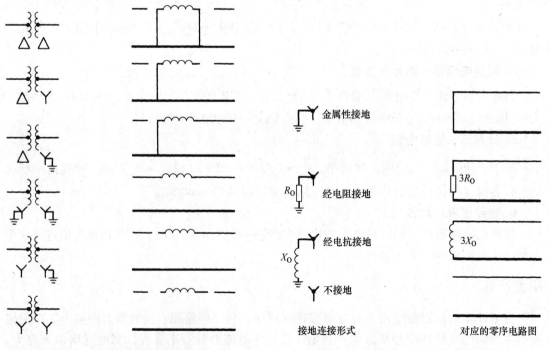

图 13.17 变压器的零序等效电路　　　　图 13.18 各种接地连接形式的零序图

3. 绘制完整的零序网络图

需要注意的是，由于输电线路两端与变压器的三角侧相连，所以输电线路在零序网络中被隔离，没有零序电流流过，如图 13.19 所示。

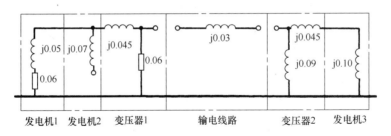

图 13.19 完整的零序网络图，所有阻抗数值均为标幺值

相关计算

本例中给出了多种零序电流流通路径的可能性；证明了多数情况。一旦序网络被确定下来，接下来需要处理的就是序网的化简问题。

13.13 单相接地短路计算

某台 13.2kV，30 000kVA 发电机的正序、负序及零序阻抗分别为 0.12pu，0.12pu 及 0.08pu，发电机中性点经 0.03pu 阻抗接地。对于给定阻抗，当发电机端部发生单相接地故障时，试计算短路电流及各线电压。假定发电机故障前为空载工作状态。

计算过程

1. 复合序网的绘制

由于发电机空载，所以，故障前，发电机的空载电动势等于发电机的端电压；$\dot{E}_g = 1.0 + j0\text{pu}$。单相接地故障的复合序网如图 13.20 所示。

2. 计算总的串联阻抗

总串联阻抗等于 $\dot{Z}_1 + \dot{Z}_2 + \dot{Z}_0$。如果存在中性点或接地连接支路，零序网中的接地装置电抗为其正常值的 3 倍，因此，复合序网总的电抗为 $\dot{Z}_1 + \dot{Z}_2 + \dot{Z}_0 = j0.12 + j0.12 + j0.08 + 3 \times (j0.03) = j0.41\text{pu}$。

3. 计算正序、负序及零序分量

正序电流分量 $\dot{I}_{a1} = \dot{E}_g / (\dot{Z}_1 + \dot{Z}_2 + \dot{Z}_0) = (1.0 + j0)/j0.41 = -j2.44\text{pu}$，对于单相接地故障，$\dot{I}_{a1} = \dot{I}_{a2} = \dot{I}_{a0}$；因此，$\dot{I}_{a2} = -j2.44\text{pu}$，$\dot{I}_{a0} = -j2.44\text{pu}$。

4. 计算电流基准值

电流基准等于 $S_{\text{base}} / (\sqrt{3}V_{\text{base}}) = 30\,000/(\sqrt{3} \times 13.2) = 1312\text{A}$。

5. 计算相电流

a 相电流等于 $\dot{I}_{a1} + \dot{I}_{a2} + \dot{I}_{a0} = 3\dot{I}_{a1} = 3 \times (-j2.44) = -j7.32\text{pu}$。其有名值为 (7.32pu) ×

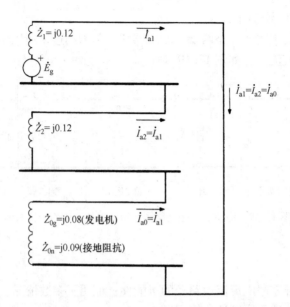

图 13.20　空载发电机发生单相接地故障的复合序网；故障相为 a 相

（1312A）= 9604A。由于仅关注幅值，因而在此省略 $-$ j。

b 相电流为 $a^2\dot{I}_{a1} + a\dot{I}_{a2} + \dot{I}_{a0} = a^2\dot{I}_{a1} + a\dot{I}_{a1} + \dot{I}_{a1} = \dot{I}_{a1}(a^2 + a + 1) = 0$。类似地，c 相电流为 $a\dot{I}_{a1} + a^2\dot{I}_{a2} + \dot{I}_{a0} = a\dot{I}_{a1} + a^2\dot{I}_{a1} + \dot{I}_{a1} = \dot{I}_{a1}(a + a^2 + 1) = 0$。由于仅 a 相在故障点短路接地，b 相与 c 相是开路，故 b 相及 c 相流过的电流为零。

6. 计算序电压

在故障点，用 a 相作为参考相量，$\dot{V}_{a1} = \dot{E}_g - \dot{I}_{a1}\dot{Z}_1 = 1.0 - (-j2.44) \times (j0.12) = 1.0 - 0.293 = 0.707\text{pu}$。$\dot{V}_{a2} = -\dot{I}_{a2}\dot{Z}_2 = -(-j2.44) \times (j0.12) = -0.293\text{pu}$。$\dot{V}_{a0} = -\dot{I}_{a0}\dot{Z}_0 = -(-j2.44) \times (j0.08 + j0.09) = 0.415\text{pu}$。

7. 转换序电压分量为相电压

$\dot{V}_a = \dot{V}_{a1} + \dot{V}_{a2} + \dot{V}_{a0} = 0.707 - 0.293 - 0.415 \approx 0\text{pu}$。$\dot{V}_b = a^2\dot{V}_{a1} + a\dot{V}_{a2} + \dot{V}_{a0} = 0.707\underline{/240°} - 0.293\underline{/120°} - 0.415 = -0.622 - j0.866\text{pu}$。$\dot{V}_c = a\dot{V}_{a1} + a^2\dot{V}_{a2} + \dot{V}_{a0} = 0.707\underline{/120°} - 0.293\underline{/240°} - 0.415 = -0.622 + j0.866\text{pu}$。

8. 转换相电压为线电压

$\dot{V}_{ab} = \dot{V}_a - \dot{V}_b = 0 - (-0.622 - j0.866) = 0.622 + j0.866 = 1.07\underline{/54.3°}\text{pu}$。$V_{bc} = V_b - V_c = -0.622 - j0.866 - (-0.622 + j0.866) = -j1.732 = 1.732\underline{/270°}\text{pu}$。$V_{ca} = V_c - V_a = -0.622 + j0.866 = 1.07\underline{/125.7°}\text{pu}$。

9. 转换线电压为有名值

本例中，发电机单相电压，$\dot{E}_g$ 为 1.0pu，因此，1.0pu 电压等于 $13.2\text{kV}/\sqrt{3} = 7.62\text{kV}$。线电压有名值为 $\dot{V}_{ab} = (1.07\underline{/54.3°}) \times (7.62\text{kV}) = 8.15\underline{/54.3°}\text{kV}$，$\dot{V}_{bc} = (1.732\underline{/270°}) \times$

$(7.62\text{kV}) = 13.2 \underline{/270°}\text{kV}$，$\dot{V}_{ca} = (1.07 \underline{/54.3°}) \times (7.62\text{kV}) = 8.15 \underline{/125.7°}\text{kV}$。

10. 绘制电压相量图

如图 13.21 所示。

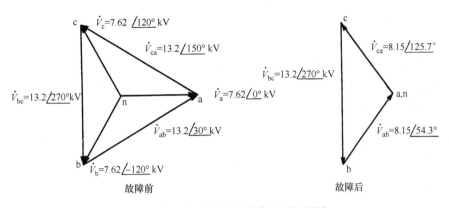

图 13.21　a 相单相接地故障电压相量图

相关计算

如果序网连接正确，本例所示单相接地故障的计算过程适用于其他任何类型的故障计算。例如，两相短路故障，正序网和负序网并联，无零序网络。

13.14　电动机提供的次暂态电流和断路器的选择

如图 13.22 所示系统中，某发电机向两台大型感应电动机供电，发电机额定容量为 20 000kVA，额定电压为 13.2kV，$X_d'' = 0.14\text{pu}$，感应电动机参数为额定容量为 7500kVA，额定电压为 6.9kV，$X_d'' = 0.16\text{pu}$。三相降压变压器额定容量为 20 000kVA，变比为 13.2kV/6.9kV，变压器的漏抗为 0.08pu。母线上发生三相短路，试计算次暂态故障电流及对称短路的分断电流。

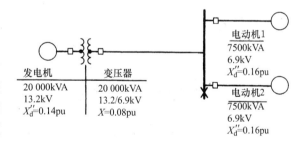

图 13.22　发电机向两台电动机供电单线图

计算过程

1. 以发电机容量为基准，折算电动机次暂态电抗

为了从 7500kVA 向 20 000kVA 基准转换电动机电抗，利用等式：$X_d'' = 0.16 \times (20\ 000/7500) = 0.427\text{pu}$，因此，每台电动机的电抗为 j0.427pu，两台电动机并联后电抗为：j0.427/2 = j0.214pu。

2. 绘制网络图

网络图如图 13.23 所示。从发电机到母线总电抗为 j0.14 + j0.08 = j0.22pu，从电动机到母线的总电抗为 j0.214pu。

3. 简化网络图

并联发电机与电动机电压（每台设备为 1.00pu），并联（1）发电机到故障母线支路电抗与（2）电动机到故障点支路电抗，得到总电抗为（j0.22）×（j0.214）/（j0.22 + j0.214）= j0.108pu，化简后的网络图如图 13.24 所示。

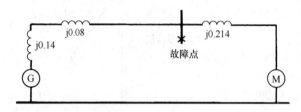

图 13.23　一台发电机向一台电动机负荷供电的等效电路图　　　图 13.24　简化网络图

4. 计算次暂态故障电流

次暂态对称短路电流为 $\dot{V}/jX = 1.00/j0.108 = -j9.22$pu。6.9kV 母线电流基准值为 20 000kVA/$(\sqrt{3} \times 6.9kV)$ = 1674A。因此，次暂态故障电流为 $-j9.22 \times 1674A = 15\ 429A$。（由于只关心幅值，所以此处，$-j$ 通常被忽略）。

5. 计算对称短路分断电流

分断电流与断路器开关速度有关，同时包括在电流分断时刻电动机提供的短路电流。对于同步电动机来说，网络图中使用的电抗为次暂态电抗的 1.5 倍；在效果上，这代表了暂态电抗的近似值。

对于感应电动机来说，对称短路分断电流与次暂态对称短路电流相等，即 15 429A。

相关计算

通过对称短路故障电流的计算，选择断路器切断短路电流。通过查询设备资料，在满足可切断对称短路电流的基础上，选择合适的断路器。

13.15　感应电动机的起动电流

某三相，240V，星形连接，15hp，六极，60Hz，以定子侧为参考，绕线转子电动机单相等效电路参数为 $r_1 = 0.30$，$r_2 = 0.15$，$x_1 = 0.45$，$x_2 = 0.25$，$x_\phi = 15.5\Omega$。电动机满载情况下，电动机铁心损耗、摩擦损耗以及风损为 500W。假设转子绕组短路，试比较起动电流和 3% 转差下的负载电流。

计算过程

1. 绘制等效电路

等效电路如图 13.25 所示。

2. 计算转差为 3% 时，等效电路的总阻抗

单相二次侧或转子阻抗（折算到定子侧）为 $r_2/s + jx_2 = 0.15/0.03 + j0.25 = 5 + j0.25\Omega$。

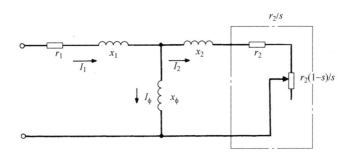

图 13.25　感应电动机等效电路

这个阻抗与 jx_ϕ 并联后，单相阻抗为 $(5 + j0.25) \times (j15.5)/(5 + j0.25 + j15.5) = 4.4 + j1.6\Omega$。等效电路单相总阻抗为 $4.4 + j1.6 + r_1 + jx_1 = 4.4 + j1.6 + 0.3 + j0.45 = 4.7 + j2.05 = 5.12 \underline{/23.6°}$。

3. 转差为 3% 时，计算定子（输入）电流

当转差为 3%，功率因数为 $\cos 23.6° = 0.917$ 时，运行状态情况下电动机的输入电流为

$$I_1 = V/Z = 240\text{V}/(\sqrt{3} \times 5.12\Omega) = 27.06\text{A}。$$

4. 计算转差为 100% 时，等效电路总阻抗

电动机起动时，转差为 100%。通常用这个数值来计算等效电路总阻抗。因此，折算到定子侧的二次侧或转子单相阻抗为 $r_2/s + jx_2 = 0.15/1.0 + j0.25 = 0.15 + j0.25$（$\Omega$/相）。这个阻抗与 x_ϕ 并联后，单相阻抗为 $(0.15 + j0.25) \times (j15.5)/(0.15 + j0.25 + j15.5) = 0.145 + j0.248$（$\Omega$/相）。等效电路单相总阻抗为 $0.145 + j0.248 + r_1 + jx_1 = 0.145 + j0.248 + 0.30 + j0.45 = 0.445 + j0.698 = 0.83 \underline{/57.48°}$（$\Omega$/相）。

5. 计算起动电流

功率因数为 $\cos 57.48° = 0.538$ 时，单相起动电流为（转差为 100%），$I_1 = V/Z_{\text{start}} = 240\text{V}/(\sqrt{3} \times 0.83\Omega) = 166.9$（A/相）。

6. 计算起动电流与转差为 3% 的负荷电流之比

起动电流与转差为 3% 的负荷电流之比为 $166.9\text{A}/27.06\text{A} \approx 6.2$。

相关计算

本例的计算过程适用于任何转差值，并适用于笼型和绕线转子感应电动机。尽管本例的计算假设条件为电动机转子绕组短路，但是当电动机转子电路外接电阻或者电抗时，本例的计算过程同样有效。

13.16　感应电动机的短路电流

某台 1000hp，2200V，25Hz，星形联结，12 极绕线转子感应电动机的满载效率为 94.5%，功率因数为 92%。折算到定子侧，单相电动机参数为 $r_1 = 0.102\Omega$，$r_2 = 0.104\Omega$，$x_1 = 0.32\Omega$，$x_2 = 0.32\Omega$，$x_\phi = 16.9\Omega$。假设短路瞬间，电动机为满载工作状态，试计算短路发生时，电动机的短路电流。

计算过程

1. 绘制等效电路图

转子绕组短路的运行条件下，电动机的等效电路如图 13.25 所示。

2. 计算故障前定子电流

$I_{\text{stator}} = I_1 = (1000\text{hp}) \times (746\text{W/hp}) / (0.92 \times 0.945 \times \sqrt{3} \times 2200\text{V}) \approx 225.2\text{A}$。功率因数角等于 $\arccos 0.92 = 23.1°$。

3. 计算电动机暂态电抗

忽略转子电阻，电动机的暂态电抗为 $x'_1 = x_1 + x_\phi x_2 / (x_\phi + x_2)$。因此，单相电抗 $x'_1 = 0.32 + 16.9 \times 0.32 / (16.9 + 0.32) \approx 0.634$（$\Omega$/相）。

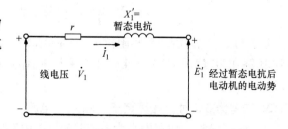

图 13.26　感应电动机暂态电抗图

4. 计算暂态电抗后的电压

如图 13.26 所示，$\dot{E}'_1 = \dot{V}_1 - (r_1 + jx'_1) \dot{I}_1 = 2200/\sqrt{3} - (0.102 + j0.643) \times (225.2 \underline{/-23.1°}) = 1270.2 - (0.642 \underline{/80.86°}) \times (225.2 \underline{/-23.1°}) = 1270.2 - 144.6 \underline{/-57.76°} = 1270.2 - 77.2 - j122.3 = 1193 - j122.3 = 1199.3 \underline{/-5.85°}\text{V}$。

5. 计算短路瞬间的短路电流

初始短路电流等于暂态电抗后的电动机电动势除以暂态电抗，即 $1199.3\text{V}/0.643\Omega = 1891.6\text{A}$。这就是电动机提供的单相初始短路电流的均方根值。

相关计算

本例计算过程用于根据电动机暂态电动势计算初始短路电流。这个短路电流持续时间很短。本例计算过程计算基础是较小的电动机转差和额定工作状态。

13.17　利用矩阵方程及矩阵转置计算母线电压

某母线的三个电压的序分量分别为 $\dot{V}_0 = -0.105\text{pu}$，$\dot{V}_1 = 0.953\text{pu}$，$\dot{V}_2 = -0.230\text{pu}$。试计算三相电压和相电压的序分量。

计算过程

1. 列写相电压等式

为了说明和矩阵方程的关系，首先用独立等式表示各相电压，$\dot{V}_a = \dot{V}_0 + \dot{V}_1 + \dot{V}_2 = -0.105 + 0.953 - 0.230$。$\dot{V}_b = \dot{V}_0 + a^2 \dot{V}_1 + a\dot{V}_2 = -0.105 + 0.953 \underline{/240°} - 0.230 \underline{/120°}$。$\dot{V}_c = \dot{V}_0 + a\dot{V}_1 + a^2 \dot{V}_2 = -0.105 + 0.953 \underline{/120°} - 0.230 \underline{/240°}$。

2. 列写矩阵方程

用矩阵形式，独立方程变为

$$
\begin{bmatrix} \dot{V}_a \\ \dot{V}_b \\ \dot{V}_c \end{bmatrix} = \begin{bmatrix} 1 & 1 & 1 \\ 1 & a^2 & a \\ 1 & a & a^2 \end{bmatrix} \begin{bmatrix} -0.105 \\ +0.953 \\ -0.230 \end{bmatrix}
$$

3. 求解 $\dot{V}_a$

$$
\dot{V}_a = -0.105 + 0.953 - 0.230 = 0.618\text{pu}
$$

4. 求解 $\dot{V}_b$

$$
\dot{V}_b = -0.105 + 0.953 \underline{/240°} - 0.230 \underline{/120°} = -0.4665 - j1.0243 = 1.1255 \underline{/245.5°}\text{pu}
$$

5. 求解 $\dot{V}_c$

$$
\dot{V}_c = -0.105 + 0.953 \underline{/120°} - 0.230 \underline{/240°} = -0.4665 + j1.0245 = 1.1255 \underline{/114.5°}\text{pu}
$$

6. 列写完整的矩阵等式

用矩阵形式，完整的等式变为

$$
\begin{bmatrix} \dot{V}_a \\ \dot{V}_b \\ \dot{V}_c \end{bmatrix} = \begin{bmatrix} 1 & 1 & 1 \\ 1 & a^2 & a \\ 1 & a & a^2 \end{bmatrix} \begin{bmatrix} -0.105 \\ +0.953 \\ -0.230 \end{bmatrix} = \begin{bmatrix} 0.618 \underline{/0°} \\ 1.1255 \underline{/245.5°} \\ 1.1255 \underline{/114.5°} \end{bmatrix}
$$

$[\dot{V}_{abc}] = [T][\dot{V}_{012}]$，其中：

$$
[T] = \begin{bmatrix} 1 & 1 & 1 \\ 1 & a^2 & a \\ 1 & a & a^2 \end{bmatrix}
$$

7. 为了计算序分量列写矩阵等式

$[\dot{V}_{012}] = [T]^{-1}[\dot{V}_{abc}]$，其中：

$$
[T]^{-1} = \frac{1}{3} \begin{bmatrix} 1 & 1 & 1 \\ 1 & a & a^2 \\ 1 & a^2 & a \end{bmatrix}
$$

$$
\begin{bmatrix} \dot{V}_0 \\ \dot{V}_1 \\ \dot{V}_2 \end{bmatrix} = \frac{1}{3} \begin{bmatrix} 1 & 1 & 1 \\ 1 & a & a^2 \\ 1 & a^2 & a \end{bmatrix} \begin{bmatrix} 0.618 \underline{/0°} \\ 1.126 \underline{/245.5°} \\ 1.126 \underline{/114.5°} \end{bmatrix}
$$

计算结果为 $\dot{V}_0 = -0.105\text{pu}$，$\dot{V}_1 = 0.953\text{pu}$，$\dot{V}_2 = -0.230\text{pu}$。

相关计算

各种类型的三相电力系统计算常采用矩阵进行方程的列写和方程的求解，尤其适用于三相对称电力系统问题的求解。

13.18 输电线潮流和 *ABCD* 常数

如图 13.27 所示，一条三相输电线路（π 形等效电路）的 *ABCD* 常数为：$A = 0.950 + j0.021 = 0.950 \underline{/1.27°}$，$B = 21.0 + j90.0 = 92.4 \underline{/76.87°}\Omega$，$C = 0.0006 \underline{/90°}s$，$D = A$。如果输电线路送电端及受电端电压均保持在 138kV 时，试确定输电线路在下述三个条件时的静态稳定极限。（1）给定 *ABCD* 参数情况下；（2）忽略 π 形等效电路并联支路导纳情况下；（3）忽略 π 形等效电路的串行支路电阻及并联支路中导纳情况下；

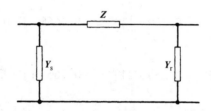

图 13.27　π 形等效电路的 *ABCD* 常数。Y_s 为输电线路发送端并联导纳，单位为 S；Y_r 为接受端并联导纳，单位为 S；Z 为串联阻抗，单位为 Ω；$A = 1 + Y_r Z$（无单位），$A \underline{/\alpha}$；$B = Z$ 单位为 Ω，$B \underline{/\beta}$；$C = Y_s + Y_r + ZY_s Y_r$ 单位为 S；$D = 1 + Y_s Z$（无单位）。

计算过程

1. 计算 π 形等效电路的静态稳定极限

求解静态稳定极限的等式为 $P_{max} = |\dot{V}_s||\dot{V}_r|/|B| - (|A||\dot{V}_r|^2/|B|)\cos(\beta - \alpha)$，式中 $|\dot{V}_s|$ 为输电线路送电端电压的幅值，等于 138kV，$|\dot{V}_r|$ 为输电线路受电端电压的幅值，等于 138kV。$P_{max} = 138 \times 138 \times 10^6/92.4 - [-0.950 \times 138^2 \times 10^6/92.4]\cos(76.87° - 1.27°) = 206.1 \times 10^6 - 48.7 \times 10^6 = 157.4MW$。

2. 仅考虑 π 形等效电路串行支路阻抗时的静态稳定极限

忽略 π 形等效电路中的并联支路导纳时，即 $Y_s = 0$，$Y_r = 0$；因此，在等式 $A = 1 + Y_r Z = 1$ 中，右侧第二项为零，$A = 1$，类似地，$D = 1$。B 参数没有发生变化，仍等于 $92.4 \underline{/76.87°}\Omega$，$C = 0S$。静态稳定极限取决于由与步骤 1 相同的等式。$P_{max} = |\dot{V}_s||\dot{V}_r|/|B| - (|A||\dot{V}_r|^2/|B|)\cos(\beta - \alpha) = 138 \times 138 \times 10^6/92.4 - [(1 \times 138^2 \times 10^6)/92.4]\cos(76.87°) = 206.1 \times 10^6 - 46.8 \times 10^6 = 159.3MW$。

3. 仅考虑 π 形等效电路串行支路电抗时的静态稳定极限

当忽略 π 形等效电路的并联支路导纳及串联支路电阻时，输电线路参数为：$A = 1$，$B = j90 = 90 \underline{/90°}\Omega$，$C = 0S$，$D = 1$。用同一等式计算静态稳定极限 $P_{max} = 138 \times 138 \times 10^6/90.0 - [(1 \times 138^2 \times 10^6)/90]\cos(90° - 0°) = 211.6 - 0 = 211.6MW$。

相关计算

最大输电功率等式用于静态稳定极限的计算，并且适用于所有功率传输问题，其中的 **ABCD** 常数已知或者可根据电路参数计算得到。

13.19 参考文献

1. Anderson, Paul M. 1995. *Analysis of Faulted Power Systems*. New York: IEEE Press.
2. Beeman, Donald (ed.). 1955. *Industrial Power Systems Handbook*. New York: McGraw-Hill.
3. Freeman, Peter John. 1968. *Electric Power Transmission and Distribution*. London, Toronto: Harrap.
4. Grainger, John J., and William D. Stevenson. 1994. *Power System Analysis*. New York: McGraw-Hill.
5. Greenwood, Allan. 1991. *Electrical Transients in Power Systems*. New York: Wiley.
6. Guile, Alan Elliott, and W. Paterson. 1977. *Electrical Power Systems*. New York: Pergamon Press.
7. Hubert, Charles I. 1969. *Preventive Maintenance of Electrical Equipment*. New York: McGraw-Hill.
8. Knable, Alvin H. 1967. *Electrical Power Systems Engineering: Problems and Solutions*. Malabar, F.L.: Krieger.
9. Knight, Upton G. 1972. *Power Systems Engineering and Mathematics*. Oxford, New York: Pergamon Press.
10. Ragaller, Klaus (ed.). 1978. *Proceedings of the Brown-Boveri Symposium on Current Interruptions in High Voltage Networks*. New York: Plenum Press.
11. Seiver, J. R., and John Paschal. 1999. *Short-Circuit Calculations: The Easy Way*. Overland Park, K.S.: EC&M Books.
12. Sullivan, Robert Lee. 1977. *Power System Planning*. New York: McGraw-Hill.

第 14 章 系统接地

David R. Stockin

Manager of Engineering E&S Grounding Solutions

Michael A. Esparza, P. E.

Director of Sales E&S Grounding Solutions

Jeffery D. Drummond, P. E.

Principal Engineer E&S Grounding Solutions

Svetlana Knyazeva-Johnson, M. S.

Systems Engineer Galorath, Inc.

Illustrations

Gilbert Juarez

Creative Director RevDesign International

14.1 接地的目的

接地是将电气系统与大地进行连接。自 19 世纪后期以来，无论是在正常运行条件下还是在故障条件下，这种连接的质量对于确保电气系统安全有效运行至关重要。这种接地系统可以用电阻和/或阻抗形式进行测量，将接地系统以一个远方电源作参考，将已知的电气信号注入接地系统并通过大地进行传播。通过对此类型进行正确测量，我们可以得到接地/对地电极系统的电阻/阻抗。

了解土壤的电阻率从一个位置到另一个位置发生的显著变化是很重要的，变化范围为极低的大约 $10\Omega \cdot m$ 的电阻率到高达百万 $\Omega \cdot m$ 的电阻率，典型的电阻率范围为 $20\Omega \cdot m$ 到 $10\,000\Omega \cdot m$。因此，工程师更加关注如何有效地将其电气系统接地，并满足特定的对地电阻（RTG）要求规范。常见的规范包括国家电气规范的 $25\text{-}\Omega$RTG 要求和电信行业的 $5\text{-}\Omega$RTG 要求。这些规范要求工程师在安装之前很好地设计接地电极系统，以确保满足规范性要求。

具有高接地电阻的电气系统容易受到许多有害电气问题的影响，包括谐波和瞬变等增加了电噪声，增加了跨步电压和接触电压危险，最重要的是，电力公司的系统馈线以大地作为故障电流返回路径。故障条件下，高电阻接地系统可以迫使异常电流流入其他相连系统，例如电话线、自来水线路、有线电视系统、天然气管线等，降低了电力公司检测和处理电气故障情况的能力。最常见的接地计算旨在安装之前设计其接地电极系统的总电阻和/或阻抗，以防止这些不期望的电气问题发生。值得注意的是，加拿大电气规范（CEC）使用 5000V 地电位上升（GPR）限制，而国家电气规范（NEC）使用 $25\text{-}\Omega$RTG。

本章中大多数计算的主要目标是预先估计接地电极系统或接地网的电阻/阻抗，这样一旦电气系统建成，它就满足所要求的最低标准。

本章介绍的计算是简单的手工计算，主要基于均匀土壤条件的直流（DC）电气系统理论，仅用于粗略估算。在进行任何涉及人身安全的计算时应谨慎使用，如 29 CFR 1910.269 等联邦法对确保危险电气环境中工作人员的安全有严格的要求，下面的简单计算不足以确保人身安全。在今天的计算机时代，仅进行手工计算而不使用计算机建模软件是不合乎职业道德的。

在对电气系统进行建模时，模型的准确性通常会随着土层的增加而得到改善。根据现场经验，在计算时使用 3~5 个土层的计算模型可以提供最准确的结果。市场上有许多计算机软件程序，它们不仅可以对理论上均匀土壤中的接地系统进行分析，而且可以对具有双层土壤电阻率的接地系统进行分析。但是，只有少数程序能够对三层或更多层土壤条件进行分析，更少的程序可以正确分析接触电压。由于需要考虑许多工程因素，必须仔细地选择接地软件程序。

话虽如此，本章将讨论用于计算接地因数的基本公式。虽然关于此主题的信息太多而不能用一个章节简单地概括全部内容，但以下选择的公式提供了对接地系统工程背后物理学的全面理解。

除了理解这里给出的公式之外，还应该很好地理解正确的测试方法、接地电极、接合和正确接线技术等大量附加信息。更多相关信息请参阅 Beaty 和 Fink（2013）或者 Stockin（2014）的著作。

14.2　定义

视电阻率：均匀（均匀土壤/单层土壤）土壤的虚拟电阻率，由一个数据点（来自四点土壤电阻率测试）产生，以提供距离地表深度大致相当于探针间距的平均电阻率。

电气噪声（电磁干扰）：任何中断、阻碍或以其他方式降低或限制电子和电气设备有效性能的电磁干扰。

故障电流：在相对地或相对相故障期间，对已知的电气系统释放电能。

接地：与大地或者土壤相连。

固化接地：未接入任何电阻或阻抗设备的接地。

地电位上升（由 IEEE 标准 80-2000 定义）：相对于远端接地点，（变电站）接地网可能达到的最大电位，假设远方的接地电位为远端电位点。这个 GPR 电压等于最大的接地网电流与接地网电阻的乘积。

地电位上升（由 IEEE 标准 367 定义）：以远方地为参考，接地电极阻抗和流经此电极阻抗电流的乘积。

接地环：接地电极，由#2 AWG 或更大的裸铜线组成，长度至少 20ft，埋在地下至少2.5ft，与地面直接接触。地环环绕一个结构体或建筑物并重新返回与自身连接，通常与建筑物、钢筋结构和/或建筑物钢制系统有多个连接，并与标准接地棒一起使用。被认为是当今最有效的电极系统。

接地棒：由不锈钢、镀铜钢或镀锌钢制成的接地电极，直径至少为 5/8ft（15.87mm），长度至少为 8ft（2.44m），直接与永久潮湿层土壤连接。这是目前最常见的接地电极。

接地电极系统：两个或多个接地电极结合在一起形成一个系统。对于典型建筑物/结构，接地电极系统应包括两个接地棒、水管、建筑物钢架、混凝土基础中的钢筋和任何接地环。

接地电极：与大地/土壤建立电气连接的装置。

异常电流：接地和连接路径上的电流，不正确的中性点接地（或中性到壳体）产生一个并联路径，为中性线电流通过电气系统的金属部件返回电源提供了路径，违反了 Art. 250. 142。定义为异常中性线电流更合适。

介电常数：在介质中形成电场时对遇到电阻的测量。换句话说，介电常数涉及材料传输（或"允许"）电场的能力。

对地电阻（RTG）：利用流过接地电极到达远方接地点电流测得的直流（0Hz）电阻。实际上，远端接地点至少位于被测电极对角线长度 10 倍距离之外的地方。

土壤建模：收集多个不同间距探头（来自四点土壤电阻率测试）所有数据点横向变化的对比计算，以确定给定位置有多少土层，这些土层的电阻率，以及这些土层所处的深度。

影响范围：当电极向土壤释放电流时，经历大部分接地电极电压上升的假设土壤体积。影响范围等于电极或电极系统的对角线长度。

跨步电压：一个人两脚之间 1m 的距离所产生的电位差，而不接触任何接地物体。实际上，跨步电压是一种有害电压，当人在高压电源附近行走时，两腿之间的跨步电压产生流过人体的电流，对人造成伤害。

接触电压：接地物体的 GPR（Ground Potential Rise，接地电位上升）与地面电位之间的电位差，人站立在地面同时一只手接触到这个接地物体。实际上，接触电压是一种有害电压，当人接触高压电源时，电流在人的手和脚之间流动，对人造成伤害。

14.3 基本计算过程

分析接地系统的基本过程首先要确定所设计的接地系统类型，将用于直流（DC）还是交流电（AC）。如果为直流电气系统设计接地电极系统，那么只需要查询电阻方程式。但是，如果是交流电气系统，则需要使用更加深奥的阻抗方程。

注意：除非您正在对照明或其他高频噪声系统进行建模，否则 50/60Hz 系统频率并不高，通常可以使用 DC 方程进行建模。

下一步是计算接地电极系统的电阻/阻抗。可以根据设计进行一些计算。在下面的页面中可以找到多个辅助这个过程的公式。不幸的是，这里大多数公式用于直流电气系统，因为阻抗计算过于复杂而无法手工推导。本章中唯一出现的阻抗方程是针对单接地棒的，并且可以看出一旦将交流因素加到公式中，公式会变得多么复杂。

为了计算接地系统的电阻/阻抗，需要建立安装地点的土壤电阻率模型。土壤电阻率模型提供计算用土壤层深度与电阻率，通过土壤电阻率测试，例如 Wenner 四点测试获得原始数据，并根据这些原始数据进行推导得到土壤电阻率模型。一旦有了有效的土壤电阻率模型，就可以知道所处理的土壤类型，是均匀（单层）的、两层的、三层的还是更多层的土壤。在对电气系统进行建模时，通常会增加一个额外的土层以提高模型的准确性。根据现场经验，使用 3~5 个土层的计算机模型可以提供最准确的计算结果。

请注意，计算土壤电阻率的模型与使用简单公式计算的视电阻率之间存在差异。需要的是土壤模型，而不是视电阻率。请参阅土壤电阻率测试部分以获取更多信息。

既然知道要计算阻抗或电阻、土壤电阻率以及土壤的层数，现在可以选择所需要的方程式来计算接地系统的电阻/阻抗（如前所述），如果是交流电气系统，或者有两个或更多土层，这时将真正需要一台计算机。在下面的页面中，您将找到一系列方程式，以帮助您计算出接地电极系统的整个电阻/电抗。

一旦确定了对地电阻/阻抗，就可以计算出现场电极系统的 GPR。这些 GPR 方程可以计算出发生电气故障时接地系统的电压是多少。因此，GPR 方程要求现场的实际电气故障数据和电阻/阻抗数据。一些国家，如加拿大，实际上对安装的接地系统有 5000 VGPR 限定，并且必须提供相关计算。在电极系统（接地网）电位上升（GPR）估算部分，您将找到执行这些方程的基本公式。

如果电气系统使用高电压（1000V 或者更高），三角形接线变压器，现场有发电机，或存在其他特殊的人身安全问题时，则需要跨步和接触电压方程式以确定现场是否需要额外的接地装置以保证人身安全。这些方程式需要已知对地电阻/阻抗、上面的 GPR 结果以及许多其他因素。

如果现场存在跨步和接触电压这种人身安全问题，联邦法律如 29 CFR 1910.269 可能要求您联系专门解决这些问题的工程公司。

14.4 背景

为了正确对接地系统进行分析，必须了解一些重要的接地概念。本章仅对这些重要概念的一小部分进行介绍；更多信息请参阅 Beaty 和 Fink（2013 年）或 Stockin（2014 年）编写的文献。

1. 影响区域（范围）

接地电极如何有效地释放接地电流的一个重要概念是"影响区域"概念，有时也称为"影响范围"（如图 14.1 所示）。影响区域是土壤体积，当电极将电流释放到土壤中时，这部分土壤的电位上升为接地电极电位上升的一小部分。与电极体积相比较的体积越大，电极的效率越高。接地棒等电极效率最高。电极的表面积决定了装置的载流量，但对影响区域的大小不产生影响。一个很好的例子，表面积越大，与土壤的接触越大，单位时间可以释放的电能越多。

给定垂直电极所用土壤体积的计算公式为

$$V = \frac{5\pi L^3}{3}$$

其中，V 为土壤体积，L 为电极长度，单位 ft 或 m，$\pi = 3.142$。

通过将 π 近似为 3，并进行分子分母约去化简，上面的公式可简化为

$$V = 5L^3$$

其中，V 为土壤体积；L 为电极长度，单位为 ft 或 m。

因此，一根 10ft 的接地棒将利用 5000ft³ 的土壤，而一根 8ft 的接地棒将利用大约一半的土壤 2560ft³。8ft 到 10ft 的接地棒可以显著减少 RTG，由于土壤电阻率不会随着深度的增加而增加，而影响范围几乎会增加一倍。这就是为什么要将 10ft 的接地棒隔开至少 20ft，这样就不会出现重叠的影响区域。

两条经验法则，一是接地棒越深越好，二是接地棒的间距至少是它们长度的 2 倍，这是

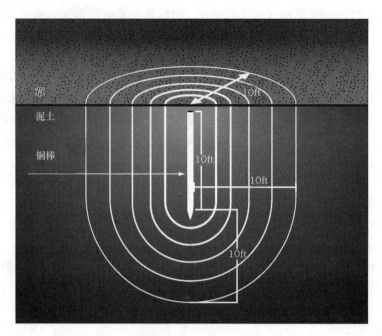

图 14.1　影响区域

设计接地系统的重要指导原则。

2. 土壤电阻率测试

土壤电阻率测试是测量土壤体积以确定土壤电导率的过程。得到的土壤电阻率用 $\Omega \cdot m$ 或 $\Omega \cdot cm$ 表示。

土壤电阻率测量是电气接地设计中最关键的因素。在进行简单电气接地设计、专用低电阻接地系统设计或涉及更为复杂问题的 GPR 研究时，这是真的。良好的土壤模型是所有接地设计的基础，都是依据精确的土壤电阻率测量进行开发的。

一直以来，wenner 四点（或四针）方法被认为是获得有效土壤电阻率数据最准确的方法。IEEE Std. 81-1983 和 ASTM D 6431-99 是这个测试方法极好的信息来源，最重要的是需要 50W 或更高的能实现激发极化技术的 DC 测试仪。

Wenner 四点土壤电阻率测量方法使用四个等距间隔的探针，称为"A 间距"。最大"A 间距"通常等于或大于接地网络的最大对角线距离。然后采用许多较小的"A 间距"来获得接地装置安装位置的有效土壤模型。这些"间距"间隔的变化对于获得适当的土壤模型至关重要；获取更多信息请参阅上述标准和/或 Beaty 和 Fink（2013 年）或 Stockin（2014 年）编写的相关文献。

3. 视电阻率方程

视电阻率方程得到的数值经常与土壤模型得到的数值相混淆。对这个差异进行了解是非常重要的，并且要知道视电阻率方程不能提供进行精确计算所需的土壤电阻率数据。电气系统建模时所需要的精确电阻率，只有计算机产生的土壤模型才能提供。

视电阻率由美国环境保护局定义为（虚拟的）电均匀和各向同性半间距的电阻率，它表示施加的电流和特定间距的电极电位差之间的测量关系。因为在实践中不存在同质性（均匀或单层土壤），所以视电阻率是虚构的。

视电阻率为给定探头间距提供一个土壤电阻率，但不提供有关土壤层数或其深度的信息。

例如，让我们假设现场测量电阻（R），间距为 5m 和 10m（如图 14.2 所示）。使用视电阻率方程，可以获得间距为 5m 时的视电阻率为 $100\Omega\cdot m$，间距为 10m 时的视电阻率为 $75\Omega\cdot m$。如果探头的间距是深度的函数，就可以得到从地表（0m）到 5m 间距深度的平均（视）电阻率为 $100\Omega\cdot m$（从 0 到 5m），0 到 10m 的视电阻率为 $75\Omega\cdot m$。换句话说，10-m 的读数是已知的 5-m 数据，加上 5m 土壤的数据组合。

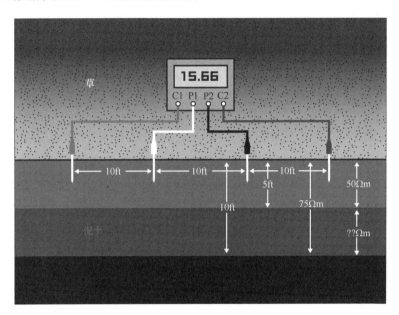

图 14.2　4 点土壤电阻率测量

问题仍然存在，5m 到 10m 之间的土壤电阻率为多少？简单的答案是：5m 到 10m 之间的土壤电阻率必须是 $50\Omega\cdot m$。如果 0m 到 5m 的视电阻率为 $100\Omega\cdot m$，5m 到 10m 的电阻率为 $50\Omega\cdot m$，那么 5m 的视电阻率 $100\Omega\cdot m$ 和 5m 土壤的视电阻率 $50\Omega\cdot m$ 的平均值为 $75\Omega\cdot m$。

再次，视电阻率无法为您找到土层。视电阻率只能给出从地表到探头可以达到的任何距离的平均土壤电阻率。只有计算机生成的土壤模型才能提供有效的土壤电阻率数值。

实际上，视电阻率使用单数据点（来自四点测试）来提供从地表到大致等于探头间距深度的平均电阻率。通过土壤建模比较从不同的探头间距（来自四点测试）生成的所有数据点，并所有这些数据进行比较和评估，以确定深度土壤电阻率的变化。

这个公式用于计算给定电极间距的土壤视电阻率。根据 Wenner 四点现场测试数据进行计算，需要知道以下几点信息：探头插入地面的深度和探头的间距以及测量的电阻。

$$\rho_a = \frac{4\pi A R}{1 + \dfrac{2A}{\sqrt{A^2 + 4B^2}} - \dfrac{2A}{\sqrt{4A^2 + 4B^2}}}$$

其中，ρ_a 为土壤的视电阻率，单位为 $\Omega\cdot m$；R 为测量的土壤电阻，单位 Ω；π 为 3.142；A 为电极的间距，单位为 m；B 为电极深度，单位为 m。

4. 简化的视电阻率方程

当电极间距大于测试电极深度的 20 倍时，可以使用简化的视电阻率方程。

电极间距单位为 m，这个简化的公式如下：

注意：一个 $\Omega \cdot m$ 等于 3.281 个 $\Omega \cdot ft$。

$$\rho_a = 2\pi AR$$

这个公式可以进一步变为

$$\rho_a = 6.28AR$$

其中，ρ_a 为土壤的视电阻率，单位 $\Omega \cdot m$；π 为 3.142；A 为电极的间距，单位 m；R 为测量的土壤电阻，单位 Ω。

电极间距用 ft 表示的视电阻率简化公式为

$$\rho_a = 1.915AR$$

其中，ρ_a 为土壤的视电阻率，单位 $\Omega \cdot m$；A 为电极的间距，单位 ft；R 为测量的土壤电阻，单位 Ω。

也可以将以 $\Omega \cdot m$ 为单位的数值乘以 100 转化为以 $\Omega \cdot cm$ 为单位的数值。

$$\Omega \cdot m \times 100 = \Omega \cdot cm$$

$$\Omega \cdot cm / 100 = \Omega \cdot m$$

注意：视电阻率仅考虑单层土壤，并基于给定间距下均匀土壤的假设。另一方面，土壤模型使用所有土壤层数据并进行比较，以找出电阻率随深度的变化。

警告：不要在电气模型中使用视电阻率，只应使用土壤模型中的电阻率。

5. 土壤建模

土壤建模是对例如 Wenner 四点法现场测量的原始土壤电阻率采取的一个处理过程，对这些数据进行处理以确定等效的土壤结构模型。计算机生成的模型产生具有土壤层深度的土壤结构，以及实际土壤电阻率和土壤介电常数（有时给出反射系数和电阻率对比率）。

土壤模型可以使用许多不同的最小二乘法开发：最速下降法、Levenberg-Marquardt 法、Fletcher-Powel 法、G 共轭法、共轭梯度法和单纯形法等。最常用的开发土壤模型的算法是最速下降法，通过运行一组高精度数字滤波器系数，计算最终土壤电阻率。

来自土壤模型的典型数据（土壤模型样例）如下：

层序号	电阻率/$\Omega \cdot m$	厚度/m	反射系数（pu）	电阻率对比率
1（空气）	无穷大	无穷大	0.0	1.0
2	1037.555	1.343781	−1.0000	0.10376e−16
3	278.4323	15.39296	−0.57685	0.26835
4	1268.895	16.22874	0.64011	4.5573
5	16.52279	无穷大	−0.97429	0.13021e−01

注意土壤模型数据的变化，土壤深度为 1.3m 时电阻率为 1038$\Omega \cdot m$，接下来的 15.4m（从 1.3 到 16.7m 深度）对应的电阻率为 278$\Omega \cdot m$，依此类推。这些电阻率随深度变化而变化，这就是土壤模型电阻率与简单视电阻率的区别，后者只提供从地表到某一深度的平均电阻率。

三个（第四个是空气层）或更多层土壤模型是很常见的。事实上，研究表明，除蒙古戈壁沙漠的部分地区外，地球上没有地方可用均匀（单层）土壤进行准确建模，只有少数地方可以进行两层建模。对于有人居住的地点，最小层数为三层，平均为 4 ~ 5 层。请注意在气候寒冷的环境中，在冬季需要添加几层，因为霜层至少会使土壤电阻率增加一个 10 倍因子。

考虑到生成这种模型所需的算法和数字滤波器系数的复杂性，手工计算有效的土壤模型是不切实际的。但是，如果没有其他的方法，应该参考 IEEE Std. 81-2012 附录 B 了解更多的信息。

请记住，如果正处理的接地电极系统最终用于保护高压环境中的人员（人身安全），例如消除跨步和接触电压的危险，国家可能有法律要求（例如美国的 29 CFR 19190.269）由专门设计接地系统的工程公司进行服务。

6. 土壤介电常数

土壤介电常数是正确计算接地系统阻抗所需的一个非常重要的工程因数，因为对地电极界面是形成有效电磁场的一个主要部分。提供土壤介电常数有时用反射系数（pu）和电阻率对比率形式。

7. 介电常数

介电常数是在介质中形成电场时遇到的阻值大小。换句话说，介电常数与材料传输（或"允许"）电场的能力有关。

对土壤实际介电常数的测量属于一个非常新的地质科学领域，许多人认为它更像是一种学术活动，而不是一种经过验证的测试方法。因此，几乎可以肯定只能选择计算机建模程序来执行所需的计算，以获得实际的介电常数。

然而，大多数土壤的介电常数通常在 4 ~ 80 之间，主要与土壤的含水量有关。研究表明，频率低于 1000rad/s（159Hz）的电力系统通常不受土壤介电常数变化的影响。换句话说，如果正在为 60Hz 或 50Hz 系统设计接地系统，4 ~ 80 之间的任何数字都会提供类似的结果；如果无法计算实际数字，那么建议使用 10。

话虽如此，如果正在设计照明保护系统，在频率低于 1MHz 的情况下，不同的土壤介电常数会影响接地系统的阻抗，而系数大于 200。换句话说，当 1MHz 信号进入接地系统时，土壤介电常数为 5 时产生的总接地阻抗比实际土壤介电常数为 80 的总接地阻抗高 200 倍。

8. 土层界面及其对接地电极方程的影响

正如在土壤建模部分所看到的那样，标准 3m（10ft）接地电极很容易通过两个、三个或更多个不同土壤电阻率层。用于精确计算接地系统的电阻/阻抗时，这些层之间的界面是一个特殊的数学问题。由于只能通过计算机实际处理，在此我们不涉及这些方程式，对这些土壤界面层的了解是非常重要的，特别是在从一层到下一层的电阻率发生显著变化的情况下，可能产生额外的阻抗。

9. 接地电阻和接地阻抗的现场测试

进行 RTG 和/或电极系统或接地网的接地阻抗实际现场测试的方法有几种。与其他任何一种电气测量方法一样，这些测试可能得到正确或不正确的测试结果。这取决于技术人员测试培训水平，现场接地系统的物理布置，以及将电极系统与其他导电部件正确隔离的能力。最常见的测试方位称为三点电位下降法，与测试参考信号和测量装置有关，用于对接地电极系统（地网）电阻和/或阻抗的测试。

本章中大多数计算的主要目标是对电极系统或接地网的电阻/阻抗进行预先估算，以便在进行现场测量时，系统能满足所需的最低标准。

14.5 接地电极垂直电极电阻的估算

有许多类型的垂直接地电极：标准接地棒、电解电极、垂直安装的接地板等。典型的接地装置至少涉及一个标准的接地棒。

单接地棒的计算是在均匀土壤条件下进行一个简单电极的阻抗计算所涉及复杂性的一个重要例子。在多层土壤条件下对复杂接地电极系统进行处理时，如果没有计算机的辅助，几乎不可能计算系统的阻抗，特别是多层土壤和土层界面引起的额外计算问题。

以下所有计算均是基于均匀土壤（均质/单层）条件。

1. 单接地棒

单接地电极电阻估算公式对于任何一位电气工程师都很重要，特别是需要满足国家电气规范250.53（A）（2）单接地棒安装要求时。

本章介绍了两组方程。第一组方程用于计算均匀土壤中单接地棒的直流电阻。第二组方程用于计算单2接地棒的交流阻抗。

2. 单接地棒电阻方程

这个方程用于计算均匀土壤中单接地棒的直流电阻。需要已知接地棒半径和长度，以及安装位置的土壤电阻率。

$$R = \frac{\rho}{2\pi L}\Big[\ln\frac{4L}{r} - 1\Big]$$

其中，R 为电极的计算电阻，单位 Ω；ρ 为土壤电阻率，单位 $\Omega \cdot cm$；π 为3.142，r 为电极半径，单位 cm；L 为电极长度，单位 cm；ln 为自然对数函数。

一般电极使用直径，但是这个公式使用半径。如果已知电极直径，则须将这个直径除以2，得到半径。

如果在 $100\Omega \cdot m$ 土壤中使用 $10ft \times 3/4$ 的接地棒，首先需要将所有单位转换为 cm。即，在 $10\,000\Omega \cdot cm$ 土壤中使用 $304.8cm \times 1.905cm$ 的接地棒。接地棒的直径为 1.905cm，将直径除以2得到半径为 0.9525cm。因此得到以下等式：

$$R = \frac{10\,000}{2\pi \times 304.8}\Big[\ln\frac{4 \times 304.8}{0.9525} - 1\Big]$$

将乘积部分进行计算，得

$$R = \frac{10\,000}{1915.11}\Big[\ln\frac{1219.2}{0.9525} - 1\Big]$$

将分式部分进行计算，得

$$R = 5.22\ \big[\ln 1280 - 1\big]$$

求解自然对数后，得

$$R = 5.22\ (7.1546 - 1)$$

对整个方程式进行求解后，我们得到最终的结果，单位为 Ω：

$$R = 32.13$$

3. 单接地棒阻抗方程

这个六步式用于计算在均匀土壤中单接地棒的交流阻抗。当 50Hz 或 60Hz 交流系统安装一个接地棒时，我们必须考虑至少三个因素：漏电导（G）、电容（C）和电感（L）。

注意： 除非对照明或其他高频噪声系统建模，否则 50/60Hz 系统频率是足够低的，通常可以使用直流方程进行建模。

应该注意的是，这里给出的公式是简化阻抗方程，因为它们没有考虑电极本身的材料特性。例如，在高频时铜电极和低碳钢电极之间的阻抗差异是非常明显的。需要使用计算机建模软件来充分计算不同电极材料特性之间的阻抗差异。

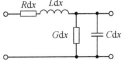

这里介绍的单接地棒阻抗方程是基于标准的电报方程（或传输线方程），如图 14.3 所示。电极本身的电阻与方程中的其他项相比非常小；因此忽略不计。

图 14.3 电报方程

需要已知接地棒的长度，接地棒的直径，安装位置的土壤电阻率，土壤的介电常数，电气系统的频率（以 rad/s 为单位），以及几个常数（下面的步骤 1 就提供了一个）。

注意：重要的是，以下 6 个步骤所有公式的单位都是相同的。在这种情况下，所有单位都是以 m 为单位。将这些公式中任何 ft 或 cm 单位转换为 m 是非常重要的。

步骤 1：漏电导（G）

这个等式适用于电流能够离开电极并"泄漏"到周围土壤中的情况。现在，需要已知电极的长度、电极的直径和这个均匀土壤的电阻率。将在后面步骤 4 和 5 中使用这个公式的计算结果。

注意：这个公式需要以 $\Omega \cdot m$ 而不是 $\Omega \cdot cm$ 为单位的土壤电阻率。

$$G = \frac{2\pi}{\rho \ln \dfrac{4l}{d}}$$

其中，G 单位为 S/m；l 为电极长度，单位 m；d 为电极直径，单位 m；ρ 为土壤电阻率，单位 $\Omega \cdot m$；$\pi = 3.142$；ln 为自然对数函数。

步骤 2：电容（C）

该方程用于计算电极储存电荷的能力。需要已知电极的长度、电极的直径、均匀土壤的电阻率和均匀土壤的介电常数。后面的步骤 4 和 5 中将使用这个公式的计算结果。

计算机生成的土壤模型报告中给出的土壤相对介电常数，通常是 4 到 80 之间的一个数字，请使用 ε_r。然而，如果没有办法计算土壤介电常数，并且电气系统频率为 50/60Hz，建议 $\varepsilon_r = 10$，因为较低的数字更保守。了解有关土壤介电常数的更多信息，请参阅土壤电阻率测试部分。

推荐这个公式使用 m 做单位，因为真空介电常数的单位是每米法拉。

$$C = \frac{2\pi \varepsilon_r \varepsilon_0}{\ln \dfrac{4l}{d}}$$

其中，C 单位为法拉/米（F/m）；ε_r 为土壤相对介电常数（比较小的数）（一般介于 4 到 80 之间）；ε_0 为真空介电常数（常数，为 8.854×10^{-12} F/m）；l 为电极长度，单位 m；

d 为电极直径，单位 m；$\pi = 3.142$；ln 为自然对数函数。

步骤 3：电感（L）

这个等式用于计算电极中变化的电流在其本身（自感）和相邻土壤（互感）中产生的感应电动势（电压）总量。需要已知电极长度和电极的直径。在后面步骤 4 和 5 中将使用这个公式的计算结果。

$$L = \frac{\mu_0}{2\pi} \ln \frac{4l}{d}$$

其中，L 单位为亨利/米（H/m），μ_0 为渗透常数 $4\pi \times 10^{-7}$（0.000 001 257），单位 H/m；l 为电极长度，单位 m；d 为电极直径，单位 m；$\pi = 3.142$；ln 为自然对数函数。

注意：这个方程中假设 $\mu_r = 1$，所以在这个方程中没有出现。然而，如果已知 μ_r，可以用 μ_r 和 μ_0 的乘积代替 μ_0。

步骤 4：波传播系数（α）

这个方程基于标准的电报方程，用于计算电磁波如何有效地通过电极/土壤界面传播。需要已知步骤 1，2 和 3 中的数值，以 rad/s 为单位的电气系统频率。在后面的步骤 5 和 6 中将使用此公式的计算结果。

$$\alpha = \sqrt{j\omega L(G + j\omega C)}$$

其中，α 为波传播系数；j 为虚数（-1 的平方根）；ω 为频率，单位 rad/s（60Hz = 377，50Hz = 314）；G 为漏电导，单位 S/m，步骤 1 的计算结果；C 为电容，单位 F/m，步骤 2 的计算结果；L 为电感，单位 H/m，步骤 3 的计算结果。

步骤 5：特性阻抗（Z_C）

这个方程用于计算电极的有效阻抗。需要已知步骤 1，2，3 中计算结果，以 rad/s 为单位的电气系统频率。以后的步骤 6 中将使用这个公式的计算结果。

$$Z_C = \sqrt{\frac{j\omega L}{G + j\omega C}}$$

其中，Z_C 为特性阻抗；j 为虚数（-1 的平方根）；ω 为频率，单位 rad/s（60Hz = 377，50Hz = 314）；G 为漏电导，单位 S/m，步骤 1 的计算结果；C 为电容，单位 F/m，步骤 2 的计算结果；L 为电感，单位 H/m，步骤 3 的计算结果。

步骤 6：单接地棒的阻抗方程

最后这个方程式用于计算接地电极的有效阻抗。需要已知步骤 1，2，3 中的计算结果，以 rad/s 为单位的电气系统频率。

$$Z = \frac{e^{2\alpha l} + 1}{e^{2\alpha l} - 1} Z_C$$

其中，Z 为单接地棒阻抗；Z_C 为步骤 5 计算结果，特性阻抗；e 为欧拉常数（常数 = 2.718）；α 为波传播系数，步骤 4 计算结果；l 为电极长度，单位 m。

4. 单接地棒的电流容量（载流量）

接地电极承受电流（载流量）的能力在很大程度上取决于电极周围土壤的电阻率，特别是周围土壤的水分含量。

据估计，在均匀土壤条件下，接地棒电阻的 25% 出现在棒顶部表面的 0.03m 半径范围内，大约 3cm。这意味着接地棒顶部的热度足以将土壤中的水分蒸发出来，产生所谓的

"吸烟"地棒。

然而，对于普通的多层土壤条件，这种情况并不适用，因为接地棒可能具有非常不同的电阻曲线。对于高到低土壤电阻率的条件，大约接地棒电阻的 25% 将出现在棒顶部 15cm 范围内。对于低到高土壤电阻率的条件，根本没有办法对接地棒电阻的分布进行描述。

对于单接地棒，下面的等式用于计算每个电极脚的最大电流：

$$I = \frac{34\ 800 \times d \times L}{\sqrt{\rho \times t}}$$

其中，I 为每米电极计算的安培数值；ρ 为土壤电阻率，单位 $\Omega \cdot m$；L 为电极（地下部分）长度，单位 m；d 为电极直径，单位 m；t 为电流持续时间，单位 s。

5. 单接地棒的简化计算

以下公式来自 IEEE Std. 142 绿皮书中的标准公式，并且其近似值误差在单接地棒部分电阻公式的 2% 范围内。

（1）10ft（3m），直径 1/2ft 标准接地棒

这个简化的方程用于计算在均匀土壤中单 10ft × 1/2 接地棒的直流 RTG。需要已知均匀土壤的电阻率。

$$R = \frac{\rho}{288}$$

其中，R 为电极的计算电阻，单位 Ω；ρ 为土壤电阻率，单位 $\Omega \cdot cm$。

（2）10ft（3m），直径 5/8ft 标准接地棒

这个简化的方程用于计算在均匀土壤中单 10ft × 5/8 接地棒的直流 RTG。需要已知均匀土壤的电阻率。

$$R = \frac{\rho}{298}$$

其中，R 为电极的计算电阻，单位 Ω；ρ 为土壤电阻率，单位 $\Omega \cdot cm$。

（3）10ft（3m），直径 3/4ft 标准接地棒

这个简化的方程用于计算在均匀土壤中单 10ft × 3/4 接地棒的直流 RTG。需要已知均匀土壤的电阻率。

$$R = \frac{\rho}{307}$$

其中，R 为电极的计算电阻，单位 Ω；ρ 为土壤电阻率，单位 $\Omega \cdot cm$。

（4）间距小于棒长度的两个接地棒

这个等式用于计算在均匀土壤条件下，两个任意长度相同的接地棒对应的直流 RTG，这个两个接地棒在地面上连接在一起，间隔距离小于接地棒的长度。需要已知均匀土壤的电阻率、电极长度（它们必须是相同长度）、间距以及这次计算的接地半径。

从根本上说，这个公式假设每根接地棒使用一个圆柱体范围的土壤（影响范围），并且接地电流作为隔离带电体的电通量。这意味着两个接地棒的 RTG 基本上与隔离圆柱体的电容相同，其长度远大于半径。最终，此公式近似于接地棒之间土壤的体积，以获得两个电极的最终估算电阻。

注意：这是一个简化公式，前面显示过得数学系列公式不再赘述。

$$R = \frac{\rho}{4\pi L}\left(\ln\frac{4L}{r} - 1\right) + \frac{\rho}{4\pi s}\left(1 - \frac{L^2}{3s^2} + \frac{2L^4}{5s^4}\cdots\right)$$

其中，R 为电极的计算电阻，单位 Ω；ρ 为土壤电阻率，单位 $\Omega \cdot cm$；r 为接地电极半径，单位 cm；L 为电极长度（地下部分），单位 cm；s 为电极之间的间距，单位 cm；ln 为自然对数函数。

（5）间距大于棒长度的两个接地棒

这个等式用于计算在均匀土壤条件下，两个任意长度相同的接地棒对应的直流 RTG，这个两个接地棒在地面上连接在一起，间隔距离大于接地棒的长度。需要已知均匀土壤的电阻率、电极长度（它们必须是相同长度）、间距以及这次计算的接地半径。

从根本上说，这个公式假设每根接地棒使用一个圆柱体范围的土壤（势力范围），并且接地电流作为隔离带电体的电通量。这意味着两个接地棒的 RTG 基本上与隔离圆柱体的电容相同，其长度远大于半径。最终，此公式近似于接地棒之间土壤的体积，以获得两个电极的最终估算电阻。

注意：这是一个简化公式，前面显示过的数学系列公式不再赘述。

$$R = \frac{\rho}{4\pi L}\left(\ln\frac{4L}{r} + \ln\frac{4L}{s} - 2 + \frac{s}{2L} - \frac{s^2}{16L^2} + \frac{s^4}{512L^4}\cdots\right)$$

其中，R 为电极的计算电阻，单位为 Ω；ρ 为土壤电阻率，单位 $\Omega \cdot cm$；$\pi = 3.142$，L 为电极长度（地下部分），单位 cm；s 为两个电极之间的间距，单位 cm。

6. 多电极的倍增因子

这个直流公式适用于均匀的土壤，来自 IEEE Std. 142 绿皮书。当处理多个接地棒时，至少彼此分开一根接地棒长度的距离，这些接地棒排列成直线、中空三角形、中空方形或中空圆圈形状，使用下面公式对多个接地棒产生的效果进行估算。单接地棒的直流电阻，如下式所示。

$$R_t = \frac{R_1}{E_n} \times F$$

其中，R_t 为所有电极总电阻；R_1 为单接地棒计算电阻；E_n 为电极数量；F 为来自下表的因子。

多电极倍增因子	
电极数	因子
2	1.16
3	1.29
4	1.36
8	1.68
12	1.80
16	1.92
20	2.00
24	2.16

因此，让我们开始使用这个公式，在均匀的 $100\Omega \cdot m$ 土壤（$100\Omega \cdot m$）中使用 10ft ×

3/4 接地棒。如果使用这个简化公式，只需要将 $10\,000\,\Omega \cdot cm$ 除 307 即可得到单接地棒 $32.6\,\Omega$ 的 RTG 估算值。

如果将四个接地电极排成直线安装，可以将这些数字带入公式，可得

$$R_t = \frac{32.6}{4} \times 1.36$$

通过数学计算可得到四个接地电极的总电阻为 $11.1\,\Omega$。

如果我们将这个公式计算结果与计算机程序计算的结果进行比较，得到数据如下表所示（在均匀的 $100\,\Omega \cdot m$ 土壤中），接地棒尺寸为 $10ft \times 3/4$ 排成一条线，间隔 20ft，用互连导线将接地棒连接在一起，裸露的导体埋在地下 1.5ft（作为电极系统的一部分）。

接地棒数目	铜质 4/0AWG 导线的直线距离/ft	使用倍乘因子手工估算电阻/Ω	地上部分机算阻抗/Ω	地下导体计算阻抗/Ω[①]
1	0	32.6	29.3	29.3
2	20	18.9	16.3	12.7
3	40	14.0	11.6	8.8
4	60	11.1	9.2	6.9
8	140	6.9	5.1	3.9
12	220	4.9	3.7	2.8
16	300	3.9	2.9	2.2
20	380	3.3	2.4	1.9
24	460	2.9	2.0	1.6

注：① 实际现场测量将得到最接近此估计值的结果。

从表中可以看出，使用倍乘因子的手工电阻估算值远高于现场测量值。例如，在 $100\,\Omega \cdot m$ 均匀土壤中，尝试设计一个小于 $5\,\Omega$ 的对地电阻/阻抗，根据倍乘因子公式的计算结果需要 12~16 个接地棒；实际上只需要 6~7 个接地棒（带有埋地导体）。

7. 垂直埋入的圆盘

这个方程用于计算垂直埋在均匀土壤中圆盘的直流 RTG。需要已知均匀土壤电阻率、圆盘电极的半径以及圆盘的埋入深度。

注意 1：从板的中心点测量盘的深度。

注意 2：这是一个简化的公式，前面所示的数学系列公式不再赘述。

$$R = \frac{\rho}{8r} + \frac{\rho}{4\pi s}\left(1 - \frac{7r^2}{24s^2} + \frac{99r^4}{320s^4}\cdots\right)$$

其中，R 为电极的计算电阻，单位 Ω；ρ 为土壤的电阻率，单位 $\Omega \cdot cm$；$\pi = 3.142$；r 为圆盘半径，单位 cm；s 为到圆盘中心的深度（地下部分），单位 cm，乘以 2。

8. 埋入的水平电极

埋入的水平接地电极有多种不同的构造形式：接地环、直线、带形、角线、几种星形结构等。

典型的接地装置几乎总是涉及水平电极系统的某些结构，至少是一个标准的接地棒。在

理解接地电极系统的整体 RTG 过程中，接地系统埋入的水平元件计算（以及垂直元件计算）是至关重要的。

在多层土壤中处理复杂的接地电极系统时，几乎不可能在没有计算机辅助的情况下计算系统的阻抗，特别是考虑到由土壤层界面引起的额外计算问题。在处理关于人类安全的问题时，例如计算跨步和接触电压时，不使用专为此类分析设计的高级计算机程序是不符合职业道德的。

以下所有计算的条件均是均匀土壤环境下的直流电气系统计算。这些计算没有考虑电极的材料特性。这意味着不会考虑铜电极和钢高阻抗电极之间的差异。

注意1：以下大多数方程要求确定安装电极的地下深度，并将这个数字乘以2。这是作为电极上方和下方土壤体积的近似值，是保守的影响范围。

注意2：以下公式的单位必须以 cm 为单位，因为公式使用的常数（近似值）是以 cm 为基本单位计算得出的。

（1）直线

这个方程用于计算水平埋在均匀土壤中直线电极的直流 RTG。需要已知均匀土壤的电阻率、直线电极的长度、半径以及深度。

注意：这是一个简化的公式，前面所示的数学系列公式不再赘述。

$$R = \frac{\rho}{4\pi L}\left(\ln\frac{4L}{r} + \ln\frac{4L}{s} - 2 + \frac{s}{2L} - \frac{s^2}{16L^2} + \frac{s^4}{512L^4}\cdots\right)$$

其中，R 为电极的计算电阻，单位 Ω；ρ 为土壤的电阻率，单位 $\Omega \cdot cm$；$\pi = 3.142$；r 为电极的半径，单位 cm；L 为直线电极的长度，单位 cm；s 为直线电极的深度（地下），单位 cm，乘2；ln 为自然对数函数。

（2）直角线

这个方程用于计算在均匀土壤中水平埋入具有相等长度的直角线电极的直流 RTG。需要已知均匀土壤的电阻率、线电极的长度、半径以及深度。

注意：这是一个简化的公式，前面所示的数学系列公式不再赘述。

$$R = \frac{\rho}{4\pi L}\left(\ln\frac{2L}{r} + \ln\frac{2L}{s} - 0.2373 + 0.2146\frac{s}{L} + 0.1035\frac{s^2}{L^2} - 0.0424\frac{s^4}{L^4}\cdots\right)$$

其中，R 为电极的计算电阻，单位 Ω；ρ 为土壤的电阻率，单位 $\Omega \cdot cm$；$\pi = 3.142$；r 为电极的半径，单位 cm；L 为线电极的长度，单位 cm；s 为线电极的深度（地下），单位 cm，乘2；ln 为自然对数函数。

（3）三点星或"Y"

这个方程用于计算具有三边等长水平埋在均匀土壤中并构成"Y"形或三点星式线电极的直流 RTG。需要已知均匀土壤的电阻率、线电极的单臂长度、半径以及深度。

注意：这是一个简化的公式，前面所示的数学系列公式不再赘述。

$$R = \frac{\rho}{6\pi L}\left(\ln\frac{2L}{r} + \ln\frac{2L}{s} + 1.071 - 0.209\frac{s}{L} + 0.238\frac{s^2}{L^2} - 0.054\frac{s^4}{L^4}\cdots\right)$$

式中，R 为电极的计算电阻，单位 Ω；ρ 为土壤的电阻率，单位 $\Omega \cdot cm$；$\pi = 3.142$；r 为电极的半径，单位 cm；L 为电极单边长度，单位 cm；s 为线电极的深度（地下），单位 cm，乘2；ln 为自然对数函数。

（4）四点星或"＋"

这个方程用于计算具有四边等长水平埋在均匀土壤中并构成"＋"形或四点星式线电极的直流 RTG。需要已知均匀土壤的电阻率、线电极的单臂长度、半径以及深度。

注意：这是一个简化的公式，前面所示的数学系列公式不再赘述。

$$R = \frac{\rho}{8\pi L}\left(\ln\frac{2L}{r} + \ln\frac{2L}{s} + 2.912 - 1.071\frac{s}{L} + 0.645\frac{s^2}{L^2} - 0.145\frac{s^4}{L^4}\cdots\right)$$

式中，R 为电极的计算电阻，单位 Ω；ρ 为土壤的电阻率，单位 $\Omega\cdot cm$；$\pi = 3.142$；r 为电极的半径，单位 cm；L 为线电极单边长度，单位 cm；s 为线电极的深度（地下），单位 cm，乘 2；ln 为自然对数函数。

（5）六点星

这个方程用于计算具有六边等长水平埋在均匀土壤中并构成六点星式线电极的直流 RTG。需要已知均匀土壤的电阻率、线电极的单臂长度、半径以及深度。

注意：这是一个简化的公式，前面所示的数学系列公式不再赘述。

$$R = \frac{\rho}{12\pi L}\left(\ln\frac{2L}{r} + \ln\frac{2L}{s} + 6.851 - 3.128\frac{s}{L} + 1.758\frac{s^2}{L^2} - 0.490\frac{s^4}{L^4}\cdots\right)$$

式中，R 为电极的计算电阻，单位 Ω；ρ 为土壤的电阻率，单位 $\Omega\cdot cm$；$\pi = 3.142$；r 为电极的半径，单位 cm；L 为线电极单边长度，单位 cm；s 为线电极的深度（地下），单位 cm，乘 2；ln 为自然对数函数。

（6）八点星

这个方程用于计算具有八边等长水平埋在均匀土壤中并构成八点星式线电极的直流 RTG。需要已知均匀土壤的电阻率、线电极的单臂长度、半径以及深度。

注意：这是一个简化的公式，前面所示的数学系列公式不再赘述。

$$R = \frac{\rho}{16\pi L}\left(\ln\frac{2L}{r} + \ln\frac{2L}{s} + 10.98 - 5.51\frac{s}{L} + 3.26\frac{s^2}{L^2} - 1.17\frac{s^4}{L^4}\cdots\right)$$

式中，R 为电极的计算电阻，单位 Ω；ρ 为土壤的电阻率，单位 $\Omega\cdot cm$；$\pi = 3.142$；r 为电极的半径，单位 cm；L 为线电极单边长度，单位 cm；s 为线电极的深度（地下），单位 cm，乘 2；ln 为自然对数函数。

（7）直带

这个方程用于计算水平埋在均匀土壤中的直带式电极的直流 RTG。需要已知均匀土壤的电阻率、线电极的长度、厚度、宽度以及深度。

注意：这是一个简化的公式，前面所示的数学系列公式不再赘述。

$$R = \frac{\rho}{4\pi L}\left(\ln\frac{4L}{a} + \frac{a^2 - \pi ab}{2(a+b)^2} + \ln\frac{4L}{s} - 1 + \frac{s}{2L} - \frac{s^2}{16L^2} + \frac{s^4}{512L^4}\cdots\right)$$

式中，R 为电极的计算电阻，单位 Ω；ρ 为土壤的电阻率，单位 $\Omega\cdot cm$；$\pi = 3.142$；a 为电极的厚度，单位 cm；b 为电极的宽度，单位 cm；L 为线电极单边长度，单位 cm；s 为电极的深度（地下），单位 cm，乘 2；ln 为自然对数函数。

（8）圆环

这个方程用于计算水平埋在均匀土壤中的圆环式电极的直流 RTG。需要已知均匀土壤的电阻率、线电极的直径、线直径、线深度。

注意：这是一个简化的公式，前面所示的数学系列公式不再赘述。

$$R = \frac{\rho}{2\pi^2 D}\left(\ln\frac{8D}{d} + \ln\frac{4D}{s}\right)$$

式中，R 为电极的计算电阻，单位 Ω；ρ 为土壤的电阻率，单位 $\Omega \cdot cm$；$\pi = 3.142$；D 为接地环的直径，单位 cm；d 为线的直径，单位 cm；s 为环的深度（地下），单位 cm，乘 2；ln 为自然对数函数。

（9）水平埋入的圆盘

这个方程用于计算水平埋在均匀土壤中的圆盘电极的直流 RTG。需要已知均匀土壤的电阻率、圆盘电极的半径和深度。

注意：这是一个简化的公式，前面所示的数学系列公式不再赘述。

$$R = \frac{\rho}{8r} + \frac{\rho}{4\pi s}\left(1 - \frac{7r^2}{12s^2} + \frac{33r^4}{40s^4}\cdots\right)$$

式中，R 为电极的计算电阻，单位 Ω；ρ 为土壤的电阻率，单位 $\Omega \cdot cm$；$\pi = 3.142$；r 为圆盘的半径，单位 cm；s 为圆盘的深度（地下），单位 cm，乘 2。

（10）多层土壤模型中的电极计算

上述方程式显示了如何在理论上均匀的土壤条件下计算各种接地电极结构的直流电阻。在实践中，很少发现少于三层的土壤条件。降雨、干燥的夏季和冬季的冻土等其他因素实际上可以在季节交换时增加了额外的土壤层次。了解多层土壤对电极总电阻/阻抗的影响差异是非常重要的。

计算多层土壤效果的最佳方法之一是有限元法（FEM），它最适用于双层土壤模型，但可以应用于多层土壤。有限元法采用影响范围定义接地电极使用土壤体积的方法，通过将电极周围的土壤分解成几十个独立的三角形，然后在相应土壤中对每个独立三角形进行分析，以获得电极的最终电阻/阻抗。这个方法比较繁琐，主要原因随着必须分析的土壤层增多，三角形的数量呈指数增长。FEM 方法也没有考虑土壤层界面对电极的影响，但这个方法是我们目前可以使用的最准确的手工计算方法之一。一些白皮书报道使用 FEM 方法的准确率低于 5%。

不幸的是，本章整个部分只是为了解释这种方法，在本书中没有时间或空间来进行详细的阐述。更多关于公开出版白皮书中的 FEM 方法信息请参阅参考书目部分。

14.6　复杂接地电极系统电阻/阻抗估算

电气工程师通常需要一种方法来估算接地网的总接地电阻/阻抗。现在应该很清楚，计算每个单接地棒和地网中的每个导体都是一项非常繁琐的工作。幸运的是，有一些简单的公式可用于对地网电阻/阻抗的估算。

1. 地网电阻简化计算

为了粗略估计复杂接地网的直流 RTG，即使在多层土壤中，以下简单的公式也是一个好方法。只要整个接地网有类似的土壤条件，这个公式适用于任何形状的任何尺寸的接地网。

$$R = \frac{\rho}{4r}$$

式中，R 为电极的计算电阻，单位 Ω；ρ 为土壤电阻率，单位 $\Omega \cdot m$；r 为等效地网半径，单位 m。

步骤 1：只需已知土壤模型中底层（或无限层）土壤的电阻率，因为底层将是确定大型地网 RTG 的主要驱动因素。在土壤模型部分的土壤模型示例中，可以看到底层土壤的电阻率是 $16.52\Omega\cdot m$。为了简单起见，我们称之为 $17\Omega\cdot m$ 的土壤。

步骤 2：此公式基于圆的面积。因此，对于下一步，需要将方形、矩形或其他复杂形状的地网面积转换为等效的面积圆。

这个例子将使用一个 $30m\times30m$ 的地网（$98.4ft\times98.4ft$），每隔 $5m$（$16.4ft$）交叉导线。使用 4/0AWG 裸铜导线，埋在地下 $0.25m$（$0.82ft$），在导体交叉或相遇的每个点装有 $10ft$ 的接地棒。为了将这个方形网格转换成等效圆，首先需要计算面积。一个 $30m\times30m$ 的网格的面积为 $900m^2$，如下所示：

$$30m\times30m\ 地网\ （98.4ft\times98.4ft）=900m^2\ （9682.6ft^2）$$

接下来需要将数字 900 放入圆形面积公式中。圆的面积为

$$A=\pi r^2$$

所以，如果将这个数据放入公式，可得到 $900=3.14\times r^2$。

$$900m^2=\pi r^2$$

接下来，在公式两边分别除以 π：

$$\frac{900m^2}{\pi}=\frac{\pi r^2}{\pi}$$

由于 $900/3.14\approx286.62$，可以得到

$$286.62m^2=r^2$$

接下来对等式两侧开二次方：

$$\sqrt{286.62m^2}=\sqrt{r^2}$$

得到等效半径为 $16.93m$。

$$r=16.93m$$

所以，$30m\times30m$ 接地网等效为一个半径为 $16.93m$ 的圆区域。

步骤 3：最后，使用下面的简化公式对接地网电阻进行估算：

$$R=\frac{\rho}{4r}$$

其中，R 为电极的计算电阻，单位 Ω；ρ 为底层土壤的电阻率，单位 $\Omega\cdot m$；r 为等效地网半径，单位 m，计算方法见步骤 2。

代入相应数据，得：

$$R=\frac{17}{4\times16.93}$$

由于 $4\times16.93=67.72$，用 17 除以 67.72，得

$$R=0.25$$

所以 $30m\times30m$ 地网直流 RTG 估算值为 0.25Ω。

2. 地网阻抗简化计算

为了对复杂接地电极系统（地网）的交流阻抗进行估算，即使在多层土壤中，也可用以下简单的公式进行计算。只要整个接地网有类似的土壤条件，这个公式适用于任何尺寸的任何形状的接地电网。

对于这个公式，地网的深度必须小于 0.25m（0.82ft）。还必须已知地埋水平导体的总长度。整个章节以 30m×30m（98.4ft×98.4ft）地网为例，在 5m（16.4ft）的间隔上放置了交叉导体。这意味着示例地网中有 14 根 30m 长的导体，地埋水平接地导体总长 420m（1378ft）。之前也计算过地网的等效半径为 16.93m。公式如下：

$$Z_{sg} = \rho\left(\frac{1}{4r} + \frac{1}{L}\right)$$

其中，Z_{sg} 为地网（接地系统）的计算阻抗，单位 Ω；ρ 为底层土壤的电阻率，单位 $\Omega \cdot m$；L 为地埋水平接地导体总长度，单位 m；r 为电极系统等效半径，单位 m。

如果将已知数字代入公式中，可以得到（使用 $17\Omega \cdot m$ 均匀土壤）：

$$Z_{sg} = 17 \times \left(\frac{1}{4 \times 16.93} + \frac{1}{420}\right)$$

对算式进一步计算

$$Z_{sg} = 17 \times \left(\frac{1}{67.72} + 0.00238\right)$$

进行除法运算后得

$$Z_{sg} = 17 \times (0.01477 + 0.00238)$$

进一步运算后得

$$Z_{sg} = 17 \times 0.01715$$

埋入深度小于 0.25m 的 30m×30m 接地网的最终阻抗估算值为

$$Z_{sg} = 0.29155$$

对于 $17\Omega \cdot m$ 均匀土壤，线电极公式 0.29Ω 阻抗的计算结果可与计算机计算结果相媲美。但是，接下来将看到，当使用不同的土壤条件时，这个公式不一定能很好地工作。

3. 不同的接地网计算给出不同的结果

到目前为止，我们已经讨论了至少 5 种不同的方法来计算接地电极系统：

1）手动计算均匀土壤中每个电极系统单个部分的直流电阻，然后将各个结果拼凑在一起（下页图表中未显示）。

2）使用面积等效半径对在均匀土壤中的整个电极系统直流电阻进行估算。

3）使用面积等效半径和水平导体总长度对在均匀土壤中的整个电极系统交流阻抗进行估算。

4）使用计算机对在均匀土壤中的电极系统阻抗进行计算。

5）使用计算机计算复杂土壤中电极系统的阻抗——这是最准确的方法，与实际现场测量（例如三点电位下降法）进行比较时，其提供的估算值准确性非常高。

与上面的 2，3，4 和 5 相比，下表使用了这个相同的 30m×30m 地网。这个计算使用了均匀的 $17\Omega \cdot m$ 土壤，并使用了土壤模型部分所示的复杂土壤模型。

	均匀 $17\Omega \cdot m$ 土壤，简化电阻计算公式	均匀 $17\Omega \cdot m$ 土壤，简化阻抗公式	均匀 $17\Omega \cdot m$ 土壤，计算机计算阻抗	复杂土壤，计算机计算阻抗（最准确）[1]
30m×30m 接地网	0.25Ω	0.29Ω	0.24Ω	3.91Ω

[1] 实际现场测量最接近这个估计值。

从上面的表格可以看出，估算的接地电网电阻和阻抗与复杂土壤环境下最准确的计算机计算的估计值 3.91Ω 有很大不同。但是，确实看到在均匀土壤环境下，阻抗估算公式确实与计算机估算相当接近。然而，当对其他土壤模型进行观察时，这种准确性并没有得到实现，如下表所示。

重要的是要看到当使用一些常见的两层（算空气层为三层）土壤模型样本时会发生什么。下面高-低和低-高土壤模型的对比已被许多文件用作研究案例，因为它通常代表了在现场可以期待找到的具有很好扩散功能的两层土壤模型。下面的数据表显示了计算机计算结果（已验证最接近实际现场测量结果）和简化公式的估算值之间更明显的差异：

	简化电阻计算公式	简化阻抗计算公式	计算机计算结果[①]
低-高土壤 10ft 的 100Ω·m 到 1000Ω·m	14.77Ω	17.15Ω	6.23Ω
高-低土壤 10ft 的 1000Ω·m 到 100Ω·m	1.48Ω	1.715Ω	3.15Ω

① 实际测量结果与这个估算值最接近。

上面表格中显示的数据使用了公式中所要求的底部土壤电阻率，并提供了不同的结果。可以看出，在处理低电阻率土壤时，简化公式倾向于提供过低的对地电阻/阻抗估算值，而在处理高电阻率土壤时，提供过高的对地电阻/阻抗估算值。

在下面开始计算地网的 GPR 时，这些巨大的差异将变得非常重要。此外，为这种计算而设计使用的计算机建模程序将受到高度重视，在处理接地系统时，大多数国家都提供在高压环境中人身安全的法律规定（例如 29 CFR 1910.269）。

4. 半球半径

半球半径计算是一种不太常见的公式，一些电信工程师在估算 300V 线路电路保护时使用这个公式估算远地参考电阻。这个非常粗略的计算公式使用了土壤模型底部的土壤层。关于 300V 线路更多的信息，请参阅 Beaty 和 Fink（2013）或 Stockin（2014）编写的相关文献。

$$R = \frac{\rho}{2\pi r}$$

其中，R 为电极的计算电阻，单位 Ω；ρ 为底层土壤层的电阻率，单位 Ω·m；π = 3.142；r 为半径，单位 m。

14.7 电极系统（接地网）地电位上升估算

当电能进入接地电极系统时，无论是在稳定的正常状态时还是在电气故障时，电极系统只是电路的一个组成部分，实质上是与大地的"串联"，理解这点是非常重要的。由于已知进入大地的电流量，并且电极系统对地的电阻/阻抗是固定的，所以剩下的最后一个变量是电压。当一定量的电能（电流）进入接地电极系统时，产生的电压称为地电位上升或 GPR。

请注意，在处理人身安全问题，例如，跨步和接触电压的危险时，我们主要关注地下接地电极系统产生的电压差（跨步电压）以及地上金属物体设备之间可能出现的电压差（接触电压），包括单个金属物体之间的电压差，以及金属物体和大地之间的电压差。

其他与人类安全有关的问题包括 X/R 比率、零序阻抗、直流偏移电流、故障清除时间、人体安全极限、碎石的影响、附近金属物体的影响（架空导线、地埋金属管、电缆等）、电气系统绝缘气体类型、电流分流、导体应力、材料的磁导率和介电常数、时域、电路梯形网络以及许多其他工程因素都与正确的人体安全分析有关。这些人为安全因素需要计算机建模程序去正确分析，这方面内容本章不做讨论。

请记住，如果设备的电压高于1000V，或使用 Δ-Δ 型电源（地下电源），包括美国、加拿大、澳大利亚、新西兰、欧盟等大多数国家，都有法律要求专门研究跨步和接触电压危险的电气工程公司对设备进行专业分析（见29 CFR 1910.269）。某些国家，如加拿大，要求某些类型设备的 GPR 必须小于5000V，并且必须添加额外的接地，直到 GPR 低于这个值。

接地电网或电极系统的 GPR 计算非常简单并且遵守欧姆定律。本质上，接地电极系统的 GPR（V）为电极系统电阻或阻抗（Z）和流入电极系统的净故障电流（I）的乘积。

$$V = ZI$$

净故障电流通常来自设备的短路分析，尽管单相对地故障是更现实的故障情况，但大多数工程师使用三相接地故障作为最坏故障情况。

接下来，依旧使用本章前面示例使用的相同接地电极系统，相同的土壤结构，1000A 故障电流作用于这个接地网。由于 GPR 是故障电流和接地网电阻的乘积，所以结果非常简单。

	简化电阻公式，均匀 17Ω·m 土壤	简化阻抗公式，均匀 17Ω·m 土壤	计算机计算阻抗，均匀17Ω·m 土壤	计算机计算阻抗，复杂土壤[1]
30m×30m 接地电网	0.25Ω	0.29Ω	0.24Ω	3.91Ω
1000A 故障电流时的 GPR	1020V	290V	240V	3905V

① 实际现场测量最接近的估算值。

	简化电阻公式	简化阻抗公式	计算机计算的结果[1]
低-高土壤，10ft 的 100Ω·m 到 1000Ω·m	14.77Ω = 14 770VGPR	17.15Ω = 17 150VGPR	6.23Ω = 6232VGPR
高-低土壤，10ft 的 1000Ω·m 到 100Ω·m	1.48Ω = 1480VGPR	1.715Ω = 1715VGPR	3.15Ω = 3150VGPR

① 实际现场测量最接近的估算值。

14.8 结论

上面提供了许多简化公式，可用于计算均匀土壤条件下简单接地电极的直流 RTG。遗憾的是，世界上几乎没有任何地方的土壤是均匀的。实际上，安装在土壤中的大多数接地系统使用3~5个土层进行建模。

此外，当处理诸如照明或噪声之类的高频交流事件时，需要更加复杂的方程，这些方程考虑了在这种电气系统中现象的主体。必须考虑阻抗、磁导率、介电常数、电容、电导、电感、漏电流、电场、磁场、界面层、波传播等诸多因素的影响。遗憾的是，这些因素对于简单的手工计算而言过于复杂。因此，仅使用这个不考虑均匀土壤中材料特性的单阻抗公式作为接地系统准确计算复杂性开始的一个示例。

应该清楚的是，本章提出的公式仅是个大概的估算。满足特定工程规范的接地系统必须使用适当的工程软件进行设计。

14.9　计算机建模软件

本章所有的计算均使用电力系统接地、电磁场和电磁干扰程序 CDEGS 集成软件（应用版本 V14.3.20.3 和 SES-Tech 安装版 14.3.115）的 RESAP（土壤电阻率分析）和 MALZ（频域接地分析）模块。此程序由加拿大魁北克安全工程服务科技公司编写和生产（http://www.sestech.com）。

IEEE、NFPA、ANSI 以及许多其他标准和监管机构使用 CDEGS 软件程序来开发全世界使用的要求。它是目前电气接地领域中经过验证最多的工程软件，经过了 30 多年的广泛科学验证。通过利用现场测试结果和 SES 以及其他独立研究人员分析或公布的研究结果进行比较实现验证，并且最知名的国际期刊上发表的数百篇技术论文对这些验证进行了引用。

14.10　参考文献

1. ANSI/IEEE Standard 142-1982, IEEE Recommended Practice for Grounding of Industrial and Commercial Power Systems (Green Book), ANSI/IEEE, 1982. http://ieeexplore.ieee.org.
2. ANSI/IEEE Standard 81-1983, IEEE Guide for Measuring Earth Resistivity, Ground Impedance, and Earth Surface Potentials of a Ground System, ANSI/IEEE, 1983. http://ieeexplore.ieee.org.
3. ANSI/IEEE Standard 80-2000, IEEE Guide for Safety in AC Substation Grounding, ANSI/IEEE, 2000. http://ieeexplore.ieee.org/.
4. ANSI/IEEE Standard 81-2012, IEEE Guide for Measuring Earth Resistivity, Ground Impedance, and Earth Surface Potentials of a Ground System, ANSI/IEEE, 2012. http://ieeexplore.ieee.org.
5. Beaty, H. Wayne. 2001. *McGraw-Hill's Handbook of Electric Power Calculations,* 3rd ed. New York: McGraw-Hill. https://www.mhprofessional.com.
6. Beaty, H. Wayne, and Donald G. Fink. 2013. *Standard Handbook for Electrical Engineers,* 16th ed. New York: McGraw-Hill. https://www.mhprofessional.com/.
7. Canadian Electrical Code 2012. 2012. *Safety Standard for Electrical Installations,* 22nd ed. C22.1-12, Canadian Standards Association.
8. Dwight, H. B. 1936. "Calculation of Resistances to Ground," *AIEE Transactions*, Vol. 55, pp. 1319–1328, December.
9. IEEE Standard 367-1996, IEEE Recommended Practice for Determining the Electric Power Station Ground Potential Rise and Induced Voltage from a Power Fault, IEEE, 1996. http://ieeexplore.ieee.org.
10. Lee, Bok-Hee, Jeong-Hyeon Joe, and Jong-Hyuk Choi. 2009. "Simulations of Frequency-Dependent Impedance of Ground Rods Considering Multi-Layered Soil Structures." *Journal of Electrical Engineering & Technology,* Vol. 4, No. 4, pp. 531–537. http://home.jeet.or.kr/index.asp.
11. National Fire Protection Association. 2014. *NFPA 70: National Electrical Code Handbook*, 13th ed. Quincy, MA: NFPA. http://www.nfpa.org/.
12. NFPA 70, National Electrical Code, National Fire Protection Association, Quincy, MA, 2010. http://www.nfpa.org/.

13. NFPA 780-2011. Standard for the Installation of Lightning Protection Systems, Quincy, MA, 2011. http://www.nfpa.org/.

14. OSHA General Industry Standards, Subpart S, Electrical. https://www.osha.gov.

15. Safe Engineering Services and Technologies, Home page [Internet grounding reference]. www.sestech.com.

16. Stockin, David. 2014. *McGraw-Hill's National Electrical Code 2014 Grounding & Earthing Handbook.* New York: McGraw-Hill. https://www.mhprofessional.com/.

17. The IEEE Model for a Ground Rod in a Two Layer Soil—A FEM Approach, by António Martins, Sílvio Mariano and Maria do Rosário Calado, Published by InTech on October 10, 2012 in the open source book "Finite Element Analysis—New Trends and Developments." http://dx.doi.org/10.5772/48252.

18. Wenner, F. 1916. "A Method of Measuring Resistivity." National Bureau of Standards. Scientific Paper, Vol. 12, No. S—258, pp. 469.

19. Wightman, W. E., F. Jalinoos, P. Sirles, and K. Hanna. 2003. *Application of Geophysical Methods to Highway Related Problems.* Lakewood, CO: Federal Highway Administration, Central Federal Lands Highway Division. Publication No. FHWA-IF-04-021, September. http://www.cflhd.gov/resources/geotechnical/documents/geotechPdf.pdf

20. Wikipedia. Telegrapher's Equations, 2015. http://en.wikipedia.org/wiki/Telegrapher%27s_equations.

第 15 章　电力系统保护

Thomas H. Ortmeyer，Ph. D.

Professor Department of ECE Clarkson University

15.1　简介

继电保护可及时检测故障并进行故障隔离，最大限度地减少故障影响区域。保护继电器用于检测故障并启动断路器跳闸。有时，在配电系统上使用熔断器来检测和清除故障。

保护继电器检测系统电流和电压水平，以确定故障是否发生及存在的位置。电流互感器（TA）和电压互感器（TV）用于将系统大电压大电流成比例变化到适合继电器和测量仪表用的小电压和小电流。通常电压互感器二次侧为星形连接，120Y/69V 是标准的二次侧电压额定值。电压互感器选择时通常考虑电压和伏安特性的要求。而对电流互感器进行选择时要考虑其额定电流和额定负载的要求。它们的应用在下一章节讨论。

最近，数字保护继电器得到了广泛应用。这些继电器与传统机电式继电器相比，具有使用灵活，可自检和易于安装的特点，并提供了其他扩展功能。数字继电器的相关整定计算简单，这些在继电器应用手册中有相关内容的阐述。为了进行数字继电器整定计算，需要已知峰值负载电流，最小和最大故障电流以及 TA 和 TV 额定值。

本节简要回顾一些最常见的继电保护应用。更完整的讨论见相关文献，这些文献包括 Anderson（1999），Blackburn（2014），Elmore（2004）和 IEEE Buff Book（IEEE Std. 242-2001）。继电器制造商通常也为其产品提供使用信息。最后，在特殊情况下需要的附加或不同的保护方法可能会超出本书的讨论范围。

15.2　电流互感器的连接和尺寸

电流互感器的二次额定值通常为 5A 或者 1A（连续）。许多电流互感器有多个电流比，方便用户为某个设备选择适合的电流比。短路故障期间，电流互感器通常能够在短时间内承受其额定电流 20 倍的故障电流。电流互感器的这个能力需要所带负载在额定负载范围内。

例 15.1

某电流互感器的参数为 600A：5A，准确级为 C200。试确定其特性。

此设计满足 ANSI（美国国家标准化组织）标准 C57. 13-1978。600A 是连续运行条件下一次侧额定电流值，5A 是连续运行时二次侧额定电流值，电流比为 600/5 = 120。C 是标准中定义的准确等级。C 之后的数字，在本例中为 200，是在不超过 10% 的误差情况下，流过 20 倍额定电流时，额定负载阻抗的电压。因此，额定负载阻抗为

$$Z_{\text{rated}} = \frac{V_{\text{电压}}}{20 \times 额定二次电流} = \frac{200V}{20 \times 5A} = 2\Omega$$

此 TA 流过 100A 的二次电流，并带 2Ω 负载时，测量误差小于 10% 。需要注意的是，误差的主要来源是 TA 铁心饱和，而 200V 将近似于 TA 饱和曲线上的拐点电压。这意味着如果流过 TA 二次侧的电流没有达到 20 倍额定电流时，此 TA 可以带更高的负载阻抗，而不会出现很大误差。

如图 15.1 所示，为典型的星形连接方式。电流互感器中性点连接在一起，形成一个残点。四条线，三相导线和残点连接当地继电器和设备。三相电流接入串联的保护继电器和测量仪表。然后各相连接在一起组成回路并接回到残点。中性残点上通常连接一些附加继电器，这个电路中的电流正比于三相电流之和，对应于最终流过中性线或地线的电流。

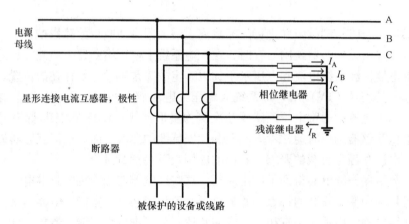

图 15.1　保护一条线路或一个设备的典型电流互感器星形接线

例 15.2

如图 15.1 所示，电流互感器电流比为 600∶5，准确级为 C200。且每相最大平衡负载电流量为 475A。针对下面几种情况，计算出流经相继电器和残流继电器的电流值：①最大负载；②A 相单相故障，且故障电流幅值为 9000A；③两相故障电流 5000A，从 B 相流出，经 C 相返回；④三相故障，且每相故障电流为 8000A。

1. 最大负载

电流互感器 A 相的二次电流为

$$\dot{I}_A = 475\,\frac{\angle 0°A}{120} = 3.96\,\angle 0°A$$

此处，A 相电流相角为 0°，B 和 C 两相电流幅值相同，相角差 120°，

$$\dot{I}_B = 3.96\,\angle{-120°}A$$

$$\dot{I}_C = 3.96\,\angle 120°A$$

因此，残余电流的计算如下：

$$\dot{I}_R = \dot{I}_A + \dot{I}_B + \dot{I}_C = 3.96\,\angle 0°A + 3.96\,\angle{-120°}A + 3.96\,\angle 120°A = 0A$$

2. 单相故障

假设 A 相电流相角为 0°则

$$\dot{I}_A = \frac{9000 \angle 0° \text{A}}{120} = 75 \angle 0° \text{A}$$

$$\dot{I}_B = 0 \text{A}$$

$$\dot{I}_C = 0 \text{A}$$

$$\dot{I}_R = \dot{I}_A + \dot{I}_B + \dot{I}_C = 75 \angle 0° \text{A} + 0\text{A} + 0\text{A} = 75 \angle 0° \text{A}$$

因此，电流流经路径为从 A 相流出通过残流线返回。

3. 两相故障

选择 B 相电流相角为 0°，则

$$\dot{I}_A = \frac{0 \text{A}}{120} = 0 \text{A}$$

$$\dot{I}_B = \frac{5000 \angle 0° \text{A}}{120} = 41.7 \angle 0° \text{A}$$

$$\dot{I}_C = \frac{5000 \angle 180° \text{A}}{120} = 41.7 \angle 180° \text{A} = -\dot{I}_B$$

$$\dot{I}_R = \dot{I}_A + \dot{I}_B + \dot{I}_C = 0\text{A} + 41.7 \angle 0° \text{A} + 41.7 \angle 180° \text{A} = 0 \text{A}$$

这个电流流经 B 相，C 相，A 相和残流线无电流流过。

4. 三相故障

$$\dot{I}_A = \frac{8000 \angle 0° \text{A}}{120} = 66.7 \angle 0° \text{A}$$

$$\dot{I}_B = \frac{8000 \angle -120° \text{A}}{120} = 66.7 \angle -120° \text{A}$$

$$\dot{I}_C = \frac{8000 \angle 120° \text{A}}{120} = 66.7 \angle 120° \text{A}$$

$$\dot{I}_R = \dot{I}_A + \dot{I}_B + \dot{I}_C = 66.7 \angle 0° \text{A} + 66.7 \angle -120° \text{A} + 66.7 \angle 120° \text{A} = 0 \text{A}$$

各相电流之和为零，发生这个故障时无电流流过残流线。

计算电流互感器励磁电压和饱和特性时，必须考虑到这些不同情况下电流流经路径。

例 15.3

针对例 15.2 中第 2、3、4 情况计算电流互感器的电压。假设相位继电器负载为 1.2Ω，残流继电器负载为 1.8Ω，导线电阻为 0.4Ω，电流互感器电阻为 0.3Ω。此处电流互感器的饱和特性忽略不计。

1. 单相故障

电流互感器 A 相的励磁电压

$$
\begin{aligned}
V_{\text{exA}} &= I_{\text{Asec}}(Z_{\text{CT}} + 2Z_{\text{lead}} + Z_{\text{phase}} + Z_{\text{residual}}) \\
&= 75\text{A} \times (0.3\Omega + 2 \times 0.4\Omega + 1.2\Omega + 1.8\Omega) \\
&= 307.5\text{V}
\end{aligned}
$$

通常阻抗主要是电阻，并且经常在电压计算时忽略了相角。阻抗大小可根据流经电流互感器二次回路的电流路径确定。

2. 两相故障

$$V_{exB} = I_{Bsec}(Z_{CT} + Z_{lead} + Z_{phase})$$
$$= 41.7A \times (0.3\Omega + 0.4\Omega + 1.2\Omega)$$
$$\approx 79.2V$$

C 相电流互感器压降值和 B 相电流互感器的压降值相同。需要注意的是，尽管 A 相电流互感器上无电流流过，但仍然有电压。

3. 三相故障

$$V_{exA} = I_{Asec}(Z_{CT} + Z_{lead} + Z_{phase})$$
$$= 66.7A \times (0.3\Omega + 0.4\Omega + 1.2\Omega)$$
$$\approx 126.7V$$

因此，对于本例，最糟糕的情况就是单相故障。显而易见，对于一个饱和电压为 200V 的电流互感器来说，在单相故障发生时，会发生饱和现象。这一饱和现象会导致传输的电流急剧减少。而对于其他两种情况，电流互感器保持非饱和状态，因此电流互感器仍能传输在这个电压水平预期的电流。本例单相故障期间，电流互感器可能发生饱和，需要进一步分析。处理此问题有许多方法，但可能首先要考虑的是减少故障时电流互感器的负载。

例 15.4　多变比电流互感器

某电流互感器的最大负载电流为 650A，最大故障电流为 10 500A。总负载阻抗为 2.1Ω。电流比为 1200:5，准确级为 C200。可用的 TA 分接头有 100，200，300，400，500，600，800，900，1000 以及 1200。（这些抽头位置对应一次侧电流等级，所有抽头位置对应的二次侧电流等级均为 5A）。

一次侧连续运行条件下电流额定值必须大于 650A。也应大于最大故障电流 10 500A/20 的 5%，即 525A。因此，800，900，1000 和 1200 这些分接头位置符合这些准则。另外一条准则是避免在最大故障电流时饱和。需要注意的是，使用 TA 部分线圈降低了饱和电压，这个饱和电压正比于使用匝数占总匝数的百分数。因此，分接头位置为 800:5 时，800/1200 ≈ 67% 匝数在使用。整个线圈对应的饱和电压为 200V，则 800A 分接头时的饱和电压为

$$V_{knee} = 0.67 \times 200V = 134V$$

忽略饱和，最坏情况时 TA 的电压为

$$V_e = \frac{I_{fault}}{N_{CT}} Z_{burden} = \frac{10\ 500A}{160} \times 2.1\Omega \approx 138V$$

其中，I_{fault} 为流过 TA 一次绕组的故障电流，而 N_{CT} 为 TA 当前使用的线圈匝数比（电流比）。本例中，励磁电压稍高于 TA 拐点电压，所以应该考虑一个不同的分接头。对于 1000:5 电流比设置

$$V_{knee} = 0.833 \times 200V \approx 167V$$

预期的最大励磁电压为

$$V_e = \frac{I_{fault}}{N_{CT}} Z_{burden} = \frac{10\ 500A}{200} \times 2.1\Omega \approx 110V$$

这个电压远低于 TA 的拐点电压，因此，在这个应用中，选 1000:5 的电流比 800:5 的电流比更好。

15.3　辐射型配电网的带时限过电流保护

带时限过流保护（TOC）是辐射型配电网常用的保护方法。在大电流情况下 TOC 继电器特性能够快速响应，随着故障电流的减小，响应时间变大。通过继电器之间精确配合，选择性是可以实现的，在上一级继电器没有对故障做出反应之前由下一级继电器感知并且清除故障。TOC 继电器特性可以实现熔断器和继电器之间以及熔断器之间的选择性配合。除了这些设备之外，自动重合器具有保护控制功能，可安装在柱上，能够检测故障并隔离故障。

例 15.5

如图 15.2 所示，示例中包括了一对熔断器，在图示位置发生故障时，下一级熔断器应保护上一级熔断器。熔断器的特点是熔化、起弧、切除故障。当所有流过这对熔断器的电流达到最大故障电流时，如果保护熔断器总的故障切除时间小于被保护熔断器最小熔断时间的75%，它们可以实现配合。最大故障电流通常为下一级保护熔断器出口发生金属性短路（零故障阻抗）时所对应的电流。如图 15.3 所示，50K 熔断器（50A 连续运行电流额定值，K 熔断器曲线）保护 140K 熔断器，最大配合电流为 5000A。对于两个熔断器，下面的边界代表了熔断器的最小熔断时间，而上面的边界代表了切除器总的切除时间。两条曲线在5000A 处最接近，曲线之间的距离表示可用的配合裕度。在这种情况下，50K 熔断器总的切除时间约为 140K 熔断器最小熔断时间的 80%，所以这个裕度较小，此时不能确保在 5000A时两个熔断器保护动作的选择性要求。

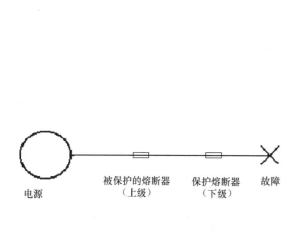

图 15.2　保护与被保护熔断器的概念

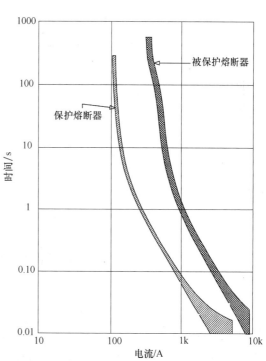

图 15.3　50K 熔断器与 140K 熔断器配合
时间—电流曲线，最大故障电流为 5000A

从设备厂商那里可以获得特定设备的时间—电流曲线。设备之间的配合曲线可以采取手工绘图方式或使用购买的计算机软件包进行绘制。

例 15.6　配电变压器用熔断器的选择

变压器 trf-1 为一个三相，450-kVA，13.2kV：480V 星形接地联结变压器。变压器一次绕组的额定负载电流为

$$I_{rated} = \frac{450kVA}{\sqrt{3} \times 13.2kV} = 20A$$

假设，一般预期 100ms 内变压器受到的励磁涌流为额定电流的 10～12 倍，第一个半周期电流稍微高些。由于冷负载启动，预计会有几个周期的过载电流。由于这些影响，允许 2 倍的额定电流持续 10s。此种情况下，变压器熔断器不应动作。另一方面，变压器二次侧故障期间，在变压器损坏之前，熔断器必须动作并切除故障。许多变压器的设计符合 ANSI 标准 C57.109 中描述的损坏点。图 15.4 显示这些点的时间—电流曲线。此图也显示了 30K 熔断器的熔化和切除曲线。熔断器熔化曲线位于所有负荷点之上，表明在正常条件下此熔断器不会熔化。熔断器切除曲线位于变压器损坏点之下，表示它可以有效地保护变压器。

需要注意的是，变压器的熔断器熔化曲线也必须在变压器二次侧断路器总切除曲线之上。此外，要对一次侧未接地的配电变压器进行铁磁谐振可能性检查。

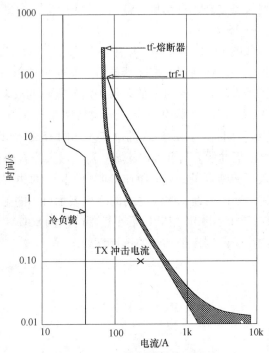

图 15.4　30K 熔断器保护 450kVA
变压器的时间—电流曲线

辐射型配电线路的带时限过电流保护用相似方式实现。典型线路的单线图如图 15.5 所示。这条线路有一个出口断路器，它使用 TOC 继电器感知故障。线路中间位置安装有一个重合器。馈线线路上安装了几个分段熔断器，目的是隔离馈线分支线故障，多数分段熔断器为单相。馈线分支线上安装了许多配电变压器，由熔断器进行保护。由于这个馈线线路上没有安装发电机，所有的负载电流和故障电流都是从电源到变电站母线，经馈电线路到故障点。图 15.6 显示了相同的馈线，并标注了最大负载电流。图 15.7 在图中不同故障位置标注了故障电流，也标注了馈线的导体型号。

馈线保护必须满足以下目标：

1）在其保护范围内能够检测到所有故障。

2）在任何设备损坏之前，必须检测并切除故障。

3）在上一级保护设备感知故障之前，必须与上一级保护设备相互配合，检测并切除故障。

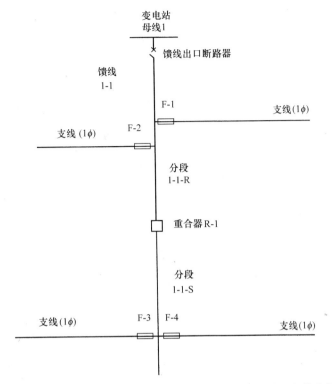

图 15.5 装有馈线出口断路器、线路重合器和分段熔断器的配电线路单线图

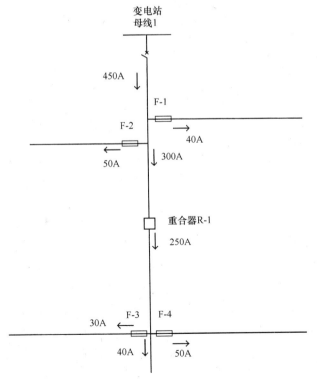

图 15.6 标注了最大负荷电流的馈线单线图

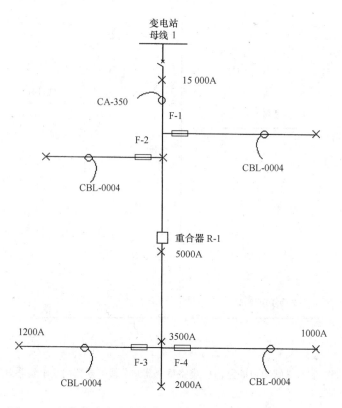

图 15.7　标注故障点最大故障电流及电缆尺寸的馈线电路单线图

4）必须避免正常负载时动作，包括冷负载启动。

最后，必须指出大部分架空线上发生的故障是暂时的。对于暂时性故障，可以通过切除故障方式来熄灭电弧，然后恢复线路供电。这益于提高系统可靠性。因此，断路器和重合器通常在故障发生后重合 1~3 次。当然，熔断器必须手动更换，这样就会导致停电。在许多情况下，通过断路器或重合器快速跳闸，实现在熔断器熔断之前快速切除故障。如果故障是暂时性的，则在重合闸后恢复运行。但是，如果故障是永久性的，则电路重合将导致故障再次发生。在一两次快速跳闸之后，保护装置切换到慢速跳闸模式，允许熔断器在慢速跳闸之前熔断并切除故障。这种方法通常被称为熔断器保护，对于分支线上发生暂时性故障时，允许分支线之前的线路能够继续供电，也允许分支线上发生永久性故障时主馈线能够继续供电。另一方面，熔断器保护会导致客户临时中断供电的次数显著增加。在一些地区，由于这个原因，不使用熔断器保护。

例 15.7　与图 15.5 所示馈线系统相同

利用时间—电流曲线（TCC）可以图形化地完成馈线上不同保护设备之间的配合。这通常是一个图表化的互动过程。这些图形可以手绘，也可以使用几种可用的计算机辅助工程工具绘制图形。下面过程概述了一种馈线保护配合的方法。整个示例中，对熔断器和继电器响应曲线和定值进行了讨论。可从熔断器和继电器制造商处获得特定设备的这些数值。

1. 馈线出口继电器定值的确定

馈线出口继电器由 600∶5 电流互感器供电，它对断路器中的相电流进行测量。继电器需要一个最小启动值定值，来设定继电器动作的最小故障电流。第二个为时间定值，设定继电器的延迟时间。配电线路的一次侧最小启动电流通常是最大负载电流的两倍。因此，断路器连接的继电器的一次侧初始整定值约为 1000A。由于这个电流互感器的额定电流比为 600∶5，所以 TOC 继电器检测到的电流为

$$I_{\text{relay}} = \frac{I_{\text{primary}}}{N_{\text{CT}}} = \frac{1000\text{A}}{120} \approx 8.33\text{A}$$

所以，最接近的继电器抽头是 8.0A，对应的一次侧整定值为 960A。此时需要确定继电器动作时间，以便在变压器过载保护动作之前，馈线断路器能够切除馈线故障。如图 15.8 所示，为变压器过载继电器曲线。馈线断路器的总切除故障时间为继电器响应时间加上断路器开断时间，如果有辅助继电器，需要加上辅助继电器动作时间。因此，馈线继电器曲线和母线继电器曲线之间必须保持一定的裕度，这个裕度等于断路器动作时间加上一个合理的裕度值。对于机电感应式母线过载继电器的典型裕度值通常为 0.25 ~ 0.3s。或许感应继电器过冲允许这个裕值为 0.1s，当上一级保护装置使用固态继电器或者数字式继电器时这个裕值就可以减少（过冲是指由于转盘的冲量，机电式继电器经历的过量旋转）。图 15.8 显示了在最大故障电流为 15 000A 时，母线过载继电器下具有合适裕度的馈线出口相继电器的选择。图中还显示了标注了 CA-350 主馈线电缆的损伤曲线。在馈线电缆损坏之前，馈线出口

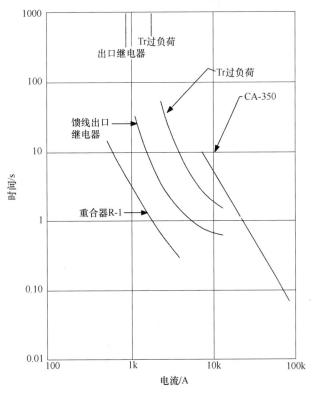

图 15.8 显示变压器过负载继电器、馈线出口继电器、重合器慢跳继电器以及线路电缆之间配合的时间—电流曲线

断路器必须切除故障。在这种情况下，变压器过载继电器也应对馈电电缆进行保护，并在馈线出口断路器失效时为电缆提供后备保护。

2. 选择重合器最小启动电流及时间曲线

在馈线出口继电器检测到故障之前，重合器必须检测并切除下一级故障。重合器切除故障时间和馈线出口继电器检测故障时间之间的裕度取决于重合器切换顺序和馈线出口继电器的类型。馈线出口继电器为机电式继电器时，继电器的复位时间非常重要——在下一级重合器出现大故障电流时，馈线出口继电器将响应，它的动触头将向跳闸位置移动。在重合器切除故障的时候，该弹片将停止并向相反的方向朝着重启位置移动。如果馈线出口继电器返回之前，重合器在故障状态重合，则重合器切除故障时间曲线和馈线出口继电器响应曲线之间必须有附加的裕量。

数字式继电器能通过编程立即复位，因此不受此增加的裕量影响。在一般的情况下，采用机电式过电流继电器时，重合器在 1 次快速跳闸后，将进行两次慢速跳闸，并且重合延时时间为 2s，研究发现重合闸缓慢跳闸切除时间整定为小于馈线出口继电器动作时间的 50% 时，重合器与馈线出口继电器可以很好的配合。

本例中，重合器 R1 的最大负载电流为 250A。因此，重合器最小启动电流定值为 560A 是合理的。通常会选择重合器的一条曲线，以满足与馈线出口继电器配合的要求。请注意，此裕量仅在电流达到 5000A 的水平以上才需要，因为电流不会超过重合器上一级的故障值，这个电流水平为这个重合器—继电器配合间隔的电流上限。

3. 重合器—熔断器的配合

在继电器和重合器检测故障之前，任何继电器和重合器下一级的熔断器必须熔断并切除故障。一个典型的配合规则是熔断器的总切除时间必须小于重合器或继电器检测到故障时间的 75%。

4. 熔断器—熔断器的配合

下一级熔断器必须保护上一级熔断器。配合规则与（3）中的规则相同。为了实现配合，下一级熔断器总切除时间必须小于上一级熔断器最小熔断时间的 75%。

5. 快速跳闸配合

在希望通过重合器或断路器的快速动作来避免熔断器熔断时，配合规则是快速跳闸切除故障时间必须小于熔断器最小熔断时间的 75%。这种情况如图 15.9 所示。

一般情况下，1-5 过程必须重复多次才能实现整体配合。配电变压器熔断器取其配合曲线下限值，而变电站母线出口处的过载继电器（或变电站变压器过载继电器）取这些曲线上限值。另外，故障切除曲线必须低于电缆损坏曲线。根据线路配置和负载情况，有时无法在所有配合区间上实现配合，可能会导致一个故障两个设备响应。保护配合设计应该消除或减少这种不协调的情况。

上面已对馈线上熔断器和单相继电器的响应进行了讨论。重合器和馈线出口断路器的残流电流继电器定值设计应遵循类似的步骤。由于平衡的负载电流不流过残流电流继电器，因此该继电器可以整定得比相继电器更加灵敏。这对于检测高阻抗单相接地引起的小电流故障是理想的。当然，熔断器流过所有负载电流，这使得熔断器与残流电流继电器配合变得很困难，通常这些继电器在较高的电流水平下设置较长的响应时间。零序元件的最小启动值必须高于负载不平衡时流过继电器的电流值，包括下一级熔断器动作引起的不平衡。在大多数情

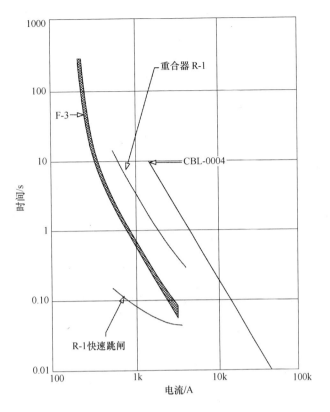

图 15.9　重合器快跳、慢跳与分段熔断器 F-3 配合的时间—电流曲线

况下，残流电流继电器整定值约为相负载电流水平的一半是合理的。残流电流继电器将检测到相继电器无法检测到的故障，但会损失保护的选择性。尽管残流电流继电器无法检测到的高阻抗接地故障的概率是比较小的，但这类情况仍然存在。这类故障用的特殊故障检测继电器正在研究之中。

用类似的方式可实现低压配电系统保护的配合。简单的小型感应电动机定时限过流保护相关讨论见第 5 章。

15.4　差动保护

差动保护适用于母线、发电机、变压器和大型电动机。每种都有特定的继电器，在制造商提供的相关文件中对它们的设置进行了描述。针对不同继电器需要仔细地对电流互感器进行选择。在差动方案中当使用多电流比电流互感器时应使用其整个线圈，其他继电器和仪表应由不同的电流互感器供电。母线、发电机和大型电动机的差动保护方案需要配备几套电流互感器，并具有合适的特性（具有相同的电流比和饱和特性），而变压器差动保护对 TA 的不匹配进行了限定。

在配电母线上的差动保护方案有时需用标准的 TOC 继电器来实现。如图 15.10 所示，为一个单相差动保护方案示例。如图所示 TA 连接，当母线完好无损（并且没有 TA 误差）

时，如图 15.10a 所示，对于母线外的故障，继电器将检测不到电流。然而，在母线发生故障期间，继电器将检测到故障电流，如图 15.10b 所示。如果一个或多个 TA 饱和，差动继电器在外部故障时仍能够检测到电流。为了成功实现这种差动方案，对于严重的外部故障，TA 饱和时不应使继电器动作。如果电流互感器的励磁电压低于其拐点电压，则可避免电流互感器交流饱和。对于最接近故障的 TA（最容易饱和），这个电压为

$$V_{CT} = （I_f/N_{CT}）（R_{lead}K_P + R_{CT}）$$

式中　　　V_{CT}——电流互感器的励磁电压；

I_f——离故障点距离最近的 TA 一次侧电流；

N_{CT}——所用的电流互感器电流比；

R_{lead}——单向引线电阻；

K_p——2；

R_{CT}——电流互感器电阻。

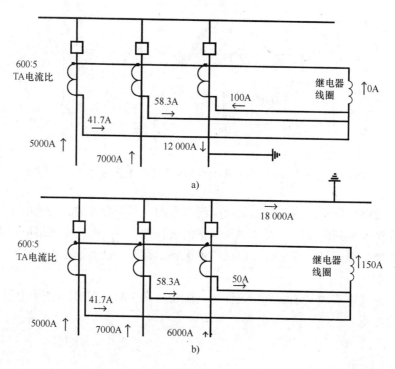

图 15.10　单相差动继电保护方案示例

a）母线外部故障时流过差动继电器的电流　b）母线故障时流过差动继电器的电流

该方案同样适用于使用 TA 星形连接的三相系统。在这种情况下，三相故障时 K_p 为 1，单相对地故障时 K_p 为 2。

如果这个 TA 的励磁电压小于 TA 的拐点电压，那么 TA 的测量误差将不超过 10%。假设其他 TA 的误差为零。流过继电器的电流将等于误差电流，换句话说，在不饱和情况下有 10% 电流被差动继电器检测到。本例中，理想情况下，最靠近故障的 TA 流过 100A 电流。由于误差为 10%，这个电流减少到 90A，所以 10A 将流入继电器线圈。选择整定值为 10A 的继电器。

　　差动方案的灵敏度为继电器的整定电流乘以 TA 电流比 10A × 120 = 1200A。确定在这个整定值下是否会检测到最小母线故障电流。当母线仅由最弱系统供电并且故障点有一定电阻时，就会发生最小母线故障。本例中，最弱系统向接地故障点提供 5000A 电流。如果这个断路器闭合，并且故障点电阻减少了 75% 的故障电流，因此最小预期故障电流为 1250A。

　　选择继电器的延迟时间可以避免在电流互感器直流饱和时误动作。通常，对于没有当地发电机的配电母线来说，该时延可能是反时限特性时间整定值的 2 ~ 3 倍。（注意：这个方案的灵敏度处于临界状态。专门为差动保护设计的继电器可以用很小的附加费用就可大大增加灵敏度。或者，如果电流互感器的误差远远小于 10%，用这个方法也可改善灵敏度。）

15.5　阶段式距离保护

　　许多输电线路和分支输电线路使用距离保护。这些继电器检测本地电压和电流并计算这个点的视在阻抗。当被保护线路出现故障时，视在阻抗为从测量点到故障点的阻抗。典型的阻抗距离特性如图 15.11 所示。最大转矩角度设定为接近线路阻抗角，以便提供该角度下 V/I 比最高的灵敏度。继电器本质上是方向性的，不会检测到如图 15.11 所示的出现在第三象限的反向故障。此外，继电器对负载电流不敏感，负载电流位于两个方向上与实轴成 20° ~ 30° 范围内。这些理想的特性使得距离保护应用很广。距离保护可用于相间故障和接地故障。

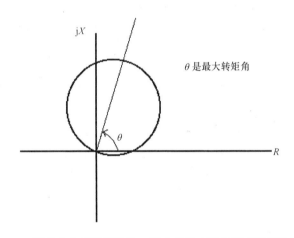

图 15.11　距离继电器欧姆特性。圆内的视在阻抗将引起继电器动作

　　分段式距离保护由瞬时和延时跳闸组合而成。Ⅰ 段保护不能保护全部线路-Ⅰ 段内的任何故障都在受保护的线路上。当 Ⅰ 段保护动作时，线路瞬间跳闸。但是，Ⅰ 段保护不会对所有线路故障动作。Ⅱ 段保护可以保护线路全长——只要故障在线路上，则一定动作。但是，对于某些外部故障，Ⅱ 段保护也会动作。通过延迟 Ⅱ 段保护的跳闸来保持选择性，这样外部故障可以由下一级继电器切除，包括保护下一段母线的差动继电器，或下一段线路的 Ⅱ 段距离保护。Ⅱ 段保护延时应为辅助继电器时间 + 断路器时间 + 裕度。认为 0.1 ~ 0.15s 的裕量是足够的，因此对于 6 个周波动作的断路器，Ⅱ 段延迟可能是 0.25s。

例 15. 8

图 15. 12 显示了一个典型示例。我们将考虑母线 P 处线路 PQ 的整定值。所有线路的阻抗角为 75°。线路长度为 80Ω。母线 P 的距离继电器由额定电流为 2000A：5A 的电流互感器和额定电压为 345kV/200kV，Y：120V/69V，Y 的电压互感器供电。设 I 段定值为这个值的 85%（对于相距离继电器，85%~90% 定值是典型值，接地距离保护略低）：

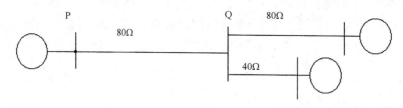

图 15. 12　分段距离继电器整定值计算示例

$\quad$Ⅰ 段整定值　　$= 0.85 \times 80\Omega = 68\Omega$，一次侧欧姆定值

$\quad$TA 电流比　　$= 2000/5 = 400$

$\quad$TV 电压比　　$= 200\ 000/69 \approx 2900$

$\quad$继电器整定值 = 一次侧定值（Ω）× TA 电流比/TV 电压比

$\qquad\qquad\qquad = 68\Omega \times 400/2900$

$\qquad\qquad\qquad \approx 9.38\Omega$（继电器）

$\quad$Ⅱ 段整定值　　= 线路长度 ×115%（最小）

$\qquad\qquad\qquad$= 线路长度 $+ 0.5 \times$ 下一条相邻线路最短距离（建议）

下两条相邻线路阻值分别为 40Ω 和 80Ω。最短线路为 40Ω。其一半为 20Ω。整定值为 80Ω + 20Ω = 100Ω，大于最小整定值 92Ω（保证对整条线路进行保护）。

因此，继电器整定值为

$\quad$Ⅱ 段整定值 = 100Ω（一次侧）

$\qquad\qquad\quad = 100 \times 400/2900$

$\qquad\qquad\quad \approx 13.8\Omega$（继电器）

必须注意到当推荐的整定值小于最小整定值时，选择最小整定值。但是，这意味着受保护线路的 Ⅱ 段将超出下一条相邻短线路的 Ⅰ 段保护范围，因此必须增加其延时以避免错误配合。

一些方案包括增加后备Ⅲ段保护。此外，所有大型输电线路在线路末端之间都有通信连接，以便线路上任何点故障都能提供瞬时跳闸保护。

馈入影响

馈入影响缩短了距离继电器超出中间节点以外的保护范围。馈入影响如图 15. 13 所示。

母线 P 上距离继电器的视在阻抗为

$$Z_P = \frac{V_P}{I_P}$$

F 点故障时，P 点母线电压为

$$V_P = Z_{PQ}I_P + Z_{QF}(I_P + I_R)$$

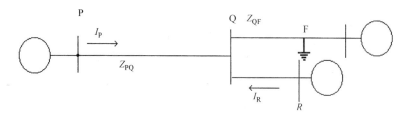

图 15.13 馈入影响示例

则这个继电器测出的阻抗为

$$Z_P = \frac{V_P}{I_P} = Z_{PQ} + Z_{QF}\left(1 + \frac{I_R}{I_P}\right)$$

因此，看起来 F 点故障比实际的位置远。对于双端线路，这个影响尤为重要。然而，对于三端线路，必须充分考虑馈入影响，以确保在所有条件下保护完全覆盖线路。

15.6 小型电动机保护

很多事故都可以对感应电动机造成损坏，包括短路、过载、电压不平衡、欠电压和转子堵转等情况。小型电动机（不超过几百马力）的保护通常由故障情况下的快速保护和其他情况下的慢速保护组合而成。电流保护的整定值较低，保护电机免受过热损坏，同时允许正常起动瞬间的大电流。这种保护通常由具有过载检测的电机起动器和熔断器或断路器组合实现。还必须认识到，电动机起动器具有有限的电流切除能力，必须保护其免受高于其切断容量的故障电流的影响。

随着电动机容量的增加，通过检测定子相电流幅值来保护堵转和不平衡状况变得不可能，需要增加额外的保护功能。这些情况下可以使用数字继电器，并且这些继电器的整定相对简单。

例 15.9

试为图 15.14 所示单线图中 100hp 感应电动机配置保护。系统数据如下：

系统电源：13.2kV，三相短路容量为 80MVA。

变压器 XF2：500kVA，13.2kV：480V 三角形接地-星形。

电动机：100hp，480V，0.85pf，效率 85%。起动电流为 5.9 倍额定电流，持续时间 8s。电动机转子允许过热时间为 20s。

1. 计算电动机额定电流

$$I_{rated} = \left(\frac{\text{电动机功率（马力）} \times \left(\frac{746W}{hp}\right)}{\text{功率因数} \times \text{效率}}\right) \times \frac{1}{\sqrt{3}V_{rated}}$$

$$= \left(\frac{100 \times 746}{0.85 \times 0.85}\right) \times \frac{1}{\sqrt{3} \times 480}$$

$$= 124A$$

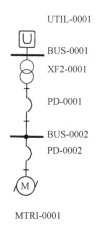

UTIL-0001

BUS-0001

XF2-0001

PD-0001

BUS-0002

PD-0002

MTRI-0001

图 15.14 小型电动机保护单线图

2. 计算电动机起动/运行曲线和堵转点

需要计算电动机的起动电流、运行电流和加速时间。如图 15.15 所示，绘制了时间电流曲线。

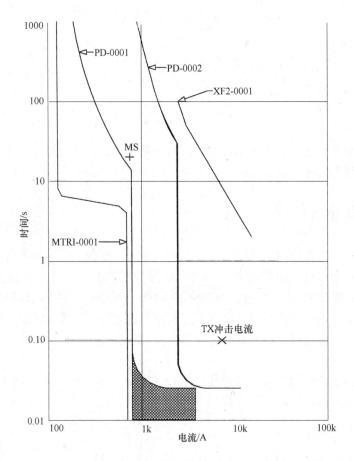

图 15.15　显示电动机 MTRI-0001、电动机保护 PD-0001、变压器 PD-0002 和
变压器损坏特性之间配合的时间—电流曲线

3. 电动机保护特性的确定

最小起动电流必须在电动机额定电流的 100% ~ 125% 之间。延迟跳闸曲线必须在起动/运行曲线之上，在堵转热稳定极限曲线之下。选择了一个具有过热跳闸和磁跳闸功能的低压断路器，并且过热起动整定值为 125A，磁起动整定值为热起动整定值的 6.75 倍。图 15.15 中的 PD-0001 曲线显示了这个特性。

4. 时间电流配合

电动机保护动作必须比变压器低压侧断路器动作快，这个低压断路器负责保护变压器免受损坏。断路器动作特性曲线标记为 PD-0002，而曲线 XF2-0001 显示了变压器损坏特性曲线。

如图 15.16 显示了装有过热保护和熔断器的电动机起动器提供的保护。这个例子中熔断器必须切断起动器切除容量之上的电流来实现电动机起动器的保护。

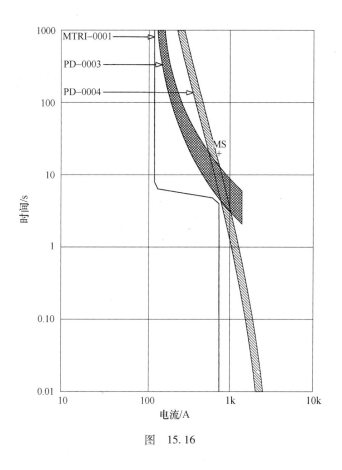

图　15.16

15.7　数字保护基础

许多现代保护继电器是基于数字技术的。这项技术基于数字和微处理器的技术。最近，这些保护继电器属于智能电子设备（IEDs）类。

数字保护继电器通过采样 TA 二次电流、TV 二次电压以及其他的连接于受保护设备的传感器产生的数值共同作用完成保护功能。本节重点介绍对 TA 电流和 TV 电压的传感测量和处理。

所有保护继电器必须准确、可靠、安全且具有成本效益。例如，在每种技术中都可以找到具有相同保护功能的继电器，例如数字式、机电式和固态形式的过电流、距离和差动保护继电器。然而，数字继电器与机电和固态式继电器相比具有许多优点。这些优点包括：

1）适应性：例如，数字时间过电流继电器都对任何时间电流曲线可以很容易设定整定值。

2）状态监测：数字继电器通常包括自检功能并能够报告其状态。还可以发送一系列操作异常或故障的报警。

3）远程/自适应设置：通过适当的权限，可以远程对数字继电器进行设置。这在非正常运行的拓扑或需要更改继电器整定值的情况下特别有用。

4）计量：许多数字继电器为稳态和/或瞬态测量提供计量功能。用途包括监控故障电流并帮助识别故障位置。

5）通信：数字继电器通常包括高级通信功能，许多数字继电器具有多种功能。这提供了减小面板尺寸、降低布线成本和降低系统复杂性的潜力。

应用具有高级通信功能的数字继电器有可能产生一系列新的通信漏洞问题（Schweizer 等，2011 年）。必须采取适当的保护措施，避免或尽量减少潜在问题。NERC（北美可靠性公司）和 CIP（关键基础设施保护）标准解决了这个问题。

由于具有成本竞争力和运营优势，数字保护通常是首选技术。

信号调理和采样

简单数字保护继电器的基本框图如图 15.17 所示。首先将模拟信号缩小并滤波。接下来，将其数字化。然后处理数字化信号并计算其幅值、角度、波形或其他信息。最后，用保护算法运行这些信息，以此确定是否需要跳闸。

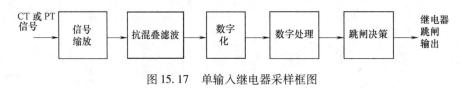

图 15.17 单输入继电器采样框图

信号缩放

需要处理的信号包括电流信号和电压信号。信号数字转换器运行幅值范围一般为 1 ~ 10V。必须将 TA 电流缩小到这个范围内，一般通过一个精确的电阻传输电流。运行数字继电器不需要很大的能量，TA 输入的 1A 额定值或更常见的 5A 额定值就可以保证这些继电器的运行。

抗混叠滤波

如果模拟信号包含高于奈奎斯特频率的频率分量，则会发生信号混叠。混叠误差容易导致不可接受的误差，必须避免。同时，抗混叠滤波器必须避免整个通带频率的幅值和角度误差。

数字化

数字转换器以采样周期 T_S 和一定数量的样本 N_S 对模拟信号进行采样。因此一个采样窗采集一组样本，它等于采样率和样本数量的乘积。

$$T_W = T_S N_S$$

采样窗是保护继电器的一个基本特性。通常选择窗口等于基波频率的半个周期或整个周期。数字继电器的设计通常实现每周期 4 ~ 128 个采样。

图 15.18 显示了每个周期有 8 个采样点的一个数字化波形示例。数字继电器必须考虑电力系统频率的自然变化。第一种方法随着频率的变化调整采样率，而第二种方法保持恒定的采样率并以数字方式调整系统频率的变化（Voloh 等，2009 年）。

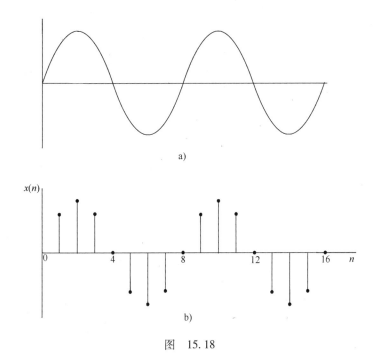

图　15.18

a) 输入数字继电器的电压互感器二次侧波形　b) 数字化的输入信号

例 15.10

在时间 t_K 估计电流有效值大小的基本方法是

$$I_K = \sqrt{\frac{1}{N}\sum_{m=k-(N-1)}^{k} i_m^2}$$

选择公式中的样本数，使得样本跨度为电流波形的半周期或整个周期。图 15.18 示例中，半个周期时，$N=4$，整个周期时，$N=8$。时间 t_K 获取样本 i_K 时，运算这个公式并且从 N 个最近的样本确定 I 的新值。在每个采样点都会得到一个新的估计值 I_K。在正弦稳态情况下，随着 k 的增加，I_K 数。然而，在故障情况下，由于电流增加 I_K 将会增加。当在故障电流中存在 DC 偏移和谐波时，将影响这个计算的准确性。

图 15.19 显示了这个电流有效值估计计算的一个示例，其中采样率为每个周期 8 个点采样。图中显示了瞬时电流 I 以及采集样本。在这个例子中可以看到，忽略了 DC 偏移量。每次采样后更新电流 $I_{rms(k)}$ 的估计值，显示了离散的电流估计值。$I_{rms(4)}$ 对应 $N=4$ 的采样，占电流的一半周期。这个估计值快速接近 333A 的准确估计值。$I_{rms(8)}$ 是基于最近 8 次采样计算的值，代表了电流整个周期的采样。正如所预期的那样，$I_{rms(8)}$ 的计算比 $I_{rms(4)}$ 慢，本例中这两种采样均给出合理的估计值。

图 15.20 显示了相同例子的故障情况，此时有明显的直流偏移。在这个例子中，由于 DC 偏移，$I_{rms(8)}$ 和 $I_{rms(4)}$ 估计值存在明显错误。$I_{rms(4)}$ 最大值接近 700A，并且因为 DC 偏移发生振荡。而 $I_{rms(8)}$ 的估计值比 $I_{rms(4)}$ 好些，但仍然存在不可接受的误差。

波形失真和频率偏差也可能导致误差。有多种方法可以避免这种类型的误差。这些将在下一小节中讨论。

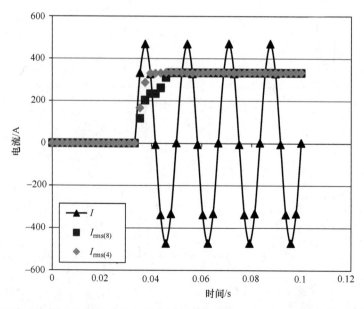

图 15.19　基于每个周期 8 个采样点的电流有效值估计。在 $t = 0.033s$ 时发生故障，忽略 DC 偏移，故障前电流为零。显示半个周期（4 个采样点）和整个周期（8 个采样点）的估计值

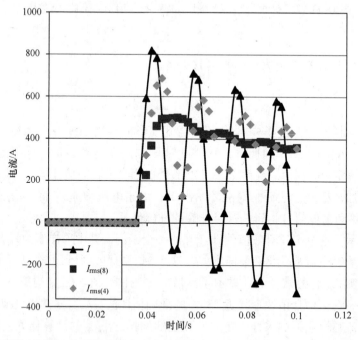

图 15.20　基于每个周期 8 个采样点的电流有效值估计。在 $t = 0.033s$ 时发生故障，考虑 DC 偏移，故障前电流为零。显示半个周期（4 个采样点）和整个周期（8 个采样点）的估计值

保护算法

保护算法处理采样数据组以估计信号所需的相关特征量。数字继电器中使用各种信号处理技术，所使用的精确算法通常是专有的。用于数字保护的信号处理技术包括：

1）离散傅里叶变换（DFT）/快速傅里叶变换（FFT）

2）余弦变换；

3）卡尔曼滤波；

4）小波变换。

继电器设计人员必须平衡继电器在其特定应用中的速度和精度要求。故障电流和电压具有复杂且快速变化的波形，有次暂态和暂态电流，存在波形失真，并且通常在电流中有明显的 DC 偏移分量。这就需要保护算法能准确地识别该信号的某个成分的分量，例如基波电流的幅值（Schweizer 和 Hou，1993 年；Voloh 等，2009 年）。

例 15.11

这个例子对原始的阻抗传感器性能进行讨论，它是基于对三相输电线上电压和电流波形的 DFT 处理。在如图 15.12 所示的总线 P 上使用，以监视线路 PQ 故障。此示例系统的采样频率为每个周期 64 个采样点。每个波形的基波分量由 DFT 确定，下面给出的所有数值都是基波分量数值。所示例子是在 $t = 0.05\text{s}$ 时发生的三相接地故障。图 15.21 显示了三相电流基波 60Hz 分量的电流幅值估计值。在故障之前，相电流平衡，每相电流大小为 40A。当故障发生时，三个电流的估计值增加，最终稳定到每相电流约为 300A。当 $t = 0.667$ 时，故障开始后的一个周期，电流将稳定到这个数值。由于在这个周期中相应相故障发生点以及随后的 DC 偏移，产生了相电流估计值的差异。图 15.21 显示了各个估计值，在这个例子中每个周期有 16 个采样点。本例中，每次采样后进行 DFT 输出处理。在一些设计中，DFT 处理频率较低。图 15.21 表明在这种情况下，如果每隔一个采样点进行 DFT 处理，丢失的信息较少。设计人员还必须在精度和速度之间做一个适当的折衷。例如，在这种情况下，如果继电器的整定值为 340A，那么它短期估计值 I_{a1mag} 是否会超过这个值？

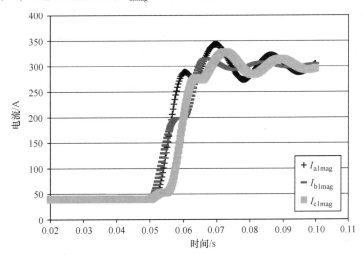

图 15.21　三相线路上发生三相故障电流的 DFT 估计值，每个周期 $N = 64$ 点采样

DFT 算法还提供了电压和电流相对相位角的信息。由此，可以计算出序分量和视在阻抗。图 15.22 显示了这种情况下三种不同阻抗幅值的估计值。估计值 $Z_{\text{r}(1)}$ 为正序电压 V_1 与正序电流 I_1 的比值。与许多电磁阻抗继电器相同的方式，估计值 $Z_{\text{r}(2)}$ 的计算公式为

$$Z_{\text{r}(2)} = \frac{V_{\text{A}} - V_{\text{B}}}{I_{\text{A}} - I_{\text{B}}}$$

最后，零序估计值的计算公式为

$$Z_{r(3)} = \frac{V_1 - V_2}{I_1 - I_2}$$

图 15.22 显示这三个估计值经过略微不同的路径收敛到正确的估计值 19Ω。

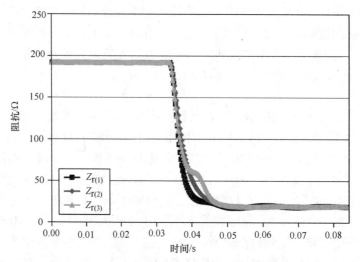

图 15.22　三相故障情况下基于 DFT 的阻抗幅值估计

如图 15.23 所示，显示了 $Z_{r(2)}$ 复阻抗估计值。故障前，阻抗为略低于 200Ω 的常数。在故障开始之后，估计值收敛于到故障距离的估计值。对于本例，每个周期计算 16 个估计值。

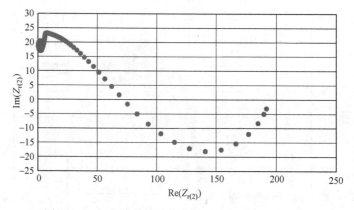

图 15.23　三相直接接地故障情况下复阻抗 $Z_{r(2)}$ 曲线

相角测量

当对信号之间的相角进行精确测量时，电流和电压测量值的有用性显著增加。为了获得准确的相角信息，必须对不同通道之间采样进行精确定时。当一组电流和电压进入继电器时，通常使用一组采样保持电路。在这种设计中，所有通道同时采样，全部由相同的时钟信号触发。通过采样电路和多路复用器依次对采样通道进行选择完成采样。多路复用器将采样顺序地发送到模-数（A-D）转换器。然后，A-D 转换器将这组采样发送到处理器。通过

DFT 算法对加窗数据集进行处理，例如，可以确定不同信号频率之间的相角。

给定点三相电流和电压基波之间的相位角已知时，可以确定许多量，包括：

1）三相有功功率；

2）三相无功功率；

3）正序、负序和零序电流；

4）正序、负序和零序电压；

5）三相负载以及两相、两相接地和单相接地故障阻抗；

6）进入保护区域的差动电流。

总的来说，数字继电器提供了可从其他技术获得的全部保护功能。在大多数情况下，数字保护的定值计算与机电式和固态继电器的整定值计算相类似。随着数字保护技术的发展，在某些情况下，数字保护技术可提供机电式或固态继电器所没有的功能。一个例子是四边形阻抗元件，如图15.24 所示。标志四边形跳闸区域边界的四条线可以分别设置。而四边形元件可以看作是一般电抗元件，可对四边形跳闸区域进行灵活设置是电抗继电器所不具备的。

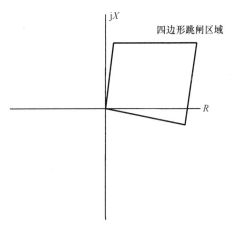

图 15.24　继电器四边形阻抗特性

在处理不同位置信号时，必须知道两个采样位置的时间差。可以使用 GPS 技术完成时钟的精确同步。当测量电网上的电压时，这些设备通常被称为相量测量单元（PMU）。这些信号可用于输电线的高级保护功能；其中一些仅可用于数字保护继电器。例如，由多个数字继电器供应商提供的先进输电线路电流差动方案。这些方案提供的功能远远超过固态相位比较继电器。

特殊保护系统是"设计对预定系统状态进行检测并自动采取纠正措施，而不是隔离故障元件，以满足系统性能要求……"（NERC，2013 年）。PMU 技术提供了在大规模网络上进行精确相角测量的能力，为系统可靠性和停电等异常状况监测提供了一种新的强大的方法。数字传感器和先进通信技术的使用进一步扩大了特殊保护系统的优越性。

15.8　先进的数字通信

输电线路保护一直依赖于通信技术完成线路的高速跳闸。保护功能使用阻塞或保护/跳闸/信道丢失方案的快速但相对低带宽通信。通信信道包括电力线载波、微波、导引线、音频线或光纤通道。

除了保护功能之外，通信还用于监控和数据采集（SCADA）功能。在一个通道上多路复用大量数字测量和命令时，这些功能趋向于更高速率并占用更少的时间。随着时间的推移，这些 SCADA 系统发展为通过互连电网向多个控制中心发送数据，并将数据存储在历史数据库中。类似地，在许多情况下，可以从多个位置对设备进行控制，例如，独立的系统操作员/区域输电组织、输电公司所有者或发电公司所有者。

现代数字保护继电器通常具有一系列通信能力。它们可以在有线、光纤电缆、偶尔在无线信道上，采用串行端口和以太网方式进行通信。随着数字通信技术的发展，和其他行业一样，它在电力行业内已成为一种有吸引力的通信选择。在变电站中，用不同的方式使用数字通信，每种方式具有不同级别的权限、责任和时间关键性。通信功能类型包括：

1）对数据监控、状态监控和设备升级以及工作站进行远程访问；

2）控制功能（分接头改变等）通信，变电站/发电站内以及控制中心和子站之间的报警；

3）在一个变电站间隔之间或者变电站之间发送跳闸/闭锁信号；

4）为断路器提供主跳闸/闭合/状态控制；

5）将数字化电流和电压信号传输到数字继电器以进行保护决策。

这个列表的第一项，通常使用远程访问。在这些应用程序中，时间通常并不重要——可接受的延迟范围可能从十分之几秒到几秒，取决于具体功能。对于变电站内通信、报警、分接开关状态或控制以及类似信号来说，时间不是关键，但任何保护功能——断路器跳闸和控制命令以及断路器状态必须在几毫秒内可靠地传递。最重要的应用涉及波形数据数字化。在此应用中，电流和电压互感器模拟输出必须同步采样，带时间戳，并且要可靠快速地传输。这些数据必须由适当的保护继电器接收，以便确定故障的存在和位置，并在必要时生成跳闸信号。虽然市场上有些产品可以做到这一点，但硬连接 CT 和 VT 目前仍占主导地位。目前，断路器控制很大程度上是硬连线的，尽管目前某些应用（例如当地断路器备用）的联网变得越来越常见。

现代数字继电器通常使用以下几种协议进行通信。常用协议包括：

1）DNP3；

2）IEC61850。

一些制造商也开发他们自己的通用通信协议/语言。数字继电器和其他智能设备通常支持多种协议。但是，在特定设备上实现的程度并不相同。

然而，现代设备和通信网络的灵活性确实增加了复杂性。例如，建立变电站网络有许多不同的方式。图 15.25 显示了一个变电站网络。变电站总线是连接变电站智能设备的局域网。它提供保护继电器和仪表之间的通信，收集数据，并可以传递跳闸和报警信号。它还提供与本地 HMI（人机接口）以及在线工程 PC 工作站的接口（Wester 和 Adamiak，2011 年）。

在实施时，现场总线提供智能设备和设备分隔之间的通信。在一些实现中，有多个现场总线。变电站内的总线也与外界通信。这种连接也可以采取多种形式，并且可以通过专用路由或公共以太网。整个系统需要适当的安全措施。

特殊协议可用于时间要求严格的通信。例如，IEC 61850 包括通用的面向对象的变电站事件（GOOSE）消息。此消息格式设计为在 4ms 内交付，适用于保护和控制。

展望

电网越来越多地使用数字保护继电器和其他智能设备。数字继电器是许多应用的首选。包括局域网和广域网的先进数字通信正在得到广泛的应用。随着技术的成熟，这种应用将进一步得到推广。

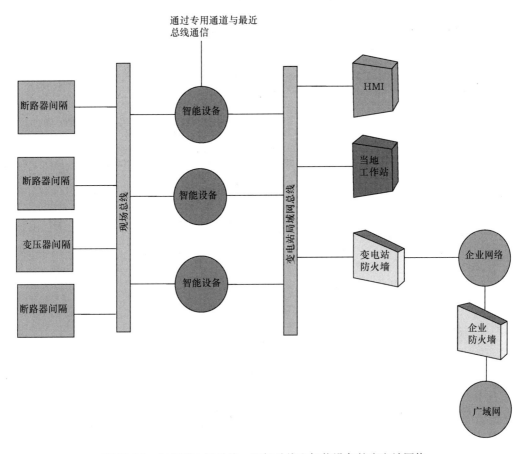

图 15.25 包括变电站总线、现场总线和智能设备的变电站网络

15.9 总结

本章介绍了电流和电压互感器的选择，以及几种常见的保护应用。现存的许多保护功能本章并未进行介绍。参考文献中列出了几个优秀的文献。

15.10 参考文献

1. Anderson, P. M. 1999. *Power System Protection*. New York: IEEE Press.
2. Blackburn, J. Lewis, and T. J. Domin. 2014. *Protective Relaying: Prinicples and Applications*, 4th ed. London, UK: CRC Press.
3. Cooper Bussmann, Inc. Selecting Protective Devices: Electrical Protection Handbook. Copyright 2014, Eaton. http://www.cooperindustries.com/content/public/en/bussmann/electrical/resources/library/selecting_protective_devices_handbook.html.
4. Elmore, Walter, ed. 2004. *Protective Relaving: Theory and Applications*, 2nd ed. New York: Marcel Dekker, Inc.
5. IEEE Std. 242. 2001. *IEEE Recommended Practice for Protection and Coordination of Industrial and Commercial Power Systems* (IEEE Buff Book). New York: IEEE Press.

6. NERC (North American Electric Reliability Corporation). Special Protection Systems (SPS) and Remedial Action Schemes (RAS): Assessment of Definition, Regional Practices, and Applications of Related Standards. Revision 0.1, April 2013. www.nerc.com.

7. Rebizant, W., J. Szafran, and A. Wiszniewski. 2011. *Digital Signal Processing in Power System Protection and Control*. London: Springer.

8. Schweitzer, E., and D. Hou. 1993. "Filtering for Protective Relaying." 47th Annual Georgia Tech Protective Relaying Conference, Atlanta, GA, April.

9. Schweitzer, E., D. Whitehead, A. Risley, and R. Smith. 2011. "How Would We Know?" 64th Annual Conference for Protective Relay Engineers. College Station, TX. http://www.ieee.org/conferences_events/conferences/conferencedetails/index.html?Conf_ID=18661.

10. Voloh, I., D. Finney, and M. Adamiak. 2009. "Impact of Frequency Deviations on Protection Functions." 62nd Annual Conference for Protective Relay Engineers. College Station, TX. http://www.ieee.org/conferences_events/conferences/conferencedetails/index.html?Conf_ID=15452.

11. Wester, C., and M. Adamiak. 2011. "Practical Applications of Ethernet in Substations and Industrial Facilities." 64th Annual Conference for Protective Relay Engineers. College Station, TX. http://www.ieee.org/conferences_events/conferences/conferencedetails/index.html?Conf_ID=18661

第16章　电力系统稳定

Alexander W. Schneider, Jr., P. E.

Principal Advisor, Transmission Quanta Technology

Peter W. Sauer. Ph. D., P. E., F-IEEE

Professor of Electrical Engineering University of Illinois at Urbana-Champaign

16.1　简介

　　电力系统稳定性计算主要分为三大类：暂态、稳态以及电压稳定。暂态稳定性分析是对电力系统在遇到故障或者失去发电机组等大扰动下的响应分析。这种分析一般是非线性的，重点关注的是发电机保持与电网同步运行的能力。静态稳定性分析是对电力系统在小扰动下，保持系统稳定平衡能力的定性分析。静态稳定性分析通常采用线性化动态模型，且对控制系统响应及特征值进行分析。在早期的文献中，静态稳定性分析是指动态稳定性。电压稳定性分析是指电力系统在遇到突发和持续干扰时保持可接受电压水平的能力。尽管进行电压稳定性分析时或许考虑一些诸如变压器有载调压（TCUL）的动态控制，但电压稳定性分析主要使用稳态建模分析方法。

　　实现稳定性分析的第一个步骤是模型公式。剩余步骤是使用这些建模技术后对小规模和大规模的稳定性计算进行说明。小规模稳定计算提供说明与分析的数学步骤。大规模稳定计算提供在现实系统模型上完成这种分析所需的必要考虑因素。

16.2　动态建模及仿真

　　由于电力系统的稳定性分析是基于数学建模计算的，所以对这些模型公式以及限制条件的理解是非常重要的。在最快速的暂态动态分析中，用近似数值分析方法求解了描述输电线路特性的偏微分方程。在本章介绍的分析中，忽略了与同步电机定子、输电线和负载相关的快速动态特性。因此，它们通常是用代数方程来建模的，它们本质上与稳态形式相同。同步发电机及其控制模型通常是一些常微分方程组，这些常微分方程组通过代数方程组彼此耦合。每一个这样的微分方程都表达了一个状态变量，如转子角度、励磁电压或蒸汽阀位置等，相对其他状态变量或者数学变量的导数。本章列举了在时间框架内忽略高频"60Hz"瞬变情况下，进行暂态和稳态建模的过程。

　　应该注意的是，这些微分方程组和代数方程组通常是非线性的。除了产生的非线性问题外，还要考虑在许多模型中固有的磁饱和、电压传输极限、死区和离散时间延迟等问题。目前模拟仿真软件包提供了丰富的功能来处理这些问题。

　　自本手册前几版出版以来，风力发电机和光伏发电机等可再生能源已广泛应用于世界上大部分地区的电力系统。随着科技的发展，建模技术也得到了迅猛的发展，而各厂商纷纷建立了建模技术的知识产权保护。目前建模方法一直遵循两种方法：一种方法是向用户提供不能使用"逆向工程"编译的模型，另外一种方法是通用模型，但这些通用模型可能无法满足某特定需求。通常在仿真中混合两种类型的模型，使用更详细的电厂模型，这是研究的重点（通过使电厂获得批准进行互连促进供应商合作），而电机用通用模型，由于与模拟的故障距离较远，因此不太重要。

由于篇幅的原因，不允许对某些关注的频率范围内响应的系统元件模型进行详细分析。这些模型包括直流线路及其关联的逆变器、整流器、静态无功补偿器（SVCs）等元件模型。

计算过程

1. 同步电机

a. 描述动力特性的同步电机模型定义

同步电机动态模型需要考虑三个基本特性。这些是励磁绕组动态特性、阻尼绕组动态特性以及轴动态特性。按此顺序，下面的模型包括励磁绕组磁链状态变量 E'_q，q 轴阻尼绕组磁链状态变量 E'_d，相对同步转速轴位置状态变量 δ，轴转速状态变量 ω。两个磁链状态变量用标幺值表示。这个模型为 m 个同步机系统方程。

第一个方程组是根据法拉第电磁感应定律列写的励磁绕组动态模型，E_{fd} 是励磁绕组的输入电压，用标幺值表示。在励磁模型中，E_{fd} 可以是常量也可以是动态状态变量，具体描述如下。第二个方程组是根据法拉第电磁感应定律列写的 q 轴阻尼绕组动态模型。第三个、第四个方程组是依据牛顿第二定律列写的轴动态模型。

$$T'_{doi} = \frac{dE'_{qi}}{dt} = -E'_{qi} - (X_{di} - X'_{di})I_{di} + E_{fdi} \qquad i = 1, \cdots, m$$

$$T'_{qoi} = \frac{dE'_{qi}}{dt} = -E'_{di} + (X_{qi} - X'_{qi})I_{qi} \qquad i = 1, \cdots, m$$

$$\frac{d\delta_i}{dt} = \omega_i - \omega_o \qquad i = 1, \cdots, m$$

$$\frac{2H_i}{\omega_o}\frac{d\omega_i}{dt} = T_{Mi} - E'_{di}I_{di} - E'_{di}I_{qi} - (X'_{qi} - X'_{di})I_{di}I_{qi} \qquad i = 1, \cdots, m$$

惯性常数 H 表示串联在同一转轴上所有质量块的总惯量，这个常量单位是 s。参数 X 是在同步转速 ω_o 下测得的电感，与电抗单位相同，用标幺值表示。时间常数乘以状态变量导数的单位是 s。变量 I_{di} 和 I_{qi} 是稳态发电机基波频率相电流，其表达式如下式：

$$(I_{di} + jI_{qi})\ e^{j\left(\delta_i - \frac{\pi}{2}\right)} \qquad i = 1, \cdots, m$$

暂态期间，发电机端电流数学变量 I_{di} 和 I_{qi} 与发电机端电压 $Ve^{j\theta}$ 和下列定子方程式组表示的状态有关（当 $i = 1, \cdots, m$）：

$$(I_{di} + jI_{qi})e^{j\left(\delta_i - \frac{\pi}{2}\right)} = \left(\frac{1}{R_{si} + jX'_{di}}\right)[E'_{di} + (X'_{qi} - X'_{di})I_{qi} + jE'_{qi}]e^{j\left(\delta_i - \frac{\pi}{2}\right)} - \left(\frac{1}{R_{si} + jX'_{di}}\right)V_i e^{j\theta_i}$$

变量 T_M 为机械转矩，在下述原动机及调速器模型中为状态变量或者为一个常量。

b. 描述动态特性的励磁机和电压调节器模型的定义

同步发电机的励磁电流通常由可变电压励磁机提供，其输出由电压调节器控制。励磁机及其电压调节器统称为一个励磁系统。虽然同步发电机的励磁系统通常被认为是改变端电压的机构，但其动作也间接地决定了发电机无功功率的输出。

IEEE 421-5-2005 标准根据使用励磁机工作原理的不同，将励磁系统分为三个大类：直流发电机、使用受控或不受控整流器来转换输出的交流发电机或使用可控整流器的变压器。这些类型励磁系统模型分别为：DC、AC 以及 ST。数值后缀部分用于对更多的细节进行区分，主要是交流电压调节器。广义上，电压调节器可以是机电式的、固态的，甚至可以使用反馈电路或者 PID 控制，在运行条件改变时能够快速稳定响应。

第一个 IEEE 任务小组推荐了 4 种用于励磁系统动态研究的模型。类型 1 适用于最大型成组机器，这种机器装有连续工作的电压调节器及直流或交流旋转励磁机。这个模型目前仍在使用，尤其是对于那些离故障点有一定距离的设备进行研究时。1 型励磁系统 DC1A，用如下 3 ~ 4 个动态状态变量建模，变量的下标 i 表示第 i 个被研究的设备：

V_{Si}——电压感应电路输出，其时间常数通常很小，经常被认为是零。

V_{Ri}——电压调节器输出。

E_{fdi}——励磁机的输出，是同步电机励磁绕组的输入。

R_{fi}——速率反馈信号，用于改变端电压时误差信号影响的预测。

这些状态变量的微分方程组如下：

$$T_{Ri} = \frac{dV_{Si}}{dt} = -V_{Si} + (V_{refi} - V_i) \qquad i = 1, \cdots, m$$

$$T_{Ai} \frac{dV_{Ri}}{dt} = -V_{Ri} + K_{Ai}R_{fi} - \frac{K_{Ai}K_{Fi}}{T_{Fi}}E_{fdi} + K_{Ai}V_{Si} \qquad i = 1, \cdots, m$$

$$T_{Ei} = \frac{dE_{fdi}}{dt} = -[K_{Ei} + S_{Ei}(E_{fdi})]E_{fdi} + V_{Ri} \qquad i = 1, \cdots, m$$

$$T_{Fi} = \frac{dR_{fi}}{dt} = -R_{fi} + \frac{K_{Fi}}{T_{Fi}}E_{fdi} \qquad i = 1, \cdots, m$$

一般电压调节器输出约束范围为

$$V_{Ri}^{min} \leqslant V_{Ri} \leqslant V_{Ri}^{max} \qquad i = 1, \cdots, m$$

电压传感电路输入是误差信号 $V_{refi} - V_i$。如果 T_{Ri} 等于 0，那么这个差值等于 V_{Si}，变成了一个代数变量而不是一个动态状态变量。这是端电压预期值或参考值与测量值之间的差值（通常用标幺值表示的线电压）。

针对所使用的不同励磁系统模型，可查询最新版本的 IEEE 421.5 标准应用向导、方框图和采样数据。然而，不能将采样数据看作是所有应用的典型或默认数据。在实际工作情况下，应该咨询励磁系统供应商，或者进行现场测试。尤其必须对安装于发电机或者其他系统的 PID 控制器进行调整。

IEEE 421.5 标准里也对稳定器和励磁调节器模型进行了描述。在受到严重干扰的情况下，这些设备对动态性能将产生重大影响，所以应该在安装这些设备的机组上对它们进行建模。

c. 描述动态特性的原动机及调速器模型的定义

大多数现代发电机都会安装调速器，完成发电机的转速与同步速度的比较。调速器通过阀门调整原动机的输入能量。对于汽轮机而言，阀门调节蒸汽的流量，对于水轮发电机而言，阀门调节水的流量，而对于燃气轮机或柴油机而言，阀门调节燃料的数量。原动机类型决定了调速器模型的选取，这里只对基本的汽轮机进行详细的讨论。水轮机模型须考虑压力水管及调压井中水流的动态特性。燃气轮机模型须考虑环境因素对温度的影响。在显著的扰动下，这些涉及非线性，这不应该被忽视并且不适合于广义处理。目前，没有 IEEE 标准的调速器模型。在筛选或初期的研究时，忽略调速器的响应并且假定恒机械功率是不常见的，这样得出的结论通常是有所保留的，主要原因是输入机组的机械功率高于考虑调速器建模后的情况。

有两个动态状态变量的一个简单调速器和原动机模型表示了汽阀操作机构和进气箱产生的延迟如下。这些变量是：

P_{SVi}——蒸汽阀位置。

T_{Mi}——同步发电机转轴的机械转矩。

这些状态变量的微分方程是

$$T_{SVi}\frac{dP_{SVi}}{dt} = -P_{SVi} + P_{Ci} - \frac{1}{R_{Di}}\left(\frac{\omega_i}{\omega_o} - 1\right) \qquad i = 1, \cdots, m$$

$$T_{CHi}\frac{dT_{Mi}}{dt} = -T_{Mi} + P_{SVi} \qquad i = 1, \cdots, m$$

约束为

$$0 \leqslant P_{SVi} \leqslant P_{SVi}^{max} \qquad i = 1, \cdots, m$$

调速器的输入是速度误差信号，这里指的是额定同步速度和实际速度之间的差值。需要注意的是本模型中所有量的测量均使用标幺制，这允许在同一等式中使用功率和转矩，因为采用额定转速 1.0 为比例因子。

对于大型汽轮机组，蒸汽可以经过 4 级做功返回冷凝器。如果汽轮机组只有 2 级或 3 级，那么锅炉产生的蒸汽首先进入一个高压汽轮机阶段。离开第一级的蒸汽返回锅炉中的再热器。再热之后，蒸汽进入第二级汽轮机阶段。再热器的时间常数决定了"再热器"的动态响应，通常是 4～10s。最大或接近最大容量的汽轮发电机通常由两台独立的汽轮机和两台发电机组成并联复合式机组。由锅炉产生的蒸汽首先进入高压汽轮机组，返回再热器，进入一个和高压汽轮机单元同轴的中间压力阶段，然后交叉进入另外一个轴上的低压阶段。由于高压电机的低惯性，低压机组输入蒸汽流量受到再热器和交叉管道滞后的影响，因而高压和低压电机彼此之间转子角变化相当不同。

d. 参数校验

动态仿真商业软件包括对机组模型参数和辅助设备模型参数的校验功能。在程序开发者的想法中，可能认为一些参数值是"不可接受的"，而其他参数是"可疑的"。作为前者的一个例子，如果同步电机的直轴电抗没有因为从次暂态、暂态到同步电抗的变化而增加，可以在电机模型的不同增益分母中使用零值。另一方面，励磁机模型中高暂态增量很可能表示了振荡现象，但不一定是不可能的。

2. 感应发电机模型的定义（典型的风力发电场模型）

如今常见风力发电机类型有如下 4 种。尽管它们非常相似，但为每个类型提供了单独的动态模型。

类型 1：直连感应发电机

类型 2：带外部转子电阻控制的感应发电机

类型 3：双馈式感应发电机

类型 4：带有功率变换器的风力发电机

风力发电机建模时通常会使用几个"组件"模型。这类似于使用单独的模块代表同步发电机，及其励磁系统、原动机和调速器、稳定器等。对于风力发电机，特殊类型的通用模型可能包括发电机模型、电气控制系统模型、机械部件模型、叶片螺距控制模型、风机叶片的空气动力性能模型，甚至风本身（坡道和阵风）模型。此外，广泛采用电压、频率监测和跳闸模型，以确保适当地表示违反低电压穿越（LVRT）和低频或高频跳闸特性。

风力发电系统建模时，可用一个代表风变化的模型表示系统受到的外部扰动，而对于传统发电机建模时是不需要这样做的，通常认为传统发电机的能量输入是常数。在研究这些机器的这些影响时这一特性并没有得到广泛的应用。

如前所述，许多供应商会提供风力发电机的"黑匣子"模型，并提供不同程度的文档和变化非常大的测试数据。在进行深入研究前，确定具有管辖权的机构是否接受供应商提供的模型，并且在进行更具挑战性研究前，确定是否接受运行中等或无系统干扰的简单案例是明智的。

3. 光伏发电机模型的定义

目前，商业软件已经包含了大部分光伏系统组件模型：电源转换器、发电机、电气控制、入射太阳光函数的面板输出数学表示和太阳辐照度概况。与风电相似，可以对入射光能量变化进行仿真（例如，漂浮的云朵）。

4. 描述动态特性的网络/负载模型定义

为了完成动态模型，需要通过网络将所有的同步发电机和负载连接起来。在多数研究中，忽略了网络及负载的动态特性，所以这个模型由每个节点（也成为母线）的基尔霍夫电压电流定律组成。通常将每个母线上初始有功和无功负载表示为相对于该母线电压变化的恒功率、恒电流和恒阻抗负载的特定组合。比例与建模条件下负载的特性相关（居民负荷、农业负荷、商业负荷或者工业负荷）。关注的比例是负载随电压变化的短时响应；通常不对长期动态特性像有载分接开关操作和减少恒温控制制热或制冷负载的周期进行建模。如果对干扰源附近代表了大部分负载的一台大容量同步电机或者感应电机进行仿真时，它们的动态特性建模与发电机相似。

下面代数方程组对同步电机定子及互联网络进行了约束。网络中有 n 个节点，m 台同步发电机分别位于不同网络节点上（负载为"注入"）。

$$O = V_i e^{j\theta_i} + (R_{si} + jX'_{di})(I_{di} + jI_{qi}) e^{j(\delta_i - \frac{\pi}{2})} - [E'_{di} + (X'_{qi} - X'_{di})I_{qi} + jE'_{qi}] e^{j(\delta_i - \frac{\pi}{2})} \quad i = 1, \cdots, m$$

$$V_i e^{j\theta_i}(I_{di} - jI_{qi}) e^{-j(\delta_i - \frac{\pi}{2})} + P_{Li}(V_i) + jQ_{Li}(V_i) = \sum_{k=1}^{n} V_i V_k Y_{ik} e^{j(\theta_i - \theta_k - \alpha_{ik})} \quad i = 1, \cdots, m$$

$$P_{Li}(V_i) + jQ_{Li}(V_i) = \sum_{k=1}^{n} V_i V_k Y_{ik} e^{j(\theta_i - \theta_k - \alpha_{ik})} \quad i = m+1, \cdots, n$$

对于给定函数 $P_{Li}(V_i)$ 和 $Q_{Li}(V_i)$，根据状态量，δ_i，E'_{di}，$E'_{qi}(i = 1, \cdots, n)$ 用 $m + n$ 个复数代数方程求解 V_i，$\theta_i(i = 1, \cdots, n)$，$I_{di}$，$I_{qi}(i = 1, \cdots, m)$。通过解 m 个定子方程（电流线性）并代入微分方程和其他方程中，可以消去电流。仅剩下 n 个网络复代数方程对 n 个复电压 $V_i e^{j\theta_i}$ 进行求解。

5. 计算动态仿真模型的初始值

动态分析中，通常假定系统运行起始阶段为正弦同步稳态。这意味着通过设置上述模型的时间导数为零即可得到初始条件。初始状态计算是一个标准的潮流计算。下面列出了第 i 台机两轴模型的初始值计算步骤：

步骤 1　根据初始潮流，计算发电机端电流 $I_{Gi}e^{j\gamma i}$ 为 $(P_{Gi} - Q_{Gi})/V_i e^{-j\theta_i}$

步骤 2　计算 δ_i 为 $[V_i e^{j\theta_i} + jX_{qi}I_{Gi}e^{j\gamma i}]$

步骤 3　计算 $\omega_i = \omega_o$

步骤 4　依据 $(I_{di} + jI_{qi}) = I_{Gi}e^{j(\gamma_i - \delta_i + \frac{\pi}{2})}$，计算 I_{di}，I_{qi}

步骤 5　计算 E'_{qi}，$E'_{qi} = V_i\cos(\delta_i - \theta_i) + X'_{di}I_{di} + R_{si}I_{qi}$

步骤 6　计算 E_{fdi}，$E_{fdi} = E'_{qi} + (X_{di} - X'_{di})I_{di}$

步骤 7　计算 R_{fi}，$R_{fi} = \dfrac{K_{Fi}}{T_{Fi}} = E_{fdi}$

步骤 8　计算 V_{Ri}，$V_{Ri} = [K_{Ei} + S_{Ei}(E_{fdi})]E_{fdi}$

步骤 9　计算 E'_{di}，$E'_{di} = (X_{qi} - X'_{qi})I_{qi}$

步骤 10　计算 V_{Si}，$V_{Si} = \dfrac{V_{Ri}}{K_{Ai}}$

步骤 11　计算 V_{refi}，$V_{refi} = V_{Si} + V_i$

步骤 12　计算 T_{Mi}，$T_{Mi} = E'_{di}I_{di} + E'_{qi}I_{qi} + (X'_{qi} - X'_{di})I_{di}I_{qi}$

步骤 13　计算 P_{ci} 及 P_{svi}，$P_{ci} = P_{svi} = T_{Mi}$

步骤 14　校验：作为附加的校验，校验初始条件定义的动态模型状态量在合理范围内，所有状态量的导数均为零。这就保证了所规定的初始条件是可以获得的，而且是平衡的。

这个计算过程的独特之处在于没有规定发电机端电压和汽轮机功率的控制输入。或者，在潮流计算中指定发电机端电压和端功率，所得电流用于计算所需的控制输入。

6. 识别模拟过程中要记录的量

这个决定包括两个方面：监视的系统元件有哪些？每个元件要监视的量有哪些？

如果正在进行一个待建电厂影响的研究，这个电厂将获得最高级别的监测。附近的电厂，尤其是大型电厂，以前已经研究过的，将获得小一些级别的监测。除非电厂位于这个被研究实体的管辖范围内，否则通常不会对边界外的电厂进行监控。

通常对电厂母线以及附近几个主要母线电压建模。对连接感应电机的母线电压进行建模也是重要，如果模拟的故障可能会降低电压。这将确保电压符合风力机的 LVRT 特性。

如果担心机组之间彼此摇摆时线路会产生不必要的跳闸，可以对输电线路阻抗即从分支线端部看进去的阻抗进行建模。商业软件提供了在这些支路中监视潮流的功能，但是这种功能一般很少使用。

对于经典的冲击性研究，表 16.1 给出了推荐量。

如果在仿真过程中，发现一个或者多个仿真模型表现出异常，例如，转角或者转速发生振荡，添加监视内部量的附加通道以便识别出故障模型和数据。如果辅助系统的模型（例如激励器或调速器）看起来存在问题，完全解决建模问题有时不具有经济性。可以考虑禁用模型（实际假设恒定励磁电压或恒定转矩）或替换为表示此设备主要行为的简化模型。

表 16.1 动态仿真时建议的监视参数

发电机类型	同步发电机	感应发电机	光伏发电机
距离较远的电厂	转角	转速或者转差	无
位于电厂附近，主要母线处（增加）	端电压 有功功率 无功功率	端电压 有功功率 无功功率	端电压 有功功率 无功功率
位于待建电厂内	机械功率 励磁电压	转矩	

7. 仿真扰动源的定义

动态仿真的目标是揭示受到干扰后系统的响应。这种干扰可以是计算初始稳定状态情况的任何可能变化。暂态稳定性研究通常考虑干扰，例如特定类型（例如单相接地）和持续时间的故障、发电机解列、线路误跳闸、负载突然增加或者控制输入量变化。而这种干扰通常是通过改变一个或者多个动态模型中的常数来实现的。静态稳定性研究考虑小规模的、发生频率较高的干扰时系统的响应，例如工作日期间负载的增加或者降低。电压稳定性既考虑了小扰动又考虑了像发电机解列和线路跳闸等情况，但通常不考虑故障期间情况的变化。此步骤的补充信息将在接下来的各种稳定性分析问题中进行讨论。

对整个系统模型性能进行检验的一个非常好的做法是运行一个无干扰系统，这种做法也被称之为"平滑启动"。应充分考虑那些满足所有相关约束条件在某个点处不能初始化的模型诊断信息。在仿真期间，只要标志量没有动作，一般可以忽略那些表示模型在极限点但没有超过极限点初始化的消息。例如，在清除故障的仿真情况下，不可能要求运行在热稳定极限的燃气轮机增加输出。

16.3 暂态稳定分析

暂态稳定分析主要关注的是电力系统受到大扰动后的响应。第一目标是故障或者扰动后，所有发电机是否可以保持同步。第二目标是确定非线性动态响应是否可接受。例如，暂态期间，母线电压必须保持在允许的暂态电压标准上。而这些暂态标准远低于稳态标准，在模拟的每个瞬间必须对它们进行监测。通常使用详细动态模型和数值积分的动态模拟来完成分析。该模拟的输出包括作为时间函数的同步机转子角度和母线电压时间曲线。典型情况下，干扰是故障时，分析包括以下步骤。

计算过程

1. 故障前初始条件计算

准备案例数据，求解潮流问题，得到所有故障前母线电压和发电机电流。这涉及在给定发电机电压幅值和有功功率输出情况下对网络功率平衡方程的求解。根据潮流解，使用前面所提到的方法，可计算出所有动态状态变量的初始值。

2. 修改系统模型以反映故障条件

可通过改变节点导纳阵元素来模拟故障状态，前面动态模型代数方程的一部分构成这个矩阵。根据节点导纳阵的对称性特点，在故障节点的三角元素上增加一个并联导纳计算故障阻抗。

3. 计算故障时系统变化轨迹

随着导纳阵的改变，上面的代数微分方程模型解的代数变量（像电压和电流变量）也发生了变化。这些变化改变了平衡，结果导致状态变量的导数不再为零。每个状态变量的时间序列解，术语为轨迹，可以通过数值积分方法获得。这个解会持续到预先定义故障的消除。

状态量变化反过来影响系统其余部分的代数变量。在电力系统仿真包中有两种基本方法：隐式联立求解法（SI），显示分离求解法（PE）。SI 法使用一种隐式积分规则对微分方程组和代数方程组同时求解。一个典型的积分规则是用梯形法，这导致每一步骤求解一组非线性代数方程组以得到新的动态状态量，因此这种方法被命名为隐式。由于电力系统代数方程组也是非线性的，一起求解是非常高效的，因此命名为联立。每个时域步长内用牛顿法进行模型的求解，通常用前一个时域步长内收敛的解作为下一个时域步长运算的初值。

PE 法是将微分方程组和代数方程组分开求解的方法。首先依据旧的状态量和旧的代数量用显示积分法（例如，龙格-库塔法）解出新的状态量。由于此方法认为代数变量是常量为前面时间步长的值。这种方法没有采用迭代，因此命名为显示。计算出新的状态量后，把状态量视为常数，利用迭代法求解非线性代数方程组。计算出新的代数量。由于动态方程组和代数方程组的求解过程是分开进行的，所以这种解法被称之为分离求解。这种 PE 法与 SI 法相比数值稳定性差。由于代数方程组是非线性的，每个时域步长，尽管使用了显示积分法，PE 方法仍然是迭代过程。

4. 在预定的故障清除时间移除故障

当数值积分时间达到预定的故障切除时间，再次改变系统导纳阵以反映特定故障后状态。可仅仅考虑移除故障本身，或者移除（或改变故障程度，例如从三相故障到相对地故障）故障加上一条线路或者一个发电机组被切除的情况——模拟保护继电器或者断路器动作。

5. 计算故障后系统变化轨迹

随着系统导纳阵的改变，数值积分程序持续计算微分—代数方程组。求解过程通常持续一段时间，除非由于一台或者多台机转角相对于参考机或者其他，小扰动发电机超过了某个标准，例如 $180°$ 时，此时系统看起来不稳定。或者，由于一些其他量的轨迹无法接受——例如，电压骤降到可接受的暂态水平下，将中止求解过程。

6. 计算结果分析

当一台或者多台发电机转角不断增加，通常认为这个系统是不稳定的。然而，一组发电机转角不断的增加但是保持相近，系统可能出现了"孤岛"，在某种意义上，这样两组或者多组发电机保持同步的状态是稳定状态——尽管一些孤岛的最终转速不是额定同步速。

转角保持有界但通常显示持续振荡是很常见的。有时对仿真输出的投切部分进行模型分析，通过指数和/或指数衰减正弦函数的总和近似转子角或其他通道输出，例如

$$输出 = \sum A_i \times e^{-t\theta_j} + \sum B_j \times e^{-t\theta_j} \times \cos(\omega_j \times t + \varphi_j)$$

指数函数部分与单个实数特征值 θ_j 相关，而三角函数部分与复数特征值 $\theta_j + j\omega_j$ 有关，实数部分 θ_j 越大则衰减速度越快。

小结

如果在第 6 步发现系统是稳定的，可以用更大的预定清除时间重复步骤 3 到 6。当遇到系统不稳定时，清除时间超过了"临界清除时间"。通过使用不同清除时间重复模拟，来确定临界清除时间的确切值。

16.4　单机无穷大系统仿真示例

为了说明几个稳定计算，对同步机动态模型作了一些重大简化假设。对于上面给出的动态模型，假设：

a. $T'_{do} = T'_{qo} = \infty$。此假设令 E'_q 及 E'_d 为常数，忽略励磁系统的作用。

b. $X'_q = X'_d$。此假设可以大大简化发电机组的转矩及电路模型。

c. $T_{CH} = T_{SV} = \infty$。此假设令调速器动态状态量 T_M 及 P_{SV} 为常量。

d. $R_s = 0$。此假设大大简化了发电机的功率模型。

根据以上假设，同步发电机的动态模型大大简化为

$$\frac{\mathrm{d}\delta}{\mathrm{d}t} = \omega - \omega_0$$

$$\frac{2H}{\omega_0}\frac{\mathrm{d}\omega}{\mathrm{d}t} = P_m - P_e$$

式中，P_e 为发电机的有功功率输出，P_m 为来自汽轮机输入常功率。发电机的代数方程组简化为

$$\left[E'_d + jE'_q \right] \mathrm{e}^{j\left(\delta - \frac{\pi}{2}\right)} = + jX'_d \left(I_d + jI_q \right) \mathrm{e}^{j\left(\delta - \frac{\pi}{2}\right)} + V\mathrm{e}^{j\theta}$$

从每个角度中减去适当的常数，该式可写为经典电路模型：

$$V'\mathrm{e}^{j\delta} = jX'_d I\mathrm{e}^{j\theta_I} + V\mathrm{e}^{j\theta_V}$$

$$V\mathrm{e}^{j\theta_V}$$

式中，V' 为暂态电抗后恒定电压幅值，$V\mathrm{e}^{j\theta_V}$ 为端电压。下面的说明中将使用这个经典动态模型。

单机无穷大系统的等效网络如图 16.1 所示。图 16.1 中所有量均为标幺值，阻抗值以 1000MVA 为基准值。发电机初始运行转速为同步速（60Hz 系统，转速 377rad/s）。当 $t = 0.1\mathrm{s}$ 时，通过闭合开关 S_1 模拟母线 F 通过故障电抗 X_f 接地。计算 S_1 闭合后 0.1s 时发电机的相角和频率。计算当 $X_f = 0$ 及 0.15pu 时，发电机的相角和频率。

计算过程

1. 计算发电机内角初始值

利用 $\delta_0 = \arcsin \left(P_{e0} X_{tot} / V'V_t \right)$，其中 δ_0 为相对于无穷大母线的发电机初始内角（对于这台发电机，δ_0 是电压 V' 的相角），P_{e0} 为初始发电机输出的电功率，V' 为暂态电抗 X'_d 后的电压，V_1 为无穷大母线电压，X_{total} 为电压 V' 与 V_1 之间电抗总和。因此，$\delta_0 = \sin^{-1} \times [0.9 \times (0.3 + 0.125 + 0.17)/(1.0 \times 1.0)] = 32.4°$。

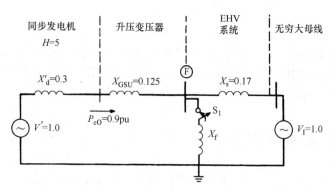

图 16.1   单机无穷大系统等效网络图。所有量均以 1000MVA 为基础的标幺值

2. 确定求解方法

计算发电机的转角及频率随时间变化的函数需要摇摆方程的解，$d\delta^2/dt^2 = (\omega_0/2H)(P_m - P_e)$，其中 δ 为相对于同步旋转参考（无穷大母线）的发电机内角。ω_0 为同步转速，单位为 rad/s。H 为惯性常数标幺值，单位为 s，t 为时间，单位为 s，P_m 为发电机机械轴功率标幺值，P_e 为发电机输出电功率标幺值。$(P_m - P_e)$ 项指发电机加速功率，用符号 P_a 表示。

如果 P_a 是常量或者是随时间变化的显式函数，则摇摆方程可以有一个直接的解析解。如果 P_a 是随 δ 变化的函数，求解摇摆方程需要用数值积分方法。在如图 16.1 网络中，当 $X_f = 0$ 时，母线 F 的电压以及 P_e 为 0。因此，$P_a = P_m = $ 常数，因此当 $X_f = 0$ 时，可以直接得到摇摆方程的解析解。而当 $X_f = 0.15pu$ 时（或 $X_f \neq 0$），故障期间母线 F 的电压以及 P_e 将大于零。因此 $P_a = P_m - P_e = \delta$ 的函数。因此，当 $X_f = 0.15pu$ 时，需要用数值积分方法求解发电机摇摆方程。

3. 当 $X_f = 0$ 时，发电机摇摆方程的求解

求解过程如下：

a. 计算故障期间，发电机的加速功率。$P_a = P_m - P_e$；对于这台发电机，$P_m = P_{e0} = 0.90pu$；$P_e = 0$。因此，$P_a = 0.90pu$。

b. 计算当 $t = 0.1s$ 时，新的发电机的角度。当 P_a 为常数时，发电机摇摆方程解为 $\delta = \delta_0 + (\omega_0/4H)P_a t^2$，式中角度用弧度表示，而所有其他值基于同一个基准值。所以

$$\delta = \left(\frac{32.4°}{57.3°/rad}\right) + \left(\frac{377}{4 \times 5}\right) \times 0.90 \times 0.1^2$$

$$= 0.735rad \text{ 或 } 42.1°$$

c. 计算 $t = 0.1s$ 时，新的发电机频率。从关系式 $\omega = d\delta/dt + \omega_0$ 得到发电机频率，其中 $d\delta/dt = (\omega_0 P_a t)/2H$。因此，$\omega = [(377 \times 0.90 \times 0.1)/(2 \times 5)] + 377 \approx 380.4rad/s$，或者 60.5Hz。

显然，从步骤 bδ 的表达式中可以看出，只要故障一直存在，发电机的转角将无限增大，表明是不稳定状态。

4. 当 $X_f = 0.15pu$ 时求解发电机的摇摆方程

求解过程如下：

a. 选择一个数值积分方法以及时间步长。求解微分方程组的方法很多，例如，欧拉法、

改进欧拉法、龙格-库塔法等。本例选择欧拉法进行求解。使用欧拉方法进行求解需要将二阶摇摆方程用两个一阶微分方程表示。即 $d\delta/dt = \omega(t) - \omega_0$，$d\omega/dt = (\omega_0 P_a(t))/2H$。欧拉法涉及计算在一个时间步长起始点每个变量的变化率。然后，假设在这个时间步长区间内每个变量的变化率保持为常数，在这个时间步长终点计算变量的新值。使用下面一般的表达式：$y(t + \Delta t) = y(t) + (dy/dt)\Delta t$，其中 y 对应 δ 和 ω，Δt 为时间步长；在时间步长的起始点计算 $y(t)$ 及 dy/dt。选择时间步长的一个周期时间（0.067s）。

　　b. 从图 16.2 中，确定步长期间电功率输出表达式。对于这个网络，使用情况 3，其中，$X_G = X'_d + X_{GSU} = 0.3 + 0.125 = 0.425\text{pu}$，$x_s = 0.17\text{pu}$，$X_f = 0.15$。因此，$P_e = [1.0 \times 1.0\sin\delta]/(0.424 + 0.17 + [(0.425 \times 0.17)/0.15]) \approx 0.93\sin\delta$。

情况	电网结构示意图	功角函数表达式
1	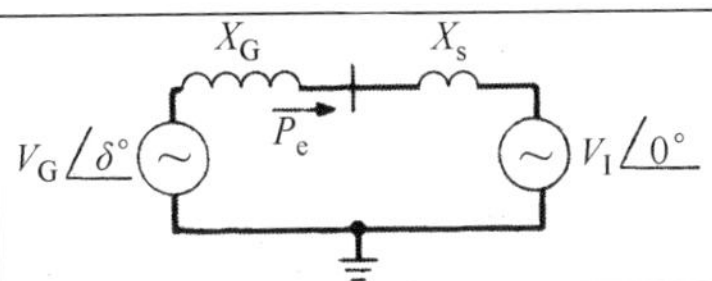 $V_G\angle\delta°$ $\sim$ —X_G— P_e —X_s— $\sim$ $V_1\angle 0°$	$P_e = \dfrac{V_G V_1}{X_G + X_s}\sin\delta$
2	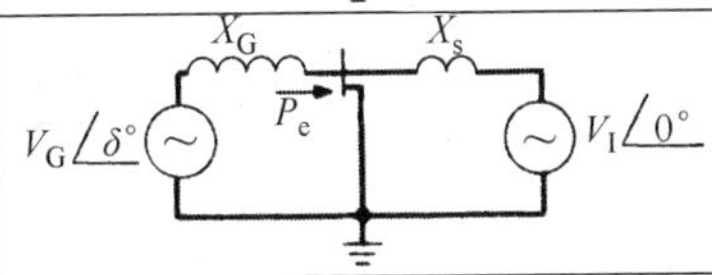 $V_G\angle\delta°$ $\sim$ —X_G— P_e —X_s— $\sim$ $V_1\angle 0°$	$P_e = 0$
3	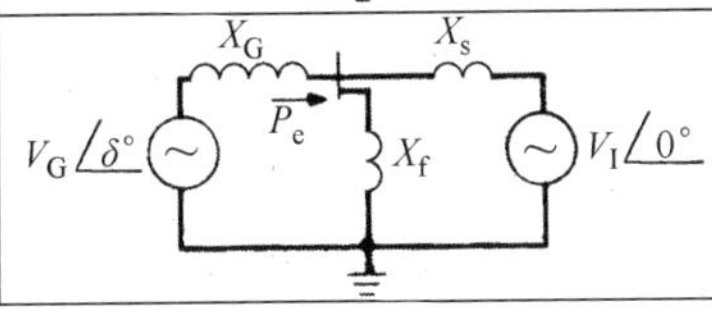 $V_G\angle\delta°$ $\sim$ —X_G— P_e X_f —X_s— $\sim$ $V_1\angle 0°$	$P_e = \dfrac{V_G V_1}{[X_G + X_s + (X_G X_s/X_f)]}\sin\delta$

图 16.2　通用网络结构的功角关系；忽略阻抗。$V_G\angle\delta°$ 为发电机内角，X_G 为发电机电抗，X_f 为系统电抗，P_e 为发电机电功率输出，$V_1\angle 0°$ 为无穷大母线电压，X_f 为故障电抗。

　　c. 计算在这个时间步长起始点（$t = 0\text{s}$）的 $P_a(t)$。当 $t = 0\text{s}$ 时，使用 $P_a(t) = P_m - P_e(t)$，其中，$P_m = P_{e0} = 0.90\text{pu}$；$P_e(0) = 0.930\sin 32.4°$。因此，$P_a(t = 0) = 0.90 - 0.93\sin 35.2° = 0.40\text{pu}$。

　　d. 计算时间步长起始点（$t = 0$）发电机变量的变化率。发电机相角变化率为 $d\delta/dt = \omega(t) - \omega_0$，当 $t = 0\text{s}$ 时，$\omega(0) = 377\text{rad/s}$。因此，$d\delta/dt = 377 - 377 = 0\text{rad/s}$。发电机频率变化率为 $d\omega/dt = \omega_0 P_a(t)/2H$，当 $t = 0\text{s}$ 时，根据步骤 c 的计算结果，$P_a(0) = 0.40\text{pu}$，因此，$d\omega/dt = (377 \times 0.40)/(2 \times 5) = 15.08\text{rad/s}^2$。

　　e. 计算时间步长终点（$t = 0.0167\text{s}$）新的发电机变量值。新的发电机相角为 $\delta(0.0167) = \delta(0) + (d\delta/dt)\Delta t$，其中角度用弧度表示，$\Delta t$ = 时间步长 = 0.167s。因此，$\delta(0.0167) = 32.4°/(57.3°/\text{rad}) + (0)(0.0167) = 0.565\text{rad}$ 或者 32.4°。新的发电机频率为 $\omega(0.0167) = \omega(0) + (d\omega/dt)\Delta t = 377 + (15.08 \times 0.0167) \approx 377.25\text{rad/s}$，或者 60.04Hz。

　　f. 对所需的时间步长数，重复步骤 c，d，e。表 16.2 列出 0.1s 内余下的计算。在 0.1s 时，发电机频率为 378.48rad/s，或者 60.24Hz；相角为 36.0°。

小结：

　　表 16.2 仅计算了 0.1s 时间内故障时的轨迹。在实际研究中，需要在故障清除时间之外

认知执行仿真，观察响应以确定发电机在该故障清除时间内是否稳定。如果它不稳定，则用连续更小的清除时间重复计算，直到观察到稳定响应。显示稳定响应的最长清除时间称为"临界"清除时间。该过程可以很容易地推广到考虑第二个开关操作的情况，例如，在清除三相故障时，如果三相断路器中的两相断路器在第一次清除时间内动作，余下的相对地故障稍后由备用断路器动作清除。

表 16.2 利用欧拉法求解发电机摇摆方程计算结果

时间	频率（ω）		转角（δ）		加速功率	导 数		积 分	
s	rad/s	Hz	弧度	度	$P_a(t)$	角度 $d\delta/dt$	转速 $d\omega/dt$	$d\delta/dt\Delta t$	$d\omega/dt\Delta t$
0	377	60	0.564	32.4	0.402	0	15.14	0	0.253
0.0167	377.25	60.04	0.564	32.4	0.402	0.253	15.14	0.0042	0.253
0.0334	377.51	60.08	0.569	32.6	0.398	0.506	15.02	0.0084	0.251
0.0501	377.76	60.12	0.577	33.1	0.392	0.757	14.77	0.0126	0.247
0.0668	378.00	60.16	0.590	33.8	0.382	1.003	14.40	0.0168	0.241
0.0835	378.24	60.20	0.606	34.8	0.369	1.244	13.91	0.0208	0.232
0.1000	378.48	60.24	0.627	36.0	0.353	1.476	13.32	0.0247	0.232

注：$P_a = 0.93\sin\delta$，$d\delta/dt = \omega(t) - \omega_0$

$d\omega/dt = (\omega_0 P_a)(t)/2H$，$\Delta t = 0.0167s$，$\delta(t+\Delta t) = \delta(t) + d\delta/dt\Delta t$

$\omega(t+\Delta t) = \omega(t) + d\omega/dt\Delta t$

上面的例子可以很方便用像 EXCEL 电子表格程序实现，并充分扩展计算以证明发电机是否保持稳定。如图 16.3 所示的曲线也是由这样的应用程序产生的。通过改变阴影单元格中的参数，用户可以观察它们对转子角度曲线的影响。

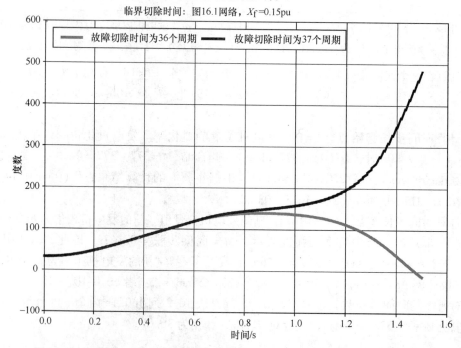

图 16.3 如图 16.1 所示系统稳定和不稳定情况的转子角度曲线，稳定情况时，故障切除时间 36 个周期，不稳定情况时，故障切除时间 37 个周期。

寻求一种直接的方法更加方便的确定临界清除时间，而减少数值积分工作量，也无需用不同的清除时间重复分析计算。对于单机系统，这些方法称之为等面积法则，对大规模系统来说，称之为直接法。

16.5　程序自动化

近几十年来，随着计算机内存的增加、运行速度的加快，使得利用计算机进行大规模的系统仿真成为可能。在北美，经常需要对北美东部、北美西部以及德州等几个网络的整体互联进行仿真计算，仿真模型中对有限容量的背靠背直流接口进行了等值。随着电网规模的不断增大，每次仿真计算所需要的时间也在不断增加。

研究状态下，电厂本地扰动仿真计算的过程是反复进行的。研究状态下，可能需要在电厂的每条线路或者每台变压器上进行三相或者单相接地故障仿真计算，还需要对每个断路器清除其近端故障失败后的故障进行仿真。这种情况只会在少数几项数据中有所不同，例如：

1）故障母线；

2）故障持续时间；

3）故障后被清除的支路；

4）断路器失败后的持续时间；

5）假设独立极清除，初始清除后的故障阻抗；

6）接收文件。

商用软件通常包括一些形式的描述语言，以便编写控制程序运行这些仿真。当包含循环及参数传递功能时，则仿真程序可以在无人工干预的情况下自动运行，甚至可以在一个晚上实现一系列故障连续仿真运行。仿真计算完成后，关注的输出量可以用多种图形格式绘制曲线，以方便研究和报告使用。

近年来，一些商业软件供应商鼓励使用像 PYTHON 等高级、通用性描述性语言编写脚本。

16.6　暂态稳定设计准则的选择

暂态稳定性设计标准可以是确定性的或概率性的。确定性标准要求发电机组被证明对于特定严重程度的任何干扰是稳定的——例如，任何三相故障，在 6 个周期内，断开一个输电系统元件。更严重事件——例如故障开始后较长时间，由后备保护方案将故障清除，则不予考虑。而概率性设计要求导致不稳定运行的年总事件频率小于某个特定值，或者，平均不稳定时间大于一定年数。

如图 16.4 所示，选择此发电厂稳定性设计标准。这个发电厂设计基础是平均不稳定时间大于 500 年（由于不稳定运行导致的 MTTI 失效）。

计算过程

1. 确定故障影响区域

故障影响区域涉及一个边界，选择稳定准则时，边界外发生的故障可以忽略不计。例

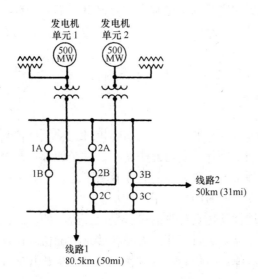

图 16.4 两机组发电单元，开关站以及出线

如，对于发电厂长距离输电线，不必考虑此输电线路远端的故障。故障影响区域的定义通常以故障频率或者故障期间电厂输出降低的幅度为依据。

对于本例中的发电厂，故障影响区域为电厂 50km 内；即，可以假设 50km 外发生故障，即使断路器失效导致故障清除时间延长，此电厂仍能保持暂态稳定性。此外，开关站内故障也视为在故障影响区域外。这样做的主要原因是开关站故障频率远小于线路故障频率。

2. 故障影响区域内故障频率的计算

利用表 16.3 中数据对每条线路的故障率进行估算。给出的表中数据是通用数据，且为基于许多电力工业来源的综合数据。线路故障率与多种因素有关：线路的设计、电压等级、土壤环境、空气污染程度、风暴频率等。

表 16.3 典型超高压系统线路及断路器故障概率

数据类型	轻微故障	一般故障	严重故障
线路故障频率，故障次数/100km·yr	0.62	1.55	3.1
继电器失灵导致断路器拒动的条件概率[1]	0.0002	0.003	0.01

① 假定断路器动作机构为非独立动作机构，对于独立动作机构来讲，表中的概率对应一相继电器失效的概率。

对于本例电厂，使用这些典型线路故障频率。因此，在故障影响区域内故障频率为：f 为（线路数）（故障频率）（故障影响区域）/（100km），其中故障频率单位为故障次数/100km·yr，故障影响区域单位为 km。则，f 为 $2 \times 1.55 \times (50/100) = 1.55$ 次/年。

对于基本事故类型，依据表 16.4 中数据对本例发电厂的故障频率进行估算。

利用表 16.4 数据，根据涉及的相数对故障频率进行估计。对于本例电厂，使用综合数据并假定未知故障类型全部是单相故障。则三相故障的频率为：$f_{3\phi}$ 为（三相故障百分数）（f）为 $0.03 \times 1.55 = 0.0465$ 次故障/年。

表 16.4　超高压（EHV）输电线路各类故障占总故障百分比统计数据

故 障 类 型	占总故障的百分比		
	765kV	EHV	115kV
相对地故障	99	80	70
两相对地故障	1	7	15
三相对地故障	0	3	4
相间故障	0	2	3
未知故障	0	8	8
合计	100	100	100

f 为 $1/(\text{MTBF} + \text{MTTR})$，其中，MTTR：平均修复时间（停电时间，或者是清除故障时间并恢复运行时间）。由于线路退出运行时，不一定是故障状态，因而公式中应该包括 MTTR。然而，对于稳定性计算，$\text{MTTR} \ll \text{MTBF}$，所以此公式近似为 $f \approx 1/\text{MTBF}$。对于三相故障，$1/f_{3\phi} = \text{MTBF}_{3\phi} =$ 两次三相故障之间的平均无故障运行时间 $= 1/0.0465 \approx 21.5$ 年。同样地，对应于其他类型的故障频率计算数据如表 16.5 所示。

表 16.5　EHV 输电线路故障频率及 MTBF 计算

假想故障类型	百　分　数	每年故障次数（f）	MTBF/年
三相故障	3	0.0465	21.5
两相故障	9	0.140	7.17
单相故障（包括未知故障）	88	1.36	0.733
合计	100	1.55	0.645

3. 计算断路器失效频率

如图 16.4 所示两个发电机组保持与输电系统连接，仅考虑断路器失效情况。对于多台发电机电厂来说，一个发电机跳闸实际上可提高剩余发电机的稳定性，这是因为它们可以利用跳闸发电机可用功率传输部分。有时在清除"开关拒动"时，故意跳开一个发电机作为一种稳定性辅助措施。对于本例发电厂和输电系统来说，线路 1 上断路器 2B 失效会导致发电机 2 退出运行。因此，仅三台断路器失效会影响稳定性：2A、3B、3C。

依据表 16.3，继电器/断路器无法检测或断开线路故障的条件概率为 $P_{bf} = 0.003$（为非独立相跳闸的典型值）。三相故障加断路器失效频率为 $f_{3\phi,bf} = f_{3\phi} P_{bf} B$，其中 B 为影响稳定的断路器失效断路器数。因此，$f_{3\phi,bf} = 0.465 \times 0.003 \times 3 \approx 4.19 \times 10^{-4}$，或者 $1/f_{3\phi,bf} = 2390$ 年，其他故障类型的相似计算结果如表 16.6 所示。

表 16.6　超高压输电线路故障频率及其 MTBF 计算

故 障 类 型	故障加断路器失效次数/年	两次故障加断路器失效的平均时间/年
三相故障	0.000419	2390
两相故障	0.00126	793
单相故障（加未知故障）	0.122	81.7

4. 最小准则的选择

作为设计基础，至少对那些 MTBF 小于 500 年的故障类型来说，这个电厂必须保持稳定运行。因此，根据步骤 2 和步骤 3 中计算的故障类型频率，在选择最小准则时，仅需要删除三相故障或两相故障且断路器失效情况。现在进行的检验以确保忽略三相，两相故障且断路器失效后仍在设计基础之内。

5. 计算电厂不稳定的频率

使用 f_1 为 Σ 步骤 4 中删除的故障类型频率，其中，f_1 为发电厂不稳定频率。因此，$f_1 = f_{3\phi,\mathrm{bf}} + f_{2\phi,\mathrm{bf}} = 0.000419 + 0.00126 \approx 0.00168$ 发生不稳定的次数/年，或者 $1/f_1$ 为不稳定平均时间 $= 595$ 年。因此，在准则中忽略了三相和两相故障且断路器失效后，这个值在原始设计基础 MTTI > 500 年范围内。如果本步骤计算的 MTTI 小于设计基础，则需要在最小准则内增加其他故障类型并且重新计算 MTTI。

6. 稳定准则的选择

选定以下稳定准则：

a. 电厂高压母线附近的三相故障正常清除。

b. 电厂高压母线附近单相故障且断路器故障。

如果电厂在这两个测试中保持稳定，则满足原始的设计基础。

相关计算

设计基础的定义，尽管不是过程中的一个步骤，但在稳定性准则选择时是重要的。对于设计基础的定义没有给出一般指导原则。然而，美国的多数公共事业公司在其设计准则中规定了一些类型的断路器失效测试。

除了忽略一些低概率故障类型外，在选择稳定性准则时也可以忽略一些低概率运行情况。例如，对于本例电厂，假设超前功率因数运行时，单相故障且断路器失效时，此电厂无法保持稳定运行。进一步假设，此电厂超前功率因数运行的转换率为 $\lambda = 2$ 年，每次超前功率因数运行平均持续时间为 $r = 8\mathrm{h}$。则用以下一般计算过程计算不稳定的平均时间。

1）绘制如图 16.5a 所示的串—并联事件图。图中任何连续性被破坏都会导致不稳定。事件 3、事件 4 或者事件 1 和事件 2 同时发生都会打断连续性。

2）将串—并联事件图减少到单个事件。通过递归使用图 16.6 中关系，这个图可以减少至一个等效的 MTTI。使用 $\lambda_{12} = \lambda_1 \lambda_2 (r_1 + r_2)(1 + \lambda_1 r_1 + \lambda_2 r_2)$ 合并事件 1 和 2，式中，$\lambda_{12} =$ 事件 1 和事件 2 的等值转换率，$\lambda_1 =$ 每年发生的事件 1 转换率，$\lambda_2 =$ 每年发生的事件 2 转换率（注意：本例 $f_2 \approx \lambda_2 = 0.122$ 每年发生次数，如步骤 3 计算），$r_1 =$ 事件 1 的平均持续时间（单位年）$= 8\mathrm{h}$（$8760\mathrm{h/yr}$）$\approx 0.0009\mathrm{yr}$，$r_2 =$ 事件 2 的平均持续时间（单相故障且断路器失效持续时间 $= 0$ 年）。因此，$\lambda_{12} = 2 \times 0.122 \times 0.0009 / [1 + (2 \times 0.0009)] = 0.0002$ 次转换/年。现在化简为图 16.5b 样式。需要注意的是，事件 1 和事件 2 等效持续时间为 $r_{12} \approx 0$ 年。三个串行事件的等效转换率为 $\lambda_{\mathrm{eq}} = \lambda_{12} + \lambda_3 + \lambda_4 = 0.0002 + 0.00126 + 0.000419 \approx 0.00188$ 次/年。由于 $r_{\mathrm{eq}} \approx 0$ 年，则 $\lambda_{\mathrm{eq}} \approx f_{\mathrm{eq}} =$ 不可靠性频率 f_1，或者 $1/f_1 = \mathrm{MTTI} = 1/0.00188 \approx 532$ 年（见图 16.5c）。

这个一般过程既可用于准则选择，也可用于确定最终稳定性设计的充分性。

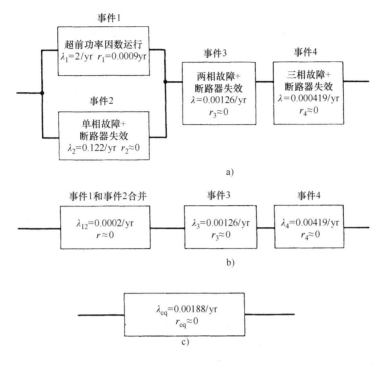

图 16.5　事件图

a）串-并联事件图　b）事件 1 和事件 2 等效事件　c）四个事件等效为一个事件

图 变量	串联 — λ_1, r_1 — λ_2, r_2 —	并联 λ_1, r_1 / λ_2, r_2
$f_{12}^{①}$=频率/每 年发生次数	1S $\dfrac{\lambda_1+\lambda_2}{(1+\lambda_1 r_1)(1+\lambda_2 r_2)}$	1P $\dfrac{\lambda_1\lambda_2(r_1+r_2)}{(1+\lambda_1 r_1)(1+\lambda_2 r_2)}$
r_{12}=平均修复 时间/年	2S $\dfrac{\lambda_1 r_1+\lambda_2 r_2+(\lambda_1 r_1)(\lambda_2 r_2)}{\lambda_1+\lambda_2}$	2P $\dfrac{r_1 r_2}{r_1+r_2}$
λ_{12}=年转换率/ 每年发生次数	3S $\lambda_1+\lambda_2$	3P $\dfrac{\lambda_1\lambda_2(r_1+r_2)}{(1+\lambda_1 r_1+\lambda_2 r_2)}$

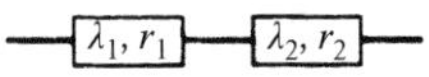

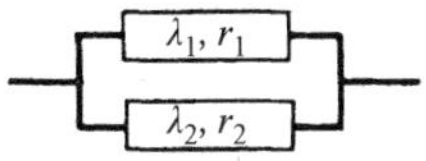

图 16.6　串并联时时间发生的等效频率—持续时间公式

① 虽然停运率和频率具有相同的每年停运次数单位，但它们并不等值：λ 是平均故障时间（MTTF）的倒数；f 是 MTTF 和平均修复时间（MTTR）之和的倒数。如果 MTTF $\gg$ MTTR，则 $f \approx \lambda$。

16.7 暂态稳定辅助措施

如果像图 16.4 所示发电机设施不能满足稳定性设计准则并且输电线路的数量以及相关配置是固定的，则使用如下过程选择一套稳定性辅助措施来满足准则的要求。

计算过程

1. 确定指定系统的关键故障切除时间

计算或使用计算机模拟以确定稳定准则中指定的每个意外事件临界故障切除时间（CFC）。

2. 计算可达到的故障切除时间

如表 16.7 所示，给出了典型超高压（EHV）继电器—断路器切除故障时间。总切除时间的大多数组成部分受设备类型的限制。最易于减少的功能是后备切除故障继电器配合时间。然而，配合时间的减少可导致后备切除错误。表 16.7 中给出的最小完成时间对应最先进的断路器（一个周期断路器及高速继电器）。

表 16.7 典型 EHV 继电器—断路器切除时间范围

项 目 名 称	时间 单位周波（60Hz）		
	快 速	平 均	慢 速
主继电器	0.25 ~ 05	1.0 ~ 1.5	2.0
断路器切除	1.0	3.0	3.0 ~ 5.0
正常切除总时间	1.3 ~ 1.5	3.0 ~ 3.5	5.0 ~ 7.0
断路器失效检测	0.25 ~ 0.5	0.5 ~ 1.5	1.0 ~ 2.0
继电器配合时间	3.0	3.0 ~ 5.0	5.0 ~ 6.0
辅助继电器	0.25 ~ 0.5	0.5 ~ 1.0	1.0
后备断路器切除	1.0	2.0	3.0 ~ 5.0
总后备切除	5.75 ~ 6.5	9.0 ~ 13	15.0 ~ 20.0

3. 改变发电机及 GSU 变压器参数

发电机暂态电抗的减少和/或者惯性常数的增加均可使 CFC 时间增加。如表 16.8 所示，给出了现代涡轮发电机这些参数的典型范围。发电机电抗的减小增加了超高压开关站中断路器的故障率；故障的增加可能需要更换现有的断路器或规定使用更昂贵的新断路器。

表 16.8 现代涡轮发电机暂态电抗及惯性常量典型范围

汽轮机类型	转速/(r/min)	暂态电抗 X'_d，百分数基于额定容量		惯性常数 $HMWs/MVA$	
		低	高	低	高
蒸汽机	3600	30	50	2.5	4.0
	1800	20	40	1.75	3.5
水轮机	600，或者低于 600	20	35	2.5	6.0

表 16.9 给出了发电机升压变压器典型标准阻抗范围。通过降低发电机升压变压器阻抗可以增加 CFC 时间，通常成本较高。GSU 变压器阻抗的减小也增加了 EHV 开关站中断路器的故障占空比。

表 16.9　发电机升压变压器阻抗的典型范围

系统额定电压/kV	标准阻抗，百分数，以发电机升压变压器额定容量为基准	
	最　　小	最　　大
765	10	21
500	9	18
345	8	17
230	7.5	15
138 ~ 161	7.0	12
115	5.0	10

4. 暂态稳定性辅助措施的检查

暂态稳定性辅助措施分为三大类：发电机控制、继电器系统改善、网络改变。如表 16.10 所示，汇总了 CFC 时间的典型改善以及常用稳定辅助措施的典型应用。通常，基于发电机控制的稳定辅助措施为延迟故障切除可增加 2 个周期 CFC 时间，对于正常切除仅增加了裕度。输电系统继电器控制方法的重点是在后备保护时间内多相故障切除相关的 CFC 改进。网络结构控制方法将相对较大程度地增加主保护和后备保护的 CFC 时间。

表 16.10　常用暂态稳定性辅助措施汇总

分　　类	稳定性辅助措施	CFC 时间的最大改善（周期）		备　　注
		正 常 清 除	延 迟 清 除	
发电机控制改变	高初始励磁响应	1/2	2	大多数现代励磁和电压调整系统具有高初始励磁响应
	涡轮机快速阀门控制	1/2	2	水轮机没有此项功能 通常涉及汽轮发电机截止阀门的快速开合 目前多数汽轮机制造中使用此项技术
继电器控制方法	独立单相跳闸	无	5	当断路器拒动时，将多相故障降低为单相故障 增加了继电器成本
	选相跳闸	无	5	单相故障时仅跳故障相。通常在仅有 1 ~ 2 条出线的电厂中使用，增加了继电器投资，使用复杂
	发电机组甩负荷方案	受可安全甩去发电量的限制		系统必须有足够的能力处理发电单元的退出

（续）

分　类	稳定性辅助措施	CFC 时间的最大改善（周期）		备　注
		正 常 清 除	延 迟 清 除	
网络参数的改变	串联电容器	受限于可增加的串联补偿电容数量		稳态功率传输可能需要 费用高；一般仅对距离负荷 中心超过 80km（50mil）电厂 具有经济性
	制动电阻	受限于电抗器的尺寸		费用高；一般仅对距离负荷 中心超过 80km（50mil）电厂 具有经济性
	使用分裂导线	1	1	随着故障时间的增加，对延 迟清除情况有小的额外改进

5. 潜在稳定性辅助措施的选择

通常，断路器失效具有最严格的稳定性要求。因此，稳定性辅助措施的选择通常基于满足断路器失效标准所需的 CFC 时间改进。应该注意的是，与多种稳定性辅助措施相关的 CFC 时间改进不一定是累积的。

6. 进行详细的计算仿真

这个过程列出的稳定性措施影响评估是非线性的复杂分析。详细的计算机仿真是确定稳定性辅助措施相关的 CFC 时间改进的最有效方法。

7. 评估潜在问题

每个暂态稳定控制辅助措施都会存在一些潜在问题，只能通过详细的计算机分析进行评估。这些潜在问题会分为三类：a）与特定稳定控制方法相关的独特问题，b）误操作（即，不需要的时候动作），以及 c）没有按照需要或者预期动作。如表 16.11 所示，简要地总结了与稳定性辅助措施相关的潜在问题以及可以采取的降低风险的措施。

表 16.11　与稳定性控制相关的潜在问题

稳定性辅助措施	潜 在 问 题	降低风险的措施
高初始响应励磁系统	动态不稳定 过励磁（误动作）	降低响应或者增加电力系统稳定器（PSS） 过励磁继电器保护
分相跳闸	发电机不平衡运行（误动作）	发电机负序继电器保护
选相跳闸	带电相持续故障 发电机不平衡运行（误动作）	增加无功补偿 发电机负序继电器保护
涡轮机快速阀门控制	发电机意外跳闸	保持安全阀
发电机甩负荷方案	发电可靠性降低	为机组提供仅带厂用负荷的能力 （快速负荷回落功能）
串联电容器	次同步共振（SSR） 转矩增大 自励磁	SSR 滤波器 静止式发电机—频率继电器 附加阻尼信号
制动电阻	不稳定（误动作）	高可靠性继电器方案

稳定性控制评估是一个复杂而宽泛的学科领域。关于稳定性控制更详细讨论，可以查阅 Byerly 和 Kimbark（1974）撰写的相关文献。

16.8 低频减载方案的选择

试确定如图 16.7 所示系统一部分的低频减载方案。这个方案应保证在两条外部电源线路停电情况下，此区域不停止供电。频率每变化 1%，这个区域负载变化 2%。

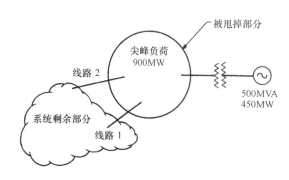

图 16.7 用于低频减载示例的简单系统

计算过程

1. 选择最大发电缺额

低频减载方案提供的最大初始发电缺额是任意的。对于图 16.7 所示系统，选择初始最大发电缺额为 450MW。这个值等于峰值负载与额定发电机输出之间的差值。

2. 计算相应的系统超载

定义系统超载为 $OL = (L - P_m)/P_m$ 很方便，其中，L 为初始负载，P_m 为初始发电机输出。因此，最大初始发电缺额可以用系统超载表示，即 $OL = (900 - 450)/450 = 1.0$pu，此系统超载率 100%。

3. 选择最小频率

最小频率是指系统发生减载后应该达到的最低允许频率。通常，这个最小频率应该高于发电机与系统分离的频率。假设发电机跳闸频率为 57Hz，则选择最小频率为 57.5Hz。

4. 计算最大减载量

最大负载减载是最大系统过载时允许系统频率降低至最低频率时所需切去的负载量。使用 $L_m = [OL/(OL + 1) - \alpha]/(1 - \alpha)$，其中，$L_m$ = 最大负载减载量；OL 步骤 1 中选择的最大初始系统超载，$\alpha = d(1 - w_m/60)$，其中 d = 系统 – 负载阻尼因子（给定为 2）；w_m = 最小频率。因此，$2 \times (1 - 57.5/60) \approx 0.833$，$L_m = [I/(I + 1)\ 0.08331]/(1 - 0.0833) \approx 0.453$pu，或初始系统负载的 45.3%。

5. 选择负载—减载方案

负载减载方案的选择涉及负载减载步骤数及频率整定点。通常，减载步骤越多越好。然而，随着步骤的增加，成本也可能增加。此外，太多的步骤可能会带来继电器协调问题。负载应逐步减少；也就是说，每一步都应逐渐减少负载。频率整定点可以从最大频率整定点到最小频率整定点以相等的间隔划分。表 16.12 显示了所选的负荷减载方案。

表 16.12 减载方案

	频率整定点/Hz	减去初始负荷百分数
步骤 1	59.5	5
步骤 2	59.0	15
步骤 3	58.5	25
合计		45

6. 继电器协调性校验

需要在相邻步骤间进行继电器协调性检查，以确保对于不同的初始系统过载量，减去最小的负载量。这种校验的原因是在系统频率衰减到整定点的时间与实际减载发生的时间之间可能存在大量的时间延迟。时间延迟包括继电器信号接收时间、任意有意的时间延迟、断路器断开时间。这段时间延迟可能导致频率不必要经过两个步骤下降。使用以下过程检查继电器协调性。

a. 对于负载减载步骤 1 和 2，计算初始系统过载会导致频率下降到步骤 2。使用 $OL_2 = [L_d + (\alpha/(1-\alpha))]/(1-L_d)$，其中 $OL_2 =$ 频率下降至步骤 2 时初始系统超载量；$L_d =$ 应在步骤 2 之前减载的负载标幺值；$\alpha = d(I - w_2/60)$，式中，w_2 为步骤 2 继电器整定值。因此 $\alpha = 2 \times (1 - 59.0/60) \approx 0.033pu$，$OL_2 = [0.05 + 0.033/(1 - 0.033)]/(1 - 0.05) \approx 0.088pu$。

b. 计算相应的初始系统负载。使用 $L_i = P_m(OL_2 + 1)$，其中，L_i 为初始系统负载导致 0.088pu 系统超载量。因此，$L_i = 450 \times (0.088 + 1) = 0.979pu$，或者用有名值表示，$L_i = 0.979 \times 500 \approx 489MW$。

c. 进行计算机仿真。数字计算机模拟的初始发电量为 450MW，初始负载为 489MW。如果继电器协调充分，对于这个初始系统超载量，步骤 2 负载减载不应甩掉任何负载。如果步骤 2 负载减载起动了并或者甩去负载，那么继电器整定值应该离得远些，减少时间延迟或者修改每个步骤的减载量。

d. 重复步骤 a 到 c，以整定余下的相邻负荷减载步骤。

相关计算

本例计算过程可以很容易拓展到多台发电机的例子。在继电器协调性检验步骤中需要数字计算机仿真，以考虑自动电压调整，调速器自动控制，负载对电压频率依赖性的影响。

16.9 稳态稳定性分析

稳态稳定性分析涉及系统在受到小干扰后保持平衡状态的能力。根据定义，稳态稳定性分析仅基于系统线性形式分析时的特性，典型分析过程如下：

计算过程

1. 计算平衡条件

对于多数系统来说，在时不变动态模型中，令所有导数为零的方式来计算平衡条件。在电力系统中，通常使用标准的功率潮流方程来计算平衡。由此，如先前计算初始条件那样计算平衡条件。两种情况下，平衡条件是我们所关注的那些稳定状态。由于非线性系统有多个平衡条件，因此可能还需要确认解是"感兴趣的状态"。在电力系统中，出现这些多种解是因为给定数据通常是功率。电路中，功率是一种模糊信息。例如，如果负载吸收的功率为零，则可能的解有两个：a）电压等于零（短路）；b）电流等于零（开路）。这两个条件均会导致负载功率为零，这两个解在物理上都是合情合理的。对于给定功率不是零的情况也是如此。

2. 平衡条件动态量的线性化

为了进行稳态稳定性分析，非线性系统必须"线性化"。这就意味着出现在状态变量导数右侧的非线性函数和代数方程组必须是线性的。通过泰勒级数展开并保留线性化部分可以实现这个目的。

3. 计算线性模型的特征值

当动态模型线性化后，就可以通过简单地计算系统动态矩阵的特征值直接完成稳定性计算。如果系统具有代数方程，则必须通过矩阵运算消减代数变量并获得动态矩阵。如果动态矩阵所有特征值的实数部分小于零，则这个系统是稳态稳定的。如果保留所有发电机相角且系统中没有无穷大母线做为角度参考，则动态矩阵的一个特征值将为零。零值特征值并不表示这个系统是不稳定的。这表明系统中的发电机可以不同于原始同步速度保持同步。根据传统电力系统稳定性定义，这种情况也被认为是稳定的。

16. 10　电压稳定性分析

对于不同的人来说，电力系统电压稳定性分析是不同的。可以很广义地定义为，当电力系统发生变化时，电压水平没有按照某种预期方式响应的状态。这可能是指由有载调压变压器（TCUL）控制按照不适合现有条件的某种预定规则动作引起的不稳定（分接头位置的增加导致电压水平的下降），或者它只是意味着接入"负载"引起功率损耗减少（打开另一盏灯使房间变暗）。后面的定义已经根据功率潮流解进行了解释。如果一条母线上的负载定的太高，潮流算法可能会不收敛，或者收敛于"低压解"。如果因为缺少一个实际解而无法收敛，有些人认为这表明实际系统中存在"电压崩溃"。因此，电压崩溃点被解释为功率流算法的雅可比矩阵变为奇异的那个点。

如图 16.8 所示，用一个简单模型解释了其中一种现象。1.0pu 电压源通过电抗为 0.1pu 线路向几个电阻为 5pu 并联支路供电。当没有接通电阻时，负载电压为 1.0pu。当接通 10 个并联电阻支路时，负载电压降为 0.981pu，输出功率增加至 1.924pu，当接通 50 个并联电阻支路时，负载电压降为 0.707pu（低至无法接受，本例中不考虑），功率达到 5.0pu。此时，并联负载电阻等于线路电抗。当多于 50 个电阻接入时，总消耗的功率低于 5.0pu，称为负载电压与消耗功率的"鼻子"曲线，如图 16.9 所示。这个曲线就是"PV"曲线。对于这个简单系统，PV 曲线上的点可以通过手工计算的方法计算出来，详细数据如表 16.13 所示。

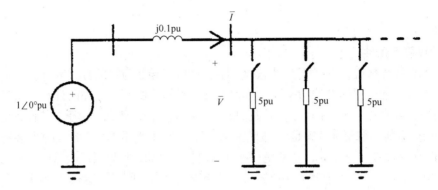

图 16.8　单母线最大功率传输

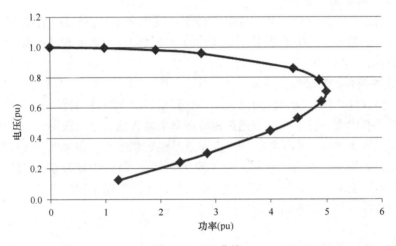

图 16.9　PV 曲线

表 16.13　PV 曲线点

负 载 数 量	电压（pu）	电流（pu）	功率（pu）
0	1.000	0.000	0.000
5	0.995	0995	0.990
10	0.981	1.961	1.924
15	0.958	2.873	2.753
30	0.857	5.145	4.409
40	0.781	6.247	4.878
50	0.707	7.071	5.000
60	0.640	7.682	4.918
100	0.447	8.944	4.000
160	0.298	9.540	2.844
400	0.124	9.923	1.230

对于大型系统，PV 曲线的计算过程如下所示。

计算过程

1. 基本案例条件的定义

基本情况通常是使用负荷预测和/或交易的未来情景。对于这种基本情况，对网络潮流方程求解以得到网络电压。

2. 定义功率增长方向

这种类型的电压稳定性分析考虑了某个方向的功率增加。这个功率可以是总负载，特定母线的负载，或者从一个或者多个输入点向另一个或几个输入点转送的交易功率。这个功率增加将构成 PV 曲线的水平轴。

3. 功率增量以及系统电压解

利用潮流分析，功率水平增加一定量，在新的系统条件下求解潮流。如果潮流求解失败，逐渐减少功率的增加量直至潮流收敛。如果潮流计算正常，可继续增加功率，再次进行潮流计算。重复计算过程直到绘制出"鼻子"PV 曲线。PV 曲线横坐标轴为功率，纵坐标轴为电压。当潮流计算接近 PV 曲线的"鼻子"时，由于雅可比矩阵呈现病态，潮流计算可能无法收敛。

相关计算

"连续潮流"被用于求解 PV 曲线"鼻子"附近病态雅可比矩阵潮流计算。这种类型潮流计算使用更强大求解技术能够更精确地计算出 PV 曲线的"鼻子"部分及"下半"部分。

16.11　大规模动态仿真数据的准备

北美互联电力网络可能是最大的互联系统，通常在假定干扰情况下对这个互联系统进行动态性能仿真。发电机、输电设备、负载组成的电力网络由数百家公共事业公司和数百万的用户拥有和运营。由于它们的互联，一个系统上的扰动影响将会越过所有权和监管范围，影响互联系统的运行。只有在研究中有效获得这些模型参数时，才能充分利用系统元素模型的先进性。为了实现这样的目标，1994 年 11 月，北美电力可靠性委员会（NERC）创建了系统动态数据工作组致力于开发和维护东部互联系统完整的系统动态数据库以及相关的动态仿真案例。数据收集工作由东部电网可靠性评估组负责。德克萨斯电力可靠性委员会（ER-COT）以及西部系统协调委员会（WSCC）也建立了类似的数据库，原因是这些区域与东部区域除了异步（DC）联系之外是相互独立的。依据 NERC 规划标准 II. A. 1，测量 4 规定，所有控制区域的数据准备和传输到适当的数据库是强制执行的。

数据要求及指南

美国和加拿大多数电力网络均处于三个互联系统之一，每一个互联系统均对所辖的发电机组动态数据进行维护。每一个辖区均建立了验证和提交此类数据的要求和指南。

东部互联电网

东部互联可靠性评估小组用程序手册的形式提供了数据要求。目前正在使用的是出版于

2013 年 7 月 10 日的版本 10。使用 NY，Schenectady 西门子 PTI 编写的 PSSE（版本 32）软件的数据格式。数据手册的电子版本可以从以下网址获得：

https：//rfirst. org/reliability/easterninterconnectionreliabilityassessmentgroup/mmwg/Pages/default. aspx.

德克萨斯互联电网（ERCOT）

德克萨斯电力可靠性委员会动态工作组在程序手册中对数据提出了要求。目前正在使用的是 2012 年 3 月 8 日出版的版本 7。使用 NY，Schenectady 西门子 PTI 编写的 PSSE（版本 32）软件的数据格式。数据手册的电子版本可以从以下网址获得：

http：//www. ercot. com/committess/board/tac/ros/dwg/index. html。

西部互联电网（WECC）

西部电力协调委员会的建模和验证工作组出版了一个 WECC 动态建模过程及动态建模库。使用的数据格式为 NY，Schenectady 通用电力公司 PSLF 软件系统数据格式。

动态建模过程当前版本电子档可通过以下网址获得：

http：//www. wecc. biz/committees/StandingCommittees/PCC/TSS/MVWG/Shared% 20Documents/MVWG% 20Approved% 20Documents/WECC% 20Dynamic% 20Modeling% 20Procedure. pdf

动态建模库的电子资源可通过以下网址获得：

http：//www. wecc. biz/library/WECC% 20Documents/Documents% 20for% 20Generators/Generator% 20Testing% 20Program/WECC% 20Approved% 20Dynamic% 20Model% 20Library. pdf

需要注意的是所用数据传输格式为 NY，Schenectady 西门子公司 PSSE 程序的数据格式。即使缺少监管要求，所需模型的详细程度可以认为是当前工业界一致的看法。MMWG 指多区域建模工作组，负责每年提供一系列具有代表性潮流案例，这些潮流案例代表了规划年内一定间隔的预期运行条件。

动态数据提交要求和指南

潮流建模要求

A. 所有潮流中的发电机、包括同步调相机及 SVC 可用母线名称和设备 id 进行标识。所有其他动态设备，例如，并联开关、高压直流端子（HVDC）、应用母线名称和电压等级进行标识。母线名称由 12 个字符组成，而且在东部互联电网内应该是唯一的。这些标识符的任何改变应该最小。

B. 在 MMWG 潮流案例中，那些同步发电机、感应发电机或者同步调相机所连接的升压变压器数据并不是用变压器支路表示时，升压变压器的相关数据应该存在于潮流的发电机数据记录中。在 MMWG 潮流案例中，发电机或调相机的升压变压器用变压器支路表示时，在发电机数据记录中的这个升压变压器阻抗数据域应为零且变比为 1。不管升压变压器模型是在潮流数据记录中还是在发电机数据记录中，在一个模型系列的各个案例中应该保持一致。

C. 当发电机、调相机或者其他动态设备的升压变压器用潮流发电机数据记录表示时，变压器的电阻及电抗应以发电机或者动态设备的额定容量为基准折算成标幺值。变压器的抽头比应该反应实际升压变压器变比，并考虑每个绕组的基准电压和发电机、调相机或动态设备的基准电压。

D. 与 PTI 的 PSSE 软件要求相一致，潮流发电机数据记录中的 X_{source} 值应为如下值：

1. $X_{source} = X''_{di}$，对于详细的同步机模型。

2. $X_{source} = X'_{di}$，对于不详细的同步机模型。

3. $X_{source} =$ 感应机的堵转阻抗。

4. $X_{source} = 1.0pu$ 或者更大，对于所有其他设备。

E. 通常，潮流中 SVC 不用发电机而用开关控制的连续变量表示。在潮流计算的迭代过程中，如果发电机的无功迭代解达到了极限，则锁定这个值，但是，如果合适 SVC 并联的开关在后续的迭代过程中将会移除这个限制。PSSE 动态模型兼容了以上两种处理方式。如果用户将这个 SVC 表示为特别的 SVC，则使用控制特性，如果用发电机表示，这个 SVC 在潮流计算中应表示为发电机。

动态建模要求

A. 除了下面特殊情况，所有同步发电机和同步调相机建模及相关数据需要进行详细描述。详细的发电机模型包括至少 2 个 d 轴和 1 个 q 轴等效电路。PSSE 动态模型详细类型分类为：GENROU，GENSAL，GENROE，GENSAE 以及 GENDCO。对于机组额定容量小于等于 50MVA 的下面情况，可以用不详细的同步发电机或者同步调相机模型：

1. 由于工厂不在生产，所以没有详细的数据可用。

2. 由于机组生产日期在 1970 年以前，没有详细的数据可用。

B. 下述情况的任何容量机组，允许使用不详细的同步发电机或者调相机模型。

1. 未来年 MMWG 条件下，机组是虚拟的或者是未设计的。

2. MMWG 条件下，发电机处于热备用或封存而没有带负载的情况。

C. 不详细的 PSSE 模型类型为 GENCLS 和 GENTRA。无法获得完整数据时，又不是上述几种情况时，应在必要的范围内使用典型的详细数据，以提供完整的详细模型。

D. 根据要求 A，所有发电机、同步调相机必须详细建模，还应包括励磁系统，涡轮机-调速器，电力系统稳定器，线路无功补偿电路。以下情况例外：

1. 如果发电机组在人工励磁控制情况下运行，可忽略励磁系统模型。

2. 基荷核电机组及同步调相机等不参加调频机组，可忽略涡轮机—调速器模型。

3. 对于没有安装这样设备的机组或者不是连续运行的机组，可以忽略电力系统稳压器模型。

4. 对于没有安装这样设备或者没有连续运行，可以忽略对线路无功补偿建模。

E. 所有其他类型的发电机组和动态设备，包括感应发电机、SVCs、HVDC 系统、静态补偿装置（STATCOM）等均应用正确的 PSSE 动态模型。

F. 不应用 CIMTR1、CIMTR2、CIMTR3 或者 WT3G1 动态模型对风力机进行建模。（WT3G1 模型不能准确的表示频率响应，可以用 WT3G2 模型代替）。

G. 除了以下两种情况，所有发电机和其他动态设备使用标准的 PSSE 动态模型。

1. 为了正确表示并对其内部动态特性进行仿真必须使用特定性能特征的用户模型。

2. 被建模的动态设备特定性能特征用标准的 PSSE 动态模型无法近似替代。

H. 在 MMWG 潮流中使用用户定义模型的地方，应该提供解释动态设备性能的文档。所有 MMWG 用户定义模型的文档应该以独立文档形式在 MMWG 互联网站上发布。任何模型代码编译期间产生的警告也应在文档中进行描述。

I. 提交的用户模型源代码应用最新的 PSSE 修正版 FLECS 语言，C 语言或者 FORTRAN 语言。不允许在 MATLAB/SIMULINK 中创建用户模型，因为 SDDB 用户无法在没有附加软件的情况下运行它们。

J. 仅当小型发电机、同步调相机或者动态设备额定容量小于等于 20MVA 时，才允许具有母线负载的小型发电机、同步调相器或动态设备进行合并计算（注：在 MMWG 潮流案例中任何已合并的机组或者设备不必用动态模型表示）。

K. 只有同一电厂相同或相似类型的发电机组额定容量小于等于 50MVA 时，允许等值。等值后机组容量不应超过 300MVA。这样的等值应年年保持一致。

L. 使用动态模型要求标幺值的地方，所用这样的数据应是以发电机或者设备额定容量为基准的标幺值，就像功率潮流中给出的发电机数据记录。这个要求也适用于励磁系统和调速器模型，其标幺值也应以相关发电机额定容量为基准。依据 PSSE 模型 IEEEG1 惯例，应在一台机器的铭牌额定容量上提供交叉复合式机组的最大和最小功率。

M. MMWG 将根据具体情况批准例外，每个例外的原因将记录在 SDDB 中。

动态数据检验

A. 所有动态模型数据应根据下表中定义的 SDDB 数据筛选检查进行筛选。未通过这些筛选试验的所有数据项应由发电机或动态设备所有者解决并予以纠正。

B. 所有提交到 MMWG 协调员的区域数据都应事先进行令人满意的初始化，并对每个动态案例进行 20s 无干扰仿真检查。

C. 每个区域都要提交一个众所周知响应的意外事件，以便测试模型的有效性，并建议一个可切换的元件（高压和高流）以便测试动态模型的数学稳定性。

指南

A. 包含典型数据的动态数据提交应包括文档，这些文档标识了包含典型数据的那些模型。例如 CON 保护模型如 GENROA 和 GENSAA，将动态数据从一个机组复制到另外一个机组时，可能对此有用。当为现有设备提供典型数据时，附件文件应给出设备厂商，额定容量，电压等级以及设备类型（燃煤机组，核电机组，蒸汽汽轮机组，水轮机组等）。

B. 与电压相关的负载应表示为恒阻抗、恒电流和恒功率的组合（简称为 ZIP 模型）。各区域应通过 PSSE CONL 活动提供表示负载的参数。这些参数可以按照区域、范围或节点定义。当准确表示区域动态性能的要求很明显时，应向 MMWG 提供其他类型的负载模型。

16.12 励磁及发电机模型的验证

与其他控制系统相似，励磁系统和调速器的响应变化是快速的，阻尼性能良好的。如果允许更快速地达到目标，那么稍微超出预期的输出是可以接受的，但是持续的阻尼振荡是不允许的。使用这个模型的技巧是将励磁器或调速器从机组和电力系统其余部分中分离出来，并且用响应于整定点阶跃变化来模拟励磁电压或者机械转矩变化。通过在其电压整定点增加大约 5% 的额定电压（例如从 $1.0 \sim 1.05 \mathrm{pu}$）之后模拟 $2 \sim 5\mathrm{s}$ 间隔的响应来验证励磁系统是有效的。通过模拟所需输入功率的变化来类似地验证调速器的有效性，但是调速器响应测试必须运行一个相当长的时间，特别是如上所述的再热型发电机。

在进行这种仿真时，重要的是初始和最终输出值必须满足约束条件 $V_{R\max}$，$V_{R\min}$，$P_{\max}$，$P_{\min}$。

如图 16.10 所示，调整好的 IEEE 类型 I 励磁系统模型响应，以及没有调整好的具有不同参数值的响应。为了比较，图 16.11 给出了 IEEE 类型 3（GE SCPT）以及 IEEE 类型 4（非连续调整）励磁系统响应。后者近几年来没有安装但在更老的机型中是可以看到的。在并行控制直流励磁器中，有快速和慢速响应机制，因此命名为非连续。快速响应机制在其响应中有明显的死区，通常为额定电压的 $2\% \sim 3\%$。

如图 16.12a 所示，给出了非再热蒸汽轮机和再热蒸汽轮机负载整定点发生 10% 变化时调速器的响应。然而，两者之间并没有什么本质的不同。如图 16.12b 所示，给出了水轮机的调速器响应。需要注意的是由于流经压力水管水流的惯性，增大阀门输入量起始时刻，输出的功率会降低。当闸阀打开时，一些水头最初用于水流的加速，而涡轮机发电使用的水头减少了。

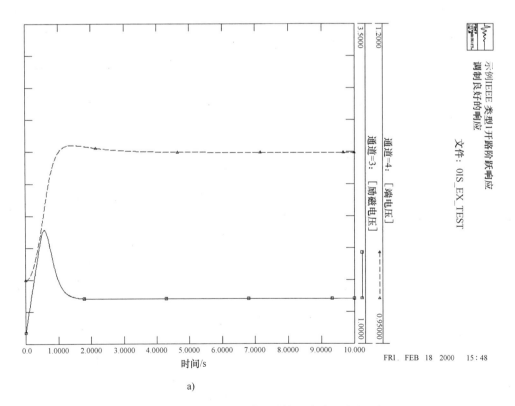

a)

图 16.10　IEEE 类型 I 励磁系统开路阶跃响应示例
a）调制良好响应

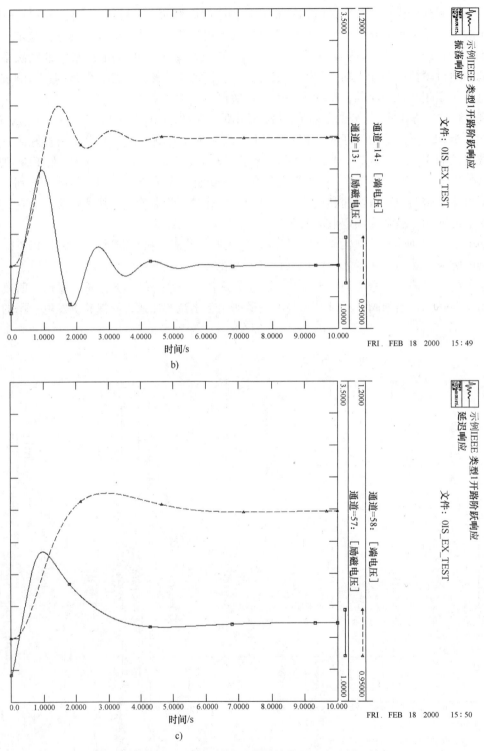

图 16.10　IEEE 类型 I 励磁系统开路阶跃响应示例（续）

b）增益过高，振荡响应　c）增益过低；延迟响应

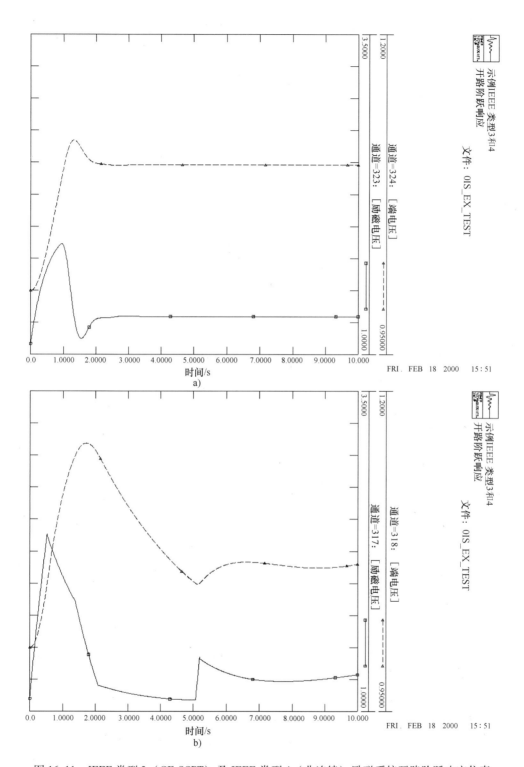

图 16.11 IEEE 类型 3（GE SCPT）及 IEEE 类型 4（非连续）励磁系统开路阶跃响应仿真
a）类型 3 b）类型 4

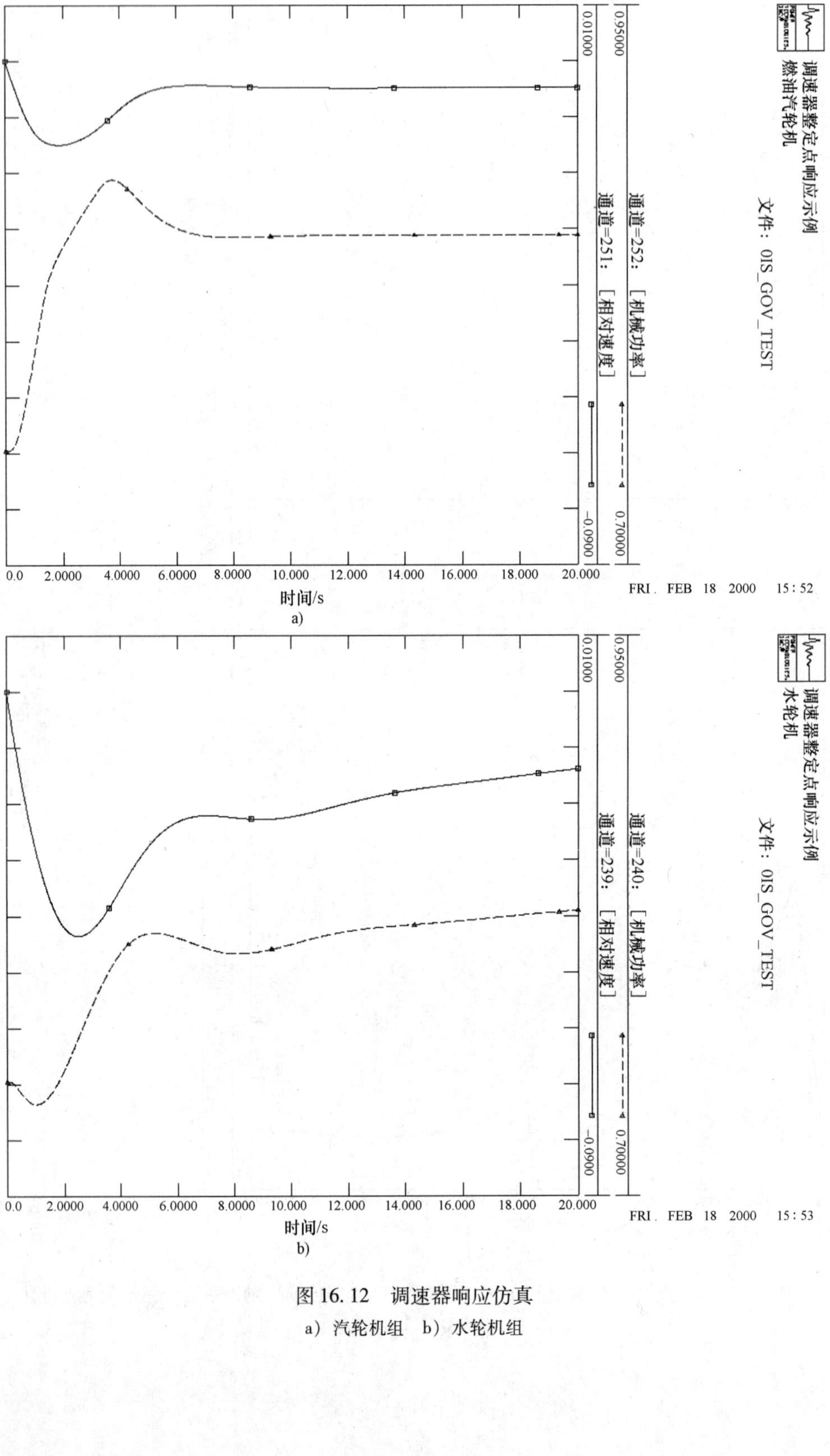

图 16.12　调速器响应仿真

a）汽轮机组　b）水轮机组

16.13 直接数据驱动的稳定性分析

目前正致力于发现一种依据相角测量单元（PMU）的母线相电压及线电流角度测量值来评估稳定性的方法。PMU 能够给出每周期一次测量的三相电压和电流复数值。这个测量系统采用全球定位系统或类似方法的基频和时间信号。这种评估系统与稳定极限接近程度的方法依据早期的基于线路长度分配线路负载能力限值的概念。

载荷能力曲线

St. Clair 曲线首次发表于 St. Clair（1953 年）。它们包括热稳定极限（电流）、电压降落（跨系统），以及基于整个系统角度的稳态稳定性。这个想法是将线路潮流转化为波阻抗功率（自然功率）分数，并且绘制允许的线路潮流为 SIL 分数与长度的关系曲线。对电力系统分析师来说，这个结果很直观。对于短线路来说，主要受线路发热限制（线路电流是主要约束因素）。对中等长度线路来说，主要受电压降落的限制。而对于长线路来说，是受静态稳定性的约束，主要反映在线路上相角的变化。由于使用 SIL 作为衡量负载能力的尺度，这个技术避免了线电压的问题。电压降限制和稳态稳定性限制基于线路两侧戴维南等效。这个方法在 Dunlop 等人（1979）和 Gutman（1988）的研究中得到改进。如图 16.13 所示，给出了 1973 年美国电力公司（AEP）载荷能力曲线。

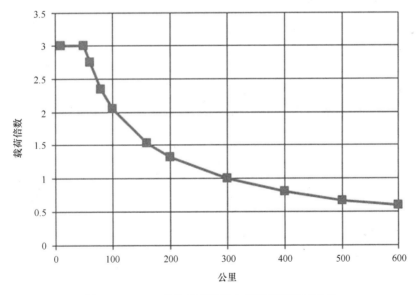

图 16.13 AEP 线路载荷倍数与线路长度关系曲线

这个曲线表示了三个极限的最小值：热稳定极限、电压降落极限以及静态稳定极限。

热稳定极限

为了应用载荷曲线完成稳定性分析的目标，我们必须充分地注意到热稳定极限与线路长度无关。热负载限制仅在 50mi 以内考虑。

导体的热稳定范围表可以从设备厂商那里获得。这些表一般假定环境温度为 40℃（104 ℉），允许上升的温度为 75℃。输电线路热稳定极限受线路尺寸、所选择的导体材料以及每相导体的数量影响较大。环境温度、风速、线路走向、日光照射等也会影响导体上升的温度。所以，不同的气候下，不同使用条件下适合的额定容量不同。在正常和紧急条件下，不同使用条件对于允许温度有不同准则。

电压降落

对于一个给定线路（导体材料，分裂导线数目，相间距），电压降落基本正比于线路长度以及以安培为单位的负载大小。因此，在允许的电压降落范围内，可承载的负载反比于线路长度。一般允许的电压降落范围为 5%。电压降限制在 50 到 300mi 之间是最严格的。

暂态稳定性

经典理论中，线路的暂态稳定性极限功角为 90°时，传输的功率最大，而实际上安全区域可能是 60°而不是 90°。（如需了解更多的关于最大传输功率相关内容，请看第一部分）。为了绘制曲线，对除线路外电网其余部分使用戴维南等值进行仿真。当线路长度超过 300mi 时，暂态稳定极限变成最严格的限制。

示例

1. 计算线路阻抗 Z 及并联导纳 Y

由于 Z 和 Y 正比于线路长度，使用每英里或每公里数值。具体计算过程见本书第 9 部分。当输电线路电压等级超过 69kV 以上时，线路电抗远大于线路电阻，所以线路电阻可忽略不计。

2. 计算波阻抗 Z_C 及自然传输功率 SIL

依据本书第 9 部分计算公式，可得

$$Z_C = \sqrt{\frac{Z}{Y}}$$

电压等级 34.5 ~ 765kV 的线路波阻抗为 200 ~ 500Ω。

$$SIL = \frac{kV^2}{Z_C}$$

对于 345kV 线路，其波阻抗为 400Ω 时，SIL = 297.6MVA。

3. 利用 St. Clair 曲线获得传输极限

如果线路长度为 200mi，根据曲线 16.13，线路的载荷能力为 1.3 倍 SIL，则约等于 390MVA。

4. PMU 数据的使用

以同样的方式，数据驱动技术使用 PMU 数据计算从线路两端看进去的戴维南等效电路并计算功角，判断功角是否小于 90°。例如，给定线路送端复电压 （V），以及注入电流 （I），依据基尔霍夫电压定律列写复数电压方程，方程式中含有两个未知复数量，一个是戴维南等效电源 （E）以及线路送端侧戴维南等效阻抗 （Z）：

$$-E + ZI + V = 0 \quad (I, V \text{ 的值由 PMU 设备测得})$$

在另一个时刻（或许是 1s 后），第二次 PMU 测量将给出另一个涉及 E，Z，I 和 V 的相同方程。如果第二次测量与第一次测量完全不同，可以求解这两个独立方程，得到戴维南等效电压 E 和阻抗 Z。这里假设第一次测量到第二次测量 E 和 Z 保持不变。在线路受端重复这个过程以获得系统受端的第二个戴维南等效电路参数。使用众所周知的条件，即跨越线路和系统的电压相角差不应接近 $90°$，用这两个等效电路量化系统接近稳定极限的程度。不能简单用两次采集数据计算 E 和 Z，而是用一系列采集数据进行估计，获得输电线路两端最准确的 E 和 Z。这种方法存在的问题是需要在所有线路两端进行 PMU 测量。

16.14　参考文献

1. Anderson, Paul M., and Aziz A. Fouad. 1994. *Power System Stability and Control (Revised Printing)*. New York: IEEE Press.
2. Bergen, Arthur R., and Vijay Vittal. 2000. *Power System Analysis*. Upper Saddle River, N.J.: Prentice Hall.
3. Byerly, Richard T., and Edward W. Kimbark. 1974. *Stability of Large Electric Power Systems*. New York: IEEE Press.
4. Clair, H. P. St. 1953. "Practical Concepts in Capability and Performance of Transmission Lines," AIEE Transactions (Power Apparatus and Systems). Paper 53–338 presented at the AIEE Pacific General Meeting, Vancouver, B. C., Canada, September 1–4.
5. Dunlop, R. D., R. Gutman, and P. Marchenko. 1979. "Analytical Development of Loadability Characteristics for EHV and UHV Transmission Lines," *IEEE Transactions on Power Apparatus and Systems*, Vol. PAS-98, No. 2, pp. 606–617, March/April.
6. Elgerd, Olle I. 1982. *Electric Energy Systems Theory: An Introduction*. New York: McGraw-Hill.
7. Energy Development and Power Generating Committee of the Power Engineering Society. 2005. "IEEE Standard 421.5-2005," *IEEE Recommended Practice for Excitation System Models for Power System Stability Studies*. New York: Institute of Electrical and Electronics Engineers, Inc. (Note: this Standard is under revision.)
8. Gutman, Richard. 1988. "Application of Line Loadability Concepts to Operating Studies," *IEEE Transactions on Power Systems*, Vol. 3, No. 4, pp. 1426–1433, November.
9. Kundur, Prabha. 1994. *Power System and Stability and Control*. New York: McGraw-Hill.
10. Machowski, Jan, Janusz Bialek, and James R. Bumby. 1997. *Power System Dynamics and Stability*. Chichester, UK: Wiley.
11. Pai, M. A. 1981. *Power System Stability—Analysis by the Direct Method of Lyapunov*. New York: North Holland.
12. Power System Engineering and Electric Machinery Committees of the IEEE Power Engineering Society. 1991. "IEEE Standard 1110-1991," *IEEE Guide for Synchronous Generator Modeling Practices in Stability Analyses*. New York: Institute of Electrical and Electronics Engineers, Inc.
13. Sauer, Peter W., and M. A. Pai. 1998. *Power System Dynamics and Stability*. Upper Saddle River, N.J.: Prentice Hall.
14. Taylor, Carson W. 1994. *Power System Voltage Stability*. New York: McGraw-Hill.

第17章 热电联产

Hesham Shaalan, Ph. D.
Professor Marine Engineering U. S. Merchant Marine Academy

17.1 简介

20 世纪 70 年代，能源问题变得日益突出，其中的一个主要问题就是如何提高能源的利用效率。1978 年公共事业调节法案（PURPA）就是针对这些问题制定的主要法案。这一法案要求电力公司必须按"可避免成本"向热电厂购买电能。PURPA 赋予了那些达到标准的非公用热电联产电厂拥有者适当的法律权利。这些权利直接后果是，对于使用蒸汽的大型工业用户来说，蒸汽的现场生产成为一种可行方案，并且开放了电力工业的发电领域竞争。

在 20 世纪 60 年代到 70 年代期间，工业公司的产电量平均每年增加 500MW。相对于同一时期内公用电力公司每年 15 000MW 电能增量而言，工业公司的年产电量增幅是非常小的。然而，1980 年之后，非公用电力公司增产能力显著增加，成为电力容量扩增的主要来源。电力公司实行热电联产的关键激励因素是它降低了整个生产过程中热和电的成本。热电厂的设备产热产电所使用的燃料比单独生产电力和蒸汽所需的燃料要少得多。因此，通过更有效地使用燃料，热电厂也可以为国家节约能源资源做出重大贡献。

热电厂是一个既生产电力又有热量输出的工厂，它以蒸汽流或水流（通过汽—水热交换器）的形式输送出去，用于工业或居民消费。电功率和热负荷的比值因电厂的类型而异。如果工厂位于一个工业密集区，其主要目标通常是为工业消费提供蒸汽或热水供应。在这种情况下，电能输出被认为是副产品，相对较小。而公用电力公司的热电厂电功率输出与热负荷之比与之恰恰相反，因为热量输出被作为一种副产品。

目前有两种不同概念的热电厂类型。一种是基于蒸汽轮机的热电厂（STCP），这种类型的电厂通常采用在蒸汽生产的中间环节抽取蒸汽的方式进行生产（如图 17.1 所示）。另一种是基于燃气轮机的热电厂（GTCP），它是由一个或多个燃气轮机组成的，这种燃气轮机通过一台或多台余热锅炉（HRSGs）产生的蒸汽提供热能。

热电厂主要有以下运行特性：输出电能，单位是 kWh 或 kJ；输出热能，单位是 kJ（kcal，Btu）；热耗率，单位是 kJ/kWh（Btu/kWh）。热电厂的热耗率需要专门定义。对于传统电厂来说，热耗率是每产生 1kW·h 电能所需要的热量。然而，因为这种定义没有考虑热输出，所以它不适用于热电厂。

本章介绍的热耗率是根据以下定义计算的：热耗率 = $(Q_1 - Q_2)/P$，其中 Q_1 为热电厂的热量输入，单位 kJ（Btu，kcal）；Q_2 为为了生产与热电厂相同的热量输出，常规蒸汽发生器附加的燃料输入热量，单位为 kJ（Btu，kcal）；P 为输出的电能，单位为 kWh。这种热耗率的定义将电力和蒸汽生产组合的所有效益分配给了电力生产。

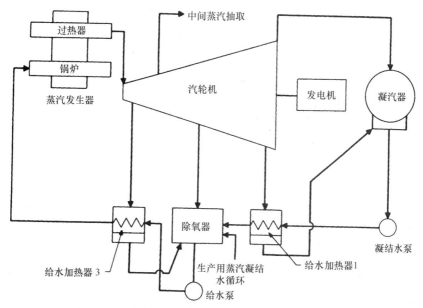

图 17.1 以汽轮机作为原动机的热电厂循环（STCP）

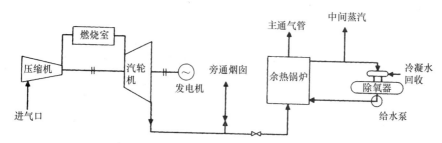

图 17.2 以燃气轮机作为原动机的热电厂循环（GTCP）

热电厂的热效率通用表达式：效率 $= (P+H)/Q_1$，其中，P，H 分别是热电厂输出的电力和热能。它们用与 Q_1 相同的单位表示。

17.2 汽轮机级的功率输出

计算如图 17.3 所示电厂的功率输出。由于给水加热和生产蒸汽的提取，通过汽轮机不同部位的蒸汽流量是不同的。

计算过程

1. 把汽轮机分成若干级

为了计算功率的输出量，将汽轮机分成几个部分（如图 17.4 所示），这几个部分具有恒蒸汽流量并且没有热量增加或提取。

2. 计算每级输出的总功率

每级输出功率为通过此级的流量与通过此级焓降的乘积（焓降是进入和离开该级的蒸汽焓差值）。因此，输出功率 $= w_i \Delta H_i / 3600$，其中，w_i 为流过的蒸汽量，单位是 kg/h（lb/h），ΔH_i 为焓降，单位是 kJ/kg（Btu/lb）。

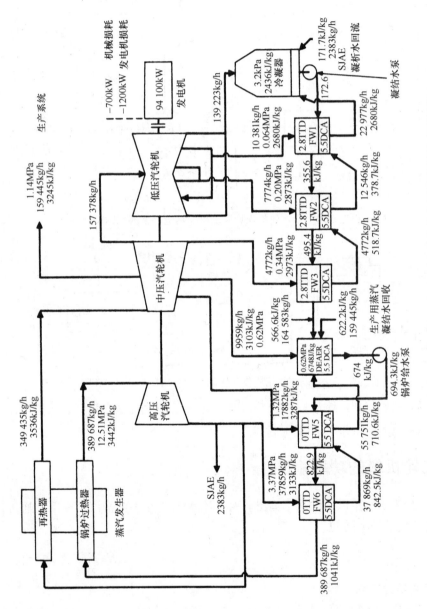

图 17.3 一台 94MW STCP 发电机的热平衡。SJAE 为生产电厂蒸汽喷射式喷射器；
P 为绝对压力，单位 MPa；H = kJ/kg；W = kg/h。

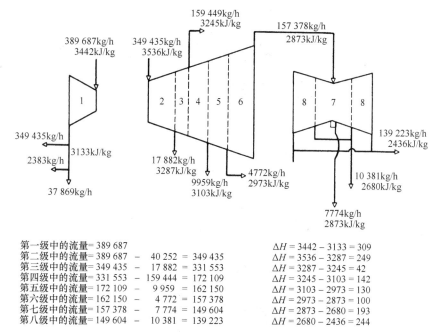

$$\begin{aligned}
\text{第一级中的流量} &= 389\ 687 & \Delta H &= 3442 - 3133 = 309 \\
\text{第二级中的流量} &= 389\ 687 - 40\ 252 = 349\ 435 & \Delta H &= 3536 - 3287 = 249 \\
\text{第三级中的流量} &= 349\ 435 - 17\ 882 = 331\ 553 & \Delta H &= 3287 - 3245 = 42 \\
\text{第四级中的流量} &= 331\ 553 - 159\ 444 = 172\ 109 & \Delta H &= 3245 - 3103 = 142 \\
\text{第五级中的流量} &= 172\ 109 - 9\ 959 = 162\ 150 & \Delta H &= 3103 - 2973 = 130 \\
\text{第六级中的流量} &= 162\ 150 - 4\ 772 = 157\ 378 & \Delta H &= 2973 - 2873 = 100 \\
\text{第七级中的流量} &= 157\ 378 - 7\ 774 = 149\ 604 & \Delta H &= 2873 - 2680 = 193 \\
\text{第八级中的流量} &= 149\ 604 - 10\ 381 = 139\ 223 & \Delta H &= 2680 - 2436 = 244
\end{aligned}$$

图 17.4　图 17.3 中汽轮机的分级

3. 计算总输出功率

$$\text{总输出功率} = \sum_{t=1}^{n} w_i \Delta H_i / 3600$$

其中，n 是级数。如表 17.1 所示，总结了汽轮机每级输出功率的计算值以及总输出功率 96 000kW。

表 17.1　总输出功率的计算[①]

蒸汽轮机各级序号	通过各级的蒸汽流 $W_i/(kg/h)$	通过各级的焓降 ΔH, kJ/kg	输出功率/kW
1	389 687	309	33 460
2	349 435	249	24 170
3	331 553	42	3870
4	172 109	142	6790
5	162 150	130	5870
6	157 378	100	4370
7	149 604	193	8020
8	139 223	244	9450
汽轮机各级输出功率总和			96 000

① 参见图 17.4。

17.3　发电机和机械损耗

假设功率因数为 0.85，发电机额定容量等于 100% 运行负载（kVA）再加 10%。使用试误法，假设发电机的输出功率、机械损耗和发电机损耗可以从图 17.5 ~ 图 17.7 获得，这些图给出了运行负载（单位 kVA）与各种损耗的函数关系曲线。发电机的输出功率加上机械损耗和发电机损耗应该等于汽轮机各级输出功率之和。试确定发电机和机械损耗。

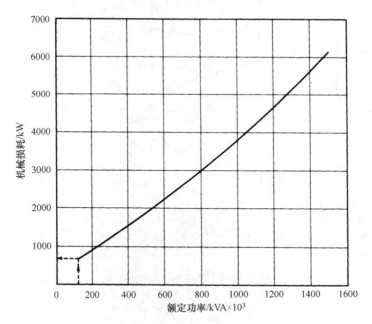

图 17.5　机械损耗和发电机额定容量的函数关系。如果在冷凝水管中
使用了油冷却器，可回收的损耗 = 0.85 倍的机械损耗。

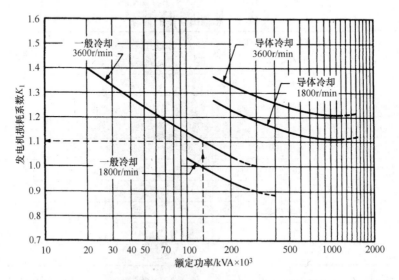

图 17.6　发电机损耗因子 K_1，是发电机额定容量的函数。发电机损耗［额定 H_2 压力］= 运行容量
$(K_1/100) K_2$；K_1 来自本图，K_2 来自图 17.7］。如果在冷凝水管中使用氢冷却器，
任何容量值下可回收的损耗 = 发电机损耗 - 0.75 发电机额定容量损耗。

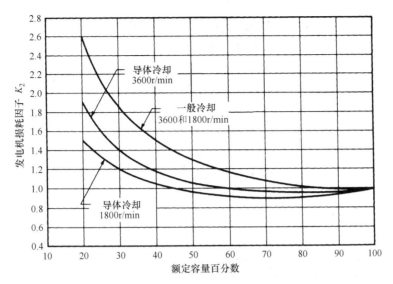

图 17.7　发电机的损耗因子 K_2 与发电机额定容量的函数关系曲线

计算过程

1. 假设发电机的输出功率 = 94 100kW

运行的视在功率 S = 假设的输出功率/功率因数 = 94 100kW/0.85 ≈ 111 000kVA。发电机额定容量 = 运行的视在功率 S × 1.1 = 111 000kVA × 1.1 = 122 100kVA。

根据图 17.5，机械损耗 = 700kW，发电机损耗 = （运行视在功率 kVA）（K_1）/100K_2 = 111 000 kVA × 1.1/（100 × 1.0）≈ 1200kW，其中根据图 17.6 可知 K_1 = 1.1，根据图 17.7 可知 K_2 = 1.0。

2. 检验发电机输出功率的假设值

发电机输出功率（94 100kW）+ 机械损耗（700kW）+ 发电机损耗（1200kW）= 96 000kW，等于汽轮机各级功率总和。

17.4　锅炉给水泵和冷凝水泵的功率损耗

使用图 17.3 给出的数值，计算锅炉给水泵（BFP）和冷凝水泵（CP）的功率损耗。

计算过程

1. 计算泵的功率损耗

使用泵的功率损耗（kW）= 通过泵的焓增量（kJ/kg）× 质量流量（kg/s）。基于图 17.4 给定的 BFP 值，ΔH = （694.3 – 674.8）kJ/kg = 19.5kJ/kg，W = （9959 + 164 532 + 159 445 + 55 751）kg/h = 389 687kg/h。因此，BFP = （19.5kJ/kg）×（389 687kg/h）/（3600kJ/kWh）≈ 2111kW。对于 CP，ΔH = （172.6 – 171.7）kJ/kg = 0.9kJ/kg，W = （139 223 + 22 977 + 2383）kg/h = 164 583kg/h。因此，CP = （0.9kJ/kg）×（164 583kg/h）/（3600kJ/kWh）≈ 41kW。

2. 确定电动机的功率损耗

为了对这些泵的电动机功率损耗进行估算，假设 BFP 的电动机效率为 90%，CP 的电动机效率为 85%。因此，BFP 电动机功率损耗 = 2111kW/0.9 ≈ 2345kW，CP 的电动机功率损耗 = 41kW/0.85 ≈ 48.2kW。CP 和 BFP 电动机的总功率损耗为（2345 + 48.5）kW，或者近似为 2400kW。

17.5　总功率和净功率输出

计算图 17.3 中发电厂的总功率和净功率输出。

计算过程

1. 计算总功率输出

总功率输出 = 汽轮机各级输出功率总和 - 机械损耗 - 发电机损耗 = （96 000 - 700 - 1200）kW = 94 100kW。

2. 计算净功率输出

净功率输出 = 总功率输出 - 电厂内部功率损耗（为了计算简便，这里假设只有 BFP 和 CP 的功率损耗）= 94 100kW - 2400kW = 91 700kW。

17.6　热耗和燃料消耗

如图 17.3 所示给出了热电厂特征循环点的蒸汽流量和焓值，假设汽轮发电机效率为 86%，使用 4 号燃油的热值为 43 000kJ/kg。确定此发电厂的热耗和燃料消耗。

计算过程

如表 17.2 所示，逐步汇总了计算过程。

表 17.2　热耗和燃料消耗计算

项目序号	项目说明	来源	数值
1	主蒸汽流量	热平衡，图 17.3	389 687kg/h
2	主蒸汽流焓	热平衡，图 17.3	3442kJ/kg
3	最终给水焓	热平衡，图 17.3	1041kJ/kg
4	通过蒸汽发生器的焓变	第（2）行 - 第（3）行	2401kJ/kg
5	主蒸气增加的热量	第（1）行 × 第（4）行	0.936×10^9kJ/h
6	再热蒸汽流量	热平衡，图 17.3	349 435kg/h
7	热段再热焓	热平衡，图 17.3	3536kJ/kg
8	冷段再热焓	热平衡，图 17.3	3133kJ/kg
9	通过再热器焓的变化	第（7）行 - 第（8）行	403kJ/kg
10	再热器增加的热量	第（6）行 × 第（9）行	0.140×10^9kJ/h
11	蒸汽发生器中加入的总热量	第（5）行 + 第（10）行	1.076×10^9kJ/h

（续）

项目序号	项目说明	来　　源	数　　值
12	蒸汽发生器效率	假设	86%
13	由燃料加入的总热量	第（11）行/第（12）行×100	1.25×10^9 kJ/h
14	4 号燃油热量值	假设	43 000kJ/kg
15	4 号燃油消耗量	第（13）行/第（14）行	29 100kg/h
16	生产用蒸汽流量	热平衡，图 17.3	159 445kg/h
17	生产用蒸汽焓	热平衡，图 17.3	3245kJ/kg
18	凝结水再循环焓	热平衡，图 17.3	622.2kJ/kg
19	过程蒸汽通过蒸汽发生器的焓变	第（17）行－第（18）行	2622.8kJ/kg
20	提供生产用蒸汽对应的热量输入	第（16）行×第（19）行/ 第（12）行	0.49×10^9 kJ/h

17.7　热耗率

表示一个电厂效率的主要参数是电厂的总热耗率和净热耗率，表示产生 1kWh 电能所消耗的热量。应用表 17.2 中相关数据来确定电厂的总热耗率和净热耗率。

计算过程

1. 计算热电厂的总热耗率

电厂的总热耗率 = $(Q_1 - Q_2)$/总输出功率，其中 Q_1 = 热电厂中燃料产生的总热量，Q_2 = 常规蒸汽发生器中的热量。根据表 17.2 可知，$Q_1 = 1.25 \times 10^9$ kJ/h，$Q_2 = 0.49 \times 10^9$ kJ/h。由于总输出功率 = 94 100kW，所以电厂的总热耗率 = $(1.25 \times 10^9 - 0.49 \times 10^9)$/94 100 ≈ 8077kJ/kWh。

2. 计算热电厂的净热耗率

电厂的净热耗率 = $(Q_1 - Q_2)$/净输出功率。由于净输出功率 = 91 700kW，则电厂净热耗率 = $(1.25 \times 10^9 - 0.49 \times 10^9)$/91 700 ≈ 8288kJ/kWh。

17.8　给水加热器的热平衡

任何热交换器的热平衡都是基于能量守恒定律的；即热输入减去热损耗等于热输出。在给定部分流量或参数情况下，热平衡条件有助于确定其他任何未知的流量或参数。完成热平衡计算，以确定高压给水加热器 5（如图 17.3 所示）所需的蒸汽流量（假设未知）。

计算过程

1. 列写热平衡方程

将未知的蒸汽抽取流量表示为 X，并参考表 17.3，列出加热器 5 的热平衡方程如下：

X×行（4）×[100－行（8）]/100 + 行（6）×行（5）+ [行（1）×行（2）] = 行（1）×行

（3）+ [X + 行（6）] × 行（7），其中等式左边表示流进加热器 5 的热量，等式右边表示流出的热量。

2. 确定蒸汽流量

表 17.3 给出了计算过程；X = 17 888kg/h [行（9）]。

表 17.3 给水加热器热平衡计算

项 目 数	项 目 说 明	来 源	数 值
1	给水流量	热平衡，图 17.3	389 687kg/h
2	给水进入加热器时的焓	热平衡，图 17.3	694.3kJ/kg
3	给水流出加热器时的焓	热平衡，图 17.3	822.9kJ/kg
4	抽汽焓量	热平衡，图 17.3	3287kJ/kg
5	从给水加热器 6 中排出流量的焓	热平衡，图 17.3	842.5kJ/kg
6	给水加热器 6 的排出流量	热平衡，图 17.3	37 869kg/h
7	从给水加热器 5 中排出流量的焓	热平衡，图 17.3	710.6kJ/kg
8	给水加热器的辐射损耗	假设	1.5%
9	给水加热器 5 的蒸汽流量	给水加热器的热平衡	17 883kg/h

17.9 基于燃气轮机的热电厂

如图 17.8 所示，表示了一个以燃气轮机为原动机的热电厂循环及其对应的热平衡。GTCP 包含了两个主要的部分：用来生产电能的燃气轮发电机和利用燃气轮机排出的废气余热产生生产用蒸汽的余热蒸汽发生器。

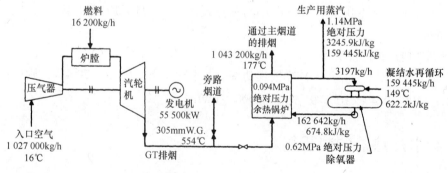

图 17.8 GTCP 热平衡

对于环境温度为 16℃，简单循环和基荷燃气轮机性能数据假设如下：净发电机输出功率 = 56 170kW，净轮机热耗率 HHV = 12 895kJ/kWh，效率 = 27.9%，气流 = 1 027 000kg/h，汽轮机排气温度 = 554℃，排烟流量 = 1 043 200kg/h，轻质燃料油 HHV = 44 956kJ/kg。（HHV = 燃料的高热值。）

假设生产用蒸汽供应要求如下：生产用蒸汽流量 = 159 445kg/h，HRSG 的蒸汽压强 = 1.14MPa（绝对压强），蒸汽焓 = 3245.9kJ/kg，假设 HRSG 的压强降落 = 305mm 水柱，冷凝水回流温度 = 149℃，冷凝水回流焓 = 622.1kJ/kg。分析系统性能。

17.10　热电联产模式中燃气轮机的输出和热耗率

简单循环模式下运行的燃气轮机（烟气是排放在大气中而不是进入 HRSG），在 16℃ 的外界温度下参数为：净输出功率 = 56 170kW，净汽轮机热耗率 LHV = 12 985kJ/kWh。

由于通过 HRSG 的烟气进一步增加了压降，假设为 305mm 水柱，所以热电厂中运行的燃气轮机背压增加。

计算过程

1. 计算燃气轮机修正后的功率输出和热耗率

从制造商提供的信息中可知，通过 HRSG 的压降对燃气轮机的功率输出和热耗率的影响是线性的，如表 17.4 所示，给出了近似的推荐值。

表 17.4　压降对燃气轮机性能的影响

	对输出的影响（%）	对热耗率的影响（%）	增加的排气温度/℃
入口，102mmH$_2$O	− 1.4	+ 0.4	+ 1.1
排气，102mmH$_2$O	− 0.4	+ 0.4	+ 1.1

在热电厂应用领域中，修正后的燃气轮机输出功率和热耗率为输出功率 = （56 170kW）× [1.00 − (0.004) × (305mm 水柱)/(102mm 水柱)] ≈ 55 500kW，热耗率 = (12 985kJ/kWh) × [1.00 + (0.004) × (305mm 水柱)/(102mm 水柱)] ≈ 13 140kJ/kWh。

2. 计算压缩机入口温度对电厂输出和燃气轮机热耗率的影响

如图 17.9 所示，表示了压缩机入口温度对电厂输出功率和燃气轮机热耗率的影响。环境温度为 32℃ 时（16℃ 是设计温度），热耗率的修正因子为 1.025，输出功率的修正因子为 0.895。因此，修正后的输出功率 = 55 496kW × 0.895 ≈ 49 670kW，修正后的热耗率 = (13 140kJ/kWh) × 1.025 ≈ 13 470kJ/kWh。

3. 计算 HRSG 从燃气轮机废气中回收热量而进行蒸汽生产的能力

蒸汽生产能力的计算基于 HRSG 热平衡。从燃气轮机烟气中转换出来的热量减去热损耗量等于 HRSG 中介质（冷凝气）所吸收的热量。计算 HRSG 蒸汽生产能力时，假设：HRSG 的烟气温度是 177℃，它远大于燃气轮机中 2 号燃料油（分馏）燃料产物的露点温度。对于具有可接受精度的概念性计算，由于燃气轮机中燃烧生成物的空气与燃料的比值要比理论值高，因此可以从平均温度时的空气表中得到烟气的热量。假设 HRSG 的热损耗为 2%。HRSG 的热平衡方程式为：$W_g C_p (T_{g1} − T_{g2})(0.98) = W(H_1 − H_2)$，其中 W_g 为烟气流量，1043kg/h；T_{g1} 为烟气进入 HRSG 的温度，为 554℃，T_{g2} 为烟气排出 HRSG 的温度，为 177℃；C_p 为平均烟气温度时的空气热量；W_{st} 为产生的蒸汽流量，kg/h。平均温度 = (554℃ + 177℃)/2 ≈ 366℃。根据空气表得，$C_p = 1.063$kJ/kg℃，H_1 为产生蒸汽的焓值，为 3245.9kJ/kg，H_2 为通入 HRSG 中给水的焓值，为 674.8kJ/kg。从以上数据求解热平衡方程，产生的蒸汽流量 $W_{st} = 162\ 642$kg/h。

生产用蒸汽流量为产生的蒸汽流量（162 642kg/h）与除氧器所要求的蒸汽流量（3197kg/h，从图 17.8 中得出）的差值。因此，生产用蒸汽流量 = (162 642 − 3197) = 159 445kg/h。

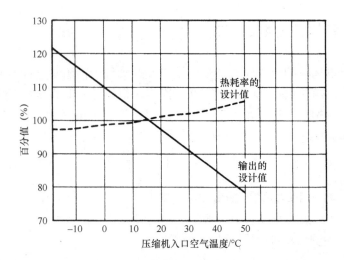

图 17.9　压缩机入口温度对燃气轮机输出功率和热效率的影响（燃料使用的是天然气分馏油）

4. 计算热量和燃料损耗

热耗（kg/h）= 修正后的燃气轮机热耗率（kJ/kWh）× 修正后的燃气轮机功率（kW），即（13 049kJ/kWh）×（55 496kW）= 0.74 × 10⁹kJ/h。

燃料损耗 =（热耗：0.73 × 10⁹kJ/h）/（2 号燃油 HHV：45 124kJ/kg）= 16 200kg/h。

5. 计算热电厂的热耗率

热电厂的热耗率 =（$Q_1 - Q_2$）/净输出功率。热耗 Q_1 = 0.73 × 109kJ/h，为提供生产用蒸汽输入的热量 Q_2 = 0.49 × 109kJ/h（根据表 17.2，第 20 行）。修正后的燃气轮机输出功率 = 55 496kW。因此，热电厂的热耗率 =（0.73 × 109kJ/h − 0.49 × 109kJ/h）/（55 500kW）≈ 4325kJ/kWh。

17.11　STCP 和 GTCP 的比较分析

对于特定的功率和热损耗要求来说，选择最经济的热电厂类型——基于汽轮机的热电厂（STCP）和基于燃气轮机的热电厂（GTCP）——对于一个电厂类型的初步确定是最重要的。有两种热电厂最优化方法：

1）STCP 和 GTCP 的热力学比较分析，它表示了一种燃料成本的对比，对那些高燃料成本区域和年运行时间超过 6000h 的循环选择是至关重要的。

2）经济性比较分析，这基于对热电厂投资美元现值和两个热电厂设计的运营成本评估。除了这两种热电厂的性能特征外，这种分析还需要设备成本相关信息以及在设计阶段中并不总能获得的一些特性。

计算过程

这个部分的计算过程表示了热电厂循环初步选择的第一种方法。最终的选择基于更详细的计算，并考虑其他因素，如水的可用性、环境条件、操作人员优先级等。

通过对 STCP 和 GTCP 循环的初步分析，以及对一些热电厂的循环优化表明，两种热电厂效率对比的主要标准是所需输出的热量与输出功率的比值，Q/P。下面的计算过程和结果，表示了两个热电厂规划的热耗率（HR）与 Q/P 的关系曲线，可以帮助工程师选择一个更高效的热电厂循环以满足特殊的 Q/P 要求。

表 17.5 给出了不同 Q/P 比率下 STCP 和 GTCP 系统热耗率的计算。表中给出了三个不同 Q/P 比率的 STCP 热耗率的计算过程，图 17.3、图 17.10、图 17.11 分别给出了它们各自的热平衡。由于这个函数有明显的线性特征，表中给出了两个不同 Q/P 比率的 GTCP 热耗率的计算过程。图 17.12 给出了两种热电厂的 HR 曲线。

表 17.5　不同的 STCP 和 GTCP 循环的热耗率计算

项目序号	项目说明	来　源	STCP			GTCP	
			情况 1	情况 2	情况 3	情况 1	情况 2
1	输出蒸汽	假定	159 445kg/h	250 000kg/h	300 000kg/h	0	159 445kg/h
2	功率输出	热平衡，图 17.3、图 17.10 和图 17.11	91 700kW	72 630kW	62 520kW	55 500kW	55 500kW
3	热输出	第（1）行 × 2622.8kJ/h	0.42 × 10^9kJ/h	0.655 × 10^9kJ/h	0.786 × 10^9kJ/h	0	0.42 × 10^9kJ/h
4	热输出/功率输出比	第（3）行/第（2）行，kJ/kWh 第（1）行/第（2）行，kg/h（每 kW）	4580kJ/kWh 1740kg/h（每 kW）	9018kJ/kWh 3.40kg/h（每 kW）	12 680kJ/kWh 4.8kg/h（每 kW）	0 0	7636kJ/kWh 2.9kg/h（每 kW）
5	提供生产用蒸汽的热量输入[①]	第（3）行/0.86	0.49 × 10^9kJ/h	0.76 × 10^9kJ/h	0.91 × 10^9kJ/h	0	0.49 × 10^9kJ/h
6	总热量输入	热平衡，图 17.3、图 17.10 和图 17.11	1.25 × 10^9kJ/h	1.25 × 10^9kJ/h	1.25 × 10^9kJ/h	0.72 × 10^9kJ/h	0.72 × 10^9kJ/h
7	热耗率	第（6）行 - 第（5）行/第（2）行	8353kJ/kWh	6747kJ/kWh	5406kJ/kWh	13 050kJ/kWh	4289kJ/kWh

① 常规蒸汽发电机的效率假定为 0.86。

对 HR 和 Q/P 曲线的分析表明，STCP 和 GTCP 的盈亏平衡点是在 $Q/P = 4200$kJ/kWh，或 1.6kg/h（每 kW）。当 Q/P 比率小于 4200kJ/kWh 时，STCP 更加经济（STCP 的 HR 小于 GTCP），当 Q/P 比率大于 1200kJ/kWh 时，GTCP 更加经济。

这些结果是基于对所选的 STCP 和 GTCP 循环参数的评价。计算结果表明，计算结果达到了可接受的精度，并适用于不同循环；也就是说，在 STCP 和 GTCP 之间存在盈亏平衡点，并位于之前 Q/P 比率附近。

需要强调的是，以上结果可以用于高燃料成本地区热电厂建设的初步选择，其中设备成本占总评估成本的一小部分。对于特定的设计和运行条件，最优的热电厂建设的终极选择是基于评估总成本的最小现值。

一项基于平均设备费用、燃料和维护费用以及当前经济因素的经济分析表明，STCP 和 GTCP 的盈亏平衡点位于 Q/P 比较小的区域。因此，它缩短了 Q/P 比率的跨度（从零到盈

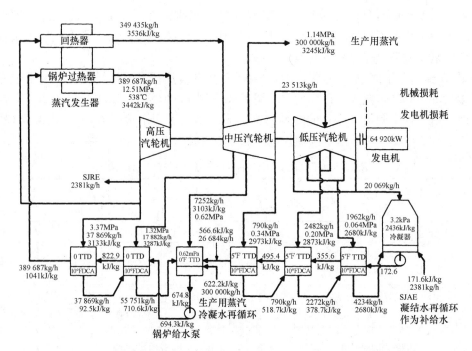

图 17.10 64 920kW 的 STCP 热平衡（SJAE 为电厂蒸汽生产用喷气式喷射器）

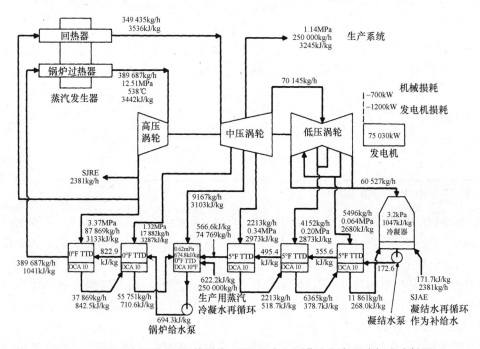

图 17.11 75 030kW 的 STCP 热平衡（SJAE 为电厂蒸汽生产用喷气式喷射器）

亏相抵的 Q/P 比值），这样看来 STCP 比 GTCP 更经济。这些结果可以通过 GTCP 的比较低的安装成本来解释，因为较低的安装费用可以补偿更高的热耗率。

热电联产电厂每年的预计运行小时数是确定适用的盈亏平衡 Q/P 比率的重要信息。年

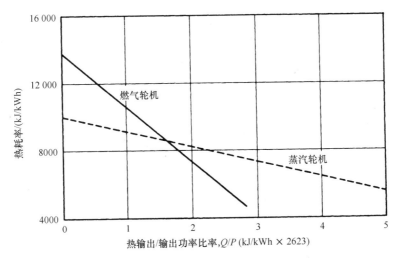

图 17.12 STCP 和 GTCP 的热耗率随 Q/P 比率变化的曲线

营业时间越少，盈亏平衡 Q/P 比率越低。经济计算表明，如果每年的运行小时数小于 2500h，则盈亏平衡 Q/P 比率将只取决于热耗率。

上述计算结果证明，对于相当多可行的功率—蒸汽供应要求的比值来说，GTCP 比 STCP 更经济。这是一个重要的结论，因为人们普遍认为，由于其高热耗率，燃气轮机热电联产循环本身就不太经济。

17.12 参考文献

1. Avallone, Eugene A., Theodore Baumeister, and Ali M. Sadegh. 2007. *Marks' Standard Handbook for Mechanical Engineers,* 11th ed. New York: McGraw-Hill.

2. Beaty, H. Wayne, and Donald G. Fink. 2013. *Standard Handbook for Electrical Engineers,* 16th ed. New York: McGraw-Hill.

3. Lockerby, Robert W. 1981. *Cogeneration: Power Combined with Heat.* Monticello, I.L.: Vance Bibliographies.

4. Orlando, Joseph A. 1991. *Cogeneration Planner's Handbook.* Lilburn, G.A.: The Fairmont Press.

5. Potter, Phillip J. 1988. *Power Plant Theory and Design.* Malabar, F.L.: R. E. Kreiger Press.

6. Spiewak, Scott A. and Larry Weiss. 1997. *Cogeneration & Small Power Production Manual.* Lilburn, G.A.: The Fairmont Press.

7. Stoll, Harry G. 1989. *Least-Cost Electric Utility Planning.* New York: John Wiley & Sons.

8. Weaver, Rose. 1982. *Industrial Cogeneration of Energy: A Brief Bibliography.* Monticello, I.L.: Vance Bibliographies.

9. World Energy Council Report. 1991. *District Heating, Combined with Heat and Power: Decisive Factors for a Successful Use.* London: World Energy Council.

第18章　固定型电池

Marco W. Migliaro，P. E. ，LF-IEEE

President & CEO IEEE Industry Standards and Technology Organization

18.1　电池的选择

电池可分为两大类，即不可充电的一次性电池和可充电的二次电池。二次电池也被称为蓄电池。蓄电池也可以分为两大类。第一类是 SLI（启动、照明和点火）电池，第二类是工业电池。

SLI 电池用于轿车、卡车、农用设备，小型内燃发电机、游艇等。这些电池为设备发电机起动和/或灯，控制器和小型电动机（例如舱底泵）等负载提供电源。

工业电池用于动力机械（例如叉车和飞机拖轮）、铁路机车、电车、有轨电车、导弹、潜艇等。本节将对用于这些设备的固定型电池及其相关计算进行讨论。固定型电池用于备用服务，由于其安装后始终保持在一个位置而得名。固定型电池适用范围广泛，主要用于电信、电力（变电站和发电厂）、工业控制、不间断电源（UPS）系统、应急照明、光伏系统和能量存储系统等。表 18.1 提供了有关使用固定型电池的相关数据。光伏系统可以在海洋浮标偏远的铁路道口、广告牌、公路隧道照明等应用中作为独立电力系统。光伏系统的电池需要额外考虑一些问题，例如，电池如何在日照期间保持部分放电状态，本章的参考文献包括了相关内容的讨论。

表18.1　固定型电池的典型应用

使 用 场 所	典型后备时间	典型容量范围	额定电压（Vdc）	典 型 负 载
传统通信	3～5h	3500Ah/每组[①]	48	通信设备（例如开关）
微波通信	3～5h	500Ah/每组[①]	24	微波设备
蜂窝通信	3～5h	500Ah/每组[①]	24	通信设备
变电站及开关站	5～8h	1800Ah	48～240	继电器、指示灯、断路器控制、电机运行、监视控制以及数据采集、事件记录仪
发电站	2～8h	2400Ah	48～240	逆变器、应急电机、事件记录仪、继电器、PLC、信号器、指示灯、断路器控制、计算机、阀门操作机构、电磁阀
工业控制	1～5h	2000Ah	48～120	断路器控制、电动机运行、过程控制
UPS 系统	5～15m	5～1500kW	120～520	逆变器
中央紧急照明系统中心	1. 5h	1000Ah	120	照明装置

（续）

使用场所	典型后备时间	典型容量范围	额定电压（Vdc）	典型负载
自给式应急照明	1.5h	100Ah	6～12	灯
安防系统	2～5h	2500Ah	84～480	旋转门、金属探测器、爆炸物探测器、X光机、读卡器
防火系统	8h	75Ah	84	探测器、雨淋系统、螺线管
气象站	24h	100Ah	84	仪器
铁路道口	周期性	250Ah	2～40	信号、门电机、灯
疏散警报	较短时间	100Ah	12～24	警笛、小型发动机、发射器/接收器
储能系统	10～40m	40MW	2000	电力系统

① 将电池并列有助于提高电池的可用性及可维护性。

　　根据电池的使用场所及相关因素对固定型电池进行选择。用户必须考虑使用哪种电池技术、极板类型以及电池具体设计。两种常用技术是铅酸电池（每个电池单元标称 2.0Vdc）和镍镉电池（每个电池单元标称 1.2Vdc）。如表 18.2 所示，列出了在选择和确定电池形式和容量之前需要考虑的因素。

表 18.2　固定型电池选择及容量设计时需要考虑的因素

- 更新或者替换电池
  - 实际安装环境评估（房间尺寸）
  - 负载变化
  - 电压
- 占空比
  - 温度修正
  - 设计余量
  - 老化因子
  - 浮充修正（NiCd）
- 放电频率
  - 放电深度
- 电池/整体大小和重量
- 铅酸电池与镍镉电池对比
- 单串电池组与多串电池组对比
- 合金（铅酸电池）
- 电极板类型
- 可用系统电压窗
  - 最大电压
  - 最小电压
  - 浮充电压要求
  - 充电/均衡电压
  - 电池数量

- 安装容量
- 湿充电与干充电（通风电池）对比
- 阻燃及外包装设计
- 通风设计
- 阻燃器通风设计
- 环境温度
- 安装要求
- 抗震要求
- 预期寿命
  - 充电循环寿命
- 可用短路电流
- 充电方法
  - 恒电压
  - 恒电流
  - 温度补偿
- 浮充修正因子（NiCd）
- 交流波动的影响
  - 电流
  - 电压
- 维护要求
- 监控措施
- 容量测试规定

来源：Migliaro，《Stationary Battery Workshop—Sizing Module》。

　　铅酸电池和镍镉电池均能用通风、阀控设计。镍镉电池也可用于密封设计。阀控式铅酸

（VRLA）电池将电解质溶液固定在电池中。通过细玻璃纤维隔板吸放电解质溶液或通过向电池添加胶凝剂使电解质变成凝胶来实现电池充放电，该凝胶具有白色凡士林的稠度。吸附式玻璃纤维隔板有时被称为 AGM 电池。

进行电池选择时，考虑的一个重要因素是电极板类型，铅酸电池的电极板通常为板状合金。铅酸电池的正极板类型多种多样，包括普兰特式（也就是平板式或者 Fauré 式）、粘贴式、管式极板。所有铅酸电池的负极板都是平板式。镍镉板类型包括口袋式、纤维式和烧结塑料粘合式类型。

阀控铅酸电池为长期、通用和高性能设计。同样，镍镉电池适用于 L、M 和 H 设计。阀控电池设计没有设计类型分类；然而，由于薄的电池板、高密度电解质以及低电阻隔板设计，吸收式玻璃纤维阀控式密封铅酸电池属于高性能设计。凝胶电解质阀控式密封铅酸电池作为通用型电池使用。反复充电型电池通常用于电信，而通用型电池用于变电站、发电厂以及工业控制等方面。尽管一些电池制造商正在提升这些电池性能以试图将其应用于开关跳闸装置，但是高性能电池目前主要用于 UPS 系统。

相关话题

尽管上述内容没有涉及电池类型选择的相关计算，但电池的选择过程对于电池能否成功安装至关重要。每个考虑的因素都需要全面考虑，例如，合适的电池技术，电极板类型，或者电极板合金等。实际上，最终确定电池类型之前，需要选择几种电池类型进行评估。参考文献中列举的书籍、标准以及论文可作为电池选择的参考资料。电池制造商通常会提供产品的相关技术信息。

18.2　额定容量

固定型电池的额定容量以安培小时（A、h）或瓦特小时（W、h）表示；然而，在描述此额定容量时需要依赖许多条件。这些条件是放电速率、放电终止电压（也称为终点或最终电压）、电池温度（也称为电解液温度），以及充满电时的电解质密度（对于铅酸电池而言）。在北美，标准的固定型铅酸电池放电率为 8h，而在世界其他地区为 10h。当然也有一些例外。UPS 电池的额定放电速率通常为 15min，而用于应急照明等应用的小电池额定放电速率为 20h。镍镉电池放电率一般为 5h；然而，有时也使用 8h 和 10h 放电率。非标准放电率电池的额定容量将基于电池放电率的参数发生变化。例如，保持端电压不变，随着放电电流的减小（增加），则电池的容量将增加。类似地，随着放电电流增加（即以小时为单位的放电率减小），电池的容量将减小。这些关系是非线性的，例如，一个放电率为 8h 的电池，按照 4h 放电时，电池的容量并不简单是 8h 放电速率所对应容量的一半。

在北美，铅酸电池的标准放电终止电压为 1.75Vpc（每个电池单元放电终止电压），而对于世界其他地方，标准放电终止电压通常为 1.80Vpc 或 1.81Vpc。这些放电终止电压通常适用于额定放电率等于或大于 1h 的电池。这些电压确保了由于过放电（即由电池板的过度膨胀）损坏铅酸电池的可能性最小。对于小于 1h 的放电率，可以使用较低的终止电压，这样不会对电极板造成任何损坏。例如，额定速率为 15min 的高性能铅酸电池可能使用 1.67Vpc，1.64Vpc 或 1.60Vpc 作为终止电压。然而，1.67Vpc 正在成为行业标准。

用于镍镉电池的标准放电终止电压为 1.0Vpc，但北美有时使用 1.14Vpc。镍镉电池过度放电时对电池没有任何负面影响。

在北美、日本、澳大利亚和新西兰，电池的标准温度为 25℃。在世界其他地区，则为 20℃。

由于电解液进入电池参加化学反应，铅酸电池的额定值还包括电解液的密度。改变标准的满充电解质密度将改变电池的性能。在北美，25℃测量时，标准的阀控式电池电解质密度是（1215±10）kg/m³；然而，UPS 电池的标准为 25℃时（1250±10）kg/m³。在世界其他地区，20℃（在日本、澳大利亚以及新西兰则是在 25℃时进行测量）时阀控式电池的标准电解液密度为 1230 或 1240±5kg/m³ 或 ±10kg/m³。世界各地的 VRLA 电池使用标准电解质密度为 1260kg/m³ ~ 1310kg/m³，凝胶电解质电池通常使用低于 1280kg/m³ 的密度。

从上述讨论中可以很明显地看出，如果没有同一个基准，所述的电池额定值则不具有可比性。例如，8h 额定速率的 1000Ah 电池与 10h 额定速率的 1000Ah 电池并不相同。

例 18.1　串联电池组的额定容量

一个由 24 个铅酸电池单元串联形成的电池组，如果单个电池放电速率为 8h，1.75Vpc，25℃时的标准电解质密度为 1215 时，容量为 200Ah，试确定此电池组的额定容量。

计算过程

串联电池组的容量保持不变，额定电压增加。

计算额定电压

由于一个铅酸电池的额定电压为 2.0Vdc，则电池组额定电压为 48Vdc（即：24 节 × 2Vpc），此电池组在放电速率为 8h，1.75Vpc，25℃时的标准电解质密度为 1215 时，容量仍然是 200Ah。

例 18.2　并联电池组的额定容量

2 组额定电压为 48Vdc 铅酸电池组并联而成一个新的电池组，如果单个电池放电速率为 8h，1.75Vpc，25℃时的标准电解质密度为 1215kg/m³ 时，容量为 200Ah，试确定此并联电池组的额定容量。

计算过程

整个并联电池组的容量是并联连接的各个电池组容量的总和，电池组的额定电压将保持不变。虽然只要电池单元额定电压相等，不同容量的电池单元可以并联，但实践中，通常采用相同容量的电池单元进行并联。

计算额定电压

每个电池组在 8h 放电速率，1.75Vpc，25℃时的标准电解质密度为 1215kg/m³ 时的额定容量为 200Ah；因此，8h 放电速率，1.75Vpc，25℃时的标准电解质密度为 1215 时，并联连接的两组电池组的容量为 400Ah（即：200Ah + 200Ah），并联电池组的额定电压为 48Vdc。

18.3　C 率

通过关于电池额定值的讨论，应该很容易看出，简单地用 Ah 或 Wh 来描述电池容量可能会造成混淆。北美以外地区，电池的额定放电速率通常用 C 率表示（在北美，C 率的使用正在逐渐增多）。这是一个明确表示电池容量的术语（在一些特定的参数条件下）。当用于描述容量时，符号 C 后面跟着一个代表以小时为单位的放电率数字（通常用下标表示）。当 C 率用来描述充电或放电电流时，须有特定的电池容量参数。它通常用符号 C、符号 C 前面的数字以及下标数字表示，符号 C 前面的数字表示单节电池放电电流的容量倍数，下标数字表示对应电流的放电速率。

例 18.3

假设电池参数为：放电速率 8h，1.75Vpc，25℃时标准电解质密度为 $1215kg/m^3$ 时的容量为 200Ah，试用 C 率表示铅酸电池的放电速率。

计算过程

用 C 率表示放电速率

C 率为符号 C 及代表放电速率数字的下标，此例电池的放电速率用 C 率表示为 C_8。

相关计算

类似地，对应 10h、3h、1h、30min、15min 放电速率的电池容量可以分别表示为 C_{10}、C_3、C_1、$C_{0.5}$、$C_{0.25}$。5h 放电速率、1.0Vdc，25℃时额定容量为 38Ah 的镍铬电池用 C 率可以表示为 C_5。

例 18.4

C_{10} 容量电池的参数为：10h 放电速率，1.75Vpc，25℃时电解质的密度为 $1215kg/m^3$。此电池在上述额定条件下，放电电流为 6A，放电时间为 10h，用 C 率表示这个放电率。

计算过程

1. 用 C_{10} 乘数因子表示电流倍数
电流除以 Ah 为单位的 C_{10} 容量，即 $6/60 = 0.1$

2. 用 C 率表示放电率
$0.1C_{10}$。

相关计算

如果同样的电池放电电流为 162A 或者 42A，则用 C 率分别表示为 $2.7C_{10}$ 及 $0.7C_{10}$。

例 18.5

如果电池厂家规定充电电流限定为 $0.25C_8$ 和 C_8，标准条件下，电池容量为 96Ah，试确定电池的充电电流，单位为 A。

计算过程

利用 C 率确定充电电流极限
$0.25C_8 = 0.25 \times 96 = 24Adc$

18.4　直流系统电池放电终止电压计算

尽管看起来很简单，因为单个电池的标准额定值包括放电终止电压，但直流系统通常要求使用标准终端电压以外的电压。不同应用的电压窗口（即在最小到最大电压之间变化）是不同的。由于可接入设备电压的限制，电信应用通常具有窄电压窗口；然而，随着越来越多的设备可承受更低的输入电压，上述情况正在发生改变。电力公用事业公司和工业控制电压通常与标准电池放电终止电压相同，但有时会受最小系统电压限制的影响。由于逆变器的输入电压可以在较大范围内变化，UPS 应用可以提供最大的电压窗口。

放电终止电压对电池容量有重要影响，放电终止电压越低，电池输出的能量越大。这导致应用中的电池越来越小。相反，放电终止电压越高，电池体积越大。

如果需要通过电池放电终止电压来确定电池尺寸时，请不要忘记考虑负载的电压降。这需要对每个负载进行分析，以确定哪个是最坏的情况。

例 18.6

如果最小系统电压为 45V，试确定一个由 24 个电池组成的 48Vdc 通信用电池的放电终止电压。

计算过程

使用最小系统电压计算电池放电终止电压

$45\,Vdc/24 = 1.88\,Vpc$

例 18.7

如果最小系统电压为 105V，试确定一个由 60 个电池组成的 120Vdc 变电站电池的放电终止电压。

计算过程

使用最小系统电压计算每个电池的放电终止电压

$105\,Vdc/60 = 1.75\,Vpc$

相关计算

如果在充电期间受最大系统电压的限制，电池数量已达到 58 个，则每个电池的放电终止电压将变为 1.81Vpc。

18.5　确定电池容量的方法——恒电流法

两种方法用来确定固定型电池的尺寸，恒电流法和恒功率法。恒电流法用于发电厂、变电站和工业控制等应用。这种方法特别适用于电池放电期间不同时间接通和断开负载的情况。当使用这种方法时，需要考虑电池放电终止电压下每个负载电流，并假定负载电流在电池供电期间内保持恒定。通常以表格的形式列出电池所带负载，并且绘制电流与时间的负载曲线。IEEE 485-2010 标准（铅酸电池）以及 IEEE 1115-R2005 标准（镍铬电池）对恒电流及容量表进行了详细的讨论。

18.6 确定电池容量的方法——恒功率法

恒功率法专门用于 UPS 系统应用。也可以用于电信应用；然而，其他方法，包括恒电流法以及包括交换繁忙小时数，可用于这些应用。与恒电流负载不同，在电池放电期间，由于 $P = E \times I$ 为常数，恒功率负载（例如逆变器或直流电动机）电流将随着电池端电压的降低而增加。由于一旦连接负载，在整个电池放电过程中负载是保持不变，因此利用恒功率法确定电池容量时，通常不会绘制负载曲线。IEEE 1184——2006 标准对恒功率确定电池容量的方法进行了详细讨论。

18.7 恒功率负载电流的确定

当使用恒电流法确定电池容量时，有些情况下必须包括恒功率负载。直流系统的逆变器就是这样一种恒功率负载。利用电池带恒功率负载期间的平均电压计算确定电池容量的电流。通常认为电池放电开始时的电压是电池的开路电压。对于铅酸电池，这个值可能为 2.0Vdc，或者因为它随着电池电解质密度发生变化，可以计算这个电压。镍镉电池的开路电压为 1.2Vdc。

例 18.8

某电池由 116 个铅酸电池单元组成，电池单元整个生命周期内额定电解质密度为 $1215kg/m^3$，电池单元放电终止电压为 1.81Vpc，恒功率负载额定值为 10kW，确定恒电流法使用的电流。

计算过程

1. 确定电池放电开始时的开路电压

一节铅酸电池的开路电压可用下式近似计算：

$E_{OC} = 0.84 +$ 电解质密度。因此，$E_{OC} = 0.84 + (1215/1000) = 2.055$ 或者 2.05Vdc。

2. 计算放电期间每节电池的平均电压

放电期间的平均电压 $= (2.05 + 1.81)/2 = 1.93$Vpc。

3. 计算平均电池电压

平均电池电压 $= 1.93$Vpc $\times 116 \approx 223.9$Vdc。

4. 计算平均电压时的电流

$I = 10\ 000W/223.9V \approx 44.7$Adc。

相关计算

计算时，确定使用的是直流输入（kW）。例如，一台逆变器的功率因数（pf）为 0.8，效率为 0.91 时，额定容量为 100kVA。用于确定电池容量的直流输入功率为 kVA × pf/效率 $= 87.9$kW。

取代基于平均电压的电流计算，有时采取更保守的方法：利用放电期间的最小电压来计算平均电流。对于上面的例子，电流值为 10 000/(1.81 × 116) ≈ 47.6Adc。

单节高性能电池放电参数仅用 W 或 kW 为单位。如果需要以安培为单位的放电速率，只需选择所需的额定值（即到所要求的放电终止电压的放电时间内单节电池的功率），然后除以电池放电期间的平均电压。

例如，一个电池的参数为：2h 放电速率，1.75V 放电终止电压，1215kg/m³ 电解质密度，功率为 1.865kW，则额定电流为

$$1865W/[(2.05 + 1.75)/2]V = (1865/1.9)A ≈ 981.6A$$

18.8   正极板数量

在确定电池容量时，有些数据与正极板数有关，有些数据与单节电池有关。有必要将这些数据进行转换；因此，单节电池中的正极板数量必须是确定的。铅酸电池制造商通常在产品目录或型号中提供电池的极板总数（例如，XYZ-17 包括 17 个电极板）。铅酸电池的负极板数量通常比正极板多一个，而镍镉电池正极板和负极板数量相同。

例 18.9

确定型号为 XYZ-25 铅酸电池的正极板数量。

计算过程

利用公式计算电池的正极板数量

正极板数量 = (极板数量 - 1)/2 = (25 - 1)/2 = 12。

18.9   放电特性

电池制造商通常会发布其电池产品的典型放电数据。在标准温度下，对应不同放电终止电压及不同放电时间的放电速率用安培（A），安培小时（Ah）或瓦特（W）表示。大多数情况下，这些数据用表格或曲线来描述，作为产品目录的一部分。表格中数据通常为单个电池在某些时间点的放电数据，而放电曲线覆盖所有放电时间。除了放电数据之外，厂商通常还提供包括极板合金、电池容量和重量、标准满充时电解质溶液密度、机架选择数据、电池外壳材料以及预期寿命等附加信息。近年来，一些电池厂商将这些数据放在 7 × 24 小时互联网 APP 上。

当使用恒电流法确定电池容量时，需要用正极板数或安培小时。使用正极板数进行电池容量设计时需要使用容量因子 R_T，使用安培小时进行电池容量设计时需要使用容量因子 K_T。在北美，铅酸电池制造商通常会发布 R_T 的数值，而镍镉电池制造商会公布 K_T 的数值。

电池制造商对放电期间不同放电电流时的电压进行测量，并形成放电曲线。将这些数据绘制成不同放电电流下的电池电压与时间的关系曲线。如图 18.1 所示，给出了铅酸电池类型的典型放电曲线图。请注意电池放电时初始电压骤降，特别是当放电电流较高时。对于铅酸电池而言，这种现象被称为"震颤"（镍镉电池没有类似的"电压骤降"）。一旦获得这些数据，就可以用每个正极板的安培数为基数来表示。另外，对于一些放电曲线，还计算了对应不同时间点电池已用容量，并且以每个正极板的安培小时表示。然后将这些数据绘制为

放电曲线。两条常用的曲线是 Fan 曲线和 S 曲线。虽然这些曲线看起来非常不同，但都可以用来确定电池特性。随着越来越多的使用电池厂商发布的数字化互联网 APP，已经很少有人使用这些曲线了。

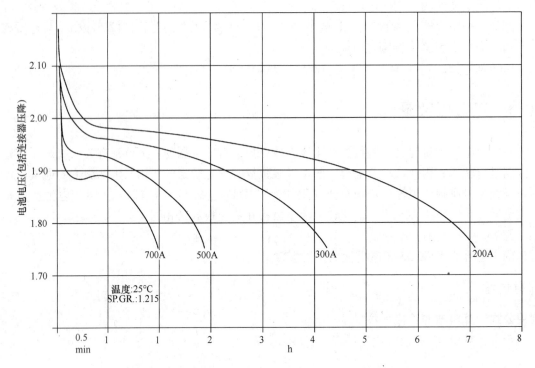

图 18.1　典型铅酸电池电压—时间特性（C&D 技术公司）

放电曲线上的所有数据均基于标准电池电压和标准电解液密度（对于铅酸电池而言）。其他电池温度下的放电数据可以使用从电池制造商处获得温度修正系数进行计算。

18.10　Fan 曲线的使用

如图 18.2 所示，是一个电池的 Fan 曲线示例。x 轴为每个正极板流过的电流，y 轴为每个正极板的安培小时数。图中有许多起始于原点的放射线代表不同放电时间（以 min 或 h 为单位），以及不同放电终止电压的数据曲线。在曲线的顶部，有一条标有"初始电压"的直线。Fan 曲线可用于多个用途，包括恒电流法额定容量因子 R_T 计算。Fan 曲线也可用额定容量（单位 W 或者 kW）表示，如图 18.3 所示。

例 18.10

如图 18.2 所示，25℃时，电池放电速率为 60min，放电终止电压为 1.75Vpc，试计算容量因子 R_T。

计算过程

1. 60min 线及 1.75Vpc 线交点的确定

如图 18.4 所示，60min 线及 1.75Vpc 线交点为 A 点。

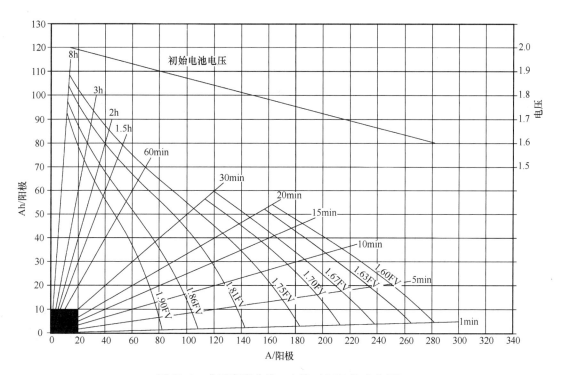

图 18.2　典型扇形曲线—电流（C&D 技术公司）

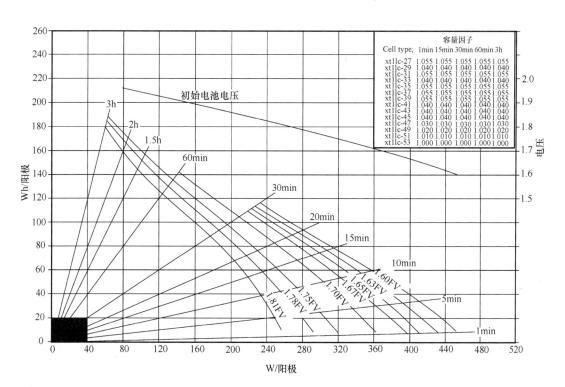

图 18.3　典型扇形曲线—功率（C&D 技术公司）

2. 确定 R_T 值

从 A 点出发，绘制垂直于 x 轴的直线，与 x 轴相交于 B 点，则 R_T 为 70A/正极板。

相关计算

如果此电池有 9 个电极板，则此电池 25℃，放电终止电压 1.75V 时的放电容量为 4 个正极板 × 70 A/正极板 = 280Adc。

Fan 曲线也可用于确定电池放电过程中的电压曲线和测试电池的相关数据。关于该过程的细节可以在行业标准中找到（例如，IEEE 标准 485-1997）。

例 18.11

如果例 18.10 中的电池的负载为 600A，试计算电池的初始电压。

计算过程

1. 确定每个正极板流过的电流

每个正极板流过的电流 = 600A/4 个正极板 = 150A/正极板。

2. 确定初始电压

如图 18.4 所示，在 x 轴上找到 150A/正极板，并画垂直线与初始电压线相交。这个点就是 C 点。向右侧 y 轴画一条水平线并读取初始电压，该电压在 D 点，等于 1.8Vdc。（注意：尽管数据单位为 A/正极板，但这点对应的是初始电池电压值。由于电池中的 4 个正极板并联，所以单个电极板的电压即为电池的电压。）

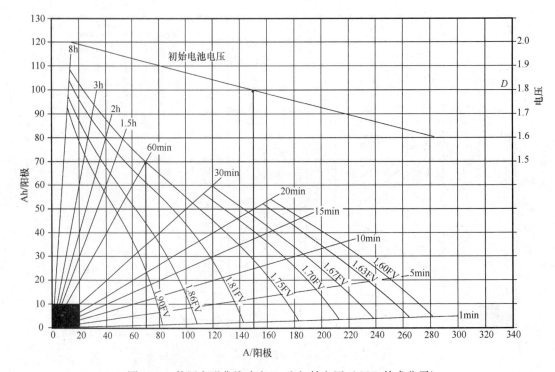

图 18.4　使用扇形曲线确定 R_T 和初始电压（C&D 技术公司）

18.11　S 曲线的使用

如图 18.5 所示为单个电池的 S 曲线。利用 S 曲线可以计算很多数据，包括恒电流法的额定容量因子 R_T。这个曲线有两个截然不同的部分。下部分（log-log）表示放电时间（以 min 为单位），放电终止电压与每个正极板流过电流的关系。上部（x 轴为对数）显示放电期间，电池电压与每个正极板流过电流的关系。

例 18.12

如图 18.5 所示，计算 25℃、10min 放电速率、1.84Vpc 时，电池的容量因子 R_T。

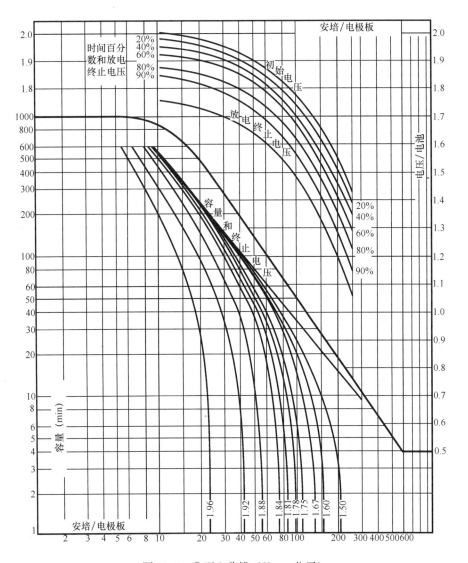

图 18.5　典型 S 曲线（Yuasa 公司）

计算过程

1. 确定 10min 线与 1.84 Vpc 线的交点

如图 18.6 所示，从 y 轴上 10min 刻度开始画一条水平线，与 1.84Vpc 曲线相交于 A 点。

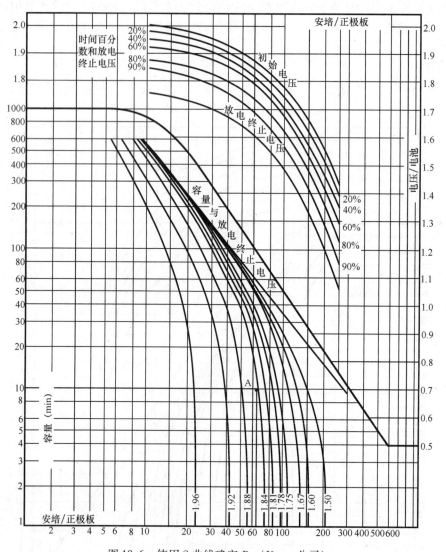

图 18.6　使用 S 曲线确定 R_T（Yuasa 公司）

2. 确定 R_T

从 A 点开始，绘制一条垂直线与 x 轴相交于 B 点，读取 R_T 等于 65A/正极板。

相关计算

利用 S 曲线确定初始电压的方式与 Fan 曲线相同。S 曲线实质上可以确定任何用 Fan 曲线确定的数据。

需要注意：在 S 曲线上插图时，S 曲线的轴坐标是对数坐标。

18.12　*K* 因子的使用

如果使用安培小时确定容量，则必须获得电池的容量因子 K_T。有些电池制造商提供相关的表格或曲线（如图 18.7 所示）；然而，也可直接利用电池额定容量和放电数据进行计算，使用如下公式 $K_T = C/I_T$，其中，C 为电池的额定容量，单位为 Ah，I 为放电电流，T 是放电时间。

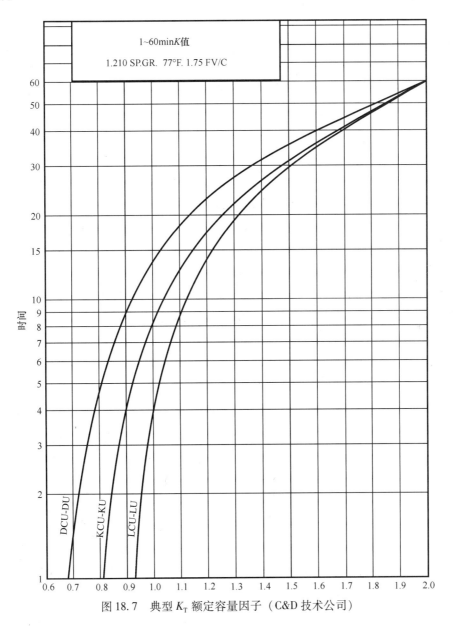

图 18.7　典型 K_T 额定容量因子（C&D 技术公司）

例 18.13

试确定额定容量为 410Ah，C_8 的电池，25℃时 3h 放电速率、放电终止电压为 1.75Vpc

时的容量因子 K_T。对应放电终止电压为 1.75Vpc 时 3h 放电电流为 108.7A。

计算过程

利用公式计算 K_T

$K_T = 410/108.7 \approx 3.77$

相关计算

同一个电池对应放电终止电压为 1.75Vpc 时，放电速率 1min、30min、1h 和 8h 的放电电流分别为 500、285、204 和 51.25A，则相应的 K_T 分别为 0.82、1.44、2.01 和 8.00。

18.13 电压下降——镍镉电池浮充

IEC 60622-1988 和 IEC 60623-1990 对镍镉电池进行了定级。在 20 世纪 80 年代中期，在北美进行的测试发现电池厂商公布的容量与测试的容量存在差异。一项研究表明，世界其他地区的镍镉电池使用恒电流充电，而北美的镍镉电池使用的是恒压充电。镍镉电池长时间恒压时会导致放电平均电压降低。如果电池采用恒压充电并且电池制造商未修正其公布的容量因子（即 R_T 或 K_T），则必须考虑这种电压下降带来的影响。

相关计算

如果电池制造商没有给出采用浮充时镍镉电池的容量因子，则电池容量因子必须乘以一个修正系数，这个修正系数通常可在制造商发布的数据表中找到。例如，如果电池采用恒电流充电时，厂商公布的电池容量因子：60min 放电速率，放电终止电压 1.04Vpc 时 K_T 为 1.44，则恒压充电时的修正因子为 0.93，则用于浮充方式时电池容量设计的修正后的 K_T 为 $1.44 \times 0.93 \approx 1.34$。

18.14 48V 系统电池数量

例 18.14

试计算额定电压为 48V 直流系统（最大电压 56Vdc，最小电压 42Vdc）所需的铅酸电池单元数量。

计算过程

1. 电池单元数量的计算

每个铅酸电池单元的额定电压为 2.0Vdc，因此，所需电池单元数量 = 48/2 = 24 个电池单元。

2. 最小电压极限检验

最小电压/电池单元 =（最小电压）/（电池单元数）= 42V/24 个单元 = 1.75V/电池单元。这就是铅酸电池可接受的放电终止电压。

3. 最大电压极限校验

最大电压/电池单元＝（最大电压）/（电池单元数）＝56V/24 个单元≈2.33V/电池单元。这就是铅酸电池可接受的最大电压。因此，这个铅酸电池可以有 24 个电池单元。

18.15　125V 及 250V 直流系统电池单元数量

例 18.15

试计算额定电压为 125V 直流系统（最小 Vdc＝105V，最大 Vdc＝140V），以及额定电压 250V 直流系统（最小 Vdc＝210V，最大 Vdc＝280V）所需电池单元数量。

计算过程

1. 计算电池单元数

如果 125V 系统最小电压为 1.75V/电池单元，则电池单元数量＝（最小电压）/（电池单元最小电压）＝105/1.75＝60 个电池单元。

2. 最大电压校验

使用数据 2.33V/电池单元，则最大电压＝电池单元数量×电池单元最大电压＝60×2.33＝140Vdc。因此，对于 125V 直流系统，可以选择 60 节铅酸类型电池。

3. 计算 250V 直流系统所需电池单元数

所需电池单元数＝210V/（1.75V/电池单元）＝120 个电池单元

4. 最大电压校验

最大电压＝电池单元数量×电池单元最大电压＝120×2.33≈280Vdc。因此，对于 250V 直流系统，可以选择 120 节铅酸类型电池。

18.16　镍铬电池单元的选择

例 18.16

试为 125V 直流系统选择镍铬电池单元的数量，125V 直流系统的电压范围为（105Vdc～140Vdc）。假设每个镍铬电池单元最小电压为 1.14Vdc。

计算过程

1. 计算电池单元数

电池单元数＝系统最小电压/电池单元最小终止放电电压＝105/1.14≈92.1 个电池单元，取整后，电池单元数为 92。

2. 校验每个电池单元最大电压

最大电压/电池单元＝最大电压/电池单元数＝140/92≈1.52V/电池单元。这个电压值是镍铬电池可接受的电压值。

18.17　负载曲线

例 18.17

确定某发电厂直流系统的最坏情况下的负载曲线，此直流系统包含一个额定电压 125V、固定型铅酸电池和一个浮充工作方式的恒压充电装置。系统负载及其分类如表 18.3 所示。

表 18.3 系统负载的额定容量及分类

负 载 描 述	额 定 容 量	分 类
应急油泵电机	10kW	不连续[①]
控制	3kW	连续
两台逆变器（每台 5kW）	10kW	连续
应急照明	5kW	不连续
断路器跳闸（20 个 5A 负载）	100A	瞬间（1s 持续时间）[②]

[①] 这里假定设备制造商要求应急油泵在机组每次跳闸后连续运行 45min。

[②] 机组跳闸后立即起动。

计算过程

1. 确定电池负载条件

确定最差情况曲线的第一步是弄清楚电池在哪些情况下需要向直流系统负载供电。这些条件将根据工厂使用的具体设计标准而有所不同。负载曲线将由下面三个条件确定：

a. 应急油泵 3h 内的供电（此时充电装置向连续负荷供电）。

b. 在充电装置故障时保证直流系统 1h 内不停电。

c. 站内电源跳闸同时辅助系统的交流电源停止供电，确保直流系统 1h 内的供电。

2. 每种情况的负载清单

需要给出每种情况的负载清单以确定每个负载运行时间。一旦有了负载列表，就可以绘制出每种情况的负载曲线。

情况 a. 负载列表如表 18.4 所示。负载曲线如图 18.8 所示。

表 18.4 情况 a 对应的负载清单

负 载	电 流	运 行 时 间
应急油泵（起动电流）	250A	0 ~ 1min[①]
应急油泵（额定负载电流）	80A	1 ~ 180min

[①] 虽然油泵的起动电流持续时间仅为几分之一秒，但由于起动期间电池的瞬时压降与电池 1min 后的电压降相同，所以习惯上认为铅酸电池的持续时间为 1min。对于镍铬电池来说，放电率可至 1s，一般认为镍铬电池的放电率为 1s 或者 5s。

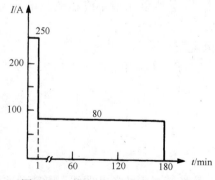

图 18.8 电池的一个负载曲线示例

情况 b. 负载列表如表 18.5 所示。负载曲线如图 18.9 所示。

表 18.5　情况 b 对应的负载清单

负　　载	电　　流	持 续 时 间
控制信号	24 A	0 ~ 60 min
逆变器（两台）	80 A	0 ~ 60 min

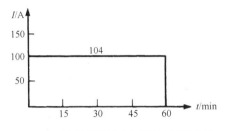

图 18.9　控制及两台逆变器的负载曲线

情况 c. 负载列表如表 18.6 所示。负载曲线如图 18.10 所示。

表 18.6　情况 c 时对应的负载清单

负　　载	电　　流	持 续 时 间
断路器跳闸（20）	100 A	0 ~ 1 min[①]
应急油泵（起动）	250 A	0 ~ 1 min[①]
应急油泵（额定负载）	80 A	1 ~ 45 min
控制	24 A	0 ~ 60 min
逆变器（两台）	80 A	0 ~ 60 min
应急照明	40 A	0 ~ 60 min

① 如前面情况 a 所述，尽管负载起动时间很短，铅酸电池的持续时间为 1 min。

需要注意：假设断路器跳闸以及应急油泵起动同时发生。

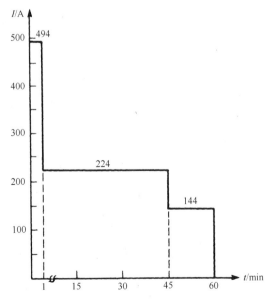

图 18.10　不同种类设备的负载曲线

相关计算

通常，一个电池有许多负载曲线（例如，一种特定情况对应一个负载曲线）；为了计算电池容量，必须使用最坏情况时的负载曲线。在某些情况下，最糟糕情况曲线是明显的并且可直接用于电池容量计算。其他情况下，应该使用每种曲线来计算电池容量。

18.18　随机负载曲线

例 18.18

试绘制铅酸电池的负载曲线，铅酸电池所带负载如表 18.7 所示，表中包括随机负载（即在工作周期内随时起动的负载）。

表 18.7　包含随机负载的负载列表

负　载	电流/A	持 续 时 间
断路器跳闸（30）	150	0～1s
控制信号	15	0～180min
防火元件	10	0～180min
应急照明	30	0～180min
事件顺序记录仪	8	0～60min
示波器	17	0～1min
	9	1～60min
应急油泵（起动）	88	0～1s
应急油泵（额定负载）	25	1～15min（第60min 和120min 循环重复）
随机负载	45	0～180min 内随时起动，1min

计算过程

1. 绘制负载曲线的方法

负载曲线的构造方式与前面示例提到的方法相似，随机负载需要单独考虑。由于随机负载发生时间具有不确定性，负载曲线绘制的正常步骤中不考虑随机负载。然后利用这个负载曲线确定电池容量，并将随机负载的影响添加到控制电池容量大小的负载曲线部分。

2. 考虑第一分钟

如果负载曲线的第一分钟需要单独考查，可能需要识别出具体的负载以绘制第一分钟曲线，如图 18.11 和图 18.12 所示。用于计算电池容量选定的第一分钟负载是 60s 内任意时刻出现的最大负载。

3. 构建完整的负载曲线

完整的负载曲线如图 18.13 所示。

相关计算

镍镉电池可以使用如图 18.13 所示改变后的负载曲线，通过识别 1min 内可用放电率进行容量确定。

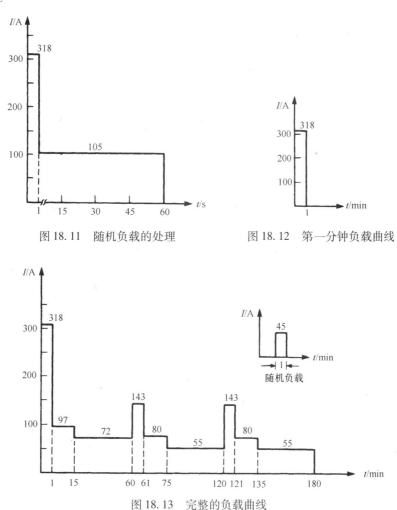

图 18.11　随机负载的处理　　　图 18.12　第一分钟负载曲线

图 18.13　完整的负载曲线

18.19　第一分钟内负载

例 18.19

如表 18.8 所示，为电池第一分钟内负载；然而，负载具体出现的顺序没有给出。假设电池为铅酸电池，试绘制第一分钟的负载曲线。

表 18.8　第一分钟内负载列表

负　　　载	电流/A	持 续 时 间
断路器合闸	40	1s
电动机冲击电流	110	1s
控制信号	15	1min
其他	30	30s

计算过程

1. 绘制负载曲线的方法

由于无法提供负载的工作顺序，所以通常的做法是假设所有的负载同时工作。

2. 绘制负载曲线

第一分钟负载曲线如图 18.14 所示。

相关计算

如果使用镍镉电池，电池制造商会发布小于 1min 放电时间的额定容量。由于存在这些额定值，因此可以假设绘制出许多能够减少电池容量同时仍然能够满足负载要求的曲线。例如，可以假设所有负载在 1s 内同时起动，然后 29s 内控制信号及其他用电设备起动，然后 30s 内起动控制信号。类似地 30s 内起动控制负载，然后 1s 内控制信号和其他负载。

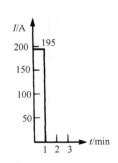

图 18.14　第一分钟负载曲线

这些可能性如图 18.15 及图 18.16 所示。然后对每个曲线进行分析以确定哪个曲线代表了最糟糕的情况。读者可能会发现，一旦系列电池容量计算完成后，最坏的情况就很显而易见了。

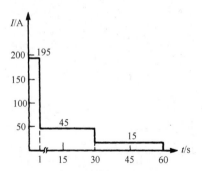

图 18.15　最糟糕情况下分析用负载曲线

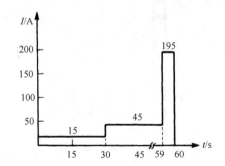

图 18.16　最糟糕情况下另外一个分析用负载曲线

18.20　单一负载曲线电池容量

例 18.20

给定的负载曲线如图 18.17 所示，计算向负载供电的 X 型铅酸电池的正极板数量。假设：设计裕度 = 10%，最低电解液温度为 10℃（50°F），125Vdc 直流系统，60 个电池单元，系统最小电压 105Vdc（即：放电终止电压为 1.75V/单元）、老化因子 = 25%。（注意：计算数据保留小数点后两位。）

计算过程

1. 未修正的电池容量计算

$$电池容量（正极板数） = \max_{S=1}^{S=N} \sum_{P=1}^{P=S} \frac{A_P - A_{P-1}}{R_T}$$

式中　S 为被分析的负载曲线段；N 为负载曲线的时间段数；P 为待分析时间段，A_P 为 P 时间段内负载电流（注意：$A_0 = 0$）；T 为时间，单位为 min（对于镍镉电池来说，单位为 s）时间段起始点到终点的时间，R_T 为额定容量因子，表示 25℃（77℉），到特定放电到终止电压的 T 分钟内，每个正极板提供的电流。

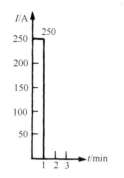

图 18.17　根据曲线确定电池容量

由于此例负载曲线只有一个时间段，因此只需进行一次计算：正极板数（未校正）$= (A_1 - A_0)/R_T$。由于 $T = 1\text{min}$，根据电池制造商提供的 $T = 1\text{min}$ 到放电终止电压 1.75V/单元的数据可以得到 R_T。假设每个正极板的 $R_T = 75\text{A/正极板}$，则，正极板数量（未修正）$= (250 - 0)/75 \approx 3.33$。

2. 电池容量的计算

所需的电池容量 = 未修正容量 × 温度修正系数 × 设计裕度 × 老化因子，根据 IEEE 485 2010 标准，10℃（50℉）温度修正系数 = 1.19。因此，所需电池容量 = 3.3 × 1.19 × 1.10 × 1.25 ≈ 5.40 个正极板。由于正极板数量不可能是小数，通常将结果四舍五入为大一些的整数。因此，本例需要类型 X 电池的正极板数为 6。

相关计算

确定某一个特定应用电池容量时，应该留有充足的裕度以满足直流系统的负载增长。通常情况下，发电厂的电池在购买之前需要进行多次容量计算（例如，概念性容量，随着发电厂设计期间所要求负载的确定，还会定期的进行计算），然后在投入使用之前进行最终容量的确认。在这些计算中，每一次计算都需要留有一定的设计裕度；但是，设计裕度会根据计算类型而有所不同。例如，概念性电池容量的设计裕度可能为 25% ~ 50%，但对于购买电池容量的计算，它可能通常为 10% ~ 20%。因此，需根据具体情况进行分析。（IEEE 标准 485-2010 建议最小设计裕度为 10% ~ 15%。）

另外一个例子，某配电变电站有一条 138kV 馈入线路和两条 12kV 馈出线路。如果计划在 5 年内对该变电站进行扩容，增加一条 138kV 馈入线路和四条 12kV 馈出线，那么可能需要为这个电池设计足够容量以满足未来负载的增长。如果 15 年内不进行扩容，通过经济分析发现，仅根据当前负载需要确定电池容量而在未来负载增加时替换一个更大的电池更经济的话，这个设计裕度可能就不需考虑未来负载的发展。

可以用类似的方法计算镍镉电池的容量。IEEE 标准 1115-R2005 提供了更多的信息。温度修正因子和浮充电修正因子可从电池制造商处获得。

18.21　多负载曲线电池容量设计

例 18.21

负载曲线如图 18.18 所示，计算满足供电需要的铅酸电池的正极板数量。假设：设计裕度 = 10%，最低电解质温度为 21.1℃（70℉），老化因子为 25%，250-Vdc 直流系统，120 个电池单元，直流系统最小电压为 210-Vdc（即：电池放电终止电压为 1.75V/电池单元）。

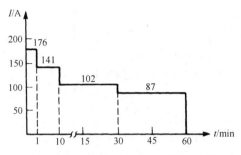

图 18.18 多负载曲线电池容量的计算

负载曲线分为 4 个时段，由于每个时段电流随时间减少，需对负载曲线的每个时段进行分析，以确定哪个区段会控制电池容量。如果任何一个时段的电流增加超过前一时段，则不必分析电流增加时段之前的时段结束的部分。

计算过程

1. 根据时段 1 确定修正前电池容量（如图 18.19 所示）

假设 $R_1 = 125A$/单个正极板（$T_1 = 1min$）。因此，修正前正极板数 $= (A_1 - A_0)/R_1 = (176 - 0)/125 \approx 1.41$ 个正极板。

2. 根据时段 2 确定修正前电池容量（如图 18.20 所示）

假设 $R_1 = 110A$/单个正极板（$T_1 = 10min$），$R_2 = 112A$/单个正极板（$T_2 = 9min$），修正前正极板数 $= (A_1 - A_0)/R_1 + (A_2 - A_1)/R_2 = (176 - 0)/110 + (141 - 176)/112 = 1.6 - 0.31 = 1.29$ 个正极板。

3. 根据时段 3 确定修正前电池容量（如图 18.21 所示）

假设 $R_1 = 93A$/单个正极板（$T_1 = 30min$），$R_2 = 94A$/单个正极板（$T_2 = 29min$），$R_3 = 100A$/单个正极板（$T_3 = 20min$），修正前正极板数 $= (A_1 - A_0)/R_1 + (A_2 - A_1)/R_2 + (A_3 - A_2)/R_3 = (176 - 0)/93 + (141 - 176)/94 + (102 - 141)/100 = 1.9 - 0.38 - 0.39 = 1.13$ 个正极板。

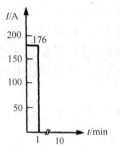
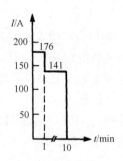
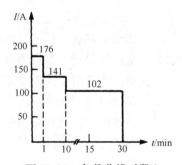

图 18.19 负载曲线时段 1　　图 18.20 负载曲线时段 2　　图 18.21 负载曲线时段 3

4. 根据时段 4 确定修正前电池容量（如图 18.18 所示）

假设 $R_1 = 75$（$T_1 = 60min$），$R_2 = 76$（$T_2 = 59min$），$R_3 = 80$（$T_3 = 50min$），$R_4 = 93$（$T_4 = 30min$），修正前正极板数 $= (A_1 - A_0)/R_1 + (A_2 - A_1)/R_2 + (A_3 - A_2)/R_3 + (A_4 - A_3)/R_4 = (176 - 0)/75 + (141 - 176)/76 + (102 - 141)/80 + (87 - 102)/93 = 2.35 - 0.46 - 0.49 - 0.16 \approx 1.24$ 个正极板。

5. 决定控制时段

观察每个时段计算的电池板数，我们可以发现时段 1 需要的正极板数最多（即：1.41 个），因此时段 1 为控制段。

6. 计算满足要求的电池容量

使用各修正因子以及裕度因子，满足要求的电池容量 = 最大修正前容量 × 温度修正系数 × 设计裕度 × 老化因子 = 1.41 × 1.04 × 1.10 × 1.25 ≈ 2.02 个正极板。

7. 选择电池单元

选择有三个电极板的 Z 型电池单元。这个假想电池在 8h 放电速率，25℃（77℉），放电终止电压为 1.75V，电解质密度为 1.210 时容量约为 500Ah。尽管这个电池极板数仅为 2 点几，选择的电池极板数仍然四舍五入到稍微大一点的整数。

相关计算

例如，如果给定的负载曲线如图 18.22 所示，由于时段 3 的电流大于时段 2 的电流，所以不必对时段 2 进行分析。

如果有随机负载，将其影响加入到电池容量控制段上。

18.22　安时容量

例 18.22

计算满足如图 18.22 所示负载曲线的铅酸电池安时容量。假设设计裕度 = 10%，最低电解质温度为 26.7℃（80℉），老化因子 = 25%，电池单元放电终止电压为 1.75V，60 个电池单元，直流系统电压为 125Vdc，直流系统最小电压为 105Vdc。

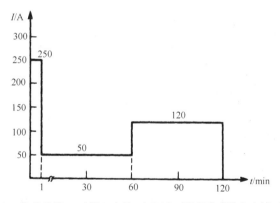

图 18.22　负载曲线，时段 2 电流（50A）超过了时段 3 电流（120A）

计算过程

1. 计算时段 1 修正前安时（如图 18.23 所示）

公式：

$$电池单元容量（Ah）= \max_{S=1}^{S=N} \sum_{P=1}^{P=S} \left[A_P - A_{P-1} \right] K_T$$

式中，K_T 为额定容量因子，表示 25℃（77℉）、标准放电率、标准放电终止电压下额定容量与 25℃（77℉），T 分钟到给定放电终止电压电池提供的电流之比（例如本例，标准放电率为 8h）。其他符号的含义与前例公式的含义相同。

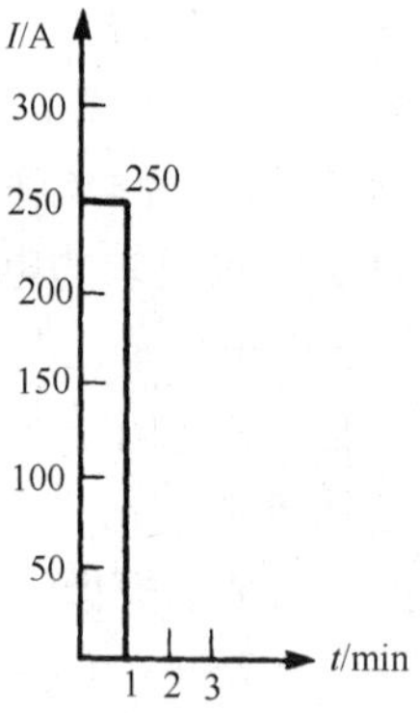

假设：$K_{T1} = 0.93$（$T_1 = 1\text{min}$），则修正前安时 $=（A_1 - A_0）K_{T1} =（250 - 0）\times 0.93 = 232.5\text{Ah}$。

2. 计算时段 3 修正前安时（如图 18.22 所示）

假设：$K_{T1} = 3$（$T_1 = 120\text{min}$），$K_{T2} = 2.95$（$T_2 = 119\text{min}$），$K_{T3} = 2$（$T_3 = 60\text{min}$），则修正前安时 $=（A_1 - A_0）$ $K_{T1} +（A_2 - A_1）K_{T2} +（A_3 - A_2）K_{T3} = [（250 - 0）\times 3 +（50 - 250）\times 2.95 +（120 - 50）\times 2]\text{Ah} =（750 - 590 + 140）\text{Ah} = 300\text{Ah}$。

图 18.23 仅考虑负载曲线时段 1

3. 决定控制时段

观察每个时段所需的电池容量（单位安时），可以发现时段 3 所需电池容量最大，时段 3 决定了电池容量的大小。

4. 确定电池容量

使用各修正因子及裕度因子，我们可以发现：所需电池容量 = 最大修正前容量 × 温度修正 × 设计裕度修正 × 老化因子 $= 300 \times 1.0 \times 1.10 \times 1.25\text{Ah} = 412.5\text{Ah}$。因此，选择标准 Z 型电池单元，此电池单元 8h 放电率时，额定容量应大于等于 412.5Ah；对于本例，最终选择标准容量为 450Ah 电池单元。

相关计算

当温度高于 25℃（77℉）时，通常的做法是使用 1.0 的因子。

可以采用类似的方法进行镍镉电池容量的计算，温度修正系数和浮充修正系数（如果有）可以从电池制造商处获得。

18.23 恒功率法进行电池容量计算

例 18.23

试确定额定容量为 600kVA，功率因数为 0.8pf 的 UPS 系统，当 15min 电池放电终止电压为 1.67Vpc 所需的电池容量。4 个电池单元为一组，50 组，共 200 个电池单元组成的铅酸电池。逆变器效率是 0.92。假设温度修正和设计裕度等于 1.00，老化因子 1.25。

计算过程

1. 确定满足负载需要的电池单元功率

电池单元容量（W）=（UPS 直流输入功率/电池单元数）× 设计裕度 × 温度修正 × 老化因子。

2. 计算逆变器所需的直流输入功率

$W =（SA \times pf）/$效率 $= 600\,000 \times 0.8/0.92 \approx 521\,739\text{W}$，取整后为 522kW。

3. 计算电池单元容量

电池单元容量 = (522kW/200) × 1.00 × 1.00 × 1.25 ≈ 3.26kW/电池单元。

4. 选择一个标准电池

利用电池制造商提供的电池放电数据表及曲线，单位为 W，选择一个具有 15min 放电率、放电终止电压为 1.67Vpc 情况下，最小容量为 3.26kW 的电池。

相关计算

如果 UPS 逆变器有一个低压 330Vdc 低压分离器，逆变器连接的主触头有 6Vdc 压降，由于电池的放电终止电压必须为 336Vdc，那么这个容量是不够的。实际上只有 1.67Vdc × 200 个电池单元 = 334Vdc。在这种情况下，每节电池所需功率不变；然而，放电终止电压将变为 336Vdc/200 个电池单元 = 1.68Vpc。最后选定的电池必须具有在放电率 15min，放电终止电压为 1.68Vpc 时的最小放电容量 3.261kW。

如果市场上电池单元容量无法满足要求时，可以将两个串联电池组并联起来使用。每串电池组能够在要求的放电终止电压时，15min 内供电 1.63kW。

18.24　电池短路电流的计算

如果电池发生短路，将出现较大的短路电流。如果电池内阻已知，则可以通过电池的开路电压除以其内阻即 $I_{sc} = E_{OC}/R_C$ 来计算短路电流。电池的内阻可以从电池制造商处获得，也可以计算出来。

例 18.24

试计算电解质密度为 1250kg/m³ 的 9 极板铅酸电池的短路电流。电池单元的 Fan 曲线如图 18.24 所示。

计算过程

1. 使用初始电压线以图形方式确定电池的内部电阻，在直线上取两个点计算 ΔV 和 ΔI

如图 18.24 所示，在初始电池电压线上读取两个点的电压及电流/极板。对于点 A，对应的值分别为 1.96V，60A/极板。对于点 B，对应的值分别为 1.7V，244A/极板。

2. 计算 ΔV

$\Delta V = 1.96 - 1.7 = 0.26V$

3. 计算 ΔI

$\Delta I = 244 - 60 = 184A$

4. 计算单极板电阻

$R = \Delta V/\Delta I = 0.26/184 \approx 1.41m\Omega$

5. 计算电池单元的电阻

此电池单元的 4 个正极板并联，因此，$R_c = 1.41 \times 10^{-3}/4 \approx 0.35m\Omega$。

6. 计算电池单元的短路电流

$I_{sc} = 2.09/0.35 \times 10^{-3} \approx 5971Adc$

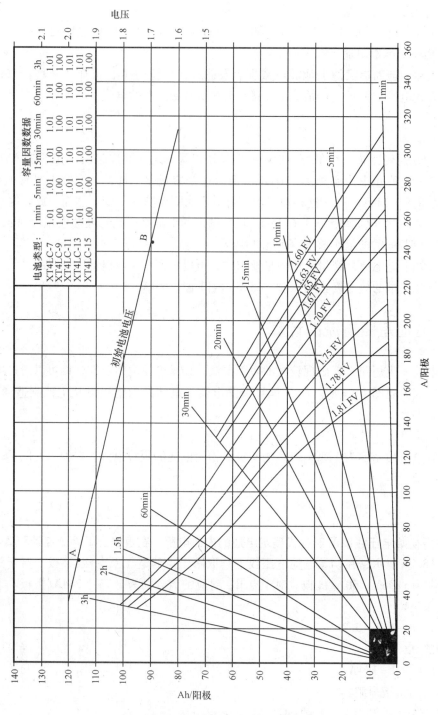

图 18.24　利用扇形曲线计算短路电流

相关计算

业界也有使用经验法进行短路电流计算。有的方法是利用电池 1min 放电率、标准放电终止电压对应的电流倍数来计算短路电流。例如，IEEE 946-2004 标准中，铅酸电池的短路电流为 1min 放电速率、1.75Vpc 放电终止电压对应电流的 10 倍，而另外一些方法是利用电池的 C 率电流倍数来计算短路电流（AS 2676.1-1992 使用 20 倍 C_3 率电流倍数）。大多数这些经验法计算的结果较为保守。例如，示例中电池 1min 至 1.75V 电流为 840A，则对应的短路电流为 8400A。同样，电池的 C_3 容量为 403Ah，则短路电流为 8060A（注意：这些数据在如图 18.24 所示的 Fan 曲线可以查到）。

18.25　充电器容量

例 18.25

确定充电器输出，以便在 16h 内为铅酸电池充电，同时为 20A 直流系统负载供电。此铅酸电池的参数为：8h 放电速率，25℃（77℉），电解质密度为 1.210，放电终止电压为 1.75V。

计算过程

1. 充电电流计算

根据充电器电流计算公式计算所需充电器容量 $A = [(Ah)K/T] + L$，式中，充电器电流 A 为所要求的充电器输出电流，单位 A，Ah 为电池放电容量，单位 Ah，K 为充电期间损耗补偿常数（对于铅酸电池来说，通常为 1.1），T 为所要求的充电时间，单位 h，L 为稳态直流负载，单位 A，为充电电器向铅酸电池充电期间所带负载。

将已知数据代入等式得：$A = [500 \times 1.1/16] + 20 \approx 54.38A$。

2. 充电器的选择

可选择下一个标准等级充电器，其输出电流大于 54.38A。

相关计算

变量 T 和 L 对于待分析系统来说是一个定数，必须由设计者确定，尽管 T 也是充电电压的一个函数。在一定范围内（具体情况请咨询电池制造商），充电电压越高，充电速度越快。

然而，有时直流系统的最大电压可能对充电电压产生限制。在这些情况下，除非允许电池在充电期间与系统隔离，否则需要延长充电时间。（一些非美国生产的充电器内部有一个降压二极管对直流母线电压进行调整，允许电池充电时充电电压高于系统电压限制。）

本例中的公式适用于镍镉电池；然而，电池制造商需提供常数 K 的数值。对于镍铬电池来说，根据极板类型，K 通常为 1.2 到 1.4 之间。

18.26　镍镉电池充电——恒电流法

例 18.26

为具有 8 个 NC 模块 340Ah（以 8h 充电速率）镍镉电池选择合适的充电器，此电池支持双速率充电模式。希望在 10h 内完成电池（先前已放电）的 70%～80% 容量的充电。

此电池用于 125V 直流系统，最大可用电压为 140Vdc，电池中有 92 个电池单元。如果在 10h 或更短的时间内完成高速率充电，那么电池完成剩余容量的 20%～30% 充电，还需要多长时间？另外，假设充电器必须带 20A 稳态直流系统负载。

计算过程

1. 检验电池制造商提供的数据

根据电池制造商提供的数据，如果每个电池单元的充电电压为 1.5V，电池充满电所需时间为 9h（第一阶段），如果每个电池单元的充电电压为 1.55V、1.60V、1.65V 时，电池充满电所需时间为 10h，无论哪种情况，假设在第一阶段充电器输出除以电池容量为 0.1。所有这些值满足充电规定标准。

2. 检查最大系统电压

每个电池单元最大电压 = 最大系统电压/电池单元数 = 140/92 ≈ 1.52V。根据这个结果，唯一可接受充电率是 1.50V/电池单元。

3. 计算高速率充电电流

高速率充电电流 = 0.1 × 电池容量 = 0.1 × 340 = 34A。

4. 确定充电器容量

所需充电器的工作电流 = 电池充电电流 + 直流负载电流 = 34 + 20 = 54A。

5. 充电器的选择

选择下一个等级的标准容量充电器，其输出电流大于 54A。（根据厂商提供的数据，充满此电池剩余容量的 20%～30% 所需时间为 170h。）

相关计算

镍镉电池通常有两个充电速率。这个类型的充电是在两个时间段内完成的，每个时间段有不同的充电率。

电池制造商通常提供充电器选择所需的技术数据。这些数据提供了第一个充电时段，在特定充电电压以及特定充电器输出情况下，电池充电所需时间。

对于双速率充电，第一阶段（为高速率阶段）对应 70%～80% 的电池容量所需的时间。第二阶段（完成阶段）为电池剩余 20%～30% 容量所需的时间。

18.27 温度和海拔对充电器的影响

当海拔超过 1000m 或环境温度超过 40℃（104℉）时，需要对充电器额定值进行修正，电池制造商会提供充电器降额修正因子。

例 18.27

前例最小容量为 54.38Adc 充电器，如果此充电器安装位置位于海拔 1500m，夏日环境温度最高 55℃时，试修正此充电器容量。电池制造商提供的高度修正因子为 1.11 及温度修正因子为 1.25。

计算过程

将所需的原始电流乘以修正因子，确定充电器最小额定值

充电器电流 $A = 54.38 \times 1.25 \times 1.11 \approx 75.45 A dc$。

18.28　电解质的硫酸（H_2SO_4）含量计算

适用的代码和标准，例如，统一消防代码要求填写电池的 H_2SO_4 含量，以便紧急事故响应处理人员了解所存在的危险程度。铅酸电池的电解质由水和 H_2SO_4 组成。如表18.3所示，提供了不同密度电解质中 H_2SO_4 的质量百分比。

例 18.28

试计算包括180个电池单元的电池组 H_2SO_4 的含量，其中每个电池单元在25℃（77℉）时电解质质量为27.6kg，电解质密度为1215kg/m³。

计算过程

1. 利用表18.9数据，确定 H_2SO_4 质量百分数

当电解质密度为1215kg/m³ 时，H_2SO_4 质量百分数 =30%。

2. 利用电池中电解质的质量（通常在电池制造商的电池目录表中可以查到）和表18.9中的百分数，计算 H_2SO_4 的质量

H_2SO_4 的质量 =27.6kg×0.3≈8.3kg/电池单元。

3. 计算电池的 H_2SO_4 总质量

H_2SO_4 总质量 =8.3kg×180 =1494kg。

表 18.9　铅酸电池电解质溶液中硫酸质量百分数

电解质密度/（kg/m³）	H_2SO_4 质量百分数（%）		
	@15℃	@20℃	@25℃
1215	29.2	29.6	30.0
1225	30.4	30.8	31.2
1230	31.0	31.4	31.8
1240	32.2	32.6	33.0
1250	33.4	33.8	34.2
1265	35.2	35.6	36.0
1280	37.0	37.4	37.8
1300	39.3	39.7	40.1

相关计算

如果已知条件是电解液的体积而不是电解液的质量，H_2SO_4 的质量仍然可以计算，原因是1L电解液的质量（单位 kg）近似等于其标准温度下的比重。由于水的密度是1000kg/m³，所以电解液比重等于密度/1000。例如，25℃时，20L电解质密度为1250kg/m³ 的电池，电解质质量为25kg，H_2SO_4 的质量为8.6kg。

密度公差通常为 ±10kg/m³。计算 H_2SO_4 质量时，可将正常电解质密度增加10kg/m³，以确定硫酸的最大含量。或者，使用 $\pm 10 \text{kg}/\text{m}^3$ 提供含量范围。

18.29 参考文献

1. AS 2191. 1978. *Stationary Batteries of the Lead-Acid Planté Positive Plate Type, with Amendment 1, 1989.* Sydney, NSW: SAA.

2. AS 2676.1. 1992. *Guide to the Installation, Maintenance, Testing and Replacement of Secondary Batteries in Buildings—Part 1: Vented Type.* Sydney, NSW: SAA.

3. AS 2676.2. 1992. *Guide to the Installation, Maintenance, Testing and Replacement of Secondary Batteries in Buildings—Part 2: Sealed Type.* Sydney, NSW: SAA.

4. AS 4029.1. 1994. *Stationary Batteries—Lead-Acid Part 1: Vented Type.* Sydney, NSW: SAA.

5. AS 4029.2. 1992. *Stationary Batteries—Lead-Acid Part 2: Valve-Regulated Sealed Type.* Sydney, NSW: SAA.

6. AS 4029.3. 1993. *Stationary Batteries—Lead-Acid Part 3: Pure Lead Positive Pasted Plate Type Supersedes AS 1981, with Amendment 1, 1995.* Sydney, NSW: SAA.

7. AS 4086. 1993. *Secondary Batteries for Use with Stand-Alone Power Systems Part 1: General Requirements.* Sydney, NSW: SAA.

8. Beaty, H. Wayne, and Donald G. Fink. 2013. *Standard Handbook for Electrical Engineers,* 16th ed. New York: McGraw-Hill.

9. Belmont, Thomas K. 1979. "A Calculated Guide for Selecting Stand-by Batteries," *Specifying Engineer,* pp. 85–89, May.

10. Berndt, D. 1997. *Maintenance Free Batteries: A Handbook of Battery Technology,* 2nd ed. Somerset, England: Research Studies Press Ltd.

11. Craig, D. Norman, and W. J. Hamer. 1954. "Some Aspects of the Charge and Discharge Processes in Lead-Acid Storage Batteries," *AIEE Transactions (Applications and Industry),* Vol. 73, pp. 22–34.

12. Crompton, T. R. 1996. *Battery Reference Book,* 2nd ed. Oxford, England: Reed.

13. Hoxie, E. A. 1954. "Some Discharge Characteristics of Lead-Acid Batteries," *AIEE Transactions (Applications and Industry),* Vol. 73, pp. 17–22.

14. Hughes, Charles J. 1979. "Duty Cycle Is Key to Selecting Batteries: Ampere-Hours Should Never Be Used Alone to Specify a Battery," *Electrical Consultant,* pp. 32, 34, 36, May/June.

15. IEC 60622. 2002. *Sealed Nickel-Cadmium Prismatic Rechargeable Single Cells.* Geneva, Switzerland: IEC.

16. IEC 60623. 2001. *Vented Nickel-Cadmium Prismatic Rechargeable Single Cells.* Geneva, Switzerland: IEC.

17. IEC 60896-1. 1987. *Stationary Lead-Acid Batteries—General Requirements and Methods of Test, Part 1: Vented Types.* Geneva, Switzerland: IEC.

18. IEC 60896-2. 1995. *Stationary Lead-Acid Batteries—General Requirements and Test Methods, Part 2: Valve Regulated Types.* Geneva, Switzerland: IEC.

19. IEEE *Standard Dictionary of Electrical and Electronics Terms.* New York: IEEE. (IEEE now provides free on-line access to the dictionary on the IEEE Standards website.)

20. IEEE Standard 446. 1995. *IEEE Recommended Practice for Emergency and Standby Power Systems for Industrial and Commercial Power Systems: Chapter 5—Stored Energy Systems, The Orange Book.* New York: IEEE.

21. IEEE Standard 450. 2010. *IEEE Recommended Practice for Maintenance, Testing and Replacement of Vented Lead-Acid Batteries for Stationary Applications.* New York: IEEE.

22. IEEE Standard 485. 2010. *IEEE Recommended Practice for Sizing Lead-Acid Batteries for Stationary Applications.* New York: IEEE.

23. IEEE Standard 946. 2004. *IEEE Recommended Practice for the Design of DC Auxiliary Power Systems for Generating Stations.* New York: IEEE.

24. IEEE Standard 928. 1986. *IEEE Recommended Criteria for Terrestrial Photovoltaic Power Systems.* New York: IEEE.

25. IEEE Standard 1013. 2007. *IEEE Recommended Practice for Sizing Lead-Acid Batteries for Photovoltaic (PV) Systems.* New York: IEEE.

26. IEEE Standard 1115. R2005. *IEEE Recommended Practice for Sizing Nickel-Cadmium Batteries for Lead-Acid Applications.* New York: IEEE.

27. IEEE Standard 1144. 1996. *IEEE Recommended Practice for Sizing Nickel-Cadmium Batteries for Photovoltaic (PV) Systems.* New York: IEEE.

28. IEEE Standard 1184. 2006. *IEEE Guide for the Selection and Sizing of Batteries for Uninterruptible Power Systems.* New York: IEEE.

29. IEEE Standard 1188. R2010. *IEEE Recommended Practice for Maintenance, Testing and Replacement of Valve-Regulated Lead-Acid (VRLA) Batteries for Stationary Applications.* New York: IEEE.

30. IEEE Standard 1189. 2007. *IEEE Guide for the Selection of Valve-Regulated Lead-Acid (VRLA) Batteries for Stationary Applications.* New York: IEEE.

31. Keegan, Jack W., Jr. 1980. "Factors to be Considered When Specifying Engine/Turbine Starting Batteries," *Electrical Consultant*, pp. 35–36, 38–40, January/February.

32. Linden, David. 1995. *Handbook of Batteries*, 2nd ed. New York: McGraw-Hill.

33. Migliaro, M. W. 1987. "Considerations for Selecting and Sizing Batteries," *IEEE Transactions on Industry Applications*, Vol. IA-23, No. 1, pp. 134–143.

34. Migliaro, M. W. 1988. "Application of Valve-Regulated Sealed Lead-Acid Batteries in Generating Stations and Substations," *Proceedings of the American Power Conference*, Vol. 50, pp. 486–492.

35. Migliaro, M. W. 1991. "Determining the Short-Circuit Current from a Storage Battery," *Electrical Construction & Maintenance*, Vol. 90, No. 7, pp. 20, 22, July.

36. Migliaro, M. W. 1991. "Specifying Batteries for UPS Systems," *Plant Engineering*, pp. 100–102, 21 March.

37. Migliaro, M. W. 1993. "Stationary Batteries—Selected Topics," *Proceedings of the American Power Conference*, Vol. 55-I, pp. 23–33.

38. Migliaro, M. W. 1995. *Stationary Battery Workshop—Sizing Module.* Jupiter, F.L.: ESA Consulting Engineers, PA.

39. Migliaro, M. W. 1995. *Battery Calculations Associated with Maintenance and Testing.* Jupiter, F.L.: ESA Consulting Engineers, PA.

40. Migliaro, M. W. 1998. "In the Battery World, Do You Get Exactly What You Ordered?," *Batteries International Magazine*, pp. 45, 47–48, 50–51, July.

41. Migliaro, M. W., Ed. 1993. *IEEE Sourcebook on Lead-Acid Batteries.* New York: IEEE Standards Press.

42. Migliaro, M. W., and G. Albér. 1991. "Sizing UPS Batteries," *Proceedings of the Fourth International Power Quality Conference*, Vol. 4, pp. 285–290.

43. Montalbano, J. F., and H. L. Bush. 1982. "Selection of System Voltage for Power Plant DC Systems," *IEEE Transactions on Power Apparatus and Systems*, Vol. 101, pp. 3820–3829.

44. Murugesamoorthi, K. A., R. Landwehrle, and M. W. Migliaro. 1993. "Short Circuit Current Test Results on AT&T Round Cells at Different Temperatures," *In Conference Record 1993 International Telecommunications Energy Conference (INTELEC '93)*, 93CH3411-6, Vol. 2, pp. 369–373.

45. RS-1219. 1992. *Standby Battery Sizing Manual.* Plymouth Meeting. P.A.: C&D Technologies, Inc.

46. SAND81-7135. 1981. *Handbook of Secondary Storage Batteries and Charge Regulators in Photovoltaic Systems—Final Report.* Albuquerque, N.M.: Sandia National Laboratories.

47. Section 12-300. 1963. *C&D Switchgear Control Batteries and Chargers—Simplified Method for Selecting Control Batteries.* Plymouth Meeting, P.A.: C&D Technologies, Inc.

48. Section 50.50. 1990. *How to Use "S" Curves.* Reading, P.A.: Yuasa Inc.

49. Smith, Frank W. 1976. "Control Voltages for Power Switchgear," *IEEE Transactions on Power Apparatus and Systems*, Vol. 96, pp. 969–977.

50. *International Building Code.* 2015. Whittier, C.A.: International Code Council.

51. *International Fire Code.* 2015. Whittier, C.A.: International Code Council.

52. Vigerstol, Ole K. 1988. Nickel Cadmium Batteries for Substation Applications. Saft, Inc.

第 19 章　电力能源经济模型

Mark Lively, P. E.
Consulting Engineer Utility Economic Engineers

19.1　自由贸易和公平交易

经济模型通常以"自由贸易"和"公平交易"两部分为特征。尽管这些术语通常是指国际贸易及政府参与与否，但是这些术语也常用于控制电力公司生产活动的经济模型中。

自由贸易通常指在非政府介入情况下，不同地区之间的商品及服务交换。自由贸易通常是比较激励的竞争，可用"狗吃狗"，"割喉比赛"等词来描述。生产商之间竞争导致价格竞争以及生产商降低生产成本以获得额外利润。自由贸易是残酷的，会导致很多生产者破产。

自由竞争不仅是生产者之间的竞争，偶尔还包括消费者之间的竞争。当商品短缺时，就会发生消费者之间的竞争。通常通过价格来反应这种短缺。当商品短缺时，商品的价格就会上涨。经济学家认为价格可最有效地反应供给关系，尤其是商品短缺时。经济学家定义的"有效"与公众认为的"有效"是不同的，尤其是公众认为的"有效"是公平的时候。

最著名的是在电力能源市场中通过独立系统运营商（ISOs）和地区输电运营商（RTOs）的操作引入自由贸易，通常是一个或者同一实体。ISOs 的价格非常波动，如图 19.1 所示，为宾夕法尼亚州-泽西-马里兰州互联系统的 PJM 图。从新泽西州到芝加哥的大部分地区的 ISO 服务用 PJM 图表示。图 19.1 为 2014 年 1 月期间实时结算价格，此时北美正面临着严寒天气。

2014 年 1 月 PJM 实时小时结算价格简单平均为 112.98 美元/MW·h。与之形成对比的是，2013 年同期的小时简单平均结算价格仅为 33.06 美元/MW·h，小于 2014 年同期简单平均结算价格的 1/3。2014 年 1 月最大实时小时结算价格为 1839.28 美元/MW·h。最小实时小时结算价格为 11.27 美元/MW·h。2014 年 1 月期间与 ISOs 相联系的自由市场经常产生负价格的可能没有显示出来。在 2013 年有 40 个不同小时 PJM 存在负的实时价格。

得克萨斯电力可靠性委员会（ERCOT）为得克萨斯 90% 的地区服务，在 2009 年 4 月的 25% 的时间内存在负价格。这些负价格的产生归功于联邦投资税收抵免（ITC）及可再生能源信贷（RECs）政策。

对于售给电网每 kW·h 的电能，ITC 及多数 REC 程序结构是一种有效的补偿。因此每 kW·h 风电收入是@ERCOT 结算价格；ⓑITC 补贴；ⓒREC 补贴三部分之和。ERCOT 及其他 ISO 运营投标市场。为了参与发电，发电者需提供一个合理的发电报价以运行他们的发电机。只要 ITC 和 REC 补贴可以抵消负报价，风电发电厂可向 ISO 提供风力发电的负报价。

一个关键因素是西德克萨斯州丰富的风力资源和该州其他地区的丰富负荷之间输电容量的不足。然而，在达拉斯和休士顿石油资源丰富地区也有几个小时电价为负，在达拉斯和休士顿，燃油电厂机组容量远超风电机组容量。这些城市内和城市周边的蒸汽式发电机同其他

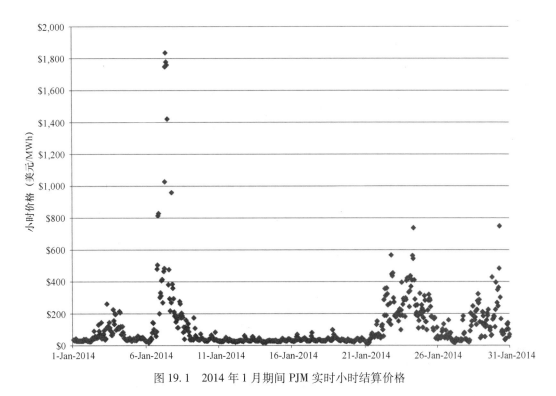

图 19.1　2014 年 1 月期间 PJM 实时小时结算价格

蒸汽发电机一样具有热电联产负荷，就像风力发电机将 ITC 和 REC 补贴作为其他蒸汽流一样。除此之外，蒸汽发电机爬坡能力较弱。这些爬坡困难也常包括在 ISO 调度程序中。

与 ISOs 引入的概念名义上的自由贸易相关的低价以及割喉竞争导致几个大型发电公司破产。但是价格波动及价格的可能上涨也导致几个营销组织破产，这些营销组织与消费者（例如居民或者商业用户）签订了固定价格的电价。最著名的破产案是美国最大的电力公司之一——太平洋天然气及电力公司的破产，此公司创建于加利福尼亚 ISO- CAISO 之后。

公平交易在许多美国人的概念里是指咖啡交易。高档咖啡厅一直鼓吹他们的咖啡交易为公平交易。咖啡在长期合同下以公平的价格购买，公平的咖啡价格为咖啡农提供了生活工资。咖啡农的公平价格与随着天气新闻而发生价格上涨和崩溃的咖啡世界市场价格形成了鲜明对比，如图 19.2 所示。

对于公用事业公司而言，生活工资的概念相当于投资回报。公用事业公司经常提高新的资本来支付新的投资。至少在世界大部分地区的监管体系中，公用事业公司将支付给该资本的利息和红利看作成本。就像咖啡农得到生活费才能继续从事咖啡种植工作一样，投资者必须得到公平的回报才能继续电力公用事业的投资。

公平交易概念导致管理的价格不会随着天气和其他市场条件（例如，主发电站或输电线路的中断）发生变化。公平交易的概念是在公用事业公司有能力提供预设价格的标准关税之后，这个价格每天、每月或者每年都是稳定的。

在电力市场中有拥护自由贸易和公平交易两种交易模式的倡导者。这些倡导者往往是非常尖锐的。的确，一位 ISO 主管甚至表示，电力工业不可能保持半自由和半管制状态，对电力行业的公平交易提出了非常偏激的评论。

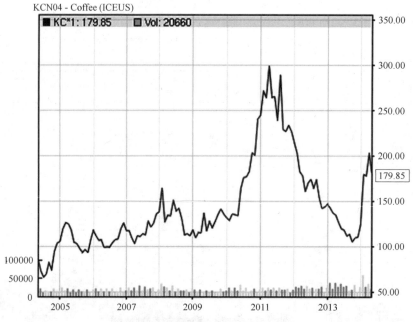

图 19.2　咖啡市场自由贸易价格

19.2　经济增长模型

大多数电力系统是从微电网垂直整合开始的。微电网是一种小型的电力系统，例如，一个有几条配电线路的变电站，这样的微电网能够独立运行，而不需要其他系统的帮助。垂直整合意味着系统中的发电机和线路全部归属于同一个公用事业公司。电力工业起始于微电网，尽管术语"微电网"仅从 21 世纪初才开始使用。这种微电网整合历史的一个例外是苏联的电力系统建立。20 世纪 10 年代苏联成立后，苏联政府将苏联电力系统的建立与前苏联概念等同起来，开始进行全国电力系统建设，而不是进行微电网的垂直整合。

早期引入的一个微电网经济模型是公司城。一个工业中心，例如锯木厂、造纸厂或纺纱厂，将会安装一个电力发电机向工厂中心提供电能。发电厂的容量往往大于运营工厂所需要容量。剩余的电能为当地居民尤其是生活在厂区附近的居民提供了供电可能。然而，公司可能实际上并不拥有"公司城"，仅仅扮演了电力公司的角色向社区供电，从最初建设服务于锯木厂的微电网提供电能[⊖]。

对于某些社区来说，这种供电可能性是社区的骄傲，是引入新的居民和新的工业进入社区的市场宣传工具。许多社区的市议会成立了一个市政电力公司，代表城市运营微电网。除了吸引新的居民和行业入驻社区，市政电力公司还为一些居民提供了就业机会。美国大约有 1000 家市政电力公司。

⊖　微电网的运作促成了国际纸业和电力公司的成立，现在被称为国际纸业（IP）。由于 1935 年的"公用事业控股公司法"，国际纸业不得不放弃其电力业务。http://www.fundinguniverse.com/company-histories/international-paper-company-history/。

微电网运营的第三种经济模型是私人电力公司,当地企业主建立自己的电力系统并出售电能。最早私人电力公司是珍珠街爱迪生电力公司。电力公司往往需要市政授权并签署特许经营协议,才能在城镇街道上方布置电力线路。一些特许经营协议明确规定电力公司使用社区街道上空的空间需要付出的费用。

在 20 世纪 30 年代的美国大萧条期间,联邦政府希望对农村地区实现电气化,这部分地区不满足前三种经济模式。这些农村除了分散的农场以外没有工业中心,没有任何市镇议会想要增加公民自豪感和就业。另外,私人电力公司负责人发现,潜在用户用电过于分散以至于无法在至少与政府谈判的关税下值得建立必要的线路。因此,联邦政府鼓励创建合作经营方式,小型电力公司拥有很长一段配电线路,并从最近服务社区的微电网公司以批发价购买电能。合营公司是由其成员共同拥有,并可从联邦政府获得低息贷款。全美国有 4000 个电力合营公司。

在发展中国家,公司城和私人电力公司模式可能是一种扩大电力供给的绝佳方式。在一个纯粹的公司城理念下,电力公司不必处理包括强制性服务、街道使用或费率在内的地方法规。电力公司将成为当地政府的代名词。在国家政府参与度相对较低时,私人电力公司可以运转得非常好,这将促进私人电力公司的迅速发展。

19.3　规模经济

社区由小型垂直整合的微电网服务。山姆·英素尔(Sam Insull)和其他企业家意识到电力发电面临着巨大的经济规模,具有一些人引用的 3/4 供电法则或 7/10 供电法则。因此,发电机组运行成本随着电厂的规模而变化。电厂规模增大 2 倍时,可能导致一台机组运行费用为原来电厂一台机组的 81% ~ 84%[⊖]。电厂规模增大 10 倍时,可能导致新电厂的一台机组运行费用仅为原来电厂一台机组的 50% ~ 56%[⊖]。大容量电厂的一个更大的好处与电厂运行时燃料的使用效率有关。大电厂可能产生相同数量的电能而用更少的燃料,更少的人力成本。

用图 19.3 对 7/10 供电法则进行说明,此图显示了满足 7/10 供电法则的经济规模。如图 19.3 所示,假定一台 20MW 发电机的安装成本为 1 000 000 美元(右侧刻度)或安装的单位成本为 50 美元/kW(左侧刻度)。在图 19.3 中随着发电机容量从左到右的增加,安装成本的增加小于线性增加。相反,机组的安装成本是降低的。从图 19.3 可以看出,在 7/10 发电法则下,一台 1000MW 发电机的安装成本为 15 462 000 美元,单位成本为 15.46 美元/kW。以机组成本为基础,这表示机组成本减少了 85%。如图 19.4 所示,进行了 7/10 发电法则和 3/4 发电法则两种经济模型的对比。

规模经济图对应的理论与产生用于驱动汽轮机蒸汽所必须的锅炉燃烧室尺寸有关。在任何时间段内燃料总量正比于燃烧室的体积。体积正比于锅炉线性化尺寸的三次方。锅炉内管道面积与锅炉线性尺寸的二次方成正比。管道面积是锅炉成本的主要组成部分。因此,(1)成本与(2)锅炉出力的比值基于锅炉容量的 2/3 次方近似变化。7/10 发电法则及 3/4 发电法则仅仅是关于这个成本预测规则大小更保守的陈述。

⊖　$2^{0.7} = 1.6245$；$1.6245/2 = 81\%$；$2^{0.75} = 1.6818$；$1.6818/2 \approx 84\%$。

⊖　$10^{0.7} = 5.0119$；$5.0119/10 = 50\%$；$10^{0.75} = 5.6234$；$5.6234/10 \approx 56\%$。

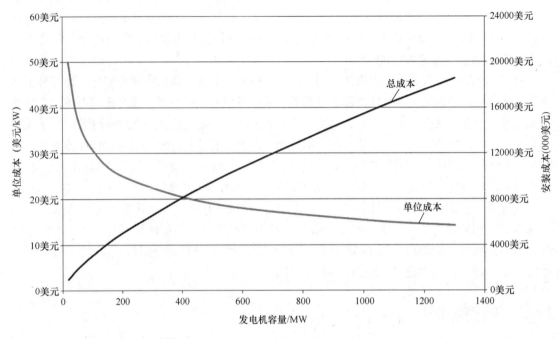

图 19.3　使用 7/10 发电法则的经济规模图

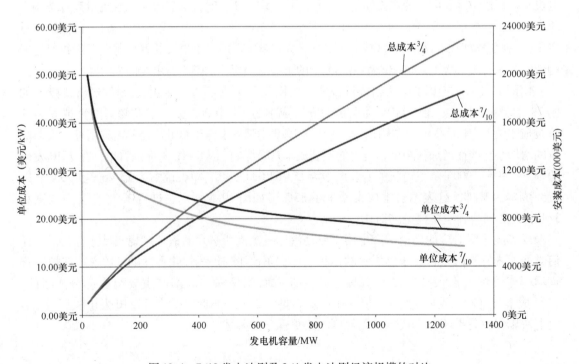

图 19.4　7/10 发电法则及 3/4 发电法则经济规模的对比

　　整个社区将非常高兴地看到大型发电厂的存在，因为这将表明这个社区规模更大，作为回报意味着更多的人和更多的本地就业机会。但是很少的社区发展速度足够快，以证明实现它们微电网规模经济所需的巨大增长。因此，私人电力公司采取了不同的经济模式，创造了输电线路的概念，将分散的微电网连接为今天依然存在的公用事业规模电网。用经济效率的名义，微电网将更好地实现更低的总安装成本，更低的燃料成本以及更低的运行成本。

　　私人电力公司运营中发现建设输电线路的成本小于建设一个大型发电厂并关闭几个小型低效电厂后节约的成本。节约成本一个实质性部分是与劳动力的减少有关。运行一个有全职员工的电厂所需成本比运行十几个有全职员工的发电厂成本要低得多。新的发电厂每个班次可能需要更多的人，但这仅仅是一套班组人员，而不是在 5 或 10 个不同的发电厂的 5 或 10 套班组人员。从 1900 至 2000 年之间，年安装的最大发电机容量如图 19.5 所示[一]。

　　如图 19.5 所示，20 世纪 30 年代，随着公共事业控股公司的成立，新一代机组容量呈现跳跃式增长。20 世纪 50 年代，随着冶金技术的进步，允许建设更大容量的机组，新的发电机容量实现了更大的跳跃式增长。

　　规模经济促使电力公司具有建设更大规模发电厂的动机。成本增长不会像生产一样快。因此，不管是以销售额的百分比还是以投资回报率来衡量，固定费率的电价导致利润的增长。对于一些公用事业公司来说，市场部门和工程部门之间似乎存在内部竞争。营销部门是否能够如此快速地增加销售，以至于工程部门没有能力提供电力？或者，工程部门建设的如此快以至于市场部门无法找到新的用户？

图 19.5　1990 年至 2000 年最大机组容量

　　㊀　资料来源：环境影响评估档案 GENTYPE3 Y90。

用输电线进行互联的微电网允许一些公司极大降低所提供电能的单位成本。确实，直到 20 世纪 60 年代后期美国发生失控的通货膨胀，许多公司的费率情况都是降低电力公司交换电能价格，而不是增加价格。

更大机组容量的发电厂存在一些风险管理问题。作为机械设备，发电机组可能会发生故障。当一台发电机出现故障时，会暂时出现电力不足，这将会导致系统频率下降[⊖]。系统频率降低的数值近似正比于损失的发电容量，反比于电网的规模。通常用频率偏差来衡量电力网络运行状态。因此，电网的规模将会大大影响一家公司将要安装的最大机组容量。当发生故障时，机组容量过大将导致违背频率标准的风险。

通过输电线将微电网互联成大型电网的经济模式到了 20 世纪 30 年代即美国经济大萧条时期似乎达到了极限。这也是政府加强对工业监管的时期，包括对电力行业的监管。这包括 1935 年[⊖]通过的公共事业控股公司法（PUHCA）以及联邦电力法（FPA），以及后来创建的联邦电力委员会（FPC），即现在的联邦能源管理委员会（FERC）。

FPA 的一个重要部分是赋予了 FPC 权利去组织公司之间进行彼此互连。然而，FPA 并没有赋予 FPC 权利去组织一些公司为其他公司建设发电容量，只是赋予了建立互连输电线路的权利。在这之前，大多数输电线路都是归属于拥有微电网的同一经济实体，这些微电网被连接成一个统一的垂直整合公用设施。FPA 的通过意味着现在建设的输电线路将组合不同所有者的公司，要求 FPC 对输电线路的使用进行定价。

对不同所有权的电网进行互联经济模式改变了控制发电机容量的经济模式。互联电网规模的增加允许一家公司安装更大容量的发电机。电网运行可靠性更多关注于最大容量的发电机与同一电网内其他发电机总容量的对比。随着互联电网规模的进一步增大，电力公司可以安装容量大于适合其自身网络大小的发电机。随着网络的增大，新的发电机将小于适用于整个网络的发电机容量。因此，第二次世界大战后，安装的发电机最大容量甚至更加动态的增加。

规模经济允许电力公司安装非常大容量的发电机，因为它们可以获得电网上其他发电机的支持，不仅仅是本电力公司其他机组的支持。这导致一些电力公司自由驾驭临近电力公司的发电机组。一些电力公司建设过大容量的发电机组，这个机组不仅需要自己公司内发电机提供备用容量，同时需要其他电力公司无偿提供备用容量。更大型机组不具有满足跟随公司实时变化负荷的灵活性，这就产生了分钟级自由电力交换的需求。因而，电力公司创建了可靠性委员会，制定规则来管理每个电力公司如何建设及运行他们的系统。最常见的规则是创建了备用容量要求，备用容量通常是基于一家电力公司拥有的最大机组容量。

19.4　公司内部的竞争

多数电力公司运行着不同的发电机组，机组之间的技术不同，甚至一些机组具有不同的

⊖ 世界上大多数电力系统采用交流电（AC）运行。交流电源的一个显著优点是变压器的使用，它可以改变电源电压，变压器相对低廉的价格是使交流电功率优于直流（DC）的原因之一。美国和世界上大约一半的国家以 60Hz 或每秒 60 个周期的系统频率运行，其余大多数国家的系统频率为 50Hz。

⊖ 参见上一个注释，其中引用了 1935 年"公用事业控股公司法"，导致国际纸业和电力公司解体。

燃料类型。通过对机组的调度，电力公司试图最小化运行成本，这类似与自由贸易。尽可能
的运行成本最低廉的机组。基于需要运行较高成本的机组。然而，保证运行成本最低的努力
开始于电力公司购买哪台机组的决定，包括机组的燃料类型。

　　如图 19.6 所示，为筛选曲线，可简单对电力公司生成的发电选项进行对比。图 19.6 绘
制了建设和使用每种类型燃料的年成本曲线。横轴表示任意一台发电机运行小时数。纵轴表
示一年中运行这样一台发电机组几个小时或者全年 8760h 的运行成本。从图 19.6 中可以看
出，如果预期一个电厂运行时间大于 6000h，核电机组运行成本最低。类似地，一个发电厂
预期运行小时数大于 3000h 小于 6000h 区间时，燃煤机组运行成本最低。筛选曲线与经济规
模无关。

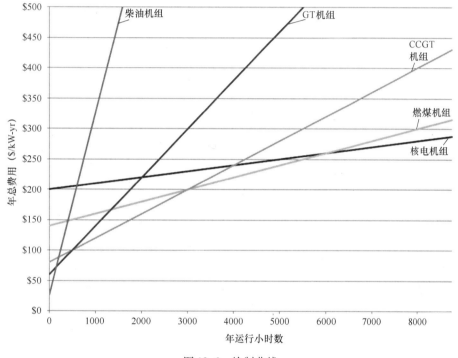

图 19.6　绘制曲线

　　如表 19.1 所示，为绘制图 19.6 所对应的数据。表 19.1 第一列对应的数据为年运行固
定成本，主要为发电机的购买成本。第二列对应的数据为年运行成本，是可变成本，主要为
燃料成本。根据具体问题，可将劳动力成本计入第一列或者第二列数据。第三列为机组运行
时间为 8760h 时所用的燃料成本[○]。第四列数据为机组全年满运 8760h 时，建设和运行总年
费用为第一列和第三列数据之和。第五栏中的盈亏平衡点为对应机组可以运行的小时数，并
且仍然比表 19.1 中的它上面的技术更经济。

　　利用表 19.1 数据及图 19.7 的负载曲线可以判断购买什么类型的机组。如图 19.7 所示，
给出了某电力公司每个负载水平的运行时间。从图 19.7 可以看出，最大用电需求为
10 000MW，运行第一个 100h 后降为 9000MW。因此，任何超过 9000MW 的发电可以预期运

○　闰年有 8784h，虽然不包括在这种筛选曲线分析中，但在某些分析中可能会略有下降。

行时间小于100h。根据19.7负载曲线，接下来的400h，负载降为8000MW，因此，任何超过8000MW的发电容量可以预期运行时间仅为500h。在8000h时，图19.7中的负载为7000MW。根据表19.1数据，6000MW竖线为燃煤机组的盈亏平衡点。根据图19.6所示筛选曲线及如图19.7所示负载曲线，电力公司购买和建设7267MW核电机组运行成本最低。

表19.1 各类型机组相关成本数据

发电机类型	固定成本 /（美元/kW·yr）	可变成本 /（美元/kWh）	年燃料成本 /（美元/kW·yr）	总成本 /（美元/kW·yr）	盈亏平衡点 /h
核电机组	200.00	0.01	87.60	287.60	
燃煤机组	140.00	0.02	175.20	315.20	6000
CCGT 机组	80.00	0.04	350.40	430.40	3000
GT 机组	60.00	0.08	700.80	760.80	500
柴油机组	27.00	0.30	2628.00	2655.00	150

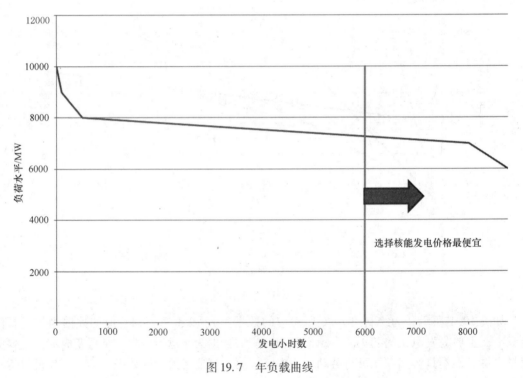

图 19.7 年负载曲线

19.5 经济调度

利用图19.7筛选曲线概念可以确定购买和安装的发电机类型。一旦发电机安装完毕，电力公司需要最小化发电机运行成本。这通常是两个过程：机组组合及机组调度。

筛选曲线假设发电机发出的所有能源具有相同的成本，或者发电机在任何运行水平上效率统一。事实上，燃煤机组启动时需要大量的热能，如图19.8所示。从图19.8中可以看出，空载时需要热能为1.5MMBtu/h（右侧刻度），近似等于满载时热量的20%。与此类似，尽管汽车没有移动，只要汽车启动就有燃烧燃料的需求。启动发电机及产生其空载热量需求的决定通常被称为机组组合问题。机组组合问题是解决机组最小燃料成本，最大运行可靠性问题的重要环节。

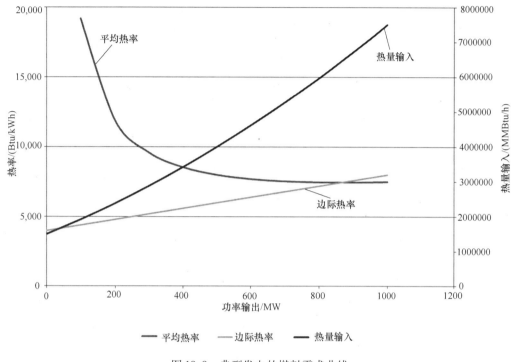

图 19.8   典型发电的燃料需求曲线

如图 19.8 所示，绘制出了平均热率与边际热率曲线（左侧刻度）。平均热率等于任何输出水平输入的热量除以输出功率。由于零负载热量较大，平均热率随着输出功率的增加而降低，如图 19.8 所示。边际热率为输出微小的增加所对应的输入热量增加的数学抽象概念。通常，边际热率在发电机组的整个运行范围内增加。如图 19.8 所示，边际热率超过平均热率略低于最大输出水平。在一些情况下，边际热率永远不会超过平均热率。

在发电机启动和运行时，电力公司使用等边际成本概念，或者等 λ 概念，其中 λ 为拉格朗日因子。利用等边际成本方法最小化运行成本的示例如图 19.9 所示。

图 19.9 以两个发电机组的边际成本曲线的形式给出了等 λ 的概念。图左侧容量较小机组的初始运行边际成本高于图右侧容量较大机组的初始边际成本。此时，小容量机组可以减少其出力，减少阴影区域的能源使用。大容量机组可以增加其出力水平。增加的燃料是边际成本曲线下的梯形部分。在边际成本曲线和等 λ 线之间的两个三角形区域表示与将两个发电机组具有相同的边际成本时所节省的燃料。以上单个发电机组的出力调整就是按照等边际成本概念进行调整的。

等 λ 概念适用于所有在线并可用于发出更多电能的发电机。发电机启停的决定是先前提到的机组组合。机组组合问题始于空载所需热量价值的决定。机组组合中增加一台发电机通常会降低经济调度的边际成本。但是，过高空载热量可以增加所有发电机所需的总热量，尽管边际成本降低。经济调度的自由贸易方面对于机组组合的短期投资决定作用很小。从公

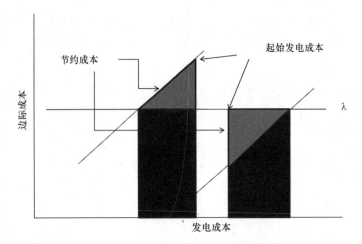

图 19.9　等边际成本发电机出力调整

平交易角度看，系统运行者可以考虑长期最小化成本，并将机组组合决策相关的任何成本和相关的空载热量需求代入微积分。

等边际成本概念反映了参与发电机经济调度部分发电机之间与功率传输相关的损耗。因此，远离负载中心的发电机相对于离负载中心近的发电机由于功率在这段增加的距离上流过，所以需要乘以一个惩罚因子。

通常，会有必须遵守的传输负载限制，使得远距离发电机受到额外的惩罚。当约束增加时，远距离输电有时就会不参与经济调度。事实上，这些远距离发电厂只参与当地经济调度，发电容量满足当地负荷的需要加上一定的裕度。

电力公司已经进入了双边交易模式，电力公司可向其周边电网出售特定量的电能，例如出售 6 小时 400MW 的电能。这种双边交易的一种常见形式是经济供电，两个电力公司之间有限的联合调度。但卖方通常希望以高于等边际成本的价格进行交易，如图 19.10 所示。

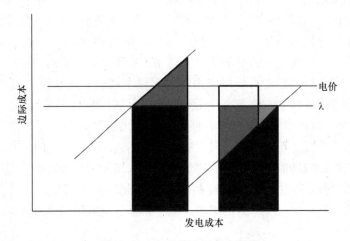

图 19.10　高于等边际成本售价

图 19.10 与图 19.9 的发电设备相同，但其发电价格超过等边际成本对应的价格。等边际成本下电能交易为每个电力公司提供了等于图 19.9 所示三角形区域的利润。在图 19.10 中，调度中的这两个数值可以看作来自两个不同的电力公司。右侧大型电力公司与左侧等 λ

之上的购买者交涉价格，而对于小型电力公司来说这个价格低于小型电力公司的发电价格，这样小型电力公司就可以通过减少内部发电量向大型电力公司购买电能的方式节约成本。节约的成本等于销售价格之上小的三角形区域。这些利润小于在均衡 λ 时设定的交易价格所享受的利润。大电力公司得到了等 λ 交易价格的大部分经济利益，同时也获得了白色矩形部分的相关租金。这个额外的租金被等 λ 三角形右边灰色小三角部分抵消。需要注意的是，与这个决定相关的可靠性是传输容量限制及潜在的传输问题。

图 19.10 中的两个电力公司交易说明了售电方获得比等边际成本交易更好结果的情况。与此对比，图 19.11 说明了结算价格低于边际成本的情况。在这种情况下，买方获得了比等 λ 清算交易更好的结果。图 19.11 中买方位置的改善再次是等 λ 与交易价格之间的矩形区域。买方放弃的利润依旧与图 19.10 相同被涂上了浅灰色。

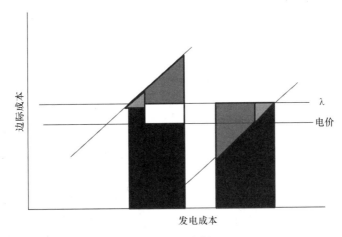

图 19.11　售价低于 λ

以不同于等边际成本价格进行销售的能力，显示了电力公司的议价能力。从图 19.10 可以看出，卖方具有一定的议价能力。在图 19.10 中，可以假定卖方具有一定的议价能力，因为卖方的价格远高于其边际成本。多数双边交易无法实现与如图 19.9 所示的等边际成本相关的全部成本最小化；相反，它们看起来像如图 19.12 所示的关系。交易价格可能接近等边际成本价格，但交易数量小于均衡两个系统 λ 所需数量。经济效益的损失是两个小三角形区域之和，也是浅灰色的，一个位于图中卖方部分，另一个位于图中买方部分。梯形深灰色区域是交易获得的经济效益。

经济调度尽可能降低运营成本（通常为燃料成本），同时保持理想的可靠性水平。这种经济调度的结果如图 19.13 所示。图 19.13 为日小时 45MW 和 100MW 之间负载变化曲线。此系统中有 40MW 的核电，是系统中最便宜的能源。因此，核电机组每小时满载运行。接下来最便宜的能源是 20MW 的燃煤机组。燃煤机组每小时运行，但必须在轻载时段供电。第三种发电形式是 35MW 燃气机组。燃气机组完成日尖峰负载外，负载曲线剩余部分的供电。在日高峰用电时间，系统电力是不足的。

系统运营商在名义上改变发电计划以满足负载用电需求。但是，对于系统调度员来说，他们有时必须改变负载的用电方式以适应系统的发电能力，如本例日发电图高峰时段那样。公用事业公司往往通过向临近公司购买短时电力以弥补电能的不足。公用事业公司通常与大

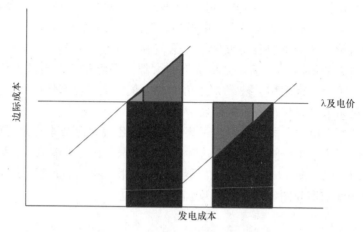

图 19.12　准 λ 销售的次优数量

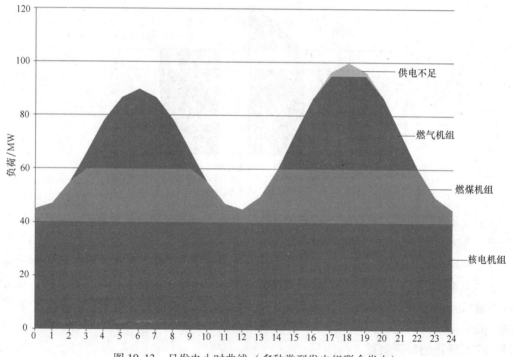

图 19.13　日发电小时曲线（多种类型发电组联合发电）

型工业客户签署协议，允许公用事业公司在特定条件下中断供电。公用事业公司也有各种各样的负载管理工具。一些住宅项目实现了包括空调压缩机、游泳池水泵和电热水器的无线电控制。作为最后的恢复措施，公用事业公司将实施轮换停电。

　　与其他公司的物理互联是自动的。AC 网络电能自由流动，当一个网络电能不足，互联的系统会自动向此网络供电。当互联网络中所有的系统均处于电能不足时，电力系统的这个物理特性就会导致这个网络的频率下降。因此，一个额定频率为 60Hz 的系统的运行频率可能为 59.950Hz 或者低到 59.924Hz。电网上安装有低频保护继电器，这种继电器可以对系统频率进行测量，当系统的运行频率过低时，切断一部分负载，就像上面谈到的，有时这种甩负载方案为预先设定好的。通常，低频继电器控制大型工业负载或者大型配电系统。也有人建议对热水器、冰箱及其他小型设备使用低频保护控制。

19.6　可避免费用

电力公共事业监管是伴随着公用事业公司纵向一体化过程和公平交易概念基础上发展起来的。监管机构处理系统的累积成本，然后试图向相关客户收回这些成本。监管机构不必过多处理公司之间的交易。这些交易往往是双边的，并经常在无争议的基础上提交给联邦能源管理委员会（FERC）批准的。联邦能源管制委员会也和投资者的公用事业公司进行某些业务，这些公司向小型投资者公司、市政府和合作组织出售电力。在许多方面，后者交易的监管与国家公用事业公司处理零售消费者销售的方式相同。联邦能源管制委员会对公共事业的总费用进行了研究，并设定了批发价格。

联邦政府确保公用事业公司是垂直整合的，并根据 1935 年 PUHCA 禁止向公用事业公司出售电力进行相对简单的监管。任何此类交易都将使卖方成为公共事业公司，受州和联邦法规的约束，包括对任何其他交易的监管。工业发电以不同方式对应对 PUHCA：

1）国际纸业及电力公司处理其发电业务并成为国际纸业。

2）一些化学公司将其热电联产电厂作为微电网，一些电网的容量超过了 1000MW，没有与当地电网互联。陶氏化学在路易斯安那州有这样的设备。

3）一些化学公司安装了自动切换设备，自备电厂发电时，自动切断与当地电网的连接。

4）一些化学公司与当地公用事业公司有协议，放弃剩余电能，这部分剩余电能不会在双边交易中被转售。

5）一些化学公司明确提出限制因需要蒸汽安装不经济热电联产机组，远离边界。

随着 1978 年公共事业监管政策法案（PURPA）的通过，联邦政府推翻了 PUHCA 的部分内容。传统法规考虑了卖方的成本。而对于公用事业监管政策法案，一些发电公司（具有合格发电设施）可以用当地公用事业公司的可避免成本价格向当地公用事业公司出售其电力，卖方的成本结构不是问题。相反，买方的成本结构变得很重要。

得克萨斯州公共事业委员会（PUCT）于 1983 年面临三大工业问题是，在遵守 PURPA 监管条件下，已经完成了热电厂的建设并将其发出的电能出售给休斯敦照明电力公司。得克萨斯州公共事业委员会将 Ernst & Whinney Committed Unit Basis（Ernst & Whinney CUB）模型作为评估 QF 长期合同的方法并将其纳入规定，该 QF 旨在向 TPUC 管辖范围内的公用事业公司出售电力。Ernst & Whinney CUB 模型实质查询公用事业公司的筛选曲线及公用事业公司致力于建造以满足需求发电机的经济性。休斯敦照明电力公司购电合同里的发电机组为燃煤机组。

Ernst & Whinney CUB 模型不同于其他模型，在这个模型中，将固定成本在发电机整个预期寿命周期中转化为一个进程。随着整个时段内预期通货膨胀，这个过程也增加。通货膨胀过程影响后期负载成本，因此，根据 Ernst & Whinney CUB 模型签署的任何合同的前几年收入低于公用事业公司实际发生的费用。

正如 HL & P 与三家寻求出售电力的大型热电公司谈判时所实施的那样，HL & P 获得了整个 Ernst & Whinney CUB 等级折扣，每笔合同逐渐降低了平均付款。这揭示了 Ernst & Whinney CUB 模型对热电公司发展前景考虑不足。合同中售电价格可能会比 Ernst & Whinney CUB 计算的价值更低，但不可能高于这个值。一些人将这个损失看作负载损失价值（VoLL）。

开发可避免成本的另一种方法是检查如图 19.14 所示的公用事业公司的日调度曲线，以确定机组在每个小时内均处于较经济的运行点，并使用该成本作为每小时可避免成本。然后累加所有的小时可避免成本以确定该系统的可避免成本。表 19.2 表示的概念代表了基荷的可避免成本。机组成本来自如表 19.1 中所示数据。小时数来自日调度曲线。负载损失成本是任意设定的。

如表 19.2 所示，假定发电机 QF，1kW，全天运行。此发电机为燃煤发电机，运行 10h，则此发电机发电收益为 $0.02/kWh，每天可获得 $0.20 收益。对应 3h 供电不足时，发电机发电收益为 $20/MWh，每天可获得 $60.00 收益。$61.08 总收益将为发电机支付每天可避免成本 $2.55/kWh。这些收入的大部分将用于帮助公用事业公司弥补电力短缺。

表 19.2　基荷可避免成本

发电机类型	成本/($/kWh)	小时数	成本/($/kW)
核电机组	$0.01	0	$ -
燃煤机组	$0.02	10	$0.20
燃气机组	$0.08	11	$0.88
电力不足	$20.00	3	$60.00
合　　计		24	$61.08
平均每小时成本/（ $/kW）			$2.55

如表 19.3 所示，给出了大型夜间发电的可避免成本，与表 19.2 数据组织方式相同，不同的是，它显示了向公用事业公司输送发电量的日变化。在煤炭燃料是最经济时段，发电量为机组额定容量的 60%，发电时间为 10h 以上，发电量为 6.00kWh 白天的收益为 $0.12。在电力短缺期间利用率降低很多，导致这台发电机的平均支付仅为 $0.39/kWh。

表 19.3　大型夜间发电的可避免成本

发电机类型	费用/($/kWh)	百分数	kWh	费用/($/kW)
核电机组	$0.01			$ -
燃煤机组	$0.02	60%	6.00	$0.12
燃气机组	$0.08	20%	2.20	$0.18
电力不足	$20.00	5%	0.15	$3.00
合　　计			8.35	$3.30
平均每 kWh 费用（ $）				$0.39

如表 19.4 所示，给出了太阳能发电的可避免成本，非常不同的可避免成本结果。平均可避免费用增加至 $4.74/kWh。然而，这是基于一种不现实的假设基础上的，即在整个夜间高峰期内（5PM，6PM，7PM 时间点），太阳能发电装置一直输出最大功率。

对于 VoLL，有几个方法进行处理。一个较为简单的方法，是利用如图 19.6 所示筛选曲线以及如表 19.1 所示的筛选数据。如图 19.6 所示，公用事业公司可以购买柴油发电机作为满足负载的最低成本选择。表 19.1 显示公共事业公司应该计划每年运行这些柴油机组长达 150h。在 150h 内分摊柴油机组的 27.00 美元/kW·yr 的固定成本，得到此柴油发电机固定成本为 0.18 美元/kWh。加上可变成本 0.30 美元/kWh，则 VoLL 为 0.48 美元/kWh。但是在图 19.6 所示的概念下，即使每年只需要 1h，也会购买柴油发电机。一小时的 VoLL 将为 27.30 美元/kWh。5min 内，VoLL 将为 162.30/kWh。

表 19.4　太阳能发电可避免成本

发电机类型	费用/(美元/kWh)	百分数	kWh	费用/美元
核电机组	0.01			
燃煤机组	0.02	10%	1.00	0.02
燃气机组	0.08	80%	8.80	0.70
电力不足	20.00	100%	3.00	60.00
合　　计			12.80	60.72
平均每 kWh 费用（美元）				4.74

19.7　独立系统运行

一些州否定了发电公平贸易的概念。一些州已经并迫使它们的公用事业公司进行自我重组，通常是禁止它们发电。下面列举的几个方面给出了发电公平交易向自由贸易转移的理由。

1）消费者经常为不良投资或经营决策买单。这种买单是必要的，以使公用事业公司能够获得公平的投资回报，相当于咖啡农的生活工资。一些州认为，这种不良投资的成本超过了好的投资和好的经营决策偶尔带来的好处。

2）独立拥有发电机很难参与发电竞争。这种情况下公用事业公司更热衷于用自己拥有的发电机发电，而不会从其他地方购电。几乎没有公用事业公司愿意为 VoLL 付费。事实上，所有的公用事业公司都没有真正理解这个概念，因为这个概念还没有真正解释清楚。

3）公用事业公司提供了创新的定价计划，为消费者提供更好的新方法来规划电力消费。有趣的是，重组后最先进的定价计划似乎是重组前美国的部分定价。

这种分离仅在发电市场存在竞争时才会发生。电力批发市场的双边概念不足以使这种竞争有效。幸运的是，20 世纪 30 年代以来，以电力池的形式出现了电力批发市场模式，最著名的是 PJM 互连以及 ERCOT。PJM 很快演变成了一个独立系统运营商（ISO）来完成前面提到的联合调度。对于执行 PJM 系统发出的调度指令的发电机，PJM 支付边际燃料费用及足够的覆盖零负载所需能量的启动费用。其他独立系统运营商包括加利福尼亚 ISO、纽约 ISO、新英格兰 ISO、中部 ISO、西南电力池等。

名义上，ISO 内的所有电力均受 ISO 调度和定价。然而，ISOs 通常允许发电商与当地能源供应商签署双边合同。这些双边合同通常被描述为差异性合同，可以被看作是对价格波动的对冲。在 ERCOT 出售的大部分电能似乎都以这种方式进行对冲。

2011 年 8 月期间，ERCOT 平均批发结算价格为 2011 年其他月份平均结算价格的 10 倍左右。在这种情况下，由于零售能源供应商调整其产品价格以反映 2011 年 8 月产生的增加成本，零售能源供应商收取的价格预计会增加。但是，当地能源供应商提供的价格没有显著变化。零售能源供应商因商品的短缺进行价格的改变意味着 ERCOT 内的零售能源供应商高度对冲 ERCOT 的价格波动。

发电商和当地能源供应商之间的价格对冲可以通常被认为是通常控制着不稳定的 ISO 市场的自由贸易和公平贸易的融合。合同包含具有固定价格，这个价格名义上为发电商提供公平的投资回报，以换取固定数量的销售额，而不受变化的 ISO 市场的影响。因为即使在发电机停电的情况下，合同也将承担提供相应数量能源的义务，所以风险管理的原则应对发电商所提供的能源数量进行限制。

19.8　微电网内的竞争处理

最初的微电网是垂直整合的，具有从发电机到电表之间所有的经济利益。某些情况下，电力公司甚至可能拥有客户房子里面的设备，这些设备无疑增加了用户的用电量。由于药店也想获得销售灯泡的收益，所以直到药店进行反垄断投诉，底特律爱迪生公司才放弃向用户提供免费灯泡以获得更多售电收益。

在 21 世纪初期，无论是屋顶太阳能还是燃气发电机等小型发电设备的经济性都得到了改善。小型发电的拥护者再次复苏了微电网的概念。实际上，微电网是一个相对比较新的术语。微电网恰当地将电力工业的起源描述为独立运行的发电和配电系统，但是这个术语似乎起源比较晚。

微电网的倡导者呼吁更多的配电网规划成微电网。与 19 世纪末和 20 世纪初的情况相似，今天的微电网可以独立于其他电力系统运行。但与 20 世纪初的情况不同的是，今天的微电网不是在财务上垂直整合，在许多不同的经济利益体中拥有微电网的一部分。这些不同经济所有权利益包括屋顶太阳能、燃气热电联产机组、医院的备用机组以及其他关键基础设施机构的发电机等。

垂直所有权允许微电网所有者收取所有成本，并将这些成本转化为向消费者收取的价格。垂直所有权也意味着一个单一的实体负责根据公用事业公司的规则调度其电网内的所有发电机组。垂直所有权意味着电力公司可以像工程师认为最好的工作方式那样运行。今天微电网中的发电机有多个所有权，这就意味着公用事业公司必须找到不同的方式来为那些独立拥有发电机的运行及控制付费。

当一个公用事业公司拥有某个微电网的发电权时，这个公用事业公司调度室的工作人员就可以对此微电网的发电机发出运行和控制指令。个人发电机的运行人员与系统控制工作人员可从同一家公司获得薪水。系统控制工作人员拥有公用事业公司的认证，并决定系统最经济的运行方式，在公用事业公司内部，系统控制工作人员的指令如同法律，将被严格执行。与此相反，当独立电力生产商为微电网提供绝大多数发电量时，还需要一些其他方法让这些独立电力生产商提高和降低其发电水平，因此需要微电网市场。

如图 19.14 所示，为价格曲线图。用于设定流入以及流出微电网电能的价格。此图也可以看作是调度曲线，独立发电企业将根据价格曲线确定如何调度它们拥有的发电机组。

如图 19.14 所示，电价单位为 \$/MWh，适用于任何系统频率。图 19.14 以双曲正弦曲线开始。在这种情况下，双曲正弦曲线的自变量为频率偏差除以负 0.005Hz。图 19.14 的横轴为频率，图 19.14 中的实际定价曲线高于双曲正弦曲线 $50/MWh。60Hz 时，频率偏差为零，零的双曲正弦值为零。因此，60Hz 时价格为 $50/MWh，$50/MWh 为偏移量的大小。价格曲线上其他重要点的价格如表 19.5 所示。

如图 19.14 所示的价格曲线可以有效地为具有命令和控制权的系统操作员提供了备选方案。发电的价格随着频率的变化而变化。独立发电生产商可根据定价曲线价格进行发电调度。实际上，如果公用事业公司拥有分布式发电机，公用事业公司也可以按照定价曲线进行发电调度。然而，作为公用事业公司拥有的发电机，可能有一些义务是维持系统频率到 60Hz，而不依赖于此类行为进行盈利。

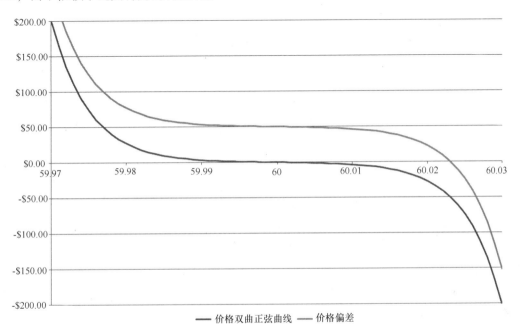

图 19.14 价格曲线。双曲正弦额定值为 60Hz，−0.005 除数，50 美元/MWh 偏移量

表 19.5 价格曲线数据点

频率/Hz	偏差/Hz	双曲正弦值	价格/(美元/MWh)
59.970	−0.030	201.71	251.71
59.980	−0.020	27.29	77.29
59.990	−0.010	3.63	53.63
60.000	0.000	0.00	50.00
60.010	0.010	−3.63	46.37
60.020	0.020	−27.29	22.71
60.030	0.030	−201.71	−151.71

哥伦比亚特区市长 Gray 的愿景是华盛顿特区的一半电力，DC，来自可再生能源发电，可能是屋顶太阳能发电。屋顶太阳能没有运营成本，使其调度点为 0.00 美元/MW·h。只要如图 19.14 中的定价曲线的电价为正值时，就有动力用屋顶太阳能进行发电。当系统频率

约为 60.02302Hz 时，会出现这一点。利用如图 19.14 所示曲线对应的公式，当系统频率为 60.02302Hz 时，发电电价为 0.063 美元/MW·h。当系统频率为 60.02303Hz 时，发电电价为 −0.037 美元/MWh。因此，没有其他考虑因素，独立屋顶太阳能电厂应使用电子设备检测当前频率，并在系统频率高于 60.02303Hz 时，停止太阳能电厂发电。

继续市长 Gray 的观点，许多可再生能源项目都能够通过出售 RECs，或者为其生产的任何能源获得生产税抵免（PTCS）。RECS 及 PTCs 等级不同。举一个例子，独立太阳能电厂各种可用信用之和为 40 美元/MW·h。60.02596Hz 的系统频率产生的负调度价格为 −39.911 美元/MW·h。60.02597Hz 的系统频率产生的负调度价格为 −40.091 美元/MW·h。因此，在不考虑其他情况时，RECs 和 PTCs 总计补贴为 40 美元/MW·h 的屋顶太阳能发电厂应当对系统频率进行检测，当系统频率上升接近 60.026Hz 时，停止太阳能发电。

尽管应该有微小的差异来为微电网的所有者提供一些收入，图 19.14 中的定价曲线将用于①独立发电公司和②负载的定价。理想情况下，这个价格差异应该反映微电网的边际损失和限制，正如独立的系统运营商基于边际损耗和约束来区分传输系统的价格一样。许多 SCADA（监视控制和数据采集）系统每隔 4s 采集一次发电机数据。4s 定价期为发电机快速响应频率误差提供了动力。

许多电力公司试图将系统频率保持在 59.980 ~ 60.020Hz 之间。产生图 19.14 的 −0.005Hz 除数和 50 美元/MW·h 偏差激励发电企业和用户运行在这个范围内。当频率高于 60.020Hz 时，定价曲线的价格小于 22.71 美元/MW·h，如表 19.5 所示。几乎没有发电机能在这个价格产生利润，并试图停机。在频率略高的情况下，图 19.14 中的定价曲线设定了越来越多的负值，这种情况下，即使不需要燃料的可再生能源发电机也会关停。与此相反，当系统频率低于 59.98Hz 时，定价曲线产生了高于 77.29 美元/MW·h 的价格。随着频率的进一步低于 59.98Hz，将激励更多的燃烧燃料的发电机组发电。此外，那些价格无弹性的负载将看到价格上涨，这将促使这些用户停止用电。例如，当系统频率为 59.96Hz 时，价格曲线提供的价格为 1540.48 美元/MW·h，这应该足够高以至于可以看到弹性价格对许多负载的影响。

如图 19.1 所示的定价曲线仅仅是一个基本估计价格曲线。当微电网方式运行时，双曲正弦曲线中的 50 美元/MW·h 偏移量会发生改变。远离 60.000Hz 的连续运行将引起价格偏移，这个偏移将产生一个缓和方式，从而鼓励微电网的参与者将电网频率调回 60.000Hz。例如，假定一个微电网主要由太阳能发电组成，这个系统期望运行的频率为 60.025Hz 或者高于 60.025Hz。当系统频率为 60.025Hz 时，发电的实时价格为 −24.20 美元/MW·h。加上 40 美元/MW·h 新能源补贴价格，此太阳能发电利润为 15.80 美元/MW·h。受系统频率控制的机械钟将比 GPS 同步时钟快。任何累计的时差都可用于改变 50 美元/MW·h 偏移。当机械时钟比 GPS 时钟快时，是过度发电时段，正的时间误差将减少这 50 美元/MW·h 偏移量。与此相反，当机械时钟比 GPS 时钟慢时，是过负载时段，负的时间误差将增大这个 50 美元/MW·h 偏移量。

图 19.1 双曲正弦线是个基础曲线，这个曲线具有目标频率较近时斜率较小，频率偏差较大时，斜率较大的特性。当偏差约为 0.02Hz，高或低时，负 −0.005Hz 除数在定价曲线中产生拐点。

如图 19.14 所示价格变化可能与 2014 年 1 月份 PJM 的价格变化差异很大。基于 Gray 市长大力发展太阳能发电的观点，对于白天大部分时间，微电网发电价格将运行于如图 19.14 所示价格曲线的右侧，产生负价格。这个结果使得图 19.1 数据发生很大改变，图 19.1 中的数据将在很多个小时内为负值，零或者很低的一个值。相反，在晚上，由于没有新能源发电可用，系统将运行于如图 19.14 所示价格曲线的左侧。结合这两种动态特性意味着在一个非常短的时间内，价格适中，而非常长的时间内，电价很低或者很高。这是微电网独立拥有发电机的结果之一。

19.9　利率的制定

公用事业公司通过有公共事业委员会参加的正式听证会来设定价格。听证程序因司法管辖区而不同，但通常都是包括三个步骤。第一步首先由公用事业公司根据服务成本确定价格申请，第二步根据用户类别定价，最后一步是利率的设定。

公用事业公司服务成本由以下几部分组成：

1）运行成本，其中包括燃料；

2）折旧成本；

3）所得税以外的其他税收；

4）所得税；

5）利率回报率。

以上这些项目往往是基于历史数据，有时对已知和可测量的变化进行数据更新。由于缺乏及时更新，产生了一种监管滞后形式，此时成本与定价在时间上无法对应。直到 20 世纪 70 年代早期，监管滞后对许多电力公司来说是一件好事，此时电力工业正在经历规模经济，并且每年的收入要求都在下降。然而，20 世纪 60 年代，70 年代，80 年代的通货膨胀改变了这种状态，对于很多电力公司来说，滞后的监管成为了一件坏事。

利率回报率的概念是为了让公用事业公司赚取足够的资金来支付投资者继续投资电力公用事业。电力公司一直在扩大投资，需要吸引新的投资。为了吸引新的投资，公用事业公司通过出售债券或股票方式为这些投资提供一定程度的回报率。

如表 19.6 所示，显示了投资者拥有的资金成本的发展。表格左侧列出了公用事业公司筹集投资资金的不同方式。每类投资在公用事业公司股本所占的比例为表 19.6 的第一列数据。有时这些数据用总金额来表示，而不是用百分数表示。各类投资的单位成本为表第二列数据，最右边一列数据为前两列数据的乘积。整个公用事业公司的单位成本是用总资金增长除以总投资额得出的。

表 19.6　投资者拥有的资金成本

投资类型	投资比率	单位成本百分数	资金增长率
债券	60%	4.38%	2.63%
优先股	5%	6.00%	0.30%
普通股	35%	10.50%	3.68%
	100%	6.60%	6.60%

每个监管机构对投资者资金成本包括的内容都有不同的规定。一些监管机构计算了包括

短期银行贷款以及公共事业公司签署的商业票据。由于短期现金流利率变化非常大，有时按天变化。短期现金流的高度可变性导致一些委员会将短期债务排除在收益率计算之外。

权益部分有时包括递延所得税。联邦政府减少公用事业公司收入所得税的流程。有些流程规定减免的所得税是延迟缴纳，这就导致以后交的所得税是增加的。不同的监管机构对资金成本计算时是否包括递延所得税有不同的规定。一些计算包括了递延所得税作为零成本货币的来源。一些计算包括了递延所得税计算股本回报率。直接从计算结果中排除任何递延所得税，结果是公用事业公司的递延所得税的回报为平均收益率。

在发行债务时，公用事业公司与债务人签订协议，确保债务的偿还。例如，公用事业公司可能同意税后的收益仅仅是利息收入的简单倍数。如表 19.6 所示，意味着普通股的扩展收益必须和其他资金成本收益一样。在这个例子中，3.68% 收益必定大于 2.63% 与 0.30%收益之和。如果电力公司不允许股本回报率足够高，公用事业公司就无法筹集更多的债务来为其不断增长的投资提供融资。相反，公用事业公司将不得不通过出售普通股筹集更多的资金。

19.10　服务分类成本

公用事业公司将客户按照费率进行分类。每类费率分类包括具有相似容量、相似用电模式以及相似服务需求的客户。笼统地说，用户被分为居民用户、商业用户、工业用户以及道路照明。公用事业公司以成本分配为目的经常创造出更多分类或者更多的子类。传统的服务类成本包括三步：功能化、分类和分配。

在全美投资者的要求下，联邦能源管理委员会（FERC）建立了统一的会计系统。这个会计系统的会计指令很庞大。其印刷品为一本大的平装书大小。会计系统按功能通常分为生产/发电，输电和配电等几个部分。公共事业公司账簿上的一些设备是按照不同功能进行分类的，而不是按照不同费率成本方式进行分配。用类服务成本研究的话来说，将一个功能成本转移为另外一个功能成本过程称之为功能化。例如，尽管一些线路成本被记成输电成本，根据统一的会计系统的指令，一些公用事业公司认为一些输电线完成的是配电功能。

分类通常是需求、能源和客户之间的成本分离。燃料成本通常被视为与能源相关。许多投资被看作与需求相关。电表安装及供电线路建设方面的投资通常与用户相关。成本分类中最大的不确定性与发电成本相关。存在一些变化，分配一些燃料成本与需求相关。例如，PJM 尖峰价格为 1839.28 美元/MW·h，是为了满足用电高峰需求而不是整个能源需求而产生的成本。相反，也有类似的转换将一些发电投资成本分配给与能源相关成本。对于配电系统，基于即使配电系统没有功率流，配电系统最小容量必须向所有用户提供电压的原理，一次侧及二次侧通常在需求和用户之间进行分类。

分配是将功能化成本及分类成本分解为单个服务类。这个分配过程起始于在公共事业公司账单上损耗、负载因子和用户特定设备单位成本等决定性权重因子。

1）电能从发电机输送到用户侧会产生电能损耗。根据用户接受电能的位置估算出用电损耗。在输电系统，一次配电系统，二次配电系统的居民用户会产生用电损耗。因此，由于工业用户为自己的配电系统提供电能，所以居民区用户比工业用户承担更多的网络损耗费用。

2）公用事业公司根据它们预期的用电需求建设它们的系统，无论是发电机所对应的重合峰值需求或者二次配电系统所面临的用户高峰。使用每一类客户的负载研究数据对峰值进行测量和估计。使用线损调整的峰值分配与成本相关的需求。

3）表计与用户服务与用户数量有关。设备的安装成本随着用户类型不同而发生变化。于是，这些设备成本将按照用户加权数分配给不同类型用户。

市场竞争导致了其他方法而不是传统的服务成本。一些经济模型包括边际成本和替代系统。

19.11　费率设计

公用事业公司使用4种不同的通用计费决定因素向客户收费。

用户固定费用——在费率等级中对所有客户来说，每月费用相同

电能商品费用——基于电表测得的 kW·h 值（kW·h，能量测量）

需量电费——基于通过电表电能的最快速率，通常指定为 kW

无功功率——公用事业公司提供的电磁场总量，通常用 kvar·h 来计量，有时与需量电费组合成 kVA 费用

大部分用户电费账单包括两个部分费率，即用户固定费用及电能商品费用。用户固定费用对应用户所在用户类的固定成本。电能商品费用对应用户用电所有的其他成本，不管这些成本是基于需量还是基于能源进行划分的。对这类客户的一般假设是这个类中的能量与需量比例足够一致，以免对任何客户超额收费。此外，认为测量客户需求的成本大于可能发生的任何超额收费的影响。费率可对应单独的需量费用以及单独的无功功率费用。

自从 20 世纪 90 年代以来，美国的电力公司发现数字电子设备成本的下降减少了电表的安装成本[○]。同时，电力通信成本也在下降。这些费用的降低导致许多公用事业公司开始安装自动化抄表系统，通过自动化抄表设备降低每月抄表成本。这些成本的降低也引出了先进的计量设备概念（AMI）。通常，AMI 包括①AMR；②电力公司和仪表之间的双向通信；③间隔 15min 或者更短时间的数据计量。AMI 使得电力公司用更省钱的方式确定用户需量账单。

在美国，多数公用事业公司的居民用户都采用基于固定月费用及电能商品费用的综合资费。固定月费用通常对应电表安装以及计费费用，而电能商品费用为用电费用（kWh）和需量费用（最大功率 kW）。

随着越来越多地使用太阳能，电力公司通过电网向用户出售的电能越来越少。实际上，太阳能发电经常逆转了潮流，许多居民拥有的太阳能供电设备每天一部分时间里会向电网供电。但是，带屋顶太阳能发电设备的居民用户仍然对公用事业公司提出了要求，期望公用事业公司能在开关接通时提供电能。

在传统费率定制机制下，PEPCo，一家直流公用事业公司，因其售电量的减少，需要将其电价提升 4 倍。这种说法的理由是，PEPCo 的收入将保持不变，以支付它仍拥有的线路，

○　按时间间隔计量的表计记录计费期间的离散间隔的能量消耗（kW·h），例如每 h，每 15min，甚至每 1min。

这些线路向用户提供服务，而通过这些线路的商品减少为设定当前商品费率水平供电量的25%。这个结果导致没有安装太阳能发电设备的居民用户需要付出更高的费用，以弥补那些安装太阳能发电设备用户少付出的电费。

标准居民用户与安装屋顶太阳能用户的区别如图 19.15 所示。图中绘制了在电力公司分别满足每类用户最大用电需求的情况下，两个采样样本的年负载因子[⊖]。第一类采样数据为负载研究中的标准用户用电数据。负载研究是指公用事业公司对多少用户用电调查的研究。第二类采样数据包括所有安装太阳能系统公用事业公司用户。这两类采样数据的拟合线斜率相同但截距不同。图 19.15 可以明显地看出，安装太阳能供电设备的用户与标准用户的不同。这个明显的差异可证明安装太阳能发电设备的用户用电费率应高于标准用户的用电费率。另外一种选择时使用带有需量电费的三部分费率，代替以往标准的两部分居民费率，其中两部分费率为用户固定费用和能量费用。

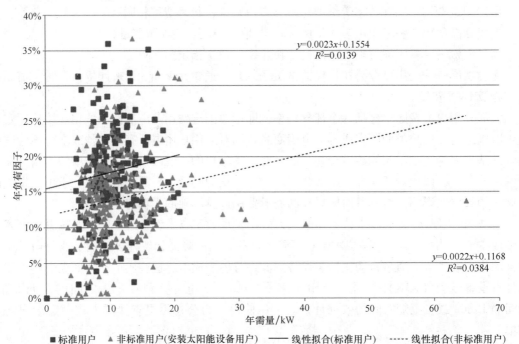

图 19.15　负载因子分析-负载研究标准用户与安装太阳能设备发电设备用户的对比

如表 19.7 所示，给出了基于负载研究样本数据的三个备选费率设计。成本假设是类服务成本研究确定这个客户样本的年需求成本为 72 303.96 美元，正好是 40.00 美元/kW·h。因此，一个费率设计选项是向居民用户收取 40.00 美元/kW·h 的年需量费，如表 19.7 所示。然而标准居民用户费率设计是按能源收取 72 303.96 美元的年需量成本，这将是0.02515 美元/kW·h 的能源费率。第三种备选费率是提升每个用户的年账单为 415.54 美元。上述三种计算方法均考虑了公用事业公司需量成本收入。

⊖　年负荷系数是年用电量（kW·h）除以年需求量（kW）并除以年小时数（非闰年为8760）来进行计算的。负载系数通常用百分数来表示。

表 19.7 依据负载研究使用账单确定居民用户费率设计备选方案

收费项目	账单费用	数量	费率
需量费用	72 303.96 美元	1807.60kW	40.00 美元/kW·年
电能使用费用	72 303.96 美元	2 873 097kW·h	0.02517 美元/kW·h
用户基本费用	72 303.96 美元	174 个用户	415.54 美元/年

如表 19.8 所示，显示了与表 19.7 相同的三种备选费率设计，但基于安装太阳能用户的样本数据。同时，成本假设是类服务成本研究确定这个客户样本的年需求成本正好是 40.00 美元/kW·h，即每年 138 538.17 美元。使用需量收费的费率设计选项依旧再次收取 40.00 美元/kW·h 的费用。标准费率设计选项将是能源费率 0.0312 美元/kW·h，此费率比表 19.7 负载研究样本的标准电能费率高 24%。第三种费率将向每个安装太阳能的客户收费 428.94 美元/年，比表 19.7 的价格高约 13.37 美元。

表 19.7 及表 19.8 费率的差异是通过收取屋顶太阳能附加费 0.0060/美元 kW·h，每户太阳能附加费 13.37 美元来实现的。在这种情况下，通过将费率改变为包括基于成本的 40 美元/kW·年需量费率来避免这个基于成本的太阳能附加费的征收。三个部分费率设计的改变减少了可能发生的交叉补贴问题，以及设定附加费等级时产生的不满。

表 19.8 依据安装太阳能用户样本数据使用账单确定居民用户费率设计备选方案

收费项目	账单费用	数量	费率
需量费用	138 538.17 美元	3463.45kW	40.00 美元/kW·年
电能使用费用	138 538.17 美元	4 441 378kW·h	0.0312 美元/kW·h
用户基本费用	138 538.17 美元	323 个用户	428.94 美元/年

19.12 分时费率

公用事业公司重组的优势之一是 20 世纪 90 年代美国发生重组行业的参与者提供了更多的创新费率形式，例如使用分时费率。这些具有用户用电弹性的创新形式，降低了电力系统的成本，通常使更高成本时间段的用电向更低成本时间段转移。

分时定价是将成本相对一致的时间段分组在一起。分时电价的一个计算标准是时段内成本差异最小，时段之间的成本差异最大。这个概念可用前面提到的如表 19.9 所示的 PJM 实时电价进行说明。

如表 19.9 所示，第一列数据为 2014 年 1 月不同日期及时段的 PJM 实时电价，第二列为实时电价。表格中右侧三列数据为该行实时价格联合所有更高的实时价格来确定这些小时的平均价格和使用剩下的实时价格确定剩余小时平均价格时的平方误差项计算结果。因此，三个最高电价时段的平均电价为 1794.27 美元/MW·h。经济优化价格时段将是最高价格的 10h 与这个月剩余的 734h。最优测量位于最右列。

使用 PJM 确定高峰时间段暴露一个使用费率时间设定问题。通常，设定费率的时间段没有一个非常清晰的界限。相反，但这些高峰时段过高的价格证明了实时电价的重要性，对于不同应用对象来说，例如需求侧管理和设定避免成本支付的付费用户的不同。

表 19.9 方差优化示例——PJM 实时价格，2014 年 1 月

日期及时间	价格	平方误差和		
		高成本	低成本	合计
1/7/2014 9：00	1839.28 美元	—	21 321 475	21 321 475
1/7/2014 10：00	1782.22 美元	1628	18 523 609	18 525 237
1/7/2014 11：00	1761.61 美元	3238	15 786 855	15 790 092
1/7/2014 8：00	1752.52 美元	4551	13 072 757	13 077 308
1/7/2014 12：00	1423.15 美元	108 668	11 330 128	11 438 796
1/7/2014 7：00	1031.20 美元	494 632	10 465 862	10 960 494
1/7/2014 18：00	962.79 美元	840 841	9 722 019	10 562 860
1/6/2014 21：00	832.59 美元	1 239 452	9 184 223	10 423 676
1/6/2014 20：00	816.40 美元	1 566 715	8 668 496	10 235 210
1/30/2014 7：00	751.48 美元	1 895 344	8 240 576	10 135 920
1/24/2014 8：00	740.87 美元	2 174 816	7 825 287	10 000 102
1/22/2014 18：00	567.99 美元	2 594 863	7 602 208	10 197 071
1/24/2014 6：00	567.14 美元	2 951 261	7 379 324	10 330 585

在相同天内电价最为昂贵的 7 个小时，为日前定价费率创新形式提供了理由。一些公用事业公司建立了三种日电价费率形式。一年的大部分时间内使用标准费率。有几天使用高费率。这种高费率形式包括在某些选定日子的某几个小时内禁止用电。而在选定的其他日期内使用低费率。日前费率形式包括标准费率、高费率，低费率，允许用户合理安排用电，合理制订工作计划。

19.13 燃料调整条款

PJM 的实时价格是不断变化的。2014 年 1 月 PJM 实时电价波动是由天然气价格和可用性的波动引起的。燃料成本的波动性一直困扰着公用事业公司。为减少燃料成本的变化，许多公用事业单位及其委员会制定了燃料调整条款。当燃料成本变化时，而不是只有一个费率，公用事业公司将每月成本代入费率-成本计算公式，然后根据公式改变电力公司收取的电费。

19.14 分布式发电自由交易定价

标准的分布式发电定价方法是累计建设成本、运行电网成本、拆分服务客户账单单位的所需收入等。公用事业公司拓展了多个类型计量单位，例如，电能单位（kW·h）、有功功率单位（kW）、无功功率单位（kvar 或者 kvar·h），所需收入可能在这些账单单位之间拆分。

越来越多的公用事业公司面临着它们分布式设备上的发电量增长。这些分布式发电机可能向电网注入电能。这些情况下，不再是由配电中心站向用户供电，而是再分配电能。这个再分配过程需要自由交易的方法进行处理，尤其当配电发电机在其所在位置上寻找最好的经济效益时。一种说法是分布式发电机的存在可以减少公用事业公司对配电设施的投资。

对于安装分布式系统的受奖励用户标准可避免成本的方法是用户与公用事业公司签署相关长期合约。这个长期合约包括分布式发电机应满足电网升级的要求。如无法达到要求，将会受到惩罚。没有分布式发电用户愿意承担因未传输电能而引起的当地负载损失时的严厉处罚。

分布式发电的自由交易定价为上述长期合同方式提供了一种替代方案。分布式发电的自由交易定价会使价格变得与长期合约中的罚款一样极端。但是由于分布式发电自由交易提供了发电价格，拥有分布式发电机的用户可以在非常高的发电价格时向电网输送电能以获得回报。分布式发电自由交易减少了违约惩罚的风险，分布式发电主要是完成向配电网输送电能而不受违约的约束。

PURPA 主张用可避免费用作为分布式发电价格。可避免费用可以简单地分为四类：发电、输电、配电以及管理。美国的大部分电力客户都在 ISO 的范围之内。ISOs 运行先进的市场，FERC 确定 ISO 提供的价格与可避免的发电和传输成本相当。在这之前，很少将输电可避免成本计入电价。

分布式发电的自由交易定价应该是非常不稳定的；非常像 ISO 发电价格一样非常不稳定。例如，2012 全年 PJM 实时电价市场平均价格为 33.06 美元/MW·h。而 2014 年 1 月由于"极涡"寒流，平均实时电价为 112.99 美元/MW·h。"极涡"寒流期间有 3h 实时电价介于 1600 美元/MW·h 和 1800 美元/MW·h 之间，1h 的实时电价达到了 1839.28 美元/MW·h。分布式发电自由交易电价的波动也如此。

ISOs 的输电价格也是不稳定的。在 2014 年 1 月 24 日 7AM 之后的一个小时内，PJM 的价格在 391.14 美元/MW·h 和 2321.24 美元/MW·h 之间变化。由于电厂受到约束，传输系统出现负值电价，这种概念成发电口袋。因此，FERC 决定 ISO 市场价格可作为可避免成本，同时可避免成本可以为负。PJM 不同区域进行电能传输时，在一个方向上电价为 2712.38 美元/MW·h，而在另一个方向传输同样的电能就为 –2712.38 美元/MW·h。分布式发电自由交易定价偶尔会使分布式发电的电价值变得很极端。

分布式发电的自由交易定价将减少或消除许多可避免成本机制的症结问题。许多公用事业投资受特定的功率需求驱动，例如 30MW。症结问题是第一个 29.999MW 容量不允许延迟投资。哪个分布式发电机被推迟贷款就像中彩票一样。分布式电网自由贸易设定的价格反映配电网上相关约束的程度。因此，价格将首先将基于配电线损不断变化，随着约束变得更接近边界，价格将不断上涨，证明过程如图 19.16 所示。

公用事业公司长期以来一直使用税率来减少与个别客户谈判合同时的行政费用。一些公用事业公司现在需要针对每个新的分布式发电机进行互联研究。一些互联研究价格昂贵，经常需要由分布式发电支付管理费用。分布式电网自由交易定价产生了一种关税，这种关税最大限度地减少了每次互联的行政费用。由此产生的价格为分布式发电提供财政激励，反映了分布式发电机的并列运行，以避免现有的电力设备过载。如果分布式发电机的流量使本地电网过载，那么对应的分布式发电的价格将降低，甚至可能为负值。在负数或偏低价格的极端情况下，在分布发电机安装位置增加互联能力是正确的。

分布式发电自由贸易定价创造了电力竞争市场，包括网络中线路的使用。这个竞争市场

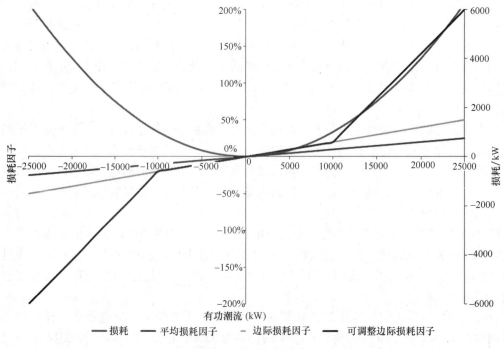

图 19.16　理论分布损耗

中的价格是面向公用事业公司的零售消费者的，也包括传统的公用事业公司用户。公用事业公司既从分布式发电用户那里购买电能，也向零售消费者出售电能，这将激励公用事业公司维护其系统，包括配电网络自由贸易定价的细节，使价格对于买卖双方都是公平的。作为零售税率，分布式发电的自由贸易定价由国家 PUC 管辖，这也将体现了价格的公平。

19.15　参考文献

1. Mark B. Lively. 2007. "Micro-grids and Financial Affairs—Creating a Value-Based Real-Time Price for Electricity," *Cogeneration and On-Site Power Production*, September. http://www.cospp.com/articles/article_display.cfm?ARTICLE_ID=307889&p=122.

2. Mark B. Lively. 2009. "Renewable Electric Power—Too Much of a Good Thing: Looking at ERCOT," *Dialogue*, United States Association for Energy Economics, August. http://livelyutility.com/documents/USAEE-ERCOT%20Aug%2009.pdf.

3. Mark B. Lively. 2013. "Creating a Micro-grid Market: Using a Frequency Driven Pricing Curve to Dispatch Load and Embedded Distributed Generation and to Charge and Pay for Participation," *Energy Pulse*, July 3. http://www.energycentral.com/generationstorage/distributed-andcogeneration/articles/2673.

4. NASDAQ. 2015. "Latest Price & Chart for Coffee; End of Day Commodities Futures Price Quotes for Coffee." http://www.nasdaq.com/markets/coffee.aspx?timeframe=10y.

第 20 章 照 明 设 计

Kyle J. Hemmi, LC, LEED AP, CEM
Senior Eneygy Engineer CLEAResult

20.1 简介

照明占全美电力消耗的12%，作为一个国家，每年照明用电费用高达数十亿美元。照明用电量约占商业建筑用电总量的21%，居民用电量的13%。

照明设计包括：

1）根据视觉任务设计适当的照明等级。

2）了解照明空间的相关物理特性。

3）选择并安装照明灯（与环境相适应的风格、能效、颜色、发光效率等方面）。

4）计算生成光到达工作面的比例。

5）计算所需灯具的数量。

6）为业主制订照明系统维护计划。

20.2 平均照度

大多数照明项目都要求为工作或者开展其他活动的空间设计合理均匀的照度水平。而在某些特定场合为视觉要求更高的工作增加辅助照明灯，以提高亮度。

计算过程

1. 计算照度

通常采用流明法。流明是光通量单位，光通量是单位波长能量和光谱发光效率乘积的积分。尽管光通量是光流量的时间变化率，流明也可被看作光的度量单位，它等于每 ft^2 表面上的光通量，这个单位表面的所有点距离 1 坎德拉（cd）点光源 1ft。光源的额定值用流明（lm）表示。

照度为投射到一个表面的光通量密度。当光通量均匀分布时，认为照度等于光通量除以表面面积。当长度单位为英尺时，英尺烛光（footcandle）为照度单位，因此含义为每平方英尺流明。lx 是照度的国际单位（SI），国际上用米作为长度单位，其含义是每平方米流明（lm/m^2）。

用流明法计算：$$E = N \times LL \times CU \times LLF \times BF \times TF/A$$

式中，E 为平均保持照度（英尺烛光）；N 为照明区域内光源的数量（每个灯具中光源的数量×灯具数）；LL 为光源的额定输出光通量；CU 为利用系数；到达照明区域的光源光通量百分数，用小数表示；*LLF* 为光损耗因数，用于评估从初始到保持条件之间照度的衰减（光通量损耗（*LLD*）×灯具因积灰等原因造成的损耗（*LDD*）通常认为足够精确）；*BF* 为镇流系数；*TF* 为倾斜因子；*A* 为照明面积（平方英尺）。

对于平均初始照度，可忽略上面公式中的 *LLF*。

典型示例：一个 32 000ft^2 的储物场地由三只泛光灯照明，泛光灯为功率 400W 的高压钠灯，额定光通量为 51 000lm。如果 *CU* 等于 0.35，*LLF* 等于 0.8，流明系数和倾斜因子都是 1.0，则平均保持照度是 $E = N \times LL \times CU \times LLF \times BF \times TF/A =$（3 × 51 000 × 0.35 × 0.8 × 1.0 × 1.0/32 000）footcandles（fc）= 1.3fc。

2. 计算功率

每只灯具输入功率为 465 × 3 = 1395W。启动/运行电流：对于 120V 镇流器，2.8/4.2A；对于 208V 镇流器，1.6/2.45A；对于 240V 镇流器，1.4/2.15A；对于 277V 镇流器，1.1/1.85A；对于 480V 镇流器，0.75/1.05A。

20.3　点照度

照明系统涉及在选定区域内提供水平方向、垂直方向或者其他角度方向的特定照度水平，以更好地吸引注意力或者提高可视性。

计算过程

1. 计算光通量

计算过程包括逐点法计算某些特定位置的照度。计算结果为计算整个照明区域或者局部照明区域均匀性提供了信息，并且这将有助于选择灯具的光束分布以及最大光强。相关计算机软件更方便地实现这个计算功能同时完成更加复杂的计算，并提供可视化功能，这对于完全理解所有减少误差的因素和变量至关重要。

通常逐点法计算满足以下平方反比定律：

$$照度 = 光强/距离^2$$

光强单位为坎德拉（cd），可通过灯具的光强度分布曲线获得数据，式中距离的单位为英尺（ft）。如图 20.1 所示，与灯具轴线成 θ 角的光束 *D* 在水平表面产生的照度是距离 D^2、$\cos\theta$ 以及 θ 角光强的函数。类似地，垂直表面照度与 $\sin\theta$ 相关。

灯具制造厂会提供对应不同角度的光度数据（光强：cd）。例如，如图 20.1 所示，如果灯具水平安装，标识为 *D* 的光束与灯具表面成 90°，直接向下照射。由于灯具倾斜角为 45°，依据光学数据（用曲线或者表格形式表示）得到正下方光强度值。图 20.1 中，灯的下方水平面照度为 45°时的光强值除以灯具安装高度的二次方，$E =$ 光强度/距离^2。如果 45°的光强值为 2500，则 $E = 2500/$安装高度^2。当安装高度为 10ft，$E = 25$fc。

如果光束投射水平面的入射角不等于 90°，照亮区域增

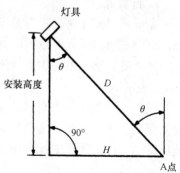

图 20.1　灯光以某一角度照射物体表面时，照明面积增加，照度是入射角余弦值的函数

加是如图 20.1 所示入射角 θ 余弦的函数。如果灯具安装高度为 10ft，水平 H 线的长度也为 10ft，从灯到点 A 的距离为 14.14ft，在本例中，如果 0° 的光强值为 4000，则 A 点水平照度为

$$E = 光强 \times \cos45°/(14.14)^2$$

$$E = 4000 \times 0.707/200 = 14.14fc$$

另外一个更加常用的表达式是用安装高度 MH 代替对角距离 D，如图 20.1 所示。

$$E = (cd) \times (\cos^3\theta)/MH^2$$

对于前面的例子：

$$E = 4000 \times 0.707^3/100$$

$$E = 4000 \times 0.3535/100$$

$$E = 1414/100 = 14.14ft$$

2. 影响计算的因素考虑

光损耗因子和不同活动推荐的照度水平将对计算产生影响。重大差异产生的原因是使用的灯具和光源的类型以及导出利用系数的方式不同。

（1）光损耗因子

光损耗因子又称为维护因子，为了提升初始照度水平以弥补使用过程中照明系统的正常老化。光损耗因子的值可用来表示灯具清扫或更换周期中间点时达到的平均照度。也计算 LLF 可求光源更换周期终点，此时灯具输出最小、照度水平最低。对于 LED 灯，照明应用中常用的 LLF 为 0.70。相对于最普通 LED 灯的生命周期而言，这个点对应 LED 灯 70% （L_{70}）初始照度水平点。灯具厂家提供 LLF 的值。

（2）照度水平

照明工程学会（IES）出版的照明手册包括了关于选择正确照度水平的大量信息。如果使用美国国家标准，美国国家标准协会（ANSI）也有相似的照度值参考手册。多数这些 ANSI 标准以 IES 推荐的实用标准为基础，这些实用标准针对不同应用类型的相关照明准则提供了更多详细的描述。

推荐的照度应该以任务为基础，无论它们是在水平面、垂直面还是斜面上。使用利用系数进行内部空间计算可给出在地板上方设计的工作平面高度的平均水平照度。

表 20.1 所示数据摘录于更新后的 IES 照明手册（第 10 版）推荐的照度目标。在 3 个主类中，共计包括 25 个照明分类（从 A 到 Y）：主要室内应用、室内室外混合应用、主要室外应用。在每个分类中讨论了典型任务并提供了可视化性能描述。通过 IES 针对各种不同的常见或者重要应用提供的详细推荐，可以看出这些分类。

表 20.2 摘录了一个包括水平、垂直以及整体目标的详细办公室照明设计推荐。最新的推荐分别对典型使用者的年龄、执行的典型任务、可视物体的尺寸、任务时间和任务的频率以及任务对比变化等因素进行了说明。

（3）光源的选择

选择灯或者灯具类型时，运行照明系统所需的能源耗费是一个主要考虑因素。灯的保持效率（每瓦流明数，lm/W）、灯具的利用系数和保持效率成为关键因素。低成本、低效系统仅在每年使用率非常低的情况下才是合理的。

表 20.1 摘自 IES 推荐的分类照明目标

分类		推荐的照度目标/lx			一些典型应用和任务特点	视觉表现描述
		人数一半以上观察者的年龄				
		<25	25~65	>65		
室内及室外场景	J	20	40	80	一些户外商业情况 一些室内社会情况 一些室内商业情况	
	K	25	50	100		
	L	37.5	75	150		
	M	50	100	200		
	N	75	150	300		
	O	100	200	400		
	P	150	200	600	一些室内社会情况 一些室内教育情况 一些室内商业情况 一些室内运动情况	常见，相对较小规模，更多认知或快速表现的视觉任务 视觉表现是典型日常生活和与每日工作相关，包括连续和/或同时进行硬盘和电子媒体读写

来源：经许可摘自北美照明工程协会（IES）编写的《照明手册》（第10版）

表 20.2 IES 官方照明数据推荐值

应用场景	推荐保持照明目标/lx										覆盖区域整体目标		
	水平目标（E_h）					垂直目标（E_V）							
	分类	场景中一半以上人员的年龄			测量数据类型	分类	场景中一半以上人员的年龄			测量数据类型	Max:Avg	Avg:Min	Max:Min
		<25	25~65	>65			<25	25~65	>65				
印刷物													
6-pt 字体													
亚光纸及喷墨打印	R	250	500	1000	平均值	L	37.5	75	150	平均值	见表12.6[①]		
亮光纸及喷墨打印	R	250	500	1000	平均值	L	37.5	75	150	平均值	见表12.6[①]		
8-pt 及 10-pt 字体													
亚光纸及喷墨打印	P	150	300	600	平均值	K	25	50	100	平均值	见表12.6[①]		
亮光纸及喷墨打印	P	150	300	600	平均值	K	25	50	100	平均值	见表12.6[①]		
12-pt 字体													
亚光纸及喷墨打印	O	100	200	400	平均值	K	25	50	100	平均值	见表12.6[①]		
亮光纸及喷墨打印	O	100	200	400	平均值	K	25	50	100	平均值	见表12.6[①]		

注：本表来源：摘录于北美照明工程学会照明手册，第10版。

① IES 照明手册表12.6 提供了默认照度比推荐值。

表20.3 对常用的灯类型进行全面对比。表20.4 列出了几种更加流行的灯类型。灯的改进较快，应该使用最新的分类资料。尤其是 LED 灯，近些年 LED 灯的性能和价格不断在发生变化。这种变化仍在持续进行。

通过测量、分析也能决定照明需求。如果确定改进可以带来更高的生产率或准确性，也可以进行改变。邻近区域的照度变化不得超过3:1。

表 20.3　常用灯具类型比较（HID 类型，400W）

灯类型	初始光通量（LPW）	额定寿命/h	光衰（LLD）平均值	CU③	点灯方向	分钟		成本	色温
						预热时间	热重启时间		
白炽灯	17 22	1000 2000（石英）	0.89	高	任意位置	0		非常低 低	3000 K
汞灯	52.5	24 000①	0.80②	中等	任意位置	5 ~ 7	3 ~ 6	低	5700 K
荧光灯（800- 系列）	82 ~ 92	≥20 000	≥0.93	中等	任意位置	0		低	4100 K
金属卤化物灯	85 ~ 100	20 000	0.65	高	任意位置	2 ~ 8	5 ~ 20	中等	4000 K
金属卤化物灯-脉冲启动	85 ~ 100	20 000	0.7 ~ 0.75	高	任意位置	1 ~ 4	2 ~ 15	中等	4000 K
陶瓷金属卤化物灯	85 ~ 100	24 000	0.8	高	任意位置	2	4 ~ 8	高	3000 K 4100 K
高压钠灯	125	24 000	0.9	高	任意位置	3 ~ 4	1	高	2100 K
LED 灯	50 ~ 80	≥25 000	0.85	高	任意位置	0		高	变化
LED 灯具	80 ~ 120	≥50 000	0.85	非常高	任意位置	0		高	变化

① 基于 16 000h。
② 基于寿命的 50% 折旧。
③ CU = 利用系数。室内范围非常高，0.80 +；高，0.70 +；中等，0.50 ~ 0.70；低，小于 0.50。室外范围高，0.50 +；中等 0.40 ~ 0.50；低，0.40。

（4）利用系数（CU）

利用系数在区域空穴计算方法中是一个非常重要因子。三个主要因素对室内照明系统的利用系数产生影响：灯具的效率和光度分布，房间的相对形状以及房间表面的反射。这些因素组成了每个灯具类型的利用系数表。如表 20.5 所示，给出了七种常见灯具类型的样表。

由于 LED 灯使用绝对光度测定而非相对的，LED 灯具比具有类似装置的传统光源利用系数更高。对整个 LED 灯具的光输出进行测量，所有被测量的光都保留在装置里。由于采用相对光的传统光源只对灯的光输出进行测量，为了考虑灯具中保留的光，CU 值中将计入灯具光学效率因子。同样，因为 LED 驱动已经计入绝对光，流明系数不适用于 LED 灯具。

考虑到光度测量的不确定性以及空间反射带来的不确定性，测量的照度应在推荐照度的 ±10% 范围内。然而，需要注意的是，由于其他照明设计标准，最终的照度可能偏离这些推荐值。

为了计算的目的，将待设计房间分成三个空穴，如图 20.2 所示。照明系统的利用率是每个部分空穴比的函数：天花板空穴比 $CCR = 5h_{CC}(L + W)/LW$，房间空穴比 $RCR = 5h_{RC}(L + W)/LW$，地板空穴比 $FCR = 5h_{FC}(L + W)/LW$，式中 h_{CC}，h_{RC}，h_{FC} 含义如图 20.2 所示。

天花板空穴比和地板空穴比对于调整天花板和地板表面的实际反射到基于空穴的尺寸和深度的有效反射是非常有用的。对于狭小空穴（2m 或者更少），使用实际表面反射带来的误差很小，修正表见照明手册。

表 20.4　某些流行灯类型的特性[①]

灯类型	初始光通量[②]	平均光通量[③]	额定寿命, h[④]	灯具线功率[⑤]
白炽灯及卤素灯 200W A21 内磨砂 120V	3920		750	
500W PS35 内磨砂 120V	10 850		1000	
1000W PS52 内磨砂 120V	23 100		1000	
1000W 卤化物 T-3 透明 220V	21 500		2000	
1500W PS52 透明 130V	34 400		1000	
1500W 卤化物 T-3 透明 220V	35 800		2000	
荧光灯（节能型） 48-in 32WT8[⑥]	2950	2700	20 000 +	58
48-in 28WT8[⑥]	2800	2600	20 000 +	52
48-in 25WT8[⑥]	2500	2300	20 000 +	46
48-in 40WT12 ES CW (34W)	2650	2280	20 000 +	79
96-in 59W T8 细线型	5900	5490	15 000	108
96-in 60WT12 CW 细线型	5500	5060	12 000	132
96-in 95WT12 CW (800mA HO)	8000	6960	12 000	202
96-in 100WT12 CW (1500mA)	13 500	10 125	10 000	455
汞灯（垂直安装） 400W BT37	22 600	14 400	24 000 +	453
1000W BT56	58 000	29 000	24 000 +	1090
金属卤化物灯 400W ED37 透明	41 000	31 200	20 000	460
400W ED37 磷涂层	41 000	27 700	20 000	460
400W ED37 脉冲启动透明	42 000[⑦]	33 600[⑦]	20 000	452
400W ED37 脉冲启动涂层	40 000[⑦]	30 800[⑦]	20 000	452
400W ED37 陶瓷透明	36 000	28 800	20 000 +	452
400W ED37 陶瓷涂层	36 000	28 800	20 000 +	452
1000W BT56 透明	115 000	72 300	12 000	1090
1000W BT56 磷涂层	110 000	66 000	12 000	1090
高压钠灯，透明 250W ED18	28 000	27 000	24 000 +	295
400W ED18	51 000	45 000	24 000 +	465
600W T1S	90 000	81 000	12 000 +	685
1000W E25	140 000	126 000	24 000 +	1090
发光二极管[⑧] LED 灯	变化	变化	25 000 +	变化
LED 灯具	变化	变化	50 000 +	变化

① 由于技术数据不断发生变化，需要查询生产厂商相关技术资料获得电流数据。
② 荧光灯或者放电灯使用 100h 后测得数据。
③ 白炽灯通常不提供此类数据，LLD 值是基于额定使用寿命 70% 时测得的数值（对于 200W，500W，1000W 及 1500W 的灯来说，通常 LLD 值为 0.89）。对于荧光灯及金属卤化物灯在额定使用寿命的 40% 测得平均光通量，而对于汞灯及高压钠灯在其额定使用寿命 50% 时测得平均光通量。
④ 荧光灯-使用满足工业标准的镇流器每次启动 3h；HID 灯-使用具有特定的电气特性镇流器每次启动 10h。
⑤ 具有两个节能灯或者一个节能磁镇流器或者一个电子镇流器的荧光灯具。
⑥ 对于标准 800 系列灯显示的数据。改进的光通量输出、照明保持以及额定寿命等性能不同规格的系列产品。
⑦ 开放装置。
⑧ LEDs 涵盖了几乎所有应用的全系列流明封装和瓦数。

表 20.5　七种常用灯具利用系数（区域空穴法）①

典型灯具：浅罩下凸透镜,筒式　典型光强分布（见原图极坐标曲线）

EFF = 72.5%　%DN = 97.8%　%UP = 2.2%　光源 = M400/C/U
SC(长度方向, 对角方向, 45°) = 1.7, 1.7, 1.7

ρcc:	80			70			50			30			10			0
ρw:	70	50	30	70	50	30	50	30	10	50	30	10	50	30	10	0
RCR ↓																
0	0.86	0.86	0.86	0.84	0.84	0.84	0.80	0.80	0.80	0.76	0.76	0.76	0.73	0.73	0.73	0.71
1	0.78	0.75	0.71	0.76	0.73	0.70	0.69	0.67	0.65	0.66	0.64	0.63	0.63	0.62	0.60	0.59
2	0.71	0.65	0.60	0.69	0.63	0.59	0.60	0.56	0.53	0.58	0.54	0.52	0.55	0.53	0.50	0.49
3	0.64	0.56	0.50	0.62	0.55	0.50	0.53	0.48	0.44	0.51	0.46	0.43	0.48	0.45	0.42	0.40
4	0.59	0.50	0.43	0.57	0.49	0.42	0.47	0.41	0.37	0.45	0.40	0.36	0.43	0.39	0.36	0.34
5	0.54	0.44	0.37	0.52	0.43	0.37	0.41	0.36	0.32	0.40	0.35	0.31	0.38	0.34	0.31	0.29
6	0.49	0.39	0.33	0.48	0.39	0.32	0.37	0.31	0.27	0.36	0.31	0.27	0.34	0.30	0.27	0.25
7	0.46	0.35	0.29	0.44	0.35	0.28	0.33	0.28	0.24	0.32	0.27	0.23	0.31	0.27	0.24	0.22
8	0.42	0.32	0.26	0.41	0.31	0.25	0.30	0.25	0.21	0.29	0.24	0.21	0.28	0.24	0.21	0.19
9	0.39	0.29	0.23	0.38	0.29	0.23	0.28	0.22	0.19	0.27	0.22	0.18	0.26	0.22	0.18	0.17
10	0.37	0.27	0.21	0.36	0.26	0.21	0.26	0.20	0.17	0.25	0.20	0.16	0.24	0.20	0.16	0.15

典型灯具：深罩,敞开式金属反光器,中级　典型光强分布（见原图极坐标曲线）

EFF = 83.9%　%DN = 95.2%　%UP = 4.8%　光源 = M400/C/U
SC(长度方向, 对角方向, 45°) = 1.6, 1.6, 1.4

ρcc:	80			70			50			30			10			0
ρw:	70	50	30	70	50	30	50	30	10	50	30	10	50	30	10	0
RCR ↓																
0	0.99	0.99	0.99	0.96	0.96	0.96	0.91	0.91	0.91	0.86	0.86	0.86	0.82	0.82	0.82	0.80
1	0.93	0.90	0.87	0.90	0.88	0.85	0.83	0.81	0.80	0.80	0.78	0.77	0.76	0.75	0.74	0.72
2	0.86	0.81	0.77	0.84	0.79	0.75	0.76	0.73	0.70	0.73	0.70	0.68	0.70	0.68	0.66	0.64
3	0.80	0.73	0.68	0.78	0.72	0.67	0.68	0.65	0.61	0.66	0.63	0.60	0.64	0.61	0.58	0.57
4	0.75	0.67	0.61	0.73	0.65	0.60	0.63	0.58	0.54	0.61	0.57	0.53	0.58	0.55	0.52	0.51
5	0.70	0.61	0.54	0.68	0.59	0.54	0.57	0.52	0.48	0.55	0.51	0.48	0.54	0.50	0.47	0.45
6	0.65	0.55	0.49	0.63	0.54	0.48	0.53	0.47	0.43	0.51	0.46	0.43	0.49	0.45	0.42	0.41
7	0.60	0.51	0.44	0.59	0.50	0.44	0.48	0.43	0.39	0.47	0.42	0.39	0.45	0.41	0.38	0.37
8	0.56	0.47	0.40	0.55	0.46	0.40	0.44	0.39	0.35	0.43	0.38	0.35	0.42	0.38	0.34	0.33
9	0.53	0.43	0.37	0.52	0.42	0.36	0.41	0.36	0.32	0.40	0.35	0.32	0.39	0.35	0.31	0.30
10	0.50	0.40	0.34	0.48	0.39	0.33	0.38	0.33	0.29	0.37	0.32	0.29	0.36	0.32	0.29	0.27

（续）

典型灯具：工业用,白色珐琅反光器,向上20%

光源 = (2) F40T12　%UP = 21.8%　%DN = 78.2%　EFF = 90.5%　SC(长度方向, 对角方向, 45°) = 1.3, 1.5, 1.5

ρ_{cc}	80	80	80	70	70	70	50	50	50	30	30	30	10	10	10	0
ρ_w	70	50	30	70	50	30	50	30	10	50	30	10	50	30	10	0
RCR																
0	1.03	1.03	1.03	0.98	0.98	0.98	0.90	0.90	0.90	0.82	0.82	0.82	0.74	0.74	0.74	0.71
1	0.93	0.89	0.85	0.89	0.85	0.81	0.77	0.74	0.72	0.70	0.68	0.66	0.64	0.62	0.61	0.58
2	0.84	0.77	0.71	0.80	0.74	0.68	0.67	0.63	0.59	0.61	0.58	0.54	0.56	0.53	0.50	0.47
3	0.77	0.67	0.60	0.73	0.64	0.58	0.59	0.53	0.49	0.54	0.49	0.45	0.49	0.45	0.42	0.40
4	0.70	0.59	0.51	0.66	0.57	0.50	0.52	0.46	0.41	0.48	0.43	0.39	0.44	0.39	0.36	0.33
5	0.64	0.53	0.45	0.61	0.51	0.43	0.46	0.40	0.35	0.43	0.37	0.33	0.39	0.35	0.31	0.29
6	0.59	0.47	0.39	0.56	0.45	0.38	0.42	0.35	0.31	0.38	0.33	0.29	0.35	0.31	0.27	0.25
7	0.55	0.43	0.35	0.52	0.41	0.34	0.38	0.32	0.27	0.35	0.30	0.26	0.32	0.28	0.24	0.22
8	0.51	0.39	0.31	0.48	0.37	0.30	0.34	0.28	0.24	0.32	0.27	0.23	0.29	0.25	0.21	0.19
9	0.47	0.35	0.28	0.45	0.34	0.27	0.32	0.26	0.21	0.29	0.24	0.20	0.27	0.23	0.19	0.17
10	0.44	0.33	0.26	0.42	0.31	0.25	0.29	0.23	0.19	0.27	0.22	0.18	0.25	0.21	0.17	0.16

典型灯具：工业用,白色珐琅反光器,反向下

光源 = (2) F40T12　%UP = 0%　%DN = 100%　EFF = 86.9%　SC(长度方向, 对角方向, 45°) = 1.3, 1.5, 1.5

ρ_{cc}	80	80	80	70	70	70	50	50	50	30	30	30	10	10	10	0
ρ_w	70	50	30	70	50	30	50	30	10	50	30	10	50	30	10	0
RCR																
0	1.03	1.03	1.03	1.01	1.01	1.01	0.97	0.97	0.97	0.92	0.92	0.92	0.89	0.89	0.89	0.87
1	0.94	0.90	0.86	0.92	0.88	0.84	0.84	0.81	0.79	0.81	0.79	0.76	0.78	0.76	0.74	0.72
2	0.85	0.78	0.72	0.83	0.76	0.70	0.73	0.68	0.64	0.70	0.66	0.63	0.67	0.64	0.61	0.59
3	0.77	0.68	0.60	0.75	0.66	0.59	0.64	0.58	0.53	0.61	0.56	0.52	0.59	0.55	0.51	0.49
4	0.70	0.60	0.52	0.68	0.58	0.51	0.56	0.50	0.45	0.54	0.48	0.44	0.52	0.47	0.43	0.41
5	0.65	0.53	0.45	0.63	0.52	0.44	0.50	0.43	0.38	0.48	0.42	0.38	0.47	0.41	0.37	0.35
6	0.59	0.47	0.39	0.58	0.47	0.39	0.45	0.38	0.33	0.43	0.37	0.33	0.42	0.37	0.32	0.31
7	0.55	0.43	0.35	0.53	0.42	0.35	0.41	0.34	0.29	0.39	0.33	0.29	0.38	0.33	0.29	0.27
8	0.51	0.39	0.31	0.50	0.38	0.31	0.37	0.30	0.26	0.36	0.30	0.26	0.35	0.29	0.25	0.24
9	0.48	0.36	0.28	0.46	0.35	0.28	0.34	0.28	0.23	0.33	0.27	0.23	0.32	0.27	0.23	0.21
10	0.45	0.33	0.26	0.43	0.32	0.25	0.31	0.25	0.21	0.31	0.25	0.21	0.30	0.24	0.21	0.19

光源 = (2)F32T8

EFF = 75.6%　%DN = 100%　%UP = 0%

SC(长度方向, 对角方向, 45°) =1.3, 1.3, 1.4

	EFF = 75.6%			%DN = 100%			%UP = 0%			SC			SC(45°)		
0	0.90	0.90	0.90	0.88	0.88	0.88	0.84	0.84	0.84	0.80	0.80	0.80	0.77	0.77	0.77	0.76
1	0.83	0.79	0.76	0.81	0.78	0.75	0.75	0.72	0.70	0.72	0.70	0.68	0.69	0.67	0.66	0.65
2	0.76	0.70	0.65	0.74	0.69	0.64	0.66	0.62	0.59	0.64	0.61	0.58	0.61	0.59	0.57	0.55
3	0.70	0.62	0.57	0.68	0.61	0.56	0.59	0.54	0.51	0.57	0.53	0.50	0.55	0.52	0.49	0.47
4	0.64	0.56	0.49	0.63	0.55	0.49	0.53	0.48	0.44	0.51	0.47	0.43	0.49	0.46	0.41	0.41
5	0.59	0.50	0.44	0.58	0.49	0.43	0.48	0.42	0.38	0.46	0.41	0.38	0.45	0.41	0.37	0.36
6	0.55	0.45	0.39	0.53	0.45	0.38	0.43	0.38	0.34	0.42	0.37	0.33	0.41	0.37	0.33	0.32
7	0.51	0.41	0.35	0.50	0.41	0.35	0.39	0.34	0.30	0.38	0.33	0.30	0.37	0.33	0.30	0.28
8	0.48	0.38	0.31	0.46	0.37	0.31	0.36	0.31	0.27	0.35	0.30	0.27	0.34	0.30	0.27	0.25
9	0.44	0.35	0.29	0.43	0.34	0.28	0.33	0.28	0.24	0.33	0.28	0.24	0.32	0.27	0.24	0.23
10	0.42	0.32	0.26	0.41	0.32	0.26	0.31	0.26	0.22	0.30	0.25	0.22	0.29	0.25	0.22	0.21

2×4,3-光源槽箱式带A12透镜

光源 = (2)F32TB

EFF = 72.7%　%DN = 100%　%UP = 0%

SC(长度方向, 对角方向, 45°) =1.3, 1.6, 1.6

	EFF = 72.7%			%DN = 100%			%UP = 0%			SC			SC(45°)		
0	0.87	0.87	0.87	0.85	0.85	0.85	0.81	0.81	0.81	0.77	0.77	0.77	0.74	0.74	0.74	0.73
1	0.81	0.78	0.76	0.79	0.77	0.74	0.74	0.72	0.70	0.71	0.69	0.68	0.68	0.67	0.66	0.65
2	0.75	0.70	0.66	0.73	0.69	0.65	0.66	0.63	0.61	0.64	0.61	0.59	0.62	0.60	0.58	0.57
3	0.69	0.63	0.58	0.68	0.62	0.57	0.60	0.56	0.52	0.58	0.54	0.52	0.56	0.53	0.51	0.49
4	0.64	0.56	0.51	0.62	0.55	0.50	0.54	0.49	0.46	0.52	0.48	0.45	0.51	0.47	0.44	0.43
5	0.59	0.51	0.45	0.58	0.50	0.44	0.48	0.44	0.40	0.47	0.43	0.40	0.46	0.42	0.39	0.38
6	0.55	0.46	0.40	0.53	0.45	0.40	0.44	0.39	0.35	0.43	0.38	0.35	0.42	0.38	0.35	0.33
7	0.51	0.42	0.36	0.50	0.41	0.36	0.40	0.35	0.31	0.39	0.35	0.31	0.38	0.34	0.31	0.30
8	0.47	0.38	0.32	0.46	0.38	0.32	0.37	0.32	0.28	0.36	0.31	0.28	0.35	0.31	0.28	0.27
9	0.44	0.35	0.29	0.43	0.35	0.29	0.34	0.29	0.25	0.33	0.29	0.25	0.32	0.28	0.25	0.24
10	0.41	0.32	0.27	0.40	0.32	0.27	0.31	0.26	0.23	0.31	0.26	0.23	0.30	0.26	0.23	0.22

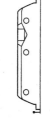

2×4,3-光源槽箱式抛物面灯具, 带3″半反射镜通气窗,18孔

（续）

典型灯具

典型光强分布

Sample LED Luminaire②

LED Highbay

光源 = 28LED×4 板

ρcc:	80			70			50			30			10			0
ρw:	70	50	30	70	50	30	50	30	10	50	30	10	50	30	10	0
	EFF = NA			% DN = 98.7%			% UP = 1.3%			SC(长度方向，对角方向，45°) = 1.6, 1.6, 1.6						
RCR ↓																
0	1.19	1.19	1.19	1.16	1.16	1.16	1.1	1.1	1.1	1.05	1.05	1.05	1.01	1.01	1.01	0.99
1	1.07	1.02	0.97	1.04	0.99	0.95	0.95	0.91	0.87	0.9	0.87	0.85	0.86	0.84	0.82	0.8
2	0.96	0.87	0.79	0.93	0.85	0.78	0.81	0.75	0.7	0.77	0.72	0.68	0.74	0.7	0.66	0.64
3	0.86	0.75	0.66	0.84	0.73	0.64	0.7	0.62	0.56	0.67	0.6	0.55	0.64	0.59	0.54	0.52
4	0.78	0.65	0.55	0.76	0.63	0.54	0.61	0.53	0.47	0.58	0.51	0.46	0.56	0.5	0.45	0.43
5	0.71	0.57	0.47	0.69	0.56	0.47	0.53	0.45	0.39	0.51	0.44	0.38	0.49	0.43	0.38	0.35
6	0.65	0.51	0.41	0.63	0.5	0.4	0.48	0.39	0.33	0.46	0.38	0.33	0.44	0.37	0.32	0.3
7	0.6	0.45	0.36	0.58	0.44	0.35	0.43	0.35	0.29	0.41	0.34	0.28	0.39	0.33	0.28	0.26
8	0.55	0.41	0.32	0.54	0.4	0.31	0.39	0.31	0.25	0.37	0.3	0.25	0.36	0.29	0.24	0.22
9	0.51	0.37	0.28	0.5	0.36	0.28	0.35	0.27	0.22	0.34	0.27	0.22	0.33	0.26	0.22	0.2
10	0.48	0.34	0.25	0.47	0.33	0.25	0.32	0.25	0.2	0.31	0.24	0.19	0.3	0.24	0.19	0.17

① 前 6 个灯具选自 IESNA 照明手册（第 9 版，2000）的照明计算部分，假定 20% 地面反射率，限定 20% 地面反射率时计算的利用系数。

② 为 ABL 品牌的 LED 灯具。光强曲线及 CU 表来自厂商 Visual Photometic Tool 1.2.46 光学数据文件。测试数据来自绝对光度法，其中灯的光通量 = 光通量总和。绝对光度法不能计算效率。

ρcc = 天花板空穴的反射率。

ρw = 墙体反射率。

RCR = 房间空穴比例。

SC = 灯具最大间距与工作平面上安装高度或天花板高度的比值。

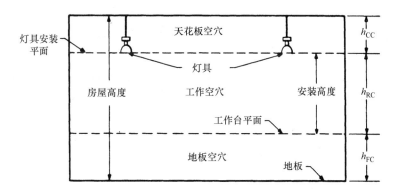

图 20.2　照明系统利用率为各空间所占比例的函数

20.4　工业区域室内照明系统设计

请为某金工车间进行照明系统设计。金工车间的面积为 12m（40ft）×60m（200ft）。（m 和 ft 之间的转换为近似转换。）因此总面积为 720m²（8000ft²）。房间空穴的高度 h_{RC} 为 4m（13ft）。天花板空穴和地板空穴的高度均为 1m（3ft）。这个房间中，将完成中等规模工作台和机器作业。试对该房间进行合适的照明设计。

计算过程

1. 查手册得到照度推荐水平

根据表 20.1 可知，对于中型工作台和运转机器（分类 E）推荐的照度为 500lx（50fc），为了工厂中年龄较大的工作者看得更加清晰，将照度调整到 750lx（75fc）。

2. 灯类型以及额定光通量的选择

由于脉冲启动的有磷涂层金属卤化物灯具有发光效率高，显色性能好，改进的光通量保持设计以及使用寿命长的特点，它是一个很好的选择。对于生产车间或者生产制造空间应具有阴影最小，视觉精确的效果，灯具最大间距应接近于工作台上的安装高度。在制造区域内，当灯具间距大于 1.5 倍安装高度时，会导致很差的照明效果。对于这种应用，高棚灯以及 LED 灯也是一个很好的选择。

作为粗略近似，灯的初始光通量的一半就可以有效地产生保持照度。这可以用于计算每个灯具的最大光通量。每个灯具照明面积等于灯具之间距离的平方。

保持的照度 lx（保持的）：= 1/2（LL/每个灯具的照明面积）。对于房间空穴高度为 4m，保持照度水平为 750lx，当灯具间距等于安装高度时的光通量是 750 = 1/2（LL/4²）。求解，得 LL = 24 000lm。当间距等于 1.5 倍安装高度时，LL = 54 000lm。一个 400W 脉冲启动，光通量为 40 000，LLD = 0.77 的封闭式金属卤化物灯具是一个很好的选择，灯具距离为 1.14 乘以 4m 的安装高度。

3. 灯的选择

当加工反光金属面时，灯具上需要安装折射器。折射器将光束扩散到一个广阔区域，避免在工作表面上看到一团明亮的反射。本例中，将使用带有折射器和反射器的高强度光源

（HID）灯具。对于 4m 的安装高度，一个适用于较低安装高度的封闭式工业用照明灯是最好的选择。它产生的光束较宽，可以完全覆盖临近灯具发出的光。

4. 确定利用系数

如表 20.5 所示，给出了选定灯具的利用系数，这个灯的间距标准 SC 为 1.7。假设天花板空穴反射为 30%，墙体反射为 30%，地板空穴反射为 20%。房间空穴比 RCR 等于 $5h_{RC}$（L + W）/LW = $5 \times 4 \times (60 + 12)/(60 \times 12) = 1440/720 = 2$。从表中可以看出，这个 400W 灯具的 CU = 0.54。

5. 确定光损耗因子

有几个光损耗因子会引起运行中灯具的照明水平下降。其中最主要的两个因素为灯的光通量损耗以及灯具污垢造成的损耗。一个 400W 磷涂层脉冲启动金属卤化物灯的平均 LLD 值为 0.80。

一般来讲，LDD 值是不同的，依据相同工作条件下相同类型灯的经验数据可以较为准确地预测灯的 LDD 值。一些灯的 LDD 典型值如表 20.6 所示。对于如何精确地计算某一特定工业和非工业环境下灯具 LDD 值的方法可参见最新版本 IES 照明手册关于灯损耗因子的相关讨论。如果某个电厂已知的工作条件会产生照度的损耗，定期打扫工作环境比单纯依靠增加灯具的初始照明水平更为经济。

对于 400W 低棚灯，光损失因子为 $0.80 \times 0.86 \approx 0.69$。

表 20.6　不同灯具类型的 LDD 值

灯类型	灯具污垢损耗（LDD）		
	轻度	中度	重度
封闭并带滤网	0.97	0.93	0.88
封闭型	0.94	0.86	0.77
敞开和通风型	0.94	0.84	0.74

6. 灯具的数量 N 的计算

计算公式为 $N = EA/[(LL \times CU \times LLF)]$，式中 E = 照度保持水平，A = 照明空间面积，LL = 光源初始光通量，CU = 利用系数，LLF = 光损耗因子。因此，$N = 750 \times 720/(40\,000 \times 0.54 \times 0.69) \approx 36.2$。即待安装灯具的数量为 36，每个灯具中灯的数量 =1。镇流及倾斜因子 =1。

7. 确定灯的数量以及安装间距

灯的平均矩形间距 S 为：$S = \sqrt{A/N} = \sqrt{720/36} = 4.47m$（15ft）。

最终安装灯的数量通常由计算所得数值和照明区域形状相比较而得。本例中，照明区域的长度为宽度的 5 倍，因此，每行灯具的数量应近似为每列数量的 5 倍。36 个灯具可以分为 3 行，每行 12 盏灯。

关于灯与灯之间的间距没有具体的计算规则。然而，最后确定的间距应该尽可能接近平均矩形间距。灯具之间的间距应是距离墙的距离 2 倍。

相关计算

校验灯间距标准确保这个距离大于实际的距高比。根据表 20.5，灯的间距标准为 1.7，所以，其均匀性是相当满意的。

20.5 户外照明设计

确定宽 20m 长 40m 区域内，一盏 400W 高压钠泛光灯产生的照度水平。泛光灯安装 40m 长边中间布置的 10m 高的杆上（如图 20.3 所示）。试计算 A、B、C 点的照度。该地区是进行挖掘工作的施工现场。

计算过程

1. 计算灯具的安装高度（*MH*）

如果可能，灯具的安装高度至少为照明区域宽度的一半。过低的安装高度会减少利用率和均匀性。

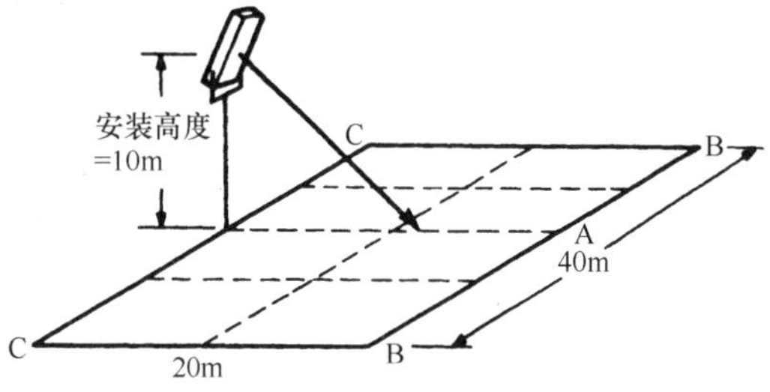

2. 计算瞄准角

当瞄准线等分照明区域近边侧和远边侧之

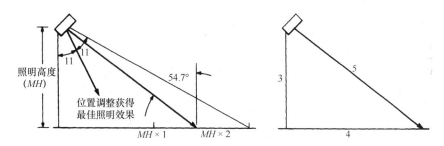

图 20.3 户外区域照明设计布置

间的角度时获得最大照明利用率。由于在照明区域远边侧末端照度不足，通常会产生较差的灯光均匀性。如图 20.4 所示，当泛光灯最大光强方向为 54.7° 时，泛光灯从安装位置开始产生最高照明水平。这个近似于 3-4-5 三角形，如图 20.4 所示。对于照明区域宽度为安装高度 2 倍的场合，这将是一个符合逻辑的瞄准点。本例中，瞄准线位于 20m 宽区域的 13m 处。

图 20.4 当泛光灯最大光强方向为 54.7° 时，会得到泛光灯安装位置之外的最高照度

3. 利用率的计算

区域照明设计中最困难的部分是相对泛光灯瞄准线的照明区域边缘位置的确认。这需要计算落在这个区域的光通量。如果照明区域按照灯的安装高度尺寸进行网格划分将大大简化这个计算（见图 20.5）。

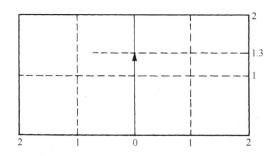

图 20.5 照明区域用网格划分，网格尺寸与泛光灯的安装高度相同

本例照明区域为 2 个安装高度（2×10m＝20m）宽，4 个安装高度长（4×10m＝40m）。泛光灯瞄准点为照明区域 13/10＝1.3 个安装高度。灯具安装在长方形照明区域宽边侧的中间位置，所以，这个区域可向左或者向右延伸 2 个安装高度。所有情况下，绘制的网格线必须与瞄准线而不是与照明区域边缘平行或者垂直。本例中它们是一致的，但这种情况并不是经常发生。

为了计算利用率，需要将待照明区域的空间量纲转换为泛光灯光束量纲。光束量纲用水平度和垂直度表示。图 20.6 可实现两种量纲的转换。

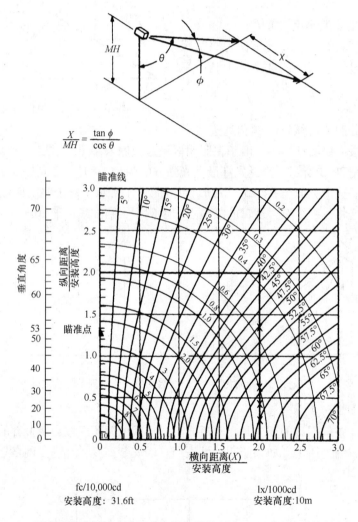

$$\frac{X}{MH} = \frac{\tan \phi}{\cos \theta}$$

fc/10,000cd
安装高度：31.6ft

lx/1000cd
安装高度：10m

图 20.6　照明区域量纲与泛光灯光束量纲转换用表。也可用于计算某点的照度

在图表上绘制照明区域及瞄准点。这个区域为 2 个安装高度宽，并向瞄准线左右两侧延伸 2 个安装高度。瞄准点为横跨照明区域的 1.3*MH*，它对应 53°垂直角。

对于此泛光灯，53°瞄准线对应光度数据线 0.0 线，如图 20.7 所示。远边相应 63°或者瞄准线之上 10°。近边为灯具基座处或者瞄准线之下 53°。在图 20.7 中在光通量分布图表上定位这两条线。

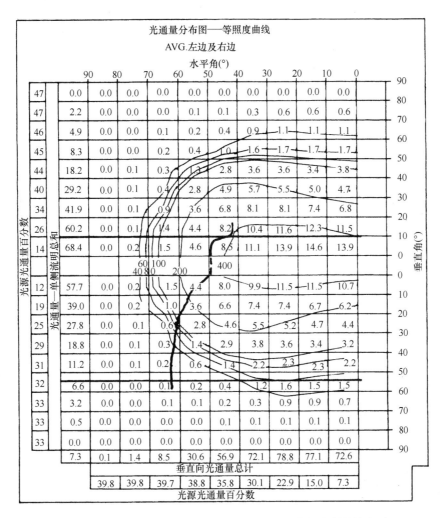

图 20.7 户外区域照明设计使用的泛光灯光度数据绘制的线表示
照明区域的右侧（通用电气公司）

参考图表曲线（见图 20.6）在光通量分布图上定位照明区域的右边界和左边界。最远的角落与灯之间的角度为 42°。在瞄准点下光度数据曲线上绘制对应 10° 增量的其他点。例如，在 53° 处（在光度曲线上为 0°），角度为 50°，以此类推。对应柱子的基础，角度为 53°。在光度曲线上连接所有点的曲线将显示照明区域各边的位置。本例中，仅绘制右侧曲线。如果两侧不同，则应分别对两侧曲线进行绘制。

落在区域上总的光通量为落在区域边界内部光通量的总和。为了计算这个光通量，需要计算每个区块显示的光通量之和。当边界穿过某个区块时，需要估算位于曲线内方块的百分数，这个百分数正比于面积。如表 20.7 所示，给出了本例照明区域内光通量之和。

4. 照度水平计算

平均照度 $= (LL)(CU)(LLD)(LDD)/Area = (51\,000 \times 0.4168 \times 0.9 \times 0.95)/(20 \times 40) \approx$ 22.7lx，如表 20.8 所示，对于本例照明区域推荐的最小平均照度为 30lx；因此，需要安装 600W 灯。

表 20.7　落入户外照明系统光通量的统计

垂直区域	水平角							
	0~10	10~20	20~30	30~40	40~50	50~60	60~70	合计
0~10	13.9	14.6	13.9	11.1	5.1*			58.6
0~10	10.7	11.5	11.5	9.9	8.0	2.2*		53.8
10~20	6.2	6.7	7.4	7.4	6.6	2.9		37.2
20~30	4.4	4.7	5.2	5.5	4.6	2.8	0.1*	27.3
30~40	3.2	3.4	3.6	3.8	2.9	1.4	0.1*	18.4
40~50	2.2	2.3	2.2	1.4	1.4	0.6	0.1*	10.2
50~60	0.5*	0.5*	0.5*	0.4*	0.1*			2.0
						右侧合计		208.4
						左侧合计		208.4
						光通量合计		416.8
						光源光通量合计		1000
						利用系数		41.68%

注: * 代表估计值。

表 20.8　室外照明推荐的照度水平[1]

一般应用	推荐的最小照度平均值
施工	
一般施工场合	50
挖掘施工场合	30
工业道路	7
工业园/材料处理	50
停车场	
工业用	2~5
购物中心	10
商业区域	10
安全	
入口（常用）	100
建筑物周边	5
铁路场地	
道岔点	20
车场本身	10
造船厂	
一般场合	30
道路	50
作业区域	300
仓库	
常用区域	100
不常用区域	10

[1] 对于更加详细的室外照度推荐，请查阅 IES 照明手册中室外照明章节。照度推荐的假设为明暗视觉比（S/P）为 1.0。如果存在非常低的照度情况（低于 3.0cd/m²），则 IES 照明手册中提供的明暗倍增器可用于调整推荐的光照度目标值。

5. 计算各点照度值

参见图 20.6。圆弧线是以 1000cd 为基准的等光通量线。为了计算任意一点的照度，需要知道同一点的泛光灯光强值。定位这些点的方式与区域边界确定方式相同。在这个图中使用的安装高度是 10m。为了计算任意点的照度水平，使用如下关系式

$$lux = [lux(从图中查得)](cd/1000)[(LL)/(LF)](LLF)(MHCF)$$

式中，lux（从图中查得）为照度（lx/1000cd）（见图 20.6）；cd 为与图 20.6 相同的水平角和垂直角对应等光强数据曲线（见图 20.7）的光强值（此处除以 1000 进行修正）；LL 为光源光通量；LF 为光源因子，用于将光度数据曲线中使用的光通量值修正为泛光灯使用的额定光通量（本例 LF = 51）；LLF 为光损失因子为光通量衰减与灯具污垢损失之积；MHCF 为安装高度修正因子，图标中的安装高度（见图 20.6）与本例中的安装高度平方比（本例中，$MHCF = 100/MH^2 = 100/100 = 1$）。

如图 20.3 所示的 A 点在瞄准线方向上。在图 20.6 中，此点位于 63°，或 $2MH$ 处。这个点位于 0.8lx 和 1.0lx 两个圆弧线之间，所以此点对应的照度值为 0.9lx。A 点在 53°瞄准点之上 10°处；在图 20.7 中，此点位于标注为 400 的等光强曲线上。因此，A 点的光强度值为 400。

将相关数值代入照度公式，得 $lux = 0.9 \times (400/1000) \times (90\,000/1000) \times 0.88 \times 0.95 \times 1 \approx 27.0lx$。B 点位置为水平角 42°垂直角 10°。代入照度计算公式，得 $lux = 0.38 \times (400/1000) \times (90\,000/1000) \times 0.88 \times 0.95 \times 1 \approx 11.5lx$。

C 点位于泛光灯光束之外。仅受到泛光灯漏光照射而已。实际应用中，为了避免近边侧方向出现阴暗区域，通常会在每一个照明点布置多个泛光灯。

20.6　道路照明系统

已知信息为街道宽 20m，路灯的安装高度为 12m，灯到杆的距离为 2m。所需的平均保持照度水平为 16lx。试确定满足指定照度水平所需的交错间距，以及交错间距对应的照明均匀性。

计算过程

1. 计算照度水平

光强数据曲线提供了求解平均照度以及最小照度水平的所有信息。每个路灯可以调整产生多种灯光分布模式。除此之外，一个路灯通常可以使用几种不同功率。因此，需要从灯具制造商那里获得一系列灯具的光强曲线。如图 20.8 所示，提供了 250W 和 400W 高压钠灯光学数据。对于本例，将使用 250W 照明灯具。

平均照度计算公式为 $E = LL \times CU \times LLF/(WS)$，式中 W 为道路两路缘宽度，其他字母的含义如前所述。E 和 W 的值已知。对于 250W 高压钠灯来说，LL = 28 000lm。路灯的光损失因子通常用运行中的最小照度计算。此时对应灯具是新安装的并且洁净的时刻。对于 250W 高压钠灯光源来说，在灯具需要更换时 LLD 为 0.73。而封闭并带滤网的灯具，LDD 推荐值为 0.93（如表 20.6 所示）。确定好利用系数 CU 值后，仅需求解计算公式即可得到平均间距 S。

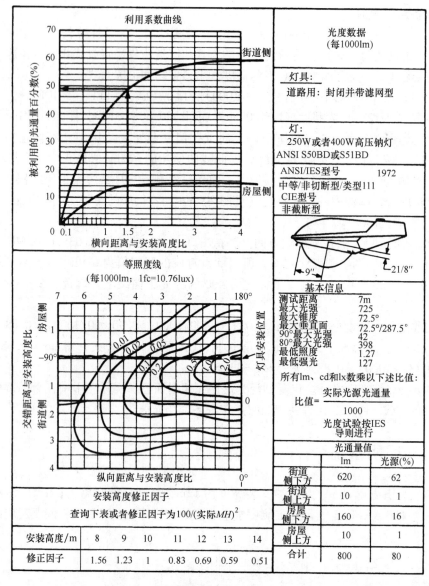

图20.8 示例用路灯（高压钠灯）光学数据

2. 利用系数的计算

路灯通常安装在道路上方。它们与道路水平并列并垂直于路缘，如图20.9所示。路灯前方区域称为街道侧（SS），路灯后方区域称之为路缘，或者房屋侧（HS）。此路灯的利用系数为投射到每个三角区域内光源总光通量的函数。

如果两个路缘相对于路灯角度相同，则落在道路上的光通量是相同的，则利用率可表示为SS侧或HS侧横向距离与安装高度比值的函数。假定在路灯两侧街道都是连续的。

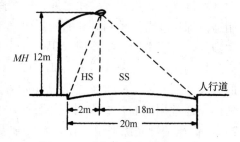

图20.9 路灯安装在道路上方

根据如图 20.8 所示的利用系数曲线可得路灯两侧的利用系数为：

SS 侧，比值为 1.35，对应的利用系数 CU = 49%

HS 侧，比值为 0.15，对应的利用系数 CU = 2%

总利用系数 CU = 51%

3. 确定所需的交错间距

改写基本公式并求解可得到平均交错间距：$S = LL \times CU \times LLD \times LDD/(EW) = 28\,000 \times$ $0.51 \times 0.73 \times 0.93/(16 \times 20) = 9694/320 \approx 30.3$，则路灯交错间距为 30m。

4. 照度均匀性计算

照明的均匀性通常用比值（平均照度）/（最小照度）进行计算。本例已知交错间距为 30m 时的平均照度为 16lx。

通过研究如图 20.8 所示等照度线同时考虑所有路灯的贡献可以发现最小照度点。一般，最小照度位于两个相邻路灯之间的中间线上。但是，也不总是这样，取决于几何分布情况和灯具的分布模式。

相关计算

为了计算最小照度点的位置，如图 20.10 所示，对于 P_1 及 P_2 点，应该计算所有路灯对这两个点照度的贡献。首先，计算横向距离及纵向距离相对每个路灯安装高度的比值。利用如表 20.9 所示的比值为坐标，查询如图 20.8 所示的等照度曲线获得相应的照度值。这些值见表 20.9 "测试点照度" 项。

最小照度值为 0.6lx 位于 P_2 点。这个照度值为每 1000lm 初始照度值。为了转换为实际保持照度水平，使用公式 lux = (lx/min)(LL/1000) × LLD × LDD × MHCF。安装高度修正因子 MHCF 可从图 20.8 表中获得，为 0.69。代入这些数值，得到 $0.6 \times (28\,000/1000) \times 0.73 \times 0.93 \times 0.69 \approx 7.87$lx。因此平均照度与最小照度比值为 $16/7.87 \approx 2.03$。由于推荐的最大比值为 3:1，所以这个间距下照度均匀性高于均匀性最小值。

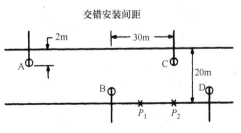

图 20.10 P_1 及 P_2 点照度计算

表 20.9 试验点 P1 及 P2 点照度值

路灯位置	比 值				测试点照度	
	横向距离比值		纵向距离比值			
	P_1	P_2	P_1	P_2	P_1	P_2
A	1.5	1.5	3.75	5	0.08	0.03
B	0.167	0.167	1.25	2.5	0.5	0.19
C	1.5	1.5	1.25	0	0.15	0.19
D	0.167	0.167	3.75	2.5	0.05	0.19
合 计					0.78	0.60

20.7　参考文献

1. American National Standards Institute. 2013. *American National Standard Practice for Office Lighting.* New York: ANSI.

2. Bowers, Brian. 1998. *Lengthening the Day: A History of Lighting Technologies.* Oxford: Oxford University Press.

3. DeVeau, Russell L. 2000. *Fiber Optic Lighting: A Guide for Specifiers,* 2nd ed. Lilburn, G.A.: Fairmont Press.

4. Frier, John P. 1980. *Industrial Lighting Design.* New York: McGraw-Hill.

5. Hartman, Fred. 1996. *Understanding NE Code Rules on Lighting.* Overland Park, K.S.: Intertec Electrical Group.

6. Illuminating Engineering Society of North America (IESNA). 2011. The *Lighting Handbook,* 10th ed. New York: IESNA.

7. Johnson, Glenn A. 1998. *The Art of Illumination: Residential Lighting Design.* New York: McGraw-Hill.

8. Lechner, Norbert. 2014. *Heating, Cooling, Lighting: Design Methods for Architects,* 4th ed. Hoboken, N.J.: John Wiley & Sons.

9. Phillips, Derek. 1997. *Lighting Historic Buildings.* New York: McGraw-Hill.

第21章 电力电子

Grazia Todeschini, Ph. D. , P. E.
Senior Power Studies Engineer Alstom Grid

21.1 简介

术语电力电子是电能完成从一种形式到另一种形式的静态转换的电力工程分支。之所以称为静态转换的原因是在电力电子电路中使用的电力开关不包括动态元件。

如表21.1所示，汇总了基于电子电路转换类型的电力电子电路名称，并给出了相关功能介绍章节。

"DC-DC转换"章节描述了两个不同直流电压等级之间电能转换的电路。这些电路被称为转换器。

"AC-DC转换"章节描述了从交流（AC）到直流（DC）的电能转换电路。这些电路被称为整流器。

"DC-AC转换"章节描述了从直流（DC）到交流（AC）的电能转换电路。这些电路被称为逆变器。

表21.1显示出不同交流频率（例如60Hz和50Hz）之间转换在实现原理上是可行的；然而，在实际应用中，很少这样使用。因此，与此相关的电路在本章将不做描述。

电力电子电路的应用范围从大型工业电动机和发电机到用于电脑和笔记本电脑的电池供电电路。尽管用于特定应用的电路很复杂，但操作原理与本节所述相同。

在提供与电力电子电路相关的示例之前，首先对主要的电力开关进行讨论。

表21.1 用于能量转换的电路以及相关介绍章节

	DC	AC
DC	转换器（"DC-DC转换"）	逆变器（"DC-AC转换"）
AC	整流器（"AC-DC转换"）	周波变换器

21.2 术语

符号

V	电压均方根值（V）	P	有功功率，功率损耗（W）
I	电流均方根值（A）	f	频率（Hz）
$\hat{V}$	峰值电压（V）	T	周期（s）
$\hat{I}$	峰值电流（A）	ω	角频率（rad/s）

v 　　　暂态电压（V）　　　　　　　　δ 　　　占空比

i 　　　暂态电流（A）　　　　　　　　α 　　　导通角（rad 或°）

下标含义

x_{av}	平均	x_T	晶闸管	x_L	负荷
x_D	二极管	x_{sw}	开关	x_s	电源

21.3　电力电子开关

由于电力电子应用的增多以及技术的发展，电力电子电路中使用的电力电子开关的数量不断增长。

对于每个电力电子电路来说，基于费用和效率选择最适合的开关是非常重要的。更快速的开关允许更加精确的功率流控制；然而，价格也更高，这些快速开关一般会产生较高的开关损耗，因此，需要增加制冷。本部分，仅对基本开关类型进行描述并举例说明。

1. 二极管

二极管是最简单的开关。由于二极管的开断操作不依赖于换向信号，仅于二极管两端的电压和流过的电流有关，所以二极管一般是不可控装置。

二极管的符号如图 21.1 所示。二极管的 A 端为阳极，K 端为阴极。二极管正电流方向为从二极管阳极到二极管阴极，如图 21.1 所示。二极管电压的正方向为从二极管阴极到二极管阳极。

二极管，与所有半导体开关相似，其 *VI*（电压-电流）特性为非线性。理想二极管和一个实际二极管 *VI* 特性如图 21.2 所示。实际二极管的 *VI* 曲线用实线表示，理想二极管 *VI* 曲线用虚线表示。

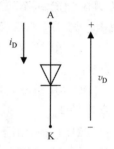

图 21.1　二极管符号

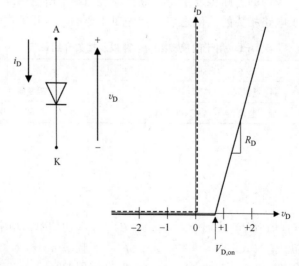

图 21.2　二极管 *VI* 特性：实线：理想二极管；虚线：实际二极管

提到理想特性，二极管只有在其端子的极性为正时才导通。在这个条件下，可以将理想二极管看成短路，其电流等于电路电流。当二极管两端电压极性为负时，二极管反向偏置，相当于开路。

实际二极管在导通状态时，二极管阴极和阳极之间存在一个残余电压降落，并且导通电阻不等于零。残余电压是指二极管的导通电压，$V_{D,on}$，其值一般为 0.7V。二极管导通电阻用符号 $R_{D,on}$ 表示。$V_{D,on}$ 电压使得二极管曲线从原点发生移动，导通电阻对应 VI 曲线斜率。

当实际二极管反向偏置并且导通，$R_{D,on}$ 导致功率损耗，计算如下：

$$P_D = R_{D,on} \times I_D^2 \tag{21.1}$$

式中，I_D 是一个周期通过二极管的均方根电流

$$I_D = \sqrt{\frac{1}{T}\int_0^T i_D^2 \, dt} \tag{21.2}$$

功率损耗对电路操作有以下两个负面影响：

1）由电源提供的能量一部分消耗在电路中，而不是传递给负载，因此降低了电路效率。

2）功率损耗会导致开关发热，温度过高会导致开关失效。

例 21.1　由一个二极管和一个电阻组成的简单电路

一个带二极管的基本电路如图 21.3 所示。这个电路包括正弦电压源、理想二极管和一个电阻。各元件参数值如下：

$$R = 2\Omega \qquad\qquad v_s = 10\sin\omega t \, V$$
$$\omega = 2\pi f \, \text{rad/s} \qquad\qquad f = 60\text{Hz}$$

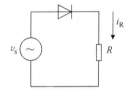

图 21.3　一个二极管和一个电阻串联的简单电路

对于这个电路，计算流过电阻的电流有效值以及理想二极管情况下电阻损耗的功率。

计算过程

当二极管正向偏置时，电路电流不等于零。这种情况下，二极管运行在短路状态。当二极管反向偏置时，二极管运行在开路状态，二极管所在支路电流等于零。

电源电压周期为

$$T = \frac{1}{f} = \frac{1}{60} \approx 16.67\text{ms}$$

电阻上电压是不连续的，并且用下面等式表示：

$$v_R = v_s = 10\sin\omega t \, V \qquad\qquad 当 \, 0 \leqslant t < 8.333\text{ms}$$
$$v_R = 0 \, V \qquad\qquad 当 \, 8.333\text{ms} \leqslant t < 16.67\text{ms}$$

电路中的电流用下面等式表示：

$$i_R = \frac{v_R}{R} = 5\sin\omega t \, A \qquad\qquad 当 \, 0 \leqslant t < 8.333\text{ms}$$
$$i_R = 0 \, A \qquad\qquad 当 \, 8.333\text{ms} \leqslant t < 16.67\text{ms}$$

电源电压以及支路电流波形如图 21.4 所示。这些波形为周期波形。

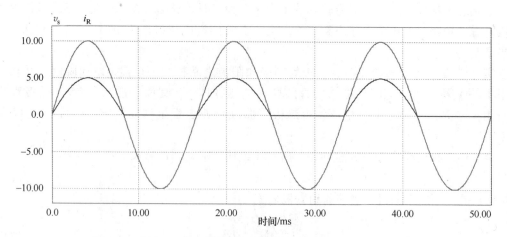

图 21.4　图 21.3 带一个理想二极管电路的电源电压和支路电流

电阻上的平均电压为

$$V_{R,av} = \frac{1}{T}\int_0^T v_R dt = \frac{1}{T}\int_0^{T/2} 10 \times \sin\omega t dt = \frac{10}{T\omega}(-\cos\omega t)_0^{8.33\times 10^{-3}}$$

$$= \frac{10}{16.7 \times 10^{-3} \times 377}[-\cos(3.1415) + \cos 0]$$

$$= \frac{10 \times 2}{16.7 \times 10^{-3} \times 377} \approx 3.18V$$

根据式（21.2），电阻上流过电流有效值为

$$I_R = \sqrt{\frac{1}{T}\int_0^T i_R^2 dt} = \sqrt{\frac{25}{16.7 \times 10^{-3}}\int^{8.33\times 10^{-3}}(\sin\omega t)^2 dt}$$

$$= \sqrt{\frac{25}{16.7 \times 10^{-3} \times 2}\Big[t - \frac{1}{2}\frac{\sin 2\omega t}{\omega}\Big]_0^{8.33\times 10^{-3}}}$$

$$= \sqrt{\frac{25}{16.7 \times 10^{-3} \times 2} \times 8.333 \times 10^{-3}} = 2.5A$$

电阻消耗的功率如下：

$$P_R = R \times I_R^2 = 2 \times 2.5^2 = 12.5W$$

对于导通电压 $V_{D,on}$ 等于 0.7V 的实际二极管来说，电源电压、电阻电压以及流过电阻的电流波形如图 21.5 所示。本例中，由于二极管两端存在电压降落，电阻两端的电压降低。结果是，流过电阻的峰值电流小于图 21.4 所示的峰值电流。

2. 晶闸管

晶闸管是最简单的控制阀，其电路符号如图 21.6 所示。晶闸管除了包括阴极和阳极，还包括称为门极（G）的第三个端子。

当门极信号不等于零时，晶闸管导通。可以在电流波形的任意点将门信号施加到 G 端。触发门信号的瞬时值用电流波形过零后的角度测量。这个角度称为触发角，用符号 α 表示。例 21.2 说明了不同的 α 对电流有效值的影响。

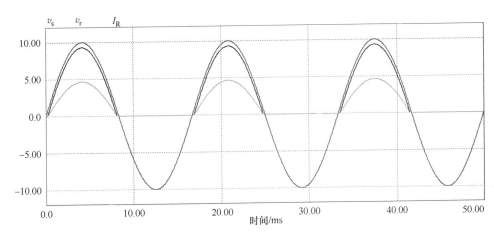

图 21.5 图 21.3 带一个理想二极管电路的电源电压、电阻电压和流过电阻的电流

当电流 i_T 过零时晶闸管关断。由于晶闸管的关断不受门极信号值的控制，所以称晶闸管为不可控开关。

晶闸管开关的 *VI* 特性曲线如图 21.7 所示。从特性曲线可以看出满足两个条件时，晶闸管处于导通状态：晶闸管两端的电压为正并且门极信号不等于零。

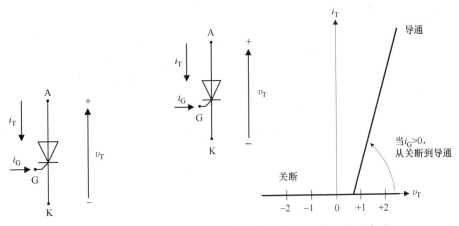

图 21.6 晶闸管符号

图 21.7 某晶闸管电压和电流

与二极管相类似，实际的晶闸管有一个导通电阻（$R_{T,on}$）和一个导通电压（$V_{T,on}$），这些值不等于零，当晶闸管处于导通模式时，会产生功率损耗。

例 21.2 由一个晶闸管和一个电阻组成的简单电路

使用与例 21.1 分析用相同电路，用理想晶闸管代替电路中的二极管，如图 21.8 所示。电路中元件的参数与例 21.1 相同：

$$R = 2\Omega \qquad v_s = 10\sin\omega t \, V$$

$$\omega = 2\pi f \, rad/s \qquad f = 60Hz$$

对于这个电路，计算电流的有效值以及当 $\alpha = 10°$、$30°$、$90°$ 时，电阻上损耗的功率。

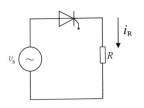

图 21.8 一个晶闸管和一个电阻串联的简单电路

计算过程

电源电压的周期与例 21.1 相同：

$$T = \frac{1}{f} = \frac{1}{60} \approx 16.67\,\text{ms}$$

电路中的电流不连续并用下面等式进行描述：

$$i_\text{R} = 0\,\text{A} \qquad\qquad 0 \leqslant t < t^* \text{ 并且 } 8.333\,\text{ms} \leqslant t < 16.67\,\text{ms}$$

$$i_\text{R} = \frac{v_\text{R}}{R} = 5\sin\omega t\,\text{A} \qquad t^* \leqslant t < 8.333\,\text{ms}$$

式中，t^* 为相应于触发角 α 的导通时间

$$t^* = \frac{\alpha}{360} \times \frac{1}{60}$$

对应于每个触发角的导通时间如表 21.2 所示。

相对于三个触发角的电源电压以及支路电流波形如图 21.9 所示。随着 α 的增大，晶闸管的导通时间减小。

电流有效值的计算与例 21.1 相同，不同的是积分计算起始时间为 t^* 而不是零。

$$I_{\text{R},\alpha} = \sqrt{\frac{1}{T} \int_{t^*}^{T/2} i_\text{R}^2 \mathrm{d}t} = \sqrt{\frac{25}{16.7 \times 10^{-3}} \int_{t^*}^{8.33 \times 10^{-3}} (\sin\omega t)^2 \mathrm{d}t}$$

对于不同的导通角

$$\alpha = 10° \rightarrow t^* = 0.46\,\text{ms} \rightarrow I_{\text{R},10} = 2.5\,\text{A}$$

$$\alpha = 30° \rightarrow t^* = 1.39\,\text{ms} \rightarrow I_{\text{R},30} = 2.46\,\text{A}$$

$$\alpha = 90° \rightarrow t^* = 4.17\,\text{ms} \rightarrow I_{\text{R},90} = 1.77\,\text{A}$$

由于在本例中开关在周期内的一小部分时间内导通，所以电流有效值小于例 21.2 的电流有效值。当 $\alpha = 0°$ 时，与例 21.1 的计算结果相同。

表 21.2　触发角与导通时间的对应关系

$\alpha/(°)$	α/rad	t^*/ms
10	$\pi/18$	0.463
30	$\pi/6$	1.39
90	$\pi/2$	4.17

对应三个不同触发角，电阻上损耗的功率分别为

$$P_{\text{R},10} = R \times I_{\text{R},10}^2 = 12.49\,\text{W}$$

$$P_{\text{R},30} = R \times I_{\text{R},30}^2 = 12.14\,\text{W}$$

$$P_{\text{R},90} = R \times I_{\text{R},90}^2 = 6.25\,\text{W}$$

3. 全控开关

全控开关可以在任意时间点通过一个外部信号打开或者关断。因此，全控开关比二极管和晶闸管更加灵活。全控开关包括绝缘栅双极型晶闸管（IGBT）和金属氧化物场效应晶体管（MOSFET）。

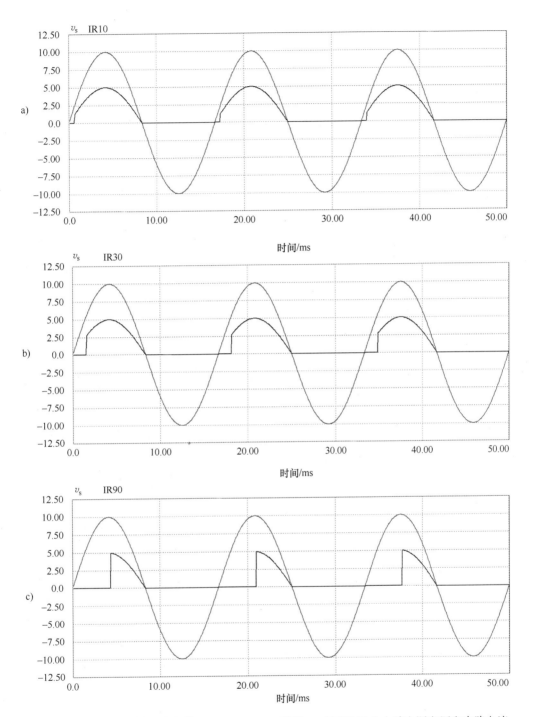

图 21.9 对于三个不同触发角值 $\alpha = 10°$、$\alpha = 30°$以及 $\alpha = 90°$图 21.8 电路电源电压和支路电流

在本章节，全控开关用如图 21.10 所示符号表示。没有指定开关的类型，因为它们在各个例子中都是相同的。给出了开关的正极（P）和负极（N）端子。这些器件通常配备有一个门极信号，为了简单起见，该符号中未示出此门极信号，而图 21.6 中显示了门极信号是为了对晶闸管与二极管符号进行区分。

控制开关存在三种不同功率损耗：

1）导通损耗；

2）开关接通损耗；

3）开关断开损耗。

与二极管和晶闸管导通损耗计算相似，导通损耗与导通电阻
和电流有效值有关。

$$P_{\mathrm{con}} = R_{\mathrm{sw,on}} \times I^2$$

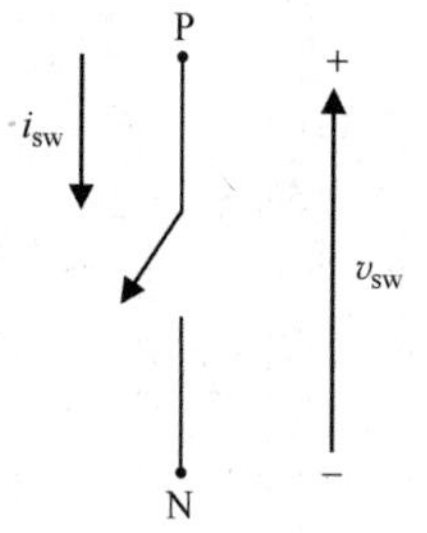

接通和断开损耗指的是每个开关的接通和断开都需要一个时
间，并且在此期间，开关两端的电压和流过电流都不等于零。全
控开关在电力电子电路中完成快速换向，每次换向产生的小损耗都会导致较大的损耗，因此
在正常运行期间发热，所以计算这些损耗是非常重要的。

图 21.10 可控开关符号

流过全控开关的电流以及两端电压的简单示意图如图 21.11 上半部所示。当开关断开时，
开关正负极两端的电压不等于零，其值由开关所在电路决定。当开关断开时，电流等于零。

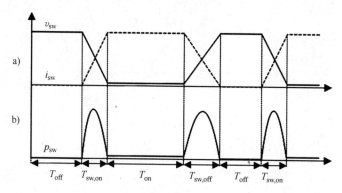

图 21.11 开关投入和开关断开时电压、电流波形和功率损耗

当全控开关发出接通信号时，流过开关的电流以及开关两端电压达到稳态值需要一个时
间。如图 21.11a 所示，显示了一个线性电压降落和电流上升过程。这仅仅是一种近似的简
化分析，在实际电路中，这些波形是非线性的并且与开关类型以及电路的其余部分有关。

当开关在导通状态时，电流达到稳态值，由于开关存在导通电阻，所以电压值很小但不
等于零。

当全控开关发出断开信号时，电流下降到零以及电压上升需要一个暂态时间。通常，开
关接通时间（$T_{\mathrm{sw,on}}$）与开关断开时间（$T_{\mathrm{sw,off}}$）不同。

开关上的功率损耗如图 21.11b 所示。当开关断开时，开关上的功率损耗等于零。当
开关接通时，由于开关存在导通电阻，可以看到开关上存在一个小的常功率损耗（导通
损耗）。

可以看到，在开关接通和断开期间，功率损耗为抛物线形状。这个原因是电压和电流的
上升和下降过程呈现线性特征。由于功率是电压和电流的乘积，抛物曲线为二次函数，由两
个线性函数相乘而得。可以证明，假设在开关动作期间，电压电流为线性，开关的接通损耗
以及断开损耗可由下式计算。

$$P_{\mathrm{sw,on}} = f \times \frac{\hat{V}\hat{I}T_{\mathrm{sw,on}}}{6}$$

$$P_{\text{sw,off}} = f \times \frac{\hat{V}\hat{I}T_{\text{sw,off}}}{6}$$

式中，f 为开关频率；$\hat{V}$ 为稳态电压值；$\hat{I}$ 为稳态电流值。

开关上的总功率损耗为上面描述的三个部分损耗之和：

$$P_{\text{sw}} = P_{\text{con}} + P_{\text{sw,on}} + P_{\text{sw,off}} = R_{\text{sw,on}}I^2 + f \times \frac{\hat{V}\hat{I}T_{\text{sw,on}}}{6} + f \times \frac{\hat{V}\hat{I}T_{\text{sw,off}}}{6}$$

例 21.3　全控开关的功率损耗计算

某全控开关的参数如下：

$T_{\text{sw,on}} = 100\text{ns}$　　　$T_{\text{sw,off}} = 200\text{ns}$　　　$T_{\text{off}} = T_{\text{on}} = 10\mu\text{s}$

$\hat{I} = 5\text{A}$　　　$\hat{V} = 8\text{V}$　　　$f = 50\text{kHz}$　　　$R_{\text{on}} = 50\text{m}\Omega$

参考如图 21.11 所示的符号，计算开关的导通损耗、切换损耗以及总损耗。

计算过程

开关的周期为

$$T = \frac{1}{f} = \frac{1}{50\,000} = 20\mu\text{s}$$

波形的周期比开关切换时间大几个数量级。

开关接通及断开期间的功率损耗计算如下：

$$P_{\text{sw,on}} + P_{\text{sw,off}} = f \times \frac{\hat{V}\hat{I}(T_{\text{sw,off}} + T_{\text{sw,on}})}{6} = 50 \times 10^3 \times \frac{8 \times 5 \times 300 \times 10^{-9}}{6} = 0.1\text{W}$$

用电流有效值计算导通损耗。为了简化计算，忽略开关的切换时间并且假设 $T_{\text{off}} + T_{\text{on}} = T$。由于开关的接通及断开时间远小于开关的导通时间，所以这种近似是可以被接受的。因此，电流的有效值计算如下：

$$I_{\text{R}} = \sqrt{\frac{1}{T}\int_0^{T/2}\hat{I}\text{d}t} = \sqrt{\frac{1}{20 \times 10^{-6}}\int_0^{10 \times 10^{-6}}5^2\text{d}t} = \sqrt{\frac{1}{20 \times 10^{-6}} \times 10 \times 10^{-6} \times 25} = 3.54\text{A}$$

$$P_{\text{con}} = R_{\text{sw,on}}I_{\text{R}}^2 = 50 \times 10^{-3} \times 3.54^2 = 0.627\text{W}$$

总功率损耗为

$$P_{\text{sw}} = P_{\text{con}} + P_{\text{sw,on}} + P_{\text{sw,off}} = 0.625 + 0.1 = 0.725\text{W}$$

这个例子表明导通损耗和切换损耗可能具有相似的幅度，因此这两个损耗都需要考虑。

21.4　DC-DC 转换

DC-DC 转换表示将一个直流电压值通过升压或者降压到另外一个电压值。DC-DC 转换器有许多种应用。例如，向运行在不同电压等级设备供电的单个电池一直在使用这种转换器。多数情况下，单电池使用不同的 DC-DC 转换器向数目众多的电路供电。这就是在汽车和计算机中使用的电池例子。

DC-DC 转换时使用全控开关。在实际应用中，会涉及许多不同的 DC-DC 转换器特性，但本章仅对基本电路进行讨论。

1. 降压转换器

降压转换器电路如图 21.12 所示。在 DC-DC 转换器中，输入电压通常假设为常数，输出电压通常为一个常数值与一个变化量相叠加：

$$v_2 = V_2 + \Delta v_2$$

整小节使用大写字母表示输入电压（V_1），小写字母表示输出电压（v_2）。

对于这个电路，输入电压大于输出电压，用如下不等式表示：

$$V_1 > v_2$$

为了对这个电路的运行进行描述，对占空比 δ 定义如下：

$$\delta = \frac{T_{on}}{T}$$

式中，T 是周期（$1/f$）并且 T_{on} 为开关闭合时间是周期的一部分。根据定义，$0 \leqslant \delta \leqslant 1$。对于降压转换器，占空比与输入和输出电压的关系如下：

$$V_2 = \delta V_1$$

利用输入功率和输出功率等式推导出输入电流与输出电流之间的关系如下：

$$V_1 I_1 = V_2 I_2$$

因此

$$I_2 = \frac{V_1}{V_2} I_1 = \delta I_1$$

如图 21.12 所示电路的两种开关状态用图 21.13 进行说明。电阻上的电压与电容上的电压相同。

当开关闭合（导通状态）时，由于阳极和阴极之间的电压为负，在图 21.12 中的二极管反向偏置，二极管两端的电压等于 V_1。因此，重新绘制图 21.12 所示电路为图 21.13 上部分电路。

当开关打开（关断状态）时，图 21.12 中的二极管导通，因此导通的二极管相当于短路（此处假设为理想二极管）。重新绘制图 21.12 电路为图 21.13 下部分电路。

可以通过观察绘制的电路波形对如图 21.13 所示电路进行研究。一些简单的假设如下：

1）忽略电路初始的暂态过程并假设在稳态运行情况下对电路进行分析。

2）电源电压 V_1 等于常数。

3）变化量 Δv_2 非常小，因此在第一次近似时 V_2 等于常数。

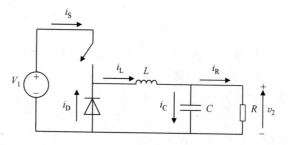

图 21.12　降压 DC-DC 转换器

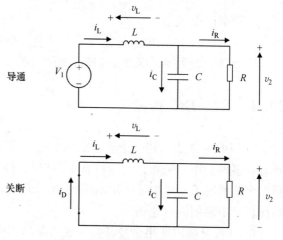

图 21.13　降压转换器开关状态

在这些条件下，电路波形如图 21.14 所示。如图 21.14a 所示，为电感电压波形。参考如图 21.13 所示电路，当开关闭合时，电感电压等于输入电压和输出电压的差值。当开关打开时，电感电压等于输出电压的负值。用公式描述如下：

$$v_L = V_1 - v_2 \qquad 0 \leqslant t < t^*$$

$$v_L = -v_2 \qquad t^* \leqslant t \leqslant T$$

由于 $V_1 > v_2$，在开关导通状态时，电感电压为正。

如图 21.14b 为流过电感的电流波形。当电感的电压基于开关状态的变化发生瞬间改变时，通过电感的电流因此也逐渐发生改变

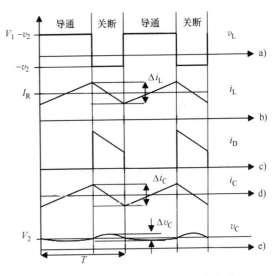

图 21.14　图 21.12 降压转换器理论波形

$$i_L = I_0 + \frac{1}{L} \int v_L \mathrm{d}t$$

式中，I_0 为初始条件。在本例中，初始条件为

$$I_0 = I_R$$

对研究电路应用上述公式

$$i_L = I_R + \frac{1}{L} \int (V_1 - v_2) \mathrm{d}t = I_R + \frac{V_1 - v_2}{L} t \qquad 0 \leqslant t < t^*$$

$$i_L = I_R + \frac{1}{L} \int (-v_2) \mathrm{d}t = I_R + \frac{-v_2}{L} t \qquad t^* \leqslant t \leqslant T$$

当作用在电感上的电压为正时电感电流增加，也就是开关打开时（这种情况可以解释对电感充电）。当开关闭合时，通过电感的电流减少（电感放电）。术语电流波动的含义是最大电流与最小电流的幅值差。在图 21.14b 中，这个值为 Δi_L。在稳态时，正负电流波动的表达式分别为

$$\Delta i_{L,\mathrm{on}} = T_{\mathrm{on}} \left[\frac{V_1 - v_2}{L} \right]$$

$$\Delta i_{L,\mathrm{off}} = T_{\mathrm{off}} \left[\frac{-v_2}{L} \right]$$

在稳态时，正负电流波动值相同，电感电流的平均值等于流过电阻的电流 I_R。电感电流波动可以用不同方式等式描述：

$$\Delta i_L = \Delta i_{L,\mathrm{on}} = \Delta i_{L,\mathrm{off}} = \delta T \left(\frac{V_1 - V_0}{L} \right) = \frac{\delta T V_1}{L} (1 - \delta) = \frac{T V_0}{L} (1 - \delta)$$

在所有表达式中，L 为分母，这意味着电感值增大会减少波动电流。

电感电流的平均值为流过电阻的电流

$$i_R = \frac{v_2}{R}$$

如图 21.14c 所示，为流过二极管的电流波形。当开关打开时，二极管反向偏置因此流过二极管的电流等于零。当开关闭合时，二极管与电感串联，可以看到相同的电流值：

$$i_D = 0 \qquad\qquad 0 \leqslant t < t^*$$

$$i_D = i_L = \frac{-v_2}{L}t \qquad\qquad t^* \leqslant t \leqslant T$$

如图 21.14d 所示，为电容电流波形。在所有电路条件下，此电流等于电感电流与电阻电流的差值。

$$i_C = i_L - i_R$$

对于这个电路

$$i_C = \frac{1}{L}\int(V_1 - v_2)\,\mathrm{d}t = \frac{V_1 - v_2}{L}t \qquad\qquad 0 \leqslant t < t^*$$

$$i_C = \frac{1}{L}\int(-v_2)\,\mathrm{d}t = \frac{-v_2}{L}t \qquad\qquad t^* \leqslant t \leqslant T$$

电容电流波动值等于电感电流波动值。

如图 21.14e 为电容电压波形。使用如下等式表示：

$$v_C = V_0 + \frac{1}{C}\int i_C\,\mathrm{d}t$$

本例中

$$V_0 = V_2$$

因此

$$v_C = \frac{1}{C}\int\left[\frac{V_1 - v_2}{L}t\right]\mathrm{d}t = \frac{V_1 - v_2}{2LC}t^2 \qquad\qquad 0 \leqslant t < t^*$$

$$v_C = \frac{1}{C}\int\left[\frac{-v_2}{L}t\right]\mathrm{d}t = \frac{-v_2}{2LC}t^2 \qquad\qquad t^* \leqslant t \leqslant T$$

上面等式表示电容电流曲线为抛物线。

电容正和负电压波动分别用下面的等式表示

$$\Delta v_{C,on} = \frac{T_{on}^2}{4}\left[\frac{V_1 - v_2}{2LC}\right]$$

$$\Delta v_{C,off} = \frac{T_{off}^2}{4}\left[\frac{-v_2}{2LC}\right]$$

对于电感电流波动，在稳态时，正和负电容电压波动用如下等式表示：

$$\Delta v_C = \Delta v_{C,on} = \Delta v_{C,off} = \frac{\delta V_1}{8LC}T^2(1-\delta)$$

实际上，这个波动值大到足以证明这个常量输出电压 v_2 的近似值。

例 21.4　电压和电流波动的计算

给定如图 21.12 所示电路，当电路参数为如下数值时，计算 Δi_L 及 Δv_C。

$$V_1 = 10\text{V} \qquad V_2 = 6\text{V} \qquad f = 200\text{kHz} \qquad L = 50\,\mu\text{H} \qquad C = 2\,\mu\text{F} \qquad R = 2\,\Omega$$

计算过程

对于这个电路，开关切换周期和占空比分别为

$$T = \frac{1}{f} = \frac{1}{200 \times 10^3} = 5\,\mu\text{s}$$

$$\delta = \frac{V_2}{V_1} = \frac{6}{10} = 0.6$$

平均电阻电流为

$$I_R = \frac{V_2}{R} = \frac{6}{2} = 3\text{A}$$

电感电流波动和电容电压波动分别为

$$\Delta i_L = \frac{\delta T V_1}{L}(1 - \delta) = \frac{0.6 \times 5 \times 10^{-6} \times 10}{50 \times 10^{-6}}(1 - 0.6) = 0.24\text{A}$$

$$\Delta v_C = \frac{\delta V_1}{8LC}T^2(1 - \delta) = \frac{0.6 \times 10 \times 25 \times 10^{-12}}{8 \times 50 \times 10^{-6} \times 2 \times 10^{-6}}(1 - 0.6) = 0.075\text{V}$$

电路波形如图 21.15 所示。

例 21.5 *C* 和 *L* 的计算（转换器设计）

这是一个电路设计的例子，需要计算电路中各元件的参数值。

开关的切换周期和占空比分别为

$$T = \frac{1}{f} = \frac{1}{400 \times 10^3} = 2.5\,\mu\text{s}$$

$$\delta = \frac{V_2}{V_1} = \frac{10}{25} = 0.4$$

平均输出电流为

$$I_2 = \frac{V_2}{R} = \frac{10}{15} \approx 0.67\text{A}$$

图 21.14b 表明平均电感电流等于输出电流。对于本例，由于 $\Delta i_L/2$ 大于平均输出电流，这个电路为导通模式，可以使用前面所示公式。

首先用电流波动 Δi_L 的约束计算 L 值：

$$\Delta i_L = \frac{\delta T V_1}{L}(1 - \delta)$$

对上面公式进行移项处理

$$L = \frac{\delta T V_1}{\Delta i_L}(1 - \delta) = \frac{0.4 \times 2.5 \times 10^{-6} \times 25}{0.1}(1 - 0.4) = 150\,\mu\text{H}$$

为设计选择电感的实际值需要考虑电感和其他电路元件的误差。假设误差为 5%

$$L = 150 \times 1.05 = 158\,\mu\text{H}$$

选择电感的值为 $L = 160\,\mu\text{H}$，这个电感值导致 $\Delta i_L \sim 0.093\text{A}$，因此满足要求。

利用电压波动公式选择电容值

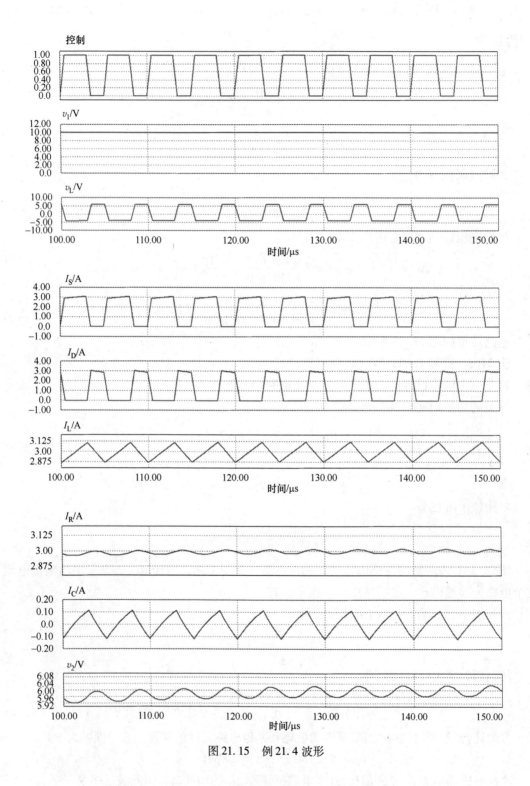

图 21.15　例 21.4 波形

$$\Delta v_C = \frac{\delta V_1 T^2}{8LC}(1 - \delta) = 0.01 \text{V}$$

对上面公式进行移项处理并且代入 $L = 160 \mu H$ 得到

$$C = \frac{\delta V_1}{8L\Delta v_C}T^2(1 - \delta) = \frac{0.4 \times 25 \times 2.5^2 \times 10^{-12}}{8 \times 160 \times 10^{-6} \times 0.01}(1 - 0.4) \approx 2.93 \mu F$$

假设电容误差5%

$$C = 2.93 \times 1.05 \approx 3.08 \mu F$$

本例中，实际选择的 C 值是 $3.1 \mu F$，导致电压波动为 $\Delta v_C \sim 0.0094$，因此满足要求。

电流波形如图 21.16 所示：上面图形显示了电感全电流，下面图显示电流波动。

输出电压如图 21.17 所示：上面图形显示了电感全电流，下面图显示了电压波动。当绘制全电压曲线时，电压波动微不足道，这也就是说在本小节中使用的恒定输出电压的近似值是有效的。

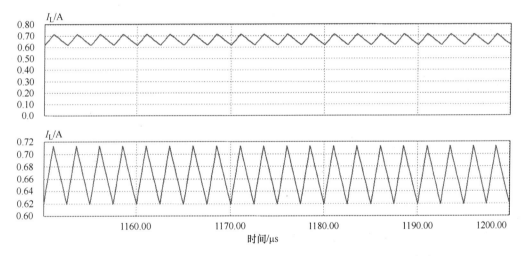

图 21.16　例 21.5 电路电感电流波形，上：全刻度；下：电流波动

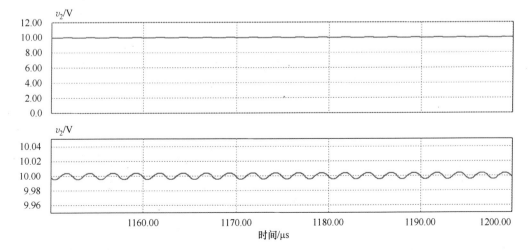

图 21.17　例 21.5 电路输出电压波形，上：全刻度；下：电压波动

关于开关频率的注解

在某些情况下，开关频率可以是变化的。对于这个例子，如果使用的频率$f = 500\text{kHz}$，则L和C（包含公差）值变为

$$L = 75\mu\text{H}（精确值）$$
$$L = 80\mu\text{H}（考虑误差）$$
$$C = 1.46\mu\text{F}（精确值）$$
$$C = 1.54\mu\text{F}（考虑误差）$$

满足相同条件时，将开关切换频率增加2倍导致元件尺寸减半。然而，这将导致开关损耗增加（与"全控开关"计算相同）。电路损耗的要求将对开关频率产生限制。

2. 升压转换器

升压转换器与所描述的降压转换器电路组成元件相同（"单相整流器"），但是电路布置不同，如图21.18所示。

"导通"及"关断"状态的等效电路如图21.19所示。

对于如图21.18所示升压转换器，输出电压v_2大于电压V_1。两个电压之间的关系用占空比方式描述如下：

$$V_2 = \frac{1}{1 - \delta}V_1$$

应用等式计算输出电流

$$V_1 I_1 = V_2 I_2$$

因此

$$I_2 = \frac{V_1 I_1}{V_2} = (1 - \delta)I_1$$

在连续导通模式下升压转换器的定性波形如图21.20所示。

对于升压转换器，电感电压以及流过电感的电流相同，如图21.14所示。因此，升压转换器的电感波动公式与降压转换器的相同：

$$\Delta i_L = \frac{TV_1}{L}(1 - \delta)$$

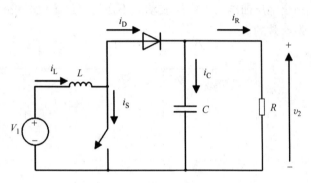

图21.18　升压转换器

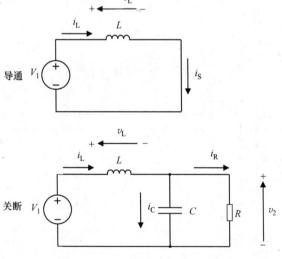

图21.19　升压转换器开关状态

对于升压转换器，电感平均电流等于输入电流，而流过二极管的平均电流等于输出电流。

电容波动公式如下（假设i_L的最小值大于i_2并且i_L永远不会等于零）。如果这些条件没

有满足，需要根据电路波形人工计算电容波动。

$$\Delta v_{\mathrm{C}} = \frac{\delta T}{RC} V_1$$

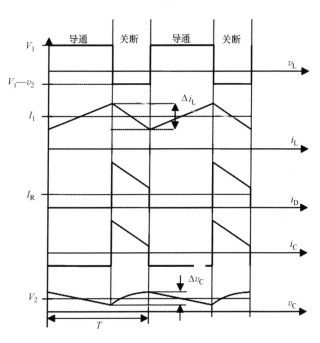

图 21.20 升压转换器开关信号和波形

例 21.6 升压转换器的电压和电流波动计算

给定电路如图 21.18 所示，对于电路参数为

$V_1 = 12\mathrm{V}$ $\delta = 0.4$ $f = 150\mathrm{kHz}$ $L = 50\mu\mathrm{H}$ $C = 10\mu\mathrm{F}$ $R = 4\Omega$

计算 i_2，i_1，Δi_{L}，Δv_{C}。

计算过程

输出电压计算如下：

$$V_2 = \frac{1}{1-\delta} V_1 = \frac{1}{1-0.4} 12 \approx 20\mathrm{V}$$

转换器的周期是

$$T = \frac{1}{f} = \frac{1}{150 \times 10^3} \approx 6.667\mu\mathrm{s}$$

电压和电流波动计算如下：

$$\Delta i_{\mathrm{L}} = \frac{T V_1}{L}(1-\delta) = \frac{6.667 \times 10^{-6} \times 12}{50 \times 10^{-6}}(1-0.4) \approx 0.96\mathrm{A}$$

$$\Delta v_{\mathrm{C}} = \frac{\delta T}{RC} V_2 = \frac{0.4 \times 6.667 \times 10^{-6}}{4 \times 10 \times 10^{-6}} 20 \approx 1.33\mathrm{V}$$

本例的电路波形如图 21.21 所示。

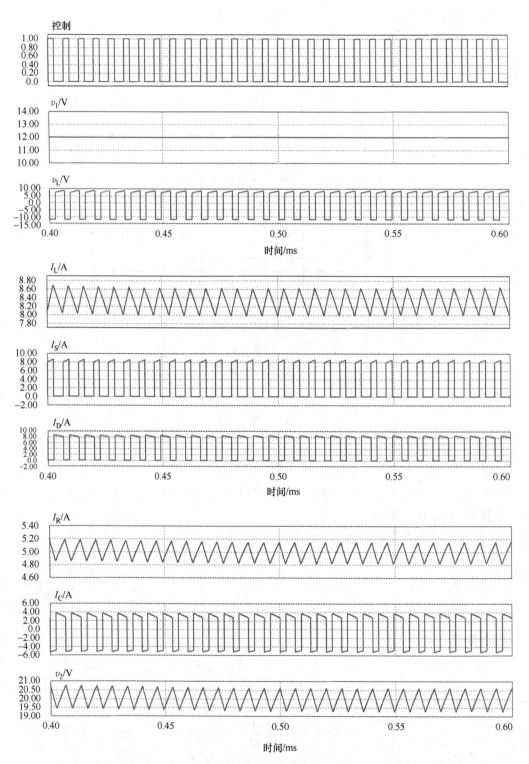

图 21.21 例 21.6 波形

21.5 AC-DC 转换

由于它包括将交流转换为直流，所以将这种操作称为整流。在本小节中，用于这种转换操作的转换器称为整流器，以区分其他小节中所阐述的转换器。

AC-DC 整流器使用二极管或者晶闸管。当使用二极管时，由于这些开关的运行仅依赖于电路波形，不能被外部信号控制，所以说这种转换是不可控的。当使用晶闸管时，由于开关的运行受外部门极信号控制，所以说这种转换是可控的。

AC-DC 整流器的使用通常导致电源电流的失真，并且用功率因数确定转换的品质。功率因数越接近 1，电源电压的失真越低。

整流器的 AC 侧即可以是单相也可以是三相。居民用户和商业用户使用单相整流器（例如，电动汽车充电电路），而工业中使用三相整流器（给直流电动机供电电路）。

1. 单相整流器

使用二极管的单相整流器如图 21.22 所示。使用理想电源供电，并且负载为电阻。

对于这种配置，整流器运行如下：当电源电压为正时，二极管 D_1 和 D_4 导通，当电源电压为负时，二极管 D_2 和 D_3 导通。电路状态如图 21.23 所示。

电路的运行结果，电阻电压总是为正并且用如下等式表示：

$$v_R = v_s \qquad 当 v_s \geqslant 0$$
$$v_R = -v_s \qquad 当 v_s \leqslant 0$$

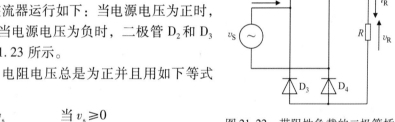

图 21.22 带阻性负载的二极管桥

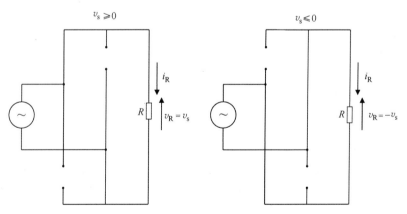

图 21.23 图 21.22 的单相二极管电桥的等效电路，基于电源电压符号

电阻电压为电源电压的绝对值，平均值计算如下：

$$V_{R,av} = \frac{1}{T/2} \int_0^{T/2} v_s dt = \frac{1}{T/2} \int_0^{T/2} V_s \times \sin\omega t dt = \frac{1}{\omega \times T/2}(-V_s \times \cos\omega t)_0^{T/2} = \frac{2}{\pi} V_s$$

式中，V_s 为电源电压的峰值。如图 21.22 所示电路的波形计算示例详见例 21.7。在本例中，由于在电源波形中不存在功率失真，可以看出电路的功率因数等于 1。

利用晶闸管实现的单相整流电路如图 21.24 所示。晶闸管导通需要两个条件：晶闸管电压必须为正（方向如图 21.7 所示）并且门极信号不等于零。与例 21.2 讨论相同，门极信号施加的时间通常以相对于电压过零点的度数来度量。由于晶闸管运行会引起电源电流失真，所以例 21.9 将会显示这个电路的功率因数小于 1。

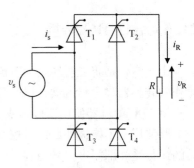

图 21.24 带晶闸管的单相整流器

对于图 21.22 和图 21.24 所示的基本电路，由于负载为电阻并且电源是理想电源，所以电路波形相当简单。在实际电路中，不能忽略电源电感并且在一些例子中可以看到它对波形是有影响的。

例 21.7 带 *R* 负载的单相二极管桥

某单相二极管桥电路负载由一个电阻组成，如图 21.22 所示。电路相关数据如下：

$$v_\text{s} = 10\sin\omega t\ \text{V} \qquad\qquad f = 60\text{Hz} \qquad\qquad R = 5\Omega$$

计算负载电流的时域表达式、平均负载电流、电阻损耗的功率以及电路功率因数。

计算过程

电阻电压表达式如下：

$$v_\text{R} = v_\text{s} \qquad\qquad 当\ v_\text{s} \geqslant 0$$
$$v_\text{R} = -v_\text{s} \qquad\qquad 当\ v_\text{s} \leqslant 0$$

流过电阻的电流表达式如下：

$$i_\text{R} = \frac{v_\text{R}}{R} = +\frac{v_\text{s}}{R} = +2\sin\omega t\,\text{A} \qquad\qquad 当\ 0 \leqslant \omega t \leqslant \pi$$

$$i_\text{R} = \frac{v_\text{R}}{R} = -\frac{v_\text{s}}{R} = -2\sin\omega t\,\text{A} \qquad\qquad 当\ \pi \leqslant \omega t \leqslant 2\pi$$

电源及负载的电压和电流波形如图 21.25 所示。图的上部显示了电源电压和电流。从电压源的角度来看，具有阻性负载的二极管电桥和直接串联一个电阻相同。因此电源电流表达式如下：

$$i_\text{s} = 2\sin\omega t\,\text{A}$$

如图 21.25 电源电流波形的 FFT 分析如图 21.26 所示。

图 21.25 下图显示了电阻电压和电流波形。负载电压为电源电压的绝对值并且电流与电压满足一定比例关系。

按照电源电压周期的一半计算平均负载电流。

$$I_\text{R,av} = \frac{1}{T/2}\int_0^{T/2} i_\text{R}\text{d}t = \frac{2\times 2}{8.333\times 10^{-3}}\int_0^{8.333\times 10^{-3}}\sin\omega t\,\text{d}t = \frac{2\times 2}{8.333\times 10^{-3}}\times\frac{1}{377} = 1.273\text{A}$$

为了计算电阻上消耗的功率，首先计算电流的有效值

$$I_\text{R} = \sqrt{\frac{1}{\pi}\int_0^{T/2} i_\text{R}^2\text{d}t} = 2\sqrt{\frac{1}{\pi}\int_0^{T/2}(\sin\omega t)^2\text{d}t} = 2\sqrt{\frac{1}{\pi}\times\frac{\pi}{2}} = 1.414\text{A}$$

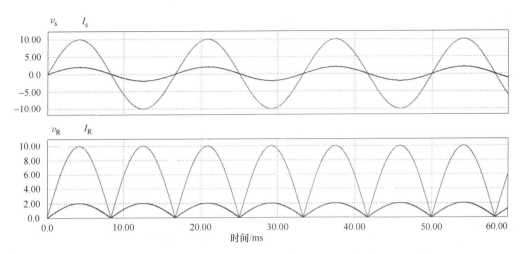

图 21.25　例 21.7 波形，上：电源电压和电流；下：负载电压和电流

因此电阻上消耗功率

$$P_R = RI_R^2 = 5 \times 1.414^2 = 10\text{W}$$

根据定义计算功率因数

$$PF = \frac{P_R}{V_s \times I_s} = \frac{10}{10/\sqrt{2} \times 2/\sqrt{2}} = 1$$

这个结果意味着电源电流和电压为正弦波并且同相。FFT 分析如图 21.26 所示。

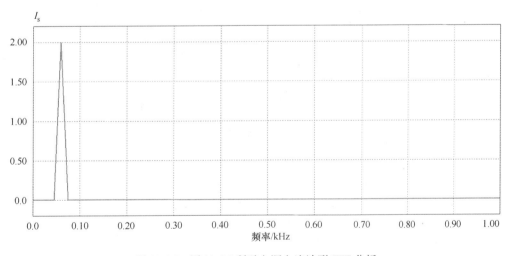

图 21.26　图 21.25 所示电源电流波形 FFT 分析

例 21.8　带 *RL* 负载的单相二极管桥

某单相二极管桥的负载由一个电阻及一个电感串联构成，如图 21.27 所示。电路数据为

$$v_s = 10\sin\omega t\,\text{V} \qquad f = 60\text{Hz} \qquad R = 5\Omega \qquad L = 2\text{H}$$

计算电流的时域表达式，电阻消耗的功率以及电路的功率因数。

计算过程

在本例中，显示了如何使用电路时间常数产生比使用详细的数学计算更简单的解决方案。

负载的时间常数是

$$\tau_{RI} = \frac{L}{R} = \frac{2}{5} = 0.4s$$

电源的时间常数是

$$\tau_s = \frac{1}{f} = \frac{1}{60} = 1.667ms$$

本例中，$\tau_{RI} \gg \tau_s$，因此负载的动态比电源的动态慢得多。当这个条件满足时，绘制如图21.27所示的整流桥为图21.28，图中的负载用一个恒电流源代替。在研究大电感负载的整流桥时，可以使用恒负载电流的近似。实际上，工业电动机可以用大电感代替。

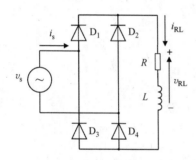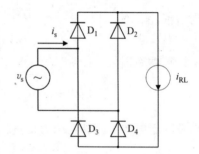

图21.27　例21.8电路　　　图21.28　带RL负载和电源电感的单相二极管桥

由于二极管整流只取决于电压源的过零点，负载电压与例21.7相同：

$$v_{RL} = +10\sin\omega t \qquad 当 v_s \geq 0$$
$$v_{RL} = -10\sin\omega t \qquad 当 v_s \leq 0$$

负载电压是

$$V_{RL,av} = \frac{2\hat{V}_s}{\pi} = \frac{2 \times 10}{\pi} = 6.366V$$

根据前面的分析，负载的常电流值为

$$I_{RL} = \frac{V_{RL,av}}{R} = \frac{6.366}{5} = 1.273A$$

这种情况下的电流有效值与负载电流一致，并且电阻消耗的功率是

$$P_R = RI_R^2 = 5 \times 1.273^2 = 8.103W$$

本例的电路波形如图21.29所示。图的上部分显示电源电压和电流。下部分显示负载电压和电流。负载电流是常数，而负载电压与例21.7相同。

由于认为电源是理想电源所以本例的电源电流是方波。实际上，由于电源中存在寄生电感，这导致电源电流更平滑，这可以在例21.9中看到。

负载电流表达式如下：

$$i_s = +1.273A \qquad v_s \geq 0$$

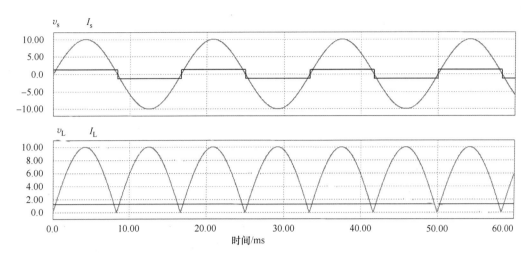

图 21.29　例 21.8 波形，上：电源电压和电流；下：负载电压和电流

$$i_{s} = -1.273\text{A} \qquad\qquad v_{s} \leqslant 0$$

图 21.29 所示电源电流波形的 FFT 分析如图 21.30 所示。由于波形是方波，此波形包含所有偶次谐波。

方波电流有效值等于峰值电流

$$i_{s} = +1.273\text{A}$$

功率因数计算如下：

$$PF = \frac{P_{R}}{V_{s} \times I_{s}} = \frac{8.104}{10/\sqrt{2} \times 1.273} = 0.9$$

从本例可以看出，由于电源电流为非正弦波，功率因数小于 1。

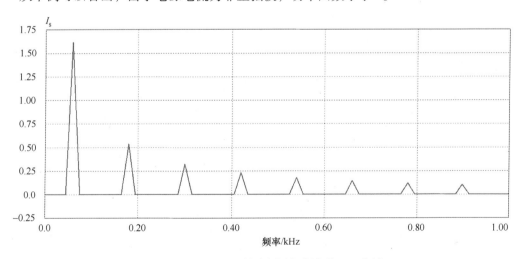

图 21.30　图 21.29 所示电源电流波形 FFT 分析

例 21.9　带感性电源和 *RL* 负载的单相晶闸管桥

某单相二极管负载由一个电阻和电感串联组成，如图 21.31 所示。用电压源与电感串联的戴维南等效电路代替电源。电路数据为

$$v_s = 10\sin\omega t\,\text{V} \qquad f = 60\text{Hz} \qquad R = 5\Omega \qquad L = 2\text{H} \qquad L_s = 0.5 \text{ 和 } 5\text{mH}$$

计算电流的时域表达式以及电阻消耗的功率。

计算过程

与前例使用相同的恒负载电流近似。因此，负载电流与前例相同。

由于电感电流不能瞬时发生改变，电源电流与例 21.8 如图 21.29 所示的方波电流不同。对于 $L_s = 0.5\text{mH}$ 的情况的电路波形如图 21.32 所示。

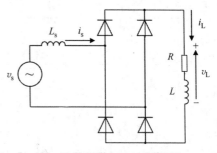

图 21.31 带 *RL* 负载和电源电感的单相二极管桥

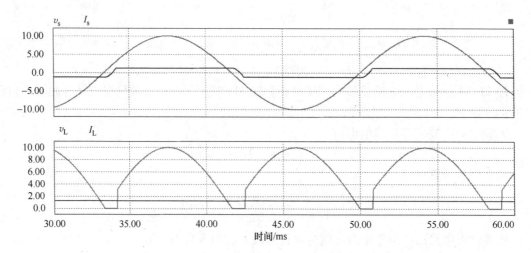

图 21.32 例 21.9 波形，电感 $L_s = 0.5\text{mH}$ 上：电源电压和电流；下：负载电压和电流

换向时间 t_c 定义为电源电流从一个稳态值到一个新的稳态值转换所用的时间。换向时间是电源电压 V_s 以及电源电感 L_s 的函数。当 $L_s = 0.5\text{mH}$ 时

$$t_c = \arccos\left(1 - \frac{2\omega L_s}{\hat{V}_s}\right) = \arccos\left(1 - \frac{2 \times 377 \times 0.5 \times 10^{-3}}{10}\right) = \arccos(0.9623) = 15.78°$$

换向期间负载电压为零。因此，负载电压平均值如下：

$$V_{L,\text{av}} = \frac{2}{\pi}(\hat{V}_s - \omega L_s I_s) = \frac{2}{\pi}(10 - 377 \times 0.5 \times 10^{-3} \times 1.273) \approx 6.2134\text{V}$$

当 $L_s = 5\text{mH}$ 时，电路波形如图 21.33 所示。

当 $L_s = 5\text{mH}$ 时，换向时间 t_c 和负载电压平均值分别是

$$t_c = \arccos\left(1 - \frac{2\omega L_s}{\hat{V}_s}\right) = \arccos\left(1 - \frac{2 \times 377 \times 5 \times 10^{-3}}{10}\right) = \arccos(0.9623) = 51.46°$$

$$V_{L,\text{av}} = \frac{2}{\pi}(\hat{V}_s - \omega L_s I_s) = \frac{2}{\pi}(10 - 377 \times 5 \times 10^{-3} \times 1.273) \approx 4.8385\text{V}$$

图 21.32 和图 21.33 所示电源电流的傅里叶分析分别为图 21.34 和图 21.35 所示。由于电源电感 L_s 的平滑效应，与图 21.31 的结果相比，这两种情况下的谐波含量都较低。随着电感值的增加，电源电流谐波含量降低。同时，由于换向时间，负载两端的平均电压降低。

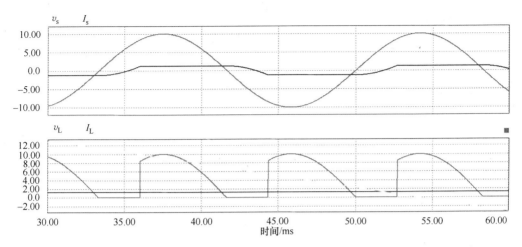

图 21.33　例 21.9 波形，电感 $L_s = 5\text{mH}$，上：电源电压和电流；下：负载电压和电流

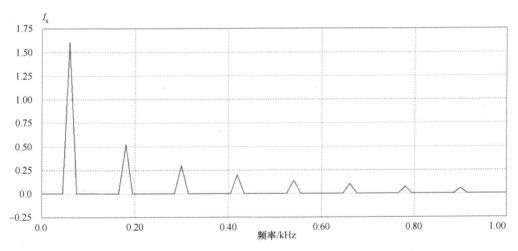

图 21.34　图 21.32 所示电源电流波形 FFT 分析（$L_s = 0.5\text{mH}$）

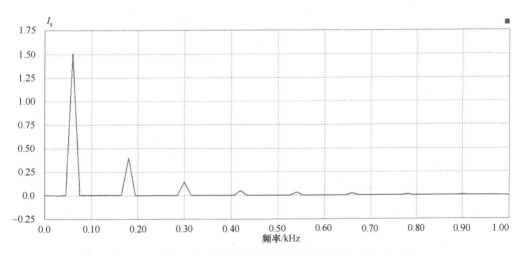

图 21.35　图 21.33 所示电源电流波形 FFT 分析（$L_s = 5\text{mH}$）

2. 三相二极管整流器

如图 21.36 所示，为带一电阻负载的三相二极管整流电路。这个电路包括 6 个二极管。上面三个二极管（D_1，D_2，和 D_3）共阴极，下面三个二极管（D_4，D_5，和 D_6）共阳极。其他端子与每相电源电压连接：D_1 和 D_4 与 a 相连接，D_2 和 D_5 与 b 相相连，D_3 和 D_6 与 c 相相连。

此电路的电压波形如图 21.37 所示。上图为相电压，下图为负载电压。还显示了二极管导通状态。对于每个间隔，上面三个二极管阳极电压最高的二极管导通，下面三个二极管阴极电压最低的二极管导通。结果是，负载电压由 6 个脉冲波形组成。

平均负载电压计算如下：

$$V_{L,av} = \frac{3}{\pi} \times \sqrt{2} \times V_{s,LL}$$

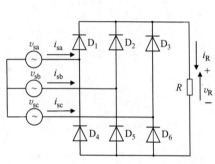

图 21.36　带阻性负载的三相二极管整流器　　图 21.37　图 21.36 电路导通的二极管和电压波形

例 21.10　带 *R* 负载的三相二极管桥

待研究电路如图 21.36 所示，电路参数如下：

$$v_{sa} = V_{s,LN}\sin\omega t \qquad v_{sb} = V_{s,LN}\sin(\omega t + 2\pi/3) \qquad v_{sc} = V_{s,LN}\sin(\omega t - 2\pi/3)$$

$$V_{s,LN} = \sqrt{\frac{2}{3}}V_{s,LL} \qquad V_{s,LL} = 100V \qquad f = 60Hz \qquad R = 10\Omega$$

计算负载电压平均值，负载电流有效值，电阻上损耗的功率。

计算过程

平均负载电压（电阻两端）计算如下：

$$V_{L,av} = \frac{3}{\pi} \times \sqrt{2} \times V_{s,LL} = \frac{3}{\pi} \times \sqrt{2} \times 100 = 135.0V$$

电路波形如图 21.38 所示。

负载电流与负载电压成比例。因此平均负载电流

$$I_{L,av} = \frac{V_{L,av}}{R} = \frac{135}{10} = 13.5V$$

负载电流有效值的计算需要对电路波形进行更多的分析。仅对 1/6 周期进行研究即可。参考如图 21.39 所示高亮区域，二极管 D_2 和 D_6 导通，因此负载电压表达式为

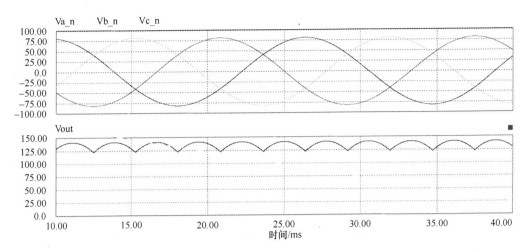

图 21.38 例 21.10 电压波形，上：电源电压，下：负载电压

$$V_{\mathrm{L}} = v_{\mathrm{b}} - v_{\mathrm{c}} = V_{\mathrm{s,LN}}\sin\left(\omega t + \frac{2\pi}{3}\right) - V_{\mathrm{s,LN}}\sin\left(\omega t - \frac{2\pi}{3}\right)$$

$$= \sqrt{3} \times 81.65 \times \sin\omega t = 141.42\sin\omega t\,\mathrm{V}$$

因此，这个间隔的电流有效值计算为

$$I_{\mathrm{R}} = \sqrt{\frac{1}{T/6}\int_{T/6}^{T/3} i_{\mathrm{R}}^2 \mathrm{d}t} = \sqrt{\frac{1}{T/6}\int_{T/6}^{T/3}\left(\frac{v_{\mathrm{b}} - v_{\mathrm{c}}}{R}\right)^2 \mathrm{d}t} = \sqrt{\frac{1}{T/6}\int_{T/6}^{T/3}\left(\frac{v_{\mathrm{b}} - v_{\mathrm{c}}}{R}\right)^2 \mathrm{d}t}$$

$$= \sqrt{\frac{1}{T/6}\frac{1}{R^2}\int_{T/6}^{T/3}(v_{\mathrm{b}} - v_{\mathrm{c}})^2 \mathrm{d}t} = \sqrt{\frac{1}{T/6}\frac{1}{R^2}\int_{T/6}^{T/3}(141.42\sin\omega t)^2 \mathrm{d}t}$$

$$= \sqrt{\frac{1}{2.778 \times 10^{-3}} \times \frac{1}{100} \times 2.778 \times 10^{-3} \times 141.42^2} = 14.14\,\mathrm{A}$$

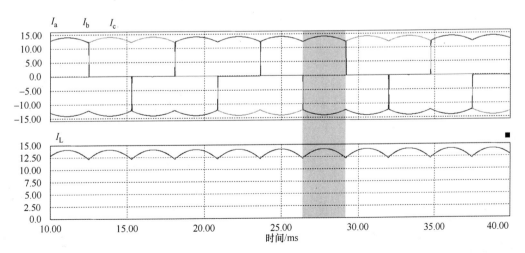

图 21.39 例 21.10 电流波形，上：相电流；下：负载电流

21.6　DC-AC 转换

DC-AC 转换将 AC 电源转换成 DC 电源。只要电池向单相或者三相负载供电，就需要这种转换。DC-AC 转换过程通常称为逆变，与整流（在"AC-DC 转换"部分描述）相反。输出频率与所带负载有关。对于电动机负载，输出频率可以不是常数并且与电动机速度有关。

DC-AC 转换需要开关频率的数量级为 kHz，因此，它通过使用受控开关来实现。实现输出正弦波形的开关控制通常被称为调制。首先介绍这种转换中常用的两种调制技术。

调制技术

带一个阻性负载的单相逆变器如图 21.40 所示。电源是一个恒定的直流电源，用电池表示，每个开关配有一个反向二极管。当相应的开关断开时，该二极管必须允许持续的电流流动。

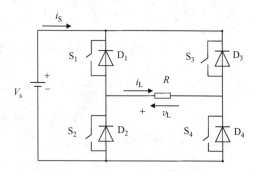

图 21.40　带阻性负载的单相逆变器

1. 方波调制

第一个调制技术相当简单。在这个例子中，每对开关仅导通半个周期。当 S_1 和 S_4 闭合时，负载两端电压为 V_s。当 S_3 和 S_2 闭合时，负载两端电压为 $-V_s$。开关状态和输出电压如图 21.41 所示。

对于这种调制技术，输出电压的基波值仅依赖于输入电压幅值，并且不可控。输出波形为幅值 V_s 的方波；因此，基波幅值为

$$\hat{V}_{L,1} = \frac{4}{\pi} V_s$$

输出电压波形富含谐波。方波调制方案的简单性导致较差的输出电压控制。当开关电流比较大时使用这个方案，因此必须对换向带来的功率损耗进行限制（详见"全控开关"功率开关损耗计算）。

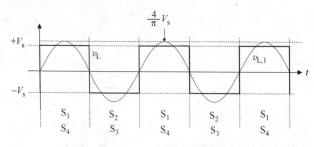

图 21.41　方波调制技术输出波形以及开关导通状态，依据图 21.40 的符号对开关进行命名

2. 带双极开关的脉宽调制

当应用脉宽调制时，可以获得更精确的输出电压控制。在本小节将对这种最简单的 PWM 举例描述。在这种调制中，对于方波调制，对角相对的开关（S_1，S_4）和（S_3，S_2）同时工作，但是通过比较三角波形与正弦波形确定开关模式。

正弦波为参考电压，用 v_{ref} 表示，三角波为调制电压，用 v_{mod} 表示。参考电压，调制电压，以及输出电压如图 21.42 所示。实际上，调制电压的频率比参考电压的频率高大约 20 倍，在图中更清楚地表示用了较小的频率。

控制逻辑如下：

如果 $v_{ref} > v_{mod}$　　　　S_1，S_4导通

如果 $v_{ref} < v_{mod}$　　　　S_2，S_3导通

应用基尔霍夫定律，依据导通的开关，输出电压为三个不同值

$v_L = +V_s$　　当（S_1，S_4）导通时

$v_L = -V_s$　　当（S_2，S_3）导通时

输出电压比方波调制的情况更接近正弦波形。假设参考电压的最大幅值比电源电压低（$\hat{V}_{ref} < V_s$），基波电压幅值用下式表示：

$$\hat{V}_{L,1} = k_V \frac{4}{\pi} V_s$$

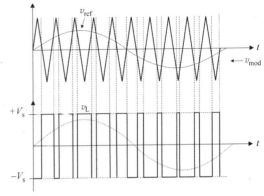

图 21.42　用双极性开关 PWM 控制的单相逆变器的电压波形，上：调制电压和参考电压；下：输出电压

式中，$k_V = \hat{V}_{ref}/V_s$。由于 $\hat{V}_{ref} < V_s$，负载电压基波幅值小于方波调制情况。然而，输出电压波形包括较少的谐波。

3. 单极开关的脉宽调制

在本例中，期望的输出电压波形（正弦波）与高频三角波进行比较，如图 21.43 上半部分所示。正弦波是参考电压，用 v_{ref} 表示，三角波调制电压用 v_{mod} 表示。开关逻辑如下：

如果 $v_{ref} > v_{mod}$　　　　S_1导通

如果 $v_{ref} < v_{mod}$　　　　S_2导通

如果 $-v_{ref} > v_{mod}$　　　S_3导通

如果 $-v_{ref} < v_{mod}$　　　S_4导通

在本例中，输出电压为三个不同值

$v_L = +V_s$　　当（S_1，S_4）导通时（与方波调制相同）

$v_L = 0$　　　当（S_1，S_2）或者（S_3，S_4）导通时

$v_L = -V_s$　　当（S_2，S_3）导通（与方波调制相同）

导通开关和输出电压波形如图 21.43 所示。在实际应用中，调制电压的频率比参考电压频率高大约 20 倍，但是为了更清楚说明问题图中使用了更小的频率。

在这种假设下（$\hat{V}_{ref} < V_s$），电压基波幅值与带双极开关的 PWM 例子相同

$$\hat{V}_{L,1} = k_V \frac{4}{\pi} V_s$$

式中，$k_V = \hat{V}_{ref}/V_s$。第二种 PWM 技术好处是增加了开关模式的复杂性，相对于带双极开关 PWM 调制技术谐波更低。

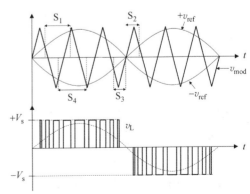

图 21.43　用单极开关 PWM 控制的单相逆变器的电压波形，上：调制电压和参考电压；下：输出电压

例 21.11　方波调制中单相逆变控制

所研究的单相逆变电路如图 21.40 所示。电路参数如下：

$$V_s = 20\text{V} \qquad f = 40\text{Hz} \qquad R = 5\Omega$$

在方波调制电路中开关被控制。对于这个电路，计算输出电压的基波值和传递给负载的功率。

计算过程

开关控制波形以及输出电压波形如图 21.44 所示。参考图 21.40 符号，第一个波形（control1）为 S_1 和 S_3 控制信号。第二个波形（control2）为 S_2 和 S_4 控制信号。每对开关同时被控制，并且每个开关半个周期导通。输出波形为图 21.44 中最后一个波形。输出波形是一个幅值等于 DC 电源的方波。输出电压周期与开关周期相同。

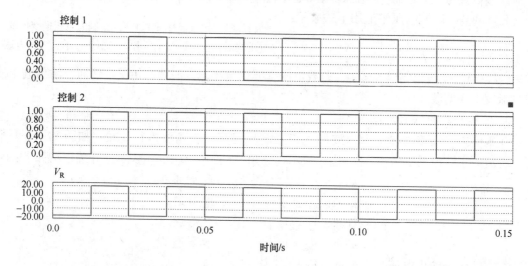

图 21.44　例 21.11 控制信号和输出电压。参考图 21.40 的符号，第一个波形（control1）是 S_1 和 S_3 控制信号，第二个波形（control2）为 S_2 和 S_4 控制信号

输出波形的傅里叶分析如图 21.45 所示。基波电压幅值计算如下：

$$\hat{V}_{\text{L},1} = \frac{4}{\pi} V_s = \frac{4}{\pi} \times 20 \approx 25.46\text{V}$$

由于输出电压是一个方波，有效值与最大值相同。因此，电阻上消耗的功率是

$$P_{\text{L}} = \frac{V_s^2}{R} = \frac{20^2}{5} = 80\text{W}$$

例 21.12　脉冲宽度调制控制的单相逆变器

与例 21.11 使用的电路相同。在这个例子中，开关由 PWM 控制。调制电压的参数如下：

$$f_{\text{mod}} = 2\text{kHz} \qquad \hat{V}_{\text{ref}} = 14\text{V}$$

对于这个电路，计算输出电压基波幅值。

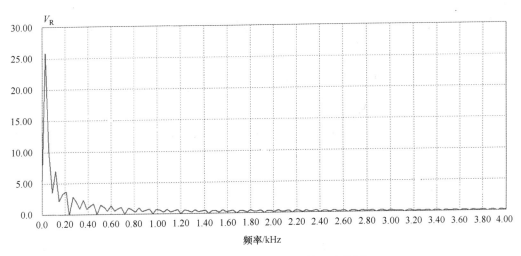

图 21.45　图 21.44 输出电压傅里叶分析

计算过程

本例开关波形及输出电压如图 21.46 所示。

$$k_V = \frac{\hat{V}_{ref}}{V_s} = \frac{14}{20} = 0.7$$

输出电压基波幅值是

$$\hat{V}_{L,1} = k_V \frac{4}{\pi} V_s = 0.7 \times \frac{4}{\pi} \times 20 = 17.82V$$

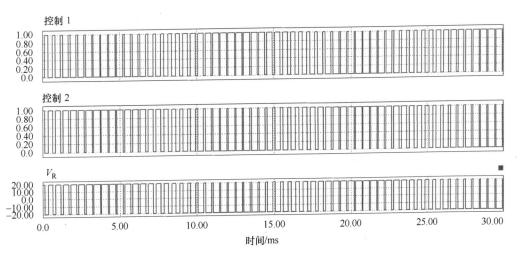

图 21.46　例 21.12 控制信号和输出电压。参考图 21.40 的符号，第一个波形（control1）是
S_1 和 S_3 控制信号，第二个波形（control2）为 S_2 和 S_4 控制信号

输出电压傅里叶分析如图 21.47 所示。

例 21.11 和例 21.12 的结果对比及下面结论中所示的谐波含量为

1）例 21.11 基波电压幅值更高。

2）例 21.12 谐波成份更低，第一个明显的谐波出现在开关频率附近。
从实际的角度来看，高频率谐波比基波更容易滤除。

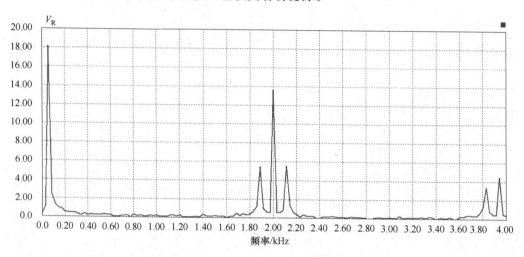

图 21.47　图 21.46 输出电压傅里叶分析

21.7　参考文献

1. Erickson R., and D. Maksimovic. 2001. *Fundamentals of Power Electronics*, 2nd ed. The Netherlands: Kluwer Academic Publishers.
2. Fisher M. J. 1991. *Power Electronics*. Austin, TX: International Thomson Publishing.
3. Hart D. W. 1997. *Introduction to Power Electronics*. Upper Saddle River, NJ: Prentice Hall.
4. Kassakian J. G., M. E. Schlecht, and G. C. Verghese. 1991. *Principle of Power Electronics*. Upper Saddle River, NJ: Prentice Hall.
5. Krein P. T. 1998. *Elements of Power Electronics*. Cary, NC: Oxford University Press.
6. Mohan N., T. M. Undeland, and W. P. Robbins. 2003. *Power Electronics Converters, Applications, and Design*, 3rd ed. Hoboken, NJ: Wiley.
7. Rashid M. H. 1993. *Power Electronics Circuits, Devices, and Applications*, 2nd ed. Upper Saddle River, NJ: Prentice Hall (TK7881.15.R37).
8. Thompson, Marc T. Notes from the Power Electronic Course EE523. Worcester, MA: Worcester Polytechnic Institute.

第 22 章　可再生能源

Sajjad Abedi

Research Assistant and Instructor Electrical & Computer Engineering Department Texas Tech University

Miao IIc, Ph. D.

Assistant Professor Electrical & Computer Engineering Department Texas Tech University

22.1　简介

可再生能源是指可在短时间内再次生成的能源，而无使用化石燃料带来的不良后果，尤其是化石燃料带来的高碳排放和全球变暖的问题。这些可再生能源包括风能、太阳能、水能、生物质能和沼气能（农作物和农业废物产生能源等）、地热能和海洋能（包括波浪、潮汐能量等）。继传统的水力发电后，风力发电在可再生能源发电中所占的比重日益增大。风能及太阳能是目前较为流行且发展迅猛的可再生能源，到 2030 年，在美国，政府计划电力投资的风电份额将达到 20%，而到 2025 年，可再生能源份额将达到总份额的 25%。

本章将重点介绍风能和太阳能这两种可再生能源，主要包括该领域原理的计算过程，包括运行和输出功率计算，不确定性分析以及规划和经济分析等。

22.2　风力发电

风力机的作用是将风能转换为电能。风力机转子由两个或更多个叶片组成并与发电机连接。然后发电机通过变压器与电网或本地负荷相连。最为常见的风力机是三叶片水平轴风力机。

目前有多种控制技术可实现发电机转速控制，通过变速箱可将风力机侧低转速（约 20r/min）和风力机转轴上非常高的转矩转换为在发电机侧相对高的转速（约 1500r/min）和低转矩。风力机和变速箱的机械效率以及发电机的发电效率决定了风电机组整体能源转换效率。

风功率

风力机转子上流过的空气功率如下：

$$P = \frac{1}{2}\rho AV^3 \tag{22.1}$$

式中，P 为功率（W）；ρ 为空气密度（kg/m^3）；$A = \pi R^2$ 为转子的扇形面积（m^2）；R 为转子半径（m）；V 为流经转子叶片的风速（m/s）。

　　风力机转轴获得的轴功率正比于流过叶片的风功率，用空气动力学效率系数（C_P）表示为

$$P = \frac{1}{2}\rho A V^3 C_P \tag{22.2}$$

式中，C_P 表示风力机运行点，与风力机的叶尖速比（转子尖端速度与对应风速的比值，$\lambda = \omega R/V$）以及桨叶角度（θ）等机械参数有关。这个关系式用 C_P-λ 曲线表示（如图 22.1 所示）。C_P 的最大理论值等于 0.59，被称为贝茨极限，它表示，在最好的情况下，风电机组最大可获得通过风力机风功率的 59%。在实际应用中，C_P 的数值通常小于这个理论值。如果风电机组运行在 C_P-λ 曲线的顶点时，风力机获得最大功率。为了实现这个目标，可采用最大功率点跟踪策略（MPPT）。

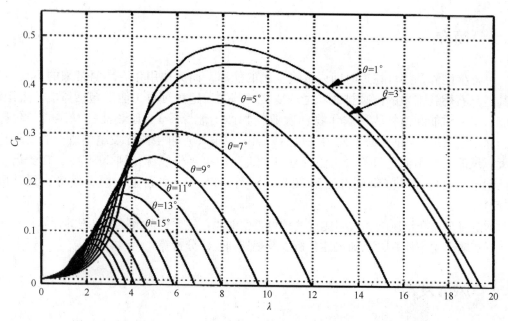

图 22.1　典型风力机的性能系数与叶尖速比和桨叶角度之间的关系曲线

计算过程

　　1. 给定风速及转子旋转速度，计算 λ。
　　2. 根据风力机的 C_P-λ 曲线确定 C_P。
　　3. 利用式（22.2）计算风力机功率。
　　更加实用的是，利用风力机功率曲线计算给定风速下的风力机输出功率。

风力机功率曲线

　　许多风力发电问题是计算不同风速范围的风力机输出功率。风力机的输出功率是风速的函数，可以用功率曲线表示。这个曲线表示了单位为 kW 或 MW 的输出功率与单位为 m/s 的风速对应关系。根据风速将这个曲线分为 4 个区域。如图 22.2 给出了典型风力机功率曲线。当风速在额定风速和最大风速区间时，风力机的输出功率被控制在额定功率（区域Ⅲ）。当

风速超过最大风速时，风力机会被损坏，因此，此时风力机被停运（区域Ⅳ）。相对于中等范围风速发生频率来说，每年超过最大风速的几率很小。

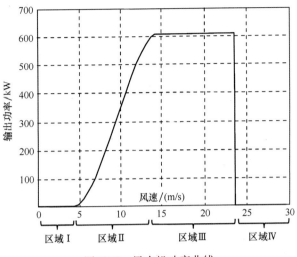

图 22.2　风力机功率曲线

每个风力机都有自己的功率曲线，这个功率曲线通常由厂商提供。与功率曲线相关的术语及参数如表 22.1 所示。风力机功率曲线也可用等式表示如下：

$$P_{\mathrm{WT}} = \begin{cases} 0 & \nu_{\mathrm{W}} \leqslant \nu_{\mathrm{cut-in}},\ \nu_{\mathrm{W}} \geqslant \nu_{\mathrm{cut-out}} \\[2mm] P_{\mathrm{rated}} \times \left(\dfrac{\nu_{\mathrm{W}} - \nu_{\mathrm{cut-in}}}{\nu_{\mathrm{rated}} - \nu_{\mathrm{cut-in}}} \right)^{m} & \nu_{\mathrm{cut-in}} \leqslant \nu_{\mathrm{W}} \leqslant \nu_{\mathrm{rated}} \\[2mm] P_{\mathrm{rated}} + \dfrac{P_{\mathrm{cut-out}} - P_{\mathrm{rated}}}{\nu_{\mathrm{cut-out}} - \nu_{\mathrm{rated}}} \times \left(\nu_{\mathrm{W}} - \nu_{\mathrm{rated}} \right) & \nu_{\mathrm{rated}} \leqslant \nu_{\mathrm{W}} \leqslant \nu_{\mathrm{cut-out}} \end{cases} \qquad (22.3)$$

现代风力机均装有偏转控制系统，可以根据风的方向改变转子的方向。因此，忽略风的方向，都可以根据当前风速和功率曲线较为简单地计算出对应时刻风力机的输出功率。

表 22.1　功率曲线的相关术语及参数

术　　语	描　　述
切入风速	风力机发电的最小风速（约为 3～4m/s）
额定风速	风力机输出额定功率对应的风速（约为 12.5m/s）
切出（卷起）风速	风力机输出功率的最大风速（约为 25m/s）
安全风速	风力机可承受的最大风速，没有实质性损害（大约 50m/s）
区域Ⅰ	低于切入风速
区域Ⅱ	介于切入风速和额定风速之间
区域Ⅲ	介于额定风速和切出风速之间
区域Ⅳ	大于切出风速

风力机输出功率计算

功率曲线通常在标准天气条件测定的，即，海平面高度和空气密度。如式（22.2）所示，风力机的输出功率正比于空气密度。基于理想气体定律，空气密度随着温度的升高或压力的降低而降低。根据理想气体定律，随着高度的增加，空气压力和温度随之改变，空气密度随着高度的增加而降低。例如，在海拔 2000m 时，空气密度 ρ 降低大约 20%。为了表述风力机安装点处相对空气密度，使用如下关系等式：

$$\rho = \rho_{STD} - (1.194 \times 10^{-4})h \tag{22.4}$$

式中，ρ 为空气密度（kg/m³），h 为风力机安装位置的海拔（m），ρ_{STD} 为标准空气密度，对应 25℃时 1 大气压力下的空气密度，其值等于 1.225kg/m³。

风力机功率计算中需要考虑的另一参数是相对于风速测量高度的风力机的机毂高度。影响风力机输出功率的风速应在风力机的机毂处测量。如果风速测量的高度不等于这个高度，需用剪切定律进行修正，修正公式如下：

$$\nu_{hub} = \nu_{ms} \cdot \left(\frac{h_{hub}}{h_{ms}}\right)^{\alpha} \tag{22.5}$$

式中，α 为风剪切指数，对应地表摩擦，ν_{hub} 为风力机轮毂高度 h_{hub} 处风速，ν_{ms} 为风速测量高度 h_{ms}。对于平坦的地面，水面以及冰面来说，α 小于 0.10，而对于森林地带来说，α 大于 0.25。对于相对平坦的表面，通常 α 取典型值 1/7。

计算过程

1. 使用风力机功率曲线或者式（22.3）进行研究。

2. 利用依据式（22.4）计算的相对空气密度$\left(\frac{\rho}{\rho_{STD}}\right)$乘以功率值（$y$ 轴），修正功率曲线。

3. 利用式（22.5）修正风力机安装点测量的风速为风力机轮毂高度对应的风速。

4. 依据步骤 3 计算的风速及步骤 2 修正的功率曲线计算风力机的输出功率。

22.3 太阳能发电

太阳能发电系统通过光伏阵列直接将太阳光能转换为电能或者利用太阳能聚光器通过热交换过程间接地将太阳光的热能转换为电能。

太阳能光伏系统

太阳能光伏阵列通常由一系列光伏组件（光伏板）通过串联和并联的方式组合成一个平面（如图 22.3 所示）。光伏组件由光伏电池连接而成。根据实际的需要，光伏组件可最大输出功率范围为几 W 到 300W。而光伏阵列的输出功率变化范围可从 100W 到 kW 甚至 MW。由于光伏系统仅在有太阳光时产生电能，所以光伏系统通常与电池存储系统相连。

也可通过串并联的方式将光伏阵列连接在一起，形成一个光伏电厂。每个光伏组件的额定功率是在标准测试条件下测得的直流输出功率，即标准日光通量为 1000W/m²，环境温度为 25℃，AM 为 1.5G。光伏电厂可直接向直流负荷供电，或者通过转换器向交流负荷/电网供电。

为了计算光伏面板的输出功率，下面给出几种性能模型，性能模型的复杂性随着精度的增加而增加。根据所研究的问题及其精度要求，选择最佳的性能模型。

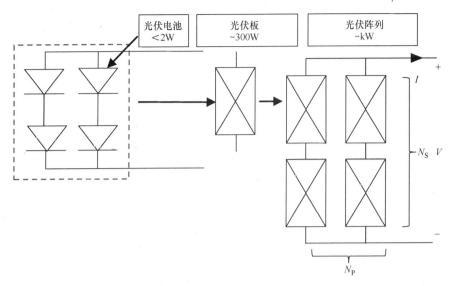

图 22.3 光伏系统结构

效率模型

效率模型是最简单的模型,可以根据光伏板平均效率(η_{avg})以及太阳日晒通量(G 单位为 W/m^2)计算输出功率。该模型可以用作不同日照通量下,面板输出功率的初始估计。根据光伏板制造技术(如表 22.2 所示)的不同,效率在 5% ~ 8% 之间变化。目前光伏系统研究领域的目标是如何用低成本实现更高的效率。

$$P(t) = \eta_{avg} G(t) A \tag{22.6}$$

或者

$$P(t) = \eta_{avg} \frac{G(t)}{1000} P_{rated}$$

式中,A 为光伏板面积(m^2),P_{rated} 为光伏板额定功率。

计算过程

1. 收集日照通量数据,平均效率,以及选定光伏板的面积等信息。
2. 利用式(22.6)计算光伏输出功率。

表 22.2 不同太阳电池技术的典型效率

太阳电池技术	典型效率
单晶硅	15%
多晶硅	12%
非晶硅(薄膜)	6%

光伏板 *I-V* 曲线

光伏板的电气性能通常用电压电流曲线来表示,这个曲线包括了在某个日照量和温度水平下可能的运行点。这个曲线对应光伏板的等效电路，如图 22.4 所示。等效电路包括作为灯光流的电流源、二极管、串并联电阻等。将 I-V 曲线的 I 值和对应的 V 值相乘（$P = IV$），可以推导出 P-V 曲线。

I-V 曲线特性通常包括在工厂提供的数据表中，如表 22.3 所示给出了典型光伏板数据表信息。

影响太阳能光伏板 I-V 曲线的主要因素按照其重要性排序为日照通量、日照角和运行温度。负载 I-V 特性与光伏系统的太阳能光伏板 I-V 曲线的交点为系统运行点。如图 22.5 所示，给出了光伏板的 I-V 及 P-V 曲线。光伏板的输出功率正比于日照通量。如图 22.6 所示，给出了太阳能光伏板 I-V 及 P-V 曲线与温度变化的关系。

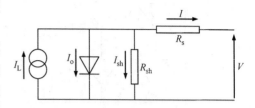

图 22.4　PV 模块等效电路

如图 22.5 所示，拐点处为光伏板的最大输出功率及最佳性能点。对于多数光伏系统来说，在接口电源转换电路中，采用 MPPT 控制策略实现任何情况下负荷阻抗的匹配跟踪以达到最大运行点。此时，输出功率可用下面的公式计算。首先，考虑温度对光伏系统性能的影响，利用式（22.7）。

$$T_C(t) = T_A(t) + \frac{0.32}{8.91 + 2\nu(t)} G(t) \tag{22.7}$$

式中，T_A 及 T_C 分别为环境温度及电池温度（℃），$\nu(t)$ 为风速（m/s）。

随着温度的增加，光伏板单元的开路电压（V_{OC}）降低，而短路电流（I_{SC}）略有增加。温度的变化对光伏板电池开路电压有最大影响。

$$V_{OC}(t) = V_{OC,STC} - K_V \cdot \Delta T_C(t) \tag{22.8}$$

$$I_{SC}(t) = \left[I_{SC,STC} + K_I \cdot \Delta T_C(t) \right] \frac{G(t)}{G_{STC}}$$

式中，$V_{OC,STC}$，$I_{SC,STC}$ 以及 G_{STC} 分别为标准测试条件下的开路电压、短路电流以及日照通量。$\Delta T_C(t)$ 为相对于标准温度而言的电池的温度变化。

表 22.3　光伏板出厂参数表

最 大 功 率		Ultra 80-P	Ultra 85-P
额定功率	P_r/W	80	85
峰值功率	$P_{mpp}^{\ominus}$/W	80	85
组件效率	η（%）	12.7	13.4
最大系统电压	V_{sys}	600V（UL）/715V（TÜV）	600V（UL）/715V（TÜV）
峰值功率电压	V_{mpp}/V	16.9	17.2
峰值功率电流	I_{mpp}/A	4.76	4.95
开路电压	V_{OC}/V	21.8	22.2
短路电流	I_{SC}/A	5.35	5.45
最大熔丝额定值	I_{fuse}/A	20	20
最小峰值功率	$P_{mpp\ min}$/W	76	80.75
峰值功率偏差范围	（%）	±5	±5

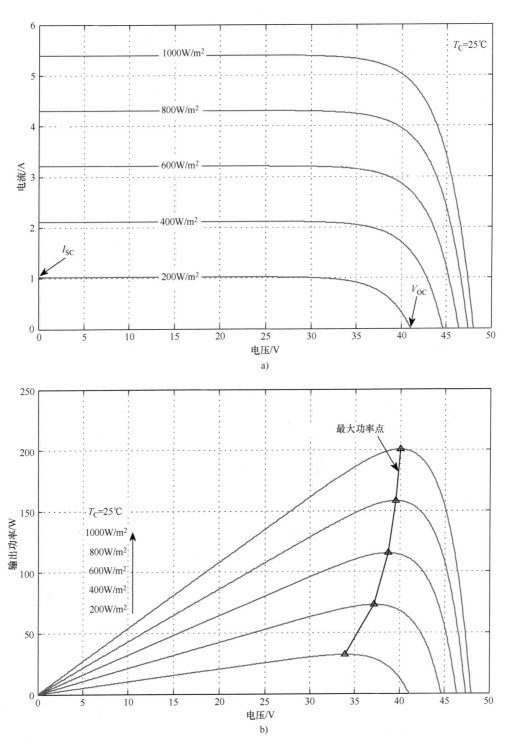

图 22.5　不同日照等级对 *I-V* 和 *P-V* 曲线的影响

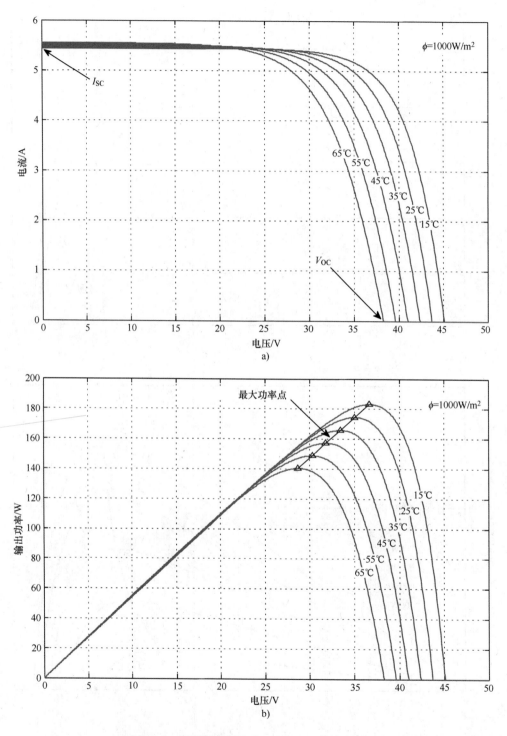

图 22.6　不同日照等级对 *I-V* 和 *P-V* 曲线的影响

标准温度（NOCT）条件下参数：

NOCT：太阳日晒通量 $800\text{W}/\text{m}^2$，AM1.5，风速 $1\text{m}/\text{s}$，$T_{amp}20℃$

温度	T_{NOCT}/℃	45.5	45.5
峰值功率	$P_{\text{mpp}}^{①}$/W	59	63
峰值电压	$V_{\text{mpp}}^{①}$/V	15.8	16.4
开路电压	V_{OC}	20.0	20.1
短路电流	I_{SC}	4.20	4.25

温度系数：

$\alpha P_{\text{mpp}}^{①}$/（%/℃）	-0.43	-0.43
$\alpha V_{\text{mpp}}^{①}$/（mV/℃）	-72.5	-72.5
αI_{SC}/（mA/℃）	1.4	1.4
αV_{OC}/（mV/℃）	-64.5	-64.5

① mpp：最大功率点。

光伏阵列输出的功率为

$$P_{\text{M}}(t) = N_{\text{s}}N_{\text{P}}V_{\text{OC}}(t)I_{\text{SC}}(t)FF \tag{22.9}$$

式中，N_{s} 和 N_{P} 分别为串联组件和并联组件的数量。FF 为填充因子，是无量纲参数，是评价电池品质的重要参数。填充因子越小，电池的内阻越大。由于太阳电池板的技术不同，实际光伏电池典型填充因子变化范围为 $0.5 \sim 0.82$。

$$FF = \frac{V_{\text{MP}}I_{\text{MP}}}{V_{\text{OC}}I_{\text{SC}}} \tag{22.10}$$

式中，V_{MP} 及 I_{MP} 分别代表最大功率点电压及电流。

计算过程

1. 收取太阳日照数据的水平分量及垂直分量。计算入射角为 θ_{PV} 太阳能日照通量。

$$G(t) = G_{\text{V}}(t)\cos(\theta_{\text{PV}}) + G_{\text{H}}(t)\sin(\theta_{\text{PV}}) \tag{22.11}$$

注1：太阳日照数据可在太阳电池板安装点处测量，也可从国家航空和航天局（NASA）在线数据库或者国家海洋大气气象管理机构获得。

2. 利用式（22.8）计算 $V_{\text{OC}}(t)$ 和 $I_{\text{SC}}(t)$。

3. 利用式（22.10）计算 FF。

4. 利用式（22.9）计算输出功率。

22.4 不确定性分析

由于太阳辐射量及风速预测的局限性，在它们的设计和运行中，风能和太阳能的自然特性暴露出不确定性。因此，在风能和太阳能模型中用概率分析方法，同时对未来风力/太阳能发电量进行估算，这将使决策更有实际意义。风能/太阳能变化可以用频率分布来描述，或者用概率分布函数（PDF）进行描述。频率分布用直方图表示，直方图中的每一个柱形棒表示，在所有收集的样本数据中，在柱形棒范围内，变量发生的次数。频率分布一个应用是用来估算某个给定期间内风能/太阳能电厂可利用的能量总和。类似地，概率分布函数表示变量可取的值范围，以及某一特定范围值的概率。与分布函数相似，可通过随机变量的历史观测数据获得概率分布函数。通过生成未来的可能情景，用概率分布函数对所需时间范围内的太阳能/风能功率进行预测。

频率分布

计算过程

1. 收集某一特定时期内太阳辐射量及风速历史数据，通常收集一年的数据。

注：根据实际情况，采样步长可以从几秒到一周。更小的采样步长通常用于动态、暂态或者控制目的，而更长的采样步长通常用于对运行及计划进行研究。在运行中最广泛使用的时间步长为1h。

2. 向MATLAB的工作空间和EXCEL扩展页导入数据

● 使用MATLAB时：

使用命令$hist(data, xvalues)$，参数$data$为收集的数据向量，$xvalues$是范围向量。

● 使用EXCEL时：

利用分析组中的数据分析功能并且选择直方图功能。然后根据向导选择所需数据和范围。

横坐标轴的单位刻度长度为1m/s的风速直方图如图22.7所示。

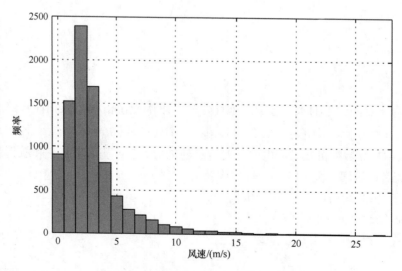

图22.7　风速直方图，单位刻度为1m/s

概率分布

利用像MATALAB和EXCEL中的EasyFitXL软件可以获得风能/太阳能概率分布函数。具体的计算过程如下所示：

计算过程

1. 收集太阳辐射或者风速历史数据。

2. 在 MATALAB 环境下，录入按照时间顺序排列的数据向量。录入的数据由两个向量表示，一个向量表示采样时序，另外一个向量表示对应的风速或者太阳辐射量数据。也可先把复制数据到 EXCEL 页中，然后将 EXCEL 页中的数据导入 MATALAB。

执行下面的程序语句可将 EXCEL 文件 example. xlsx sheet1 中列 A 及列 B 中的数据导入 MATALAB 工作空间。

```
Filename = 'Example.xlsx';
Sheet = 1;
xlRange = 'A:B';
subset A = xlsread(filename,sheet,xlRange)
```

3. 利用 MATALAB 统计工具的 *dfittool* 功能。选择需要填入数据的分布函数类型。对于风数据，最常用 Weibull 和 Reighlegh 参数分布。太阳能辐射数据通常满足高斯和贝塔分布。此外，如果在实际数据分布中，参数分布拟合不能满足右偏态，可选用非参数分布实现数据拟合。如图 22.8 所示，对 3 年之内夏季 11AM 太阳能辐射数据的参数拟合以及非参数拟合曲线。

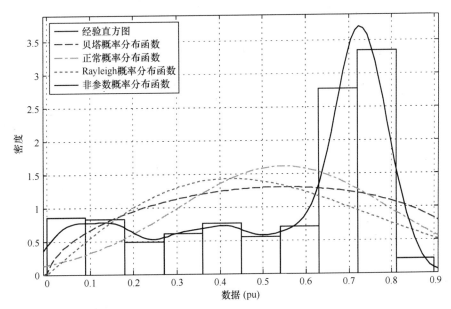

图 22.8　11AM 夏季太阳能辐射数据直方图及利用 *dfittool* 工具箱实现的参数拟合和非参数拟合曲线

22.5　可再生能源规划及投资

与其他项目类似，风能/太阳能项目建设的关键是设计及投资评估。假设考虑的项目技术可行，投资者首先完成成本与收益分析，同时对投资潜在结果进行估算。为了计算收入和费用，需要估算可能的电能销售量。

年发电量（AEP）估算

规划者根据年发电量指标可以了解在新能源项目生命周期内可再生能源发电厂平均年发电量及年收益情况。利用风速/太阳辐射量历史数据得到的风速/太阳辐射量概率函数和电厂输出功率模型对 AEP 进行估计。AEP 单位通常为 MWh。

计算过程

1. 根据不确定性分析部分提供的方法，收集风速/太阳能辐射量测量数据，并形成风速概率分布。或者，使用 PMF 或 PDF。

2. 利用风功率转换和太阳能功率转换部分讨论的功率输出模型，计算 AEP，计算方法如下：

a. 利用概率分布

$$\text{AEP} = \sum_{i=1}^{B} \frac{8760}{s} \times N(b_i) P_{\text{out}}(b_i) \tag{22.12}$$

式中，B 概率统计对应的范围区间数量，s 为数据采样时间（单位为 h），$N(b_i)$ 为对应第 i 个范围区间内风速或者太阳能辐射量的概率，$P_{\text{out}}(b_i)$ 为当风速或者太阳能辐射量是第 i 个范围区间中间值时，输出的电功率。

b. 假设离散概率质量函数为

$$\text{AEP} = \sum_{i=1}^{N} 8760 \times p(u_i) P_{\text{out}}(u_i) \tag{22.13}$$

式中，$p(u_i)$ 为风速或者太阳能辐射量为 u_i 时的概率，$P_{\text{out}}(u_i)$ 为对应的发电功率。

根据计算的 AEP，电厂的容量因子（%）计算为

$$C_{\text{G}} = \frac{\text{AEP}}{8760 \times P_{\text{rated}}} \times 100 \tag{22.14}$$

式中，C_{G} 为总容量因子，P_{rated} 为电厂额定的输出功率。C_{G} 为与电厂的最大可能发电量相比较电厂可达到的实际输出。计算 C_{G} 时，忽略了电能损耗、维护停运、输电停运或者其他不可预测等因素带来的发电量的减少。为了考虑这些减少的输出，净发电厂总容量因子（C_{N}）可以用 C_{G} 乘以对应上述损失的效率值。实际情况下，运行最好的风力发电厂的 C_{G} 可达到 50%，C_{N} 可达 40%。

如果概率分布不适用于 AEP 计算时，则使用容量因子。

经济性分析

通过执行经济分析对项目潜在成果进行评估并为计划和投资提供决策依据。通过一个现金流量表可以实现项目的经济性分析。报表中的每个现金流可以是项目生命周期内的收益流或者费用流之一。

投资与收益

为了对未来风力发电厂和太阳能发电厂的收益和费用进行评估，需要已知表 22.4 列出的全部或者部分信息。对于风力发电厂和太阳能发电厂来说，主要的收益来自通过电能购买协议（PPA）获得的电能销售收入。另外一项收益来源于再生能源信用（REC）。这项收益

是由于使用绿色能源例如风能和太阳能资源，政府给予的保护环境奖励。

对于再生能源电厂的费用包括发电厂建设所需的设备投入、土地投入、保险、税收以及运行维护费用。如表 22.5 所示给出了对应表 22.4 列出的输入参数，再生能源电厂建设的投资与收益项。

计算过程

1. 完成表格数据，并计算项目生命周期内的年费用和年收入。

2. 计算净现值（NPV）。可利用 EXCEL 的 NPV 函数。NPV 函数的输入参数为净收入（收入减去成本）及折现率。

3. 如果 NPV 为正，则这项投资可行。

表 22.4 风力发电厂及太阳能发电厂经济评估参数

序号	参　　数	单位	影　响　因　素
1	每个风机或者光伏板的额定功率	MW	市场，价格，逆变器尺寸，电厂容量
2	风机及光伏板数量	—	电厂容量
3	所需场地		风力机及光伏板数量，电厂的布局间距要求
4	风电厂，太阳能电厂装机容量	MW	最大负荷，电网接入容量，运行政策
5	第一年新能源电价（PPA）	美元/MW·h	当地新能源电价政策
6	年发电量（AEP）	MW·h	计划与投资
7	总容量因数（%）	—	计划与投资
8	能源损耗（%）		计划与投资
9	净容量因数（%）		计划与投资
10	能源销售价格上涨率（%）	/年	当地绿色能源市场价格
11	REC 销售价格	美元/MW·h	当地激励政策
12	抵免的税收（PTC）	美元/MW·h	政府支持新能源的政策
13	安装成本	美元/MW	（风力机或者光伏板数量）×（单台风力机或者光伏板的价格）+（逆变器的数量）×（单台逆变器的价格）
14	项目总投资	美元	（安装成本）×（电厂容量）
15	债务占投资成本的百分比	—	—
16	权益占资本成本的百分比		
17	总债务	美元	
18	总权益	美元	
19	债务期限	年	
20	债务利率（%）		
21	权益回报（%）	—	投资者预期回报率
22	地方税率（%）	/年	
23	土地费（租赁费）	美元/年	
24	保险费（%）	/年	
25	运行维护费	美元/MW·h	
26	折现率（%）	—	指将未来预期收益折算成等值现值的比率
27	其他费用	美元/MW·h	—

表 22.5　年收入与支出列表

收　益			
序号	项目名称	单位	相关因素
1	能源销售收入	美元/年	AEP × PPA
2	REC 收入	美元/年	AEP ×（REC 销售价格）
3	税收调整（PTC）	美元/年	PTC 价格
4	其他收入	美元/年	例如残值等
支　出			
1	债务支付	美元/年	—
2	地方税收	美元/年	—
3	保险	美元/年	—
4	土地租赁	美元/年	—
5	运维费用	美元/年	—

22.6　参考文献

1. Abedi, Sajjad, Arash Alimardani, G. B. Gharehpetian, G. H. Riahy, and S. H. Hosseinian. 2012. "A Comprehensive Method for Optimal Power Management and Design of Hybrid Res-Based Autonomous Energy Systems," *Renewable and Sustainable Energy Reviews*, Vol. 16, No. 3, pp. 1577–1587.

2. Abedi, Sajjad, Gholam Hossein Riahy, Seyed Hossein Hosseinian, and Mehdi Farhadkhani. 2013. Improved Stochastic Modeling: An Essential Tool for Power System Scheduling in the Presence of Uncertain Renewables, Hasan Arman (Ed.), *New Developments in Renewable Energy*, ISBN 978-953-51-1040-8, InTech. http://dx.doi.org/10.5772/52161.

3. Atmospheric Science Data Center. 2014. Surface Meteorology and Solar Energy. https://eosweb.larc.nasa.gov/sse/.

4. MathWorks. Documentation. 2015. http://www.mathworks.com/help/stats/dfittool.html.

5. Messenger, Roger A., and Jerry Ventre. 2003. *Photovoltaic Systems Engineering*. Boca Raton, F.L.: CRC press.

6. NOAA. National Climatic Data Center. National Oceanic and Atmospheric Administration. 2015. http://www.ncdc.noaa.gov/

7. Patel, Mukund R. 2012. *Wind and Solar Power Systems: Design, Analysis, and Operation*. Boca Raton, F.L.: CRC press.

8. Swift, Andrew, and Inorganic Synth. 2014. *Wind Energy Impacts: A Comparison of Various Sources of Electricity*. Hoboken, N.J.: Wiley.

第 23 章 电能质量

Surya Santoso, Ph. D. , F - IEEE

Professor Department of ECE The University of Texas at Austiv

Anamika Dubey, Ph. D.

Research Fellow Department of ECE The University of Texas at Austin

23.1 简介

近年来，随着电子元件和非线性负载的使用，尤其是可再生能源的增加，对电能质量有了新的关注。术语电能质量是指使设备在其工作的电磁环境下正常工作的供电特性和品质。运行时，理想情况是它们不应对环境造成干扰，这可能会干扰与其工作在相同供电系统的其他设备正常工作。IEEE Std. 1159-2009（2009）为电力质量现象提供了一致性术语和定义。并依据频谱、持续时间以及电压幅值（如表 23.1 所示）将电力系统电磁现象定了 7 个分类和特点。

本章将对配电系统中几种常见电力质量扰动进行详细讨论。用举例的方式，逐步详细地对这些电能质量问题进行分析。本章将对下面 4 个常见的电能质量问题进行分析：

1）故障和电动机起动期间的电压暂降问题的分析；
2）接地和非接地系统故障期间电压暂升问题的分析；
3）电容切换引起的暂态现象分析；
4）电力系统谐波分析。

表 23.1 电力系统电磁现象分类及其典型特征

	分　类	典型频谱	典型持续时间	典型电压幅值
1.0	瞬变现象			
1.1	冲击脉冲			
1.1.1	纳秒级	5ns 上升	<50ns	
1.1.2	微秒级	1μs 上升	50ns ~ 1ms	
1.1.3	毫秒级	0.1ms 上升	>1ms	
1.2	振荡			
1.2.1	低频	<5Hz	0.3 ~ 50ms	0 ~ 4pu
1.2.2	中频	5 ~ 500kHz	20μs	0 ~ 8pu
1.2.3	高频	0.5 ~ 5MHz	5μs	0 ~ 4pu
2.0	短时间电压波动			

（续）

	分　类	典型频谱	典型持续时间	典型电压幅值
2.1	瞬时			
2.1.1	暂降		0.5~30 周波	0.1~0.9pu
2.1.2	暂升		0.5~30 周波	1.1~1.8pu
2.2	暂时			
2.2.1	中断		0.5 周波~3s	<0.1pu
2.2.2	暂降		30 周波~3s	0.1~0.9pu
2.2.3	暂升		30 周波~3s	1.1~1.4pu
2.3	短时			
2.3.1	中断		3s~1min	<0.1pu
2.3.2	暂降		3s~1min	0.1~0.9pu
2.3.3	暂升		3s~1min	1.1~1.2pu
3.0	长时间电压波动			
3.1	持续中断		>1min	0.0pu
3.2	欠电压		>1min	0.8~0.9pu
3.3	过电压		>1min	1.1~1.2pu
3.4	过负荷		>1min	
4.0	电压不平衡			
4.1	电压		稳态	0.5%~2%
4.2	电流		稳态	1.0%~30%
5.0	波形畸变			
5.1	直流偏置		稳态	0%~0.1%
5.2	谐波	0~9kHz	稳态	0%~20%
5.3	间谐波	0~9kHz	稳态	0%~2%
5.4	陷波		稳态	
5.5	噪声	宽带	稳态	0%~1%
6.0	电压波动	<25Hz	间歇	0.1%~7%
7.0	工频变化		<10s	±0.1Hz

23.2　电压暂降分析

在电力公司的配电系统中，最常见的电力质量扰动是由架空线路或设备故障引起的。短路故障可能会导致电压暂降和瞬间停电。电压暂降的幅值与在用户所在位置测得的短路容量、变压器特性以及短路故障的类型有关。然而，电压暂降的持续时间取决于故障电流幅值以及过电流保护装置的时间-电流特性（TCC）。除此之外，在大型工业电动机起动期间也会出现电压暂降。下面将举例讨论故障（单相接地故障以及三相接地故障）以及电动机起动期间的电压暂降的计算方法。

1. 单相接地故障引起的电压暂降

下面将举例说明单相接地故障期间，故障电流和电压暂降幅值的计算过程。对于故障计算，将用到对称分量法进行短路故障分析。

例 23.1

一条 5km 长的配电线路经一台 50MVA，138kV/12.47kV 的变压器（角-星联结）与 138kV 输电系统连接，变压器漏抗为 5%。在变压器一次侧测得的三相接地及单相接地短路容量分别为 4500MVA 及 2500MVA。配电线路的正序及零序电抗分别为 $\dot{z}_1 = 0.15 + j0.35\Omega/\text{mi}$，$\dot{z}_0 = 0.45 + j0.96\Omega/\text{mi}$。配电线路通过一台容量为 20MVA，12.47kV/4.16kV 降压变压器（星-三角联结），向一容量为 10MVA 常阻抗负载供电，负载的功率因数为 0.85（滞后），降压变压器的漏抗为 5%。单相接地故障发生在 3mi 处，接地阻抗 $\dot{z}_f = 1\Omega$。假设故障前负载电压为 1.0pu，计算故障期间的负载电流及负载电压。同时，计算负载节点处观察到的电压暂降幅度。

计算过程

1. 绘制电路单线图

对应的电路单线图如图 23.1 所示。

2. 计算电路的戴维南等效电源

设定系统的基准容量为 100MVA

计算戴维南等效电路的正序、零序短路阻抗的标幺值。

$$\dot{Z}_1^{\text{eq}} = \frac{S_{\text{base}}}{(S_{3\Phi}^{\text{SC}})^*} = \frac{100}{4500 \angle -90°} = j0.022\text{pu}$$

$$\dot{Z}_0^{\text{ep}} = S_{\text{base}}\left[\frac{3}{\dot{S}_{1\Phi}^{\text{SC}*}} - \frac{2}{\dot{S}_{3\Phi}^{\text{SC}*}}\right] = 100\left[\frac{3}{2500 \angle -90°} - \frac{2}{4500 \angle -90°}\right] = j0.0756\text{pu}$$

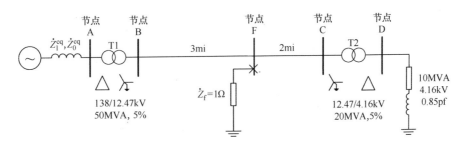

图 23.1　配电线路单线图

3. 转换系统阻抗到标幺值

假设系统基准容量为 100MVA，计算给定配电系统的标幺值。

- 对于戴维南等效电路的电源阻抗：

$$\dot{Z}_1^{\text{eq}} = j0.022\text{pu} \qquad \dot{Z}_0^{\text{eq}} = j0.0756\text{pu}$$

- 对于容量为 50MVA，电压比为 138kV/12.47kV 变压器（T1）的漏抗为 5%，则

$$\dot{Z}^{\text{T1}} = \frac{100}{50} \times j0.05 = j0.1\text{pu}$$

- 对于 12.47kV 馈线线段 1（故障点前的一段线路），距离变电站外 3mi，计算馈线线路的基准阻抗。

$$Z_{\text{base}}^{\text{feeder}} = \frac{12.47^2}{100} = 1.555\Omega$$

馈电线段#1 的正序阻抗标幺值，$\dot{Z}_1^{\text{seg1}}$ 为

$$\dot{Z}_1^{\text{seg1}} = \frac{\text{miles}_{\text{feeder}}^{\text{seg1}} \times \dot{z}_1}{Z_{\text{base}}^{\text{feeder}}} = \frac{3 \times (0.15 + j0.35)}{1.555} = 0.2894 + j0.6752\text{pu}$$

馈电线段#1 零序阻抗标幺值，$\dot{Z}_0^{\text{seg1}}$ 为

$$\dot{Z}_0^{\text{seg1}} = \frac{\text{miles}_{\text{feeder}}^{\text{seg1}} \times \dot{z}_0}{Z_{\text{base}}^{\text{feeder}}} = \frac{3 \times (0.45 + j0.96)}{1.555} = 0.8682 + j1.8521\text{pu}$$

- 对于 12.47kV 馈线线段#2，故障点后 2mi 处，馈线线段#2 的正电抗标幺值，$\dot{Z}_1^{\text{seg2}}$ 为

$$\dot{Z}_1^{\text{seg2}} = \frac{\text{miles}_{\text{feeder}}^{\text{seg2}} \times \dot{z}_1}{Z_{\text{base}}^{\text{feeder}}} = \frac{2 \times (0.15 + j0.35)}{1.555} = 0.1929 + j0.4502\text{pu}$$

馈线线段#2 的零序阻抗标幺值，$\dot{Z}_0^{\text{seg2}}$ 为

$$\dot{Z}_0^{\text{seg2}} = \frac{\text{miles}_{\text{feeder}}^{\text{seg2}} \times \dot{z}_0}{Z_{\text{base}}^{\text{feeder}}} = \frac{2 \times (0.45 + j0.96)}{1.555} = 0.5788 + j1.2347\text{pu}$$

- 接地阻抗 $\dot{Z}_{\text{f}} = 1\Omega$ 的标幺值为

$$\dot{Z}_{\text{f}} = \frac{1}{Z_{\text{base}}^{\text{feeder}}} = 0.6431\text{pu}$$

- 对于容量为 20MVA，电压比为 138kV/12.47kV 变压器（T2）的漏抗为 5%，则

$$\dot{Z}^{\text{T2}} = \frac{100}{20} \times j0.05 = j0.25\text{pu}$$

- 对于常阻抗负载（10MVA，滞后功率因数为 0.85）

负载的有功功率 $P_{\text{load}} = 0.85 \times 10 = 8.5\text{MW}$

负载的无功功率 $Q_{\text{load}} = \sqrt{10^2 - 8.5^2} = 5.268\text{Mvar}$

负载的基准阻抗为 $\dot{Z}_{\text{base}}^{\text{load}} = \frac{4.16^2}{100} \approx 0.1731\Omega$

负载阻抗的标幺值为

$$R^{\text{load}} = \frac{P_{\text{load}}}{P_{\text{load}}^2 + Q_{\text{load}}^2} \times S_{\text{base}} = 8.5\text{pu}$$

$$X^{\text{load}} = \frac{Q_{\text{load}}}{P_{\text{load}}^2 + Q_{\text{load}}^2} \times S_{\text{base}} = 5.268\text{pu}$$

$$Z^{\text{load}} = 8.5 + j5.268\text{pu}$$

4. 计算故障前电压

负载节点 D 故障前电压为 $\dot{V}_{\text{D}} = 1.0 \angle 0°$，故障前等效电路如图 23.2 所示。

故障期间负载电流为

$$\dot{I}_{\text{load}} = \frac{1.0 \angle 0°}{8.5 + \text{j}5.268} = 0.085 - \text{j}0.0527\text{pu}$$

故障前节点 C 的线对地电压为

$$\dot{V}_{\text{C}} = [\dot{V}_{\text{D}} + \dot{Z}^{\text{T2}} \dot{I}_{\text{load}}] \times 1.0 \angle 30° = 1.0134 \angle 31.2°\text{pu}$$

类似地，故障前节点 F（故障点）线对地的电压为

$$\dot{V}_{\text{F}} = [\dot{V}_{\text{D}} + (\dot{Z}^{\text{T2}} + \dot{Z}_1^{\text{seg2}}) \dot{I}_{\text{load}}] \times 1.0 \angle 30° = 1.0544 \angle 32.68°\text{pu}$$

故障前节点 B 线对地电压为

$$\dot{V}_{\text{B}} = [\dot{V}_{\text{D}} + (\dot{Z}^{\text{T2}} + \dot{Z}_1^{\text{seg1}} + \dot{Z}_1^{\text{seg2}}) \dot{I}_{\text{load}}] \times 1.0 \angle 30° = 1.1172 \angle 34.69°\text{pu}$$

故障前每个节点的线对地电压为

$$\dot{V}_{\text{B}_{\text{abc}}} = \begin{bmatrix} 1.1172 \angle 34.69° \\ 1.1172 \angle -85.31° \\ 1.1172 \angle 154.69° \end{bmatrix}\text{pu}$$

$$\dot{V}_{\text{F}_{\text{abc}}} = \begin{bmatrix} 1.0544 \angle 32.68° \\ 1.0544 \angle -87.32° \\ 1.0544 \angle 152.68° \end{bmatrix}\text{pu}$$

$$\dot{V}_{\text{C}_{\text{abc}}} = \begin{bmatrix} 1.0134 \angle 31.2° \\ 1.0134 \angle -88.8° \\ 1.0134 \angle 151.2° \end{bmatrix}\text{pu}$$

$$\dot{V}_{\text{D}_{\text{abc}}} = \begin{bmatrix} 1.0 \angle 0° \\ 1.0 \angle -120° \\ 1.0 \angle 120° \end{bmatrix}\text{pu}$$

5. 绘制故障期间电路序网

故障期间，正序网与故障前的正序网络相同（如图 23.2）。

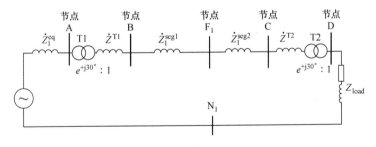

图 23.2　已知馈线的正序网

如图 23.2 所示，计算从故障点看进去的正序网的戴维南等效阻抗

$$\dot{Z}_{\text{F}_1} = (\dot{Z}_1^{\text{eq}} + \dot{Z}^{\text{T1}} + \dot{Z}_1^{\text{seg1}}) /\!/ (\dot{Z}_1^{\text{seg2}} + \dot{Z}^{\text{T2}} + \dot{Z}^{\text{load}}) = 0.3039 + \text{j}0.7349\text{pu}$$

负序网络如图 23.3 所示。利用图 23.3，计算从故障点看进去的等效负序阻抗

$$\dot{Z}_{\text{F}_2} = \dot{Z}_{\text{F}_1} = 0.3039 + \text{j}0.7349\text{pu}$$

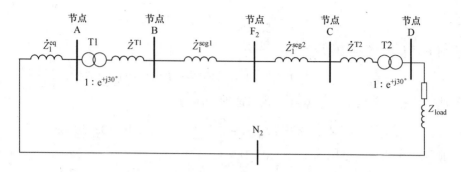

图 23.3　已知馈线的负序网

故障情况下的零序网如图 23.4 所示。需要注意的是零序网在节点 A 和节点 D 处为开路。主要原因是零序电流无法通过三角联结。同时，两台变压器的一次侧接地，因此，连接变压器漏抗到零序网的零电位点上。

用图 23.4，计算从故障点看进去的零序网等效阻抗，对于已知电路，等效零序阻抗为

$$\dot{Z}_{F_0} = (\dot{Z}^{T1} + \dot{Z}_0^{seg1}) // (\dot{Z}_0^{seg2} + \dot{Z}^{T2}) = 0.3485 + j0.8438 \mathrm{pu}$$

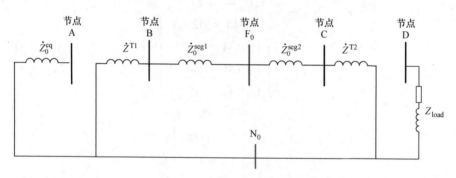

图 23.4　已知馈线的零序网

6. 计算故障电流

为了计算故障电流，连接正序、负序、零序网以及接地电抗形成复合序网（如图 23.5 所示）。

复合序网故障电流为

$$\dot{I}_{a1}^f = \dot{I}_{a2}^f = \dot{I}_{a0}^f = \frac{\dot{V}_F}{\dot{Z}_{F_0} + \dot{Z}_{F_1} + \dot{Z}_{F_2} + 3\dot{Z}_F}$$
$$= 0.2851 \angle{-6.04°}\mathrm{pu}$$

所以，对应的故障电流为 $3\dot{I}_{a0}^f = 0.8533 \angle{-6.04°}\mathrm{pu}$ 或者 $3.96 \angle{-6.04°}\mathrm{kA}$。

7. 计算故障点处的故障电压（节点 F）

对于节点 F，计算故障电压序分量。

$$\dot{V}_{F_1}^f = \dot{V}_{F_1} - \dot{Z}_{F_1}\dot{I}_{a1}^f = 0.7793 + j0.3701 \mathrm{pu}$$

$$\dot{V}_{F_2}^f = -\dot{Z}_{F_2}\dot{I}_{a2}^f = -0.1082 - j0.1992 \mathrm{pu}$$

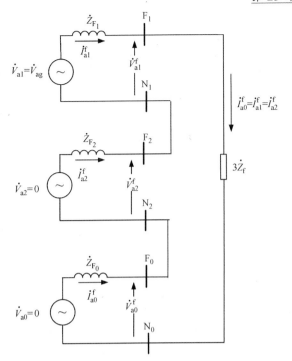

图 23.5　单相接地故障期间从故障母线（节点 F）看进去的序网

$$\dot{V}_{F_0}^f = -\dot{Z}_{F_0}\dot{I}_{a0}^f = -0.1241 - j0.2288\text{pu}$$

利用序电压计算节点 F 的相对地电压。节点 F（故障发生位置）线对地电压计算如下：

$$\begin{bmatrix} \dot{V}_{F_a}^f \\ \dot{V}_{F_b}^f \\ \dot{V}_{F_c}^f \end{bmatrix} = \begin{bmatrix} 1 & 1 & 1 \\ 1 & a^2 & a \\ 1 & a & a^2 \end{bmatrix} \begin{bmatrix} \dot{V}_{F_0}^f \\ \dot{V}_{F_1}^f \\ \dot{V}_{F_2}^f \end{bmatrix} = \begin{bmatrix} 0.5500 \underline{/-6.04°} \\ 1.0833 \underline{/-88.23°} \\ 1.0556 \underline{/-154.50°} \end{bmatrix}\text{pu} = \begin{bmatrix} 3.9598 \underline{/-6.04°} \\ 7.7995 \underline{/-88.23°} \\ 7.5996 \underline{/-154.50°} \end{bmatrix}\text{kV}$$

8. 故障期间计算负载节点（节点 D）处的电压

使用正序、负序以及零序网，计算故障期间负载电流的序分量。

$$\dot{I}_{load_1}^f = \frac{\dot{V}_{F_1}^f}{\dot{Z}_1^{seg2} + \dot{Z}^{T2} + \dot{Z}^{load}} = 0.0808 - j0.0129\text{pu}$$

$$\dot{I}_{load_2}^f = \frac{\dot{V}_{F_2}^f}{\dot{Z}_1^{seg2} + \dot{Z}^{T2} + \dot{Z}^{load}} = -0.0192 - j0.0098\text{pu}$$

$$\dot{I}_{load_0}^f = \frac{\dot{V}_{F_0}^f}{\dot{Z}_1^{seg2} + Z^{T2}} = -0.1621 - 0.0204\text{pu}$$

计算负载节点 D 处序电压

$$\dot{V}_{D_1}^f = [\dot{V}_{F_1}^f - (\dot{Z}_1^{seg2} + \dot{Z}^{T2})\dot{I}_{load_1}^f] \times 1.0\underline{/-30°} = 0.8116 - j0.1036\text{pu}$$

$$\dot{V}_{D_2}^f = [\dot{V}_{F_2}^f - (\dot{Z}_1^{seg2} + \dot{Z}^{T2})\dot{I}_{load_2}^f] \times 1.0\underline{/30°} = -0.0045 - j0.2150\text{pu}$$

$$\dot{V}_{D_0}^{f} = 0$$

计算负载节点（节点 D）处线对地和线对线电压。

$$\begin{bmatrix} \dot{V}_{D_a}^{f} \\ \dot{V}_{D_b}^{f} \\ \dot{V}_{D_c}^{f} \end{bmatrix} = \begin{bmatrix} 1 & 1 & 1 \\ 1 & a^2 & a \\ 1 & a & a^2 \end{bmatrix} \begin{bmatrix} \dot{V}_{D_0}^{f} \\ \dot{V}_{D_1}^{f} \\ \dot{V}_{D_2}^{f} \end{bmatrix} = \begin{bmatrix} 0.8677\ \angle -21.54° \\ 0.6277\ \angle -119.19° \\ 1.0000\ \angle -120.00° \end{bmatrix} \text{pu} = \begin{bmatrix} 2.0841\ \angle -21.54° \\ 1.5076\ \angle -119.19° \\ 2.4018\ \angle -120.00° \end{bmatrix} \text{kV}$$

$$\begin{bmatrix} \dot{V}_{D_{ab}}^{f} \\ \dot{V}_{D_{bc}}^{f} \\ \dot{V}_{D_{ca}}^{f} \end{bmatrix} = \begin{bmatrix} 0.6567\ \angle 11.60° \\ 0.8236\ \angle -82.23° \\ 1.0185\ \angle -137.81° \end{bmatrix} \text{pu} = \begin{bmatrix} 2.7321\ \angle 11.60° \\ 3.4262\ \angle -82.23° \\ 4.2369\ \angle -137.81° \end{bmatrix} \text{kV}$$

9. 计算负载节点（节点 D）处暂降电压幅值

负载节点 D 处暂降电压幅值等于故障前负载电压减去线到线故障电压。

$$\begin{bmatrix} \dot{V}_{D_{ab}}^{sag} \\ \dot{V}_{D_{bc}}^{sag} \\ \dot{V}_{D_{ca}}^{sag} \end{bmatrix} = \begin{bmatrix} \left| \dot{V}_{D_{ab}} \right| \\ \left| \dot{V}_{D_{bc}} \right| \\ \left| \dot{V}_{D_{ca}} \right| \end{bmatrix} - \begin{bmatrix} \left| \dot{V}_{D_{ab}}^{f} \right| \\ \left| \dot{V}_{D_{bc}}^{f} \right| \\ \left| \dot{V}_{D_{ca}}^{f} \right| \end{bmatrix} = \begin{bmatrix} 0.3433 \\ 0.1764 \\ -0.0185 \end{bmatrix} \text{pu} = \begin{bmatrix} 1.4279 \\ 0.7388 \\ -0.0770 \end{bmatrix} \text{kV}$$

2. 三相对地故障引起的电压暂降分析

接下来，将对三相对地故障引起的电压暂降问题进行分析。这个分析也采用对称分量法。需要注意的是，由于三相故障是平衡故障，仅需要正序网电路进行短路分析。

例 23.2

参考如图 23.1 所示电路。假设在馈线 3 mi 处发生三相短路接地故障，接地阻抗为 $Z_f = 1 \Omega$。计算故障期间，负荷电压及电流。同时计算在负载节点处观察到的电压暂降幅值。

计算过程

1. 绘制电路的单线图

配电电路单线图与图 23.1 所示单线图相同。

2. 获得电路的戴维南等效电源

参考例 23.1。由于配电电路相同，戴维南等效电源阻抗保持不变。

3. 计算系统的标幺值

为了计算，参考例 23.1。计算保持不变。

4. 计算故障前电压

对于故障前电压计算，参考例 23.1。计算保持不变。

5. 绘制电路序网

由于故障点与例 23.1 位置相同，配电电路序网与图 23.2 ~ 图 23.4 相同。

6. 计算节点 F 发生三相接地短路时的故障电流

对于三相故障，从故障点看进去的序网如图 23.6 所示。由于三相故障为平衡故障，只需用正序网进行短路故障分析。

三相故障电流（$\dot{I}^{\mathrm{f}}$）为

$$\dot{I}^{\mathrm{f}} = \frac{\dot{V}_{\mathrm{F}}}{\dot{Z}_{\mathrm{F}_1} + \dot{Z}_{\mathrm{f}}} = 0.8796 \underline{/-5.13°}\,\mathrm{pu}$$

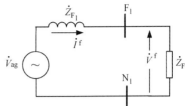

图 23.6　三相短路接地故障时从故障母线（节点 F）看进去的序网

7. 计算故障位置（节点 F）的故障电压

利用下面等式计算节点 F 的故障电压为

$$\dot{V}_{\mathrm{F}}^{\mathrm{f}} = \dot{V}_{\mathrm{F}} - \dot{Z}_{\mathrm{F}_1} \dot{I}_{\mathrm{f}} = 0.5657 \underline{/-5.13°}\,\mathrm{pu}$$

8. 计算负载节点（节点 D）处的故障电压

计算故障期间负载电流。

$$\dot{I}_{\mathrm{load}}^{\mathrm{f}} = \frac{\dot{V}_{\mathrm{F}}^{\mathrm{f}}}{\dot{Z}_1^{\mathrm{seg2}} + \dot{Z}^{\mathrm{T2}} + \dot{Z}^{\mathrm{load}}} = 0.0536 \underline{/-39.60°}\,\mathrm{pu}$$

使用下面等式获得负载节点（节点 D）处 A 相线对地故障电压。

$$\dot{V}_{\mathrm{D_a}}^{\mathrm{f}} = \left[\dot{V}_{\mathrm{F}}^{\mathrm{f}} - (\dot{Z}_1^{\mathrm{seg2}} + \dot{Z}^{\mathrm{T2}})\dot{I}_{\mathrm{load}}^{\mathrm{f}}\right] \times 1.0 \underline{/-30°} = 0.5365 \underline{/-37.81°}\,\mathrm{pu}$$

计算负载节点处线对线故障电压。

$$\dot{V}_{\mathrm{D_{ab}}}^{\mathrm{f}} = 0.5365 \underline{/-7.81°}\,\mathrm{pu} = 2.2318 \underline{/-7.81°}\,\mathrm{kV}$$

$$\begin{bmatrix} \dot{V}_{\mathrm{D_{ab}}}^{\mathrm{f}} \\ \dot{V}_{\mathrm{D_{bc}}}^{\mathrm{f}} \\ \dot{V}_{\mathrm{D_{ca}}}^{\mathrm{f}} \end{bmatrix} = \begin{bmatrix} 0.5365 \underline{/-7.81°} \\ 0.5365 \underline{/-127.81°} \\ 0.5365 \underline{/112.19°} \end{bmatrix}\mathrm{pu} = \begin{bmatrix} 2.2318 \underline{/-7.81°} \\ 2.2318 \underline{/-127.81°} \\ 2.2318 \underline{/112.19°} \end{bmatrix}\mathrm{kV}$$

9. 计算负载节点（节点 D）处的电压暂降幅值

负载节点处电压暂降幅值为故障前和故障后负载电压相减而得。

$$\dot{V}_{\mathrm{D_{ab}}}^{\mathrm{sag}} = (|\dot{V}_{\mathrm{D_{ab}}}| - |\dot{V}_{\mathrm{D_{ab}}}^{\mathrm{f}}|) = 0.4635\,\mathrm{pu} = 1.9282\,\mathrm{kV}$$

3. 感应电动机起动引起的电压暂降

电动机起动时，电动机的电流为正常工作电流的 5～10 倍。这个效果会引起供电线路的电压暂降。此外，过多的电压暂降增加了电动机达到正常转速的时间，由于更加严重的电压暂降电动机会停转。本章，通过示例对感应电动机起动引起的电压暂降进行计算。

如图 23.7 所示，为运行在稳态状态下的感应电动机单相等效

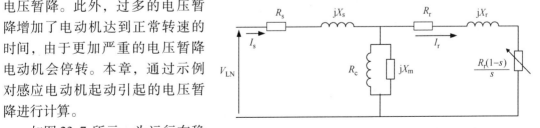

图 23.7　稳态下感应电动机单相等效电路

电路。定子电路包括绕组电阻 R_{s} 以及电抗 X_{s}，这两个参数分别代表了热损耗以及绕组的漏

磁通。然而，转子电路除了绕组电阻 R_r 以及电抗 X_r 之外，还包括一个转差电阻 $R_r(1-s)/s$。

当电动机起动时，转子的转轴处于静止状态，转差等于 1，导致转差电阻为 $R_r(1-s)/s$ 为零。电磁电抗（X_m）以及铁损（R_c）远大于转子电路阻抗。因此，流过磁感应支路的电流被忽略不计，令定子电流为（$\dot{I}_s$）基本等于转子电流（$\dot{I}_r$）。这个近似导致电动机起动简化电路如图 23.8 所示。

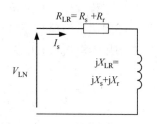

图 23.8　电动机起动简化电路

全电压起动是指，电动机仅需一步直接投入电源。全电压起动投入成本少，起动速度快。因此，当电压暂降小于 80% 时，是电动机起动的优选方法。下面将举例说明由全电压起动而引起的电压暂降计算。

例 23.3

假定一台 4.16kV 3000hp 的电动机全电压起动。系统及变压器电抗分别为 $X_1^{eq}=0.01\text{pu}$ 及 $X_t=0.06\text{pu}$。这两个参数的标幺值均以 5MVA 为基准容量。电动机等效堵转电抗为 $X_{LR}=0.2\text{pu}$ 设稳态情况下电动机效率及功率因数分别为 85% 和 90%。假定电动机起动前端电压为 1.0pu，计算电动机最低端电压，电动机起动电流，及相应的功率因数。对于电动机电阻，假设 $\dfrac{X_{LR}}{R_{LR}}=4.5$。

计算过程

1. 绘制电路单线图

对应的电路单线图如图 23.9 所示。

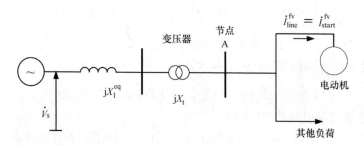

图 23.9　配电电路单线图

2. 计算电动机额定有功功率（P）

$$\text{电动机有功功率（}P\text{）}=\frac{0.746}{1000}\times\text{电动机功率（马力）}=\frac{0.746}{1000}\times3000\text{hp}=2.238\text{MW}$$

3. 计算电动机额定容量 S

$$\text{电动机额定容量 }S=\frac{\text{电动机有功功率（}P\text{）}}{\text{电动机效率}\times\text{功率因数}}=\frac{2.238}{0.85\times0.9}\approx2.925\text{MVA}$$

4. 计算电动机等效堵转电抗，基准容量为 5MVA

$$X'_{LR}=\text{电动机堵转电抗标幺值［pu］}\times\frac{\text{基准容量}}{\text{电动机额定容量}}=0.2\times\frac{5\text{MVA}}{2.925\text{MVA}}\approx0.342\text{pu}$$

电动机起动的等效电路如图 23.10 所示。

5. 计算电动机起动期间电动机电压

计算电动机电压用的等效电路如图 23.10 所示，计算等式为

$$V_{start}^{fv} = \frac{X'_{LR} \times V_s}{X_1^{eq} + X_t + X'_{LR}} = \frac{0.342 \times 1.0}{0.01 + 0.06 + 0.342} \approx 0.83 pu$$

6. 计算电动机满载电流

$$I_{FL} = \frac{电动机容量}{\sqrt{3} V_{LL}} = \frac{2.925}{4.16\sqrt{3}} A = 406 A$$

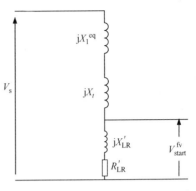

图 23.10 全电压起动对应的等效电路

7. 计算全电压起动时，电动机的起动电流

$$I_{start}^{fv} = \frac{V_s}{jX_1^{eq} + jX_t + (R'_{LR} + jX'_{LR})} = \frac{1.0}{j0.01 + j0.06 + (0.342/4.5 + j0.342)}$$

$$= 2.39 \underline{/-79.55°} pu = 1.66 \underline{/-79.55°} kA$$

8. 计算电动机起动电流的功率因数

$$pf_{start} = \cos 79.55° = 0.18$$

电动机起动期间的最低电压用电动机端可用短路容量以及电动机堵转容量进行表示，如式（23.1）所示：

$$V_{start}^{fv} = \frac{S_{3\Phi}^{sc} \cdot V_s}{S_{3\Phi}^{sc} + S_{LR}} \qquad (23.1)$$

笼型感应电动机铭牌额定值通常用字母代码表示其堵转容量。NEMA（全国电器厂商协会）提供的表示不同堵转容量代码如表 23.2 所示。通常不使用堵转电抗；利用 NEMA 的字母代码表可以很容易查到电动机的堵转容量。因此，实际应用中，常用式（23.1）对电动机最低电压进行估计。

下面将对如何利用 NEMA 代码进行电动机起动期间电压暂降计算进行举例说明。

表 23.2 每单位马力堵转容量代码表（NEMA 标准）

字母代码	电动机堵转容量/(kVA/hp)	字母代码	电动机堵转容量/(kVA/hp)
A	0 ~ 3.15	L	9.0 ~ 10.0
B	3.15 ~ 3.55	M	10.0 ~ 11.2
C	3.55 ~ 4.0	N	11.2 ~ 12.5
D	4.0 ~ 4.5	P	12.5 ~ 14.0
E	4.5 ~ 5.0	R	14.0 ~ 16.0
F	5.0 ~ 5.6	S	16.0 ~ 18.0
G	5.6 ~ 6.3	T	18.0 ~ 20.0
H	6.3 ~ 7.1	U	20.0 ~ 22.4
J	7.1 ~ 8.0	V	22.4 及以上
K	8.0 ~ 9.0		

例23.4

一台三相500hp电动机，NEMA 码为 K，由一台 1.5MVA 变压器供电，变压器漏抗为 6%（如图23.11所示）。变压器与无穷大母线相连。电动机全电压起动。试计算电动机起动期间的最低电压。

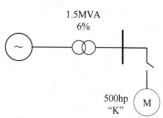

图 23.11 电动机全电压起动

1. 计算电动机端口的短路容量（$S_{3\Phi}^{sc}$）

$$S_{3\Phi}^{sc} = \frac{1.5\text{MVA}}{0.06\text{pu}} = 25\,000\text{kVA}$$

2. 计算电动机额定堵转容量（S_{LR}）

依据表23.2，NEMA 代码 K 的电动机，对应的额定堵转容量介于 8～9kVA/hp 之间。为了获得最保守的起动电压，选择电动机额定堵转容量为9kVA/hp。

因此，电动机的堵转额定容量是

$$S_{LR} = 9\text{kVA/hp} \times 500\text{hp} = 4500\text{hp}$$

3. 利用式（23.1）计算电动机电压

$$V_{start}^{fv} = \frac{S_{3\Phi}^{sc} \cdot V_s}{S_{3\Phi}^{sc} + S_{LR}} = \frac{25\,000 \times 1}{25\,000 + 4500} \approx 0.848\text{pu}$$

23.3 电压暂升

电压暂升现象通常与接地或不接地系统的单相接地故障有关。单相接地故障期间，故障相电压暂降；然而，一个或者两个非故障相电压上升。观察接地系统和非接地系统的电压暂升现象的不同条件。

1. 接地系统的电压暂升现象

对于接地系统而言，当单相接地故障发生时，是否可以在非故障相观察到电压暂升现象取决于系统阻抗。使用下面的例子说明，在一个通用引起系统电压暂升现象的系统条件。

例23.5

电压暂升分析：

1）参考如例23.1所示配电系统。对于例23.1提到的单相接地故障，试讨论是否可以在故障点或者负载节点观察到电压暂升现象。

2）对于发生单相接地故障的一般接地系统来说，确定可能发生电压暂升现象的条件。

计算过程

1）参考例23.1所示配电系统。对于例23.1提到的单相接地故障，试讨论是否可以在故障点或者负载节点观察到电压暂升现象。

- 在故障点（节点 F）观察到的电压暂升

从例23.1，对于 A 相单相接地故障，故障期间故障点（节点 F）的线对地电压是

$$\dot{V}_{F_{abc}}^f = \begin{bmatrix} \dot{V}_{F_a}^f \\ \dot{V}_{F_b}^f \\ \dot{V}_{F_c}^f \end{bmatrix} = \begin{bmatrix} 0.5500 \ \underline{/-6.04°} \\ 1.0833 \ \underline{/-88.23°} \\ 1.0556 \ \underline{/-154.50°} \end{bmatrix}\text{pu} = \begin{bmatrix} 3.9598 \ \underline{/-6.04°} \\ 7.7995 \ \underline{/-88.23°} \\ 7.5996 \ \underline{/-154.50°} \end{bmatrix}\text{kV}$$

同时，故障点（节点 F）故障前电压如下：

$$\dot{V}_{\mathrm{F_{abc}}} = \begin{bmatrix} \dot{V}_{\mathrm{F_a}} \\ \dot{V}_{\mathrm{F_b}} \\ \dot{V}_{\mathrm{F_c}} \end{bmatrix} = \begin{bmatrix} 1.0544\ \underline{/32.68°} \\ 1.0544\ \underline{/-87.32°} \\ 1.0544\ \underline{/152.68°} \end{bmatrix} \mathrm{pu} = \begin{bmatrix} 7.5991\ \underline{/32.68°} \\ 7.5991\ \underline{/-87.32°} \\ 7.5991\ \underline{/152.68°} \end{bmatrix} \mathrm{kV}$$

对比故障前电压和故障电压，从故障相（相 A）观察到电压暂降。然而，非故障相（B相和 C 相）观察到电压上升。

- 负载节点（节点 D）的电压暂升

故障期间，负载节点（节点 D）线对线电压是

$$\dot{V}_{\mathrm{D_{abc}}}^{\mathrm{f}} = \begin{bmatrix} \dot{V}_{\mathrm{D_{ab}}}^{\mathrm{f}} \\ \dot{V}_{\mathrm{D_{bc}}}^{\mathrm{f}} \\ \dot{V}_{\mathrm{D_{ca}}}^{\mathrm{f}} \end{bmatrix} = \begin{bmatrix} 0.6567\ \underline{/11.6°} \\ 0.8236\ \underline{/-82.23°} \\ 1.0185\ \underline{/-137.81°} \end{bmatrix} \mathrm{pu} = \begin{bmatrix} 2.7321\ \underline{/11.6°} \\ 3.4262\ \underline{/-82.23°} \\ 4.2369\ \underline{/-137.81°} \end{bmatrix} \mathrm{kV}$$

节点 D 的故障前电压为

$$\dot{V}_{\mathrm{D_{abc}}} = \begin{bmatrix} \dot{V}_{\mathrm{D_{ab}}} \\ \dot{V}_{\mathrm{D_{bc}}} \\ \dot{V}_{\mathrm{D_{ca}}} \end{bmatrix} = \begin{bmatrix} 1.0\ \underline{/0°} \\ 1.0\ \underline{/-120°} \\ 1.0\ \underline{/120°} \end{bmatrix} \mathrm{pu} = \begin{bmatrix} 4.16\ \underline{/0°} \\ 4.16\ \underline{/-120°} \\ 4.16\ \underline{/120°} \end{bmatrix} \mathrm{kV}$$

比较负载节点 D 故障前和故障电压。观察线电压 $\dot{V}_{\mathrm{D_{ab}}}$ 和 $\dot{V}_{\mathrm{D_{bc}}}$ 电压暂降，而观察到 $\dot{V}_{\mathrm{D_{ca}}}$ 电压上升。

2）对于发生单相接地故障的一般接地系统来说，确定可能发生电压暂升现象的条件。

如图 23.12 所示，在 A 相节点 F 发生单相接地故障。从故障节点看进去的正序、负序以及零序阻抗分别为 $\dot{Z}_{\mathrm{F_1}}$，$\dot{Z}_{\mathrm{F_2}}$，$\dot{Z}_{\mathrm{F_0}}$。目

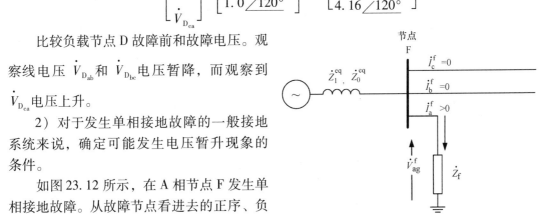

图 23.12　单相接地故障配电电路示例

标是计算故障母线（节点 F）的相电压并确定在非故障相发生电压暂升现象的条件。

故障电流计算表达式如下：

$$\dot{I}_{\mathrm{a1}}^{\mathrm{f}} = \dot{I}_{\mathrm{a2}}^{\mathrm{f}} = \dot{I}_{\mathrm{a0}}^{\mathrm{f}} = \frac{\dot{V}_{\mathrm{F}}}{\dot{Z}_{\mathrm{F_0}} + \dot{Z}_{\mathrm{F_1}} + \dot{Z}_{\mathrm{F_2}}} \tag{23.2}$$

在故障点（节点 F），计算 A 相电压，$\dot{V}_{\mathrm{ag}}^{\mathrm{f}}$，如下：

$$\dot{V}_{\mathrm{ag}}^{\mathrm{f}} = \dot{V}_{\mathrm{a0}}^{\mathrm{f}} + \dot{V}_{\mathrm{a1}}^{\mathrm{f}} + \dot{V}_{\mathrm{a2}}^{\mathrm{f}} = -\dot{Z}_{\mathrm{F_0}} \dot{I}_{\mathrm{a0}}^{\mathrm{f}} + (\dot{V}_{\mathrm{ag}} - \dot{Z}_{\mathrm{F_1}} \dot{I}_{\mathrm{a1}}^{\mathrm{f}}) - \dot{Z}_{\mathrm{F_2}} \dot{I}_{\mathrm{a2}}^{\mathrm{f}}$$

$$= \dot{V}_{ag} - \dot{I}_{a1}^{f}(\dot{Z}_{F_0} + \dot{Z}_{F_1} + \dot{Z}_{F_2}) \tag{23.3}$$

B 相电压，$\dot{V}_{bg}^{f}$，如下：

$$\dot{V}_{bg}^{f} = \dot{V}_{a0}^{f} + a^2\dot{V}_{a1}^{f} + a\dot{V}_{a2}^{f} = -\dot{Z}_{F_0}\dot{I}_{a0}^{f} + a^2(\dot{V}_{ag} - \dot{Z}_{F_1}\dot{I}_{a1}^{f}) - a(\dot{Z}_{F_2}\dot{I}_{a2}^{f})$$

$$= a^2\dot{V}_{ag} - \dot{I}_{a1}^{f}(\dot{Z}_{F_0} + a^2\dot{Z}_{F_1} + a\dot{Z}_{F_2}) \tag{23.4}$$

C 相电压，$\dot{V}_{cg}^{f}$，如下：

$$\dot{V}_{cg}^{f} = \dot{V}_{a0}^{f} + a\dot{V}_{a1}^{f} + a^2\dot{V}_{a2}^{f} = -\dot{Z}_{F_0}\dot{I}_{a0}^{f} + a(\dot{V}_{ag} - \dot{Z}_{F_1}\dot{I}_{a1}^{f}) - a^2(\dot{Z}_{F_2}\dot{I}_{a2}^{f})$$

$$= a\dot{V}_{ag} - \dot{I}_{a1}^{f}(\dot{Z}_{F_0} + a\dot{Z}_{F_1} + a^2\dot{Z}_{F_2}) \tag{23.5}$$

为了推导出非故障相电压上升条件（例如，B 相和 C 相），故障相电压 $\dot{V}_{bg}^{f}$，$\dot{V}_{cg}^{f}$ 表达为 A 相故障前电压 $\dot{V}_{ag}$ 的函数。

$$\dot{V}_{bg}^{f} = a^2\dot{V}_{ag} - \dot{I}_{a1}^{f}(\dot{Z}_{F_0} + a^2\dot{Z}_{F_1} + a\dot{Z}_{F_2}) = a^2\dot{V}_{ag} - \dot{V}_{ag}\frac{\dot{Z}_{F_0} + a^2\dot{Z}_{F_1} + a\dot{Z}_{F_2}}{\dot{Z}_{F_0} + \dot{Z}_{F_1} + \dot{Z}_{F_2}}$$

$$= a^2\dot{V}_{ag} - \dot{V}_{ag}\frac{\dot{Z}_{F_0} + \dot{Z}_{F_1}(a + a^2)}{\dot{Z}_{F_0} + 2\dot{Z}_{F_1}} = a^2\dot{V}_{ag} - \dot{V}_{ag}\frac{\dot{Z}_{F_0} - \dot{Z}_{F_1}}{\dot{Z}_{F_0} + 2\dot{Z}_{F_1}} \tag{23.6}$$

令 $m = \dfrac{|\dot{Z}_{F_0}|}{|\dot{Z}_{F_1}|}$ 为实数，表示从故障点看进去的正序和零序阻抗同相。同时假设故障前，系统运行在平衡状态，$\dot{V}_{ag} = 1\angle 0°\text{pu}$。

则，B 相故障电压（$\dot{V}_{bg}^{f}$）简化为

$$\dot{V}_{bg}^{f} = a^2\dot{V}_{ag} - \dot{V}_{ag}\frac{(m-1)}{(m+2)} = -\frac{|\dot{V}_{ag}|}{2} - \frac{|\dot{V}_{ag}|(m-1)}{(m+2)} + j\frac{|\dot{V}_{ag}|\sqrt{3}}{2} \tag{23.7}$$

利用式（23.7），计算 $\dot{V}_{bg}^{f}$ 的幅值。

$$|\dot{V}_{bg}^{f}| = \sqrt{\left(-\frac{|\dot{V}_{ag}|}{2} - \frac{|\dot{V}_{ag}|(m-1)}{(m+2)}\right)^2 + \left(\frac{|\dot{V}_{ag}|\sqrt{3}}{2}\right)^2}$$

$$= \sqrt{\left(-\frac{1}{2} - \frac{(m-1)}{(m+2)}\right)^2 + \left(\frac{\sqrt{3}}{2}\right)^2} = \sqrt{1 + \left(\frac{(m-1)(2m+1)}{(m+2)^2}\right)} \tag{23.8}$$

类似地，计算 C 相故障电压（$\dot{V}_{cg}^{f}$）。

$$\dot{V}_{cg}^{f} = a\dot{V}_{ag} - \dot{I}_{a1}^{f}(\dot{Z}_{F_0} + a\dot{Z}_{F_1} + a^2\dot{Z}_{F_2})$$

$$= a\dot{V}_{ag} - \dot{V}_{ag}\frac{\dot{Z}_{F_0} + \dot{Z}_{F_1}(a + a^2)}{\dot{Z}_{F_0} + 2\dot{Z}_{F_1}} = a\dot{V}_{ag} - \dot{V}_{ag}\frac{\dot{Z}_{F_0} - \dot{Z}_{F_1}}{\dot{Z}_{F_0} + 2\dot{Z}_{F_1}} \tag{23.9}$$

计算 $\dot{V}_{cg}^{f}$ 的幅值。

$$| \dot{V}_{cg}^{f} | = | \dot{V}_{bg}^{f} | = \sqrt{1 + \left(\frac{(m-1)(2m+1)}{(m+2)^2}\right)} \qquad (23.10)$$

由于故障前电压幅值假设为 1.0pu，为了观察到非故障相（B 相和 C 相）电压暂升，需要满足下面的条件。

$$| \dot{V}_{cg}^{f} | = | \dot{V}_{bg}^{f} | > 1 \Rightarrow \sqrt{1 + \left(\frac{(m-1)(2m+1)}{(m+2)^2}\right)} > 1$$

$$\Rightarrow \frac{(m-1)(2m+1)}{(m+2)^2} > 0 \Rightarrow m = \frac{\dot{Z}_{F_0}}{\dot{Z}_{F_1}} > 1 \Rightarrow | \dot{Z}_{F_0} | > | \dot{Z}_{F_1} | \qquad (23.11)$$

2. 不接地系统电压暂升现象

当中性线不接地时，为不接地系统，常见于工业电力系统。系统适用三角形连接或者星形不接地连接变压器；不接地三角形更常见。需要注意的是，虽然系统中性点和地之间没有连接，它们是通过相对地电容进行耦合。

在不接地系统中，单相接地故障会导致非常小的故障电流。除此之外，故障期间，线对中性点电压保持在标称值；然而，由于故障期间发生中性点位移，线对地电压可能会上升到线对中性点电压的 1.73 倍。正常运行期间，系统中性点和地重合并且都处于零电位。当系统发生单相接地故障时，中性点不是零点位，从而导致线对地电压的上升。

例 23.6

参考例 23.1。假定 10MVA 负载连接成非接地星形。对于相同的配电系统，当电压比为 12.47kV/4.16kV 变压器二次侧发生单相接地故障时，重新求解。

计算过程

1. 绘制电路的单线图
对应的单线图如图 23.13 所示。

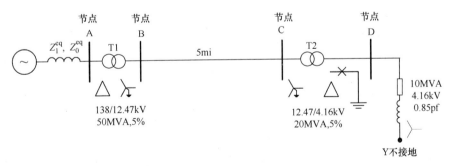

图 23.13　给定配电线路的单线图

2. 获得戴维南等效电源电路
由于相同配电系统（例 23.1）已经做过分析，戴维南等效电路的电源阻抗与例 23.1 的计算结果相同。

3. 计算系统的标幺值

参考例 23.1。计算结果相同。

4. 计算故障前电压

参考例 23.1。计算结果相同。

5. 绘制电路序网

正序网络如图 23.14 所示。

计算从故障点看进去的等效正序故障阻抗 $\dot{Z}_{F_1}$。

$$\dot{Z}_{F_1} = (\dot{Z}_1^{eq} + \dot{Z}^{T1} + \dot{Z}_1^{seq1} + \dot{Z}_1^{seg2} + \dot{Z}^{T2}) \parallel (\dot{Z}^{load}) = 0.5478 + j1.2873 \text{pu}$$

故障期间配电系统的负序网如图 23.15 所示。从故障点看进去的等效负序阻抗 $\dot{Z}_{F_2}$ 为

$$\dot{Z}_{F_2} = \dot{Z}_{F_1} = 0.5478 + j1.2873 \text{pu}$$

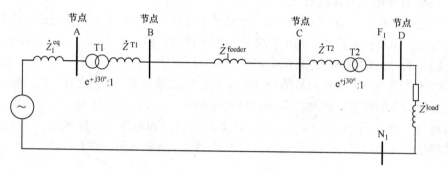

图 23.14　给定配电线路的正序网

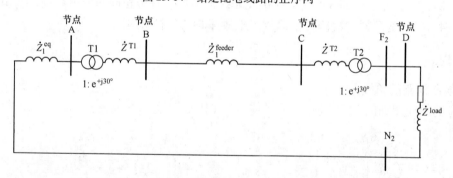

图 23.15　给定配电线路的负序网

零序网如图 23.16 所示。需要注意的是，从故障点看进去的零序网为开路，即，12.47kV/4.16kV 变压器二次侧。

6. 计算故障电流

为了计算故障电流，正序、负序、零序网以及故障阻抗（如图 23.17 所示）联合组成复合序网。需要注意的是，零序网通过相对地容性阻抗 Z_C 与故障阻抗相连。

故障电流的各序分量计算如下：

$$\dot{I}_{a1}^f = \dot{I}_{a2}^f = \dot{I}_{a3}^f = \frac{\dot{V}_F}{\dot{Z}_C + \dot{Z}_{F_1} + \dot{Z}_{F_2}} = \frac{\dot{V}_F}{\dot{Z}_C + 2\dot{Z}_{F_1}}$$

由于 $Z_C \gg Z_{F_1}$，则故障电流为

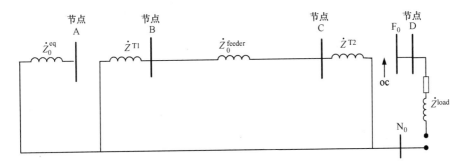

图 23.16 给定配电线路的零序网

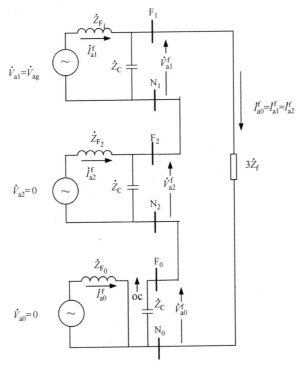

图 23.17 变压器二次侧发生单相线对地故障期间，从故障母线（节点 F）看进去的复合序网

$$\dot{I}_{a1}^f = \dot{I}_{a2}^f = \dot{I}_{a0}^f = \frac{\dot{V}_F}{\dot{Z}_C} = 0$$

7. 计算故障点（节点 D）的故障电压

计算故障位置（节点 D）故障电压的序分量

$$\dot{V}_{D_1}^f = \dot{V}_{D_1} - \dot{Z}_{F_1} \dot{I}_{a1}^f = 1\angle 0° \text{pu}$$

$$\dot{V}_{D_2}^f = -\dot{Z}_{F_2} \dot{I}_{a2}^f = 0 \text{pu}$$

$$\dot{V}_{D_0}^f = -\dot{Z}_C \dot{I}_{a0}^f = -1\angle 0° \text{pu}$$

利用序电压，可计算节点 D 的线对地电压。

$$
\begin{bmatrix}
\dot{V}^{\mathrm{f}}_{\mathrm{D}_{ag}} \\
\dot{V}^{\mathrm{f}}_{\mathrm{D}_{bg}} \\
\dot{V}^{\mathrm{f}}_{\mathrm{D}_{cg}}
\end{bmatrix}
=
\begin{bmatrix}
1 & 1 & 1 \\
1 & a^2 & a \\
1 & a & a^2
\end{bmatrix}
\begin{bmatrix}
\dot{V}^{\mathrm{f}}_{\mathrm{D}_0} \\
\dot{V}^{\mathrm{f}}_{\mathrm{D}_1} \\
\dot{V}^{\mathrm{f}}_{\mathrm{D}_2}
\end{bmatrix}
$$

$$
=
\begin{bmatrix}
0 \angle 0° \\
\sqrt{3} \angle -150° \\
\sqrt{3} \angle -150°
\end{bmatrix} \mathrm{pu}
$$

$$
=
\begin{bmatrix}
0 \angle 0° \\
7.2053 \angle -150° \\
7.2053 \angle -150°
\end{bmatrix} \mathrm{kV}
$$

23.4　电磁暂态现象

因内部或外部原因引起系统运行条件的突然变化会导致电磁暂态现象的发生。电容器组、变压器或者断路器等设备通电都能破坏电路的稳定运行状态。干扰过后，系统重新分配电感、电容和电阻元件中的能量以实现新的平衡。这个过程可能会导致从几百 Hz 到几十 kHz 的频率的过电压。

在配电电路中，投切电容器是产生瞬态过电压的最常见原因之一。在系统中并联的电容器用于提供电压和无功功率的支持。投入电容器时会产生振荡暂态，可能会造成用户的电压上升到预警值。下面举例说明对投切电容器引起的电磁暂态进行分析的方法。提出了三个与电容器投切相关的问题：稳态电压上升、由于断开电容器开关引起的电磁暂态以及背对背电容组投切引起的电磁暂态。

1. 由于电容器组充电引起的稳态电压上升

在配电电路中，电容器用于避免电压降低的场合。当配电系统中的负载过重时，会引起配电系统电压降低。电容器组向系统提供无功功率，因而会提高系统的电压。然而，当负载退出，电容器组仍然在充电状态，系统电压会严重增高，从而导致系统持续过电压。

例 23.7

一个三相电容器组有三个单相电容器按照星形接地方式进行连接。每个单相电容器的额定容量为 200kvar，额定电压为 2.77kV。电容器组所连系统电压为 4.16kV，短路容量为 20MVA。计算由于投入电容器组，预期上升的稳态电压。

计算过程

1. 绘制电路单线图

电容器与配电线路连接的单线图如图 23.18 所示。

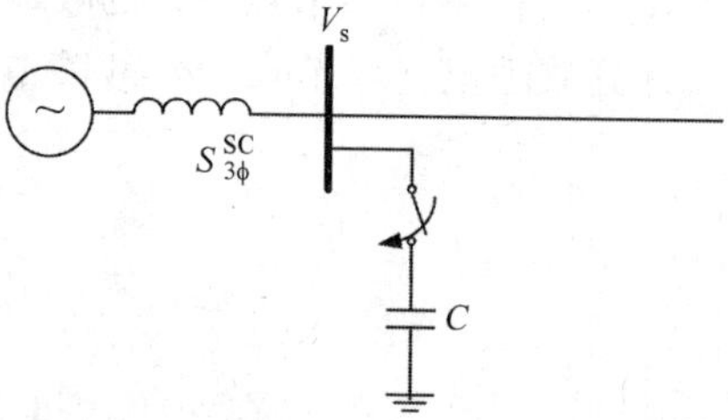

2. 计算电容器组实际发出的无功功率

图 23.18　电容器投入引起稳态电压上升

电容器组的额定电压为 2.77kV（线对中性点）；系统电压为 4.16kV（线对线），电容器组实际发出的无功功率与配电系统电压有关。电容器发出的净无功功率计算如下：

$$Q_{3\Phi,\text{actual}}^{\text{cap}} = 3 \times Q_{1\Phi,\text{rated}}^{\text{cap}} \left(\frac{V_{\text{actual}}}{V_{\text{rated}}}\right)^2 = 3 \times \left(200 \times \left(\frac{4.16/\sqrt{3}}{2.77}\right)^2\right) = 451.08 \text{kvar}$$

3. 计算稳态电压上升

由于电容器组投入引起的稳态电压上升等式为（23.12）。使用式（23.12），稳态电压上升 ΔV 为

$$\Delta V = \frac{Q_{3\Phi,\text{actual}}^{\text{cap}}}{S_{3\Phi}^{\text{sc}}} = \frac{451.08}{20\,000} \approx 0.0226 \text{pu} \approx 2.26\% \tag{23.12}$$

2. 单独投入一组电容器组时电路的暂态过程分析

本部分将对由于单独投入一组单相或三相电容器组引起的暂态现象进行讨论。假设被充电的电容器组或者是系统中仅有的一组电容器或者是被充电的电容器组附近的其他电容器不在线。举例对单独投入一组电容器组期间的最大暂态过电压和最大冲击电流进行分析和计算。

例 23.8

115kV 变电站安装有一台三相星形连接电容器组。三相电容器组由三个单相电容器组构成，每相电容器组由 5 个并联及 10 个串联电容单元组成。每个电容单元额定值为 6.64kV，300kvar。变电站的短路容量为 2000MVA。当变电站电压降至 0.98pu 时，电容器组按计划进行投入。对于给定变电站，对电容器组投切进行暂态分析，并对以下几个问题进行计算：

1）最大暂态过电压；

2）暂态开关频率；

3）最大冲击电流。

计算过程

1. 计算三相电容器组的标称功率以及额定电压

每个电容器单元的额定功率 $Q_{\text{unit}}^{\text{cap}}$ 为 300kvar。根据电容器组参数及每个电容器单元的额定功率，计算三相电容器组的标称功率 $Q_{3\Phi}^{\text{cap}}$。

$$Q_{3\Phi,\text{rated}}^{\text{cqp}} = 3 \times n_{\text{s}} \times n_{\text{p}} \times Q_{\text{unit}}^{\text{cap}} = 3 \times 10 \times 5 \times 300 \text{kvar} = 45 \text{Mvar}$$

计算电容器组的额定电压。每个电容器单元的额定电压为 6.64kV。由于 10 个电容器单元串联，则电容器组单相额定电压为

$$V_{1\Phi,\text{rated}}^{\text{cap}} = n_{\text{s}} \times V_{\text{unit}}^{\text{cap}} = 10 \times 6.64 \text{kV} = 66.4 \text{kV}$$

2. 计算变电站和电容器组的等效阻抗

如图 23.19 所示，在本例分析中，电容器组投入之前，假设配电系统运行在平衡状态。由于三相电容器组已经处于运行状态同时系统开始为平衡状态，电容器暂态分析以单相为基准。

计算变电站以及电容器组的单相星形等效阻抗。

由于变电站短路容量等于 2000MVA，额定电压等于 115kV，变电站的星形等效阻抗为

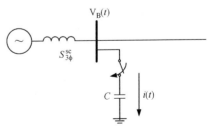

图 23.19　独立电容器组投切单线图

$$Z_s = \frac{(V_{\text{rated}}^{\text{sub}})^2}{S_{3\Phi}^{\text{sc}}} = \frac{(115)^2}{2000}\Omega \approx 6.613\Omega$$

以及

$$L_s = \frac{Z_s}{2\pi f} = 0.0175\text{H}$$

由于电容器组额定三相功率为 45Mvar，额定电压等于 66.4kV，则电容器组阻抗为

$$Z_c = \frac{(V_{\text{rated}}^{\text{cap}})^2}{Q_{3\Phi,\text{rated}}^{\text{cap}}/3} = \frac{(66.4)^2}{45/3}\Omega \approx 293.93\Omega$$

以及

$$C = \frac{1}{2\pi f \times Z_c} = 9.0245\mu\text{F}$$

3. 确定暂态电压最坏情况的电路条件并且为电容充电构造相应的等效电路

最恶劣的运行条件如下：

1）需要注意的是投入电容器组产生的冲击与电容器组充电时的常数有关。最恶劣的情况是，假设当系统电压达到最大值（V_m）时，投入电容器组；

2）电容器组投入运行之前没有被充电；

3）用直流电压源来替代这个电路电源。由于对应投入电容器组的暂态频率远远高于系统频率，所以暂态分析可以采取这样的近似。

4）假设系统无阻尼，即，$R_s = 0$。

基于最恶劣的运行条件，可以获得对应于暂态现象的等效电路。时域及 s 域电路如图 23.20 所示。

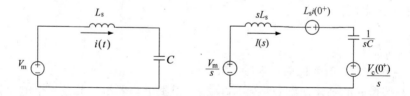

图 23.20 时域和 s 域等效电路图

由于电容器组初始为未充电状态，则 $V_c(0+) = 0$，$i(0+) = 0$。

在 s 域应用基尔霍夫电压定律。

$$\frac{V_m}{s} = I(s)\left[sL_s + \frac{1}{sC}\right] \tag{23.13}$$

求解式（23.13），可得 $I(s)$，进行拉普拉斯逆变换得到时域电流表达式 $i(t)$。

$$i(t) = \frac{V_m}{\sqrt{L_s/C}}\sin\left(\sqrt{\frac{1}{L_sC}}t\right) \tag{23.14}$$

使用式（23.14），峰值电流（I_{pk}）的表达式如下：

$$I_{\text{pk}} = \frac{V_m}{\sqrt{L_s/C}} \tag{23.15}$$

暂态投入频率表达式如下：

$$f_0 = \frac{1}{2\pi \sqrt{L_s/C}} \tag{23.16}$$

使用图 23.20，电容器（$V_C(t)$）及系统电压（$V_B(t)$）表达式如下：

$$V_C(t) = V_B(t) = V_m\left[1 - \cos\left(\frac{1}{\sqrt{L_s C}}\right)t\right] \tag{23.17}$$

使用式（23.17），当 $\cos\left(\dfrac{1}{\sqrt{L_s C}}\right) = 1$ 时，可得到最大电容器组和系统电压

$$V_C(\max) = V_B(\max) = 2V_m \tag{23.18}$$

4. 计算对应电容器暂态的电路参数

当系统电压为 0.98pu 时，电容器组被充电。因此，当电容器组被充电时最大系统电压（V_m）等于

$$V_m^{peak} = \left(V_{rated}^{sub}\sqrt{\frac{2}{3}}\right) \times 0.98 = 92.019\text{kV}$$

（a）利用式（23.18）得到最大暂态过电压，$V_C(t)$。

$$V_C(t) = V_B(t) = 2V_m = 2 \times 92.019\text{kV} = 184.038\text{kV}$$

（b）利用式（23.16）得到暂态开断频率，f_0。

$$f_0 = \frac{1}{2\pi \sqrt{L_s C}} = 400.5\text{Hz}$$

（c）利用式（23.15）得到最大冲击电流，I_{pk}。

$$I_{pk} = \frac{V_m}{\sqrt{L_s/C}} = 2.09\text{kA}$$

3. 投入背对背电容器组暂态分析

投入背对背电容器组是指投入一组单相或者三相电容器组时，有一组或者多组电容器组已经投入运行时的现象。假定其他电容器组已经处于稳定运行状态。本例所用的单线图如图 23.21 所示。图中电容器组 C_1 已经投入运行一段时间（处于稳定运行状态）并且电容器组 C_2 将会投入运行。两个电容器组分别位于母线（L_b）两侧。

电容器组 C_2 投入瞬间，由于母线阻抗的存在，对于两组电容器的系统侧电压存在差异。这将导致非常高的暂态冲击电流频率。由于母线阻抗非常小，这个暂态过程时间非常短，两组电容器的端电压很快相等。这是一个快速暂态现象。对于快速暂态现象，冲击电流的幅值和频率可能非常高。一旦两组电容器电压相等，将开始慢速暂态过程。在这种情况下，电容器组与系统电感 L_s 将产生振荡。由于系统电感通常比较高，对应于慢速暂态现象的冲击频率相对较低。使用下例给出了背对背电容投入期间的电路暂态分析。

例 23.9

参考示例 23.8 的配电系统。对于相同的配电系统，投入距离在线#1 电容器组（C_1）100 英尺（ft）的#2 电容器组（C_2）。母线电感为 $0.455\mu\text{H/ft}$。电容器组参数在例 23.8 给出。假设投入#2 电容器组（C_2）时，#1 电容器组（C_1）已经在线运行。因此对背对背电容器组投入暂态现象进行仿真。

试对相应背对背电容器组投入的快速暂态现象进行电路分析。确定最大冲击电流及其暂态频率。

计算过程

1. 定义电路分析的初始条件

考虑了相应背对背电容器组投入的单相星形等值电路（如图 23.21 所示）。假设#2 电容器组（C_2）在如下条件下投入运行：

1）当系统电压达到最大值，V_m 时，#2 电容器组（C_2）。投入瞬间 $t = 0$，令 $V_{B_2}(0) = V_m$。

2）#1 电容器组（C_1）已经在线运行并且达到稳定运行点。因此，投入瞬间，$V_{C_1}(0) = V_m$。

3）假设#2 电容器组（C_2）初始未充电，即，$V_{C2}(0) = 0$。

4）由于电感电流 $i_1(t)$ 超前电压 $V_{B1}(t)$ 90°，所以当系统电压达到最大值时（$V_{B_1}(0) = V_m$），电感电流为 $i_1(t) = 0$。

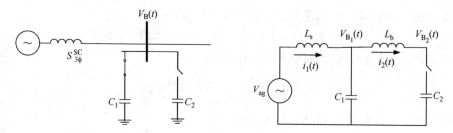

图 23.21　投入背对背电容器组的单线图

2. 构建系统时域及 s 域电路

由于投入瞬间 $t = 0$，$i_1(0) = 0$，将电容器从电路中解耦。相应的时域及 s 域电路如图 23.22 所示。

使用图 23.22，快速暂态（L_{sr}）期间看到的电路总感抗等于 L_b（母线电感）。

3. 求解电路获得系统参数

求解 s 域电路得到冲击电流（$I_2(s)$）。

$$\left[\frac{1}{sC_1} + \frac{1}{sC_1} + sL_{sr}\right]I_2(s) = \frac{V_{C_1}(0^-) - V_{C_2}(0^-)}{s} \tag{23.19}$$

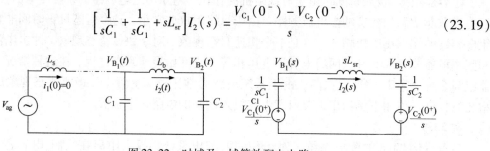

图 23.22　时域及 s 域等效配电电路

将 $V_{C_1}(0^-) = V_m$ 及 $V_{C_2}(0^-) = 0$、$\frac{1}{C_1} + \frac{1}{C_2} + \frac{1}{C_{sr}}$ 代入式（23.19）得

$$I_2(s) = \frac{V_m}{L_{sr}\left(s^2 + \dfrac{1}{L_{sr}C_{sr}}\right)} \tag{23.20}$$

将 $\omega_{sr}^2 = \dfrac{1}{L_{sr}C_{sr}}$、$Z_{sr} = \sqrt{\dfrac{L_{sr}}{C_{sr}}}$ 代入式（23.20）得

$$I_2(s) = \frac{V_m}{Z_{sr}} \frac{\omega_{sr}^2}{s^2 + \omega_{sr}^2}$$

进行拉普拉斯反变换得到时域电流。

$$i_2(t) = \frac{V_m}{Z_{sr}} \sin\omega_{sr}t \tag{23.21}$$

使用这个表达式计算冲击电流 $i_2(t)$，获得背对背电容器组投入的最大冲击电流（I_{pk}）的幅值及暂态频率（f_{BB}）。

$$f_{BB} = \frac{1}{2\pi \sqrt{L_{sr}C_{sr}}} \tag{23.22}$$

$$I_{pk} = \frac{V_m}{\sqrt{L_{sr}/C_{sr}}} \tag{23.23}$$

4. 对于快速暂态现象，确定给定系统的投入频率和最大冲击电流

- 计算等效串联电容 C_{sr}。

从例 23.8 可知

$$C_1 = C_2 = 9.0245\,\mu\text{F}$$

$$C_{sr} = \frac{C_1 C_2}{C_1 + C_2} = 4.512\,\mu\text{F}$$

- 计算母线电感 L_b。

$$L_{sr} = L_b = 0.455\,\mu\text{H/ft} \times 100\text{ft} = 45.5\,\mu\text{H}$$

- 利用式（23.22）计算投入频率

$$f_{BB} = \frac{1}{2\pi \sqrt{L_{sr}C_{sr}}} = \frac{1}{2\pi \sqrt{45.5 \times 10^{-6} \times 4.512 \times 10^{-6}}} = 11.108\text{kHz}$$

- 使用式（23.23）计算最大冲击电流 I_{pk}。

当系统电压为 0.98pu 时，即 $\text{kV}_{actual} = 65.07\text{kV}$，投入#1 电容器组（$C_1$），#1 电容器组（$C_1$）实际发出的无功功率为

$$Q_{3\Phi,actual}^{cap} = Q_{3\Phi,rated}^{cap}\left(\frac{V_{actual}}{V_{rated}}\right)^2 = 45\left(\frac{65.07}{66.4}\right)^2 \approx 43.21\text{Mvar}$$

由于投入#1 电容器组稳态电压的上升。

$$\Delta V = \frac{Q_{3\Phi,actual}^{cap}}{S_{3\phi}^{sc}} = \frac{43.21}{2000} \approx 0.0216\text{pu} = 2.16\%$$

计算由于#1 电容器组投入，稳态电压上升之后，计算系统电压。

$$V_{pu}^{C_1} = (0.98 + 0.0216 \times 0.98)\text{pu} \approx 1.0012\text{pu}$$

系统的峰值电压为 $V_m = \sqrt{\dfrac{2}{3}}(V_{rated} \times V_{pu}^{C_1}) = 94.01\text{kV}$。

最后，利用式（23.23），计算冲击电流峰值 I_{pk}。

$$I_{pk} = \frac{V_m}{\sqrt{L_{sr}/C_{sr}}} = \frac{94.01}{\sqrt{45.5 \times 10^{-6}/4.512 \times 10^{-6}}}\text{kA} \approx 29.604\text{kA}$$

例 23.10

参考例 23.9。对慢速暂态现象进行电路分析，并计算相应的暂态频率。

计算过程

快速暂态结束后，立刻观察到对应背对背电容器投入的慢速暂态现象。对应于慢速暂态现象的等效时域电路如图 23.23 所示。需要注意的是忽略了母线电感并假设电容器的电压 v_{B1} 及 v_{B2} 近似相等，两个电容器组与电路电感（L_s）产生振荡。因此两组电容器并联，总电容为 $C_p = C_1 + C_2$。

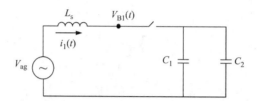

图 23.23　背对背电容器投入期间的慢速暂态现象等效配电电路

利用拉普拉斯变换求解等效电路，得到用于计算对应慢速暂态现象的暂态频率（f_{pr}）的表达式：

$$f_{pr} = \frac{1}{2\pi \sqrt{L_s C_p}} \tag{23.24}$$

1）计算等效电容 C_p

$$C_p = C_1 + C_2 = 18.049 \mu F$$

2）利用式（23.24）计算暂态频率 f_{pr}

给定 $L_s = 0.0175H$，暂态频率（f_{pr}）计算如下：

$$f_{pr} = \frac{1}{2\pi \sqrt{L_s C_p}} = 283.18 Hz$$

23.5　电力系统谐波

电力系统谐波通常以电流的形式引入配电系统，通常谐波电流的频率为基波频率的整数倍。这些谐波电流由电弧炉、荧光灯以及电子设备等非线性负载产生，这些非线性负载会破坏电压和电流的波形。高电压等级的电力系统谐波会导致严重的电能质量问题。通常，非线性负载产生的电流失真会导致与谐波失真相关的电能质量问题。配电系统中存在的非线性负载导致非正弦周期性负载电压。非正弦电压和电流可以用不同基波频率整数倍的正弦电压和电流加权表达式描述。这个表达式被称为傅里叶级数展开式并将傅里叶级数中的高次频项称为谐波。

1. 畸变波形的傅里叶变换

令 $i(t)$ 为周期 T 的畸变的电流波形。这个电流波形的傅里叶级数展开式为（23.25）。

$$i(t) = a_0 + \sum_{n=1}^{\infty} a_n \cos(n\omega_1 t) + b_n \sin(n\omega_1 t) \tag{23.25}$$

其中：

$$\omega_1 = \frac{2\pi}{T}$$

$$a_0 = \frac{1}{T}\int_0^T i(t)\,dt$$

$$a_n = \frac{1}{T}\int_0^T i(t)\cos(n\omega_1 t)\,dt$$

$$b_n = \frac{1}{T}\int_0^T i(t)\sin(n\omega_1 t)\,dt$$

例 23.11

确定如图 23.24 所示方波电流波形的傅里叶变换。

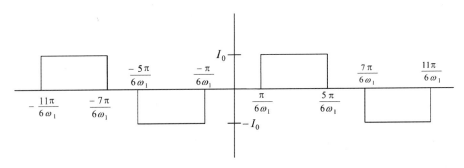

图 23.24　方波电流图

计算过程

如图 23.24 所示波形为奇对称波形。因此，$a_0 = 0$，$a_n = 0$。利用式（23.25）计算系数 b_n。

$$b_n = \frac{2}{T}\int_0^T i(t)\sin(n\omega t)\,dt$$

$$= \frac{2}{T}\int_{\frac{\pi}{6\omega_1}}^{\frac{5\pi}{6\omega_1}} I_0\sin(n\omega t)\,dt + \frac{2}{T}\int_{\frac{7\pi}{6\omega_1}}^{\frac{11\pi}{6\omega_1}} - I_0\sin(n\omega t)\,dt$$

$$= \frac{I_0}{n\pi}\Big[\cos\Big(\frac{n\pi}{6}\Big) - \cos\Big(\frac{5n\pi}{6}\Big)\Big] - \frac{I_0}{n\pi}\Big[\cos\Big(\frac{7n\pi}{6}\Big) - \cos\Big(\frac{11n\pi}{6}\Big)\Big],\ n = 1,3,5,7,\cdots$$

$$= \frac{2I_0}{n\pi}\Big[\cos\Big(\frac{n\pi}{6}\Big) - \cos\Big(\frac{5n\pi}{6}\Big)\Big]\ n = 1,3,5,7,\cdots$$

因此这个电流波形的傅里叶级数如下：

$$i(t) = \sum_{n=1}^{\infty} b_n\sin(nw_1 t)$$

$$= \frac{2\sqrt{3}}{\pi}I_0\Big[\sin\omega_1 t - \frac{1}{5}\sin5\omega_1 t - \frac{1}{7}\sin7\omega_1 t + \frac{1}{11}\sin11\omega_1 t + \frac{1}{13}\sin13\omega_1 t + \cdots\Big]$$

2. 方均根（RMS）

对于正弦波电流波形，$i(t) = I_1\sin(\omega_1 t + \theta_1)$，利用式（23.26）计算方均根值。

$$I_{rms} = \frac{1}{\sqrt{2}}I_1 \tag{23.26}$$

非正弦情况下，用傅里叶展开式表示电流波形为式（23.27）。

$$i(t) = I_1\sin(\omega_1 t + \theta_1) + \sum_{n=3,5,7,\cdots}^{\infty} I_n\sin(n\omega_1 t + \theta_n) \qquad (23.27)$$

使用式（23.28）计算式（23.27）给定电流波形的方均根值。

$$I_{rms} = \sqrt{\frac{1}{2}\sum_{n=1,3,5,\cdots}^{\infty} I_n^2} = \sqrt{\left(\frac{I_1}{\sqrt{2}}\right)^2 + \left(\frac{I_3}{\sqrt{2}}\right)^2\left(\frac{I_5}{\sqrt{2}}\right)^2 + \cdots} \qquad (23.28)$$

例 23.12

计算如图 23.24 所示矩形波的方均根值。

计算过程

利用式（23.28）和例 23.11 计算的傅里叶展开式计算方均根值。

$$I_{rms} = \left(\frac{2\sqrt{3}}{\pi}I_0\right) \cdot \frac{1}{\sqrt{2}}\sqrt{\frac{1}{1^2} + \frac{1}{5^2} + \frac{1}{7^2} + \frac{1}{11^2} + \frac{1}{13^2} + \frac{1}{17^2} + \frac{1}{19^2} + \cdots} = 0.8165I_0$$

3. 非正弦条件下的功率及功率因数

例 23.13

测得负载端瞬时电压及瞬时电流如下：

$$v(t) = 24\cos(2\pi \times 60t) + 8\cos(2\pi \times 60 \times 3t)$$

$$i(t) = 10\cos(2\pi \times 60t - 10°) + 5\cos(2\pi \times 60 \times 3t - 50°)$$

计算负载处测得的功率分量并计算真功率因数及基波功率因数。

计算过程

1. 计算 $v(t)$ 和 $i(t)$ 的方均根值

负载电压的方均根值为

$$V_{rms} = \sqrt{V_{rms1}^2 + V_{rms3}^2} = \sqrt{\left(\frac{24}{\sqrt{2}}\right)^2 + \left(\frac{8}{\sqrt{2}}\right)^2} = \sqrt{288 + 32}\,V = 17.88\,V$$

负载电流的方均根值为

$$I_{rms} = \sqrt{I_{rms1}^2 + I_{rms3}^2} = \sqrt{\left(\frac{10}{\sqrt{2}}\right)^2 + \left(\frac{5}{\sqrt{2}}\right)^2} = \sqrt{50 + 12.5}\,A = 7.9\,A$$

2. 计算视在功率（S）

$$S = V_{rms}I_{rms} = 17.88 \times 7.9\,VA = 141.252\,VA$$

3. 计算基波视在功率（S_1）

$$S_1 = V_{rms_1}I_{rms_1} = \frac{24}{\sqrt{2}} \times \frac{10}{\sqrt{2}}\,VA = 120\,VA$$

4. 计算总有功功率（P）

$$P = \frac{1}{T}\int_0^T v(t)i(t)\,\mathrm{d}t = 131.047\,W$$

5. 计算基波有功功率（P_1）

$$P_1 = V_{rms_1}I_{rms_1}\cos(\phi - \theta) = S_1\cos(\phi_1 - \theta_1) = 120\cos(0° + 10°)\,\text{W} = 118.17\,\text{W}$$

6. 计算基波无功功率（Q_1）

$$Q_1 = V_{rms_1}I_{rms_1}\sin(\phi - \theta) = S_1\sin(\phi_1 - \theta_1) = 120\sin(0° + 10°)\,\text{var} = 20.83\,\text{var}$$

7. 计算非基波视在功率（S_N）

非基波视在功率（S_N）表达式为

$$S_N^2 = V_{rms1}^2 I_{rmsH}^2 + V_{rmsH}^2 I_{rms1}^2 + V_{rmsH}^2 I_{rmsH}^2 = \left(\frac{25 \times 5}{2}\right)^2 + \left(\frac{8 \times 10}{2}\right)^2 + \left(\frac{8 \times 5}{2}\right)^2 = 5906.25$$

$$S_N = 78.85\,\text{VA}$$

8. 计算电流畸变功率（S_{CDP}）

$$S_{CDP} = V_{rms1}I_{rmsH} = \frac{25 \times 5}{2} = 62.5\,\text{VA}$$

9. 计算电压畸变功率（S_{VDP}）

$$S_{VDP} = V_{rmsH}I_{rms1} = \frac{8 \times 10}{2} = 40\,\text{VA}$$

10. 计算总畸变功率（S_{DP}）

$$S_{DP} = \sqrt{S_{CDP}^2 + S_{VDP}^2} = 72.11\,\text{VA}$$

11. 计算谐波视在功率（S_H）

$$S_H = V_{rmsH}I_{rmsH} = \frac{8 \times 5}{2}\,\text{VA} = 20\,\text{VA}$$

12. 计算总谐波有功功率（P_H）及无功功率（N_H）

$$P_H = \sum_{n=3,5,7,\cdots}^{\infty} V_{rms_n}I_{rms_n}\cos(\phi_n - \theta_n) = \frac{8 \times 5}{2}\cos(0° + 50°)\,\text{W} = 12.85\,\text{W}$$

$$N_H = \sqrt{S_H^2 - P_H^2} = 15.32\,\text{var}$$

13. 计算基波功率因数（PF_{dis}）

$$PF_{dis} = \frac{P_1}{S_1} = \cos 10° = 0.984$$

14. 计算真功率因数（PF_{true}）

$$PF_{true} = \frac{P_1 + P_H}{S} = \frac{118.17 + 12.85}{141.252} = 0.928$$

4. 总谐波畸变和总需求畸变

总谐波畸变为用于测量电压和电流波形畸变的经典电能质量指标之一。对于周期波形，波形的总谐波畸变率（THD）定义为谐波分量方均根值（V_{rmsH}）与基波分量方均根值（V_{rms1}）的比值。电流及电压的 THD 用式（23.29）描述。

$$\text{THD}_V = \frac{V_{rmsH}}{V_{rms1}} = \frac{\sqrt{\sum_{n=2}^{\infty} V_{rms,n}^2}}{V_{rms1}} \tag{23.29}$$

$$\text{THD}_I = \frac{I_{rmsH}}{I_{rms1}} = \frac{\sqrt{\sum_{n=2}^{\infty} I_{rms,n}^2}}{I_{rms1}}$$

总需求畸变是另外一个测量电流畸变指标。总需求畸变率（TDD）定义为谐波分量方均根值与最大负载电流（I_L）的比值。

$$\text{TDD} = \frac{I_{\text{rmsH}}}{I_L} = \frac{\sqrt{\sum_{n=2}^{\infty} I_{\text{rms},n}^2}}{I_L} \tag{23.30}$$

其中，最大负载电流定义为

$$I_L = \frac{P_D}{\sqrt{3} \times PF \times kV_{LL}}$$

式中，P_D 为一年内测得的平均最大负载需求，PF 为平均功率因数，kV_{LL} 为在负载处测得的线-线电压。

例 23.14

三相 500kW 非线性负载由 12.47kV 母线供电。此负载向电路注入 5 次、7 次、11 次谐波。谐波电流分别为 1A，0.5A，0.25A。在负载母线上也观测到电压畸变。负载电压的基波分量等于 7.2kV，而负载的 5 次、7 次、11 次谐波电压分别等于 200V、100V 和 55V。考虑如下负载条件：

1）负载运行功率低于额定功率，吸收的基波电流等于 3A。

2）负载运行功率等于额定功率；

计算两种情况电路的电压 THD、电流 THD 和电流 TDD，并对结果进行比较。

计算过程

1. 当负载运行功率低于额定功率，吸收的基波电流等于 3A 时。利用式（23.29）计算电压及电流 THD（THD_V 及 THD_I），$I_{\text{rms1}} = 3\text{A}$。

$$\text{THD}_V = \frac{\sqrt{0.2^2 + 0.1^2 + 0.055^2}}{12.47} = 1.85\%$$

$$\text{THD}_I = \frac{\sqrt{1^2 + 0.5^2 + 0.25^2}}{3} = 38.19\%$$

计算额定负载电流，$I_{\text{rated}} = \dfrac{500}{\sqrt{3} \times 12.47} = 23.15\text{A}$

利用额定负载电流和式（23.30），计算电流 TDD

$$\text{TDD} = \frac{\sqrt{1^2 + 0.5^2 + 0.25^2}}{23.15} = 4.95\%$$

2. 当负载运行功率等于额定功率时

对于这个情况，电压 THD 保持不变。

$$\text{THD}_V = \frac{\sqrt{0.2^2 + 0.1^2 + 0.055^2}}{12.47} = 1.85\%$$

由于负载运行功率等于其额定功率，基波电流等于额定负载电流，即

$$I_{\text{rms1}} = I_{\text{rated}} = \frac{500}{\sqrt{3} \times 12.47}\text{A} = 23.15\text{A}$$

计算电流的 THD 及 TDD 如下：

$$\mathrm{THD}_I = \mathrm{TDD} = \frac{\sqrt{1^2 + 0.5^2 + 0.25^2}}{23.15} = 4.95\%$$

5. 谐波频率下系统的响应特性

为了更好地理解配电系统非线性负载带来的冲击，理解谐波频率下系统的响应变得很重要。系统的响应特性通常由以下三个变量定义：系统阻抗、系统电容器组和电阻负载。基波频率下，系统主要呈现为感性，因此容性的影响基本可以忽略。然而，在谐波情况下，并联电容将对系统响应产生重要影响。

谐波情况下用式（23.31）计算系统电容。从式（23.31）可以看出，随着系统的频率增加，系统电容按比例降低。

$$X_{\mathrm{C,h}} = \frac{1}{2\pi f_{\mathrm{h}} C} = \frac{X_{\mathrm{C}}}{h} \tag{23.31}$$

式中，$X_{\mathrm{C,h}}$ 为 h 次谐波或谐波频率 f_{h} 时系统的容抗；X_{C} 为系统基波频率时系统的容抗。

谐波频率下的系统阻抗随着频率变化按比例增加，系统感抗的计算公式为（23.32）。

$$X_{\mathrm{L,h}} = 2\pi f_{\mathrm{h}} L = h X_{\mathrm{L}} \tag{23.32}$$

式中，$X_{\mathrm{L,h}}$ 为 h 次谐波频率或谐波频率 f_{h} 时系统的感抗；X_{L} 为系统基波频率时系统的感抗。

由于系统感性和容性的谐波特性，系统可能会产生并联谐振条件。当系统容抗，$X_{\mathrm{C,h}}$ 等于系统感抗，$X_{\mathrm{L,h}}$ 时，系统将产生并联谐振。

系统发生并联谐振的频率如下：

$$h_{\mathrm{p}} = \sqrt{\frac{X_{\mathrm{C}}}{X_{\mathrm{L}}}}$$

$$f_{\mathrm{P}} = \frac{1}{2\pi}\sqrt{\frac{1}{LC}}$$

对于配电系统来说，并联谐振本身并不是什么问题。然而，谐波频率时，系统向产生谐波电流的非线性负载供电时，负载谐波电流的冲击影响将进一步变大。这将在供电侧诱发显著的谐波电压和谐波电流，因此严重劣化供电质量。接下来将用下例进行证明。

例 23.15

参考如图 23.25 所示的配电线路。69kV 变电站等效短路容量为 1180MVA，其 $X/R = 10$。变电站的变压器通过一台容量为 30MVA，电压比为 69/12.47kV，漏抗为 5% 的变压器向一条 12.47kV 配电线路供电。额定容量为 3.287Mvar，电压为 12.47kV 的电容器组安装在电压比为 69kV/12.47kV 变压器二次侧。配电线路通过一台容量为 1500kVA，电压比为 12.47kV/

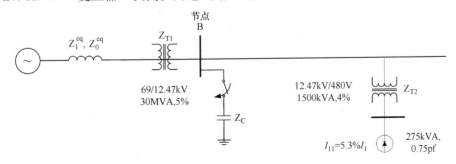

图 23.25　配电线路单线图

480V，漏抗为 4% 的配电变压器向 480V 负载供电。此负载为非线性负载，在功率因数为 0.75（滞后）时，所需功率为 375kVA。负载的基波电流为 450A 并产生幅值为基波电流幅值 5.3% 的 11 次谐波电流。

1）试计算 12.47kV 系统的并联谐振频率。

2）试计算谐振频率下，电容器的谐波电压及谐波电流。同时假设基波电压为额定电压，确定电容器上的 THD 电压。

计算过程

1. 计算 12.47kV 系统的并联谐振频率

- 计算折算到 12.47kV 侧的电源阻抗 Z_s^1。

$$X_s = \frac{V_{LL}^2}{S_{3\phi}^{sc}} = \frac{69^2}{1180} \approx 4.034\Omega$$

由于 $\frac{X}{R} = 10$，$R_s = \frac{X_s}{10} = 0.4034\Omega$，因此，$Z_s = 0.4034 + j4.034\Omega$。

因此折算到 12.47kV 侧电源阻抗为

$$Z_s^1 = Z_s \times \left(\frac{12.47}{69}\right)^2 = 0.0132 + j0.132\Omega$$

- 计算折算到 12.47kV 侧 69kV/12.47kV 变压器漏抗 $X_{T_1}^1$。

$$X_{T_1}^1 = 0.05 \times \frac{12.47^2}{30}\Omega \approx 0.2592\Omega$$

- 计算从 69kV/12.47kV 变压器二次侧（节点 B 处）看进去的等效短路容量，即在节点 B 处，$S_{3\phi,B}^{sc}$。

$$Z_B^1 = Z_s^1 + jX_{T1}^1 = 0.0132 + j0.3909\Omega$$

$$S_{3\phi,B}^{sc} = \frac{V_{LL}^2}{|Z_B^1|} = \frac{12.47^2}{0.3911} \approx 397.6MVA$$

- 计算配电线路的并联谐振频率 (f_p)

$$f_p = f_s \times \sqrt{\frac{S_{3\phi,B}^{sc}}{Q_{3\phi,C}}} = 60 \times \sqrt{\frac{397.6}{3.287}} \approx 660Hz$$

可以看出，并联谐振频率约等于 660Hz，对应于 11 次谐波。

2. 计算谐振频率下，电容器的谐波电压及谐波电流值。同时，假设基波电压为额定电压，确定电容器上的 THD 电压值。

- 11 次谐波时，计算从 69kV/12.47kV 变压器二次侧（节点 B 处）看进去的短路阻抗，即在节点 B 处，$Z_{B,h}^1$。

$$Z_{B,h}^1 = R_s^1 + jh(X_s^1 + X_{T1}^1) = 0.0132 + j4.301\Omega$$

- 计算 11 次谐波时，等效电容器电抗 $(X_{C,h}^1)$。电容器电抗为

$$X_C^1 = \frac{V_{LL}^2}{Q_{3\phi,C}} = \frac{12.47^2}{3.287} \approx 47.3\Omega$$

接下来，对于 $h = 11$

$$X_{C,h}^l = \frac{X_C^l}{h} = 4.3\Omega$$

- 计算电容器上的谐波电压

480V 侧基波负载电流及谐波负载电流分别为

$$I_1 = 450\text{A}, \quad I_{11} = \frac{5.3}{100}I_1 \approx 23.85\text{A}$$

折算到 12.47kV 侧，得到下面的数值：

$$I_1^l = I_1 \times \frac{0.48}{12.47} \approx 17.3216\text{A}$$

$$I_{11}^l = I_{11} \times \frac{0.48}{12.47} \approx 0.918\text{A}$$

等效阻抗计算如下：

$$\dot{Z}_{eq}^l = \dot{Z}_{B,h}^l // (-jX_{C,h}^l) = 1401.2 + j1.0245\Omega$$

最后，则电容器上的 11 次谐波电压为

$$\dot{V}_{C,h} = I_{11}^l \times \dot{Z}_{eq}^l = 0.917 \times (1401.2 + j1.0245) = 1.2849 \underline{/0.042°}\,\text{kV}$$

- 计算电容器上流过的 11 次谐波电流

$$\dot{I}_{C,h} = \frac{\dot{V}_{C,h}}{(-jX_{C,h})} = \frac{1.2849 \underline{/0.042°} \times 1000}{-j4.3}\text{A} = 298.77 \underline{/90.042°}\,\text{A}$$

- 计算电容器处 THD 电压

由于假设的基波电压为额定值

$$V_{C,f} = \frac{12.47}{\sqrt{3}} = 7.2\text{kV}$$

电容器上的谐波电压为 $V_{C,h} = 1.2849\text{kV}$

则电容器上的 THD 电压 THD_V 等于

$$\text{THD}_V = \frac{V_{C,h}}{V_{C,f}} = \frac{1.2849}{7.2} \times 100 \approx 17.85\%$$

6. 减少谐波干扰的措施

在配电系统中，一般通过下述两种方法来降低谐波干扰：

1）第一种方法是通过改变系统滤波器、电容器、电抗器的大小来改变系统的频率响应。这样做的目的是转移系统的并联谐振频率使其远离负载电流注入的谐波频率。

2）第二种方法是通过在负载端安装谐波滤波器，阻止谐波负载电流进入配电电路。通常，为了减少负载谐波，设计并在负载端安装单调谐陷波滤波器。

使用下面例子说明上述两种降低谐波干扰的方法。

例 23.16

参考例 23.15

1）在保持稳态电压上升不超过 2% 的情况下，确定减少负载谐波干扰所需电容器的容量。

2）假设谐波滤波器调整为 11 次谐波并满足功率因数为 0.96 的要求，确定正确的电容器及电抗器的容量。

3）估算谐波滤波器的峰值电压，均方根电压，均方根电流及无功容量。

计算过程

1. 在保持稳态电压上升不超过2%的情况下，确定减少负载谐波干扰所需电容器的容量。

目标是改变电路的并联谐振频率远离负载发出的谐波频率。为了实现这个目标，需要改变电容器的容量，使电路的谐振频率小于11次谐波频率即660Hz。

假设改变电容器容量，使新的谐振频率为$h=8$或等于480Hz。新的电容器容量$X_{C,new}^l$为

$$h = \sqrt{\frac{X_{C,new}^l}{X_s^l + X_{T_1}^l}} \Rightarrow X_{C,new}^l = h^2 \times (X_s^l + X_{T_1}^l) = 25.02\Omega$$

新的电容器容量为

$$Q_{3\phi,C}^{new} = \frac{V_{LL}^2}{X_{C,new}^l} = \frac{12.47^2}{25.02} \approx 6.215\,\text{Mvar}$$

计算稳态电压的升高（ΔV）：

$$\Delta V = \frac{Q_{3\phi,C}^{new}}{V_{3\phi,B}^{sc}} = 1.56\%$$

由于$\Delta V < 2\%$，所以计算的电容容量满足要求。

2. 假设谐波滤波器调整为11次谐波并满足功率因数为0.96的要求，确定正确的电容器及电抗器的容量。

本例中，为了减少负载谐波，设计了单调谐陷波滤波器并将其安装在负载处（如图23.26所示）。

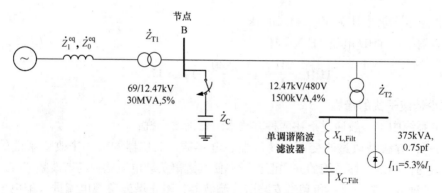

图23.26 装有单调谐陷波滤波器的配电线路

计算滤波器所需的电抗器及电容器容量。

- 计算满足功率因数要求的电容器容量。

480V节点处总负载容量为375kVA，功率因数为0.75。对应于0.75功率因数所需的有功功率等于：

$$P_{load} = 375 \times 0.75\,\text{kW} = 281.25\,\text{kW}$$

需将功率因数提高至0.98。滤波器应提供的补偿无功功率计算如下：

$$Q_{\text{Filt}} = 281.25 \times (\tan(\arccos 0.75) - \tan(\arccos 0.96)) \text{kvar} = 166 \text{kvar}$$

对于额定值为 480V 系统，基波频率下，网络星形等效滤波器电抗，X_{Filt}，计算如下：

$$X_{\text{Filt}} = \frac{V_{\text{LL}}^2 \times 1000}{Q_{\text{Filt}}} = \frac{0.48^2 \times 1000}{166} \Omega \approx 1.388 \Omega$$

需要注意的是 X_{Filt} 为 $X_{\text{C,Filt}}$ 与 $X_{\text{L,Filt}}$（如图 23.26 所示）的差值，即：

$$X_{\text{Filt}} = X_{\text{C,Filt}} - X_{\text{L,Filt}}$$

为了调制滤除 11 次谐波，$X_{\text{C,Filt}} = h^2 X_{\text{L,Filt}}$，因此，$X_{\text{C,Filt}}$ 为

$$X_{\text{C,Filt}} = X_{\text{Filt}} \times \frac{h^2}{h^2 - 1} = 1.7812 \times \frac{11^2}{11^2 - 1} = 1.4 \Omega$$

假设电容器额定电压等于 480V，相应的电容器容量计算如下：

$$Q_{\text{C,Filt}} = \frac{V_{\text{LL}}^2 \times 1000}{X_{\text{C,Filt}}} = \frac{0.48^2 \times 1000}{1.4} \approx 164.6 \text{kvar}$$

- 计算滤波器的电抗器容量 $X_{\text{L,Filt}}$。

计算滤波电抗为

$$X_{\text{L,Filt}} = \frac{X_{\text{C,Filt}}}{h^2} = \frac{1.4}{11^2} \approx 0.0116 \Omega$$

这个电抗对应的电感为

$$L_{\text{Filt}} = \frac{X_{\text{L,Filt}}}{2\pi \times 60} = 0.0307 \text{mH}$$

3. 估算峰值电压，均方根电压，均方根电流以及谐波滤波器的无功容量并确认是否在规定的范围内。

- 计算基波频率时流经滤波器的电流为

$$I_{\text{C,f}} = \frac{k V_{\text{LL}} / \sqrt{3}}{X_{\text{Filt}}} = \frac{0.480 / \sqrt{3}}{1.388} \text{A} = 199.7 \text{A}$$

- 计算基波频率时电容器的电压

$$V_{\text{C,f}} = \sqrt{3} I_{\text{C,f}} X_{\text{C,Filt}} = 484.2 \text{V}$$

- 计算流过电容器组的 11 次谐波电流

$$I_{\text{C,h}} = \frac{5.3}{100} \times I_1 = 23.85 \text{A}$$

- 计算电容组上的 11 次谐波线-线电压

$$V_{\text{C,h}} = \sqrt{3} I_{\text{C,h}} \frac{X_{\text{C,Filt}}}{h} = \sqrt{3} \times 23.85 \times \frac{1.4}{11} \text{V} = 5.258 \text{V}$$

- 计算电容器组最大线-线峰值电压

$$V_{\text{C(LL),peak}} = \sqrt{2} V_{\text{C,f}} + \sqrt{2} V_{\text{C,h}} = 692.2 \text{V}$$

- 计算电容器组总线-线方均根电压

$$V_{\text{C(LL),rms}} = \sqrt{V_{\text{C,f}}^2 + V_{\text{C,h}}^2} = 484.2 \text{V}$$

- 计算流进电容器组总方均根电流

$$I_{\text{C,rms}} = \sqrt{I_{\text{C,f}}^2 + I_{\text{C,h}}^2} = 201.1 \text{A}$$

- 计算电容器发出的无功功率

$$Q_C = \sqrt{3} V_{C(LL),rms} I_{C,rms} = 168.7 \text{kvar}$$

- 电容器组的额定电流

$$I_{C,rated} = \frac{Q_{C,Filt}}{\sqrt{3} kV_{LL}} = 198 \text{A}$$

电容器组的运行数据汇总如表 23.3 所示。从表中的数据可以看出电容器组的运行数据值没有超过限值。

表 23.3　滤波电容运行数据

性能参数	定义	限值（%）	实际值	实际值（%）
峰值电压	$\dfrac{V_{C(LL),peak}}{\sqrt{2} V_{LL}}$	120	$\dfrac{692.2}{\sqrt{2} \times 480}$	102
方均根电压	$\dfrac{V_{C(LL),rms}}{V_{LL}}$	110	$\dfrac{484.2}{480}$	100.9
方均根电流	$\dfrac{I_{C,rms}}{I_{rated}}$	135	$\dfrac{201.1}{198}$	101.6
无功功率（kvar）	$\dfrac{Q_C}{Q_{C,rated}}$	135	$\dfrac{168.7}{164.6}$	102.5

23.6　参考文献

1. Beaty, H. Wayne, and Donald G. Fink. 2013. *Standard Handbook for Electrical Engineers*, 16th ed. New York: McGraw-Hill.

2. Dugan, Roger C., Mark F. McGranaghan, Surya Santoso, and H. Wayne Beaty. 2012. *Electric Power Systems Quality*, 3rd ed. New York: McGraw-Hill.

3. Heydt, G. T. 1995. *Electric Power Quality*, 2nd ed. Scottsdale, A.Z.: Stars in a Circle Publication.

4. IEEE Std. 1159-2009 (Revision of IEEE Std 1159-1995). 2009. *IEEE Recommended Practice for Monitoring Electric Power Quality*. Institute of Electrical and Electronics Engineers, June 26. http://ieeexplore.ieee.org/servlet/opac?punumber=5154052.

5. NEMA Standards Publication—Information Guide for General Purpose Industrial AC Small and Medium Squirrel-Cage Induction Motor Standards, Table 12. National Electrical Manufacturers Association, Virginia. http://fac-web.spsu.edu/ecet/wagner/MG1cond.pdf.

6. Santoso, Surya. 2012. *Fundamentals of Electric Power Quality*. Scotts Valley, C.A.: CreateSpace.

第 24 章　智　能　电　网

Aaron F. Snyder, Ph. D.

Director of Technology Services EnerNex LLC

Erich W. Gunther, F-IEEE

Chairman, CTO, Co-Founder EnerNex LLC

24.1　智能电网的定义

　　一直以来，很多研究者试图给出关于智能电网组成的确切定义，但是由于智能电网不是一个可以精确定义的实际物体，所以无法区分这些定义的对错。智能电网可实现高品质的双向通信、高速监控以及对电网的准实时管理。除此之外，双向通信应该建立在开放标准之上并支持多层面业务，通过这些标准将孤立操作最小化或者说消除了孤立操作。通过采用开放性标准可降低数据的不兼容性，进而减少"专用"信息网络。多层面业务的通信标准可充分发挥投资潜力以获得更大的利益。

　　国家标准与技术研究所（NIST）的"智能电网互操作性标准框架和路线图"为理解这种复杂的转变提供了一个起点。这个标准中提出了智能电网的概念模型，并从标准以及科技的角度研究了实现智能电网需要具备的特征。下一个感兴趣的资源是智能电网信息交换中心（SGIC），它为这个广泛的主题领域提供了一个公共门户网站，其中的内容组织和链接适合不同的用户。

　　或许对智能电网最好的定义来自于2007年的能源独立与安全条例第 XIII 部分，此部分给出的智能电网特征描述如下：

　　1）增加数字信息技术以及控制技术的应用，致力于改善电网的可靠性、安全性以及经济性。

　　2）动态优化电网运行以及电网资源，提高全网运行安全性。

　　3）开发及整合分布式能源，包括可再生能源。

　　4）开发和整合需求侧响应、需求侧资源和高效资源。

　　5）开发计量，有关电网运行和状态的通信以及配电自动化等方面的"智能"技术（实时、自动化、优化应用的操作以及用户设备的交互技术）。

　　6）整合智能设备以及用户体验设备。

　　7）开发和整合先进的电力存储以及调峰技术，包括纯电动和混合动力电动车以及储热式空调。

　　8）向用户及时提供信息，并提供控制选项。

　　9）开发与电网连接的电器和设备的通信和互操作性标准，其中包括服务电网的基础设备。

10）在选择智能电网技术、实践和服务时，识别和降低不合理或不必要的障碍。

以上这些属性在某些情况下是实用的并且在其他情况下是着眼未来的，但在任何情况下，实现系统现代化的同时，趋向于拓展现有的电力业务模型以确保安全可靠供电。

24.2　智能电网的目标

电网改造通常是系统现代化过程的一部分，这个过程中基础设施、设备、系统以及应用是特定的、所需的、委托的，并运营以解决社会对电力的需求。这通常是按照规划进行的一系列程序，以确保整个公用事业企业投资是审慎的、及时的，以满足利益各方的期望。甚至可以这样定义，最后建成的电网是自愈的（最小人工干预）和自适应的（多向潮流）；与所有参与者互动的（更具交易性），优化运行的，面向用户的，装备完善的，系统的。可预测而非尽可能的响应，分布在自然和人为的边界上，整合各个方面；更加安全远离攻击。

从上面的清单中，可以想象出无数关于智能电网系统、应用以及业务的定性和定量问题并进行分析计算。这通常是严谨的"系统体系"方法的一部分，通过满足要求的系统/应用，识别需求并追踪其满意度（或不满意）。对于那些运行人员或者工程师的日复一日工作来说，这些问题或者相关计算并不是什么新的问题，而对于更广泛的商业事件或者涉及多个内部组织的项目，或者更多的投资方来说，这些问题和计算就有了新的意义。

24.3　相关计算

例 1

第一个问题是关于技术方面的问题，但涉及到一个公司内部多个部门的需求。如果许多电动汽车聚集在一起而不是分散在整个服务领域，会发生什么？对于技术型用户来说，电力公司如何回答变压器的容量？设计什么样的费率结构来最大限度地减少广泛采用新技术带来的冲击？公司如何知道这个类型的设备正在被用户使用？

如果三座房屋连接到容量为 37.5kVA 的配电变压器上，有多少辆电动汽车（EVs）可以同时进行二级充电？

一个 24kWh 的电池，6.6kW 的车载充电器，全电流充电约 4h，需要交流 2 级充电电路和设备。

- 交流 1 级，120V，峰值 16A。峰值容量为 1.92kW（需要注意这是设备额定值，不是电动汽车额定值）。

- 交流 2 级，240V，峰值 80A。峰值容量为 19.2kW（需要注意这是设备额定值，不是电动汽车额定值）。

三座房屋与这个配电变压器相连，每座房屋的供电为 240V/200A。假定晚上对电动汽车充电，此时每个房屋里面做饭、制冷负载为 40A，加上其他负载每个房屋总负载为 45A。

每个房屋负载为 45A × 240V = 11.25kVA，乘以三倍等于 33.75kVA。

变压器的额定容量为 37.5kVA，可承受的超载负载量与起始负载有关。

带 4h 超载的正常预期寿命：

- 对于90%的初始负载：允许112%的负载
- 对于70%的初始负载：允许117%的负载
- 对于50%的初始负载：允许119%的负载

37.5kVA的90%为33.75kVA

37.5kVA的70%为26.25kVA

37.5kVA的50%为18.75kVA

37.5kVA的112%为42.0kVA

37.5kVA的117%为43.875kVA

37.5kVA的119%为44.62kVA

所以，初始负载为33.75kVA，是变压器额定容量37.5kVA的90%，所以根据变压器正常寿命预期，变压器可以带42kVA负载的时间是4h（用额定功率6.6kW的充电器，在全额定电流/有功功率条件下，对一个空的24kW·h电池满充所用的近似时间）。

变压器的剩余容量为42kVA − 37.5kVA = 4.5kVA，这正是一辆汽车充电器的额定值。然而，如果三个房屋均用等级1充电器，充电限制到1.92kW，2座房屋可同时对电动汽车充电，充电功率为1.92kW × 2 = 3.84kW，对变压器没有不良影响。

例2

这个例子涉及了解客户行为、天气模式、使用模式、人口统计、激励政策、费率设计和配电系统设计的需求。前提很简单：鼓励客户在负载高峰期不使用空调。那么，有价值的激励是什么呢？程序如何设计、如何市场化、如何进行实施？一旦用户进行了登记，用户和公司如何进行认证？这里面是否存在真正的经济利益，或者能让人感受到"好处"呢？

一家公司针对空调控制每年给出了长达20h的0.25美元/kW·h "价格回扣"（CPR）政策。如果用户在这20h内关闭他们使用的空调，好处有哪些呢？为了鼓励用户参与，电力公司也在相同时期推出了0.60美元/kW·h高峰惩罚电价（CPP）的政策。如果用户没有履行约定，最高的惩罚是多少？

假设：空调运行时，工作电流为20A，空调停运时，工作电流为0A。空调的工作电压为240V。

回扣

本例中，空调运行时，每小时消耗电量为：1h × 240V × 20A = 4.8kVA·h = 4.8kW·h。则每个小时回扣费用为4.8 × 0.25 = 1.20美元，全年回扣费用1.20美元 × 20 = 24.00美元。

惩罚

本例中，空调运行1h所需电量为1h × 240V × 20A = 4.8kVA·h = 4.8kW·h。则每小时所需付出的惩罚费用为4.8 × 0.60 = 2.88美元，全年所需要付出的惩罚费用为2.88美元 × 20 = 57.60美元。

扩展

实施该计划所需的技术设备成本（先进的计量基础设施，AMI）为250美元，计划寿命期成本为2.40美元/月，向客户收取4.50美元/月的费用。需要交付多少客户利益才能被认为是一个很好的交易？

AMI 设备成本 = 250 美元/12 月/10 年 = 2.08 美元

每年 AMI 费用 = 4.50 美元 × 12 = 54 美元

CPR 每年最大收益：24.00 美元

实现"中性"体验所需的其他"利益"：54 美元 – 24.00 美元 = 34 美元

小结

显而易见，提出的问题并不完全是智能电网。当打破电力公司运行的固有人为障碍去回答这些问题时，关于这些问题什么是新的具有更加广泛的含义。将更广泛的新技术和程序考虑为一个整体，而不是把它们看作是私有的、孤立的，仅仅需要最小改变的小项目。

24.4　参考文献

1. ENERGY.GOV. Smart Grid Primer. http://www.energy.gov/oe/technology-development/smart-grid/smart-grid-primer-smart-grid-books.
2. NIST. NIST Special Publication 1108. http://www.nist.gov.
3. Smart Grid Information Clearinghouse. http://www.sgiclearinghouse.org/.
4. SGIC. Learn More about Smart Grid. http://www.sgiclearinghouse.org/SmartGrid101.
5. US Department of Energy. What Is the Smart Grid? SMARTGRID.GOV. https://www.smartgrid.gov/the_smart_grid#smart_grid.
6. US Department of Energy. Recovery Act Smart Grid Programs. SMARTGRID.GOV. https://www.smartgrid.gov/recovery_act.
7. US Smart Grid Legislation (EISA 2007, Title XIII). http://energy.gov/sites/prod/files/oeprod/DocumentsandMedia/EISA_Title_XIII_Smart_Grid.pdf.